中国地质大学(武汉)研究生系列教材

弹塑性力学

(第二版)

李同林　殷绥域　李田军　编著

内 容 简 介

本书系统阐述了弹塑性力学的基本概念和理论，并介绍了弹塑性力学各类问题的求解方法和应用。

全书共分12章，内容包括：绪论、应力理论、应变理论、本构理论和基本解题方法、平面问题的直角坐标和极坐标解答等基础理论；柱体的扭转、空间轴对称问题、加载曲面、塑性势能理论、弹性力学变分法及近似解法、塑性力学极限分析理论、平面应变问题的滑移线场理论解等较为深入的理论。为了利于教学，教材各章后均附有习题，并在书末给出五个附录：张量概念及其基本运算、变分法简介、习题参考答案及提示、英汉名称对照表、主要符号表。

本书可作为土木、机械、材料、水利、安全、地质等工程专业研究生教材，也可供工程技术人员参考。

图书在版编目(CIP)数据

弹塑性力学(第二版)/李同林，殷绥域，李田军编著. —武汉：中国地质大学出版社，2016.3

ISBN 978-7-5625-3642-0

Ⅰ.弹…

Ⅱ.①李…②殷…③李…

Ⅲ.弹塑性-塑性力学

Ⅳ.O344

中国版本图书馆CIP数据核字(2015)第096688号

弹塑性力学(第二版) 李同林 殷绥域 李田军 编著

责任编辑：王凤林 责任校对：周 旭

出版发行：中国地质大学出版社(武汉市洪山区鲁磨路388号) 邮政编码：430074

电话：(027)67883511 传真：67883580 E-mail:cbb@cug.edu.cn

经 销：全国新华书店 http://www.cugp.cn

开本：787毫米×1 092毫米 1/16 字数：520千字 印张：20.25

版次：2006年9月第1版 2016年3月第2版 印次：2016年3月第1次印刷

印刷：武汉市珞南印务有限公司 印数：1—2 000册

ISBN 978-7-5625-3642-0 定价：42.00元

前　言

本书是为高等学校工程类专业(非力学专业)研究生开设"弹塑性力学"课程的需要而编写。弹塑性力学是工科工程类专业的一门十分重要的技术基础课程。它的理论同许多工程技术问题都有着十分密切的联系,并为设计工程结构和机械构件提供可靠的理论依据。因此,它受到各工程类专业的重视。

本书的内容大体可分为两部分:第一至第六章为基础理论部分,可供土木、机械、建筑、水利、钻探、材料、地质、石油等工程类专业教学使用;第七至第十二章为进一步研究和加深的理论,可供土木、建筑、机械、水利、钻探等工程专业做深层次教学使用。

本书是在中国地质大学力学教研室教师多年教学实践和改革的基础上,根据各工程专业的教学基本要求,为适应国家教育部"面向21世纪高等工程教育教学内容和课程体系改革计划"的新情况编写而成。本书针对弹塑性力学内容抽象、公式繁多、教学难度和信息量大等特点,并根据教学对象的数理基础实际情况,在本书的撰写过程中注意了以下几点:

(1)考虑到非力学类专业学生的数理基础现状,在本书撰写过程中,做到对基本概念和基本理论的阐述与交代深入浅出,循序渐进,简明扼要,脉络清晰,透彻讲解。本书语言通俗流畅,图文并茂,便于自学。

(2)为兼顾各工程专业的教学需求,本书对岩土材料的变形模型与强度准则做了适当的介绍。并且本着教师讲授"少而精"、学生自学有材料的原则,本书还编入了一些带"*"号的内容,教师可酌情掌握,以求达到在传授知识的同时,培养和提高学生自学和分析解决问题的能力。

(3)为适应力学理论发展的趋势,提高学生阅读和撰写科技文献的能力,并考虑到学生实际的数理基础,本书对弹塑性理论公式的表述,采用了常规表述和张量描述两种形式,对力学变分理论做了较深入系统的讨论,并给出了数学张量分析和变分法简介两个附录。本书通过多届的教学实践,教学效果良好。

(4)为了有效地解决学生在学习弹塑性力学及解题过程中的困难，本书编入了适量的例题，并配合本书内容编有习题集和参考提示，以利于学生的学习理解和能力的培养。

本书由李同林教授和殷绥域教授合编，具体分工如下；第一、二、三、十二章及附录一由李同林撰写，第四至第十一章及附录二是以殷绥域编写的《弹塑性力学》(1988年版，中国地质大学出版社)为初稿，具体的修编工作由李同林执笔完成。全书由李同林统一修订定稿。

由于成稿时间较仓促以及作者水平所限，书中内容中一定存在有不妥和值得商榷之处，诚恳地欢迎读者批评指正。

作　者

2006年6月

第二版前言

本教材是为高等学校工程类专业(非力学专业)研究生阶段开设弹塑性力学课程的教学需求而编写的。自教材出版以来,又经十届研究生弹塑性力学课程的教学实践,效果良好。但在教材内容上存在有不足之处和印刷错误,需作进一步的修改完善。

鉴于本教材在多年教学使用中的师生好评和良好教学效果,新版教材中我们仍将保留原教材内容的编排体系框架,仍保持原教材对基本概念和基本理论的阐述准确、深入浅出、循序渐进、脉络清晰、简明扼要、语言通俗流畅、便于自学和理论联系实际的风格。在此基础上我们对全书内容作了修改,并由李田军副教授新编写了教材各章的习题、习题参考答案及提示、专业术语中英文对照索引、教材内容主要符号表。全书内容由李同林教授统一审核定稿。

弹塑性力学的发展与人类社会的发展密切相关,弹塑性力学理论的发展史也是人类文明史的一部分,其内容极其丰富。今天有幸来学习弹塑性力学,一定对我们会有大的启发与帮助。几百年来,一些著名的科学家和学者为弹塑性力学理论的发展作出了贡献。正是他们的辛勤耕耘,我们今天才能够学到和掌握这么多简明而实用的理论知识和方法。在此我们以本教材第二版的出版,表达对已故作者殷绥域教授的深切怀念和感谢。

弹塑性力学是工程类专业的一门十分重要的技术基础课程,其理论可为分析求解各种工程问题的力学机理提供可靠的理论依据。弹塑性力学也是一门不断发展和深入的学科,它的许多章节内容都是可以进一步深入学习和研究的专题,也是许多专业工程问题的切入点。作者相信,学生在学习掌握弹塑性力学基础理论的前提下,如果对某一专题感兴趣,结合查阅一些相关科技文献,潜心研究,必会获益。编写本教材以及每次的教学实施也是作者进一步学习提高的一个过程。

限于作者的水平,教材内容仍难免有疏漏和不妥之处,敬请读者批评指正。

李同林于阿德莱德

2015 年 7 月

目　录

第一章　绪　论

第一节　弹塑性力学的研究对象、研究方法和基本任务

弹塑性力学是变形固体力学的一个重要分支，是研究可变形固体受到外载荷、温度变化等因素的影响而发生的应力、应变和位移及其分布规律的一门科学。

在长期的生产斗争和科学试验中，人们认识到几乎所有的可变形固体材料（以下简称固体）都不同程度地具有弹性和塑性的性能。当固体受外力（或由于温度的影响）作用时，一定会产生变形（弹性变形和塑性变形）。根据变形的特点，固体在受载过程中通常呈现出两种不同而又连续的变形阶段：前者称为**弹性变形阶段**；紧接的后者称为**弹塑性变形阶段**，若从后者中忽略弹性变形时，亦可称为**塑性变形阶段**。当作用于物体的外力小于某一数值时，在卸去外载后，变形即行消失，物体完全恢复其原来的形状，这种能自动恢复的变形称为**弹性变形**。固体只产生弹性变形的阶段称为弹性阶段。当外力增加到超过某一限度时，这时再卸去外载，则固体不能完全恢复其原有的形状而产生一部分不能消失的永久变形，这种不能恢复的变形称为**塑性变形**。图 1-1 所示的是低碳钢金属材料在单轴拉伸试验中的应力应变曲线，OB 段为弹性阶段、BG 段为弹塑性阶段（或称为塑性阶段）。图中 σ_p 为**比例极限**，σ_e 为**弹性极限**，σ_s 为**屈服极限**，σ_b 为**强度极限**。弹塑性力学就是研究固体在这两个紧密相连的变形阶段内的力学响应的一门科学。

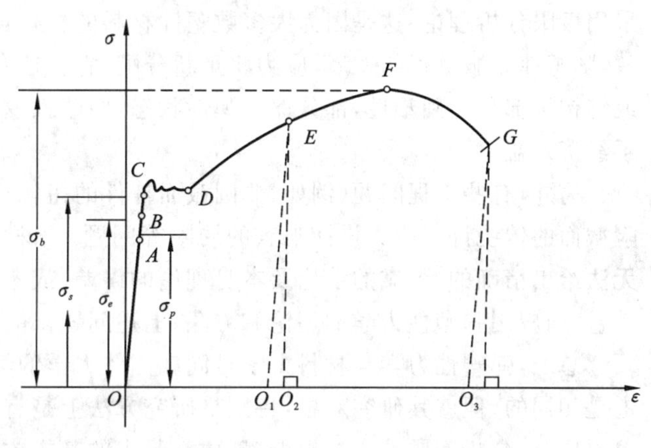

图 1-1

一般弹塑性力学是分为弹性力学与塑性力学两门课程来分别研究固体在上述弹性与塑性两个阶段的力学问题。弹性力学与塑性力学已有近两个世纪的发展历史，随着近代电算技术的发展及现代工程技术的需要，弹性力学和塑性力学仍然是富有生命力的学科。综合这两门课程而开设弹塑性力学课程，这样讲授既在于这两门课程自身的内在联系，更重要的是使读者能对固体材料变形的全过程有一个完整且较深刻的认识。

弹塑性力学和材料力学都是固体力学的分支学科。因此，它们在分析问题、研究问题时的最基本思路是相同的，即对于一个静不定问题的求解，一般对受力物体都要经过三个方面的分析。这三个方面分别为：① **受力分析**；② **几何变形协调条件分析**；③ **力与变形间关系的分析**。从而获得三类基本方程，联立求解即可使静不定问题得到解决。虽然，它们分析解决问题的基本思路相同，但是，这两门课程各自在研究对象和研究方法上却有着明显的差异和区别。

在研究对象上，材料力学的研究对象基本上是各种杆件，即物体的长度远大于其厚度和宽度的所谓一维空间问题。弹塑性力学除了更精确地研究材料力学一维构件问题外，还能研究和解决二维或三维物体更广泛的弹塑性力学问题。

在研究方法上，弹塑性力学以其解答问题的严密性和普遍性为特点，与材料力学有根本的区别。例如，在材料力学中是以平面截面假设为基本前提，经简化计算得出工程上实用但较为近似的解答；而在弹塑性力学中，则是采用首先从受力物体中一点处，利用截面法截取出一个单元体（无限小微元体）来作为研究对象，再以其分析解决问题的基本思路，从上述三个方面研究一点单元体的受力、变形和受力与变形间的关系，建立起普遍适用的基本方法和理论，然后从整个物体的具体情况出发，满足具体问题的不同边界条件，从而求得整个物体内的应力、应变和位移的分布变化规律。

此外，材料力学是以危险截面最大应力为根据的传统许用应力设计观点，而弹塑性力学则采用极限分析理论。这是因为大多数塑性材料的杆件或结构部分地达到塑性变形时并没有失效，随塑性屈服过程的发展，应力将重新分配，它将还有能力继续工作，所以设计时可以把杆件或结构按部分达到塑性，部分保持弹性状态，使塑性变形限制在弹性变形的量级内，从而提高了经济效益。

另外，有些工程问题（例如，非圆截面杆件的扭转、孔边应力集中、深梁受载的应力分析、危险截面的传统许用应力设计观点的局限等问题）用材料力学和结构力学的理论无法求解，或无法给出精确的、可靠的结论及本身理论的误差，或不能充分发挥材料的潜在能力，提高经济效益。而应用弹塑性力学的理论和方法，上述问题都能得到满意或精确的解答和评价。

总之，弹塑性力学与材料力学虽同属固体力学的学科范畴，就其求解问题的根本思路基本上是相同的，但就其研究对象，特别是研究方法上是有明显区别的。无疑，弹塑性力学的研究对象更广泛，分析问题的方法更严谨，建立起来的基本方程和理论更普遍适用，得到的结果也更精确。

综上所述，大体上可将**弹塑性力学的基本研究任务**归纳为以下几点：

(1) 建立求解固体的应力、应变和位移分布规律的基本方程和理论。

(2) 给出初等理论无法求解的问题的理论和方法，以及初等理论可靠性与精确度的度量。

(3) 确定和充分发挥一般工程结构物的承载能力，提高经济效益。

(4) 为进一步研究工程结构物的强度、振动、稳定性和断裂理论等力学问题，奠定必要的理论基础。

第二节　弹塑性力学的基本假设

固体材料一般分为晶体和非晶体两大类，绝大部分固体都是由晶体集合而成的。从微观结构看，晶体是由许多微粒（原子、分子或离子）有规则地周期性排列成一定的结晶格子（晶格）构成的。因此，晶体具有远程有序性，是**各向异性材料**，也就是说晶体的物理性质（包括力学性质）具有一定的方向性。例如，岩盐、冰洲石、石英、金属等。但是，从宏观尺度上看，许多固体材料都是由众多晶粒方位杂乱地组合起来的，这时整个固体材料的物理力学性质宏观上表现为各向同性，因此可视为**各向同性材料**。例如，钢材、铝材、闪长岩、砂岩块等。有些固体材料即便是从宏观尺度上看也具有明显的各向异性，例如木材、煤岩、砂岩岩层等，这时则应考虑材料物性的方向性。此外，关于固体组成材料分布的均匀性，以及固体中常存在的一些缺陷（如孔洞、微裂纹等）等问题，固体力学也主要是从宏观尺度去加以分析和处理的。因此，在固体力学中，对于固体物性的方向性、组成材料的均匀性以及结构上的连续性等问题，是从较宏观的尺度，根据具体研究对象的性质，并联系求解问题范围，慎重地加以分析和研究，尽量忽略那些次要的、局部的、对所研究问题的实质影响不大的因素，使问题得以简化。因此，弹塑性力学对其研究对象可变形固体的物理和几何性质加以抽象，提出如下基本假设。

一、物理假设

1. 连续性假设

假定物质充满了物体所占有的全部空间，不留下任何空隙。这样，物体内部的一些物理量，例如应力、应变、位移等才可能是连续的，因而可用坐标的连续函数来描述它们的变化规律。虽然这种假设与物质结构的微观理论相矛盾，但对于一门研究宏观现象的学科是可以采纳的。

2. 均匀性与各向同性的假设

假定物体内部各点处以及每一点处各个方向上的物理性质相同。这样，物体的弹性常数（弹性模量、泊松系数等）和塑性常数将不随坐标的位置和方向而变化。虽然金属材料的晶体结构呈各向异性，但通常上述物理量是指某种统计平均值，所以金属材料一般不违背这个假设。对于木材、岩土材料等则要考虑限制条件。

3. 力学模型的简化假设

(1) 完全弹性假设：假定除去引起物体变形的外力后，物体能够完全恢复原状，而不留下任何残余变形，并假定材料服从虎克定律，即应力与应变呈线性关系，加载与卸载规律相同，这就保证了应力与应变的一一对应关系，这就是材料力学与线性弹性力学（以下我们所学习的弹性力学）中所采用的完全弹性体力学模型。

(2) 弹塑性假设：当物体除去外载而产生永久变形，不能恢复原状，此时材料呈塑性状态，加载与卸载的规律不一样，同时应力应变关系曲线是非线性的。由于上述问题的复杂性，在塑性力学中将分别作各种理想化的弹塑性模型假设，关于这方面的假设以及塑性力学中的附加假设将在专门章节中再给予介绍。

二、几何假设 —— 小变形条件

假定物体在受力以后，体内的位移和变形是微小的，即体内各点位移都远远小于物体的原始尺寸，而且应变（包括线应变与角应变）均远远小于1。这一假定，使在建立弹塑性体变形以后的平衡方程时，可以不考虑力作用方向的改变；在研究变形和位移时可以略去应变的高阶微量，即略去二次及二次以上的幂次项，从而使得平衡条件与几何变形线性化。需要说明的是：一般工程设计中塑性变形的产生应限制在弹性变形的相同量级，因此上述小变形条件在塑性力学中依然是有效的。

物体的变形如果是完全弹性的，但不服从虎克定律，即物理非线性；或者不服从小变形条件，所谓大变形几何非线性问题，统属于非线性弹性力学研究的范畴。其中物理非线性问题与塑性力学稍有联系，但均不属于本课程的学习内容。

第三节　弹塑性力学的发展概况

可以认为,关于弹塑性力学的研究是由英国科学家虎克(Hooke R)于1678年提出的固体材料的弹性变形和所受外力成正比的虎克定律开始的。

19世纪20年代,法国科学家纳维叶(Navier C L M H)、柯西(Cauchy A L)和圣维南(Saint Venant A J C B)等建立了数学弹性理论,他们正确地给出了应变、应变分量、应力、应力分量的概念,建立了变形体的平衡微分方程、几何变形方程、变形协调方程,以及各向同性材料和各向异性材料的弹性应力应变关系(即广义虎克定律),从而奠定了弹性力学的理论基础。

关于固体材料塑性变形的研究是法国科学家库伦(Corlomb C A)于1773年研究土力学中土壤的剪断裂时,提出了最大剪应力理论开始的。屈雷斯卡(Tresca H)又把最大剪应力理论引用到了金属的塑性变形研究中,并于1864年提出了最大剪应力屈服条件。但塑性力学的理论基础则是由圣维南和莱维(Levy M)在一个多世纪前所奠定的。圣维南认为在材料的塑性变形中,最大剪应力和最大剪应变增量方向应当一致。基于这一认识,莱维于1871年将塑性应力应变关系由二维推广到了三维情况。波兰力学家胡勃(Houber M T)在1904年提出了材料的形状改变比能理论,米塞斯(Von Mises R)于1913年进一步提出了应变能屈服条件,并独立地提出了和莱维相同的塑性应变增量与应力关系的表达式。此后,1924年普朗特(Prandtl L)和1930年罗伊斯(Reuss A)提出了包括弹性应变增量部分的三维塑性应变增量和应力关系的表达式。这就是塑性力学中的增量理论。尤其值得重视的是:在这个时期内进行了复杂应力状态下塑性变形规律的第一批系统的实验研究。此外,塑性力学也开始有成效地应用到工程技术中去了。在此同时,享奇(Hencky H)、纳戴(Nadai A L)和伊留申(Иицющин A A)等建立和发展了塑性力学应力应变关系的形变理论,即全量理论。至此,弹塑性力学的基本理论框架得以确立,并被广泛地应用于解决工程实际问题。在实际应用的过程中,弹塑性力学在理论方面建立了许多重要概念、法则和原理,给出了求解问题的方法,并得到了进一步的发展。

第二章　应力理论·应变理论

第一节　应力的概念·应力状态的概念

若一物体受到外力 $P_1,P_2,\cdots,P_n$ 的作用，它必然产生变形，即其形状或尺寸会发生变化，同时物体内各部分之间将产生相互平衡的内力（附加内力）。现假想用一个平面 K，将物体截开分成两部分，如图 2-1 所示。显然，这两部分将通过 K 截面有分布内力的相互作用。

一般情况下，物体通过不同截面所传递的内力是不同的，即使在同一截面（如 K 截面）上，各点处所传递的内力也是不相同的。换句话说，就是在同一截面上各点处的分布内力有强弱之分和方向之别。

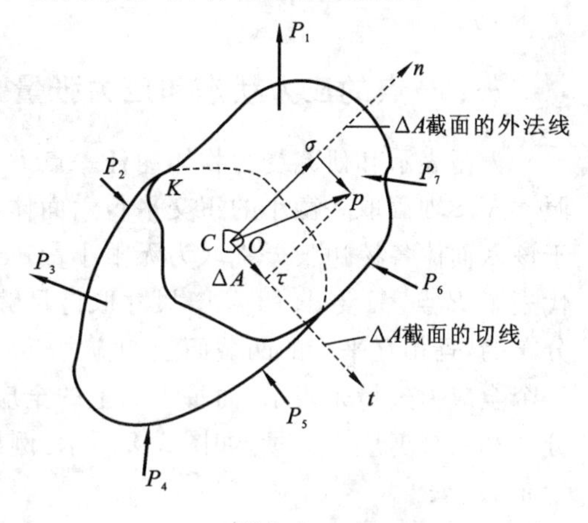

图 2-1

现考察位于 K 截面上的一点 C，由于已假定物体内部的每一处都被材料所充满，故可在 C 点处周围附近取一微小面积 ΔA，并以 ΔF 表示通过 ΔA 面积传递的内力合力，则内力在 ΔA 面积上的平均集度为 $\Delta F/\Delta A$。如令 ΔA 无限缩小而趋于零，则过该点这一微截面上的内力分布集度 —— 应力为

$$\lim_{\Delta A\to 0}\frac{\Delta \boldsymbol{F}}{\Delta A}=\frac{\mathrm{d}\boldsymbol{F}}{\mathrm{d}A}=\boldsymbol{p} \tag{2-1}$$

这个极限矢量 $\boldsymbol{p}$ 就是物体在 K 截面上 C 点处的应力。它反映了物体 K 截面上分布内力在 C 点处的集中程度。由于 ΔA 为标量，故 p 的方向与 ΔF 的极限方向一致。

应力 p 通常称为受力物体某截面上某点处的**全应力**（也称**合应力**）。应力的产生同物体的变形密切相关，为了将应力同物体的变形和材料的强度直接相关，我们总是将全应力 p 在该点该截面上分解为一个与截面外法线相平行的法向分量和一个与截面相切的切向分量。我们将指向与外法线相平行的应力分量称为**正应力**，用希腊字母 σ 来表示；而将指向与截面相平行的应力分量称为**剪应力**，用希腊字母 τ 来表示。若将 K 截面上 C 点处微小面积 ΔA 的内力合力 ΔF 分解为法向分量 ΔF_n 和切向分量 ΔF_t（为了图件的清晰，在图 2-1 中未标明），则同样道理，我们可将 C 点处 K 截面上的正应力分量 σ 和剪应力分量 τ 分别表示为

$$\left.\begin{aligned}\sigma&=\lim_{\Delta A\to 0}\frac{\Delta F_n}{\Delta A}=\frac{\mathrm{d}F_n}{\mathrm{d}A}=\sigma_n\\ \tau&=\lim_{\Delta A\to 0}\frac{\Delta F_t}{\Delta A}=\frac{\mathrm{d}F_t}{\mathrm{d}A}=\tau_{nt}\end{aligned}\right\} \tag{2-2}$$

综上所述，当我们谈及一个应力时，不仅要说明该应力分量是受力物体内哪一点处的应力，而且还要表明该应力是作用在该点的哪一个截面上，其指向又同那个方向平行的。为了表明以上情况，我们给应力分量符号两个下角标字母记号，第一个字母表明该应力作用截面的外法线方向同哪一个坐标轴相平行，第二个字母表明该应力的指向同哪个坐标轴相平行。由于表

示正应力分量符号的两个下角标字母总是相同的，故缩记为一个字母表明这两层含义。如图2-1和式(2-2)中的σ_n和τ_{nt}就分别表示受力物体内C点处外法线为n的dA微截面上的、且指向与外法线n相平行的正应力分量和指向与t方向相平行的剪应力分量。

在上述讨论中，过C点的K微截面是任选的。显然，过C点我们还可以截取无限多个不同方位的这样的K平截面，或者说过C点有无限多个连续变化的n方向。过受力物体内同一点处不同微截面上的应力是不同的，但它们都反映表征的是同一点处的受力状态。我们定义，**受力物体内某点处所取无限多截面上的应力情况的总和，就显示和表明了该点的应力状态。**

此外，应力及其分量的量纲为［力］［长度］$^{-2}$，当采用国际单位制(SI制)时，其单位为牛(顿)/平方米(N/m^2)，称为帕斯卡(Pascal)，简称为帕(Pa)。工程上常用兆帕(MPa)和吉帕(GPa)表示应力的大小。

第二节　一点应力状态的应力分量转换方程

一、一点的应力状态和应力张量

为了表示和研究受力物体内任一点P处的应力状态，我们建立$Oxyz$坐标系，在P点处参照x、y、z轴截取一微小的正交平行六面体，其六个截面的外法线方向分别平行于x、y、z轴，由于该六面体各棱边长分别取为无限小量dx，dy，dz，因此该六面体单元(也称单元体)就反映和代表了P点。只要dx，dy，dz尺寸取得足够小，就可近似地认为单元体各截面上的应力是均匀分布的，且相互平行的两截面上的应力近似相同。于是各截面上的应力便可用在各截面中心的一个全应力矢量来表示。而每个面上的全应力矢量又可参照x、y、z轴方向分解为一个正应力分量和两个剪应力分量，如图2-2所示。例如P点单元体的与y轴垂直的右端平面上有应力分量σ_y，τ_{yx}，τ_{yz}。

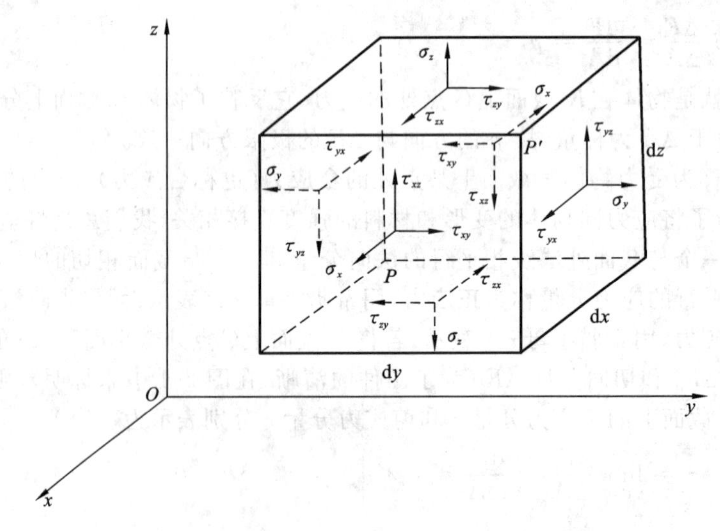

图2-2

为了以后研究方便，对应力分量的正负号特做如下规定：单元体截面外法线的指向与坐标轴正方向一致的截面称为正截面，与坐标轴负向一致的截面称为负截面。正截面上应力分量指向同坐标轴正方向一致者为正，反之为负；负截面上应力分量指向同坐标轴负方向一致者为正，反之为负。按此规定，图2-2中单元体所有各截面上所标明的应力分量都为正。

由图 2-2 可知，表明 P 点的应力状态只需一组应力分量，即 3 个正应力 $\sigma_x,\sigma_y,\sigma_z$ 和 6 个剪应力 $\tau_{xy},\tau_{yx},\tau_{yz},\tau_{zy},\tau_{zx},\tau_{xz}$（根据剪应力互等定理知：$\tau_{xy}=\tau_{yx},\tau_{yz}=\tau_{zy},\tau_{zx}=\tau_{xz}$），于是表示一点应力状态只需 6 个独立的应力分量。但若再参照另一坐标系 $Ox'y'z'$ 围绕 P 点截取另一方位不同的微小六面体单元表示该点，则该点的应力状态也可用另一组 6 个独立应力分量来表示，即 $\sigma_{x'},\sigma_{y'},\sigma_{z'},\tau_{x'y'}=\tau_{y'x'},\tau_{y'z'}=\tau_{z'y'},\tau_{z'x'}=\tau_{x'z'}$。因此，我们认识到，物体内任一点的应力状态，可用一组 9 个应力分量来表示，在给定受力情况下，各应力分量的大小与坐标轴方位的选择有关，但它们作为一组应力分量这样一个整体，用来表示一点的应力状态这一物理量，则与坐标的选择无关。**数学上，在坐标变换时，服从一定坐标变换式的九个数所定义的量，叫做二阶张量。根据这一定义，物体内一点处的应力状态可用二阶张量的形式来表示，并称为应力张量，而各应力分量即为应力张量的元素，且由剪应力等定理知，应力张量应是一个对称的二阶张量。应力张量通常表示为 $\boldsymbol{\sigma}_{ij}$ 或 $\boldsymbol{\sigma}_{i'j'}$，即**

$$\sigma_{ij}=\begin{bmatrix}\sigma_x & \tau_{xy} & \tau_{xz}\\ \tau_{yx} & \sigma_y & \tau_{yz}\\ \tau_{zx} & \tau_{zy} & \sigma_z\end{bmatrix} \quad 或 \quad \sigma_{i'j'}=\begin{bmatrix}\sigma_{x'} & \tau_{x'y'} & \tau_{x'z'}\\ \tau_{y'x'} & \sigma_{y'} & \tau_{y'z'}\\ \tau_{z'x'} & \tau_{z'y'} & \sigma_{z'}\end{bmatrix} \tag{2-3}$$

式(2-3) 中有 $i,j=x,y,z$ 和 $i',j'=x',y',z'$。显然，当应力张量 σ_{ij} 和 $\sigma_{i'j'}$ 表征的是同一点的同一应力状态时，σ_{ij} 和 $\sigma_{i'j'}$ 之间就必然有一种客观存在的联系。一旦这一关系确定了，我们就能利用这一关系由已知的一组应力分量 σ_{ij} 去求出另一组应力分量 $\sigma_{i'j'}$。因此，我们可以毫不夸张地说，当已知一点应力状态的 6 个独立的应力分量时，该点的应力状态就完全被确定了。

二、应力分量转换方程

1. 任意斜截面上的应力

设 O 为受力物体内任意一点，且已知该点的一组六个独立应力分量 $\sigma_x,\sigma_y,\sigma_z,\tau_{xy},\tau_{yz},\tau_{zx}$。为了求过 O 点外法线为 n 的任一斜截面上的应力，我们在 O 点处截取一个微小的四面体单元，如图 2-3 所示。其中 OAB、OBC、OCA 三截面的外法线分别与 z,x,y 轴相平行。而 ABC 斜截面是与外法线为 n 的斜截面相平行，且是与 O 点间距无限小的平面，则当 ABC 面趋近于 O 点时，ABC 面上的应力就近似等于过 O 点外法线为 n 的斜截面上的应力，也就是说，该斜截面上的应力可用已知应力分量 σ_x，$\sigma_y,\sigma_z,\tau_{xy},\tau_{yz},\tau_{zx}$ 来表示。

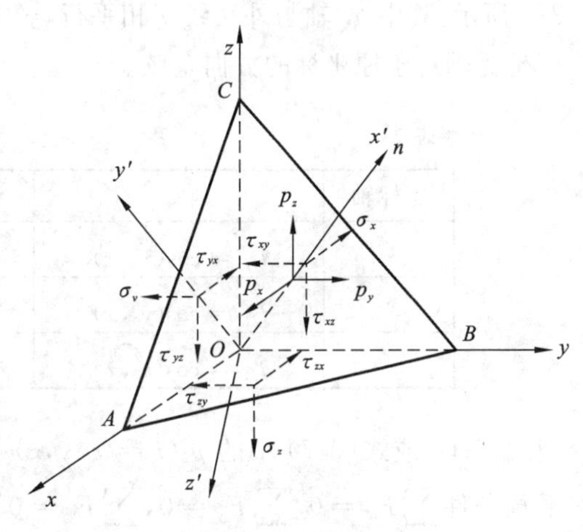

图 2-3

假定不计体力，且斜截面外法线 n 的方向余弦分别为

$$\cos(\widehat{n,x})=l_1;\quad \cos(\widehat{n,y})=l_2;\quad \cos(\widehat{n,z})=l_3 \tag{2-4}$$

若令斜截面 ABC 的面积为单位 1，则三角形截面 OBC、OAC、OAB 的面积分别为

$$1\times\cos(\widehat{n,x})=l_1;\quad 1\times\cos(\widehat{n,y})=l_2;\quad 1\times\cos(\widehat{n,z})=l_3 \tag{2-5}$$

如 ABC 面上的全应力为 p，其沿坐标轴方向的分量分别用 p_x,p_y,p_z 表示。于是由微小四面体单元的平衡条件 $\sum F_x=0,\sum F_y=0,\sum F_z=0$，得

$$
\left.\begin{aligned}
p_x &= \sigma_x l_1 + \tau_{xy} l_2 + \tau_{xz} l_3 \\
p_y &= \tau_{yx} l_1 + \sigma_y l_2 + \tau_{yz} l_3 \\
p_z &= \tau_{zx} l_1 + \tau_{zy} l_2 + \sigma_z l_3
\end{aligned}\right\} \tag{2-6}
$$

上式如按下标记号法及求和约定(详见附录 I) 可缩记为

$$
p_i = \sigma_{ij} n_j \quad (i, j = x, y, z) \tag{2-7}
$$

式中 n_j 为斜截面 ABC 的外法线 n 与 j 轴间夹角的方向余弦 $\cos(\widehat{n, j})$,则有 $n_x = l_1, n_y = l_2, n_z = l_3$。

从式(2-7) 可见,张量符号与下标记号法及求和约定,使冗长的弹塑性力学公式变得简明醒目。这种表示方法在科技文献中已被广泛采用,因此,我们应当熟悉这种标记法。

根据式(2-6) 可分别求得微斜截面 ABC 上的正应力 σ_n 和剪应力 τ_n

$$
\sigma_n = \sigma_{x'} = p_x l_1 + p_y l_2 + p_z l_3 \tag{2-8}
$$

$$
\tau_n = (p_x^2 + p_y^2 + p_z^2 - \sigma_n^2)^{\frac{1}{2}} = (p^2 - \sigma_n^2)^{\frac{1}{2}} \tag{2-9}
$$

而式(2-9) 中的 p 为全应力,即

$$
p^2 = p_x^2 + p_y^2 + p_z^2 \tag{2-10}
$$

2. 应力分量转换方程

以上讨论的是已知 σ_{ij} 的 6 个独立应力分量,如何确定过该点外法线为 n 的任意斜截面上的正应力 σ_n 和剪应力 τ_n。如果我们参照另一坐标系 $Ox'y'z'$ 过该点截出一单元体,则得应力张量 $\sigma_{i'j'}$。现在的问题是已知 σ_{ij} 如何求出 $\sigma_{i'j'}$。为此,我们另设立一个新的坐标系 $Ox'y'z'$,如图 2-3 所示。其中 x' 轴与外法线 n 相平行,y' 和 z' 轴与 n 相垂直,并用表 2-1 所示符号表示三个新坐标轴对于原坐标的方向余弦。

表 2-1

坐标轴	x	y	z
x'	$l_{11} = \cos(\widehat{x', x})$	$l_{12} = \cos(\widehat{x', y})$	$l_{13} = \cos(\widehat{x', z})$
y'	$l_{21} = \cos(\widehat{y', x})$	$l_{22} = \cos(\widehat{y', y})$	$l_{23} = \cos(\widehat{y', z})$
z'	$l_{31} = \cos(\widehat{z', x})$	$l_{32} = \cos(\widehat{z', y})$	$l_{33} = \cos(\widehat{z', z})$

把式(2-6) 或式(2-7) 中的 $p_i (i = x, y, z)$ 再分别沿 x'、y'、z' 轴分解,并根据该四面体单元的平衡条件 $\sum F_x = 0, \sum F_y = 0, \sum F_z = 0$ 和剪应力互等定理,得斜截面 ABC 上的正应力 $\sigma_{x'}$,剪应力 $\tau_{x'y'}$ 和 $\tau_{x'z'}$ 分别为

$$
\begin{aligned}
\sigma_{x'} &= p_x l_{11} + p_y l_{12} + p_z l_{13} \\
&= \sigma_x l_{11} l_{11} + \tau_{xy} l_{11} l_{12} + \tau_{xz} l_{11} l_{13} + \tau_{yx} l_{12} l_{11} + \sigma_y l_{12} l_{12} + \tau_{yz} l_{12} l_{13} + \\
&\quad \tau_{zx} l_{13} l_{11} + \tau_{zy} l_{13} l_{12} + \sigma_z l_{13} l_{13} \\
&= \sigma_x l_{11}^2 + \sigma_y l_{12}^2 + \sigma_z l_{13}^2 + 2\tau_{xy} l_{11} l_{12} + 2\tau_{yz} l_{12} l_{13} + 2\tau_{zx} l_{13} l_{11}
\end{aligned} \tag{2-11}
$$

$$
\begin{aligned}
\tau_{x'y'} &= p_x l_{21} + p_y l_{22} + p_z l_{23} \\
&= \sigma_x l_{11} l_{21} + \tau_{xy} l_{11} l_{22} + \tau_{xz} l_{11} l_{23} + \tau_{yx} l_{12} l_{21} + \sigma_y l_{12} l_{22} + \\
&\quad \tau_{yz} l_{12} l_{23} + \tau_{zx} l_{13} l_{21} + \tau_{zy} l_{13} l_{22} + \sigma_z l_{13} l_{23} \\
&= \sigma_x l_{11} l_{21} + \sigma_y l_{12} l_{22} + \sigma_z l_{13} l_{23} + \tau_{xy} (l_{11} l_{22} + l_{12} l_{21}) +
\end{aligned}
$$

$$\tau_{yz}(l_{12}l_{23}+l_{13}l_{22})+\tau_{zx}(l_{13}l_{21}+l_{11}l_{23}) \tag{2-12}$$

$$\begin{aligned}\tau_{x'z'} &= p_x l_{31}+p_y l_{32}+p_z l_{33}\\ &=\sigma_x l_{11}l_{31}+\sigma_y l_{12}l_{32}+\sigma_z l_{13}l_{33}+\tau_{xy}(l_{11}l_{32}+l_{12}l_{31})+\\ &\quad\tau_{yz}(l_{12}l_{33}+l_{13}l_{32})+\tau_{zx}(l_{13}l_{31}+l_{11}l_{33})\end{aligned} \tag{2-13}$$

用同样的方法，不难求得当任一斜截面外法线n与y'和z'轴相重合时的应力分量，也就是已知受力物体内某点的一组应力分量$\sigma_x,\sigma_y,\sigma_z,\tau_{xy},\tau_{yz},\tau_{zx}$就可以通过一组方程求得该点的另一组应力分量$\sigma_{x'},\sigma_{y'},\sigma_{z'},\tau_{x'y'},\tau_{y'z'},\tau_{z'x'}$，将这组应力转换方程写出即为

$$\left.\begin{aligned}\sigma_{x'} &= \sigma_x l_{11}^2+\sigma_y l_{12}^2+\sigma_z l_{13}^2+2\tau_{xy}l_{11}l_{12}+2\tau_{yz}l_{12}l_{13}+2\tau_{zx}l_{13}l_{11}\\ \sigma_{y'} &= \sigma_x l_{21}^2+\sigma_y l_{22}^2+\sigma_z l_{23}^2+2\tau_{xy}l_{21}l_{22}+2\tau_{yz}l_{22}l_{23}+2\tau_{zx}l_{23}l_{21}\\ \sigma_{z'} &= \sigma_x l_{31}^2+\sigma_y l_{32}^2+\sigma_z l_{33}^2+2\tau_{xy}l_{31}l_{32}+2\tau_{yz}l_{32}l_{33}+2\tau_{zx}l_{33}l_{31}\\ \tau_{x'y'} &= \sigma_x l_{11}l_{21}+\sigma_y l_{12}l_{22}+\sigma_z l_{13}l_{23}+\tau_{xy}(l_{11}l_{22}+l_{12}l_{21})+\\ &\quad\tau_{yz}(l_{12}l_{23}+l_{13}l_{22})+\tau_{zx}(l_{13}l_{21}+l_{11}l_{23})\\ \tau_{y'z'} &= \sigma_x l_{21}l_{31}+\sigma_y l_{22}l_{32}+\sigma_z l_{23}l_{33}+\tau_{xy}(l_{21}l_{32}+l_{22}l_{31})+\\ &\quad\tau_{yz}(l_{22}l_{33}+l_{23}l_{32})+\tau_{zx}(l_{23}l_{31}+l_{21}l_{33})\\ \tau_{z'x'} &= \sigma_x l_{31}l_{11}+\sigma_y l_{32}l_{12}+\sigma_z l_{33}l_{13}+\tau_{xy}(l_{31}l_{12}+l_{32}l_{11})+\\ &\quad\tau_{yz}(l_{32}l_{13}+l_{33}l_{12})+\tau_{zx}(l_{33}l_{11}+l_{31}l_{13})\end{aligned}\right\} \tag{2-14}$$

若采用张量符号，并按下标记号法及求和约定，式(2-14)可缩写为

$$\sigma_{i'j'}=\sigma_{ij}l_{i'i}l_{j'j} \tag{2-15}$$

显然式(2-15)所表明的法则，同样也适用于其他的二阶张量。

当受力物体内某点A处于平面应力状态(若应力作用线均位于xOy坐标平面内，则该点的已知6个独立应力分量分别为$\sigma_x\neq0,\sigma_y\neq0,\sigma_z=0,\tau_{xy}\neq0,\tau_{yz}=0,\tau_{zx}=0$)时，我们来讨论同$z$轴平等的一系列斜截面上的应力分量的求解。

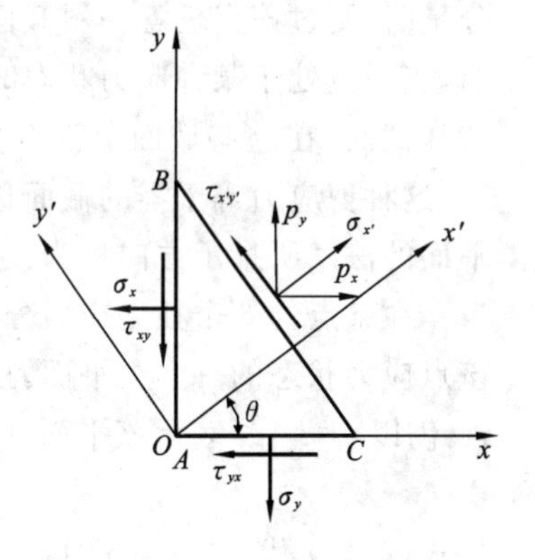

图 2-4

设过A点的任一斜截面BC(BC截面无限趋近于A点)的外法线与x'轴方向重合，如图2-4所示，且z'轴与z轴重合，则坐标轴x',y',z'分别相对于原坐标轴x,y,z的夹角的方向余弦如表2-2所示。

表 2-2

坐标轴	x	y	z
x'	$l_{11}=\cos\theta$	$l_{12}=\sin\theta$	$l_{13}=0$
y'	$l_{21}=-\sin\theta$	$l_{22}=\cos\theta$	$l_{23}=0$
z'	$l_{31}=0$	$l_{32}=0$	$l_{33}=\cos0^\circ=1$

则由公式(2-14)或式(2-15)得该斜截面上的应力分量分别为

$$
\left.\begin{aligned}
\sigma_\theta &= \sigma_{x'} = \sigma_x\cos^2\theta + \sigma_y\sin^2\theta + 2\tau_{xy}\sin\theta\cos\theta \\
&= \frac{\sigma_x+\sigma_y}{2} + \frac{\sigma_x-\sigma_y}{2}\cos2\theta + \tau_{xy}\sin2\theta \\
\tau_\theta &= \tau_{x'y'} = \tau_{xy}(\cos^2\theta - \sin^2\theta) + (\sigma_y-\sigma_x)\sin\theta\cos\theta \\
&= -\frac{\sigma_x-\sigma_y}{2}\sin2\theta + \tau_{xy}\cos2\theta \\
\tau_{x'z'} &= 0
\end{aligned}\right\} \tag{2-16}
$$

式(2-16)中的 θ 以 x 轴正方向为起始线,逆时针取为正,顺时针取为负。式(2-16)就是平面应力状态的应力分量转换方程,将式(2-16)同材料力学中关于平面应力分析中推导的结果进行对比时,应注意两者关于剪应力正负号规则的差异。我们必须指出,弹塑性力学与材料力学关于剪应力符号的规则是各不相同的,在应用各自的相关理论公式时,应严格区分开。特别必须注意在使用应力圆时应以材料力学中的应力符号规则为准。

第三节　一点应力状态的主应力·应力主方向·应力张量不变量

若受力物体内某点处于三维空间应力状态,由式(2-14)可看出,当已知该点6个独立应力分量时,则过该点任意一斜截面上的应力分量,是该截面外法线方向余弦的函数。现在可以证明,当一点处于某种应力状态时,在过该点的所有截面中,一般情况下存在着三个互相垂直的特殊截面,在这些截面上没有剪应力,也即这些截面上的全应力总是与该截面的法线方向平行。这种剪应力等于零的截面称为过该点的**主平面**,主平面上的正应力称为该点的**主应力**,主平面的法线所指示方向称为该点的**主方向**。

在某点的6个独立应力分量 $\sigma_x,\sigma_y,\sigma_z,\tau_{xy},\tau_{yz},\tau_{zx}$ 已知,并假定图2-3中斜截面 ABC 就是该点应力状态的一个主平面。根据主平面的定义,则此面上的全应力 p 就是该面上的主应力 σ_n。仍以 l_1,l_2,l_3 表示该平面外法线 n 同 x,y,z 坐标轴夹角的方向余弦,则得

$$
p_x = \sigma_n l_1;\qquad p_y = \sigma_n l_2;\qquad p_z = \sigma_n l_3 \tag{2-17}
$$

将式(2-17)代入式(2-6)得

$$
\left.\begin{aligned}
\sigma_n l_1 &= \sigma_x l_1 + \tau_{xy} l_2 + \tau_{xz} l_3 \\
\sigma_n l_2 &= \tau_{yx} l_1 + \sigma_y l_2 + \tau_{yz} l_3 \\
\sigma_n l_3 &= \tau_{zx} l_1 + \tau_{zy} l_2 + \sigma_z l_3
\end{aligned}\right\} \tag{2-18}
$$

或改写为

$$
\left.\begin{aligned}
(\sigma_x-\sigma_n) l_1 + \tau_{xy} l_2 + \tau_{xz} l_3 &= 0 \\
\tau_{yx} l_1 + (\sigma_y-\sigma_n) l_2 + \tau_{yz} l_3 &= 0 \\
\tau_{zx} l_1 + \tau_{zy} l_2 + (\sigma_z-\sigma_n) l_3 &= 0
\end{aligned}\right\} \tag{2-19}
$$

或缩记为

$$
(\sigma_{ij} - \delta_{ij}\sigma_n) l_j = 0 \tag{2-20}
$$

上式中 δ_{ij} 称为**克罗尼克尔(Keonecker)符号**,定义为

$$
\delta_{ij} = \begin{cases} 1,当\ i=j\ 时 \\ 0,当\ i\neq j\ 时 \end{cases} \tag{2-21}
$$

式(2-19)、式(2-20)是一个求 l_1,l_2,l_3 的线性齐次方程组,三个方向余弦之间必有以下关系

$$l_1^2 + l_2^2 + l_3^2 = 1 \quad 或写为 \quad l_j l_j = 1 \tag{2-22}$$

也即 l_1, l_2, l_3 不会同时等于零。所以，只有在式(2-19)中令系数行列式等于零，该式才能成立。故有

$$\begin{vmatrix} \sigma_x - \sigma_n & \tau_{xy} & \tau_{xz} \\ \tau_{yx} & \sigma_y - \sigma_n & \tau_{yz} \\ \tau_{zx} & \tau_{zy} & \sigma_z - \sigma_n \end{vmatrix} = 0 \tag{2-23}$$

展开此行列式，并整理，即得到一个求 σ_n 的一元三次方程

$$\begin{aligned} &\sigma_n^3 - (\sigma_x + \sigma_y + \sigma_z)\sigma_n^2 - (-\sigma_x\sigma_y - \sigma_y\sigma_z - \sigma_z\sigma_x + \tau_{xy}^2 + \tau_{yz}^2 + \tau_{zx}^2)\sigma_n - \\ &\quad (\sigma_x\sigma_y\sigma_z + 2\tau_{xy}\tau_{yz}\tau_{zx} - \sigma_x\tau_{yz}^2 - \sigma_y\tau_{zx}^2 - \sigma_z\tau_{xy}^2) = 0 \end{aligned} \tag{2-24}$$

或写为

$$\sigma_n^3 - I_1\sigma_n^2 - I_2\sigma_n - I_3 = 0 \tag{2-25}$$

上式中，

$$\left.\begin{aligned} &I_1 = \sigma_x + \sigma_y + \sigma_z = \sigma_{ii} \\ &I_2 = -\sigma_x\sigma_y - \sigma_y\sigma_z - \sigma_z\sigma_x + \tau_{xy}^2 + \tau_{yz}^2 + \tau_{zx}^2 = -\frac{1}{2}(\sigma_{ii}\sigma_{jj} - \sigma_{ij}\sigma_{ji}) \\ &I_3 = \begin{vmatrix} \sigma_x & \tau_{xy} & \tau_{xz} \\ \tau_{yx} & \sigma_y & \tau_{yz} \\ \tau_{zx} & \tau_{zy} & \sigma_z \end{vmatrix} = \sigma_x\sigma_y\sigma_z + 2\tau_{xy}\tau_{yz}\tau_{zx} - \sigma_x\tau_{yz}^2 - \sigma_y\tau_{zx}^2 - \sigma_z\tau_{xy}^2 = |\sigma_{ij}| \end{aligned}\right\} \tag{2-26}$$

三次方程(2-25)称为此应力状态的**特征方程**，解之可得出 σ_n 的三个根。可以证明它们都是实数根，即为该点应力状态的三个主应力，分别用 $\sigma_1, \sigma_2, \sigma_3$ 表示。一般情况下，三个主应力的次序按其代数值的大小来排列，即 $\sigma_1 \geqslant \sigma_2 \geqslant \sigma_3$。

求得主应力的数值后，可分别将它们代回式(2-19)，每代入一个主应力，即可由式(2-19)和式(2-22)求得该主应力所在方向(三个主方向之一)的三个方向余弦。于是一点应力状态的三个主方向便可以确定。我们还可以进一步证明三个主方向是彼此正交的①。

由以上推导知，当受力物体内一点的应力状态确定后，该点必有且只有三个主应力 $\sigma_1, \sigma_2, \sigma_3$，它们彼此作用在过该点的三个彼此正交的截面(主平面)上，三个主应力方向也彼此正交。当坐标系变换时，虽然每个应力分量都将随之改变，但这一点的应力状态已经确定，是不会变化的，也就是说，过该点任一斜截面上应力的客观性不会发生改变。当然，该点的三个主应力大小及指向也不会随坐标系的改变而产生变化。因此，方程(2-25)中的三个系数 I_1, I_2, I_3 也必与坐标系的选择无关，它们是不变量，并分别称为**第一、第二、第三应力张量的不变量**，简称为**应力不变量**。

如果坐标轴选择恰与三个主方向相重合，则应力不变量还可表示为

$$\left.\begin{aligned} &I_1 = \sigma_1 + \sigma_2 + \sigma_3 \\ &I_2 = -\sigma_1\sigma_2 - \sigma_2\sigma_3 - \sigma_3\sigma_1 \\ &I_3 = \sigma_1\sigma_2\sigma_3 \end{aligned}\right\} \tag{2-27}$$

当一点处于平面应力状态时，如图 2-4 所示，则知过该点的 ABC 截面上无应力作用。显然，据以上讨论知该截面即为一主平面，且主应力大小为零，z 轴或 z' 轴即为一主方向。而该点的另外两个主应力和主方向只需在过该点同 z 轴相平行的一系列截面(该截面在 xOy 平面内

① 关于主应力都是实数根、主方向互相垂直以及主应力极值的性质的详细证明，可参见王龙甫编《弹性理论》§ 2-5。

的投影为一条线）中去确定，也即在 xOy 平面中去寻找和确定。

由公式(2-16)中的 σ_θ 式，并令 $\mathrm{d}\sigma_\theta/\mathrm{d}\theta=0$，就可求得正应力取极值的截面的方位角

$$\frac{\mathrm{d}\sigma_\theta}{\mathrm{d}\theta}=-(\sigma_x-\sigma_y)\sin2\theta+2\tau_{xy}\cos2\theta=0 \tag{2-28}$$

满足式(2-28)的 θ 用 θ_0 表示，则有

$$\tan2\theta_0=\frac{2\tau_{xy}}{\sigma_x-\sigma_y} \tag{2-29}$$

显然满足式(2-29)的角度 θ_0 有两个，且彼此正交。将这两个 θ_0 分别代入式(2-16)的第一式，就可推导出由这两个主应力方向所确定的主平面上的两个主应力为

$$\begin{matrix}\sigma_{\max}\\ \sigma_{\min}\end{matrix}=\frac{\sigma_x+\sigma_y}{2}\pm\sqrt{\left(\frac{\sigma_x-\sigma_y}{2}\right)^2+\tau_{xy}^2} \tag{2-30}$$

而另一主应力已知为零。

例 2-1 已知一点的应力状态为以下一组应力分量所确定，即 $\sigma_x=3,\sigma_y=0,\sigma_z=0,\tau_{xy}=1,\tau_{yz}=2,\tau_{zx}=1$，应力单位为 MPa。试求该点的主应力值。

解 由式(2-26)得 $I_1=3,I_2=6,I_3=-8$，代入式(2-25)后得

$$\sigma_n^3-3\sigma_n^2-6\sigma_n+8=0$$

或

$$(\sigma_n-4)(\sigma_n-1)(\sigma_n+2)=0$$

故主应力分别为 $\sigma_1=4,\sigma_2=1,\sigma_3=-2$。

例 2-2 在物体内某点，确定其应力状态的一组应力分量为 $\sigma_x=0,\sigma_y=0,\sigma_z=0,\tau_{xy}=0,\tau_{yz}=3a,\tau_{zx}=4a$，且 $a>0$，如图 2-5 所示。试求该点的主应力和主方向，并证明主方向彼此正交。

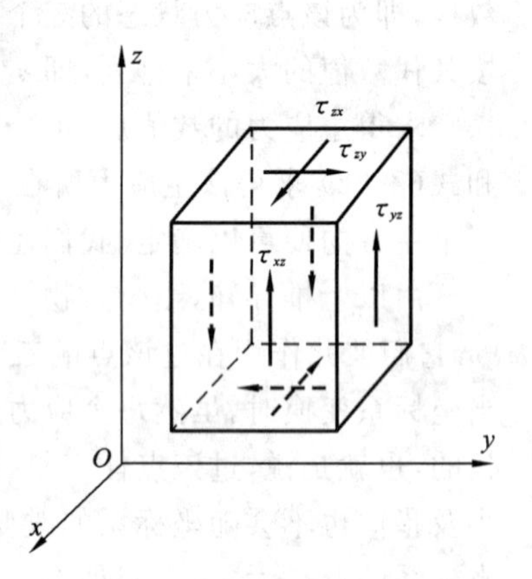

图 2-5

解 由式(2-26)知，各应力不变量为 $I_1=0,I_2=25a^2,I_3=0$。代入式(2-25)得 $\sigma_n^3-25a^2\sigma_n=0$，也即

$$\sigma_n(\sigma_n^2-25a^2)=0 \tag{1}$$

因式分解得

$$\sigma_n(\sigma_n-5a)(\sigma_n+5a)=0 \tag{2}$$

则求得三个主应力分别为 $\sigma_1=5a,\sigma_2=0,\sigma_3=-5a$。

设主应力 σ_1 与 xyz 三个坐标轴夹角的方向余弦为 l_{11},l_{12},l_{13}。将 $\sigma_1=5a$ 及已知条件代入式(2-20)得

$$\left.\begin{aligned}-5al_{11}+4al_{13}&=0\\-5al_{12}+3al_{13}&=0\\4al_{11}+3al_{12}-5al_{13}&=0\end{aligned}\right\} \tag{3}$$

由式(3)前两式分别得

$$\frac{l_{11}}{l_{13}}=\frac{4}{5},\quad\frac{l_{12}}{l_{23}}=\frac{3}{5} \tag{4}$$

将式(4)代入式(3)最后一式，可得 $0=0$ 的恒等式。再由式(2-22)得

$$l_{13}=\frac{1}{\sqrt{\left(\frac{l_{11}}{l_{13}}\right)^2+\left(\frac{l_{12}}{l_{13}}\right)^2+1}}=\frac{1}{\sqrt{\left(\frac{4}{5}\right)^2+\left(\frac{3}{5}\right)^2+1}}=\frac{\sqrt{2}}{2}$$

则知

$$l_{11}=\frac{4l_{13}}{5}=\frac{2\sqrt{2}}{5},\quad l_{12}=\frac{3l_{13}}{5}=\frac{3\sqrt{2}}{10} \tag{5}$$

同理可求得主应力 σ_2 的方向余弦 l_{21},l_{22},l_{23} 和主应力 σ_3 的方向余弦 l_{31},l_{32},l_{33}，并且考虑到同一个主应力方向可表示成两种形式，则得

$$\sigma_1\text{ 主方向：}\left(\pm\frac{2\sqrt{2}}{5},\pm\frac{3\sqrt{2}}{10},\pm\frac{\sqrt{2}}{2}\right) \tag{6}$$

$$\sigma_2\text{ 主方向：}\left(\pm\frac{3}{5},\mp\frac{4}{5},0\right) \tag{7}$$

$$\sigma_3\text{ 主方向：}\left(\mp\frac{2\sqrt{2}}{5},\mp\frac{3\sqrt{2}}{10},\pm\frac{\sqrt{2}}{2}\right) \tag{8}$$

若取 σ_1 主方向的一组方向余弦为 $\left(\frac{2\sqrt{2}}{5},\ \frac{3\sqrt{2}}{10},\ \frac{\sqrt{2}}{2}\right)$，$\sigma_3$ 主方向的一组方向余弦为 $\left(-\frac{2\sqrt{2}}{5},-\frac{3\sqrt{2}}{10},\ \frac{\sqrt{2}}{2}\right)$，则由空间两直线垂直的条件知

$$l_{11}l_{13}+l_{12}l_{32}+l_{13}l_{33}=-\left(\frac{2\sqrt{2}}{5}\right)^2-\left(\frac{3\sqrt{2}}{10}\right)^2+\left(\frac{\sqrt{2}}{2}\right)^2=0 \tag{9}$$

由此证得 σ_1 主方向与 σ_3 主方向彼此正交。同理可证得任意两主应力方向一定彼此正交。

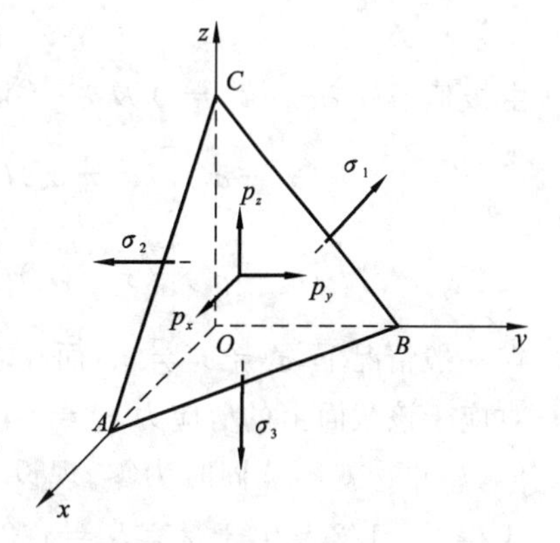

图 2-6

现在证明主应力就是正应力的极值（极大值或极小值）。设受力物体内一点 O 处应力状态 σ_{ij} 已确定。为方便讨论，可选取主方向恰为坐标轴 xyz 方向，如图 2-6 所示。关于过给定点 O 的任一微斜截面 ABC，其外法线 n 的方向余弦为 l_1，l_2，l_3，作用在该截面上的全应力为 p。显然，由式(2-6) 知全应力 p 在 xyz 三坐标轴方向上的 3 个分量分别为

$$p_x=\sigma_1 l_1,\quad p_y=\sigma_2 l_2,\quad p_z=\sigma_3 l_3 \tag{2-31}$$

再由式(2-14) 的第一式得该斜截面上的正应力 σ_n 和剪应力 τ_n 分别为

$$\sigma_n=p_x l_1+p_y l_2+p_z l_3=\sigma_1 l_1^2+\sigma_2 l_2^2+\sigma_3 l_3^2 \tag{2-32}$$

$$\begin{aligned}\tau_n^2&=p_x^2+p_y^2+p_z^2-\sigma_n^2\\&=(\sigma_1 l_1)^2+(\sigma_2 l_2)^2+(\sigma_3 l_3)^2-(\sigma_1 l_1^2+\sigma_2 l_2^2+\sigma_3 l_3^2)^2\end{aligned} \tag{2-33}$$

考虑到关系式：$l_1^2+l_2^2+l_3^2=1$，则可将式(2-32) 分别写成只含有两个方向余弦的形式，这 3 个形式如下式所示

$$\left.\begin{aligned}\sigma_n&=\sigma_1-(\sigma_1-\sigma_2)l_2^2-(\sigma_1-\sigma_3)l_3^2\\\sigma_n&=(\sigma_1-\sigma_2)l_1^2+\sigma_2-(\sigma_2-\sigma_3)l_3^2\\\sigma_n&=(\sigma_1-\sigma_3)l_1^2+(\sigma_2-\sigma_3)l_2^2+\sigma_3\end{aligned}\right\} \tag{2-34}$$

如对式(2-34)第一式取极值 $\partial\sigma_n/\partial l_2=0$ 和 $\partial\sigma_n/\partial l_3=0$，则得

$$l_1=\pm1,\quad l_2=0,\quad l_3=0 \tag{2-35}$$

将此结果代入式(2-32)，则得 σ_n 的第一个极值为 σ_1，同时由式(2-33)可知 σ_1 作用截面上的剪应力 $\tau_n=0$。

类似地由式(2-34)的第二、三式可证得 σ_n 的另外两个极值分别为 σ_2 和 σ_3。

由此可见，关于受力物体内某点的应力状态 σ_{ij}，其正应力的极值就是三个主应力，而在主应力作用平面上的剪应力必为零。

第四节　最大(最小)剪应力·空间应力圆·应力椭球

一、最大(最小)剪应力

在学习材料力学的内容中已认识到最大剪应力(也称主剪应力)的重要性，它对塑性变形有着很重要的作用。现在研究空间物体内任一点的最大(最小)剪应力的大小及其作用面的方向①。为了简便起见，假设所取坐标轴 x,y,z 与该点应力主轴方向一致，如图2-6所示。这时过该点任一斜截面上的剪应力的计算式由式(2-33)并利用 $l_1^2+l_2^2+l_3^2=1$ 的关系消去 l_3 得

$$\begin{aligned}\tau_n^2&=p_x^2+p_y^2+p_z^2-\sigma_n^2\\&=(\sigma_1l_1)^2+(\sigma_2l_2)^2+(\sigma_3l_3)^2-(\sigma_1l_1^2+\sigma_2l_2^2+\sigma_3l_3^2)^2\\&=(\sigma_1^2-\sigma_3^2)l_1^2+(\sigma_2^2-\sigma_3^2)l_2^2+\sigma_3^2-[(\sigma_1-\sigma_3)l_1^2+(\sigma_2-\sigma_3)l_2^2+\sigma_3]^2\end{aligned} \tag{2-36}$$

由极值条件 $\partial\tau_n/\partial l_1=0$ 及 $\partial\tau_n/\partial l_2=0$，得

$$\left.\begin{aligned}l_1(\sigma_1-\sigma_3)\left[(\sigma_1-\sigma_3)l_1^2+(\sigma_2-\sigma_3)l_2^2-\frac{1}{2}(\sigma_1-\sigma_3)\right]=0\\l_2(\sigma_2-\sigma_3)\left[(\sigma_1-\sigma_3)l_1^2+(\sigma_2-\sigma_3)l_2^2-\frac{1}{2}(\sigma_1-\sigma_3)\right]=0\end{aligned}\right\} \tag{2-37}$$

在一般情况下，$\sigma_1\neq\sigma_2\neq\sigma_3$，而在求 σ_n 的极值时，已知 $l_3=\pm1,l_1=l_2=0$ 为某一主平面方位，对应于该截面上的剪应力 $\tau_n=0$，显然这不是我们现在所要求的解。故要想求出 $\tau_n\neq0$ 的极值，l_1 和 l_2 就不能同时为零。现设 $l_1\neq0,l_2=0$，则式(2-37)的第二式成为恒等式，而由第一式得 $l_1^2-1/2=0$，于是有 $l_1^2=1/2$。由此得到剪应力取极值时所在微斜截面外法线的一组方向余弦值，即表2-3中的第一组解。仿此，当设 $l_1=0,l_2\neq0$ 时，可得表2-3中的第二组解。如从式(2-36)消去 l_2，重复上述作法，便得到表2-3中的第三组解。

表 2-3

l_1	0	0	±1	0	$\pm1/\sqrt{2}$	$\pm1/\sqrt{2}$
l_2	0	±1	0	$\pm1/\sqrt{2}$	0	$\pm1/\sqrt{2}$
l_3	±1	0	0	$\pm1/\sqrt{2}$	$\pm1/\sqrt{2}$	0
τ_n^2	0	0	0	$[(\sigma_2-\sigma_3)/2]^2$	$[(\sigma_3-\sigma_1)/2]^2$	$[(\sigma_1-\sigma_2)/2]^2$

① 最大剪应力的详细推证，参见王龙甫编《弹性理论》§2-6。

表 2-3 中的前三组解答表明主平面上剪应力为零,不是需要的解答;后三组解答指出,依次通过第一、第二、第三主方向轴而平分其余两个主方向轴的三组成对平面上的剪应力 τ_n 取极值(也称**主剪应力**),分别为

$$\tau_{13} = \pm \frac{\sigma_1 - \sigma_3}{2}, \quad \tau_{23} = \pm \frac{\sigma_2 - \sigma_3}{2}, \quad \tau_{12} = \pm \frac{\sigma_1 - \sigma_2}{2} \tag{2-38}$$

它们分别作用在与相应主方向成 45° 角的微截面上,如图 2-7 所示。

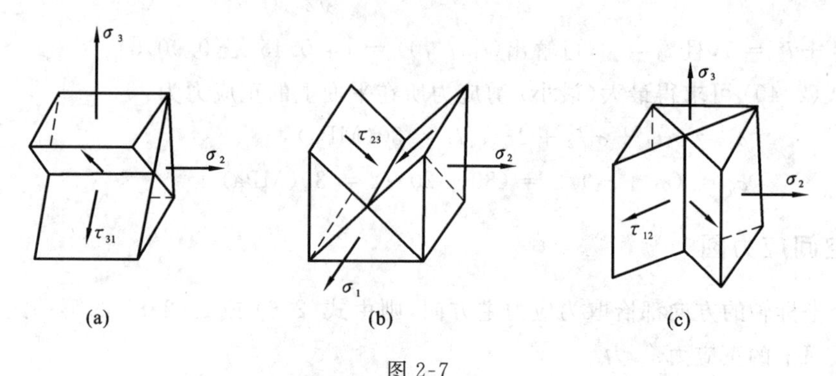

图 2-7

注:主剪应力作用截面的正应力均未标出。

因 $\sigma_1 \geqslant \sigma_2 \geqslant \sigma_3$,故**最大(最小)剪应力**值必为

$$\begin{matrix}\tau_{max} \\ \tau_{min}\end{matrix} = \pm \frac{\sigma_1 - \sigma_3}{2} \tag{2-39}$$

即等于最大主应力 σ_1 与最小主应力 σ_3 之差的一半。应当指出,在剪应力取极值的平面上一般都有正应力的作用,请参见图 2-6。将表 2-3 中的三组方向余弦值分别代入式(2-8) 和式(2-31),就可得到相应微截面上的正应力为

$$\sigma_{13} = \frac{\sigma_1 + \sigma_3}{2}, \quad \sigma_{23} = \frac{\sigma_2 + \sigma_3}{2}, \quad \sigma_{12} = \frac{\sigma_1 + \sigma_2}{2} \tag{2-40}$$

例 2-3 一受力物体内某点的应力状态为

$$\sigma_{ij} = \begin{bmatrix} 70 & 30 & 0 \\ 30 & -10 & 0 \\ 0 & 0 & 0 \end{bmatrix}$$

试求:1) 该点的主应力和主方向;2) 该点的最大(最小) 剪应力及其所在截面的外法线方位;3) 最大(最小) 剪应力所在截面上的正应力。

解 1) 主应力 σ_n 满足下述方程

$$\begin{vmatrix} 70 - \sigma_n & 30 & 0 \\ 30 & -10 - \sigma_n & 0 \\ 0 & 0 & 0 - \sigma_n \end{vmatrix} = 0 \tag{1}$$

解式(1) 可得:$\sigma_1 = 80\text{MPa}, \sigma_2 = 0, \sigma_3 = -20\text{MPa}$。分别代入主方向方程组(2-19),解得

$$\left.\begin{aligned} (l_{11}, l_{12}, l_{13}) &= (\pm 0.95, \pm 0.32, 0) \\ (l_{21}, l_{22}, l_{23}) &= (0, 0, \pm 1) \\ (l_{31}, l_{32}, l_{33}) &= (\pm 0.32, \pm 0.95, 0) \end{aligned}\right\} \tag{2}$$

2) 由式(2-39) 可求得最大(最小) 剪应力 $\tau_{\max}=50\text{MPa}$，$\tau_{\min}=-50\text{MPa}$，其所在平面通过第二主方向，即平行于该方向(即 z 轴)，并平分第一、三主方向的夹角，设 $\tau_{\max}$ 和 $\tau_{\min}$ 作用截面外法线的方向余弦为$(l_1,l_2,0)$，则

$$\left.\begin{aligned} l_{11}l_1+l_{12}l_2&=\pm 0.95l_1\pm 0.32l_2=\frac{1}{\sqrt{2}} \\ l_{31}l_1+l_{32}l_2&=\pm 0.32l_1\pm 0.95l_2=\frac{1}{\sqrt{2}} \end{aligned}\right\} \tag{3}$$

又由 $l_1^2+l_2^2+l_3^2=1$，且 $l_3=0$，可解出$(l_1,l_2,0)=(\mp 0.45,\pm 0.90,0)$。

3) 由式(2-40) 可求得最大(最小) 剪应力所在平面上的正应力为

$$\sigma_n=\sigma_x l_1^2+\sigma_y l_2^2+2\tau_{xy}l_1 l_2=30(\text{MPa})$$

或

$$\sigma_n=(\sigma_1+\sigma_3)/2=(80-20)/2=30(\text{MPa})$$

二、空间应力圆

若三个坐标轴的方向都恰取为应力主方向，则由式(2-6) 或式(2-8) 的第一式知，外法线为 n 的斜截面上的正应力 σ_n 为

$$\sigma_n=p_x l_1+p_y l_2+p_z l_3=\sigma_1 l_1^2+\sigma_2 l_2^2+\sigma_3 l_3^2 \tag{2-41}$$

此时应有

$$p_x=\sigma_1 l_1,\quad p_y=\sigma_2 l_2,\quad p_z=\sigma_3 l_3 \tag{2-42}$$

则该截面上的全应力为 P_n 为

$$p_n^2=p_x^2+p_y^2+p_z^2=\sigma_1^2 l_1^2+\sigma_2^2 l_2^2+\sigma_3^2 l_3^2=\sigma_n^2+\tau_n^2 \tag{2-43}$$

根据式(2-41)、式(2-43) 以及式(2-22)，可求出用σ_n，τ_n，σ_1，σ_2 和σ_3 表示的 l_1^2，l_2^2 和 l_3^2，其表达式为

$$\left.\begin{aligned} l_1^2&=\frac{\Delta_1}{\Delta}=\frac{\tau_n^2+(\sigma_n-\sigma_2)(\sigma_n-\sigma_3)}{(\sigma_1-\sigma_2)(\sigma_1-\sigma_3)} \\ l_2^2&=\frac{\Delta_2}{\Delta}=\frac{\tau_n^2+(\sigma_n-\sigma_3)(\sigma_n-\sigma_1)}{(\sigma_2-\sigma_3)(\sigma_2-\sigma_1)} \\ l_3^2&=\frac{\Delta_3}{\Delta}=\frac{\tau_n^2+(\sigma_n-\sigma_1)(\sigma_n-\sigma_2)}{(\sigma_3-\sigma_1)(\sigma_3-\sigma_2)} \end{aligned}\right\} \tag{2-44}$$

在上式中，

$$\left.\begin{aligned} \Delta&=\begin{vmatrix}\sigma_1 & \sigma_2 & \sigma_3\\ \sigma_1^2 & \sigma_2^2 & \sigma_3^2\\ 1 & 1 & 1\end{vmatrix}, & \Delta_1&=\begin{vmatrix}\sigma_n & \sigma_2 & \sigma_3\\ \sigma_n^2+\tau_n^2 & \sigma_2^2 & \sigma_3^2\\ 1 & 1 & 1\end{vmatrix} \\ \Delta_2&=\begin{vmatrix}\sigma_1 & \sigma_n & \sigma_3\\ \sigma_1^2 & \sigma_n^2+\tau_n^2 & \sigma_3^2\\ 1 & 1 & 1\end{vmatrix}, & \Delta_3&=\begin{vmatrix}\sigma_1 & \sigma_2 & \sigma_n\\ \sigma_1^2 & \sigma_2^2 & \sigma_n^2+\tau_n^2\\ 1 & 1 & 1\end{vmatrix} \end{aligned}\right\} \tag{2-45}$$

在式(2-44) 中，设 $\sigma_1\geqslant\sigma_2\geqslant\sigma_3$，由于 l_1^2，l_2^2 和 l_3^2 永远是正值，所以式(2-44) 中右端的分子和分母应有相同的正、负号。例如，l_2^2 的表达式中，由于分母是负数，所以分子也应当是负数。即

$$(\sigma_n-\sigma_1)(\sigma_n-\sigma_3)+\tau_n^2\leqslant 0 \tag{2-46}$$

上式又可写为

$$\left(\sigma_n - \frac{\sigma_1 + \sigma_3}{2}\right)^2 + \tau_n^2 \leqslant \left(\frac{\sigma_1 - \sigma_3}{2}\right)^2 \tag{2-47}$$

在 $O\sigma_n\tau_n$ 坐标系中，式(2-47) 取等号后，则表示一个圆的方程式，其半径为$(\sigma_1 - \sigma_3)/2$，圆心 P_2 在 σ_n 轴上，距坐标原点距离为$(\sigma_1 + \sigma_3)/2$，此式表示正应力和剪应力应当在以$(\sigma_1 - \sigma_3)/2$ 为半径的圆所围绕的区域以内。用同样的方法，由式(2-44) 中 l_1^2 和 l_3^2 的表达式，可得

$$\left(\sigma_n - \frac{\sigma_1 + \sigma_2}{2}\right)^2 + \tau_n^2 \geqslant \left(\frac{\sigma_1 - \sigma_2}{2}\right)^2 \tag{2-48}$$

$$\left(\sigma_n - \frac{\sigma_2 + \sigma_3}{2}\right)^2 + \tau_n^2 \geqslant \left(\frac{\sigma_2 - \sigma_3}{2}\right)^2 \tag{2-49}$$

以上三式证明，当一点处于空间应力状态时，过该点的任一斜截面上的一对应力分量 σ_n 和 τ_n 就是以 σ 和 τ 为轴线所确定的平面内的一个点的一对坐标，并且该点一定落在分别以$(\sigma_1 - \sigma_3)/2$，$(\sigma_1 - \sigma_2)/2$，$(\sigma_2 - \sigma_3)/2$ 为半径的三个圆的圆周所包围的阴影面积(包括三个圆周) 之内，如图 2-8 所示。图 2-8 所示即为表征**三维空间应力状态的应力莫尔圆**，简称为**空间应力圆**。由空间应力圆显然可看出，一点应力状态的最大(最小) 剪应力的大小就等于最大正应力 σ_1 和最小正应力 σ_3 值之差的一半。

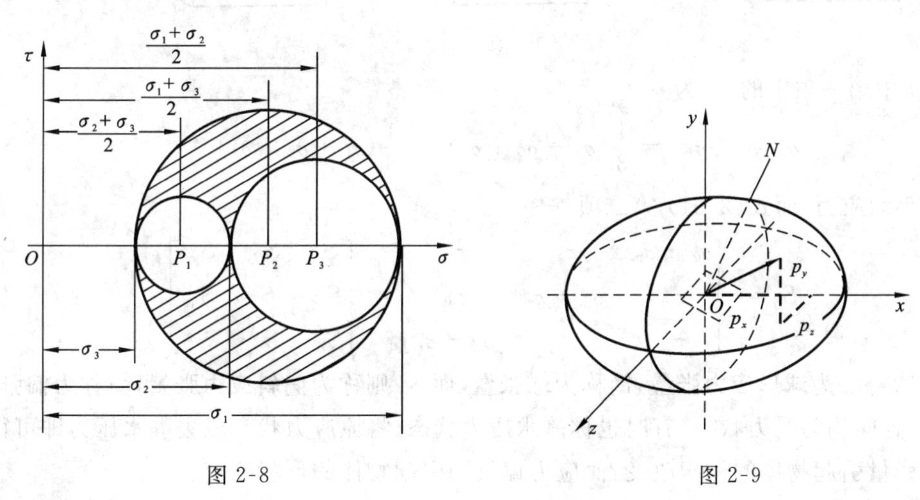

图 2-8　　　　图 2-9

三、应力椭球

若由式(2-42) 分别求出 l_1, l_2, l_3，再代入 $l_1^2 + l_2^2 + l_3^2 = 1$，得

$$\frac{p_x^2}{\sigma_1^2} + \frac{p_y^2}{\sigma_2^2} + \frac{p_z^2}{\sigma_3^2} = 1 \tag{2-50}$$

式(2-50) 表明，如果我们用一个过 O 点、大小等于某截面上全应力的向量 $\boldsymbol{r}$ 来表示该截面上的全应力 p，则这些向量的末端都在式(2-50) 所确定的椭球面上。这个以 p_x, p_y, p_z 为变量，以 O 点的三个主应力 $\sigma_1, \sigma_2, \sigma_3$ 为半径的椭球，就称为**应力椭球**，如图 2-9 所示。

第五节　应力张量的分解 —— 球应力张量与偏应力张量

一般情况下，在外力作用下物体产生变形，也即物体的形状和体积发生改变。固体力学认为物体变形中的体积改变部分是由各向等值的应力状态(球应力状态) 引起的，而实验证实，

固体材料在各向等值的应力作用下，通常都表现为弹性性质①。于是，可以认为材料的塑性变形主要是由变形的形状改变部分来实现的。此外，塑性变形产生机理的研究成果表明，材料塑性变形产生的方式一般认为是材料晶格间的滑移所造成的。有鉴于此，在塑性理论研究中，常将一点的应力状态 σ_{ij} 分解成两部分，如图 2-10 所示。一部分是各向等值的拉(或压)应力 $\sigma_m\delta_{ij}$，而剩余的另一部分应力则记为 S_{ij}，即

$$\sigma_{ij}=\sigma_m\delta_{ij}+S_{ij}=\begin{bmatrix}\sigma_m & 0 & 0\\ 0 & \sigma_m & 0\\ 0 & 0 & \sigma_m\end{bmatrix}+\begin{bmatrix}\sigma_x-\sigma_m & \tau_{xy} & \tau_{xz}\\ \tau_{yx} & \sigma_y-\sigma_m & \tau_{yz}\\ \tau_{zx} & \tau_{zy} & \sigma_z-\sigma_m\end{bmatrix} \tag{2-51}$$

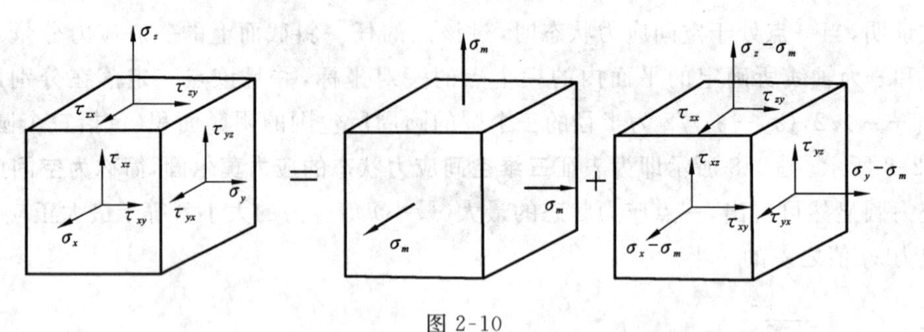

图 2-10

式(2-51) 中第一项中的 σ_m 为

$$\sigma_m=\frac{1}{3}\sigma_{kk}=\frac{1}{3}(\sigma_x+\sigma_y+\sigma_z)=\frac{1}{3}(\sigma_1+\sigma_2+\sigma_3) \tag{2-52}$$

称 σ_m 为**平均应力**，而式(2-51) 第二项

$$S_{ij}=\begin{bmatrix}\sigma_x-\sigma_m & \tau_{xy} & \tau_{xz}\\ \tau_{yx} & \sigma_y-\sigma_m & \tau_{yz}\\ \tau_{zx} & \tau_{zy} & \sigma_z-\sigma_m\end{bmatrix}=\begin{bmatrix}S_x & S_{xy} & S_{xz}\\ S_{yx} & S_y & S_{yz}\\ S_{zx} & S_{zy} & S_z\end{bmatrix} \tag{2-53}$$

我们定义，$\sigma_m\delta_{ij}$ 为**球形应力张量**，简称为**球张量**，而 S_{ij} 则称为**偏斜应力张量**，简称为**偏张量**。球张量表示各向均匀受力状态，有时也称**静水压力状态**。将原应力状态减去静水压力即可得到偏张量。球张量引起物体的体积改变，而应力偏量则引起物体的形状改变。

弹塑性力学的实验与理论证明：球应力状态仅改变物体的体积而不改变其形状，且不影响屈服，与塑性变形无关。因此塑性变形仅由偏应力状态引起。应力偏量张量在塑性力学中的重要性以下将逐步加以阐明。

例 2-4 已知主应力量 $\sigma_1=50$，$\sigma_2=-80$，$\sigma_3=-150$。试求该应力状态的球应力 σ_m 和偏应力 S_{ij}，应力单位为 MPa。

解 $\sigma_m=\frac{1}{3}(\sigma_1+\sigma_2+\sigma_3)=\frac{50-80-150}{3}=-60(\text{MPa})$

$S_1=\sigma_1-\sigma_m=110(\text{MPa})$， $S_2=\sigma_2-\sigma_m=-20(\text{MPa})$， $S_3=\sigma_3-\sigma_m=-90(\text{MPa})$

---

① Bridgman P W的实验证明，对于金属材料，大约在25 000atm(1atm＝101 325Pa)的静水压力作用下，才呈现出很小的压缩性。

第六节　主偏应力·应力偏量不变量

由 $\sigma_{ij}=\sigma_m\delta_{ij}+S_{ij}$ 可知，S_{ij} 偏斜应力张量仍然是一个对称的二阶应力张量，由于在 σ_{ij} 的分解过程中，剪应力分量始终没有产生变化，而分解中减去的只是平均应力 σ_m，只是从原应力状态 σ_{ij} 的主应力 $\sigma_1,\sigma_2,\sigma_3$ 中各减去了一个 σ_m，因此，主应力主轴的方向并没有产生任何变化，且有

$$\left.\begin{aligned}S_1&=\sigma_1-\sigma_m=\frac{2\sigma_1-\sigma_2-\sigma_3}{3}\\S_2&=\sigma_2-\sigma_m=\frac{2\sigma_2-\sigma_3-\sigma_1}{3}\\S_3&=\sigma_3-\sigma_m=\frac{2\sigma_3-\sigma_1-\sigma_2}{3}\end{aligned}\right\}\tag{2-54}$$

将主值 S_1,S_2,S_3 称为偏斜应力张量 S_{ij} 的**主偏应力**。故 S_{ij} 也可表示为

$$S_{ij}=\begin{bmatrix}S_x&\tau_{xy}&\tau_{xz}\\\tau_{yz}&S_y&\tau_{yz}\\\tau_{zx}&\tau_{zy}&S_z\end{bmatrix}=\begin{bmatrix}S_1&0&0\\0&S_2&0\\0&0&S_3\end{bmatrix}$$

$$=\begin{bmatrix}\frac{2\sigma_1-\sigma_2-\sigma_3}{3}&0&0\\0&\frac{2\sigma_2-\sigma_3-\sigma_1}{3}&0\\0&0&\frac{2\sigma_3-\sigma_1-\sigma_2}{3}\end{bmatrix}\tag{2-55}$$

仿照应力张量 σ_{ij} 的主应力的求解，同样可求得类似于式(2-25)的 S_{ij} 的主偏应力 S_1,S_2,S_3 的求解方程(此处不再详细推导)，因此也可得到3个不变量，称之为**应力偏量不变量**，分别用 J_1，J_2,J_3 来表示。我们只需将式(2-26)中的 $\sigma_x,\sigma_y,\sigma_z$ 用应力偏量 S_x,S_y,S_z 替换后即得

$$\left.\begin{aligned}J_1&=S_x+S_y+S_z=(\sigma_x-\sigma_m)+(\sigma_y-\sigma_m)+(\sigma_z-\sigma_m)=0\\J_2&=-S_xS_y-S_yS_z-S_zS_x+S_{xy}^2+S_{yz}^2+S_{zx}^2\\&=\frac{1}{2}(S_x^2+S_y^2+S_z^2)+S_{xy}^2+S_{yz}^2+S_{zx}^2\\&=\frac{1}{6}[(\sigma_x-\sigma_y)^2+(\sigma_y-\sigma_z)^2+(\sigma_z-\sigma_x)^2+6(\tau_{xy}^2+\tau_{yz}^2+\tau_{zx}^2)]\\J_3&=S_xS_yS_z+2S_{xy}S_{yz}S_{zx}-S_xS_{yz}^2-S_yS_{zx}^2-S_zS_{xy}^2\end{aligned}\right\}\tag{2-56}$$

应力偏量不变量也可用主偏应力来表示

$$\left.\begin{aligned}J_1&=S_1+S_2+S_3=0\\J_2&=\frac{1}{2}(S_1^2+S_2^2+S_3^2)=-S_1S_2-S_2S_3-S_3S_1\\&=\frac{1}{6}[(\sigma_1-\sigma_2)^2+(\sigma_2-\sigma_3)^2+(\sigma_3-\sigma_1)^2]\\J_3&=S_1S_2S_3\end{aligned}\right\}\tag{2-57}$$

若采用张量记法，则式(2-56)和式(2-57)可缩写为

$$J_1=S_{ii}=0,\quad J_2=\frac{1}{2}S_{ij}S_{ij},\quad J_3=|S_{ij}|\tag{2-58}$$

例 2-5　试证明偏斜应力 S_{ij} 的主方向与原应力状态 σ_{ij} 的主方向相同。

证明　设某点应力状态 σ_{ij} 某一主方向的方向余弦为 l_1, l_2, l_3，则由式(2-19) 得

$$\left.\begin{aligned}(\sigma_x-\sigma_n)l_1+\tau_{xy}l_2+\tau_{xz}l_3=0\\ \tau_{yx}l_1+(\sigma_y-\sigma_n)l_2+\tau_{yz}l_3=0\\ \tau_{zx}l_1+\tau_{zy}l_2+(\sigma_z-\sigma_n)l_3=0\end{aligned}\right\}\tag{1}$$

显然，方向余弦 l_1, l_2, l_3 将由式(1) 中的任意两式和 $l_1^2+l_2^2+l_3^2=1$ 所确定。

若设偏斜应力状态 S_{ij} 主方向的方向余弦为 l'_1, l'_2, l'_3，则由式(2-19) 同样得

$$\left.\begin{aligned}(S_x-S_n)l'_1+S_{xy}l'_2+S_{xz}l'_3=0\\ S_{yx}l'_1+(S_y-S_n)l'_2+S_{yz}l'_3=0\\ S_{zx}l'_1+S_{zy}l'_2+(S_z-S_n)l'_3=0\end{aligned}\right\}\tag{2}$$

显然，方向余弦 l'_1, l'_2, l'_3 将由式(2) 中任意两式和 $l'^2_1+l'^2_2+l'^2_3=1$ 所确定。由于

$$\left.\begin{aligned}S_x-S_n=(\sigma_x-\sigma_m)-(\sigma_n-\sigma_m)=\sigma_x-\sigma_n\\ S_y-S_n=(\sigma_y-\sigma_m)-(\sigma_n-\sigma_m)=\sigma_y-\sigma_n\\ S_z-S_n=(\sigma_z-\sigma_m)-(\sigma_n-\sigma_m)=\sigma_z-\sigma_n\end{aligned}\right\}\tag{3}$$

可见式(1) 与式(2) 具有相同的系数，且已知

$$l_1^2+l_2^2+l_3^2=l'^2_1+l'^2_2+l'^2_3=1\tag{4}$$

故必有

$$l_1=l'_1,\quad l_2=l'_2,\quad l_3=l'_3\tag{5}$$

即偏斜应力 S_{ij} 的主方向同原应力状态 σ_{ij} 的主方向相同，证毕。

第七节　八面体应力·等效应力

所谓**等倾面**，是指过一点同三个主应力轴夹角成相同角度的微截面。在三维空间围绕着一点可以取 8 个等倾面，组成一个正八面体单元，如图 2-11 所示。每一等倾面的外法线同三个主应力轴线夹角成相同的角度，即 $l_1=l_2=l_3$，由式 $l_1^2+l_2^2+l_3^2=1$ 知

$$l_1=l_2=l_3=\frac{1}{\sqrt{3}}=\cos 54^\circ 44'\tag{2-59}$$

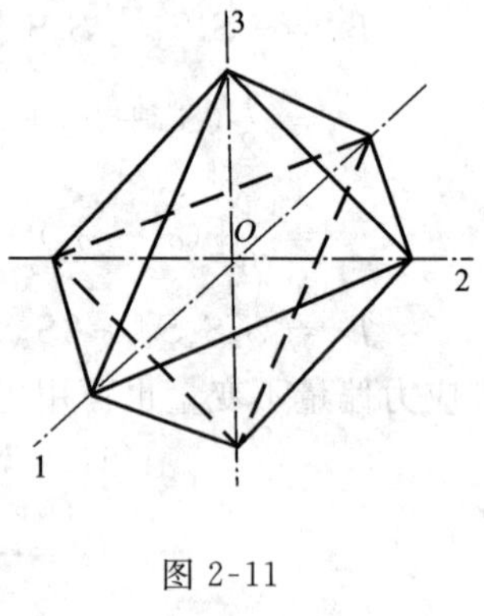

图 2-11

代入式(2-32) 和式(2-33) 分别得

$$\sigma_8=\frac{1}{3}(\sigma_1+\sigma_2+\sigma_3)=\sigma_m\tag{2-60}$$

$$\begin{aligned}\tau_8&=\frac{1}{3}\left[2(\sigma_1^2+\sigma_2^2+\sigma_3^2)-2(\sigma_1\sigma_2+\sigma_2\sigma_3+\sigma_3\sigma_1)\right]^{\frac{1}{2}}\\&=\frac{1}{3}\left[(\sigma_1-\sigma_2)^2+(\sigma_2-\sigma_3)^2+(\sigma_3-\sigma_1)^2\right]^{\frac{1}{2}}\end{aligned}\tag{2-61}$$

上两式中的 σ_8 和 τ_8 分别为等倾面上的正应力和剪应力，亦称为**八面体应力**。再将式(2-61) 同式(2-56)、式(2-57) 相比较得

$$\tau_8=\sqrt{\frac{2}{3}J_2}\tag{2-62}$$

也可将 τ_8 表示成一般情况

$$\tau_8 = \frac{1}{3}[(\sigma_x - \sigma_y)^2 + (\sigma_y - \sigma_z)^2 + (\sigma_z - \sigma_x)^2 + 6(\tau_{xy}^2 + \tau_{yz}^2 + \tau_{zx}^2)]^{\frac{1}{2}} \quad (2\text{-}63)$$

在弹塑性力学中，为了使用方便，将 τ_8 乘以系数 $\frac{3}{\sqrt{2}}$ 后，称之为**等效应力**（又称**有效应力**或**应力强度**），用符号 $\bar{\sigma}$ 表示，则有

$$\bar{\sigma} = \frac{3}{\sqrt{2}}\tau_8 = \sqrt{3J_2} \quad (2\text{-}64)$$

当材料处于单向拉伸应力状态时，$\sigma_1 = \bar{\sigma}, \sigma_2 = \sigma_3 = 0$，说明 $\bar{\sigma}$ 与单向应力相等。“等效”的命名由此而来。

对于一点的应力状态，当该点的应力状态 σ_{ij} 确定了，其 $\bar{\sigma}$ 值也就确定了，与坐标轴的选择无关。由式(2-64)的形式可见，各正应力增加或减少一个平均应力，等效应力 $\bar{\sigma}$ 的数值不变，这也说明 $\bar{\sigma}$ 与球应力状态无关，故而在塑性力学中 $\bar{\sigma}$ 亦为重要的力学参量之一。在计算中只使用等效应力 $\bar{\sigma}$ 的绝对值。

第八节　平衡(或运动)微分方程

一般来说，物体在外力作用下处于平衡状态时，其内部各点的应力状态是各不相同的。因此，我们需要考察应力场中任一点领域所包含体积的平衡规律。为此，过 M 点附近参照 $Oxyz$ 坐标截取边长分别为 dx, dy, dz 的微六面体单元来研究，如图 2-12 所示。根据连续性假设可认为物体内各点处的应力分量 $\sigma_x, \sigma_y, \sigma_z, \tau_{xy}, \tau_{yz}, \tau_{zx}$ 都是坐标 x, y, z 的单值连续函数。图 2-12 所示一点单元体上作用在微截面 $MADB$ 上的正应力为

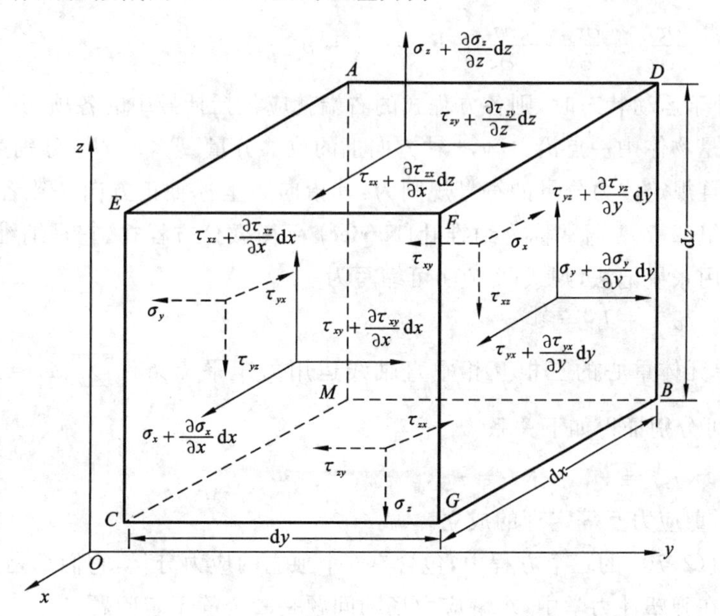

图 2-12

$$\sigma_x = f(x, y, z) \quad (2\text{-}65)$$

则作用在微截面 $CEFG$ 上的正应力由于坐标 x 有增量 $\mathrm{d}x$ 而变为

$$\sigma'_x = f(x+\mathrm{d}x, y, z) \tag{2-66}$$

应力分量的这种变化可用泰勒(Taylor) 级数展开来求,则有

$$\sigma'_x = f(x,y,z) + \frac{\partial f(x,y,z)}{\partial x}\mathrm{d}x + \frac{1}{2!}\frac{\partial^2 f(x,y,z)}{\partial x^2}\mathrm{d}x^2 + \cdots \tag{2-67}$$

将式(2-67) 中 $\mathrm{d}x^2$ 以上的高阶微量略去,则有

$$\sigma'_x = \sigma_x + \frac{\partial \sigma_x}{\partial x}\mathrm{d}x \tag{2-68}$$

该微截面上的另两个剪应力分量 τ_{xy} 和 τ_{xz} 以及该单元体其他微截面上的应力分量均可照理依此类推。因单元体取得充分小,其体积和面力均可认为是均匀分布的。于是,由单元体上力系所满足的平衡条件就可求得应力分量必须满足的方程。例如由平衡条件 $\sum F_x = 0$,有

$$\left(\sigma_x + \frac{\partial \sigma_x}{\partial x}\mathrm{d}x\right)\mathrm{d}y\mathrm{d}z - \sigma_x \mathrm{d}y\mathrm{d}z + \left(\tau_{yx} + \frac{\partial \tau_{yx}}{\partial y}\mathrm{d}y\right)\mathrm{d}z\mathrm{d}y - \tau_{yx}\mathrm{d}z\mathrm{d}x$$
$$+ \left(\tau_{zx} + \frac{\partial \tau_{zx}}{\partial z}\mathrm{d}z\right)\mathrm{d}x\mathrm{d}y - \tau_{zx}\mathrm{d}x\mathrm{d}y + F_x\mathrm{d}x\mathrm{d}y\mathrm{d}z = 0 \tag{2-69}$$

式中,F_x 为作用于单元体形心处的体力 F 沿 x 坐标轴方向的分量。

将式(2-69) 化简后,便可得到方程式组(2-70) 的第一式。同理,由平衡条件 $\sum F_x = 0$,$\sum F_z = 0$,可得方程式组(2-70) 的其余两式。即

$$\left.\begin{aligned}
&\frac{\partial \sigma_x}{\partial x} + \frac{\partial \tau_{yx}}{\partial y} + \frac{\partial \tau_{zx}}{\partial z} + F_x = 0\left(= \rho\frac{\partial^2 u}{\partial t^2}\right)\\
&\frac{\partial \tau_{xy}}{\partial x} + \frac{\partial \sigma_y}{\partial y} + \frac{\partial \tau_{zy}}{\partial z} + F_y = 0\left(= \rho\frac{\partial^2 v}{\partial t^2}\right)\\
&\frac{\partial \tau_{xz}}{\partial x} + \frac{\partial \tau_{yz}}{\partial y} + \frac{\partial \sigma_z}{\partial z} + F_z = 0\left(= \rho\frac{\partial^2 w}{\partial t^2}\right)
\end{aligned}\right\} \tag{2-70}$$

如果物体处于运动状态时,则各方程式的右端就应包括括号中的各项,其中 ρ 是材料的密度。u,v,w 分别是物体中一点沿 x,y,z 轴方向上的位移分量。F_x,F_y,F_z 分别为 x,y,z 轴方向上的体力分量,且规定体力分量的符号规则为:其指向与坐标轴正方向一致者取正值,反之则取负值。方程式组(2-70) 通常称为**纳维叶(Navier) 平衡微分方程式**。它是纳维叶于 1827 年首次导出的。若采用张量记法,则式(2-70) 可缩写为

$$\sigma_{ij,j} + F_i = 0 \tag{2-71}$$

如对通过单元体重心的三根互相垂直轴线运用力矩平衡条件 $\sum M_z = 0$,$\sum M_x = 0$,$\sum M_y = 0$,则可分别证得如下关系

$$\tau_{xy} = \tau_{yx},\quad \tau_{yz} = \tau_{zy},\quad \tau_{zx} = \tau_{xz} \tag{2-72}$$

也即再次证明了剪应力互等定理的成立。

在方程式组(2-70) 的三个方程中,包含有 6 个独立的应力分量,它们都是坐标 x,y,z 的函数,故一般来说在弹塑性力学中,求解应力场的问题是一个静不定问题。

例 2-6 受力物体内的应力分布规律由应力分量函数所确定。一受力物体处于平衡状态,其应力分量函数写成应力张量的形式,即为

$$\sigma_{ij}=\begin{bmatrix}\sigma_x & \tau_{xy} & \tau_{xz}\\ \tau_{yx} & \sigma_y & \tau_{yz}\\ \tau_{zx} & \tau_{zy} & \sigma_z\end{bmatrix}=\begin{bmatrix}x^2y & (1-y^2)x & 0\\ (1-y^2)x & (y^3-3y)/3 & 0\\ 0 & 0 & 2z^2\end{bmatrix}$$

试求:1) 若此应力场满足平衡微分方程,其体力分布应如何? 2) 在物体内一点 $P(x,y,z)=P(a,0,2\sqrt{a})$ 处的主应力大小?(a 为大于零的常数)

解　将已知各应力分量函数代入平衡微分方程式组(2-70),并令其满足,则得

$$\left.\begin{aligned}&2xy-2yx+0+F_x=0\\&(1-y^2)+(y^2-1)+0+F_y=0\\&0+0+4z+F_z=0\end{aligned}\right\}\Rightarrow\left.\begin{aligned}F_x&=0\\F_y&=0\\F_z&=-4z\end{aligned}\right\}\tag{1}$$

再将 P 点的坐标代入各应力分量函数式,得该点的应力张量为

$$\sigma_{ij}=\begin{bmatrix}0 & a & 0\\ a & 0 & 0\\ 0 & 0 & 8a\end{bmatrix}\tag{2}$$

为求得 P 点处的主应力的大小,可将该点各应力分量代入式(2-23),且展开此行列式得

$$\begin{vmatrix}0-\sigma_n & a & 0\\ a & 0-\sigma_n & 0\\ 0 & 0 & 8a-\sigma_n\end{vmatrix}=(8a-\sigma_n)\sigma_n^2-a^2(8a-\sigma_n)$$

$$=(8a-\sigma_n)(\sigma_n+a)(\sigma_n-a)=0\tag{3}$$

解式(3) 得:$\sigma_1=8a\text{MPa}$,$\sigma_2=a\text{MPa}$,$\sigma_3=-a\text{MPa}$。

第九节　静力边界条件

在外力作用下处于平衡状态的物体,其表面各点处的应力分量应当与作用在该点处的面力相平衡。这种关系构成了变形固体的应力场所必须满足的边界条件,称为**静力边界条件**(也称**应力边界条件**)。

在物体边界面上的某一点处切割分离出来的微单元体,一般来说是一个有倾斜面的微四面体,因而与图 2-3 所示的情况相当,只需设倾斜面 ABC 上的全应力为面力 $\overline{F}$ 即可。如该倾斜边界面上的面力为 $\overline{F}$,则相应的静力边界条件就为式(2-6) 所示,即

$$\left.\begin{aligned}\overline{F}_x&=\sigma_x l_1+\tau_{xy}l_2+\tau_{xz}l_3\\\overline{F}_y&=\tau_{yx}l_1+\sigma_y l_2+\tau_{yz}l_3\\\overline{F}_z&=\tau_{zx}l_1+\tau_{zy}l_2+\sigma_z l_3\end{aligned}\right\}\tag{2-73}$$

或即

$$\overline{F}_i=\sigma_{ij}l_j\tag{2-74}$$

从应力边界条件式(2-73)、式(2-74) 可知,应力边界条件与坐标系 $Oxyz$ 的选取以及物体边界处一点微斜面的外法线的方向余弦都有关。

面力分量 $\overline{F}_x,\overline{F}_y,\overline{F}_z$ 的符号规则为:其指向与坐标轴正向一致者取正值,与坐标轴负向一致者则取负值。在应用静力边界条件式(2-73) 时,特别应注意应力分量与面力分量的符号规则是根本不同的。关于静力边界条件的特殊情形讨论如下。

1. 当边界面与某一坐标轴相垂直时

如边界面与 x 轴垂直,则有:$l_1=\pm 1,l_2=0,l_3=0$,于是由式(2-73) 得

$$\sigma_x = \pm \bar{F}_x,\quad \tau_{xy} = \pm \bar{F}_y,\quad \tau_{xz} = \pm \bar{F}_z \tag{2-51}$$

即在此情形中,该边界处各点的应力分量与相应的面力分量直接对应相等。

2. 若为平面问题的研究对象

关于平面问题,又分为平面应力问题和平面应变问题,详见第五章第一节讨论。设这类物体的边界面与 z 轴相平行(即在 xOy 平面内讨论问题),则物体边界上一点边界微截面外法线的方向余弦一般为:$l_1 \neq 0, l_2 \neq 0, l_3 = 0$,于是应力边界条件式(2-73) 可化简为

$$\left.\begin{aligned} \sigma_x l_1 + \tau_{xy} l_2 = \bar{F}_x \\ \tau_{yx} l_1 + \sigma_y l_2 = \bar{F}_y \end{aligned}\right\} \tag{2-76}$$

式(2-76) 即为平面问题的静力边界条件。

例 2-7 图 2-13 所示一薄板悬臂梁,跨度为 l,梁上表面承受三角形分布载荷作用,试确定此问题的静力边界条件。

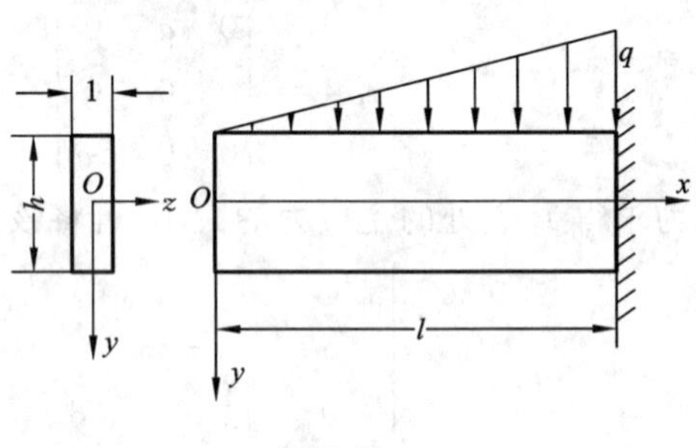

图 2-13

解 图示薄板梁内各点可视为处于平面应力状态,板内各点的应力分量中 $\sigma_z = \tau_{xz} = \tau_{yz} = 0$,建立如图所示 xOy 坐标系。

在 $x = 0$ 的自由端面上,各点的面力分量 $\bar{F}_x = \bar{F}_y = 0$,方向余弦 $l_1 = -1, l_2 = 0$,代入式(2-76) 得:$\sigma_x = 0, \tau_{xy} = 0$。

在 $y = h/2$ 的下表面上,各点的面力分量 $\bar{F}_x = \bar{F}_y = 0$,方向余弦 $l_1 = 0, l_2 = 1$,由式(2-76) 得:$\tau_{xy} = 0, \sigma_y = 0$。

在 $y = -h/2$ 的上表面上,各点的面力分量 $\bar{F}_x = 0, \bar{F}_y = qx/l$,方向余弦 $l_1 = 0, l_2 = -1$,代入式(2-76) 得:$\tau_{xy} = 0, \sigma_y = -qx/l$。

例 2-8 图 2-14 所示的薄板条一齿形 ABC,板条在 y 方向受均匀拉力的作用。试证明在齿的尖端 A 处于零应力状态。

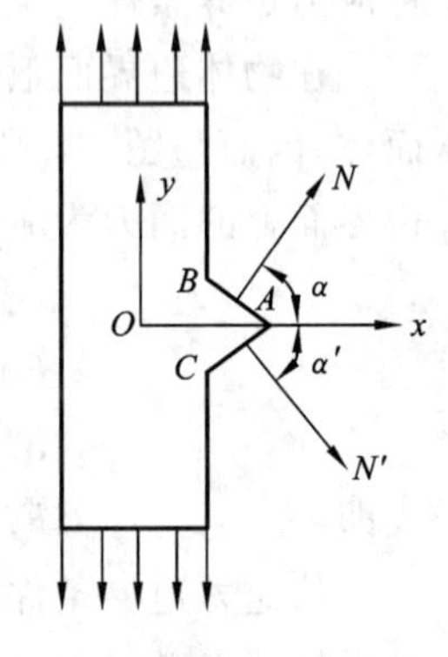

图 2-14

解 因图示薄板内各点可视为处于平面应力状态,故边界条件可利用式(2-76)。齿面 AB 与 AC 均为自由边界,无面力存在,建立如图所示 xOy 坐标系。

设 AB 面的外法线方向 N 与 x 轴的夹角为 α,将方向余弦 $l_1 = \cos\alpha$,$l_2 = \sin\alpha$ 代入式(2-76) 得

$$\left.\begin{aligned} \sigma_x \cos\alpha + \tau_{xy} \sin\alpha = 0 \\ \tau_{yx} \cos\alpha + \sigma_y \sin\alpha = 0 \end{aligned}\right\} \tag{1}$$

设 AC 面的外法线方向 N' 与 x 轴的夹角为 α',因 x 轴为对称轴,有 $\alpha = \alpha'$,故 $l'_1 = \cos\alpha, l'_2 = \sin\alpha' = -\sin\alpha$,由式(2-76) 得

$$\left.\begin{aligned} \sigma_x \cos\alpha - \tau_{xy} \sin\alpha = 0 \\ \tau_{yx} \cos\alpha - \sigma_y \sin\alpha = 0 \end{aligned}\right\} \tag{2}$$

因微斜截面 AB 和 AC 都是通过 A 点的斜截面,所以该点的应力分量必须同时满足式(1) 和式(2) 两组应力边界条件,而当 $\alpha \neq 0$ 时,则只能有 $\sigma_x = \sigma_y = \tau_{xy} = 0$,也即齿尖端 A 点处于零应

力状态。

例 2-9 图 2-15 所示为一变截面薄板梁，板的厚度为 1，跨度为 l。梁上表面承受三角形分布载荷作用，下斜表面承受均布切向面力 q_0 作用，左端面上作用的面力详细分布情况不清，但分布面力的合力为切向集中力 P，合力偶的力偶矩为 M。试确定此问题上述三边界上的应力边界条件。

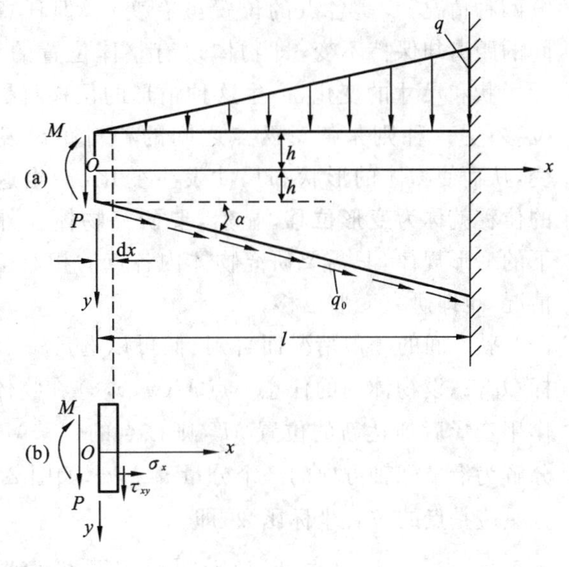

图 2-15

解 因图示薄板内各点可视为处于平面应力状态，故边界条件可利用式(2-76)。建立如图 2-15(a) 所示 xOy 坐标系。

在 $y=-h$ 的上表面，面力分量 $\bar{F}_x=0$，$\bar{F}_y=\dfrac{qx}{l}$，方向余弦为 $l_1=0,l_2=-1$，代入式(2-76) 得

$$\sigma_y=-\frac{qx}{l},\quad \tau_{yx}=0 \tag{1}$$

在 $y=h+x\tan\alpha$ 的下斜表面上，面力分量为 $\bar{F}_x=q_0\cos\alpha,\bar{F}_y=q_0\sin\alpha$，方向余弦为 $l_1=-\sin\alpha,l_2=\cos\alpha$，代入式(2-76) 得

$$\left.\begin{aligned}-\sigma_x\sin\alpha+\tau_{xy}\cos\alpha&=q_0\cos\alpha\\-\tau_{yx}\sin\alpha+\sigma_y\cos\alpha&=q_0\sin\alpha\end{aligned}\right\}\Rightarrow\left.\begin{aligned}\sigma_x&=(\tau_{xy}-q_0)\cot\alpha\\\sigma_y&=(\tau_{yx}+q_0)\tan\alpha\end{aligned}\right\} \tag{2}$$

在 $x=0$ 的左端面上，面力分布的详细情况不明。由于该端面边界相对梁整个边界而言是局部边界，则依据圣文南(Saint Venant) 原理(详见第四章第四节)，可列出该边界的静力合成整体积分形式的边界条件。下面以本例左端面为例，说明静力合成整体边界条件的写法。

从梁左端截取一微段梁为脱离体作为研究对象，如图 2-15(b) 所示。该微段梁在外力 P 和力偶 M 以及截开截面上所暴露出来的应力共同作用下处于平衡状态。在截面的第一象限内某点(坐标为正) 按应力符号规则设出正的应力分量 σ_x 和 τ_{xy}，图 2-15(b) 所示，根据该微段梁的平衡条件得

$$\left.\begin{aligned}&\sum F_x=0,\quad\int_{-h}^{h}\sigma_x\mathrm{d}y=0\\&\sum F_y=0,\quad\int_{-h}^{h}\tau_{xy}\mathrm{d}y+P=0\\&\sum M_0=0,\quad\int_{-h}^{h}\sigma_x y\mathrm{d}y-M=0\end{aligned}\right\}\Rightarrow\left.\begin{aligned}&\int_{-h}^{h}\sigma_x\mathrm{d}y=0\\&\int_{-h}^{h}\tau_{xy}\mathrm{d}y=-P\\&\int_{-h}^{h}\sigma_x y\mathrm{d}y=M\end{aligned}\right\} \tag{3}$$

式(3) 即为该问题的静力合成边界条件。

第十节 位移·应变的概念·几何方程·转角方程

一、位移分量和相对位移分量

固体在外力作用下产生变形，一般来说，物体内各点的位置都会发生变化，即产生位移。容

易想象，当各点的位移均为已知时，整个物体变形后的位置和形状即被确定。所以，在研究物体变形时，须从点的位移开始。在位移讨论中，我们应当区分两种情况：一是各点的位置虽有变化，但任意两点之间的距离却保持不变，即物体仅有整体位置的变动，而无形状和尺寸的变化，产生这种情形的位移就称为**刚性位移**；另一种则是任意两点之间的相对距离发生了改变，从而使物体的形状和尺寸发生变化，产生这种情形的位移就称为**变形位移**。显然，要研究物体在外力作用下的变形规律，只需要研究物体内各点的相对位置变动情况，也即研究变形位移。

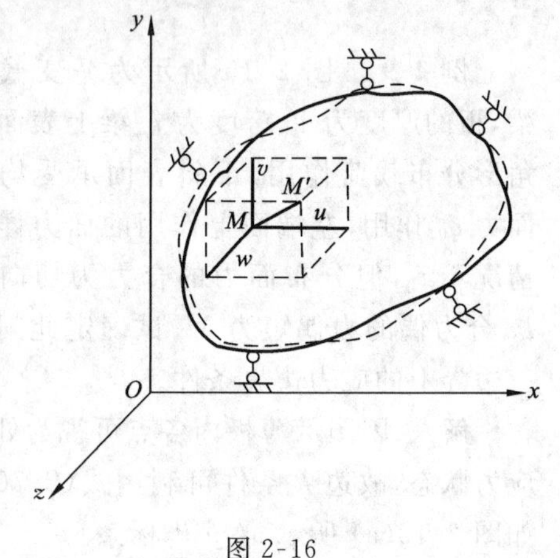

图 2-16

就空间的一般情况而言，我们可以选定一个参考坐标 $Oxyz$。设物体内的任意一点 $M(x,y,z)$ 在物体受外力作用变形后到达新的位置 M'，则该点的位移 $\overline{MM'}$ 可以分解为沿坐标轴方向的 3 个分量 u,v,w，如图 2-16 所示。由于物体内各点的位移不同，故位移分量应是点的位置坐标函数，即

$$u = u(x,y,z), \quad v = v(x,y,z), \quad w = w(x,y,z) \tag{2-77}$$

设物体在变形过程中，始终保持连续性且无任何重叠和开裂现象产生，则式(2-77) 所示的函数应是位置坐标的单值连续函数，称为**位移函数**。位移函数在弹塑性力学问题的求解中，占有十分重要的地位。一旦确定了这些函数，就已表明了物体内各点的位移。不过位移分量函数本身还不能直接地表明物体各点处形变的剧烈程度，还需要研究物体内各点的**相对位移**。

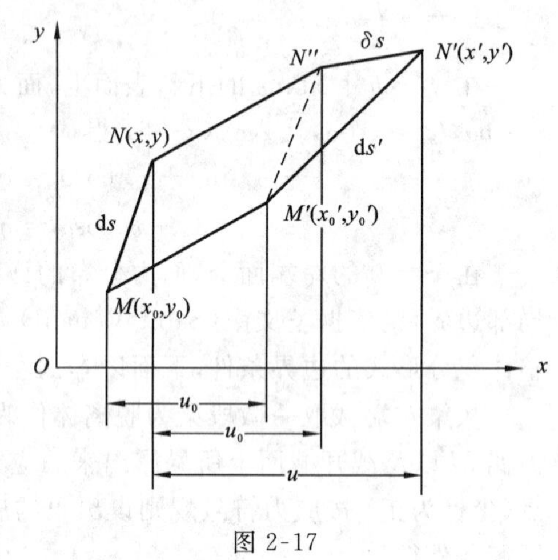

图 2-17

现从物体中一点 M 处取一微线段 MN 来研究，为使推导简单直观起见，我们先从平面问题入手，得到结论后再推广到空间问题中去。

在变形前，M 点的坐标为(x_0,y_0)，N 点的坐标为(x,y)，原来线段 MN 的长度设为 $\mathrm{d}s$，且 $\mathrm{d}s^2 = \mathrm{d}x^2 + \mathrm{d}y^2$。在变形后，$M$ 点移至 M' 点，N 点移至 N' 点(图 2-17)，M' 点的坐标为(x'_0,y'_0)，N' 点的坐标为(x',y')。变形后线段 $M'N'$ 的长度变为 $\mathrm{d}s'$。微线段变形前、后两端的相对位移矢量改变量为 δs。$\mathrm{d}s$ 沿 x，y 轴的分量为：$\mathrm{d}s_x = \mathrm{d}x$，$\mathrm{d}s_y = \mathrm{d}y$。而 $\mathrm{d}s'$ 沿 x、y 轴的分量为：$\mathrm{d}s'_x = \mathrm{d}s_x + \delta s_x$，$\mathrm{d}s'_y = \mathrm{d}s_y + \delta s_y$。由图 2-17 可见，$M$ 点的位移分量为：$u_0 = x'_0 - x_0$，$v_0 = y'_0 - y_0$，N 点的位移分量为：$u = x' - x$，$v = y' - y$，且 $\delta s_x = u - u_0$，$\delta s_y = v - v_0$。

假定位移 u，v 为 x，y 的单值连续函数，则可将 N 点位移对 M 点位移按泰勒级数展开，并由于 $\mathrm{d}s$ 是个微量，略去其二次及二次以上的高阶项得

$$\left.\begin{aligned} u &= u_0 + \frac{\partial u}{\partial x}\mathrm{d}x + \frac{\partial u}{\partial y}\mathrm{d}y = u_0 + \frac{\partial u}{\partial x}\mathrm{d}s_x + \frac{\partial u}{\partial y}\mathrm{d}s_y \\ v &= v_0 + \frac{\partial v}{\partial x}\mathrm{d}x + \frac{\partial v}{\partial y}\mathrm{d}y = v_0 + \frac{\partial v}{\partial x}\mathrm{d}s_x + \frac{\partial v}{\partial y}\mathrm{d}s_y \end{aligned}\right\} \tag{2-78}$$

线段 MN 两端的相对位移为

$$\left.\begin{aligned}\delta s_x &= \mathrm{d}s'_x - \mathrm{d}s_x = u - u_0 = \frac{\partial u}{\partial x}\mathrm{d}s_x + \frac{\partial u}{\partial y}\mathrm{d}s_y \\ \delta s_y &= \mathrm{d}s'_y - \mathrm{d}s_y = v - v_0 = \frac{\partial v}{\partial x}\mathrm{d}s_x + \frac{\partial v}{\partial y}\mathrm{d}s_y\end{aligned}\right\} \tag{2-79}$$

或简写为 $\qquad \delta s_\alpha = u_{\alpha'\beta}\mathrm{d}s_\beta \qquad (2\text{-}80)$

推广到三维空间形式

$$\left.\begin{aligned}u &= u_0 + \frac{\partial u}{\partial x}\mathrm{d}x + \frac{\partial u}{\partial y}\mathrm{d}y + \frac{\partial u}{\partial z}\mathrm{d}z = u_0 + \frac{\partial u}{\partial x}\mathrm{d}s_x + \frac{\partial u}{\partial y}\mathrm{d}s_y + \frac{\partial u}{\partial z}\mathrm{d}s_z \\ v &= v_0 + \frac{\partial v}{\partial x}\mathrm{d}x + \frac{\partial v}{\partial y}\mathrm{d}y + \frac{\partial v}{\partial z}\mathrm{d}z = v_0 + \frac{\partial v}{\partial x}\mathrm{d}s_x + \frac{\partial v}{\partial y}\mathrm{d}s_y + \frac{\partial v}{\partial z}\mathrm{d}s_z \\ w &= w_0 + \frac{\partial w}{\partial x}\mathrm{d}x + \frac{\partial w}{\partial y}\mathrm{d}y + \frac{\partial w}{\partial z}\mathrm{d}z = w_0 + \frac{\partial w}{\partial x}\mathrm{d}s_x + \frac{\partial w}{\partial y}\mathrm{d}s_y + \frac{\partial w}{\partial z}\mathrm{d}s_z\end{aligned}\right\} \tag{2-81}$$

相应的(其微线段相对) 位移缩写式为

$$u_i = u_i^0 + \delta s_i \tag{2-82}$$

$$\delta s_i = u_{i'j}\,\mathrm{d}s_j \tag{2-83}$$

从以上分析可知:微线段 MN 在变形后到达新的位置 $M'N'$ 时,可以考虑分两步进行,第一步先由 MN 刚性平移到 $M'N''$,线段长度和方向都不变(N 到 N'' 的位移分量即为:u_0,v_0,w_0)。第二步 $M'N''$ 绕 M' 点转动到 $M'N'$ 新的位置,此时微线段还发生了变形(此部分的位移分量即为:δs_x,δs_y,δs_z),见图 2-17 所示。因此,**相对位移 $\boldsymbol{\delta s_i}$ 已经剔除了微线段的刚性平移部分,但留下了刚性转动位移与变形位移部分**。我们还需注意其中微线段 $\mathrm{d}s$ 的线变形($\mathrm{d}s \to \mathrm{d}s'$) 不能描述物体的形状改变(如微分体的对角线的伸长或缩短,会使微分体发生大小与角度的改变)。进一步的讨论必须从上述微分体沿坐标轴的两正交微线段组成的微分体来进行。

又由式(2-83)$\delta s_i = u_{i'j}\,\mathrm{d}s_j$ 说明微线段两端相对位移 δs_i 取决于微线段长度 $\mathrm{d}s_j$ 和**相对位移的变化率 $\boldsymbol{u_{i'j}}$**。在三维情况下,$u_{i'j}$ 也为二阶张量,但一般是一个非对称张量。相对位移变化率 $u_{i'j}$ 的张量形式为

$$u_{i'j} = \begin{bmatrix}\partial u/\partial x & \partial u/\partial y & \partial u/\partial z \\ \partial v/\partial x & \partial v/\partial y & \partial v/\partial z \\ \partial w/\partial x & \partial w/\partial y & \partial w/\partial z\end{bmatrix} \tag{2-84}$$

以下我们将分别对微分体纯变形的位移与刚性转动位移两部分分别进行考察,由此建立几何方程,最后再由相对位移变化率张量的分解反回来归结到上述结论。

二、应变的概念·几何方程

应变分量与位移分量之间有一定的关系,反映这种关系的条件称之为**几何方程**。以下我们在小变形的前提下($\varepsilon_{ij} \ll 1$),即线应变和角应变都远小于 1 来讨论几何方程。为此,我们在物体内任一点 M 处取出一个棱边长分别为 $\mathrm{d}x$,$\mathrm{d}y$,$\mathrm{d}z$ 的平行六面微分体,如图 2-18 所示。

当物体受力变形时,微分体的各棱边的长度及其垂直夹角均发生改变,为简便计算,我们只研究微分体在 xOy 平面上的投影 $ABCD$,再推广到其他两个坐标平面的投影。

当微分体变形并出现位移后,其在 xOy 平面上的投影 $ABCD$ 就移至新的位置 $A'B'C'D'$。如图 2-19 所示。若以 u_0,v_0 表示 A 点沿 x,y 轴方向的位移分量,则 B 点由于其相对于 A 点存在有坐标增量 $\mathrm{d}x$,故其沿 x,y 轴方向的位移分量应为:$u_0 + \frac{\partial u}{\partial x}\mathrm{d}x$,$v_0 + \frac{\partial v}{\partial x}\mathrm{d}x$;同样,由于 D

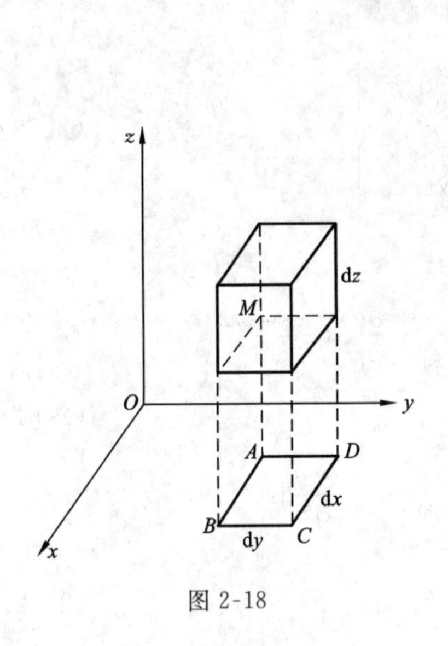

图 2-18

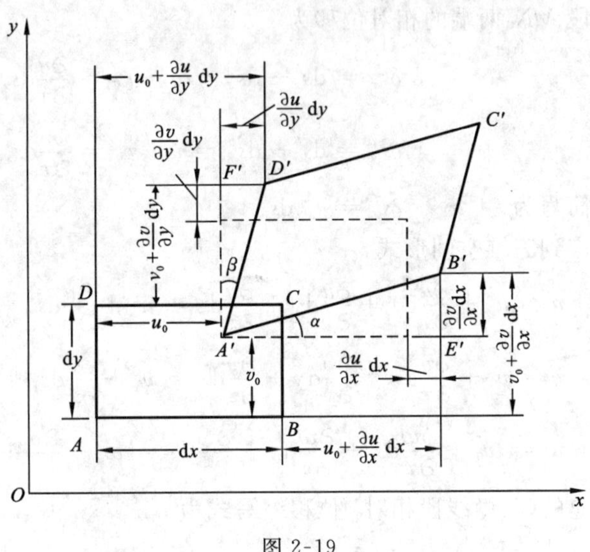

图 2-19

点相对于 A 点存在有坐标增量 $\mathrm{d}y$,故其沿 x、y 轴方向的位移分量应为:$u_0+\frac{\partial u}{\partial y}\mathrm{d}y, v_0+\frac{\partial v}{\partial y}\mathrm{d}y$。如此,由图可见

$$\left(\overline{A'B'}\right)^2=\left(\mathrm{d}x+\frac{\partial u}{\partial x}\mathrm{d}x\right)^2+\left(\frac{\partial v}{\partial x}\mathrm{d}x\right)^2 \tag{2-85}$$

而沿 x 方向棱边 $\overline{AB}$ 的线应变 ε_x 据定义有:$\varepsilon_x=(\overline{A'B'}-\overline{AB})/\overline{AB}$,注意到 $\overline{AB}=\mathrm{d}x$,故 $\varepsilon_x=(\overline{A'B'}-\mathrm{d}x)/\mathrm{d}x$,即 $\overline{A'B'}=(\varepsilon_x+1)\mathrm{d}x$。代入式(2-85)后展开,并消去 $\mathrm{d}x^2$,则有

$$2\varepsilon_x+\varepsilon_x^2=2\frac{\partial u}{\partial x}+\left(\frac{\partial u}{\partial x}\right)^2+\left(\frac{\partial v}{\partial x}\right)^2 \tag{2-86}$$

由于我们研究的是小变形问题,应变以及位移对坐标的偏导数都是微小量。所以,在式(2-86)中可以略去高阶微量,也即略去上式中的平方项,就得到 M 点处沿 x 方向的**线应变**,即式(2-87)中的第一式。用同样的方法考察 AD 边,也可得到 M 点沿 y 方向的线应变为式(2-87)中的第二式,即

$$\varepsilon_x=\frac{\partial u}{\partial x},\quad \varepsilon_y=\frac{\partial v}{\partial y} \tag{2-87}$$

下面再来考察一下六面体的各直角由于剪应变而发生的角变形。如图 2-19 可见,单元体棱边 AB 与 AD 的夹角为直角,变形后,棱边 $A'B'$ 相对 AB 转动了一个角度 α,棱边 $A'D'$ 相对 AD 转动了一个角度 β,则过 M 点两棱边所夹直角 $\angle xOy$ 的改变量就是**剪应变**,用 γ_{xy} 表示,其值为角 α 和角 β 之和,即

$$\gamma_{xy}=\alpha+\beta \tag{2-88}$$

由图 2-19 可见

$$\alpha\approx\tan\alpha=\frac{(\partial v/\partial x)\mathrm{d}x}{\mathrm{d}x+(\partial u/\partial x)\mathrm{d}x}=\frac{(\partial v/\partial x)}{1+(\partial u/\partial x)}=\frac{\partial v}{\partial x} \tag{2-89}$$

在式(2-89)的分母中,$\frac{\partial u}{\partial x}$ 与 1 相比是一个微量,故可略去,因而得:$\alpha=\frac{\partial v}{\partial x}$。用相同的方法可得:$\beta=\frac{\partial u}{\partial y}$。最后由式(2-88)得到过 M 点所夹直角 $\angle xOy$ 的改变量,即剪应变

$$\gamma_{xy} = \frac{\partial u}{\partial y} + \frac{\partial v}{\partial x} \tag{2-90}$$

如果我们用同样的方法来研究六面体单元在 yOz 和 zOx 平面上的投影，则可得到 M 点沿 x,y,z 方向上的线应变 $\varepsilon_x,\varepsilon_y,\varepsilon_z$ 和过 M 点参照 x,y,z 轴所取 3 个相互垂直棱边所夹直角的改变量，也即剪应变 $\gamma_{xy},\gamma_{yz},\gamma_{zx}$ 为

$$\left.\begin{aligned}
\varepsilon_x &= \frac{\partial u}{\partial x}, & \gamma_{xy} &= \frac{\partial u}{\partial y} + \frac{\partial v}{\partial x} \\
\varepsilon_y &= \frac{\partial v}{\partial y}, & \gamma_{yz} &= \frac{\partial v}{\partial z} + \frac{\partial w}{\partial y} \\
\varepsilon_z &= \frac{\partial w}{\partial z}, & \gamma_{zx} &= \frac{\partial w}{\partial x} + \frac{\partial u}{\partial z}
\end{aligned}\right\} \tag{2-91}$$

式(2-91) 表明了一点处的位移分量和应变分量所应满足的关系，称为**几何方程**，也称为**柯西(Augustin-Louis Cauchy)几何关系**。

在这里我们对应变分量的符号规则做如下说明：式(2-91) 表明，对于三个线应变，例如其中的 $\varepsilon_x = \frac{\partial u}{\partial x}$，当 u 为 x 的增函数时是"+"，这说明该点处沿 x 方向产生的是伸长变形。因此，"+" 的线应变表示该方向是伸长变形；反之，"—" 号说明是缩短变形。至于角应变，由以上推导可以看出，凡是剪应变取"+" 号，就表示沿该点两坐标轴正向间所夹直角减小；反之，剪应变取"—" 号就表明两坐标轴正向间所夹直角增大。

显然，对于无穷小的平行正六面微分体来说，x 轴对 y 轴间的直角改变量 γ_{xy} 与 y 轴对 x 轴的直角改变量 γ_{yx} 没有什么不同，由图 2-19 可知，$\angle C'$ 必有

$$\gamma_{yx} = \alpha_{yx} + \alpha_{xy} = \frac{\partial v}{\partial x} + \frac{\partial u}{\partial y} = \gamma_{xy} \tag{2-92}$$

三、一点的应变状态·应变张量

在 M 点处参照坐标系 xOy 截取出微单元体，如图 2-18 所示，当微单元体各棱边无限缩短而趋于 M 点时，由以上分析及式(2-91) 可知，该点处的变形程度可以通过 6 个应变分量 $\varepsilon_x,\varepsilon_y,\varepsilon_z,\gamma_{xy},\gamma_{yz},\gamma_{zx}$ 来直接表明。

由对线应变和角应变所下定义及以上有关讨论可知，过受力物体内某点可以取无限多个方向，任意一方向上都有该点该方向上的线应变(例如 ε_x，就表明的是该点 x 方向上的线应变)，任意两相互垂直方向所夹直角的改变量就是该点的剪应变(例如 γ_{xy}，就表明的是过该点 x,y 两坐标轴正向间所夹直角的改变量)。于是我们定义：**受力物体内某点处所有的线应变与剪应变的总和，就表征了该点的应变状态。**

通过本节对转角方程、相对位移变化率张量的分解和第二章第十二节中有关内容的讨论，我们可以证明，受力物体内一点的应变状态，也是一个需要 9 个分量才能唯一确定的量。因此，物体内一点处的应变状态可用二阶张量的形式来表示，并称为**应变张量**。应变张量通常表示成 $\varepsilon_{ij}(i,j=x,y,z)$。我们从剪应变本身的含义及其推导过程可知，$\gamma_{xy}=\gamma_{yx},\gamma_{yz}=\gamma_{zy},\gamma_{zx}=\gamma_{xz}$。并且在本节相对位移变化率张量的分解的内容中可证明下式成立。

$$\varepsilon_{ij}=\begin{bmatrix}\varepsilon_x & \varepsilon_{xy} & \varepsilon_{xz}\\ \varepsilon_{yx} & \varepsilon_y & \varepsilon_{yz}\\ \varepsilon_{zx} & \varepsilon_{zy} & \varepsilon_z\end{bmatrix}=\begin{bmatrix}\varepsilon_x & \frac{1}{2}\gamma_{xy} & \frac{1}{2}\gamma_{xz}\\ \frac{1}{2}\gamma_{yx} & \varepsilon_y & \frac{1}{2}\gamma_{yz}\\ \frac{1}{2}\gamma_{zx} & \frac{1}{2}\gamma_{zy} & \varepsilon_z\end{bmatrix}$$

$$=\begin{bmatrix}\frac{\partial u}{\partial x} & \frac{1}{2}\left(\frac{\partial u}{\partial y}+\frac{\partial v}{\partial x}\right) & \frac{1}{2}\left(\frac{\partial u}{\partial z}+\frac{\partial w}{\partial x}\right)\\ \frac{1}{2}\left(\frac{\partial v}{\partial x}+\frac{\partial u}{\partial y}\right) & \frac{\partial v}{\partial y} & \frac{1}{2}\left(\frac{\partial v}{\partial z}+\frac{\partial w}{\partial y}\right)\\ \frac{1}{2}\left(\frac{\partial w}{\partial x}+\frac{\partial u}{\partial z}\right) & \frac{1}{2}\left(\frac{\partial w}{\partial y}+\frac{\partial v}{\partial z}\right) & \frac{\partial w}{\partial z}\end{bmatrix} \tag{2-93}$$

于是几何方程(2-91)的缩写形式为

$$\varepsilon_{ij}=\frac{1}{2}(u_{i'j}+u_{j'i})(i,j=x,y,z) \tag{2-94}$$

且 $\varepsilon_{ij}=\varepsilon_{ji}$。注意到 $i\neq j$ 时，应变张量分量 $\varepsilon_{ij}=\gamma_{ij}/2$，说明用 ε_{ij} 表示的剪应变为用 γ_{ij} 表示的剪应变的一半。这将在下面的内容中进一步分析，这是张量性质的要求，今后经常会出现类似于此两者之间的关系。

由几何方程式(2-91)可以看出，当物体内一点的位移分量完全确定时，则应变分量亦已完全确定，因为应变是位移的微分形式。但是当应变分量完全确定时，位移分量则不一定能求解出来，这是由于物体的位移除了包含有纯变形位移外，还可能包括有刚性位移。为了再说明这一点，我们设想物体只做绝对刚体运动，各点之间无相对位移，即没有变形或应变分量为零($\varepsilon_{ij}=0$)。由式(2-91)得到

$$\left.\begin{aligned}&\frac{\partial u}{\partial x}=0, && \frac{\partial v}{\partial y}=0, && \frac{\partial w}{\partial z}=0\\ &\frac{\partial v}{\partial x}+\frac{\partial u}{\partial y}=0, && \frac{\partial w}{\partial y}+\frac{\partial v}{\partial z}=0, && \frac{\partial w}{\partial x}+\frac{\partial u}{\partial z}=0\end{aligned}\right\} \tag{2-95}$$

积分后，得到

$$\left.\begin{aligned}u&=u_0+w_y z-w_z y\\ v&=v_0+w_z x-w_x z\\ w&=w_0+w_x y-w_y x\end{aligned}\right\} \tag{2-96}$$

式中 u_0,v_0,w_0 分别表示物体沿 x,y,z 轴方向的刚性平移。w_x,w_y,w_z 分别表示物体绕 x,y,z 轴的刚性转动。显然它们都是积分常数，要由位移约束条件来确定。式(2-96)可由本节下述内容说明。

四、转角方程

现在我们来观察微分体在 xOy 平面上的变形状态，根据微分体对角线 AC 绕 z 轴的转角 w_z 与角位移 α_{xy},α_{yx} 的关系可以导出刚性转动分量与位移分量的关系式——**转角方程**。

为了清楚起见，我们分两部分考虑，分别得到结果式(2-97)、式(2-98)，再叠加起来得到式(2-99)(图 2-20)。现分别考察图 2-20(a)、(b)、(c)知

$$\varphi'=(90^\circ-\alpha_{yx})/2=45^\circ-\alpha_{yx}/2,\quad w'_z=-(45^\circ-\varphi')=-\alpha_{yx}/2 \tag{2-97}$$

$$\varphi''=(90^\circ-\alpha_{xy})/2=45^\circ-\alpha_{xy}/2,\quad w''_z=\alpha_{yx}+\varphi''-45^\circ=\alpha_{xy}/2 \tag{2-98}$$

$$\varphi = (90° - \alpha_{xy} - \alpha_{yx})/2, \quad w_z = w'_z + w''_z = \varphi + \alpha_{yx} - 45° = (\alpha_{xy} - \alpha_{yx})/2 \tag{2-99}$$

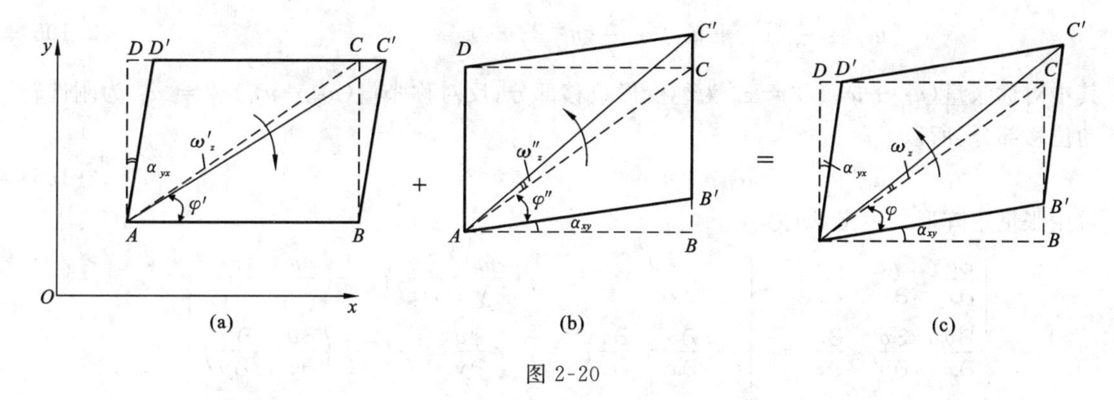

图 2-20

α_{yx} 引起的对角线AC的旋转角度w'_z，如图 2-20(a) 所示，其值为α_{yx} 的一半，且顺时针方向为负值，即为式(2-100) 的第一式；再考虑仅有 α_{xy} 引起的对角线 AC 的旋转角度 w''_z，如图 2-20(b) 所示，其值为α_{xy} 的一半，且逆时针方向为正值，即为式(2-100) 的第二式。即

$$w'_z = -\frac{\alpha_{yx}}{2} = -\frac{\partial u/\partial y}{2}, \quad w''_z = \frac{\alpha_{xy}}{2} = \frac{\partial v/\partial x}{2} \tag{2-100}$$

图 2-20(c) 为叠加上述两种旋转角度得对角线AC绕z轴的转动角度，且设$\alpha_{xy} > \alpha_{yx}$，则得式(2-101) 的第一式。同理可得出立方微分体的对角线绕x轴和y轴的转角公式，并以ω_x和ω_y表示，即式(2-101) 的第二、三式，即

$$\left.\begin{aligned}
\omega_z &= \omega'_z + \omega''_z = \frac{1}{2}(\alpha_{xy} - \alpha_{yx}) = \frac{1}{2}\left(\frac{\partial v}{\partial x} - \frac{\partial u}{\partial y}\right) \\
\omega_x &= \frac{1}{2}\left(\frac{\partial w}{\partial y} - \frac{\partial v}{\partial z}\right) \\
\omega_y &= \frac{1}{2}\left(\frac{\partial u}{\partial z} - \frac{\partial w}{\partial x}\right)
\end{aligned}\right\} \tag{2-101}$$

转角分量也可以用二阶张量来表示，为此改变ω的下标符号

$$\left.\begin{aligned}
&\omega_{yx} = \omega_z, \quad \omega_{zy} = \omega_x, \quad \omega_{xz} = \omega_y \quad (\text{逆时针旋转}) \\
&\omega_{xy} = -\omega_z, \quad \omega_{yz} = -\omega_x, \quad \omega_{zx} = -\omega_y \quad (\text{顺时针旋转})
\end{aligned}\right\} \tag{2-102}$$

于是转动张量为

$$\omega_{ij} = \begin{bmatrix}
0 & \frac{1}{2}\left(\frac{\partial u}{\partial y} - \frac{\partial v}{\partial x}\right) & \frac{1}{2}\left(\frac{\partial u}{\partial z} - \frac{\partial w}{\partial x}\right) \\
\frac{1}{2}\left(\frac{\partial v}{\partial x} - \frac{\partial u}{\partial y}\right) & 0 & \frac{1}{2}\left(\frac{\partial v}{\partial z} - \frac{\partial w}{\partial y}\right) \\
\frac{1}{2}\left(\frac{\partial w}{\partial x} - \frac{\partial u}{\partial z}\right) & \frac{1}{2}\left(\frac{\partial w}{\partial y} - \frac{\partial v}{\partial z}\right) & 0
\end{bmatrix} \tag{2-103}$$

其缩写式为式(2-104)，且知$\omega_{ij} = -\omega_{ij}$，得

$$\omega_{ij} = \frac{1}{2}(u_{i'j} - u_{j'i}) \tag{2-104}$$

五、相对位移变化率张量的分解

我们再返回去讨论物体内微线段 ds 的相对位移公式(2-83)，该式中 $u_{i'j}$ 为相对位移变化率张量。根据张量性质，任何一个二阶张量都可以唯一地分解成一个对称的二阶张量和一个反

对称的二阶张量之和，于是 $u_{i'j}$ 可分解为如下两部分

$$u_{i'j} = \frac{1}{2}(u_{i'j} + u_{j'i}) + \frac{1}{2}(u_{i'j} - u_{j'i}) \tag{2-105}$$

其中对称张量 $(u_{i'j} + u_{j'i})/2 = \varepsilon_{ij}$ 为纯变形位移部分；反对称张量 $(u_{i'j} - u_{j'i})/2 = w_{ij}$ 为刚性转动位移部分。所以

$$u_{i'j} = \varepsilon_{ij} + w_{ij} \tag{2-106}$$

再用张量矩阵形式写出，即为

$$\begin{bmatrix} \frac{\partial u}{\partial x} & \frac{\partial u}{\partial y} & \frac{\partial u}{\partial z} \\ \frac{\partial v}{\partial x} & \frac{\partial v}{\partial y} & \frac{\partial v}{\partial z} \\ \frac{\partial w}{\partial x} & \frac{\partial w}{\partial y} & \frac{\partial w}{\partial z} \end{bmatrix} = \begin{bmatrix} \frac{\partial u}{\partial x} & \frac{1}{2}\left(\frac{\partial u}{\partial y} + \frac{\partial v}{\partial x}\right) & \frac{1}{2}\left(\frac{\partial u}{\partial z} + \frac{\partial w}{\partial x}\right) \\ \frac{1}{2}\left(\frac{\partial v}{\partial x} + \frac{\partial u}{\partial y}\right) & \frac{\partial v}{\partial y} & \frac{1}{2}\left(\frac{\partial v}{\partial z} + \frac{\partial w}{\partial y}\right) \\ \frac{1}{2}\left(\frac{\partial w}{\partial x} + \frac{\partial u}{\partial z}\right) & \frac{1}{2}\left(\frac{\partial w}{\partial y} + \frac{\partial v}{\partial z}\right) & \frac{\partial w}{\partial z} \end{bmatrix}$$

$$+ \begin{bmatrix} 0 & \frac{1}{2}\left(\frac{\partial u}{\partial y} - \frac{\partial v}{\partial x}\right) & \frac{1}{2}\left(\frac{\partial u}{\partial z} - \frac{\partial w}{\partial x}\right) \\ \frac{1}{2}\left(\frac{\partial v}{\partial x} - \frac{\partial u}{\partial y}\right) & 0 & \frac{1}{2}\left(\frac{\partial v}{\partial z} - \frac{\partial w}{\partial y}\right) \\ \frac{1}{2}\left(\frac{\partial w}{\partial x} - \frac{\partial u}{\partial z}\right) & \frac{1}{2}\left(\frac{\partial w}{\partial y} - \frac{\partial v}{\partial z}\right) & 0 \end{bmatrix} \tag{2-107}$$

现在我们再来归纳本节所讨论的内容。将式(2-106) 代入式(2-83) 得

$$\delta s_i = u_{i'j}\,\mathrm{d}s_j = (\varepsilon_{ij} + \omega_{ij})\,\mathrm{d}s_j = \varepsilon_{ij}\,\mathrm{d}s_j + \omega_{ij}\,\mathrm{d}s_j \tag{2-108}$$

如将上式展开，以 $\delta s_x (i = x$，而 $j = x, y, z)$ 为例，得

$$\begin{aligned} \delta s_x &= \varepsilon_x\,\mathrm{d}s_x + \varepsilon_{xy}\,\mathrm{d}s_y + \varepsilon_{xz}\,\mathrm{d}s_z + \omega_{xy}\,\mathrm{d}s_y + \omega_{xz}\,\mathrm{d}s_z \\ &= \left(\frac{\partial u}{\partial x}\right)\mathrm{d}x + \frac{1}{2}\left(\frac{\partial u}{\partial y} + \frac{\partial v}{\partial x}\right)\mathrm{d}y + \frac{1}{2}\left(\frac{\partial u}{\partial z} + \frac{\partial w}{\partial x}\right)\mathrm{d}z + \\ &\quad \frac{1}{2}\left(\frac{\partial u}{\partial y} - \frac{\partial v}{\partial x}\right)\mathrm{d}y + \frac{1}{2}\left(\frac{\partial u}{\partial z} - \frac{\partial w}{\partial x}\right)\mathrm{d}z \\ &= \frac{\partial u}{\partial x}\mathrm{d}x + \frac{\partial u}{\partial y}\mathrm{d}y + \frac{\partial u}{\partial z}\mathrm{d}z \end{aligned} \tag{2-109}$$

又由本节中的式(2-79) 知 $\delta s_x = u - u_0$，所以得式(2-110) 的第一式。同理得式(2-110) 的第二、三式，即

$$\left.\begin{aligned} u &= u_0 + \frac{\partial u}{\partial x}\mathrm{d}x + \frac{\partial u}{\partial y}\mathrm{d}y + \frac{\partial u}{\partial z}\mathrm{d}z \\ v &= v_0 + \frac{\partial v}{\partial x}\mathrm{d}x + \frac{\partial v}{\partial y}\mathrm{d}y + \frac{\partial v}{\partial z}\mathrm{d}z \\ w &= w_0 + \frac{\partial w}{\partial x}\mathrm{d}x + \frac{\partial w}{\partial y}\mathrm{d}y + \frac{\partial w}{\partial z}\mathrm{d}z \end{aligned}\right\} \tag{2-110}$$

上式即为式(2-81)。因此，物体内一点相对于另一参考点（微线段两端）的位移一般由三部分组成：刚性平动 (u_0, v_0, w_0)、刚性转动 $(w_{ij}\,\mathrm{d}s_j)$ 及纯变形的位移 $(\varepsilon_{ij}\,\mathrm{d}s_j)$。在变形固体力学中关于应变张量的几何方程有其独特的重要性。

最后对于 $\varepsilon_{ij} = \gamma_{ij}/2$ 的概念再说明一下：如果我们从相对位移变化率张量的分解，即位移的构成内容来看，其 1/2 的系数必然存在。应用材料力学中关于微分体对角线的线应变是微分体角应变一半的几何证明可直接论证这一点。

第十一节　位移边界条件

如受力物体边界处于约束情况下，即在边界上给定位移 $\bar{u}_i$，它们是边界坐标的已知函数。如令给定位移的边界为 S_u，则在 S_u 上应建立物体的点的位移与给定位移相等的边界条件，即**位移(几何) 边界条件**

$$u_i = \bar{u}_i;\qquad 即\quad u = \bar{u},\qquad v = \bar{v},\qquad w = \bar{w}\qquad (在 S_u 上) \tag{2-111}$$

例 2-9　试讨论图 2-21 所示悬臂梁固定端处的位移边界条件。

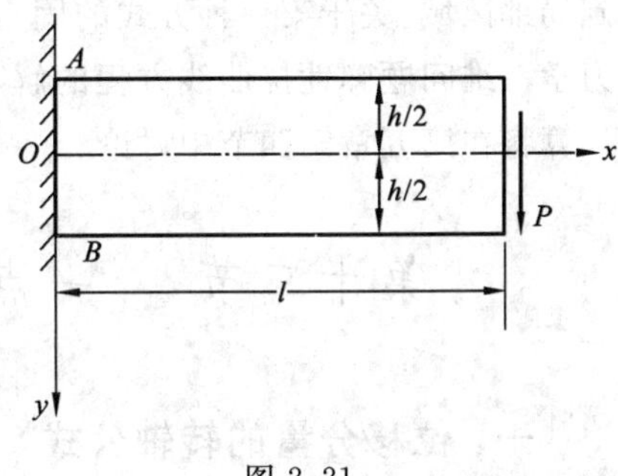

图 2-21

解　根据材料力学的知识，并引用上述位移边界条件，我们很容易写出悬臂梁固定端，当 $x=0$，$-h/2 \leqslant y \leqslant h/2$ 时，各点都有：$u=\bar{u}=0$，$v=\bar{v}=0$。

但是，我们注意到，位移应是位置坐标的连续函数，如根据上述写法：在一个位移函数表示的方程中，自变量 x 不变，y 为任意值(此题与 z 无关) 要求位移为零。于是只能得到 $0=0$ 的恒等式，这是与变形体受力后要发生变形(即相对位移的产生) 相矛盾。因此位移边界条件给多了，就找不到满足这些条件的解。

在三维空间问题中，对一个点约束条件为 3 个(如本节所述)，即为质点不能沿 x,y,z 方向发生移动的条件，如为一条边其约束条件应增加固定微线段不能转动的条件，即微线段不能绕 x,y,z 轴转动的 3 个条件，共有 6 个条件。对平面问题，相应的位移约束条件为一个点有两个方向(沿 x,y 轴方向) 不能移动，而一微线段则(相对 z 轴) 不能转动，共有 3 个条件。于是我们从几何方程和转角方程的推导中可知，在三维空间中对一条微线段存在有 6 个转角条件，即

$$\alpha_{ij} = \begin{bmatrix} 0 & \alpha_{xy} & \alpha_{xz} \\ \alpha_{yx} & 0 & \alpha_{yz} \\ \alpha_{zx} & \alpha_{zy} & 0 \end{bmatrix} = \begin{bmatrix} 0 & \dfrac{\partial u}{\partial y} & \dfrac{\partial u}{\partial z} \\ \dfrac{\partial v}{\partial x} & 0 & \dfrac{\partial v}{\partial z} \\ \dfrac{\partial w}{\partial x} & \dfrac{\partial w}{\partial y} & 0 \end{bmatrix} \tag{2-112}$$

式中 $i,j = x,y,z$。在二维平面问题中，对一条微线段有两个转角条件，即

$$\alpha_{\alpha\beta} = \begin{bmatrix} 0 & \alpha_{xy} \\ \alpha_{yx} & 0 \end{bmatrix} = \begin{bmatrix} 0 & \dfrac{\partial u}{\partial y} \\ \dfrac{\partial v}{\partial x} & 0 \end{bmatrix} \tag{2-113}$$

式(2-113) 中 $\alpha,\beta = x,y$。因此，在解题时对于位移边界条件必须控制使用。以本题为例，对平面问题，固定端处只能有 3 个位移边界条件。所以理论上采取两种不同的固定方式。首先，不论哪种固定方式都要求梁轴线在固定端 O 点处不能移动，即：当 $x=y=0$ 时，$u=v=0$。其次，要求梁不能绕固定端 O 点有微线段转动。其约束可以用两种方式实现。

(1) O 点处水平微线段 $\mathrm{d}x$，使其不能转动，即当 $x=y=0$ 时，$\dfrac{\partial v}{\partial x}=0$，但$\dfrac{\partial u}{\partial y}\neq 0$，见图 2-22(a)。

(2) O 点处垂直微线段 $\mathrm{d}y$，使其不能转动，即当 $x=y=0$ 时，$\dfrac{\partial u}{\partial y}=0$，但 $\dfrac{\partial v}{\partial x}\neq 0$，见图 2-22(b)。

显然两种不同固定方式将得到两种不同的位移解答，这是弹性力学问题的数学要求。实际上具体边界固定方式极为复杂，但由以后要介绍的圣文南原理来说明，这种处理只影响到局部区域。关于第一种方式的固定即为材料力学一维问题弹性挠曲线方程的解，本题具体计算将在第五章第四节中讨论。

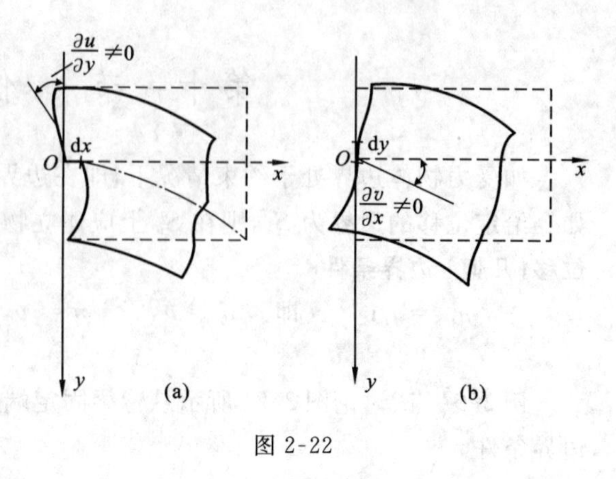

图 2-22

第十二节 一点应变状态的应变分量转换方程

一、位移分量的转轴公式

当直角坐标系变换时，新坐标系 $Ox'y'z'$ 与旧坐标系 $Oxyz$ 轴间的方向余弦如表 2-1 所示。首先我们来建立新旧坐标系位移分量 u',v',w' 与 u,v,w 之间的关系式。设位移矢量为 f，由图 2-23，在 xOy 平面内有

$$\left.\begin{aligned} u' &= u\cos\alpha + v\sin\alpha = ul_{11} + vl_{12} \\ v' &= -u\sin\alpha + v\cos\alpha = ul_{21} + vl_{22} \end{aligned}\right\} \tag{2-114}$$

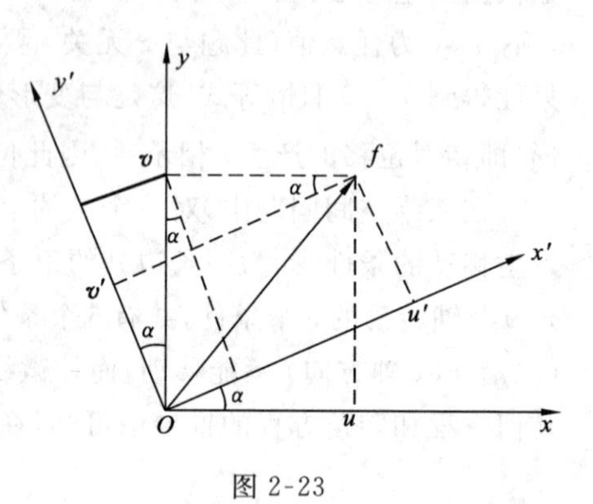

图 2-23

由三维坐标可得

$$\left.\begin{aligned} u' &= ul_{11} + vl_{12} + wl_{13} \\ v' &= ul_{21} + vl_{22} + wl_{23} \\ w' &= ul_{31} + vl_{32} + wl_{33} \end{aligned}\right\} \tag{2-115}$$

或缩写为

$$u'_i = u_j l_{ij} \tag{2-116}$$

上式即为一阶张量(矢量)所遵循的坐标变换公式。

二、应变分量转换方程

现在进一步来寻求应变分量在新坐标系下的 $\varepsilon_{i'j'}$ 与原坐标系下 ε_{ij} 之间的关系。应用方向导数与位移函数的计算公式，有

$$\frac{\partial u_i}{\partial_n} = \left(n_x \frac{\partial}{\partial x} + n_y \frac{\partial}{\partial y} + n_z \frac{\partial}{\partial z}\right)u_i \tag{2-117}$$

式中，n 为位移矢量 f 的外法线方向；n_x,n_y,n_z 为 n 与 x,y,z 轴的方向余弦。

因此我们有

$$\varepsilon_{x'} = \frac{\partial u'}{\partial x'} = \left(l_{11}\frac{\partial}{\partial x} + l_{12}\frac{\partial}{\partial y} + l_{13}\frac{\partial}{\partial z}\right)(ul_{11} + vl_{12} + wl_{13})$$

$$
= l_{11}^2 \frac{\partial u}{\partial x} + l_{12}^2 \frac{\partial v}{\partial y} + l_{13}^2 \frac{\partial w}{\partial z} + \left(\frac{\partial v}{\partial x} + \frac{\partial u}{\partial y}\right) l_{11} l_{12} + \left(\frac{\partial w}{\partial y} + \frac{\partial v}{\partial z}\right) l_{12} l_{13} + \left(\frac{\partial u}{\partial z} + \frac{\partial w}{\partial x}\right) l_{13} l_{11}
$$

$$
= \varepsilon_x l_{11}^2 + \varepsilon_y l_{12}^2 + \varepsilon_z l_{13}^2 + \gamma_{xy} l_{11} l_{12} + \gamma_{yz} l_{12} l_{13} + \gamma_{zx} l_{13} l_{11} \tag{2-118}
$$

$$
\begin{aligned}
\gamma_{x'y'} &= \frac{\partial v'}{\partial x'} + \frac{\partial u'}{\partial y'} = \left(l_{11} \frac{\partial}{\partial x} + l_{12} \frac{\partial}{\partial y} + l_{13} \frac{\partial}{\partial z}\right)(l_{11} u + l_{12} v + l_{13} w) + \\
&\quad \left(l_{21} \frac{\partial}{\partial x} + l_{22} \frac{\partial}{\partial y} + l_{23} \frac{\partial}{\partial z}\right)(l_{11} u + l_{12} v + l_{13} w) \\
&= 2(\varepsilon_x l_{11} l_{21} + \varepsilon_y l_{12} l_{22} + \varepsilon_z l_{13} l_{23}) + \gamma_{xy}(l_{11} l_{22} + l_{12} l_{21}) + \\
&\quad \gamma_{yz}(l_{12} l_{23} + l_{13} l_{22}) + \gamma_{zx}(l_{13} l_{21} + l_{11} l_{23})
\end{aligned} \tag{2-119}
$$

则依据式(2-118) 和式(2-119)，该点新坐标系 $Ox'y'z'$ 的 6 个应变量分别求得如下

$$
\left.
\begin{aligned}
\varepsilon_{x'} &= \varepsilon_x l_{11}^2 + \varepsilon_y l_{12}^2 + \varepsilon_z l_{13}^2 + \gamma_{xy} l_{11} l_{12} + \gamma_{yz} l_{12} l_{13} + \gamma_{zx} l_{13} l_{11} \\
\varepsilon_{y'} &= \varepsilon_x l_{21}^2 + \varepsilon_y l_{22}^2 + \varepsilon_z l_{23}^2 + \gamma_{xy} l_{21} l_{22} + \gamma_{yz} l_{22} l_{23} + \gamma_{zx} l_{23} l_{21} \\
\varepsilon_{z'} &= \varepsilon_x l_{31}^2 + \varepsilon_y l_{32}^2 + \varepsilon_z l_{33}^2 + \gamma_{xy} l_{31} l_{32} + \gamma_{yz} l_{32} l_{33} + \gamma_{zx} l_{33} l_{31} \\
\gamma_{x'y'} &= 2(\varepsilon_x l_{11} l_{21} + \varepsilon_y l_{12} l_{22} + \varepsilon_z l_{13} l_{23}) + \gamma_{xy}(l_{11} l_{22} + l_{12} l_{21}) + \\
&\quad \gamma_{yz}(l_{12} l_{23} + l_{13} l_{22}) + \gamma_{zx}(l_{13} l_{21} + l_{11} l_{23}) \\
\gamma_{y'z'} &= 2(\varepsilon_x l_{21} l_{31} + \varepsilon_y l_{22} l_{32} + \varepsilon_z l_{23} l_{33}) + \gamma_{xy}(l_{21} l_{32} + l_{22} l_{31}) + \\
&\quad \gamma_{yz}(l_{22} l_{33} + l_{23} l_{32}) + \gamma_{zx}(l_{23} l_{31} + l_{21} l_{33}) \\
\gamma_{z'x'} &= 2(\varepsilon_x l_{31} l_{11} + \varepsilon_y l_{32} l_{12} + \varepsilon_z l_{33} l_{13}) + \gamma_{xy}(l_{31} l_{12} + l_{32} l_{11}) + \\
&\quad \gamma_{yz}(l_{32} l_{13} + l_{33} l_{12}) + \gamma_{zx}(l_{33} l_{11} + l_{31} l_{13})
\end{aligned}
\right\} \tag{2-120}
$$

若采用张量符号，并按下标记号法及求和约定，式(2-120) 可缩写为

$$
\varepsilon_{i'j'} = \varepsilon_{ij} l_{i'i} l_{j'j} \tag{2-121}
$$

式(2-120) 或式(2-121) 表明，当已知一点的 6 个独立应变分量 ε_{ij} 时，该点的应变状态就完全被确定了。这就是说将 ε_{ij} 和方向余弦 l_{ij} 代入式(2-120) 就可以求得该点处任意方向的线应变和任意两个互相垂直方向所夹直角的改变量(即剪应变)。

同应力分量转换方程(2-15) 比较可知，一点的应变状态 ε_{ij} 也是一个对称的二阶张量。但从其展开式(2-120) 与式(2-14) 的对比，有以下的对应关系

$$
\varepsilon_{ij} \longleftrightarrow \sigma_{ij} \qquad (\text{当 } i \neq j \text{ 时，有 } \varepsilon_{ij} = \frac{\gamma_{ij}}{2}) \tag{2-122}
$$

由此可知：虽然应力的转换式来自平衡方程，而应变的转换式依据几何方程，但两者同属二阶张量，其遵循的坐标变换法则必然一致。

第十三节　一点应变状态的主应变・应变主方向・最大(最小) 剪应变

一、主应变・应变主方向

相应于应力状态，我们将证明对于过物体内任一点诸平面上，存在着三个互相垂直的平面，在这些平面上剪应变为零，将其称之为**应变主平面**。它们的外法线方向则称之为**应变主方向或应变主轴**。应变主方向上的正应变就是**主应变**。而对于一点而言，一般主应变亦有 3 个，分

别用 $\varepsilon_1,\varepsilon_2,\varepsilon_3$ 表示，且有 $\varepsilon_1 \geqslant \varepsilon_2 \geqslant \varepsilon_3$。

设在微分体斜面 ABC 的外法线方向有一矢量 ds_n（图 2-24），在变形过程中 ds_n 的方向不变，只有长度变化，改变量为 δs_n，其相对变化率即为正应变。因 ds_n 与 δs_n 是在一条直线上，故 ds_n 与 δs_n 的分量均成比例，即

$$\frac{\delta s_n}{ds_n} = \frac{\delta s_x}{ds_x} = \frac{\delta s_y}{ds_y} = \frac{\delta s_z}{ds_z} \tag{2-123}$$

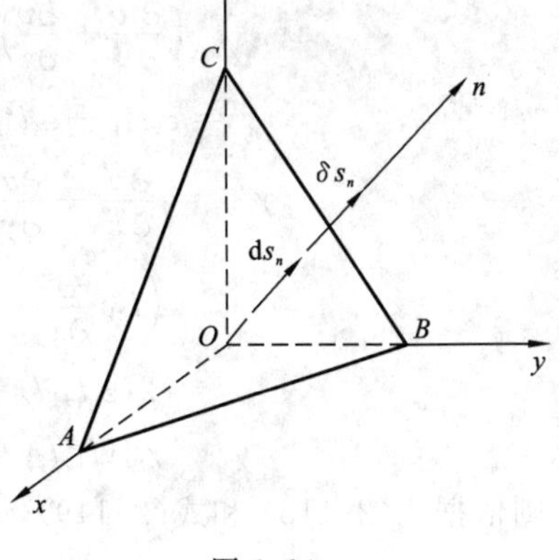

图 2-24

其中 ds_x, ds_y, ds_z 及 $\delta s_x, \delta s_y, \delta s_z$ 分别为 ds_n 及 δs_n 在 x,y,z 轴上的投影。考虑到

$$\frac{\delta s_n}{ds_n} = \varepsilon_n \tag{2-124}$$

则有

$$\delta s_x = \varepsilon_n ds_x,\quad \delta s_y = \varepsilon_n ds_y,\quad \delta s_z = \varepsilon_n ds_z \tag{2-125}$$

于是由式(2-108)可知，且由于 ds_n 所指示正应变的方向上不产生转动，故而可令 $w_{ij} = 0$，则 $\delta s_i = \varepsilon_n ds_j$，即

$$\left.\begin{aligned} \delta s_x &= \varepsilon_x ds_x + \varepsilon_{xy} ds_y + \varepsilon_{xz} ds_z \\ \delta s_y &= \varepsilon_{yx} ds_x + \varepsilon_y ds_y + \varepsilon_{yz} ds_z \\ \delta s_z &= \varepsilon_{zx} ds_x + \varepsilon_{zy} ds_y + \varepsilon_z ds_z \end{aligned}\right\} \tag{2-126}$$

将关系式(2-125)代入式(2-126)，得

$$\left.\begin{aligned} (\varepsilon_x - \varepsilon_n) ds_x + \varepsilon_{xy} ds_y + \varepsilon_{xz} ds_z &= 0 \\ \varepsilon_{yx} ds_x + (\varepsilon_y - \varepsilon_n) ds_y + \varepsilon_{yz} ds_z &= 0 \\ \varepsilon_{zx} ds_x + \varepsilon_{zy} ds_y + (\varepsilon_z - \varepsilon_n) ds_z &= 0 \end{aligned}\right\} \tag{2-127}$$

矢量 ds_n 的模为 $ds_n^2 = ds_x^2 + ds_y^2 + ds_z^2$，即

$$\left(\frac{ds_x}{ds_n}\right)^2 + \left(\frac{ds_y}{ds_n}\right)^2 + \left(\frac{ds_z}{ds_n}\right)^2 = 1 \tag{2-128}$$

式(2-127)、式(2-128)与应力理论中的式(2-19)、式(2-22)形式完全相似。式(2-127)的缩写式为

$$(\varepsilon_{ij} - \delta_{ij}\varepsilon_n) ds_j = 0 \tag{2-129}$$

故可得出以 ε_n 为未知量的一个一元三次方程，即应变状态特征方程

$$\varepsilon_n^3 - I'_1\varepsilon_n^2 - I'_2\varepsilon_n - I'_3 = 0 \tag{2-130}$$

其中，

$$\left.\begin{aligned} I'_1 &= \varepsilon_x + \varepsilon_y + \varepsilon_z = \varepsilon_{ii} \\ I'_2 &= -\varepsilon_x\varepsilon_y - \varepsilon_y\varepsilon_z - \varepsilon_z\varepsilon_x + \varepsilon_{xy}^2 + \varepsilon_{yz}^2 + \varepsilon_{zx}^2 = -\frac{1}{2}(\varepsilon_{ii}\varepsilon_{jj} - \varepsilon_{ij}\varepsilon_{ji}) \\ I'_3 &= \begin{vmatrix} \varepsilon_x & \varepsilon_{xy} & \varepsilon_{xz} \\ \varepsilon_{yx} & \varepsilon_y & \varepsilon_{yz} \\ \varepsilon_{zx} & \varepsilon_{zy} & \varepsilon_z \end{vmatrix} = \varepsilon_x\varepsilon_y\varepsilon_z + 2\varepsilon_{xy}\varepsilon_{yz}\varepsilon_{zx} - (\varepsilon_x\varepsilon_{yz}^2 + \varepsilon_y\varepsilon_{zx}^2 + \varepsilon_z\varepsilon_{xy}^2) = |\varepsilon_{ij}| \end{aligned}\right\} \tag{2-131}$$

与应力理论中一样，式(2-131)不随坐标系变换而变，故称 I'_1, I'_2, I'_3 **为第一、第二、第三应变不变量**。方程(2-130)的3个实根 $\varepsilon_1,\varepsilon_2,\varepsilon_3$，即为主应变，并按代数值的大小排列为 $\varepsilon_1 \geqslant \varepsilon_2 \geqslant \varepsilon_3$。将

求得的主应变代入式(2-127)并与式(2-128)联立求解，即可求得相应的应变主轴的方向余弦。可以证明，这样求得的三个应变主轴是相互垂直的。

二、最大(最小)剪应变

完全类似于应力理论可得三个主剪应变分别为

$$\gamma_1 = \pm(\varepsilon_2 - \varepsilon_3),\quad \gamma_2 = \pm(\varepsilon_3 - \varepsilon_1),\quad \gamma_3 = \pm(\varepsilon_1 - \varepsilon_2) \tag{2-132}$$

显然最大(最小)剪应变为

$$\begin{matrix}\gamma_{max}\\ \gamma_{min}\end{matrix} = \pm(\varepsilon_1 - \varepsilon_3) \tag{2-133}$$

例 2-10 设物体中位移分量为 $u = (10 + 0.1xy + 0.05z)/10^3$，$v = (5 - 0.05x + 0.1yz)/10^3$，$w = (10 - 0.1xyz)/10^3$。试求：$P(1,1,1)$ 点处的最大正应变及最大剪应变。

解 由几何方程得

$$\left.\begin{aligned} &\varepsilon_x = 0.1\times 10^{-3}y, & &\gamma_{xy} = 0.05\times 10^{-3}\\ &\varepsilon_y = 0.1\times 10^{-3}z, & &\gamma_{yz} = 0\\ &\varepsilon_z = -0.1\times 10^{-3}xy, & &\gamma_{zx} = 0.05\times 10^{-3}\end{aligned}\right\} \tag{1}$$

应变不变量为：$I_1' = 0.1\times 10^{-3}$，$I_2' = 0.011\,25\times 10^{-6}$，$I_3' = -0.001\times 10^{-9}$，将 I_1'，I_2'，I_3' 的值代入式(2-130)后，得

$$\varepsilon_n^3 - 0.1\times 10^{-3}\varepsilon_n^2 - 0.011\,25\times 10^{-6}\varepsilon_n + 0.001\times 10^{-9} = 0 \tag{2}$$

为了计算方便，将 $10^4\varepsilon_n = x$ 代入上式，得 $x^3 - x^2 - 1.125x + 1 = 0$，以 $x = y + 1/3$ 代入上式，消去二次项，得 $y^3 - 1.46y + 0.552 = 0$，此方程的根为

$$y_1 = 0.931,\quad y_2 = 0.434,\quad y_3 = -1.364 \tag{3}$$

故得

$$\varepsilon_1 = 0.126\,4\times 10^{-3},\quad \varepsilon_2 = 0.076\,7\times 10^{-3},\quad \varepsilon_3 = -0.103\,1\times 10^{-3} \tag{4}$$

则 P 点处的最大正应变和最大剪应变分别为

$$\varepsilon_{max} = 0.126\,4\times 10^{-3},\quad \gamma_{max} = 0.229\,5\times 10^{-3}(\text{rad})$$

第十四节　应变张量的分解·应变偏量不变量·等效应变

一、应变球张量·应变偏张量

与应力张量相类似，应变张量也可分解为应变球张量与应变偏张量，即

$$\varepsilon_{ij} = \begin{bmatrix}\varepsilon_x & \varepsilon_{xy} & \varepsilon_{xz}\\ \varepsilon_{yx} & \varepsilon_y & \varepsilon_{yz}\\ \varepsilon_{zx} & \varepsilon_{zy} & \varepsilon_z\end{bmatrix} = \begin{bmatrix}\varepsilon_m & 0 & 0\\ 0 & \varepsilon_m & 0\\ 0 & 0 & \varepsilon_m\end{bmatrix} + \begin{bmatrix}\varepsilon_x - \varepsilon_m & \frac{1}{2}\gamma_{xy} & \frac{1}{2}\gamma_{xz}\\ \frac{1}{2}\gamma_{yx} & \varepsilon_y - \varepsilon_m & \frac{1}{2}\gamma_{yz}\\ \frac{1}{2}\gamma_{zx} & \frac{1}{2}\gamma_{zy} & \varepsilon_z - \varepsilon_m\end{bmatrix} \tag{2-134}$$

等式右边的第一个张量称为**应变球张量**，用 $\varepsilon_m\delta_{ij}$ 表示，其中平均正应变

$$\varepsilon_m = \frac{1}{3}(\varepsilon_x + \varepsilon_y + \varepsilon_z) = \frac{1}{3}(\varepsilon_1 + \varepsilon_2 + \varepsilon_3) \tag{2-135}$$

等式右边的第二个张量称为**应变偏张量**，以 e_{ij} 表示，即

$$e_{ij}=\begin{bmatrix} e_x & e_{xy} & e_{xz} \\ e_{yx} & e_y & e_{yz} \\ e_{zx} & e_{zy} & e_z \end{bmatrix}=\begin{bmatrix} \varepsilon_x-\varepsilon_m & \frac{1}{2}\gamma_{xy} & \frac{1}{2}\gamma_{xz} \\ \frac{1}{2}\gamma_{yx} & \varepsilon_y-\varepsilon_m & \frac{1}{2}\gamma_{yz} \\ \frac{1}{2}\gamma_{zx} & \frac{1}{2}\gamma_{zy} & \varepsilon_z-\varepsilon_m \end{bmatrix} \tag{2-136}$$

于是式(2-134)可缩写为

$$\varepsilon_{ij}=\varepsilon_m\delta_{ij}+e_{ij} \tag{2-137}$$

应变球张量具有各方向相同的平均正应变，在第三章将证明它与弹性的体积改变部分有关。而应变偏张量的三个线应变之和为零，说明它与体积变形无关，只反映了材料的形状改变部分。

二、应变偏量不变量·等效应变

类似于应力张量及应力偏量，应变偏量的3个不变量分别以 J'_1,J'_2,J'_3 表示。它们是

$$\left.\begin{aligned} J'_1&=e_x+e_y+e_z=e_{ii}=0 \\ J'_2&=\frac{1}{6}[(e_x-e_y)^2+(e_y-e_z)^2+(e_z-e_x)^2+6(e_{xy}^2+e_{yz}^2+e_{zx}^2)] \\ &=\frac{1}{6}[(\varepsilon_x-\varepsilon_y)^2+(\varepsilon_y-\varepsilon_z)^2+(\varepsilon_z-\varepsilon_x)^2+\frac{2}{3}(\gamma_{xy}^2+\gamma_{yz}^2+\gamma_{zx}^2)] \\ &=\frac{1}{2}e_{ij}e_{ij} \\ J'_3&=e_xe_ye_z+2e_{xy}e_{yz}e_{zx}-e_xe_{yz}^2-e_ye_{zx}^2-e_ze_{xy}^2=|e_{ij}| \end{aligned}\right\} \tag{2-138}$$

与正八面体单元相对应的应变公式如下，其剪应变 γ_8 的几何意义是八面体剪应力 τ_8 的指向与八面体微面的法线方向所夹直角的改变量。于是正应变 ε_8 和剪应变 γ_8 分别为

$$\left.\begin{aligned} \varepsilon_8&=\frac{1}{3}(\varepsilon_x+\varepsilon_y+\varepsilon_z)=\varepsilon_m \\ \gamma_8&=\frac{2}{3}[(\varepsilon_x-\varepsilon_y)^2+(\varepsilon_y-\varepsilon_z)^2+(\varepsilon_z-\varepsilon_x)^2+6(\varepsilon_{xy}^2+\varepsilon_{yz}^2+\varepsilon_{zx}^2)]^{\frac{1}{2}} \end{aligned}\right\} \tag{2-139}$$

等效应变 $\bar{\varepsilon}$ 与等效应力 $\bar{\sigma}$ 相对应[①]，即

$$\begin{aligned} \bar{\varepsilon}&=\frac{\sqrt{2}}{3}[(\varepsilon_x-\varepsilon_y)^2+(\varepsilon_y-\varepsilon_z)^2+(\varepsilon_z-\varepsilon_x)^2+6(\varepsilon_{xy}^2+\varepsilon_{yz}^2+\varepsilon_{zx}^2)]^{\frac{1}{2}} \\ &=\frac{\sqrt{2}}{3}[(\varepsilon_1-\varepsilon_2)^2+(\varepsilon_2-\varepsilon_3)^2+(\varepsilon_3-\varepsilon_1)^2]^{\frac{1}{2}}=\frac{1}{\sqrt{2}}\gamma_8=\frac{2}{\sqrt{3}}\sqrt{J'_2} \end{aligned} \tag{2-140}$$

由于单向拉伸时，$\varepsilon_2=\varepsilon_3=-\nu\varepsilon_1$，$\nu$ 为泊松系数。设 $\nu=\frac{1}{2}$，代入上式即得 $\bar{\varepsilon}=\varepsilon_1$。因此，与等效应力的概念相同，等效应变的作用是将一个复杂应力状态的应变转化为一个相同效应的单向应力状态的主应变 ε_1。其物理概念可参照一般材料力学书籍第四强度理论（歪形能或形状改变比能理论）。

---

① $\bar{\varepsilon}$ 更普遍的定义为：$\bar{\varepsilon}=\frac{1}{\sqrt{2}(1+\nu)}[(\varepsilon_x-\varepsilon_y)^2+(\varepsilon_y-\varepsilon_z)^2+(\varepsilon_z-\varepsilon_x)^2+6(\varepsilon_{xy}^2+\varepsilon_{yz}^2+\varepsilon_{zx}^2)]^{\frac{1}{2}}$；故式(2-140)为当 $\nu=1/2$ 时式(2-139)的特殊情况。

第十五节　变形连续性条件(应变协调方程)

由几何方程式组(2-91)可以看出,物体内一点的6个应变分量 ε_{ij} 是由3个位移分量 u_i 对坐标求偏导数而求得的。显然,这6个应变分量不可能是互相独立的,如给出应变分量来求位移,则需对几何方程积分。以平面问题为例,几何方程有三个,但只有两个位移分量,如果没有附加条件的话,一般地说是没有单值解的。这是因为三个几何方程中的任何两个求出的位移分量将与第三个几何方程式组不能协调,这就表示变形以后的物体不再是连续的。所以要求应变分量 ε_{ij} 应当满足一定的**变形连续性条件**或称**应变协调(相容)方程**。下面推导出这组方程式组。我们将六个应变分量之间的关系式(2-91)分为两组。

第一组:求几何方程式组(2-91)ε_x,ε_y 的导数,得

$$\frac{\partial^2 \varepsilon_x}{\partial y^2}=\frac{\partial^3 u}{\partial x \partial y^2},\qquad \frac{\partial^2 \varepsilon_y}{\partial x^2}=\frac{\partial^3 v}{\partial y \partial x^2} \tag{2-141}$$

将上两式相加,得

$$\frac{\partial^2 \varepsilon_x}{\partial y^2}+\frac{\partial^2 \varepsilon_y}{\partial x^2}=\frac{\partial^2}{\partial x \partial y}\left(\frac{\partial u}{\partial y}+\frac{\partial v}{\partial x}\right)=\frac{\partial^2 \gamma_{xy}}{\partial x \partial y} \tag{2-142}$$

此即下面式(2-146)的第一式。同理可推导出第二、三式两式,只需将上式中字母循环替换就可得到。

第二组:求几何方程式组(2-91)γ_{xy},γ_{yz},γ_{zx} 的导数,得

$$\frac{\partial \gamma_{xy}}{\partial z}=\frac{\partial^2 v}{\partial x \partial z}+\frac{\partial^2 u}{\partial y \partial z},\quad \frac{\partial \gamma_{yz}}{\partial x}=\frac{\partial^2 w}{\partial y \partial x}+\frac{\partial^2 v}{\partial z \partial x},\quad \frac{\partial \gamma_{zx}}{\partial y}=\frac{\partial^2 u}{\partial z \partial y}+\frac{\partial^2 w}{\partial x \partial y} \tag{2-143}$$

将式(2-143)后两式相加,减去第一式,得

$$\frac{\partial \gamma_{yz}}{\partial x}+\frac{\partial \gamma_{zx}}{\partial y}-\frac{\partial \gamma_{xy}}{\partial z}=2\frac{\partial^2 w}{\partial x \partial y} \tag{2-144}$$

再求对 z 的导数,得

$$\frac{\partial}{\partial z}\left(\frac{\partial \gamma_{yz}}{\partial x}+\frac{\partial \gamma_{zx}}{\partial y}-\frac{\partial \gamma_{xy}}{\partial z}\right)=2\frac{\partial^3 w}{\partial x \partial y \partial z}=2\frac{\partial^2 \varepsilon_z}{\partial x \partial y} \tag{2-145}$$

此即式(2-146)第六式。将式(2-145)各字母循环替换,就得到式(2-146)第四、五两式。现将第一组和第二组所得6个关系式列出,即

$$\left.\begin{aligned}
&\frac{\partial^2 \varepsilon_x}{\partial y^2}+\frac{\partial^2 \varepsilon_y}{\partial x^2}=\frac{\partial^2 \gamma_{xy}}{\partial x \partial y}\\
&\frac{\partial^2 \varepsilon_y}{\partial z^2}+\frac{\partial^2 \varepsilon_z}{\partial y^2}=\frac{\partial^2 \gamma_{yz}}{\partial y \partial z}\\
&\frac{\partial^2 \varepsilon_z}{\partial x^2}+\frac{\partial^2 \varepsilon_x}{\partial z^2}=\frac{\partial^2 \gamma_{zx}}{\partial z \partial x}\\
&\frac{\partial}{\partial x}\left(\frac{\partial \gamma_{zx}}{\partial y}+\frac{\partial \gamma_{xy}}{\partial z}-\frac{\partial \gamma_{yz}}{\partial x}\right)=2\frac{\partial^2 \varepsilon_x}{\partial y \partial z}\\
&\frac{\partial}{\partial y}\left(\frac{\partial \gamma_{xy}}{\partial z}+\frac{\partial \gamma_{yz}}{\partial x}-\frac{\partial \gamma_{zx}}{\partial y}\right)=2\frac{\partial^2 \varepsilon_y}{\partial z \partial x}\\
&\frac{\partial}{\partial z}\left(\frac{\partial \gamma_{yz}}{\partial x}+\frac{\partial \gamma_{zx}}{\partial y}-\frac{\partial \gamma_{xy}}{\partial z}\right)=2\frac{\partial^2 \varepsilon_z}{\partial x \partial y}
\end{aligned}\right\} \tag{2-146}$$

上列应变分量之间的6个微分关系式,即称为**变形连续性条件**(应变协调方程)。前三式反映了

三个坐标平面内的应变关系，后三式反映了不同的三个坐标之间的应变关系。如为平面问题则只保留与 x，y 有关的量，只剩下该关系式中的第一式，其他的都为 $0=0$ 的恒等式，即

$$\frac{\partial^2 \varepsilon_x}{\partial y^2}+\frac{\partial^2 \varepsilon_y}{\partial x^2}=\frac{\partial^2 \gamma_{xy}}{\partial x \partial y} \tag{2-147}$$

变形连续性条件式(2-146)的缩写形式为

$$\varepsilon_{ij'kl}+\varepsilon_{kl'ij}=\varepsilon_{ik'jl}+\varepsilon_{jl'ik} \tag{2-148}$$

此式从形式上看，共有 $3^4=81$ 个方程，但其中有很大一部分是重复的，或者是 $0=0$ 的恒等式，所以实际上只有6个方程是独立的。

变形连续性条件式(2-146)从数学意义上来说，要求位移函数 u_i 在其定义域内为单值连续函数，其方程就是位移函数的全微分条件。从物理意义上来说，就是要保证不违反连续性假设，构成物体的介质在变形前后是连续的，并且物体内每一点的位移必定是确定的，即同一点不会产生两个或两个以上的位移。这就是说，相邻点发生微小位移后，仍为相邻点，否则物体在变形后将出现间隙或重叠现象。因此变形连续性条件反映了真实情况下物体内各点应变之间的协调关系。

应当指出：变形连续性条件本身是从几何方程推导出来的，并没有增加新的求解条件。如果我们已经有确定的位移函数(位移法)，则上述条件必定自然满足。而当根据计算出的各点的应力来计算应变时(应力法)则必须考虑变形连续性条件。

例 2-11　试说明下列应变状态是否可能

$$\varepsilon_{ij}=\begin{bmatrix} k(x^2+y^2)z & 4kxyz & 0 \\ 4kxyz & ky^2z & 0 \\ 0 & 0 & 0 \end{bmatrix}$$

式中 k 为常数。

解　将已知的应变分量代入变形条件进行检验。由于

$$2\frac{\partial^2 \varepsilon_x}{\partial y \partial z}=\frac{\partial}{\partial x}\left(\frac{\partial \gamma_{xz}}{\partial y}+\frac{\partial \gamma_{xy}}{\partial z}-\frac{\partial \gamma_{yz}}{\partial x}\right) \text{中的 } 2\frac{\partial^2 \varepsilon_x}{\partial y \partial z}=4ky\text{，而}\frac{\partial \gamma_{xy}}{\partial z}=8kxy$$

并注意到 $\gamma_{xy}=2\varepsilon_{xy}$，于是得：$\frac{\partial}{\partial x}\left(\frac{\partial \gamma_{xz}}{\partial y}+\frac{\partial \gamma_{xy}}{\partial z}-\frac{\partial \gamma_{yz}}{\partial x}\right)=8ky$，显然，$4ky\neq 8ky$，亦即不满足以上变形连续性条件，故为不可能应变状态。

上述例题中的6个应变分量是通过几何方程与单值连续的位移分量相联系的，这说明应变协调方程(2-146)是必然的，也就是变形协调的必要条件。还可以从数学上证明它也是变形协调的充分条件，也即若应变分量和转动分量已知，进行积分时如满足与应变协调方程相同的定积分条件就可求得单值的位移分量，由此就证明了这一点。具体推论请参考有关书籍①。

以上说明了应变协调方程是保证位移单值连续的充要条件，但这仅是对单连域的物体(如实心圆杆)来说。如果物体是多连域的(如空心圆管)，即使满足了应变协调方程(相当于定积分条件)，也仍不能保证位移单值连续的要求。这是因为对于单连域物体来说，满足上述条件即表示线积分与路径无关，它可以化作一个与积分路径无关的定积分计算，因而位移将是单值的

① 请参见王龙甫《弹性理论》§3-8。

(有确定值的)。其几何意义就是对于在物体内的任何一根闭合曲线都可以使它在物体内不断收缩而趋于一点。对于多连域则其线积分与路径有关,也就是不具有上述几何性质,不能够收缩成不经过边界(定义域)内的点。因而位移将不是单值的。但是在连续体中 u,v,w 不可能是多值的,因为这将会破坏物质的连续性。所以对多连域物体来说,除满足应变协调方程(必要条件)外,还要加上补充条件,条件才是充分的。其补充条件将在以后求解具体问题时加以讨论(见第六章第三节厚壁筒问题的弹性解)。

第十六节　应变速率·应变增量·应变莫尔圆

一、应变(速)率张量

材料处于塑性流动状态时,变形物体内任一点的变形不但与坐标有关,而且也与时间有关。设物体变形时质点的速度为 ,其在 x,y,z 轴上的投影分别表示为 $v_i(x,y,z,t)$,现以 $\dot{u}_i$ 代替 v_i,则有

$$\dot{u}=\dot{u}(x,y,z,t),\quad \dot{v}=\dot{v}(x,y,z,t),\quad \dot{w}=\dot{w}(x,y,z,t) \tag{2-149}$$

如以变形过程中的某一时刻 t 为起点,经过无限小时间 $\mathrm{d}t$ 后,质点产生微小位移为:$\mathrm{d}u_i=\dot{u}_i\mathrm{d}t$,即 $\mathrm{d}u=\dot{u}\mathrm{d}t,\mathrm{d}v=\dot{v}\mathrm{d}t,\mathrm{d}w=\dot{w}\mathrm{d}t$。所以,$\dot{u}_i=\mathrm{d}u_i/\mathrm{d}t$,即

$$\dot{u}=\frac{\mathrm{d}u}{\mathrm{d}t},\quad \dot{v}=\frac{\mathrm{d}v}{\mathrm{d}t},\quad \dot{w}=\frac{\mathrm{d}w}{\mathrm{d}t} \tag{2-150}$$

显然,微小位移引起微小应变 ε_{ij} 时,在小变形条件下可定义应变对时间的变化率为

$$\dot{\varepsilon}_{ij}=\frac{\mathrm{d}}{\mathrm{d}t}(\varepsilon_{ij})=\frac{\mathrm{d}}{\mathrm{d}t}\left[\frac{1}{2}(u_{i'j}+u_{j'i})\right]=\frac{1}{2}(\dot{u}_{i'j}+\dot{u}_{j'i}) \tag{2-151}$$

上式推论中引用了数学分析中关于微分顺序可以交换的规则,如

$$\dot{\varepsilon}_x=\frac{\mathrm{d}}{\mathrm{d}t}(\varepsilon_x)=\frac{\mathrm{d}}{\mathrm{d}t}\left(\frac{\partial u}{\partial x}\right)=\frac{\partial}{\partial x}\left(\frac{\mathrm{d}u}{\mathrm{d}t}\right)=\frac{\partial \dot{u}}{\partial x} \tag{2-152}$$

$\dot{\varepsilon}_{ij}$ 称为**应变(速)率张量**。

$$\dot{\varepsilon}_{ij}=\begin{bmatrix}\dot{\varepsilon}_x & \frac{1}{2}\dot{\gamma}_{xy} & \frac{1}{2}\dot{\gamma}_{xz}\\ \frac{1}{2}\dot{\gamma}_{yx} & \dot{\varepsilon}_y & \frac{1}{2}\dot{\gamma}_{yz}\\ \frac{1}{2}\dot{\gamma}_{zx} & \frac{1}{2}\dot{\gamma}_{zy} & \dot{\varepsilon}_z\end{bmatrix} \tag{2-153}$$

凡是字母上加圆点的表示该量关于时间 t 的变化率。这样前面关于受外力作用的弹塑性物体中位移、应变(以至应力)的讨论,均可以方便地应用到物体各点发生运动速度的讨论中去,只要在公式的力学参量上加“·”即可。

但必须指出,在小变形时才有 $\dot{\varepsilon}_{ij}=\frac{\mathrm{d}}{\mathrm{d}t}\varepsilon_{ij}$,而在大变形(有限变形)的情况下,按瞬时位置计算的 $\dot{\varepsilon}_{ij}$ 与按初始位置计算的 $\frac{\mathrm{d}}{\mathrm{d}t}\varepsilon_{ij}$ 之间,一般不存在此等式,即 $\dot{\varepsilon}_{ij}\neq\frac{\mathrm{d}}{\mathrm{d}t}\varepsilon_{ij}$,因为前者是由位移增量得到的,而后者是由时间的增量(即初始位置)来计算的。不仅如此,即使小变形条件成立,由于塑性变形非线性化的特点,一般情况下,应变率主方向与应变主方向并不重合,且可能在加载过程中发生变化。而只有在 ε_{ij} 的各分量都按同一比例变化(即所谓比例加载)时,其应变

率的主方向才能保持不变，且与应变主方向重合，则上述等式才成立（关于比例加载的内容将在第三章第九节中说明）。

对于$\dot{\varepsilon}_{ij}$可以类似于ε_{ij}，求出主应变率方向、主应变率$\dot{\varepsilon}_1,\dot{\varepsilon}_2,\dot{\varepsilon}_3$和应变速率偏量$\dot{e}_{ij}$以及相应的不变量等。这些结果只需要在前述讨论应变张量的对应诸量上加上“•”就可以了。应变率偏量为

$$\dot{e}_{ij}=\dot{\varepsilon}_{ij}-\dot{\varepsilon}_m\delta_{ij} \tag{2-154}$$

式(2-154)中$\dot{\varepsilon}_m=\frac{1}{3}(\dot{\varepsilon}_x+\dot{\varepsilon}_y+\dot{\varepsilon}_z)$。

二、应变增量

大量试验表明，在温度不高和缓慢加载的情况下，一些固体材料的塑性性能一般与时间因素无关，因此度量时间的单位（秒、时、年）对问题的分析没有影响。这里的dt可不代表真实的时间，而只是反映一个变形的过程，并不要求计算应变对时间的积分。因而用应变增量$d\varepsilon_{ij}$来代替应变率$\dot{\varepsilon}_{ij}$更能表示不受时间参数选择的特点。于是在小变形条件下，经常使用应变增量$d\varepsilon_{ij}$来表示应变对时间的变化率。但在塑性力学中要注意到（由于塑性变形时应力与应变无确定对应关系，即与变形路径有关）对应变增量应具有瞬时时间间隔内产生应变的概念，并且（需要特别注意）$d\varepsilon_{ij}$表示对时间的应变增量，即$\dot{\varepsilon}_{ij}dt$，而不是对坐标的增量或应变分量的微分，如$d\varepsilon_x=\dot{\varepsilon}_x dt\neq\dot{\varepsilon}_x dx$。

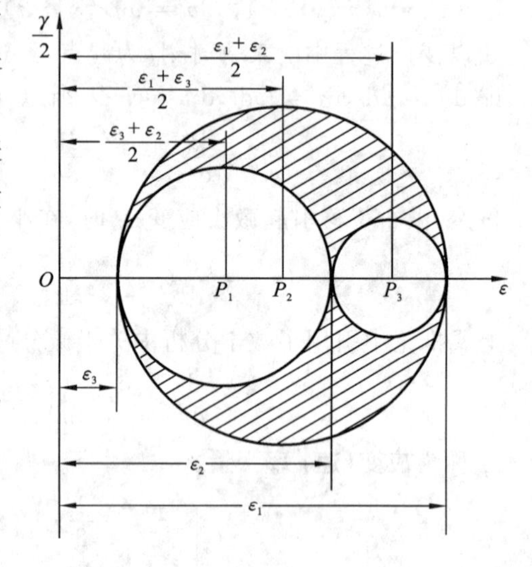

图 2-25

应变增量偏量是

$$de_{ij}=d\varepsilon_{ij}-d\varepsilon_m\delta_{ij} \tag{2-155}$$

其中$d\varepsilon_m$为平均应变增量，即$d\varepsilon_m=\frac{1}{3}(d\varepsilon_x+d\varepsilon_y+d\varepsilon_z)$。

三、应变莫尔圆

应力状态可以用应力莫尔圆表示，应变状态也可以用应变莫尔圆来表示。如果已知一点应变状态的三个主应变$\varepsilon_1,\varepsilon_2,\varepsilon_3$，且$\varepsilon_1\geqslant\varepsilon_2\geqslant\varepsilon_3$。由式(2-118)所示对应关系知，我们只需建立如图2-25所示$O\varepsilon(\gamma/2)$坐标系，分别以P_1,P_2,P_3点为圆心，该三点纵坐标为零，而横坐标为

$$\overline{OP_3}=\frac{\varepsilon_1+\varepsilon_2}{2},\quad \overline{OP_1}=\frac{\varepsilon_2+\varepsilon_3}{2},\quad \overline{OP_2}=\frac{\varepsilon_3+\varepsilon_1}{2} \tag{2-156}$$

再以r_1,r_2,r_3为半径，即

$$r_1=\frac{\varepsilon_1-\varepsilon_2}{2},\quad r_2=\frac{\varepsilon_2-\varepsilon_3}{2},\quad r_3=\frac{\varepsilon_3-\varepsilon_1}{2} \tag{2-157}$$

便可绘制得到反映一点空间应变状态的应变莫尔圆。半径r_1、r_2和r_3所表明的三个圆的圆心分别位于P_3,P_1和P_2处。

习　　题

2-1　试用材料力学公式计算：直径为 1cm 的圆杆，在轴向拉力 $P=10\text{kN}$ 的作用下杆横截面上的正应力 σ 及与横截面夹角 $\alpha=30^\circ$ 的斜截面上的总应力 p_α，正应力 σ_α 和剪应力 τ_α，并按弹塑性力学应力符号规则说明其不同点。

2-2　试用材料力学公式计算：题 2-2 图所示单元体主应力和主平面方位（应力单位 MPa），并表示在图上。说明按弹塑性力学应力符号规则有何不同。

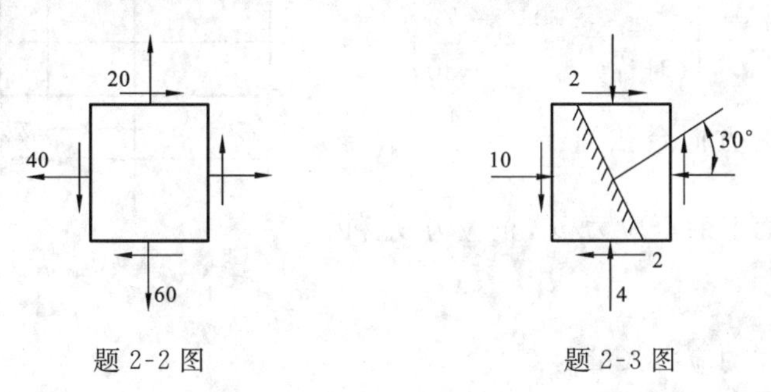

题 2-2 图　　　　题 2-3 图

2-3　求题 2-3 图所示单元体斜截面上的正应力和剪应力（应力单位为 MPa），并说明使用材料力学求斜截面应力的公式应用于弹塑性力学计算时，该式应作如何修正。

2-4　已知平面问题单元体的主应力如题 2-4 图(a)、(b)、(c) 所示，应力单位为 MPa。试求最大剪应力，并分别画出最大剪应力作用面（每组可画一个面）及面上的应力。

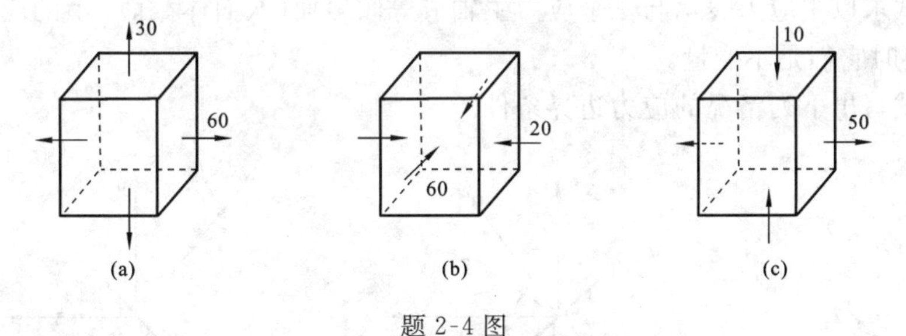

题 2-4 图

2-5*　如题 2-5 图，刚架 ABC 在拐角 B 点处受 P 力，已知刚架的 EJ，求 B、C 点的转角和位移（E 为弹性模量，J 为惯性矩）。

2-6　悬挂的等直杆在自重 W 的作用下如题 2-6 图所示。材料比重为 γ，弹性模量为 E，横截面积为 A。试求离固定端 z 处一点 c 的应变 ε_z 与杆的总伸长 Δl。

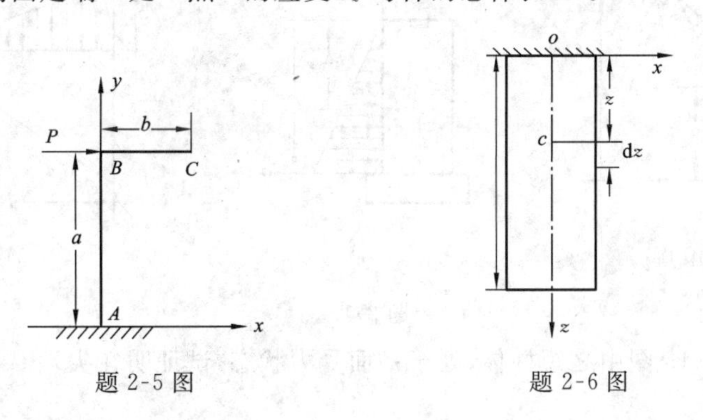

题 2-5 图　　　　题 2-6 图

2-7* 试按材料力学方法推证各向同性材料三个弹性常数：弹性模量 E，剪切弹性模量 G，泊松比 ν 之间的关系：

$$G=\frac{E}{2(1+\nu)}$$

2-8 用材料力学方法试求出如题 2-8 图所示受均布载荷作用简支梁内一点的应力状态，并校核所得结果是否满足平衡微分方程。

2-9 已知一点的应力张量为：

$$\sigma_{ij}=\begin{bmatrix}50 & 50 & 80\\ & 0 & -75\\ (\text{对称}) & & -30\end{bmatrix}$$

试求外法线 n 的方向余弦为：$n_x=\dfrac{1}{2}, n_y=\dfrac{1}{2}, n_z=\dfrac{1}{\sqrt{2}}$ 的微斜面上的全应力 p_α，正应力 σ_α 和剪应力 τ_α。

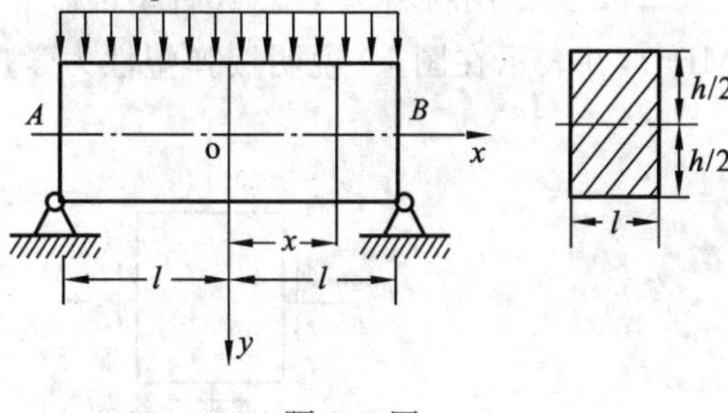

题 2-8 图

2-10 已知物体的应力张量为：

$$\sigma_{ij}=\begin{bmatrix}50 & 30 & -80\\ & 0 & -30\\ (\text{对称}) & & 110\end{bmatrix}$$

试确定外法线的 3 个方向余弦相等时的微斜面上的总应力 p_α，正应力 σ_α 和剪应力 τ_α。

2-11 试求以主应力表示与三个应力主轴成等倾斜面（八面体截面）上的应力分量，并证明当坐标变换时它们是不变量。

2-12 试写出下列情况的应力边界条件。

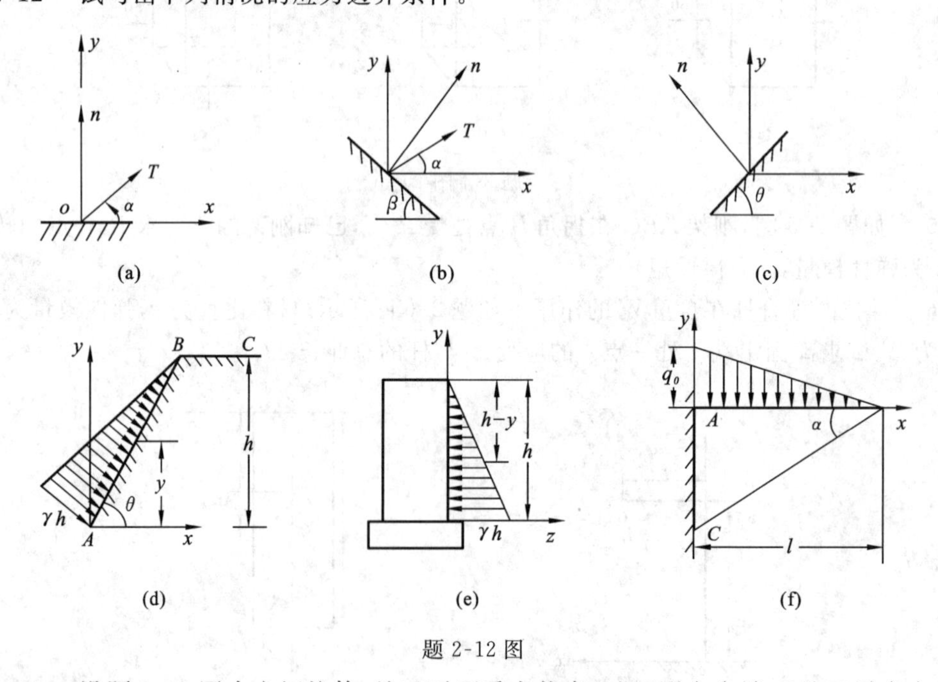

题 2-12 图

2-13 设题 2-13 图中之短柱体，处于平面受力状态，试证明在尖端 C 处于零应力状态。

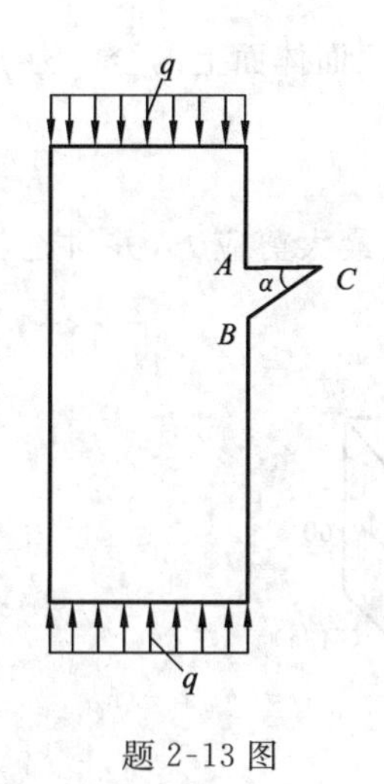

题 2-13 图

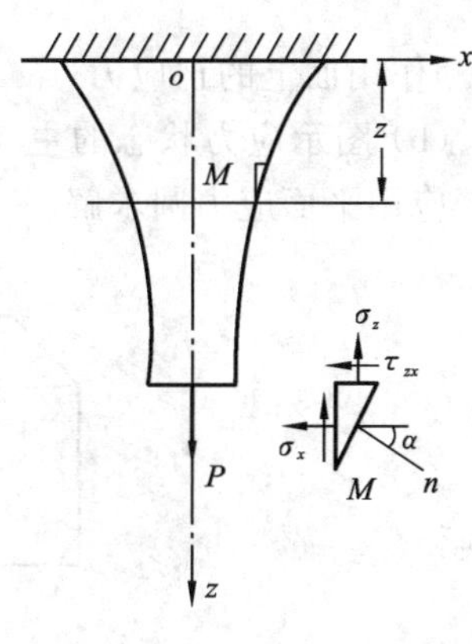

题 2-14 图

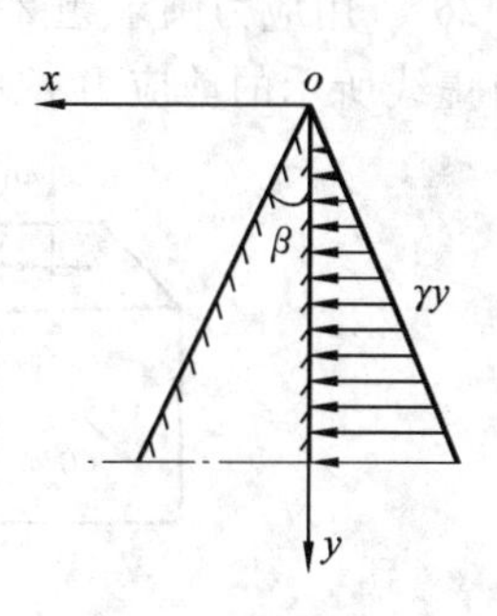

题 2-15 图

2-14* 如题 2-14 图所示的变截面杆，受轴向拉伸载荷 P 作用，试确定杆体两侧外表面处应力 σ_z（横截面上正应力）和在材料力学中常常被忽略的应力 σ_x, τ_{zx} 之间的关系。

2-15 如题 2-15 图所示三角形截面水坝，材料的比重为 γ，水的比重为 γ_1，已求得其应力解为：$\sigma_x = ax + by, \sigma_y = cx + dy - \gamma y, \tau_{xy} = -dx - ay$，其他应力分量为零。试根据直边及斜边上的边界条件，确定常数 a, b, c, d。

2-16* 已知矩形截面高为 h，宽为 b 的梁受弯曲时的正应力 $\sigma_z = \dfrac{My}{J} = \dfrac{12M}{bh^3}y$，试求当非纯弯时横截面上的剪应力公式（利用弹塑性力学平衡微分方程）。

2-17 已知一点处的应力张量为：

$$\sigma_{ij} = \begin{bmatrix} 12 & 6 & 0 \\ 6 & 10 & 0 \\ 0 & 0 & 0 \end{bmatrix}$$，试求该点的最大主应力及其主方向。

2-18* 在物体中某一点 $\sigma_x = \sigma_y = \sigma_z = \tau_{xy} = 0$，试以 τ_{yz} 和 τ_{zx} 表示主应力。

2-19 已知应力分量为 $\sigma_x = \sigma_y = \sigma_z = \tau_{xy} = 0, \tau_{yz} = a, \tau_{zx} = b$，计算主应力 $\sigma_1, \sigma_2, \sigma_3$，并求 σ_2 的主方向。

2-20 证明下列等式：

(1) $J_2 = I_2 + \dfrac{1}{3}I_1^2$；　　(2) $J_3 = I_3 + \dfrac{1}{3}I_1 I_2 + \dfrac{2}{27}I_1^3$；

(3) $I_2 = -\dfrac{1}{2}(\sigma_{ii}\sigma_{kk} - \sigma_{ik}\sigma_{ik})$；　　(4) $J_2 = \dfrac{1}{2}S_{ij}S_{ij}$；

(5) $\dfrac{\partial J_2}{\partial S_{ij}} = S_{ij}$；　　(6) $\dfrac{\partial J_2}{\partial \sigma_{ij}} = S_{ij}$。

2-21* 证明等式：$J_3 = \dfrac{1}{3}S_{ik}S_{km}S_{mi}$。

2-22* 试证在坐标变换时，I_1 为一个不变量，要求：1) 以普通展开式证明；2) 用张量计算证明。

2-23 已知下列应力状态：$\sigma_{ij} = \begin{bmatrix} 5 & 3 & 8 \\ 3 & 0 & 3 \\ 8 & 3 & 11 \end{bmatrix}$，试求八面体单元的正应力 σ_8 与剪应力 τ_8。

2-24*　一点的主应力为：$\sigma_1=75a$，$\sigma_2=50a$，$\sigma_3=-50a$，试求八面体面上的全应力 p_8，正应力 σ_8，剪应力 τ_8。

2-25　试求各主剪应力 τ_1,τ_2,τ_3 作用面上的正应力。

2-26*　用应力圆求题 2-26(a)、(b) 图示应力状态的主应力及最大剪应力，并讨论若(b)图中有虚线所示的剪应力 τ' 时，能否应用平面应力圆求解。

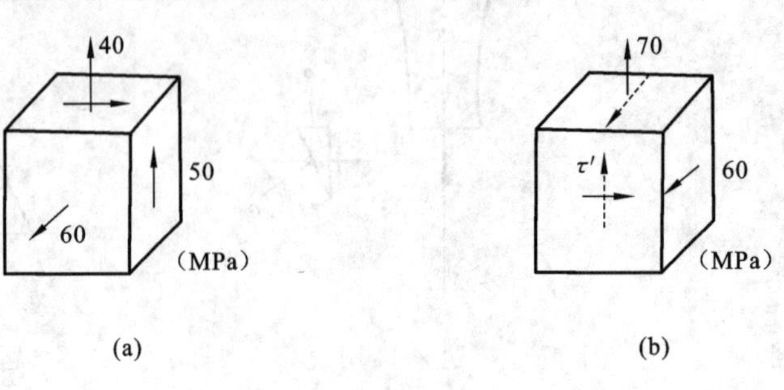

题 2-26 图

2-27*　试求：如题 2-27(a) 图所示，ABC 微截面与 x,y,z 轴等倾斜，但 $\tau_{xy}\neq 0,\tau_{yz}\neq 0,\tau_{zx}\neq 0$，试问该截面是否为八面体截面？如题 2-27(b) 图所示，八面体各截面上的 τ_8 指向是否垂直棱边？

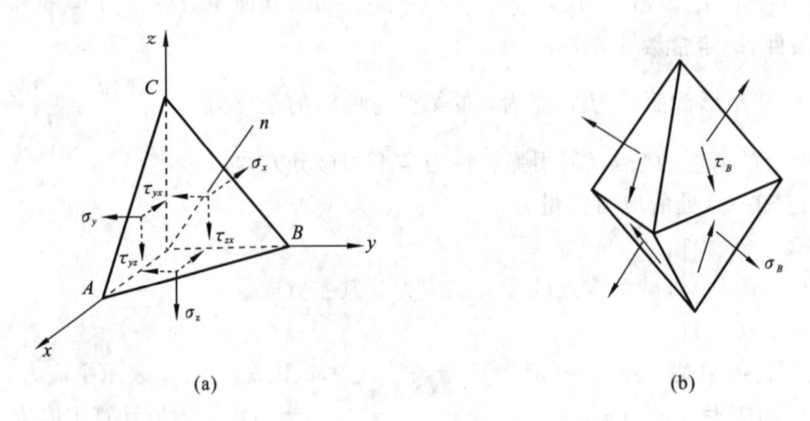

题 2-27 图

2-28　设一物体的各点发生如下的位移：

$$u=a_0+a_1x+a_2y+a_3z$$
$$v=b_0+b_1x+b_2y+b_3z$$
$$w=c_0+c_1x+c_2y+c_3z$$

式中 $a_0,b_0,c_0,\cdots;a_1,b_1,c_1\cdots,a_2,b_2,c_2,\cdots$ 为常数，试证各点的应变分量为常数。

2-29　设已知下列位移，试求指定点的应变状态。

(1) $u=(3x^2+20)\times10^{-2}$，$v=(4yx)\times10^{-2}$，在(0,2) 点处。

(2) $u=(6x^2+15)\times10^{-2}$，$v=(8zy)\times10^{-2}$，$w=(3z^2-2xy)\times10^{-2}$，在(1,3,4) 点处。

2-30　试证在平面问题中下式成立：

$$\varepsilon_x+\varepsilon_y=\varepsilon'_x+\varepsilon'_y$$

2-31　已知应变张量

$$\varepsilon_{ij}=\begin{bmatrix}-6 & -2 & 0\\ -2 & -4 & 0\\ 0 & 0 & 0\end{bmatrix}\times10^{-3}$$

试求：1) 应变不变量；2) 主应变；3) 主应变方向；4) 八面体剪应变。

2-32 试说明下列应变状态是否可能存在(式中 a、b、c 为常数)：

(1) $\varepsilon_{ij}=\begin{bmatrix} c(x^2+y^2) & cxy & 0 \\ cxy & cy^2 & 0 \\ 0 & 0 & 0 \end{bmatrix}$

(2) $\varepsilon_{ij}=\begin{bmatrix} axy^2 & 0 & \dfrac{1}{2}(ax^2+by^2) \\ 0 & ax^2y & \dfrac{1}{2}(az^2+by^2) \\ \dfrac{1}{2}(ax^2+by^2) & \dfrac{1}{2}(az^2+by^2) & 0 \end{bmatrix}$

(3) $\varepsilon_{ij}=\begin{bmatrix} c(x^2+y^2) & cxyz & 0 \\ cxyz & cy^2x & 0 \\ 0 & 0 & 0 \end{bmatrix}$

2-33* 试证题 2-33 图所示矩形单元在纯剪应变状态时，剪应变 γ_{xy} 与对角线应变 ε_{OB} 之间的关系为 $\varepsilon_{OB}=\dfrac{1}{2}\gamma_{xy}$(用弹塑性力学转轴公式来证明)。

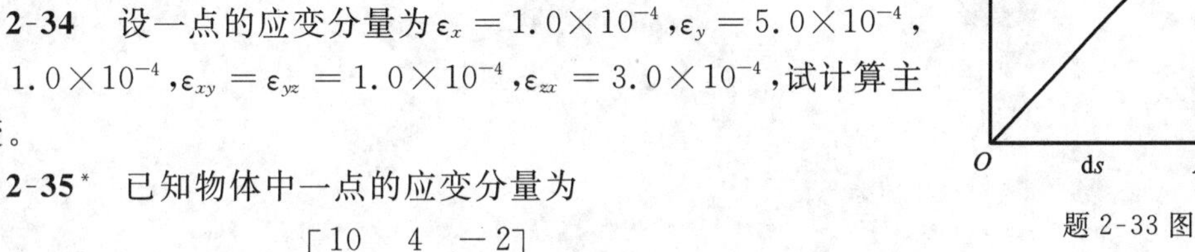

题 2-33 图

2-34 设一点的应变分量为 $\varepsilon_x=1.0\times10^{-4}$，$\varepsilon_y=5.0\times10^{-4}$，$\varepsilon_z=1.0\times10^{-4}$，$\varepsilon_{xy}=\varepsilon_{yz}=1.0\times10^{-4}$，$\varepsilon_{zx}=3.0\times10^{-4}$，试计算主应变。

2-35* 已知物体中一点的应变分量为

$$\varepsilon_{ij}=\begin{bmatrix} 10 & 4 & -2 \\ 4 & 5 & 3 \\ -2 & 3 & -1 \end{bmatrix}\times10^{-4}$$

试确定主应变及最大主应变的方向。

2-36* 某一应变状态的应变分量 γ_{xy} 和 $\gamma_{yz}=0$，试证明此条件能否表示 ε_x，ε_y，ε_z 中之一为主应变？

2-37 已知下列应变状态是物体变形时产生的：

$$\varepsilon_x=a_0+a_1(x^2+y^2)+x^4+y^4,$$
$$\varepsilon_y=b_0+b_1(x^2+y^2)+x^4+y^4,$$
$$\gamma_{xy}=c_0+c_1xy(x^2+y^2+c_2),$$
$$\varepsilon_z=\gamma_{zx}=\gamma_{yz}=0。$$

试求式中各系数之间应满足的关系式。

2-38* 试求对应于零应变状态($\varepsilon_{ij}=0$)的位移分量。

2-39* 若位移分量 u_i 和 u'_i 所对应的应变相同，试说明这两组位移有何差别。

2-40* 试导出平面问题的平面应变状态($\varepsilon_x=\gamma_{zx}=\gamma_{zy}=0$)的应变分量的不变量及主应变的表达式。

2-41* 已知如题 2-41 图所示的棱柱形杆在自重作用下的应变分量为：

$$\varepsilon_z=\frac{\gamma z}{E},\varepsilon_x=\varepsilon_y=-\frac{\nu\gamma z}{E};\ \gamma_{xy}=\gamma_{yz}=\gamma_{zx}=0;$$

试求位移分量，式中 γ 为杆件单位体积重量，E,ν 为材料的弹性常数。

2-42 如题 2-42 图所示的圆截面杆扭转时得到的应变分量为：$\varepsilon_x = \varepsilon_y = \varepsilon_z = \gamma_{xy} = 0$，$\gamma_{zy} = \theta x$，$\gamma_{zx} = -\theta y$。试检查该应变是否满足变形连续性条件，并求位移分量 u,v,w。设在原点处 $u_0 = v_0 = w_0 = 0$，$\mathrm{d}z$ 在 xoz 和 yoz 平面内没有转动，$\mathrm{d}x$ 在 xoy 平面内没有转动。

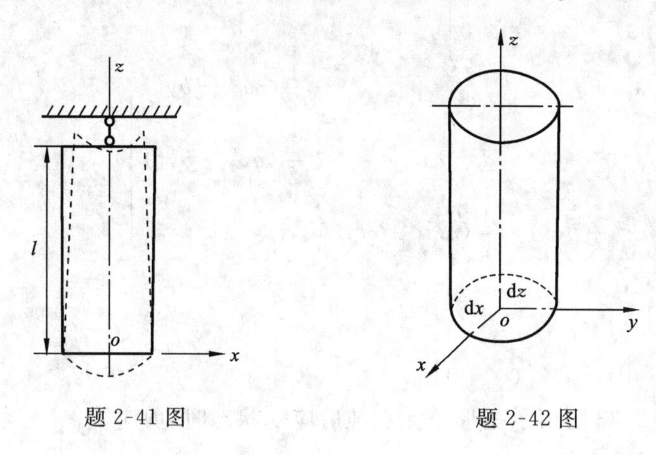

题 2-41 图　　　　题 2-42 图

第三章　弹性变形·塑性变形·本构理论

第一节　概　　述

当我们要确定物体变形时其内部的应力分布和变形规律，单从静力平衡条件去研究是解决不了问题的。因此，弹塑性力学研究的问题大多是静不定问题。要使静不定问题得到解答，就必须从静力平衡、几何变形和物性关系三个方面来进行研究。考虑这三个方面，就可以构成三类方程，即力学方程、几何方程和物性方程。综合求解这三类方程，同时满足具体问题的边界条件，从理论上讲就可使问题得到解答。

在第二章中，我们已经分别从静力学和几何学两方面研究了受力物体所应满足的各种方程，即平衡微分方程式组(2-70)和几何方程式组(2-91)等。在应力理论和几何变形理论的研究中，始终没有涉及到材料的物性。因此，这两方面的理论对于固体力学的各分支学科都是成立的。现在的问题是，按照弹塑性力学分析问题、解决问题的基本思路，要使问题得到解决，除了要考虑上述两个方面外，还必须考虑物体的物性，也即考虑物体变形时应力和应变间的关系或应力率与应变率之间的物性关系。这种**泛指表明固体材料产生弹性变形或塑性变形时应力与应变以及应力率与应变率之间关系的物性方程，就称之为本构关系或本构方程**。在材料力学中大家所熟知的各向同性材料的广义虎克定律就是一种本构关系。

在本章中，我们将首先归纳出固体材料弹性变形和塑性变形的各自特点，并在介绍弹性应变能函数、屈服函数、屈服条件等重要概念和理论的基础上，分别讨论弹性本构方程和塑性本构方程。

第二节　弹性变形与塑性变形特点·塑性力学的附加假设

一、弹性变形与塑性变形特点

大量实验证实，应力和应变之间的关系是相辅相成的，有应力就会有应变，而有应变就会有应力。对于每一种具体的固体材料，在一定条件下，应力和应变之间有着确定的关系，这种关系反映了材料客观的特性。下面以材料力学中大家所熟知的典型塑性金属材料低碳钢，在轴向拉伸试验中得到的应力应变曲线(图3-1)为例，来说明和总结固体材料产生弹性变形和塑性变形的主要特点，并由此说明塑性应力应变比弹性应力应变关系要复杂得多。

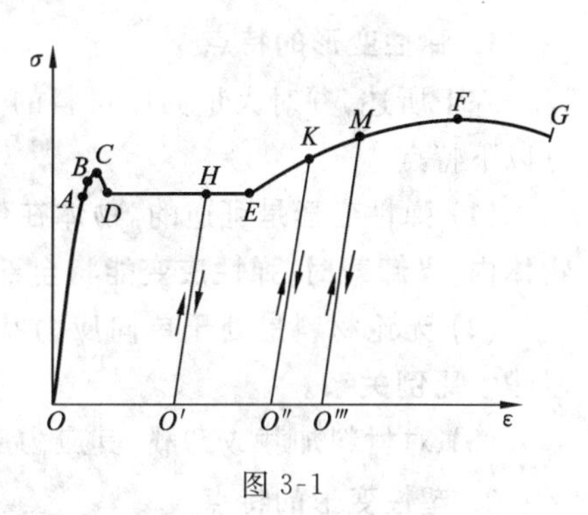

图 3-1

在图 3-1 中，OA 段为比例变形阶段。在这一阶段中，应力应变之间的关系是线性的，即可

用虎克定律来表示

$$\sigma = E\varepsilon \tag{3-1}$$

式中 E 为弹性模量，在弹性变形过程中，通常 E 为常数。A 点对应的应力称为**比例极限**，记作 σ_p。由 A 点到 B 点，已经不能用线性关系来表示，但变形仍是弹性的。B 点对应的应力称为**弹性极限**，记作 σ_e。

对于许多材料，A 点到 B 点的间距很小，也即 σ_p 与 σ_e 数值非常接近，通常并不加以区分，而均以 σ_e 表示，并认为当应力小于 σ_e 时，应力和应变之间的关系满足式(3-1)。这时，逐渐卸去载荷，随着应力的减小，应变也渐渐消失，最终物体的变形得以完全恢复。若重新加载则应力应变关系将沿由 O 到 B 的原路径重现。BE 段称为**屈服阶段**。C 点和 D 点对应的应力分别称为材料的上屈服极限和下屈服极限。应力到达 D 点时，材料开始屈服。一般来说，上屈服极限受外界因素的影响较大，如试件截面形状、大小、加载速率等，都对它有影响。因此在实际应用中一般都采用下屈服极限作为材料的**屈服极限**，并记作 σ_s。有些材料的屈服流动阶段是很长的，应变值可以达到 0.01。由于一般材料弹性极限与屈服极限相差并不大，通常在工程上不加以区分，故而在塑性力学中，比例极限 σ_p、弹性极限 σ_e 及屈服极限 σ_s，均以屈服极限 σ_s 表示，三者一般不加以细分。可见应力在达到屈服应力以后，材料将进入非线性的弹塑性变形阶段。若在此阶段如卸载，应力与应变关系则不再按原路径返回，而留下永久变形，即有塑性应变的存在。

由 E 点开始，材料出现了强化现象，即试件只有在应力增加时，应变才能增加。如果在材料的屈服阶段或强化阶段内卸去载荷，则应力应变卸载曲线不会顺原路径返回，而是沿着一条平行于 OA 线的 MO'''（HO'、KO''）路径返回。这说明材料虽然产生了塑性变形，但它的弹性质却并没有消失。如果在点 O'''（或 O'，O''）重新加载，则应力应变曲线仍将沿着 $O'''MEG$（$O'HEFG$，$O''KFG$）变化，在 M 点（或 H 点、K 点）材料重新进入塑性变形阶段。显然，这就相当于提高了材料的屈服极限。经过卸载又加载，使材料的屈服极限升高，塑性降低，增加了材料抵抗变形能力的现象，称为**强化**（或**硬化**）。我们注意到材料变形一旦进入塑性变形阶段，应力和应变就不再具有一一对应的关系。在 F 点之前，试件处于均匀应变状态，到达 F 点后，试件往往开始出现颈缩现象。如果再继续加载则变形将主要集中于颈缩区进行，F 点对应的应力是材料强化阶段的最大应力，称为**强度极限**，用 σ_b 表示。由于颈缩区的截面逐渐缩小，所以试件很快受拉被剪断。试件在断裂之前，一般产生有较大的塑性变形。韧性较好的低碳钢材料的应力应变曲线所反映的变形特征既典型又具有代表性，这些变形特征和特性已为大量固体材料的力学试验结果所证实。

1. 弹性变形的特点

综上所述，并对大量固体材料的力学试验资料进行综合分析与归纳，固体材料弹性变形具有以下特点：

(1) 弹性变形是可逆的。物体在变形过程中，外力所做的功以能量(应变能)的形式贮存在物体内，当卸载时，弹性应变能将全部释放出来，物体的变形得以完全恢复。

(2) 无论材料是处于单向应力状态，还是复杂应力状态，在线弹性变形阶段，应力和应变成线性比例关系。

(3) 对材料加载或卸载，其应力应变曲线路径相同，故应力与应变是一一对应的关系。

2. 塑性变形的特点

与弹性变形相比，塑性变形有如下几个主要特点：

(1) 塑性变形不可恢复，所以外力功不可逆，塑性变形的产生必定要耗散能量(称耗散能

或形变功)。

(2) 在塑性变形阶段,其应力应变关系是非线性的。由于本构方程的非线性,所以不能使用叠加原理。又因为加载与卸载的规律不同,应力与应变之间不再存在一一对应的关系,即应力与相应的应变不能唯一地确定,而应当考虑到加载路径(或加载历史)。

(3) 在载荷作用下,变形体有的部分仍处于弹性状态称弹性区,有的部分已进入了塑性状态称塑性区。在弹性区,加载与卸载都服从广义虎克定律。但在塑性区,加载过程服从塑性规律,而在卸载过程中则服从弹性的虎克定律,并且随着载荷的变化,两区域的分界面也会产生变化。

显然判断物体中某一点处的材料是否由弹性状态转变为塑性状态,必定要满足一定的条件(或判据),这一条件就称为**屈服条件**。在分析物体的塑性变形时,材料的屈服条件是非常重要的关系式(详见本章第八节)。无疑,在弹性区,材料在加载或卸载的过程中都服从应力应变成线性比例的关系,即广义虎克定律(详见本章第四节)。但在塑性区,加载过程中服从塑性规律,而在卸载过程中则服从弹性的虎克定律。为了考虑材料的变形历史,应研究应力和应变增量之间的关系,以这种关系为基础的理论,称为**增量理论**。在比例变形条件下,通过对增量理论的应力和应变增量关系的积分,就可以得到**全量理论**的应力和应变关系。增量形式的应力与应变增量的关系和全量形式的应力应变关系都是非线性的关系式,它们就是塑性变形的应力应变关系(详见本章第十二和第十三节)。

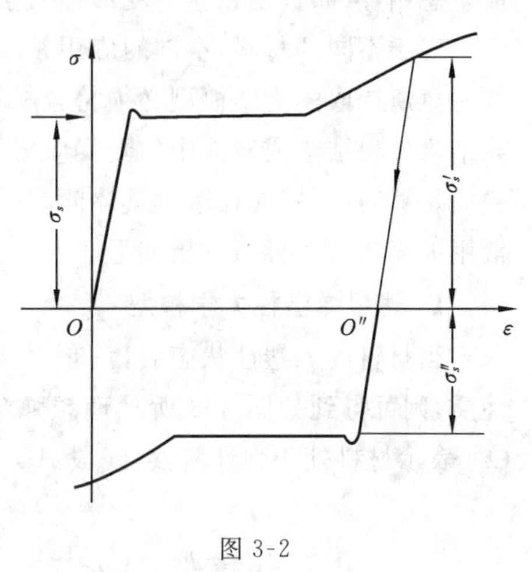

图 3-2

此外,若对材料加载,应力超过屈服极限后,卸去载荷,然后再反向加载[如对材料单轴施载,即由轴向拉伸(加载)再改变(卸载后再反向加载)为轴向压缩],这时产生的新的屈服极限将有所降低,如图 3-2 所示,$\sigma''_s < \sigma'_s$ 且 $\sigma''_s < \sigma_s$。这种具有强化性质的材料随着塑性变形的增加,屈服极限在一个方向上提高,而在相反方向上降低的效应,是德国的包辛格(Bauschinger J)首先发现的,故称之为**包辛格效应**。包辛格效应使材料具有各向异性性质。由于这一效应的数学描述比较复杂,一般塑性理论(包括在本教程)的研讨中都忽略它的影响。

二、塑性力学的附加假设

综上所述,可知塑性力学本构关系要比弹性力学的理论复杂得多。为研究塑性力学的需要,这里我们在第一章绪论中对固体材料所做基本假设的基础上,再提出以下附加假设,这些附加假设都是建立在一些金属材料的实验基础上的,它们是:

(1) 球应力引起了全部体变(即体积改变量),而不包含畸变(即形状改变量),体变是弹性的。因此,球应力不影响屈服条件。

(2) 偏斜应力引起了全部畸变,而不包括体变,塑性变形仅是由应力偏量引起的。因此,在塑性变形过程中,材料具有不可压缩性(即体积应变为零)①。

① 弹性变形中弹性横向变形系数 ν_e 是常量,而塑性变形过程中塑性横向变形系数 ν_p 是变化的,且在金属材料塑性变形阶段中横向变形系数迅速增加,很快便趋于最大值,即 $\nu_p = 0.5$,故而一般情况下 ν_e 与 ν_p 均用 ν 表示。

(3) 不考虑时间因素对材料性质的影响，即认为材料是非黏性的。

必须指出，上述假设的前两条一般对于岩土类材料是不适用的。

第三节　弹塑性力学中常用的简化力学模型

不同的固体材料，力学性质各不相同。即便是一种固体材料，在不同的物质环境和受力状态中，所测得的反映其力学性质的应力应变曲线也各不相同。尽管材料的力学性质复杂多变，但仍是有规律可循的，也就是说，可将各种反映材料力学性质的应力应变曲线进行分析归类并加以总结，从而提出相应的变形体力学模型。

对于不同的材料，不同的应用领域，可以采用不同的变形体模型。在确定力学模型时，要特别注意所选取的力学模型必须符合材料的实际情况，这是非常重要的，因为只有这样才能使计算结果反映结构或构件中的真实应力及应力状态。另外，要注意所选取的力学模型的数学表达式应足够简单，以便在求解具体问题时，不出现不易解决的数学上的困难。关于弹塑性力学中常用的简化力学模型分析如下。

1. 理想弹塑性力学模型

当材料进入塑性状态后，具有明显的屈服流动阶段，而强化程度较小。若不考虑材料强化性质，则可得到如图 3-3 所示理想弹塑性模型，又称为**弹性完全塑性模型**。在图 3-3 中，线段 OA 表示材料处于弹性阶段，线段 AB 表示材料处于塑性阶段，应力可用如下公式求出

$$\left.\begin{aligned} \sigma &= E\varepsilon \qquad (\text{当 } \varepsilon \leqslant \varepsilon_s \text{ 时}) \\ \sigma &= E\varepsilon_s = \sigma_s \qquad (\text{当 } \varepsilon > \varepsilon_s \text{ 时}) \end{aligned}\right\} \tag{3-2}$$

由于公式(3-2)只包括了材料常数 E 和 σ，故不能描述应力应变曲线的全部特征；又由于在 $\varepsilon = \varepsilon_s$ 处解析式有变化，故给具体计算带来一定困难。但是这一力学模型抓住了韧性材料的主要特征，因而与实际情况符合得较好。

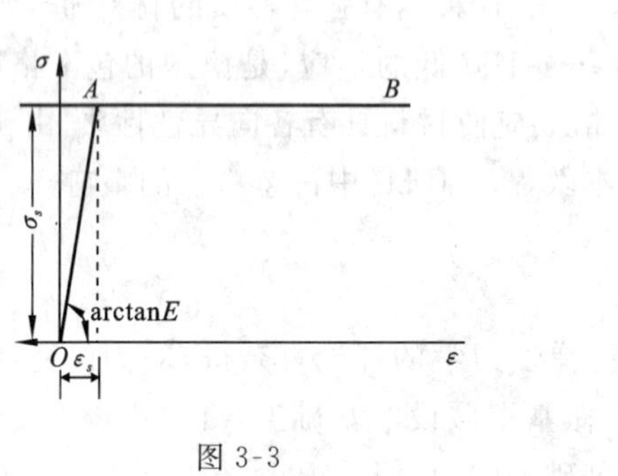

图 3-3

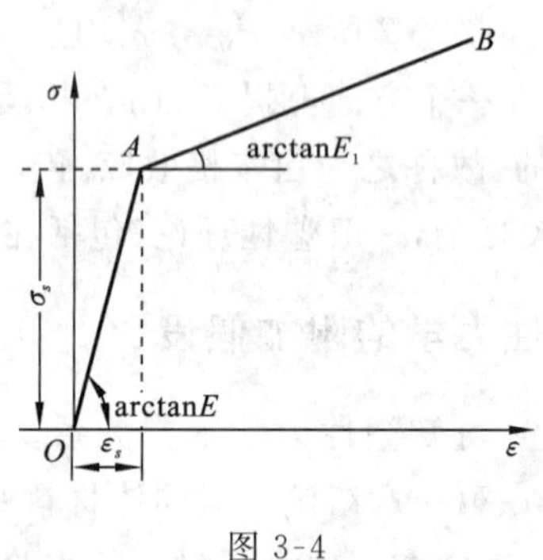

图 3-4

2. 理解线性强化弹塑性力学模型

当材料有显著强化率，而屈服流动不明显时，可不考虑材料的塑性流动，而采用如图 3-4 所示线性强化弹塑性力学模型。图中有两条直线，其解析表达式为

$$\left.\begin{aligned} \sigma &= E\varepsilon \qquad (\text{当 } \varepsilon \leqslant \varepsilon_s \text{ 时}) \\ \sigma &= \sigma_s + E_1(\varepsilon - \varepsilon_s) \qquad (\text{当 } \varepsilon > \varepsilon_s \text{ 时}) \end{aligned}\right\} \tag{3-3}$$

式中：E 及 E_1 分别表示线段 OA 及 AB 的斜率。

具有这种应力应变关系的材料，称为**弹塑性线性强化材料**。由于OA和AB是两条直线，故有时也称之为**双线性强化模型**。显然，这种模型和理想弹塑性力学模型虽然相差不大，但具体计算却要复杂得多。

在许多实际工程问题中，弹性应变比塑性应变小得多，因而可以忽略弹性应变。于是上述两种力学模型又可简化为以下两种力学模型。

3. 理想刚塑性力学模型

如图 3-5 所示，应力应变关系的数学表达式为

$$\sigma = \sigma_s \quad (\text{当}\ \varepsilon \geqslant 0\ \text{时}) \tag{3-4}$$

上述表明在应力达到屈服极限之前，应变为零。这种模型又称为**刚性完全塑性力学模型**，它特别适宜于塑性极限载荷的分析。

4. 理想线性强化刚塑性力学模型

如图 3-6 所示，其应力应变关系的数学表达式为

$$\sigma = \sigma_s + E_1\varepsilon \quad (\text{当}\ \varepsilon \geqslant 0\ \text{时}) \tag{3-5}$$

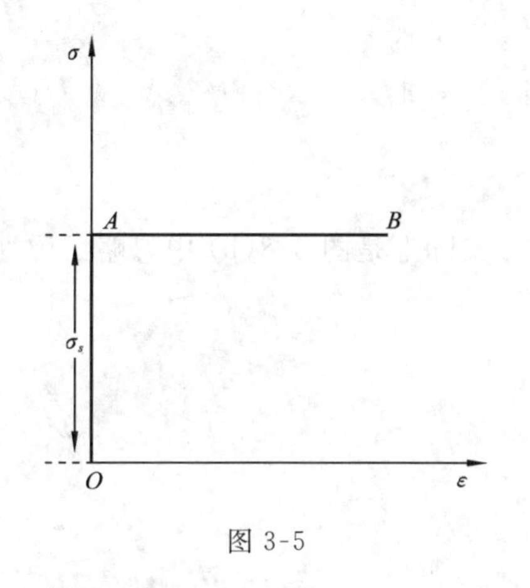

图 3-5

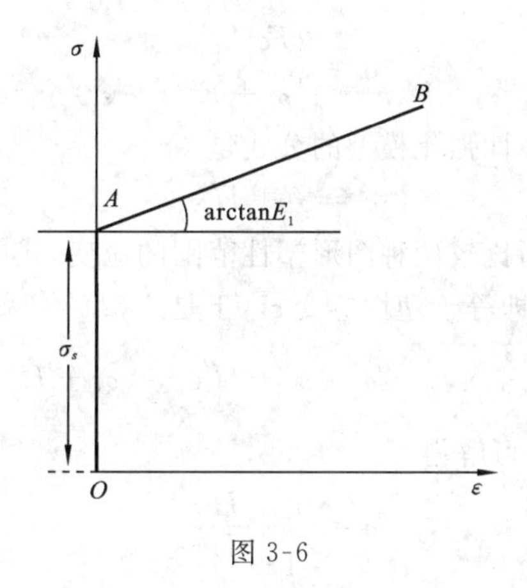

图 3-6

5. 幂强化力学模型

为了避免应力应变曲线在$\varepsilon = \varepsilon_s$处的突然变化，有时可以采用幂强化力学模型，即取

$$\sigma = A\varepsilon^n \tag{3-6}$$

式中n为幂强化系数，介于0与1之间。式(3-6)所代表的曲线(图 3-7)在$\varepsilon = 0$处与σ轴相切，而且有

$$\left.\begin{aligned} \sigma &= A\varepsilon \qquad (\text{当}\ n = 1\ \text{时}) \\ \sigma &= A \qquad (\text{当}\ n = 0\ \text{时}) \end{aligned}\right\} \tag{3-7}$$

式(3-7)的第一式代表理想弹性模型，若将式中的A用弹性模型量E代替，则为虎克定律式(3-1)；第二式若将A用σ_s代替，则为理想塑性(或称理想刚塑性)力学模型。通过求解式(3-7)则可得$\varepsilon = 1$，即两条直线在$\varepsilon = 1$处相交。由于幂强化模型也只有两个参数A与n，因而也不可能准确地表示材料的所有特征。但由于它的解析式比较简单，而且n可以在较大范围内变化，所以也经常被采用。

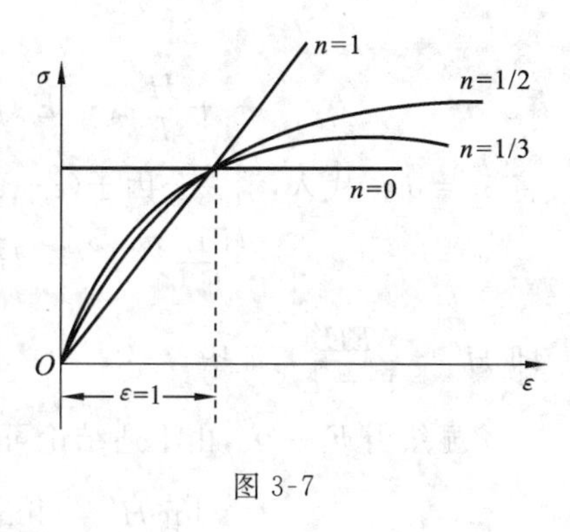

图 3-7

例 3-1 证明弹塑性强化模型的强化系数 E' 和刚塑性线性强化模型的强化系数 H' 之间满足关系(图 3-8)：

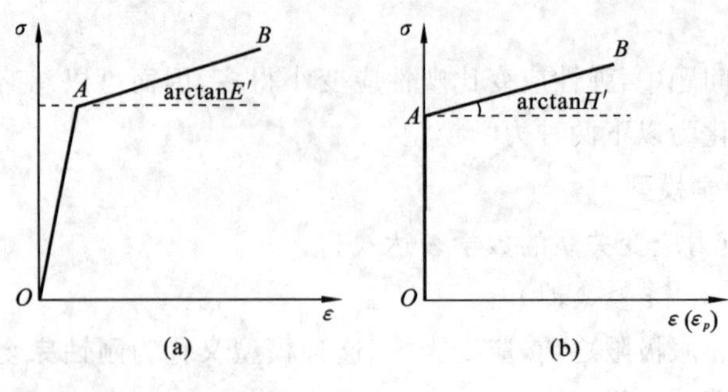

图 3-8

$$H' = \frac{EE'}{E-E'}$$

证 弹塑性线性强化模型的公式是

$$\sigma = \begin{cases} E\varepsilon & (\text{当 } \varepsilon \leqslant \varepsilon_s \text{ 时}) \\ \sigma_s + E'(\varepsilon - \varepsilon_s) & (\text{当 } \varepsilon > \varepsilon_s \text{ 时}) \end{cases} \tag{1}$$

刚塑性线性强化模型的公式是

$$\sigma = \sigma_s + H'\varepsilon \tag{2}$$

为了比较两种图形塑性范围的应变，式(2) 中 ε 实际上是图 3-8(b) 中忽略了弹性应变的应变值，即等于塑性应变 ε_p，于是式(2) 可写为

$$\sigma = \sigma_s + H'\varepsilon_p = \sigma_s + H'\left(\varepsilon - \frac{\sigma}{E}\right) \tag{3}$$

由式(3) 可解得

$$\sigma = \frac{\sigma_s + H'\varepsilon}{1 + \dfrac{H'}{E}} \tag{4}$$

考虑强化阶段，式(1) 及式(4) 中取同样 σ 值时，有

$$\sigma_s + E'(\varepsilon - \varepsilon_s) = \frac{\sigma_s + H'\varepsilon}{1 + \dfrac{H'}{E}} \tag{5}$$

或

$$\sigma_s + \frac{H'}{E}\sigma_s + E'(\varepsilon - \varepsilon_s) + \frac{H'E'}{E}(\varepsilon - \varepsilon_s) = \sigma_s + H'\varepsilon \tag{6}$$

将 $\sigma_s = E\varepsilon_s$ 代入，消去公因子$(\varepsilon - \varepsilon_s)$，得

$$\frac{H'E'}{E} + E' = H' \tag{7}$$

即 $H' = \dfrac{EE'}{E-E'}$，证毕。

显然当 $E \to \infty$，由上述结论可知

$$\lim_{E\to\infty} H' = \lim_{E\to\infty}\frac{EE'}{E-E'} = \lim_{E\to\infty}\frac{E'}{1-\dfrac{E'}{E}} = E' \tag{8}$$

弹塑线性强化模型转化为刚塑性线性强化模型。

第四节　广义虎克定律·弹性应变能函数·弹性常数间的关系

一、广义虎克定律(弹性本构方程)

大量的试验研究结果表明,在许多工程材料的弹性范围内,单向的应力与应变之间存在着线性关系。若取过某点的 x 方向为轴向,则简单轴向拉(压)时的虎克定律为:$\sigma_x = E\varepsilon_x$。由于这种关系反映出来的材料变形属性,应不随应力状态的不同而变化,因而人们认为,对于各种复杂应力状态也应有性质相同的关系,故可将上述应力应变线性比例关系推广到一般情况(三向应力状态中),即在弹性形变过程中一点的应力状态需要 9 个应力分量来确定,与之对应的相应的应变状态也要用 9 个应变分量来表示,或者说任一应力分量可以用 9 个应变分量的函数来表示,反之亦然,即

$$\sigma_{ij} = f(\varepsilon_{ij}) \quad \text{或} \quad \varepsilon_{ij} = g(\sigma_{ij}) \tag{3-8}$$

但事实上,由于应力张量与应变张量的对称性,即:$\sigma_{ij} = \sigma_{ji}$,$\varepsilon_{ij} = \varepsilon_{ji}$(当 $i \neq j$ 时),因此,其独立分量仅有 6 个。根据在弹性形变过程中,任一点的每一应力分量都是 6 个独立的应变分量的线性函数,反之亦然。并假设物体中没有初应力(无常数项),对于均匀的理想弹性体,则这种应力应变关系应有如下形式

$$\left.\begin{aligned}
\sigma_x &= c_{11}\varepsilon_x + c_{12}\varepsilon_y + c_{13}\varepsilon_z + c_{14}\gamma_{xy} + c_{15}\gamma_{yz} + c_{16}\gamma_{zx} \\
\sigma_y &= c_{21}\varepsilon_x + c_{22}\varepsilon_y + c_{23}\varepsilon_z + c_{24}\gamma_{xy} + c_{25}\gamma_{yz} + c_{26}\gamma_{zx} \\
\sigma_z &= c_{31}\varepsilon_x + c_{32}\varepsilon_y + c_{33}\varepsilon_z + c_{34}\gamma_{xy} + c_{35}\gamma_{yz} + c_{36}\gamma_{zx} \\
\tau_{xy} &= c_{41}\varepsilon_x + c_{42}\varepsilon_y + c_{43}\varepsilon_z + c_{44}\gamma_{xy} + c_{45}\gamma_{yz} + c_{46}\gamma_{zx} \\
\tau_{yz} &= c_{51}\varepsilon_x + c_{52}\varepsilon_y + c_{53}\varepsilon_z + c_{54}\gamma_{xy} + c_{55}\gamma_{yz} + c_{56}\gamma_{zx} \\
\tau_{zx} &= c_{61}\varepsilon_x + c_{62}\varepsilon_y + c_{63}\varepsilon_z + c_{64}\gamma_{xy} + c_{65}\gamma_{yz} + c_{66}\gamma_{zx}
\end{aligned}\right\} \tag{3-9}$$

式中 $c_{mn}(m,n = 1,2,\cdots,6)$ 共 36 个,是材料弹性性质的表征。由均匀性假设知,这种弹性性质应与点的位置坐标无关,于是弹性系数 c_{mn} 都是与位置无关的常数,故称为**弹性常数**。如果采用张量记法,则式(3-9) 可缩写为

$$\sigma_{ij} = c_{ijkl}\varepsilon_{kl} \quad (i,j,k,l = 1,2,3 \quad \text{或} \quad x,y,z) \tag{3-10}$$

式(3-10) 中的 c_{ijkl} 与 c_{mn} 的对应关系如表 3-1 所示。

表 3-1

m,n	1	2	3	4	5	6
ij,kl	11	22	33	12 = 21	23 = 32	31 = 13

例如,$c_{12} = c_{1122}$,$c_{34} = c_{3312}$ 或 c_{3321},$c_{56} = c_{2331}$ 或 c_{3213},…

现在的问题是:广义虎克定律中的 36 个弹性常数是否都彼此无关?如果不是,那么在各种情况(如在各向同性体情况等)下,它们之间有什么关系?特别是对各种各向异性材料,它们之间又有什么关系?在回答这些问题之前,我们先引入弹性应变能的概念,并给出在普遍情况下应变能的计算公式。

二、弹性应变能函数

1. 弹性体的实功原理

现设物体在外力作用下处于平衡状态，在物体产生弹性变形的过程中，外力沿其作用线方向的位移上做了功。若对于静载作用下的物体产生弹性变形过程中可以不计能量（包括动能与热量）的耗散。于是，根据功能原理可以认为：产生此变形的外力在加载过程中所做的功将以一种能量的形式被积累在物体内，此能量称为**弹性应变能**，或称**弹性变形能**。并且物体的弹性应变能在数值上等于外力功。这就是**实功原理**，也称**变形能原理**。若弹性应变能用U表示，外力功用W_e，则有

$$U = W_e \tag{3-11}$$

在加载过程中，变形体的外力和内力都要做功，我们把这种功称为实功①，因此它是力在由于其本身所产生的位移上而做的功。在小变形条件下（由于位移微小，外力和内力的数值和方向看作不变），并当静载作用时，自始至终处于平衡状态，不计动能变化，根据机械能守恒定理，则可认为这一过程中的外力功和内力功（用W_i表示）之和为零，也即

$$W_e + W_i = 0 \tag{3-12}$$

于是有

$$U = W_e = -W_i \tag{3-13}$$

因为内力是由于材料对应变的抵抗而产生的，所以在静力加载过程中，内力与形变方向相反，故内力功取负值。

2. 弹性体中的内力功和应变能

物体内代表一点的微分体在变形时存在有刚性位移与变形位移两部分，但由于内力的平衡力系在微分体的刚体（性）位移上不做功的原因，现在我们只需讨论应力对微分体引起应变所做的内力功（亦称形变功）。

设微分体边长为$\mathrm{d}x$，$\mathrm{d}z$，$\mathrm{d}y$，当其有位移分量增量δu，δv，δw时，应力和应变分量也有增量，我们可以计算由此内力所做的功。为清楚表示起见，在本章中采用“δ”的符号表示“d”②。

首先考察微分体受到在x轴方向产生的内力功，见图3-9(a)。在x轴垂直的两侧面上的拉应力为σ_x和$\sigma_x+\frac{\partial\sigma_x}{\partial x}\mathrm{d}x$。在$x$轴方向的相对伸长量为$\varepsilon_x\mathrm{d}x$，如$\varepsilon_x$有增量$\delta\varepsilon_x$，则伸长量的增量为$\delta\varepsilon_x\mathrm{d}x$，略去侧面正应力增量$\frac{\partial\sigma_x}{\partial x}\mathrm{d}x$一项，因该项所做的功为高阶微量，于是拉力$\sigma_x\mathrm{d}y\mathrm{d}z$所做的内力功为：$\sigma_x\delta\varepsilon_x\mathrm{d}x\mathrm{d}y\mathrm{d}z$。同理可得微分体其他面上的力所做的内力功为：$\sigma_y\delta\varepsilon_y\mathrm{d}x\mathrm{d}y\mathrm{d}z$、$\sigma_z\delta\varepsilon_z\mathrm{d}x\mathrm{d}y\mathrm{d}z$。现在考察剪力所做的功，见图3-9(b)，同样略去剪应力增量，在微分体两侧面作用着剪力$\tau_{xy}\mathrm{d}y\mathrm{d}z$，组成力偶$\tau_{xy}\mathrm{d}y\mathrm{d}z\mathrm{d}x$，这力偶所做的功等于力偶乘转角。如$\gamma_{xy}$有相对增量$\delta\gamma_{xy}$，则这剪力偶所做的功为：$\tau_{xy}\delta\gamma_{xy}\mathrm{d}x\mathrm{d}y\mathrm{d}z$，同理可得微分体其他面上的剪力所做的内力功为：$\tau_{yz}\delta\gamma_{yz}\mathrm{d}x\mathrm{d}y\mathrm{d}z$，$\tau_{zx}\delta\gamma_{zx}\mathrm{d}x\mathrm{d}y\mathrm{d}z$。考虑微分体的总内力功增量$\delta A$等于以上各项的和，即

---

① 讨论实功、实功原理的概念，有利于对弹性力学的变分法中虚功与虚功原理的学习。关于“内力功”的概念，有各种不同的观点，请参考王光远编著《应用分析动力学》，本处仍沿用一般的说法。

② 实际上“δ”为变分符号，故其计算讨论也适合于虚功原理，见本教材第十章。

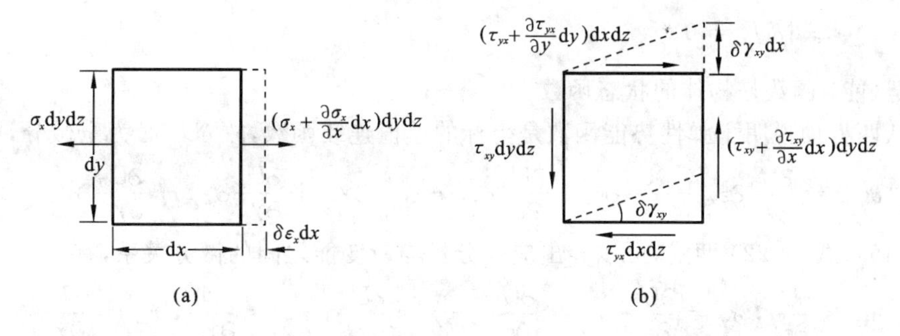

图 3-9

$$\delta A = (\sigma_x\delta\varepsilon_x + \sigma_y\delta\varepsilon_y + \sigma_z\delta\varepsilon_z + \tau_{xy}\delta\gamma_{xy} + \tau_{yz}\delta\gamma_{yz} + \tau_{zx}\delta\gamma_{zx})\mathrm{d}x\mathrm{d}y\mathrm{d}z \tag{3-14}$$

设

$$\delta U_0 = \sigma_x\delta\varepsilon_x + \sigma_y\delta\varepsilon_y + \sigma_z\delta\varepsilon_z + \tau_{xy}\delta\gamma_{xy} + \tau_{yz}\delta\gamma_{yz} + \tau_{zx}\delta\gamma_{zx} \tag{3-15}$$

及微分体体积 $\mathrm{d}V = \mathrm{d}x\mathrm{d}y\mathrm{d}z$，则弹性体由零应变状态加载至某一应变状态 ε_{ij} 的过程中，弹性体整个体积的内力功为

$$A = \int_0^{\varepsilon_{ij}}\int_V \delta A = \int_V\int_0^{\varepsilon_{ij}} \delta U_0 \mathrm{d}V = \int_V U_0 \mathrm{d}V = U \tag{3-16}$$

U_0 为**单位体积应变能**或称为**应变能密度和应变比能**，U 为物体的总应变能。注意到在变形增加过程中内力功应为负值，因此(3-16) 式应全式冠以负号，或写为

$$W_i = -A = -U \tag{3-17}$$

于是(3-16) 式也可以设想为将分割后的那些微分体重新合拢，恢复原始状态(在数学上即其积分式)。虽然原来微分体的面力(应力) 会因互相抵消而消失，但物体变形后的内力功已经发生，即整个物体的内力功求和后必然等于外力功，其式为

$$A = W_e \quad 或 \quad \int_V U_0 \mathrm{d}V = U = W_e \tag{3-18}$$

于是仍然得到实功原理：$W_i = -A = -U$。式(3-15) 可缩写为

$$\delta U_0 = \sigma_{ij}\,\mathrm{d}\varepsilon_{ij} \tag{3-19}$$

即单位体积应变能增量。于是从零应变状态到达某一应变状态 ε_{ij} 的过程中，积累在弹性体单位体积内的应变能为

$$U_0 = \int_0^{\varepsilon_{ij}} \delta U_0 = \int_0^{\varepsilon_{ij}} \sigma_{ij}\,\mathrm{d}\varepsilon_{ij} \tag{3-20}$$

3. 弹性势能函数

在理论力学中我们知道弹性力是有势力，有势力在势力场(弹性体) 中，由于质点位置的改变(变形) 有做功的能力，这种能称为**势能**。这种**势能**显然就是上述应变能。因为势能是质点坐标的连续函数，故我们把应变能亦称为**应变能函数**或**弹性势能函数**。有势力总指向势能减小的一边，故弹性力(内力) 在加载过程中必做负功。上述实功原理式(3-11) 和式(3-12) 的表示，就是由势力场(保守力场) 机械能守恒的性质而得到的，即：弹性体在加载过程中外力势能与内力势能(动能为零) 之和保持不变。如果不考虑势能函数与势函数的正负号差别，弹性势能函数亦可称为**弹性势函数**。

另外，对于理想弹性体，在每一确定的应变状态下，都具有确定的应变值，与应变过程无关。在加载、卸载的过程中

$$\oint \delta U_0 = 0 \tag{3-21}$$

因而弹性势(能) 函数是物体的状态函数。

以上从两方面说明了弹性势能函数是坐标的单值连续函数,故 δU_0 必为全微分,即有

$$\delta U_0 = \frac{\partial U_0}{\partial \varepsilon_x}\partial \varepsilon_x + \frac{\partial U_0}{\partial \varepsilon_y}\partial \varepsilon_y + \frac{\partial U_0}{\partial \varepsilon_z}\partial \varepsilon_z + \frac{\partial U_0}{\partial \gamma_{xy}}\partial \gamma_{xy} + \frac{\partial U_0}{\partial \gamma_{yz}}\partial \gamma_{yz} + \frac{\partial U_0}{\partial \gamma_{zx}}\partial \gamma_{zx} \tag{3-22}$$

比较式(3-15)、式(3-22) 两式,可以导出应变分量与应变能之间的微分关系,有

$$\sigma_x = \frac{\partial U_0}{\partial \varepsilon_x},\ \sigma_y = \frac{\partial U_0}{\partial \varepsilon_y},\ \sigma_z = \frac{\partial U_0}{\partial \varepsilon_z},\ \tau_{xy} = \frac{\partial U_0}{\partial \gamma_{xy}},\ \tau_{yz} = \frac{\partial U_0}{\partial \gamma_{yz}},\ \tau_{zx} = \frac{\partial U_0}{\partial \gamma_{zx}} \tag{3-23}$$

式(3-23) 表明,应力分量等于弹性势函数对相应的应变分量的一阶偏导数。此公式适用于一般弹性体。其缩写式为

$$\frac{\partial U_0(\varepsilon_{ij})}{\partial(\varepsilon_{ij})} = \sigma_{ij} \tag{3-24}$$

关于弹性势能的计算公式将在本章第六节中继续讨论。

三、弹性常数间的关系

现在我们来回答前面提出的问题。即式(3-9) 中的 36 个弹性常数之间有什么关系。我们先从最复杂的情况开始,逐个加以讨论。

1. 极端各向异性体

如果在物体内的任一点,沿任何两个不同方向上的弹性性质都互不相同时,则称该物体为**极端各向异性体**。在实际的工程材料中,这种情况虽然很少见到,但其 36 个弹性常数之间也存在有某些内在联系。现将式(3-23) 代入式(3-9) 即可得

$$\left.\begin{aligned}
\sigma_x &= \frac{\partial U_0}{\partial \varepsilon_x} = c_{11}\varepsilon_x + c_{12}\varepsilon_y + c_{13}\varepsilon_z + c_{14}\gamma_{xy} + c_{15}\gamma_{yz} + c_{16}\gamma_{zx} \\
\sigma_y &= \frac{\partial U_0}{\partial \varepsilon_y} = c_{21}\varepsilon_x + c_{22}\varepsilon_y + c_{23}\varepsilon_z + c_{24}\gamma_{xy} + c_{25}\gamma_{yz} + c_{26}\gamma_{zx} \\
\sigma_z &= \frac{\partial U_0}{\partial \varepsilon_z} = c_{31}\varepsilon_x + c_{32}\varepsilon_y + c_{33}\varepsilon_z + c_{34}\gamma_{xy} + c_{35}\gamma_{yz} + c_{36}\gamma_{zx} \\
\tau_{xy} &= \frac{\partial U_0}{\partial \varepsilon_x} = c_{41}\varepsilon_x + c_{42}\varepsilon_y + c_{43}\varepsilon_z + c_{44}\gamma_{xy} + c_{45}\gamma_{yz} + c_{46}\gamma_{zx} \\
\tau_{yz} &= \frac{\partial U_0}{\partial \varepsilon_y} = c_{51}\varepsilon_x + c_{52}\varepsilon_y + c_{53}\varepsilon_z + c_{54}\gamma_{xy} + c_{55}\gamma_{yz} + c_{56}\gamma_{zx} \\
\tau_{zx} &= \frac{\partial U_0}{\partial \varepsilon_z} = c_{61}\varepsilon_x + c_{62}\varepsilon_y + c_{63}\varepsilon_z + c_{64}\gamma_{xy} + c_{65}\gamma_{yz} + c_{66}\gamma_{zx}
\end{aligned}\right\} \tag{3-25}$$

将式(3-25) 的第一式对 ε_y 求导,第二式对 ε_x 求导,则可得

$$\frac{\partial^2 U_0}{\partial \varepsilon_y \partial \varepsilon_z} = c_{12} \quad 及 \quad \frac{\partial^2 U_0}{\partial \varepsilon_z \partial \varepsilon_y} = c_{21} \tag{3-26}$$

于是有 $c_{12} = c_{21}$。依此类推,即可证明弹性常数间有如下关系,即

$$c_{mn} = c_{nm} \quad (m, n = 1, 2, \cdots, 6) \tag{3-27}$$

因此,可知这 36 个弹性常数中,对极端各向异性体,独立的只有 21 个。于是极端各向异性体从零应变状态到应变状态 ε_{ij} 的这一变形过程中,积累在单位体积内的应变能 U_0 为

$$
\left.\begin{aligned}
U_0 = \frac{1}{2}c_{11}\varepsilon_x^2 + c_{12}\varepsilon_x\varepsilon_y + c_{13}\varepsilon_x\varepsilon_z + c_{14}\varepsilon_x\gamma_{xy} + c_{15}\varepsilon_x\gamma_{yz} + c_{16}\varepsilon_x\gamma_{zx} \\
+ \frac{1}{2}c_{22}\varepsilon_y^2 + c_{23}\varepsilon_y\varepsilon_z + c_{24}\varepsilon_y\gamma_{xy} + c_{25}\varepsilon_y\gamma_{yz} + c_{26}\varepsilon_y\gamma_{zx} \\
+ \frac{1}{2}c_{33}\varepsilon_z^2 + c_{34}\varepsilon_z\gamma_{xy} + c_{35}\varepsilon_z\gamma_{yz} + c_{36}\varepsilon_z\gamma_{zx} \\
+ \frac{1}{2}c_{44}\gamma_{xy}^2 + c_{45}\gamma_{xy}\gamma_{yz} + c_{46}\gamma_{xy}\gamma_{zx} \\
+ \frac{1}{2}c_{55}\gamma_{yz}^2 + c_{56}\gamma_{yz}\gamma_{zx} \\
+ \frac{1}{2}c_{66}\gamma_{zx}^2
\end{aligned}\right\} \tag{3-28}
$$

注意:上式中不带$\frac{1}{2}$系数的项均为合并项。

2. 正交各向异性体

所谓**正交各向异性体**就是过物体内一点具有三个互相正交的弹性对称面，在每个对称面两侧的对称方向上弹性性质相同，但在三个相互正交方向的弹性性质不同的弹性体(如木材的顺纹方向与横纹方向弹性性质不同)。

现将垂直于各个弹性对称面的方向称为该弹性对称面的弹性主向。若首先设弹性体的弹性性质对称于 xOy 平面，则 z 轴即为弹性主向，由弹性体的应变能公式可知，单位体积应变能 U_0 值只取决于弹性常数及最终的应变状态。由于弹性对称面 xOy 平面两侧对称方向上的弹性性质相同，因此由式(3-28) 所确定的弹性体应变能应与 z 轴的指向无关。但当 z 轴的指向相反时，坐标 z 及沿 z 向的位移分量 w 将随之变号，所以 γ_{yz} 和 γ_{zx} 亦将随之变号，而其他应变分量则保持不变。显然，由式(3-28) 可以看出，如若保持应变能 U_0 不变，则该式中包括 γ_{yz} 和 γ_{zx} 一次幂的各项均应为零。于是得

$$
c_{15} = c_{16} = c_{25} = c_{26} = c_{35} = c_{36} = c_{45} = c_{46} = 0 \tag{3-29}
$$

可见，式(3-28) 所包含的弹性常数将减至 13 个。同理若再选 yOz 平面和 xOz 平面为弹性对称面，则可推得

$$
c_{14} = c_{24} = c_{34} = c_{56} = 0 \tag{3-30}
$$

可见对于正交异性体独立的弹性常数进一步减少至 9 个，则相应的应力应变关系为

$$
\left.\begin{aligned}
\sigma_x = c_{11}\varepsilon_x + c_{12}\varepsilon_y + c_{13}\varepsilon_z, \quad \tau_{xy} = c_{44}\gamma_{xy} \\
\sigma_y = c_{21}\varepsilon_x + c_{22}\varepsilon_y + c_{23}\varepsilon_z, \quad \tau_{yz} = c_{55}\gamma_{yz} \\
\sigma_z = c_{31}\varepsilon_x + c_{32}\varepsilon_y + c_{33}\varepsilon_z, \quad \tau_{zx} = c_{66}\gamma_{zx}
\end{aligned}\right\} \tag{3-31}
$$

其单位体积应变能为

$$
\begin{aligned}
U_0 = \frac{1}{2}c_{11}\varepsilon_x^2 + c_{12}\varepsilon_x\varepsilon_y + c_{13}\varepsilon_x\varepsilon_z + \frac{1}{2}c_{22}\varepsilon_y^2 + c_{23}\varepsilon_y\varepsilon_z + \frac{1}{2}c_{33}\varepsilon_z^2 + \\
\frac{1}{2}c_{44}\gamma_{xy}^2 + \frac{1}{2}c_{55}\gamma_{yz}^2 + \frac{1}{2}c_{66}\gamma_{zx}^2
\end{aligned} \tag{3-32}
$$

3. 各向同性体

所谓**各向同性体**，是指过物体内任一点沿任何方向上的物理性质均相同的物体。由于其任一方向上的弹性性质均相同，所以某一任选方向，均可视为弹性主向。因此，当坐标轴变换时，

应变能 U_0 及其表达式应当不变。例如，当 x,y,z 轴转换成 y,z,x 轴时，则 $\varepsilon_x,\varepsilon_y,\varepsilon_z$ 应转换为 $\varepsilon_y,\varepsilon_z,\varepsilon_x$；$\gamma_{xy},\gamma_{yz},\gamma_{zx}$ 也应转换为 $\gamma_{yz},\gamma_{zx},\gamma_{xy}$。而坐标变换前的应变能 U_0 应等于坐标变换后的应变能 U_0。在应变能 U_0 不变的前提下，比较坐标转换前后的表达式，显然可得

$$c_{11}=c_{22}=c_{33}=c_1,\quad c_{12}=c_{13}=c_{23}=c_2,\quad c_{44}=c_{55}=c_{66}=c_3 \tag{3-33}$$

以上说明：对于沿两个互相垂直的方向弹性性质相同的物体，独立的弹性常数由 9 个减少到 3 个。相应的应力应变表达式则为

$$\left.\begin{aligned}\sigma_x&=c_1\varepsilon_x+c_2\varepsilon_y+c_2\varepsilon_z=c_1\varepsilon_x+c_2(\varepsilon_y+\varepsilon_z),\quad \tau_{xy}=c_3\gamma_{xy}\\ \sigma_y&=c_2\varepsilon_x+c_1\varepsilon_y+c_2\varepsilon_z=c_1\varepsilon_y+c_2(\varepsilon_z+\varepsilon_x),\quad \tau_{yz}=c_3\gamma_{yz}\\ \sigma_z&=c_2\varepsilon_x+c_2\varepsilon_y+c_1\varepsilon_z=c_1\varepsilon_z+c_2(\varepsilon_x+\varepsilon_y),\quad \tau_{zx}=c_3\gamma_{zx}\end{aligned}\right\} \tag{3-34}$$

式(3-34) 中保留有弹性常数 3 个：c_1,c_2,c_3。如果我们使 x,y,z 三轴中的两轴绕另一轴转动一个任意角度（如设 x,y 轴绕 z 轴旋转一角度 φ），根据各向同性体沿任何方向均有相同的性质，可以使独立的弹性常数减消到两个。证明如下：

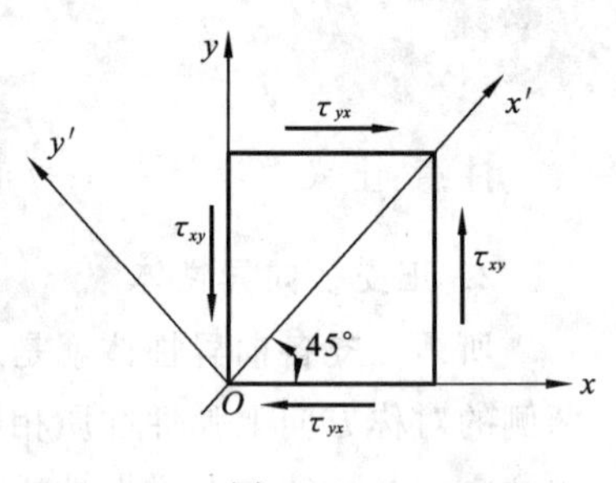

图 3-10

为简化计算，取一点应力状态为平面纯剪切应力状态，如图 3-10 所示，并使 x,y 轴绕 z 轴旋转 45°，计算对应新坐标系 $x'Oy'$ 该点所对应的应力与应变关系。已知 $\sigma_x=\sigma_y=\sigma_z=\tau_{yz}=\tau_{zx}=0$，$\varepsilon_x=\varepsilon_y=\varepsilon_z=\gamma_{yz}=\gamma_{zx}=0$。新坐标轴与原坐标轴有方向余弦

$$l_{11}=l_{12}=l_{22}=\cos45^\circ=\frac{1}{\sqrt{2}},\quad l_{21}=\cos135^\circ=-\frac{1}{\sqrt{2}} \tag{3-35}$$

由式(2-14) 得

$$\sigma'_x=2(\tau_{xy}l_{11}l_{12})=2\tau_{xy}\frac{1}{\sqrt{2}}\frac{1}{\sqrt{2}}=\tau_{xy} \tag{3-36}$$

$$\sigma'_y=2(\tau_{xy}l_{21}l_{22})=2\tau_{xy}\left(-\frac{1}{\sqrt{2}}\right)\frac{1}{\sqrt{2}}=-\tau_{xy} \tag{3-37}$$

由式(2-120) 得

$$\varepsilon'_x=\gamma_{xy}(l_{11}l_{12})=\frac{1}{2}\gamma_{xy},\quad \varepsilon'_y=\gamma_{xy}(l_{21}l_{22})=-\frac{1}{2}\gamma_{xy} \tag{3-38}$$

对于新坐标系，因为各向同性体弹性性质相同，依然存在式(3-34) 的关系，即

$$\sigma'_x=c_1\varepsilon'_x+c_2(\varepsilon'_y+\varepsilon'_z),\quad \sigma'_y=c_1\varepsilon'_x+c_2(\varepsilon'_x+\varepsilon'_z),\quad \tau_{xy}=c_3\gamma_{xy} \tag{3-39}$$

如将式(3-36)、式(3-38) 代入式(3-39) 第一式，则

$$\tau_{xy}=\frac{1}{2}(c_1-c_2)\gamma_{xy} \tag{3-40}$$

如将式(3-37)、式(3-38) 代入式(3-39) 第二式，结果与上式相同。比较式(3-39) 第三式与式(3-40)，则有

$$c_1-c_2=2c_3 \tag{3-41}$$

由此说明，对各向同性体仅有两个弹性常数是独立的，证毕。

四、各向同性弹性体的本构方程

1. 用应变表达应力的广义虎克定律

现在我们将式(3-34) 改写为

$$\left.\begin{aligned}\sigma_x &= (c_1 - c_2)\varepsilon_x + c_2(\varepsilon_x + \varepsilon_y + \varepsilon_z), \quad \tau_{xy} = c_3\gamma_{xy} \\ \sigma_y &= (c_1 - c_2)\varepsilon_y + c_2(\varepsilon_x + \varepsilon_y + \varepsilon_z), \quad \tau_{yz} = c_3\gamma_{yz} \\ \sigma_z &= (c_1 - c_2)\varepsilon_z + c_2(\varepsilon_x + \varepsilon_y + \varepsilon_z), \quad \tau_{zx} = c_3\gamma_{zx}\end{aligned}\right\} \tag{3-42}$$

并有式(3-41)：$c_1 - c_2 = 2c_3$。现设：$e = \varepsilon_x + \varepsilon_y + \varepsilon_z, \lambda = c_2, \mu = c_3$，则式(3-42)变为

$$\left.\begin{aligned}\sigma_x &= \lambda e + 2\mu\varepsilon_x, \quad \tau_{xy} = \mu\gamma_{xy} \\ \sigma_y &= \lambda e + 2\mu\varepsilon_y, \quad \tau_{yz} = \mu\gamma_{yz} \\ \sigma_z &= \lambda e + 2\mu\varepsilon_z, \quad \tau_{zx} = \mu\gamma_{zx}\end{aligned}\right\} \tag{3-43}$$

式(3-43)即为用应变分量表示应力分量的广义虎克定律，式中 λ 和 μ 称为**拉梅常数**(以下将证明 μ 即为剪切弹性模量 G，即 $\mu = G$)，e 为体积应变(将在以下证明)。式(3-43)的缩写式为

$$\sigma_{ij} = \lambda\delta_{ij}e + 2\mu\varepsilon_{ij} \tag{3-44}$$

式中 $e = \varepsilon_{ii}$。

2. 用应力表达应变的广义虎克定律

下面我们将建立拉梅常数 λ 和 μ 与弹性模量 E 及泊松比(横向变形系数) ν 之间的关系，并引出用应力分量表示应变分量的广义虎克定律。如果考虑单向拉伸情况的应力状态，则由式(3-43)得

$$\sigma_x = \lambda e + 2\mu\varepsilon_x, \quad \sigma_y = \lambda e + 2\mu\varepsilon_y, \quad \sigma_z = \lambda e + 2\mu\varepsilon_z \tag{3-45}$$

将式(3-45)三式相加并注意到 $\varepsilon_x + \varepsilon_y + \varepsilon_z = e$，则可得：$\sigma_x = (2\mu + 3\lambda)e$，即 $e = \sigma_x/(2\mu + 3\lambda)$，再代入式(3-45)的第一式，则有 $\sigma_x = \dfrac{\mu(3\lambda + 2\mu)}{\lambda + \mu}\varepsilon_x$，将此式代入式(3-45)后与单向应力状态的虎克定律 $\sigma_x = E\varepsilon_x$ 相对比，则拉压弹性模量为

$$E = \frac{\mu(3\lambda + 2\mu)}{\lambda + \mu} \tag{3-46}$$

再将此式代入式(3-45)后与单向拉伸时纵横向应变的关系式 $\varepsilon_y = \varepsilon_z = -\nu\varepsilon_x$ 相对比，显然泊松比 ν 为

$$\nu = \frac{\lambda}{2(\lambda + \mu)} \tag{3-47}$$

由式(3-46)、式(3-47)可解出拉梅常数

$$\lambda = \frac{E\nu}{(1 + \nu)(1 - 2\nu)} \tag{3-48}$$

和

$$\mu = \frac{E}{2(1 + \nu)} \tag{3-49}$$

由式(3-49)可知，拉梅常数 μ 即为材料力学中的剪切弹性模量 G，所以 $\mu = G$，在以下叙述中，剪切弹性模量一律用 G 表示。现将式(3-48)、式(3-49)代入式(3-43)，即可得到以应力分量表示应变分量的广义虎克定律

$$\left.\begin{aligned}\varepsilon_x &= \frac{1}{E}[\sigma_x - \nu(\sigma_y + \sigma_z)], \quad \gamma_{xy} = \frac{1}{G}\tau_{xy} \\ \varepsilon_y &= \frac{1}{E}[\sigma_y - \nu(\sigma_z + \sigma_x)], \quad \gamma_{yz} = \frac{1}{G}\tau_{yz} \\ \varepsilon_z &= \frac{1}{E}[\sigma_z - \nu(\sigma_x + \sigma_y)], \quad \gamma_{zx} = \frac{1}{G}\tau_{zx}\end{aligned}\right\} \tag{3-50}$$

上式也称为工程广义虎克定律，是大家已熟知的材料力学公式。若将式(3-50)缩写，则为

$$\varepsilon_{ij} = \frac{1+\nu}{E}\sigma_{ij} - \frac{\nu}{E}\delta_{ij}\sigma \tag{3-51}$$

其中 $\sigma = \sigma_{ij}$。

3. 用球应力与应力偏量表示的广义虎克定律

首先来讨论物体在变形后单位体积的改变量。如令变形物体中的微小六面体单元的原始体积 $V_0 = \mathrm{d}x\mathrm{d}y\mathrm{d}z$，则变形后的体积为 $V = (1+\varepsilon_x)(1+\varepsilon_y)(1+\varepsilon_z)\mathrm{d}x\mathrm{d}y\mathrm{d}z$，略去高阶微量后得：$V = V_0(1+e) = V_0 + V_0 e$，此处 $e = \varepsilon_x + \varepsilon_y + \varepsilon_z$ 或 $e = \frac{V - V_0}{V_0} = \frac{\Delta V}{V_0}$。由此可知，$e$ 为变形前后单位体积的相对体积变化，称为**体积应变**。并且

$$e = \varepsilon_x + \varepsilon_y + \varepsilon_z = \varepsilon_{ij} \tag{3-52}$$

若将式(3-51) 两端乘以 δ_{ij}[相当于展开式(3-50) 的前三式相加] 得

$$\delta_{ij}\varepsilon_{ij} = \frac{1+\nu}{E}\delta_{ij}\sigma_{ij} - \frac{\nu}{E}\delta_{ij}\delta_{ij}\sigma_{kk} \tag{3-53}$$

即

$$\varepsilon_{ii} = \frac{1+\nu}{E}\sigma_{ii} - \frac{3\nu}{E}\sigma_{ii} = \frac{1-2\nu}{E}\sigma_{ii} \tag{3-54}$$

$$\varepsilon_m = \frac{1-2\nu}{E}\sigma_m \tag{3-55}$$

式中，$\varepsilon_m = \frac{1}{3}(\varepsilon_x + \varepsilon_y + \varepsilon_z) = \frac{e}{3}$，$\sigma_m = \frac{1}{3}(\sigma_x + \sigma_y + \sigma_z)$。令

$$K = \frac{E}{3(1-2\nu)} \tag{3-56}$$

则式(3-55) 为

$$\sigma_m = 3K\varepsilon_m = Ke \tag{3-57}$$

式(3-57) 反映了球应力与体积应变的比例关系，可称为**体积应变虎克定律，K 为体积弹性模量**。现在仍然采用广义虎克定律式(3-51)，并将式(2-51)、式(2-137) 及式 $\sigma = 3\sigma_m$ 分别代入，则得

$$e_{ij} + \varepsilon_m\delta_{ij} = \left(\frac{1+\nu}{E}\right)(S_{ij} + \sigma_m\delta_{ij}) - \frac{3\nu}{E}\delta_{ij}\sigma_m \tag{3-58}$$

又应用式(3-55)，并代入式(3-58) 加以整理得

$$e_{ij} = \left[-\left(\frac{1-2\nu}{E}\right)\sigma_m\delta_{ij} + \left(\frac{1+\nu}{E}\sigma_m\delta_{ij}\right) - \frac{3\nu}{E}\sigma_m\delta_{ij}\right] + \left(\frac{1+\nu}{E}\right)S_{ij} \tag{3-59}$$

式(3-59) 方括号内各项之和为零，又由 $G = E/[2(1+\nu)]$ 代入得

$$S_{ij} = 2Ge_{ij} \tag{3-60}$$

式(3-60) 表示了用偏应力与偏应变关系表示的广义虎克定律，说明应力偏量与应变偏量成正比。注意到第一偏应力不变量 $J_1 = S_{ij} = 0$，则式(3-59) 中只有 5 个方程是独立的，因此必须与式(3-57) 联立，才与广义虎克定律式(3-43)、式(3-50) 等价。于是用球应力与偏应力表示的广义虎克定律为

$$\sigma_m = 3K\varepsilon_m,\quad S_{ij} = 2Ge_{ij} \tag{3-61}$$

此式说明各向同性弹性体的本构方程也可表示为：**应变球张量与应力球张量成正比，应变偏张量与应力偏张量成正比。**

例 3-2 试证各向同性体弹性变形阶段，应力圆与应变圆相似，应力主轴与应变主轴重合。

证 由式(3-43) 左边三式，用主应力与主应变形式表示，则为

$$\sigma_1 = \lambda e + 2G\varepsilon_1, \quad \sigma_2 = \lambda e + 2G\varepsilon_2, \quad \sigma_3 = \lambda e + 2G\varepsilon_3 \tag{1}$$

将式(1) 两两相减，得

$$(\sigma_1 - \sigma_2) = 2G(\varepsilon_1 - \varepsilon_2), (\sigma_2 - \sigma_3) = 2G(\varepsilon_2 - \varepsilon_3), (\sigma_3 - \sigma_1) = 2G(\varepsilon_3 - \varepsilon_1) \tag{2}$$

或

$$\frac{\sigma_1 - \sigma_2}{\varepsilon_1 - \varepsilon_2} = \frac{\sigma_2 - \sigma_3}{\varepsilon_2 - \varepsilon_3} = \frac{\sigma_3 - \sigma_1}{\varepsilon_3 - \varepsilon_1} = 2G \tag{3}$$

式(3) 说明三向应力圆与应变圆直径成比例，即在几何上是相似的。又由式(3-43) 右边三式

$$\tau_{xy} = G\gamma_{xy}, \quad \tau_{yz} = G\gamma_{yz}, \quad \tau_{zx} = G\gamma_{zx} \tag{4}$$

得

$$\frac{\tau_{xy}}{\frac{1}{2}\gamma_{xy}} = \frac{\tau_{yz}}{\frac{1}{2}\gamma_{yz}} = \frac{\tau_{zx}}{\frac{1}{2}\gamma_{zx}} = 2G \tag{5}$$

式(3) 和式(5) 说明三向应力圆与应变圆相应点的方向是一致的($\tan 2\theta$ 相等)，即应力主轴与应变主轴重合。这种相似关系，如图 3-11 所示。

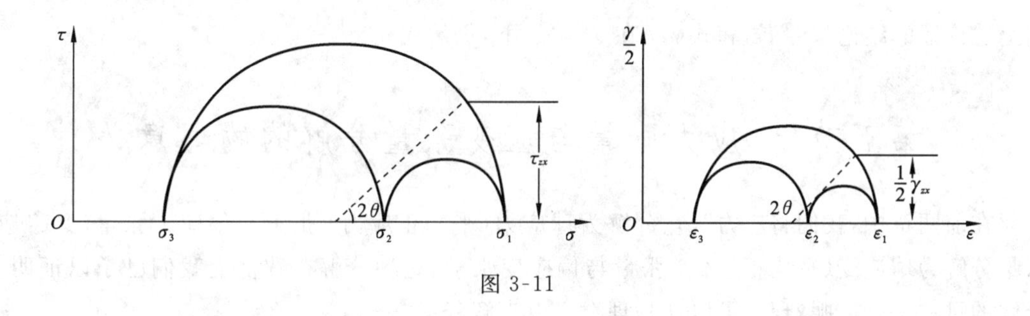

图 3-11

例 3-3 当泊松比 $\nu = 0.5$ 时，表示材料具有不可压缩性，即体积不变。问此时的剪切弹性模量 G 与拉压弹性模量 E 有什么关系？

解 设 $\nu = 0.5$，由式(3-61) 第一式及式(3-56)，$\varepsilon_m = 0$，所以，体积应变 $e = 3\varepsilon_m = 0$，说明材料体积不变，即材料有不可压缩性。又由式(3-49)，$G = \dfrac{E}{2(1+\nu)} = \dfrac{E}{3}$。

例 3-4 当 $\nu = 1/2$ 时，试证在弹性变形阶段，等效应力 $\bar{\sigma}$ 与等效应变 $\bar{\varepsilon}$ 成比例且

$$e_{ij} = \frac{3}{2}\frac{\bar{\varepsilon}}{\bar{\sigma}}S_{ij}$$

证 由式(2-46) 有

$$\bar{\sigma} = \frac{\sqrt{2}}{2}\sqrt{(\sigma_1 - \sigma_2)^2 + (\sigma_2 - \sigma_3)^2 + (\sigma_3 - \sigma_1)^2} \tag{1}$$

及式(2-140)

$$\bar{\varepsilon} = \frac{\sqrt{2}}{3}\sqrt{(\varepsilon_1 - \varepsilon_2)^2 + (\varepsilon_2 - \varepsilon_3)^2 + (\varepsilon_3 - \varepsilon_1)^2} \tag{2}$$

又应用例 3-2 的式(2),则

$$\begin{aligned}\bar{\sigma} &= \frac{\sqrt{2}}{2}\sqrt{(\sigma_1 - \sigma_2)^2 + (\sigma_2 - \sigma_3)^2 + (\sigma_3 - \sigma_1)^2} \\ &= G\sqrt{2}\sqrt{(\varepsilon_1 - \varepsilon_2)^2 + (\varepsilon_2 - \varepsilon_3)^2 + (\varepsilon_3 - \varepsilon_1)^2} \\ &= 3G\bar{\varepsilon}\end{aligned} \tag{3}$$

又当 $\nu = 1/2, G = E/3$,则有 $\bar{\sigma} = E\bar{\varepsilon}$,也即等效应 $\bar{\sigma}$ 与等效应变 $\bar{\varepsilon}$ 成正比。又将式(3-61)第二式代入式(3),则

$$S_{ij} = 2Ge_{ij} = \frac{2\bar{\sigma}}{3\bar{\varepsilon}}e_{ij} \qquad 或 \qquad e_{ij} = \frac{3}{2}\frac{\bar{\varepsilon}}{\bar{\sigma}}S_{ij} \tag{4}$$

即得证。

注意到在弹性变形的规律中,弹性体各点的 $\bar{\varepsilon}$,$\bar{\sigma}$ 虽然随载荷而变化,但它们的比值是不变的,这是与塑性变形规律的根本差别。这里还要指出:在上述 $\bar{\sigma} = E\bar{\varepsilon}$ 和式(4) 的求证的过程中,都是在材料 $\nu = 1/2$ 的条件下论证的。如果采用 $\bar{\varepsilon}$ 更广泛的定义,有

$$\bar{\varepsilon} = \frac{1}{\sqrt{2}(1+\nu)}\sqrt{(\varepsilon_1 - \varepsilon_2)^2 + (\varepsilon_2 - \varepsilon_3)^2 + (\varepsilon_3 - \varepsilon_1)^2} \tag{5}$$

则上述论证的结论 $\bar{\sigma} = E\bar{\varepsilon}$ 和式(4) 在 $\nu \neq \frac{1}{2}$ 下,仍然成立。

第五节　应力张量与应变张量分解的物理意义

在前两章中,我们将应力张量分解为球应力(平均正应力) 张量与偏应力张量;又将应变张量分解为球应变(平均正应变) 张量与偏应变张量。这种分解在数值上我们已予以证明,但分解的目的是什么呢?现在可以从物理意义上来解释。

在外力作用下,物体发生了变形。从变形的外观来看,可以分为体积(大小) 的改变与(几何) 形状的改变。前者称为体变,后者称为畸变。又从变形的性质来看,可以分为弹性变形与塑性变形。这样两种分法必然存在着内在的联系。

一、球应力(平均正应力) 引起了全部体变而不包括畸变,体变是弹性的

首先我们由体积广义虎克定律式(3-61) 的第一式看出,体积应变 e 是由平均正应力 σ_m 确定的。由于球应力状态的特征为三向等值拉伸或压缩(一般称为静水压力),用应力圆表征则为点圆(无剪应力 τ 的成分)。因此,它只能使物体发生体积上的变化,即球应变 e,不会产生形状上的改变(畸变)。再则由 $e = \sigma_m / K$ 说明,体积尺寸大小的计算只与平均正应力的球应力有关,也就是说体积变形只能是而且完全是由球应力引起的。

其次由于球应力只有正应力 σ 的内容,从一般固体材料(如金属) 的晶体结构的理论来说,正应力 σ 破坏了晶体晶格原子间的结合力的相互平衡而作出了弹性反应,因此体变是弹性的。事实上,通过大量实验指出,对于一般金属材料,可以认为体积变化基本是弹性的,除去静水压力后体积变形可以恢复,没有残余的体积变形。Bridgman 的实验说明在 25 000atm(1atm =

101 325Pa）下，对金属材料做静水压力实验，材料才呈现出很小的压缩性。但上述理论对于一般岩石和非饱和土质是不适合的。

二、偏应力引起了全部畸变而不包括体变，塑性变形仅是由应力偏量引起

现在先观察式(3-61)中的第二式 $S_{ij} = 2Ge_{ij}$，说明偏应变 e_{ij} 完全由偏应力 S_{ij} 确定。对于偏应变 e_{ij}，当 $i = j$，则 $e = e_{ij} = 0$；当 $i \neq j$，则 $e_{ij} = \varepsilon_{ij} = \gamma_{ij}/2$，$\gamma_{ij}$ 是角应变。这就充分说明了在应力偏量作用下，物体将发生畸变而不发生体变（实际上剪应力 τ 引起了晶体晶格的弹性歪曲，它促使单元体棱边的尺寸变化属高阶微量，在体变计算中已略去）。其次在弹性阶段的条件下所建立的上述 $S_{ij} = 2Ge_{ij}$ 的关系式，显然说明这种畸变仍然是弹性的。因此可以说物体的畸变包括两部分，即弹性的畸变与塑性的畸变。由于塑性变形一般认为是金属晶格滑移（位错）的结果，而球应力只会引起弹性体变，那么塑性畸变必然是由应力偏量引起的，或者进一步说，塑性变形仅是由应力偏量引起的。更由于塑性变形与体积改变无关，即体积应变为零，则当材料处于塑性状态时，一般即称材料具有不可压缩性。

事实上，由于应力状态中发生体变的球应力始终存在，发生弹性畸变的偏应力也始终存在，因此整个变形阶段弹性变形是始终存在的，当应力超过屈服极限而发生塑性变形时，始终还伴随着弹性变形，故而这个阶段称为弹塑性阶段。上述的两点讨论有助于我们对塑性变形的研究，以下将说明我们将球应力（平均正应力）从应力张量中分离出去，那么应力偏量与塑性变形的关系就明朗得多了。

最后再指出：关于体积变形由球应力唯一引起且是弹性的，塑性变形仅是由应力偏量引起的。这一概念在塑性力学中极其重要。而一些说法，如，"弹性变形就是体积变形""应力偏量只产生塑性变形""畸变就是塑性变形"等都是错误的概念。

第六节　弹性势能公式·弹性势能的分解

在本章第四节中我们已经得到了一般弹性体的应变能增量公式(3-15)，即

$$\delta U_0 = \sigma_x \delta\varepsilon_x + \sigma_y \delta\varepsilon_y + \sigma_z \delta\varepsilon_z + \tau_{xy}\delta\gamma_{xy} + \tau_{yz}\delta\gamma_{yz} + \tau_{zx}\delta\gamma_{zx}$$

下面我们来推导计算线性弹性应变能公式。从广义虎克定律可知，若将式(3-15)中的应力用应变来表示，则 U_0 是应变分量的二次齐次函数，根据齐次函数的欧拉定理可知，二次齐次函数对各变量的偏导数并乘以对应的变量之和，等于此函数的两倍。设 $F = F(x, y, z)$ 是二次齐次函数，则

$$2F = \frac{\partial F}{\partial x}x + \frac{\partial F}{\partial y}y + \frac{\partial F}{\partial z}z \tag{3-62}$$

现在 $U_0 = U(\varepsilon_x, \varepsilon_y, \varepsilon_z, \gamma_{xy}, \gamma_{yz}, \gamma_{zx})$ 是应变的二次齐次函数，则可得

$$2U_0 = \frac{\partial U_0}{\partial \varepsilon_x}\varepsilon_x + \frac{\partial U_0}{\partial \varepsilon_y}\varepsilon_y + \frac{\partial U_0}{\partial \varepsilon_z}\varepsilon_z + \frac{\partial U_0}{\partial \gamma_{xy}}\gamma_{xy} + \frac{\partial U_0}{\partial \gamma_{yz}}\gamma_{yz} + \frac{\partial U_0}{\partial \gamma_{zx}}\gamma_{zx} \tag{3-63}$$

若将应力分量等于弹性势能函数对相应应变分量的一阶导数的关系式(3-23)代入式(3-63)，即得

$$U_0 = \frac{1}{2}(\sigma_x\varepsilon_x + \sigma_y\varepsilon_y + \sigma_z\varepsilon_z + \tau_{xy}\gamma_{xy} + \tau_{yz}\gamma_{yz} + \tau_{zx}\gamma_{zx}) = \frac{1}{2}\sigma_{ij}\varepsilon_{ij} \tag{3-64}$$

式(3-64)为弹性体单位体积应变能的计算公式,它只可用于线性弹性体。整个物体的弹性应变能为

$$U = \iiint U_0 \mathrm{d}x\mathrm{d}y\mathrm{d}z = \frac{1}{2}\iiint (\sigma_x\varepsilon_x + \sigma_y\varepsilon_y + \sigma_z\varepsilon_z + \tau_{xy}\gamma_{xy} + \tau_{yz}\gamma_{yz} + \tau_{zx}\gamma_{zx})\mathrm{d}x\mathrm{d}y\mathrm{d}z \tag{3-65}$$

同样,利用应力表达应变的广义虎克定律,从式(3-64)可推导得到弹性体应变能的表达式也是应力分量的二次齐次函数,应用齐次函数的欧拉定理,可得

$$2U_0 = \frac{\partial U_0}{\partial \sigma_x}\sigma_x + \frac{\partial U_0}{\partial \sigma_y}\sigma_y + \frac{\partial U_0}{\partial \sigma_z}\sigma_z + \frac{\partial U_0}{\partial \tau_{xy}}\tau_{xy} + \frac{\partial U_0}{\partial \tau_{yz}}\tau_{yz} + \frac{\partial U_0}{\partial \tau_{zx}}\tau_{zx} \tag{3-66}$$

比较式(3-64)与式(3-66),可得

$$\varepsilon_x = \frac{\partial U_0}{\partial \sigma_x},\ \varepsilon_y = \frac{\partial U_0}{\partial \sigma_y},\ \varepsilon_z = \frac{\partial U_0}{\partial \sigma_z},\ \gamma_{xy} = \frac{\partial U_0}{\partial \tau_{xy}},\ \gamma_{yz} = \frac{\partial U_0}{\partial \tau_{yz}},\ \gamma_{zx} = \frac{\partial U_0}{\partial \tau_{zx}} \tag{3-67}$$

由此可知,应变分量等于弹性势函数对相应应力分量的一阶偏导数。公式(3-67)与式(3-23)相对应,但式(3-67)只适用于线性弹性体(本章第十八节中将说明),式(3-67)缩写式为

$$\frac{\partial U_0(\sigma_{ij})}{\partial(\sigma_{ij})} = \varepsilon_{ij} \tag{3-68}$$

现在我们来利用单位体积应变能表达式(3-64),并将弹性体本构方程式(3-44)代入,则得

$$U_0 = \frac{1}{2}(\lambda e^2 + 2G\varepsilon_{ij}\varepsilon_{ij}) = \frac{1}{2}[\lambda e^2 + 2G(\varepsilon_x^2 + \varepsilon_y^2 + \varepsilon_z^2) + G(\gamma_{xy}^2 + \gamma_{yz}^2 + \gamma_{zx}^2)] \tag{3-69}$$

如将弹性体本构方程式(3-51)代入式(3-64),则得

$$\begin{aligned} U_0 &= \frac{1}{2E}[(1+\nu)\sigma_{ij}\sigma_{ij} - \nu\sigma^2] \\ &= \frac{1}{2E}(\sigma_x^2 + \sigma_y^2 + \sigma_z^2) - \frac{\nu}{E}(\sigma_x\sigma_y + \sigma_y\sigma_z + \sigma_z\sigma_x) + \frac{1}{2G}(\tau_{xy}^2 + \tau_{yz}^2 + \tau_{xz}^2) \end{aligned} \tag{3-70}$$

以上为单独用应变分量或应力分量表示的单位体积应变能公式,适用于线弹性体。

由实验知泊松比 $0 \leqslant \nu \leqslant 0.5$,拉压弹性模量 $E > 0$,所以拉梅常数

$$\lambda = \frac{E\nu}{(1+\nu)(1-2\nu)} \geqslant 0 \tag{3-71}$$

由式(3-69)可知,应变能为以应变分量为独立变数的二次齐次函数,且应变能总是正的。当独立变数取任何非全为零的值时,则二次型恒为正的。于是这个二次型称为正定的。因此弹性势能函数是正定的势函数。在理想弹性体变形过程中,弹性势能积聚起来,当引起变形的外力除去后,物体恢复到原来状态,因此弹性势能永远是正的。

前已述及,物体的变形可以分解为两部分:一部分为体积的变化,另一部分为形状的变化。因而应变能也可以分解为相应的两部分:由于体变所储存在单位体积内的应变比能 U_{0V}(简称**体变比能**)和由于形变所储存在单位体积内的应变比能 U_{0d}(简称**畸变比能**)。现在分别进行计算。

先计算体变比能 U_{0V}:将引起体变的球应力 σ_m 和相应的球应变 ε_m 代入式(3-70)得

$$U_{0V} = \frac{3}{2}\sigma_m\varepsilon_m = \frac{\sigma_m^2}{2K} = \frac{1}{18K}(\sigma_x + \sigma_y + \sigma_z)^2 = \frac{1}{18K}\sigma^2 \tag{3-72}$$

再计算总的应变能 U_0。因为 $U_0 = U_{0V} + U_{0d}$,就可得到畸变能 U_{0d} 公式

$$\begin{aligned} U_0 &= \frac{1}{2}\sigma_{ij}\varepsilon_{ij} = \frac{1}{2}(S_{ij} + \sigma_m\delta_{ij})(e_{ij} + \varepsilon_m\delta_{ij}) \\ &= \frac{1}{2}S_{ij}e_{ij} + \frac{1}{2}(\sigma_m\delta_{ij}e_{ij} + \varepsilon_m\delta_{ij}S_{ij} + \sigma_m\delta_{ij}\varepsilon_m\delta_{ij}) \end{aligned} \tag{3-73}$$

因为 $\delta_{ij}e_{ij}=e_{ii}=0,\delta_{ij}S_{ij}=S_{ii}=0,\delta_{ij}\delta_{ij}=3$，所以 $U_0=\frac{1}{2}S_{ij}e_{ij}+\frac{3}{2}\sigma_m\varepsilon_m$，则

$$U_{0d}=U_0-U_{0V}=\left(\frac{1}{2}S_{ij}e_{ij}+\frac{3}{2}\sigma_m\varepsilon_m\right)-\frac{3}{2}\sigma_m\varepsilon_m=\frac{1}{2}S_{ij}e_{ij}=\frac{1}{2G}J_2=\frac{3}{4G}\tau_8^2 \quad (3\text{-}74)$$

从而总单位体积应变能为

$$U_0=U_{0V}+U_{0d}=\frac{1}{18K}I_1^2+\frac{1}{2G}J_2 \quad (3\text{-}75)$$

由式(3-75)看出，系统的应变能与坐标的选择无关，U_0 只是一个不变量。

第七节　塑性应力偏量状态·Lode 应力参数

前已述及：在大小等值的静水应力状态作用下，物体只产生弹性的体变，而塑性的畸变仅是由应力偏量引起的。现在我们先来利用应力圆从几何图像上进行分析。

若设某点的应力状态用三向应力圆表示，如图 3-12 所示。如果把坐标原点 O 移到新的位置，使 $OO'=\sigma_m$，于是 $O'P_1=\sigma_1-\sigma_m=S_1,O'P_2=\sigma_2-\sigma_m=S_2,O'P_3=\sigma_3-\sigma_m=S_3$，所得移轴后的应力圆即是描写应力偏量的应力圆。因此，当坐标原点在 σ 轴上任意平移一段距离，则相当于在原有的应力状态上叠加一个静水应力状态。这个叠加并不影响屈服和塑性变形。因此 τ 轴的移动（即应力圆的位置）对塑性变形无关，有决定意义的倒是应力圆本身的相对大于。若以 M 表示 P_1P_3 的中点，则

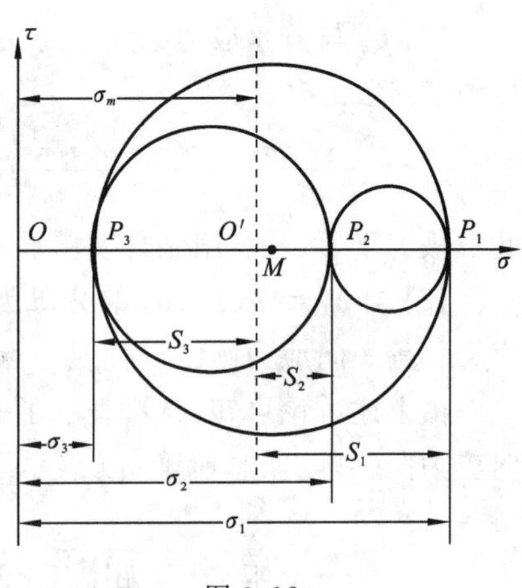

图 3-12

$$\left.\begin{aligned}MP_1&=\tau_{\max}=\frac{1}{2}(\sigma_1-\sigma_3)\\MP_2&=\sigma_2-\frac{1}{2}(\sigma_1+\sigma_3)=\frac{1}{2}(2\sigma_2-\sigma_1-\sigma_3)\end{aligned}\right\} \quad (3\text{-}76)$$

三向应力圆的应力偏量是由 P_1、P_2 和 P_3 三点的相对位置确定的，所以需要引入一个参数来表示这三点的相对位置。那么应力圆完全可以由 MP_1 和 MP_2 两个量来决定。于是，我们定义 **Lode 应力参数** μ_σ。若 $\sigma_1\geqslant\sigma_2\geqslant\sigma_3$，则

$$\mu_\sigma=\frac{MP_2}{MP_1}=\frac{2\sigma_2-\sigma_1-\sigma_3}{\sigma_1-\sigma_3}=2\left(\frac{\sigma_2-\sigma_3}{\sigma_1-\sigma_3}\right)-1 \quad (3\text{-}77)$$

P_2 可由 P_3 变到 P_1，因此 μ_σ 的变化范围为

$$-1\leqslant\mu_\sigma\leqslant 1 \quad (3\text{-}78)$$

今考察其中的三种特殊应力状态下 μ_σ 的值

(1) $\sigma_2=\sigma_3=0,\sigma_1>0$；　　$\mu_\sigma=-1$，单向拉伸应力状态，见图 3-13(a)。

(2) $\sigma_2=0,\sigma_1=-\sigma_3$；　　$\mu_\sigma=0$，纯剪切应力状态，见图 3-13(b)。

(3) $\sigma_1=\sigma_2=0,\sigma_3<0$；　　$\mu_\sigma=1$，单向压缩应力状态，见图 3-13(c)。

进一步分析，可知 Lode 应力参数有下列意义：

(1) μ_σ 为应力主值的比例。即当三个主应力都增大或缩小 k 倍时，μ_σ 值不变。因为

$$\mu_\sigma=2\left(\frac{k\sigma_2-k\sigma_3}{k\sigma_1-k\sigma_3}\right)-1=2\left(\frac{\sigma_2-\sigma_3}{\sigma_1-\sigma_3}\right)-1 \quad (3\text{-}79)$$

说明三个应力圆的大小可以变化，但彼此比例保持不变，即保持几何相似。

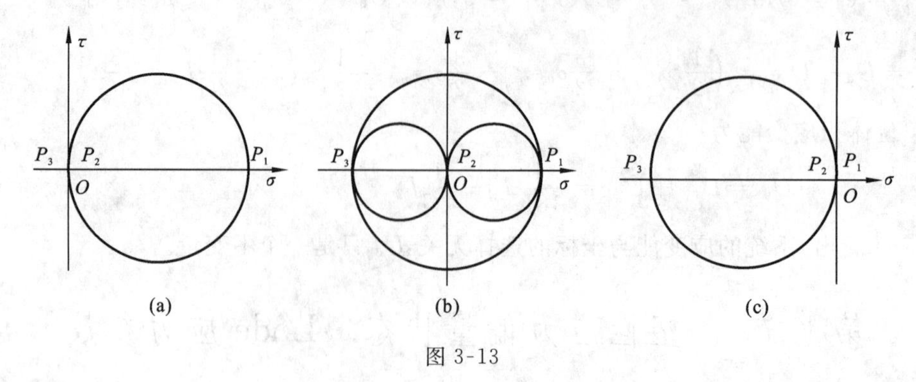

图 3-13

(2) μ_σ 与静水应力的大小无关。即三个应力圆的位置可变化，μ_σ 是描述应力偏量状态的特征值。可证

$$\mu_\sigma = \frac{2\sigma_2 - \sigma_1 - \sigma_3}{\sigma_1 - \sigma_3} = \frac{2(\sigma_2 - \sigma_m) - (\sigma_1 - \sigma_m) - (\sigma_3 - \sigma_m)}{(\sigma_1 - \sigma_m) - (\sigma_3 - \sigma_m)} = \frac{2S_2 - S_1 - S_3}{S_1 - S_3} \tag{3-80}$$

此点极为重要，是屈服条件实验验证的分类依据。

(3) 当 $\sigma_1 = \sigma_3$ 时，μ_σ 的分母为零，说明其值已无意义。这是因为 $\sigma_1 = \sigma_2 = \sigma_3$，此时三个主应力相等三向应力圆已退化成一点，为静水应力状态，与应力偏量无关。

由上述讨论可知：OO' 表示了一点应力状态的平均正应力部分，而以 O' 为坐标原点的三向应力圆（μ_σ 与 $\tau_{\max}$ 所确定）表示了应力偏量部分，如图 3-12 所示。

第八节　屈服函数·主应力空间·常用屈服条件

一、屈服函数

由本章前两节中关于材料弹性变形和塑性变形的讨论及其特点的总结可预知，塑性应力应变关系一定比弹性应力应变关系要复杂。而且我们首先必须要做的一项工作就是要判断材料是处于弹性状态还是已经进入到塑性状态，进行这一判断所依据的准则就称为**屈服条件**，又称**塑性条件**。

当材料处于单向拉伸（或压缩）应力状态时，我们通过简单的试验（图 3-14）就可使这一问题容易地得到解决：当应力小于屈服极限 σ_s 时，材料处于弹性状态。当达到屈服极限 σ_s 时，便认为材料已进入塑性状态。即便是对那些应力应变曲线上弹塑性阶段分界不明显的材料，也可采用屈服极限 $\sigma_{0.2}$ 来判明，如图 3-14 所示。但是，当材料一旦处于复杂应力状态时，问题就不那么简单了。因为一点的应力状态通常是由 6 个应力分量的数值来作为判断材料是否进入塑性状态的标准，而且应该考虑到所有这些应力分量对材料进入塑性状态的贡献。显然，我们不能采用只根据不同的应力状态进行实验的方法来确定材料的屈服条件。因为要进行次数如此可观的这类实验是不切实际的，并且所需实验设备和实验方法也较复杂，甚

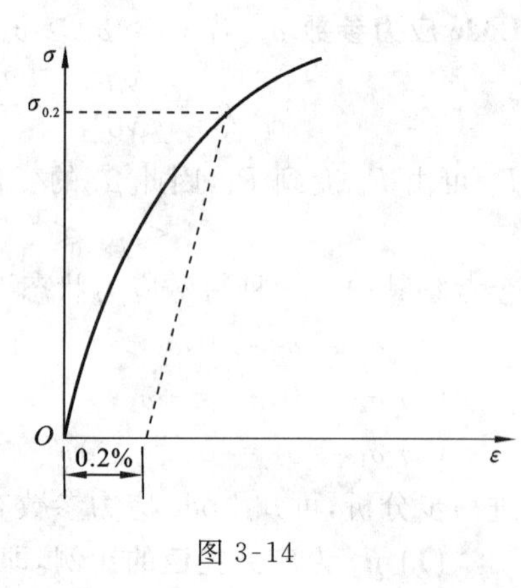

图 3-14

至是目前根本做不到的。那么在复杂应力状态下材料的屈服条件如何确立呢?

人们根据材料破坏的现象,总结材料破坏的规律,逐渐认识到:不管固体材料产生破坏(断裂或塑性屈服)的表面现象多么复杂,对应某种破坏形式都具有共同的某一决定强度的因素。对于同一种材料,无论它处于何种应力状态,当导致它产生某种破坏的这一共同的因素达到某一个极限值时,材料就会产生相应的破坏。因此,我们可以通过材料的简单力学实验来确定这个因素的极限值。现在的问题就是考虑根据简单受力状态的实验结果(上述极限值)去建立在复杂应力状态下所有的应力分量都相关的关系,也即屈服条件。

在一般情况下,屈服条件与所考虑的应力状态有关,或者说屈服条件是该点 6 个独立的应力分量的函数,即为

$$f(\sigma_{ij}) = 0 \tag{3-81}$$

$f(\sigma_{ij})$ 称为屈服函数。式(3-81) 表示在一个六维应力空间内的超曲面。所谓**六维应力空间**是以六个应力分量 $\sigma_x, \sigma_y, \cdots, \tau_{zx}$ 的全体所构成的抽象空间。因为由 6 个应力分量组成,所以称它为六维应力空间。该空间内的任一点都代表一个确定的应力状态。$f(\sigma_{ij})$ 是这个空间内的一个曲面。因为它不同于普通的几何空间内的曲面,所以称为**超曲面**。该曲面上的任意一点(称为**应力点**)都表示一个屈服应力状态,所以该曲面又称**屈服面**。例如,在单向拉伸时,屈服应力 σ_s 应在屈服面上,如用六维应力空间来描述,则该点应为超曲面上的一个点,且该点坐标为:$(\sigma_s, 0, 0, 0, 0, 0)$。

二、主应力空间

对于各向同性材料来说,坐标轴的转动不应当影响材料的屈服①。因而可以取三个应力主轴为坐标轴。此时,屈服函数式(3-81) 可改写为

$$f(\sigma_1, \sigma_2, \sigma_3) = 0 \tag{3-82}$$

前面曾经谈到,球形应力状态只引起弹性体积变化,而不影响材料的屈服。所以,可以认为屈服函数中只包含应力偏量,即

$$f(S_{ij}) = 0 \tag{3-83}$$

这样一来,屈服函数就转化为用应力偏量表示的函数,而且可以在主应力 $\sigma_1, \sigma_2, \sigma_3$ 所构成的空间,即**主应力空间来讨论**。主应力空间是一个三维空间,物体中任意一点的应力状态都可以用主应力空间中相应点的坐标矢量来表示,如图 3-15 所示。因此,我们在这一主应力空间内可以形象地给出屈服函数的几何图像,而直观的几何图形将有助于我们对屈服面的认识。

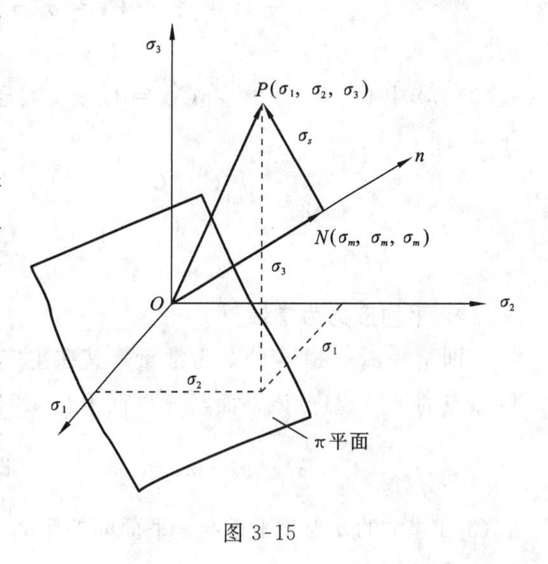

图 3-15

需要说明,在静水应力不太大的情况下,静水应力不影响材料的塑性性质这一假设,对许多金属材料和饱和土质是适用的,但对于岩土一类材料,这一假定并不符合实际,这时就应对式(3-83) 进行相应的修正。

---

① 原来的各向同性材料,屈服后可能会出现各向异性的性质。这里讨论的是材料的初始屈服状态。

下面介绍几个特殊的应力状态在主应力空间中的轨迹。

1. 球应力状态或静水应力状态

即应力偏量为零，$S_1 = S_2 = S_3 = 0$，$\sigma_1 = \sigma_2 = \sigma_3 = \sigma_m$。显然在主应力空间中，它的轨迹是经过坐标原点并与 σ_1，σ_2，σ_3 轴三坐标轴夹角相同的等倾斜直线 On，如图 3-15 所示，其方向余弦为 $l_1 = l_2 = l_3 = 1/\sqrt{3}$。$On$ 直线的方程式为

$$\sigma_1 = \sigma_2 = \sigma_3 = \sigma_m \tag{3-84}$$

On 直线上各点所对应的应力状态是取不同的 σ_m 值的球应力状态。

2. 平均应力为零

即 $\sigma_m = 0$，应力偏量 S_{ij} 不等于零。在主应力空间中，它的轨迹是一个平面，该平面通过坐标原点并与 On 直线相垂直，也即过原点与坐标平面成等倾斜的平面，它们称它为 π **平面**（图 3-15）。其方程式为

$$\sigma_1 + \sigma_2 + \sigma_3 = 0 \tag{3-85}$$

设在主应力空间中，任一点的坐标矢量用 $\overrightarrow{OP}$ 来表示，如图 3-15 所示，它可以分解为在直线 On 方向上的分量 $\overrightarrow{ON}$ 和在 π 平面上的一个分量（即相当于 $\overrightarrow{NP}$）。这就是等于把应力张量 σ_{ij} 分解为球应力张量 $\sigma_m\delta_{ij}$ 和偏应力张量 S_{ij}。如果我们所研究的问题希望排除球张量而着重考虑偏张量，那么在主应力空间中，我们只需要分析应力矢量在 π 平面上的投影就可以了。

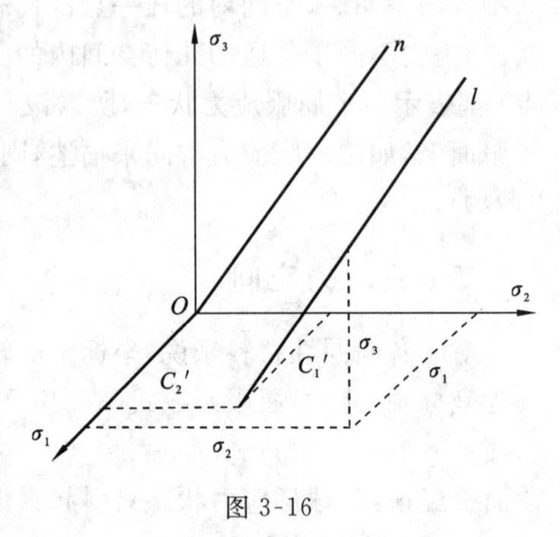

图 3-16

3. 应力偏量为常量

即：$S_1 = C_1$，$S_2 = C_2$，$S_3 = C_3$（C_1，C_2，C_3 为常数）。这时 $\sigma_1 - C_1 = \sigma_2 - C_2 = \sigma_3 - C_3 = \sigma_m$，它在主应力空间中的轨迹是与 On 线平行但不经过坐标原点的直线 l，如图 3-16 所示，其方程为

$$\sigma_1 - C_1 = \sigma_2 - C_2 = \sigma_3 - C_3 = \sigma_m \tag{3-86}$$

或写为

$$\sigma_1 - C'_1 = \sigma_2 - C'_2 = \sigma_3 \tag{3-87}$$

式(3-87) 中 $C'_1 = C_1 - C_3$，$C'_2 = C_2 - C_3$。显然，直线 l 上各点对应的应力状态具有相同的偏张量，即

$$S_{ij} = \begin{bmatrix} C_1 & 0 & 0 \\ 0 & C_2 & 0 \\ 0 & 0 & C_3 \end{bmatrix} \tag{3-88}$$

4. 平均应力为常量

即 $\sigma_1 + \sigma_2 + \sigma_3 = C$（$C$ 为常量）。其在主应力空间的轨迹为一个与 On 直线正交但不通过坐标原点的平面。显然该平面与 π 平面平行。其方程为

$$\sigma_1 + \sigma_2 + \sigma_3 = \sqrt{3}d, \qquad 即 \qquad \sigma_m = \frac{\sqrt{3}}{3}d \tag{3-89}$$

式(3-89) 中的 d 为该平面与 π 平面间的距离。显然，该平面上的各点所对应的应力状态具有相同的球张量 $\dfrac{d}{\sqrt{3}}\delta_{ij}$。

我们知道，当应力 σ_{ij} 较小时，材料处于弹性状态。这就是说，在主应力空间中，围绕着坐标原点有一个弹性变形区域。在这个区域内，应力的无限小增量 $d\sigma_{ij}$ 不会引起塑性变形。当应力增大到一定程度，材料便进入了塑性状态，这时应力的增量 $d\sigma_{ij}$ 就将引起塑性变形(或使塑性变形发生变化)。因此，我们可以设想：在主应力空间中，坐标原点附近的弹性区是被塑性区包围着的。作为弹性区与塑性区交界的曲面，称之为**屈服面**。它是屈服条件式(3-82)在主应力空间中的轨迹。屈服面的概念是拉伸(或压缩)应力应变曲线的屈服极限概念的推广。

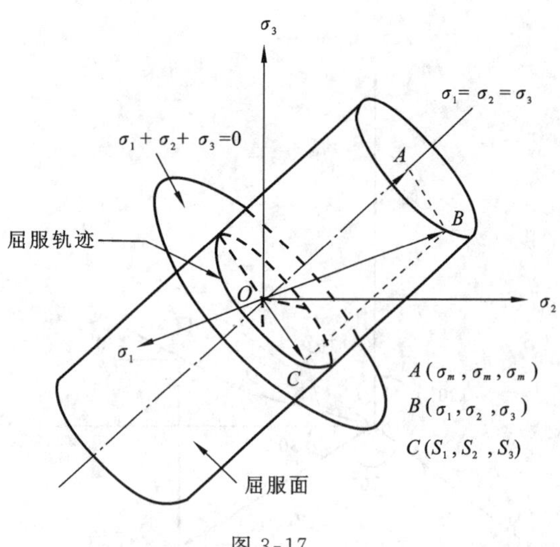

图 3-17

若我们认为球应力(静水压力)状态不影响材料的屈服，则上述屈服面必定是一个与坐标轴呈等倾斜的柱体表面，其母线垂直于 π 平面，即图 3-15 中的 On 直线。显然我们对屈服面的讨论只需研究它与 π 平面的截迹 C 就可以了，如图 3-17 所示。曲线 C 就称为**屈服曲线或屈服轨迹**。

三、屈服曲线及其在 π 平面内的重要性质

为了研究在 π 平面上屈服曲线的形状，我们先讨论 π 平面上的直角坐标与主应力空间坐标间的关系。

设在主应力空间中 $P(\sigma_1, \sigma_2, \sigma_3)$ 为屈服面上的一点(对照图 3-18)，它在 π 平面上的投影为 $Q(\sigma_1', \sigma_2', \sigma_3')$。设在 π 平面上取 xOy 坐标如图 3-18 所示，则 Q 的坐标为

$$\left.\begin{aligned} x &= \sigma_1'\cos30° - \sigma_3'\cos30° = \frac{\sqrt{3}}{2}(\sigma_1' - \sigma_3') \\ y &= \sigma_2' - \sigma_1'\sin30° - \sigma_3'\sin30° = \frac{2\sigma_2' - \sigma_1' - \sigma_3'}{2} \end{aligned}\right\} \tag{3-90}$$

为了以 $\sigma_1, \sigma_2, \sigma_3$ 来表示 x, y，需找出 $\sigma_1, \sigma_2, \sigma_3$ 和 π 平面上的分量 $\sigma_1', \sigma_2', \sigma_3'$ 之间的关系。如以 O' 表示自 O 到等倾面 ABC 的垂足，如图 3-19 所示。在坐标轴 $\sigma_1, \sigma_2, \sigma_3$ 上取单位长度 $OA = OB = OC = 1$，则它们在等倾线 On 上的投影为 $OO' = 1/\sqrt{3}$，而在等倾面 ABC 上的投影为 $O'A = O'B = O'C = \sqrt{2}/\sqrt{3}$。因而 $\sigma_1, \sigma_2, \sigma_3$ 在 π 平面上的投影为

$$\sigma_1' = \sqrt{\frac{2}{3}}\sigma_1, \quad \sigma_2' = \sqrt{\frac{2}{3}}\sigma_2, \quad \sigma_3' = \sqrt{\frac{2}{3}}\sigma_3 \tag{3-91}$$

代入式(3-90)中得知量 $\overrightarrow{OP}$ 在 xOy 平面上的坐标(即 $\overrightarrow{OQ}$ 在 xOy 面上的坐标)是

$$\left.\begin{aligned} x &= \frac{1}{\sqrt{2}}(\sigma_1 - \sigma_3) = \frac{1}{\sqrt{2}}(S_1 - S_3) \\ y &= \frac{1}{\sqrt{6}}(2\sigma_2 - \sigma_1 - \sigma_3) = \frac{1}{\sqrt{6}}(2S_2 - S_1 - S_3) \end{aligned}\right\} \tag{3-92}$$

在图 3-18 中，如以 θ_σ 表示 $\overrightarrow{OQ}$ 与 x 轴间的夹角，则

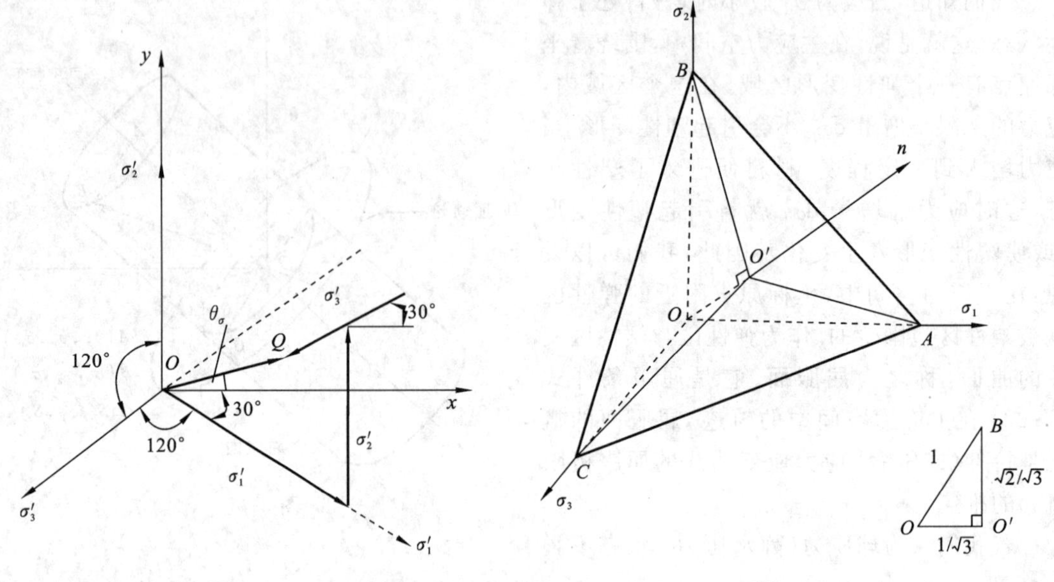

图 3-18　　　　图 3-19

$$\tan\theta_\sigma = \frac{y}{x} = \frac{1}{\sqrt{3}}\left(\frac{2\sigma_2 - \sigma_1 - \sigma_3}{\sigma_1 - \sigma_3}\right) = \frac{1}{\sqrt{3}}\mu_\sigma \tag{3-93}$$

式中，μ_σ 即为 Lode 应力参数；θ_σ 称为**应力状态特征角**。

对比 Lode 应力参数 μ_σ 的三种特殊应力状态，可由式(3-93)计算出应力状态特征角 θ_σ，即为

$$\left.\begin{array}{lll} \mu_\sigma = -1, & \theta_\sigma = -30°, & \text{单向拉伸} \\ \mu_\sigma = 0, & \theta_\sigma = 0, & \text{纯剪切} \\ \mu_\sigma = 1, & \theta_\sigma = 30°, & \text{单向压缩} \end{array}\right\} \tag{3-94}$$

在 π 平面上，我们可以将屈服曲线进一步简化，并且具有下列重要性质，现讨论如下。

1. 屈服曲线是一条封闭曲线，而且坐标原点被包围在内

容易理解，坐标原点是一个无应力状态，材料不能在无应力下屈服，所以屈服曲线一定不经过坐标原点。同时，初始屈服面内是弹性应力状态，所以屈服曲线必定是封闭的，否则将出现在某些应力状态下材料不屈服的情况，这是不可能的。

2. 屈服曲线与任一从坐标原点出发的向径必相交一次，且仅有一次

因为材料的初始屈服只有一次，材料既然在一种应力状态下达到屈服，就不可能又在与同一应力状态相差若干倍的另一应力状态下再次达到屈服。

3. 屈服曲线对三个坐标轴的正负方向均为对称

考虑材料是初始各向同性的且不计包辛格(Bauschinger)效应(即认为拉伸与压缩时的屈服极限相同)，则屈服曲线对 3 个坐标轴 σ_1，σ_2，σ_3 轴的两侧及正负方向均为对称。所以屈服曲线必在 12 个 30° 的扇形区域内有相同的形状(图 3-20)。

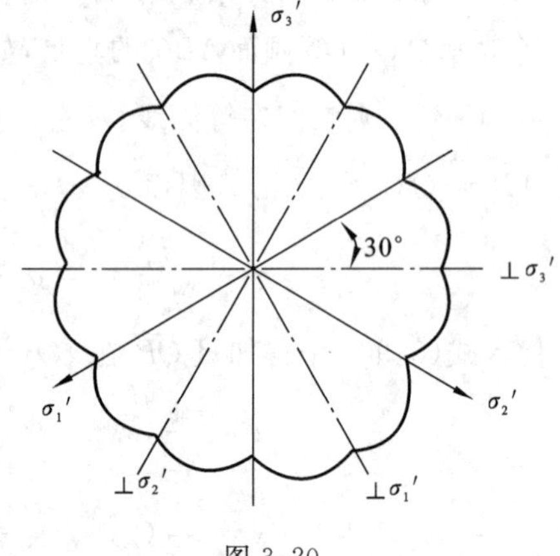

图 3-20

现在说明如下：如果应力点$(\sigma_1',\sigma_2',\sigma_3')$是屈服曲线上一点，则$(\sigma_1',\sigma_3',\sigma_2')$也必是屈服曲线上一点，因此屈服曲线对称于$\sigma_1'$轴，同理也对称于$\sigma_2'$，$\sigma_3'$轴。又如果$(\sigma_1',\sigma_2',\sigma_3')$是屈服曲线上一点，则$(-\sigma_1',-\sigma_2',-\sigma_3')$也是屈服曲线上的一点，那么屈服曲线对三条垂直于$\sigma_1'$，$\sigma_2'$，$\sigma_3'$轴的直线也对称。由上分析，屈服曲线有6根对称轴，由12个相同的弧段所组成，如图3-20所示。因此要得到屈服曲线，只需确定30°范围内的弧线段即可。

4. 屈服曲线对坐标原点为外凸曲线，也即屈服曲面为外凸曲面

屈服曲线的外凸性是屈服函数的重要特性，在后面材料稳定性假设（第九章第二节）中将加以详细论证。图3-20所表示的仅是理论曲线，未考虑其外凸性。

下面再讨论一下屈服曲线的可能位置。

为不失一般性，可以假设轨迹C通过Ⅲ轴上的A点，如图3-21所示。那么，根据上面讨论过的对称条件，可知B、F点（它们分别在Ⅰ，Ⅱ轴上，且$\overline{OA}=\overline{OB}=\overline{OF}$）同样也是轨迹$C$上的两个点，而且连结$A$和$B$、$A$和$F$点的两条直线就是外凸的逐段光滑曲线。它通过$A$、$B$及$F$点，并对称于Ⅲ轴，同时也对称于与Ⅲ轴相邻的两轴（它们分别垂直于Ⅰ轴和Ⅱ轴，图中用虚线表示）。显然，具有上述特征的其他曲线不可能位于折线FAB的内侧。

另外，考虑到对Ⅲ轴的对称性，凡是经过A点并且是外凸的分段光滑的曲线不可能在直线$F'AA'$的外侧。因此从图3-22可知，一切满足各向同性、不计包辛格效应、与球应力状态无关、并且外凸等条件的可能的屈服轨迹一定位于正六边形$ABCDEFA$与$A'B'C'D'E'F'A'$之间。必须强调指出，并非位于两个六边形之间的一切曲线都是许可的，只有外凸的曲线才是可能的屈服轨迹。

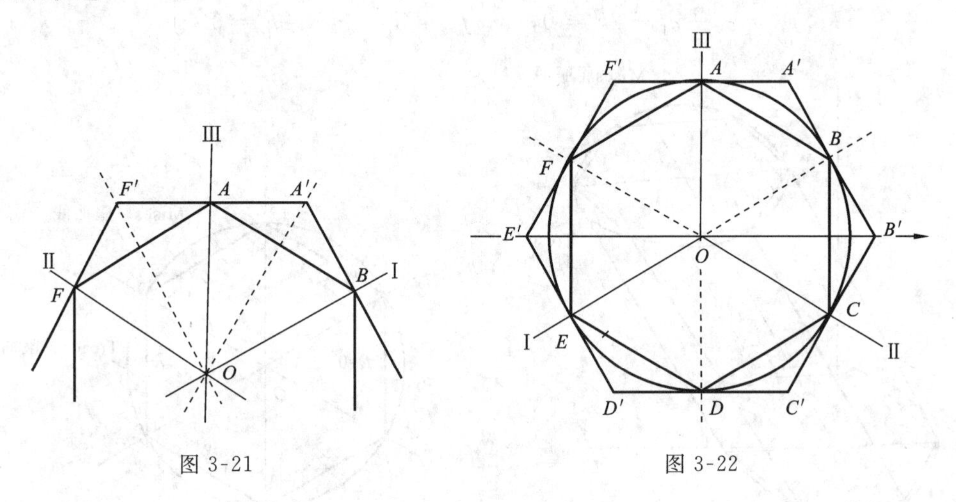

图 3-21　　　　图 3-22

四、常用屈服条件

历史上（从19世纪中叶开始）曾经先后提出许多不同形式的屈服条件，如最大正应力条件(Galileo G)、最大弹性应变条件(Saint-Venant B)、弹性总能量条件(Beltrami E)、最大剪应力条件(Tresca H)、歪形能条件(Von Mises R)、Mohr条件(Mohr O)等。但经过许多实验检验，证明符合工程材料特征，又便于在工程中应用的常用屈服条件有以下几种。

1. Tresca 屈服条件(最大剪应力条件)

1864 年,法国工程师屈雷斯卡(Tresca H) 在做了一系列金属挤压实验的基础上,发现在变形的金属表面有很细的痕纹,而这些痕纹的方向很接近于最大剪应力的方向,因此他认为金属的塑性变形是由于剪切应力引起金属中晶格滑移而形成的。Tresca 指出:在物体中,当最大剪应力 τ_{max}(指绝对值) 达到某一极限值时,材料便进入塑性状态。当 $\sigma_1 \geqslant \sigma_2 \geqslant \sigma_3$ 时,这个条件可写为如下形式

$$\sigma_1 - \sigma_3 = 2k \tag{3-95}$$

如果不知道主应力的大小和次序,则在主应力空间应将 Tresca 条件写为

$$\left.\begin{array}{l} |\sigma_1 - \sigma_2| \leqslant 2k \\ |\sigma_2 - \sigma_3| \leqslant 2k \\ |\sigma_3 - \sigma_1| \leqslant 2k \end{array}\right\} \tag{3-96}$$

在式(3-96) 中,如果有一个式子为等式时,则材料便已进入塑性状态。若将式(3-96) 改写为一般性公式,则为

$$[(\sigma_1 - \sigma_2)^2 - 4k^2][(\sigma_2 - \sigma_3)^2 - 4k^2][(\sigma_3 - \sigma_1)^2 - 4k^2] = 0 \tag{3-97}$$

在主应力空间中,式(3-96) 或式(3-97) 分别组成了三对相互平行平面的屈服面,构成了一个垂直于 π 平面($\sigma_1 + \sigma_2 + \sigma_3 = 0$) 的正六边形柱面,如图 3-23 所示。而屈服面在 π 平面上的截迹(即屈服曲线) 就是一个正六面形,如图 3-24 所示。该正六边形的六条边的方程分别为

$$\left.\begin{array}{ll} f_1 = \sigma_1 - \sigma_3 - 2k = 0, & f_4 = \sigma_3 - \sigma_1 - 2k = 0 \\ f_2 = \sigma_3 - \sigma_2 - 2k = 0, & f_5 = \sigma_2 - \sigma_3 - 2k = 0 \\ f_3 = \sigma_2 - \sigma_1 - 2k = 0, & f_6 = \sigma_1 - \sigma_2 - 2k = 0 \end{array}\right\} \tag{3-98}$$

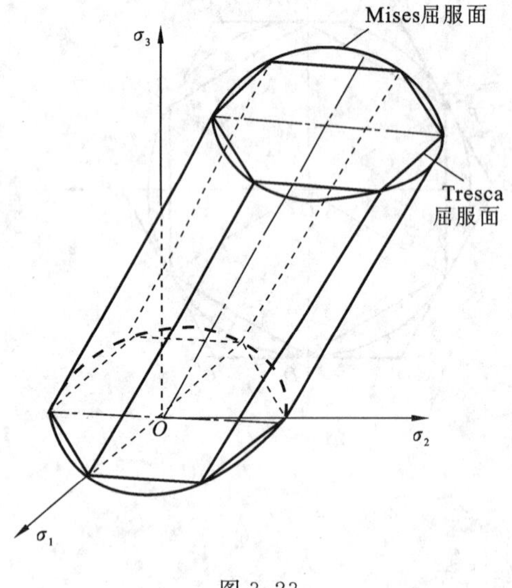

图 3-23

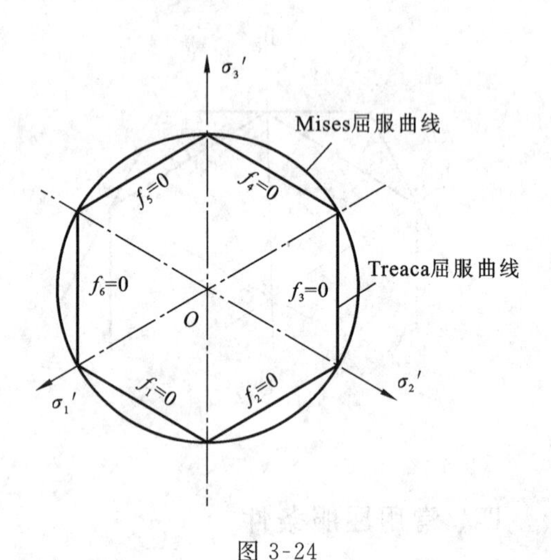

图 3-24

若弹塑性体处于平面应力状态,且设 $\sigma_3 = 0$。则由图 3-23 可知该柱体在 $O\sigma_1\sigma_2$ 平面上的截迹为一斜六边形,如图 3-25 所示,其六条边相应的方程仍然为式(3-98)。在式(3-95) 中出现的 k 值,只需通过简单受力状态的实验来测定。如采用单向拉伸实验,且 σ_s 为屈服极限,于是有 $\sigma_1 = \sigma_s, \sigma_2 = \sigma_3 = 0$,则由式(3-95) 定出

$$k = \frac{\sigma_s}{2} \tag{3-99}$$

若采用纯剪切实验，则 $\sigma_1 = \tau_s, \sigma_2 = 0, \sigma_3 = -\tau_s$，则式由(3-95)定出

$$k = \tau_s \tag{3-100}$$

比较式(3-99)与式(3-100)，若 Tresca 屈服条件正确，则必有

$$\sigma_s = 2\tau_s \tag{3-101}$$

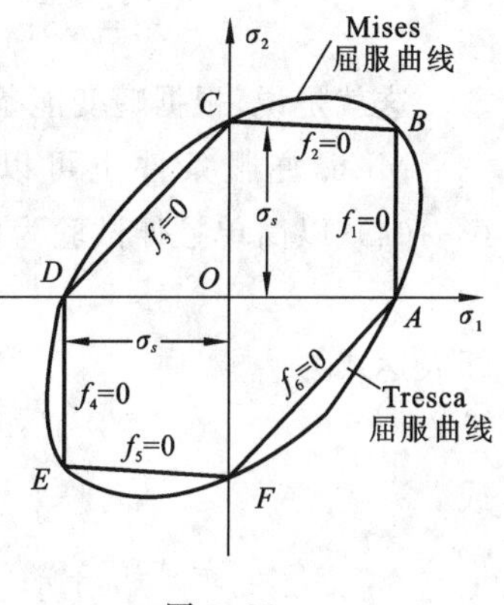

图 3-25

最大剪应力的假设，由于和实验结果比较一致，因而一般是被接受的。但在使用 Tresca 条件时，主应力的大小和次序应该知道，因为这样才能求出最大剪切应力 $\tau_{\max}$，如果能知道主应力的次序，则使用 Tresca 条件是很方便的。因为从数学表达式来看，它是个线性简单公式。此外，Tresca 最大剪应力屈服条件忽略了中间主应力 σ_2 对材料屈服的贡献，这是它的不足之处。

2. Mises 屈服条件(畸变能条件)

上面已经指出，Tresca 条件在预知主应力大小次序的问题中，应用起来很方便。但在一般情况下却相当麻烦。1913 年德国力学家米塞斯(Von Mises R)指出：在等倾面上，Tresca 条件六边形的 6 个顶点是由实验得到的，但是连接 6 个顶点的直线段却包含了假定(认为中间主应力不影响屈服)，这种假定是否合适，需经实验证明。Mises 认为：用一个圆来连接这 6 个顶点似乎更合理，并且可避免因曲线不光滑而造成的数学上的困难。因此，Mises 屈服条件在主应力空间中的轨迹是外接于 Tresca 六角柱体的圆柱体，如图 3-23 所示，该圆柱体垂直于正八面体斜面或 π 平面。因此它在 π 平面上的截迹则为一半径等于 $\sigma_s\sqrt{2}/\sqrt{3}$ 的圆(该圆半径大小的证明如图 3-19 所示)，如图 3-24 所示。而它在 $\sigma_1\sigma_2$ 平面上的截迹则为一椭圆，如图 3-25 所示，其表示方程为后面的式(3-111)。

于是 Mises 提出了另一个屈服条件 —— 畸变能条件，即认为当物体内某一点的应力状态对应的畸变能达到某一极限数值 k 时，该点处材料便屈服，由畸变能公式(3-74)有：$2GU_{0d} = J_2$，故畸变能条件可写为

$$J_2 = k^2 \tag{3-102}$$

上式也可以用应力分量表达，由式(2-56)可得

$$\begin{aligned} J_2 &= \frac{1}{6}[(\sigma_x - \sigma_y)^2 + (\sigma_y - \sigma_z)^2 + (\sigma_z - \sigma_x)^2] + (\tau_{xy}^2 + \tau_{yz}^2 + \tau_{zx}^2) \\ &= \frac{1}{6}[(\sigma_1 - \sigma_2)^2 + (\sigma_2 - \sigma_3)^2 + (\sigma_3 - \sigma_1)^2] = k^2 \end{aligned} \tag{3-103}$$

其中 k 为表征材料屈服特征的参数。其确定方法为：若用简单拉伸试验来定，则 $\sigma_1 = \sigma_s, \sigma_2 = \sigma_3 = 0$，$\sigma_s$ 为简单拉伸屈服应力，由式(3-103)得

$$k = \frac{1}{\sqrt{3}}\sigma_s \tag{3-104}$$

若用纯剪实验来定，则 $\sigma_1 = -\sigma_2 = \tau_s, \sigma_3 = 0$，$\tau_s$ 为纯剪屈服应力，则由式(3-103)得

$$k = \tau_s \tag{3-105}$$

因此，如果 Mises 屈服条件成立，应有

$$\sigma_s = \sqrt{3}\tau_s \tag{3-106}$$

这就是说，根据畸变能条件，纯剪屈服应力 τ_s 是简单拉伸屈服力 σ_s 的 $1/\sqrt{3}$(约 0.577) 倍。

Mises 屈服条件也可以使用更为方便的等效应力的形式来表示：将式(2-64) 和式(3-104)(以简单拉伸试验为依据)，代入式(3-102) 化简得

$$\bar{\sigma} = \sigma_s \tag{3-107}$$

即表达式为

$$(\sigma_x - \sigma_y)^2 + (\sigma_y - \sigma_z)^2 + (\sigma_z - \sigma_x)^2 + 6(\tau_{xy}^2 + \tau_{yz}^2 + \tau_{zx}^2) = 2\sigma_s^2 \tag{3-108}$$

或

$$(\sigma_1 - \sigma_2)^2 + (\sigma_2 - \sigma_3)^2 + (\sigma_3 - \sigma_1)^2 = 2\sigma_s^2 \tag{3-109}$$

于是 Mises 屈服条件也可表述为：当等效应力达到简单拉伸的屈服极限时，材料开始进入塑性状态。

对于平面应力状态(设 $\sigma_3 = 0$)，则式(3-109) 简化为

$$\sigma_1^2 - \sigma_1\sigma_2 + \sigma_2^2 = \sigma_s^2 \tag{3-110}$$

或

$$\left(\frac{\sigma_1}{\sigma_s}\right)^2 - \left(\frac{\sigma_1}{\sigma_s}\right)\left(\frac{\sigma_2}{\sigma_s}\right) + \left(\frac{\sigma_2}{\sigma_s}\right)^2 = 1 \tag{3-111}$$

式(3-111) 所描述的几何图形即为 $\sigma_1 O \sigma_2$ 平面内的一个椭圆，如图 3-25 所示。

1924 年汉基(Hencky H) 对 Mises 条件的物理意义作了解释。他指出式(3-102) 相当于形状改变应变能密度①等于某一定值，即

$$U_{0d} = \frac{1+\nu}{6E}[(\sigma_1 - \sigma_2)^2 + (\sigma_2 - \sigma_3)^2 + (\sigma_3 - \sigma_1)^2] = k' \tag{3-112}$$

Hencky 认为：当韧性材料的形状改变能密度 U_{0d} 达到一定数值 k' 时，材料便开始屈服。若采用单向拉伸实验，则材料屈服时的 $U_{0d} = (1+\nu)\sigma_s^2/3E$，于是知式(3-103) 同式(3-112) 是一致的。故也常将 Mises 屈服条件称为**畸变能条件**。

1937 年纳达依(Nadai A) 对 Mises 条件的物理意义提出了另外的解释。Nadai 认为式(3-102) 相当于八面体剪应力 τ_8 等于一定值，即

$$\tau_8 = \frac{1}{3}\sqrt{(\sigma_1 - \sigma_2)^2 + (\sigma_2 - \sigma_3)^2 + (\sigma_3 - \sigma_2)^2} = k'' \tag{3-113}$$

也就是说，当八面体剪应力 τ_8 达到一定数值时，材料便开始屈服。1952 年诺沃日洛夫(Новожипов В Б) 又对 Mises 条件的物理意义用剪应力的均方值给了又一个解释(此处从略)。总之，以上三种解释虽然表达形式不同，但实际上它们之间是存在内在联系的。

3. Tresca 屈服条件与 Mises 屈服条件的比较

上述讨论，一般以简单拉伸实验为准(已知 σ_s 值)。此时在主应力空间中，Tresca 正六边形内接于 Mises 圆柱面。于是在 π 平面上，如我们规定在简单拉伸时两种条件重合，则当应力状态特征角 $\theta_\sigma = -30°$ 时为简单拉伸重合应力点 A，$\theta_\sigma = +30°$ 时为简单压缩重合应力点 C(图 3-26)。

当以纯剪切实验为准(已知 τ_s 值)，此时，在主应力空间中 Tresca 正六边形外切于 Mises 圆柱面，在 π 平面上 Tresca 正六边形柱面外切于 Mises 圆(图 3-23、图 3-24、图 3-25 中均未画出)。于是在 π 平面上，如规定纯剪切实验时，两种条件重合，则 $\theta_\sigma = 0°$ 时为纯剪重合应力点

① 请参考徐秉业、陈森灿编著的《塑性理论简明教程》§ 2.6。

B(图 3-26)。

从 π 平面的屈服曲线范围可以看出：Mises 圆比内接 Tresca 正六边形屈服范围更宽一些(以拉伸的试验为准)。Mises 圆的半径为 $\sigma_s\sqrt{2}/\sqrt{3}$(即 σ_s 沿 σ_1 在 π 平面上的投影)，内接 Tresca 正六边形中点到边的垂直距离为 $\sigma_s\sqrt{2}/2$(即 σ_s 沿 x 轴在 π 平面上的投影)。显然，在纯剪情况下，两种屈服条件相差最大，其比值为

$$\frac{\tau_{sM}}{\tau_{sT}}=\frac{2}{\sqrt{3}}=1.155 \tag{3-114}$$

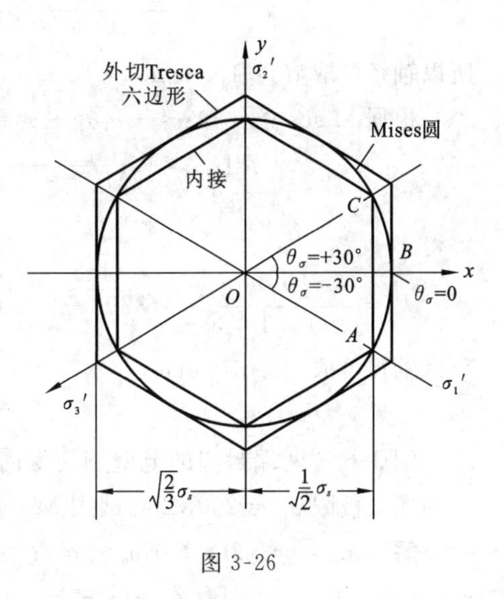

图 3-26

通过实验验证[①]，根据不同 Lode 应力参数的薄壁管实验：一般认为 Mises 条件比 Tresca 条件更符合实验结果，而在实际使用中各有优缺点：Tresca 条件是主应力分量的线性函数，因而对于已知主应力方向及主应力间的相对值的一类问题，是比较简便的。而 Mises 条件则显然复杂得多。但是从理论上讲，最大剪应力条件忽略了中间主应力对屈服的影响，似有不足，而畸变能条件则克服了这一缺点。

例 3-5 有一等截面圆轴处于弯扭组合应力状态下，如图 3-27 所示。已测得材料的屈服极限为 $\sigma_s=300\text{MPa}$，且已知 $M_w=10\text{kN}\cdot\text{m}$，$M_n=30\text{kN}\cdot\text{m}$。若取安全系数 $n=1.2$，试按材料力学有关公式和强度理论设计轴的直径。

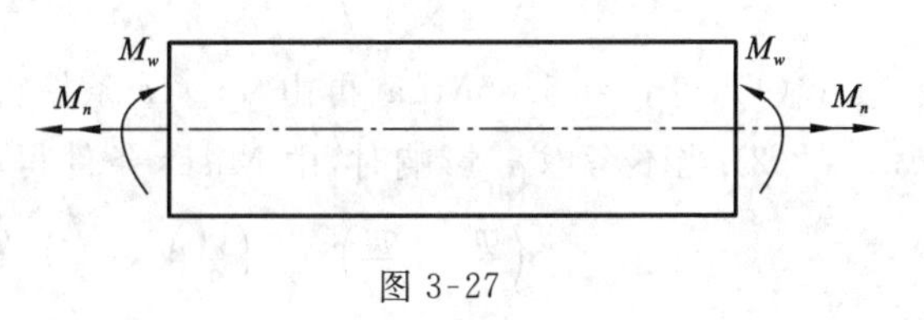

图 3-27

解 圆轴处于弯扭联合作用，故轴内危险点横截面上的两应力分量为

$$\left.\begin{aligned}\sigma&=\frac{My}{J_z}=\frac{32M_w}{\pi d^3}\\ \tau&=\frac{T\rho}{J_p}=\frac{16M_n}{\pi d^3}\end{aligned}\right\} \tag{1}$$

式(1) 中 M 为弯矩，T 为扭矩，则危险点处的主应力为

$$\begin{matrix}\sigma_{\max}\\ \sigma_{\min}\end{matrix}=\frac{\sigma}{2}\pm\frac{1}{2}\sqrt{\sigma^2+4\tau^2} \tag{2}$$

显然，该圆轴内危险点的应力状态为 $\sigma_1=\sigma_{\max}$，$\sigma_2=0$，$\sigma_3=\sigma_{\min}$，且 σ_1，σ_3 分别为

$$\sigma_1=\frac{16}{\pi d^3}\left(M_w+\sqrt{M_w^2+M_n^2}\right),\quad \sigma_3=\frac{16}{\pi d^3}\left(M_w-\sqrt{M_w^2+M_n^2}\right) \tag{3}$$

根据 Tresca 条件知：$\sigma_1-\sigma_3=\sigma_s$，将式(3) 代入，并考虑安全系数后得

$$\frac{32}{\pi d^3}\sqrt{M_w^2+M_n^2}=\frac{\sigma_s}{n}=\frac{300\times10^6}{1.2} \tag{4}$$

解得

① 请参考徐秉业、陈森灿编著的《塑性理论简明教程》§2-6。

$$d^3 = \frac{32 \times 1.2}{300 \times 10^6 \times \pi} \sqrt{(100 + 900) \times 10^3} = 1.29 \times 10^{-3} (\text{m}^3) \tag{5}$$

所以轴径可取 $d \geqslant 10.9\text{cm}$。

根据 Mises 条件知：$\sigma_1^2 - \sigma_1\sigma_3 + \sigma_3^2 = \sigma_s^2$，将式(3) 代入，并计入安全系数，化简得

$$\frac{1}{\pi d^3} \sqrt{(32M_w)^2 + 3(16M_n)^2} = \frac{\sigma_s}{n} = \frac{300 \times 10^6}{1.2} \tag{6}$$

解得

$$d^3 = \frac{1.2 \times 10^3}{300 \times 10^6 \times \pi} \sqrt{320^2 + 3 \times 16^2 \times 30^2} = 1.125 \times 10^{-3} (\text{m}^3) \tag{7}$$

所以轴径可取 $d \geqslant 10.4\text{cm}$。

例 3-6　两端封闭的薄壁圆筒受内压 q 的作用，圆筒内壁直径为 40cm，壁厚 t 为 4mm，材料的屈服极限 $\sigma_s = 250\text{MPa}$。试用 Mises 条件和 Tresca 条件求圆筒的屈服压力 q。

解　$\sigma_z = qr/(2t) > 0$，$\sigma_\theta = qr/t > 0$（z 为圆筒的纵向轴线方向，θ 为环向，r 为径向）。式中 r 是圆筒半径，t 是壁厚，在内壁 $\sigma_r = -q < 0$，在外壁 $\sigma_r = 0$。现分两种情况来进行计算。

(1) 当考虑 σ_r 影响时，由 Mises 条件，并将式

$\sigma_1 = \sigma_\theta = qr/t$，$\sigma_2 = \sigma_z = qr/(2t)$，$\sigma_3 = \sigma_r = -q$ 代入，得

$$\left(\frac{q \times 200}{2 \times 4}\right)^2 + \left(\frac{q \times 200}{2 \times 4} + q\right)^2 + \left(-q - \frac{q \times 200}{4}\right)^2 = 2 \times (250)^2 \tag{1}$$

由式(1)，得 $q = 5.66\text{MPa}$。再由 Tresca 条件将 σ_1 和 σ_3 代入后解得：$q = 4.9\text{MPa}$。

(2) 当不考虑 σ_r 影响时，由 Mises 条件得

$$\left(\frac{qr}{t} - \frac{qr}{2t}\right)^2 + \left(\frac{qr}{2t}\right)^2 + \left(-\frac{qr}{t}\right)^2 = 2\sigma_s^2，即\ 3\left(\frac{qr}{2t}\right)^2 = \sigma_s^2 \tag{2}$$

从而解得，$q = 5.77\text{MPa}$。再由 Tresca 条件，得到 $q = 5.0\text{MPa}$。由计算结果可见，对于薄壁圆筒来说，不考虑 σ_r 的影响是完全可以的。

通过例 3-5 与例 3-6 我们可以看到，应用两种不同的屈服条件有一定的差异，从屈服曲线在应力平面中所包围的面积（图 3-24）的不同可以说明这个问题。

第九节　加载准则·加载曲面·加载方式

一、加载准则

在简单拉伸时，材料经过塑性变形后卸载再加载屈服极限提高了，我们就称这一材料的新屈服点为**后继屈服点**，而材料刚开始产生塑性变形时所对应的应力点称为**初始屈服点**（**即屈服极限**）。一般来说，在复杂应力状态下发生塑性变形，屈服条件也将发生变化，在材料刚开始产生塑性变形时的屈服条件称为**初始屈服条件**（在应力空间形成的屈服面叫**初始屈服面**）。过了屈服极限后的应力，也称为**屈服应力**，相应的就有**后继屈服条件**（屈服面为**后继屈服面**）。若材料要进一步发生塑性变形，应力就要达到经过变化后的后继屈服条件，也称为**加载条件**（后继屈服面也称**加载面**）。因此，**加载条件就是材料初始屈服后判断是加载还是卸载状态的准则，所以加载条件也就是加载准则。**

下面我们先以单向应力状态来说明:载荷增加应力也上升,$d\sigma > 0$;载荷减小应力也下降,$d\sigma < 0$,但考虑到包括应力是负值情况,加载条件可表达为

$$\sigma d\sigma \geqslant 0,\text{加载时};\quad \sigma d\sigma < 0,\text{卸载时} \tag{3-114}$$

加载中的等式是指理想塑性(指理想弹塑性与理想刚塑性)材料而言的。因为当其应力点达到屈服极限后,应力虽不能增长($d\sigma = 0$),而塑性变形可以任意增长,就可以称为加载,但实际不能继续加载。图 3-28(a) 为理想弹塑性材料拉伸;图 3-28(b)、(c) 为强化材料拉伸和压缩的加载与卸载规律。

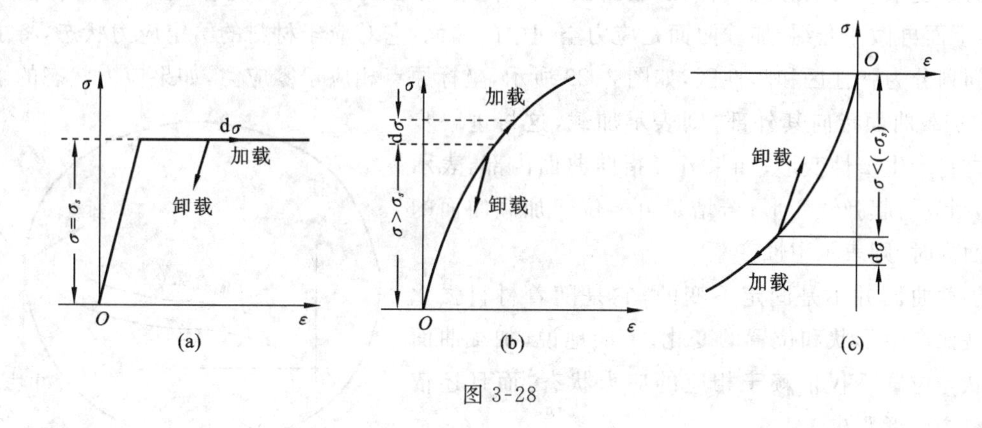

图 3-28

在复杂应力状态下也可以从简单拉压推论到各应力分量与其增量的关系(即 $\sigma_{ij} d\sigma_{ij}$)的设想来判断,但我们还要考虑到塑性变形的特殊性质来进一步分析。现在我们先假设材料在复杂应力状态下服从下述规律:

$$\left.\begin{array}{ll}\sigma_{ij} d\sigma_{ij} > 0, & \text{加载} \\ \sigma_{ij} d\sigma_{ij} < 0, & \text{卸载} \\ \sigma_{ij} d\sigma_{ij} = 0, & \text{中性变载}\end{array}\right\} \tag{3-115}$$

式(3-115) 中加载条件中当 $d\sigma_{ij} = 0$ 时,是指对理想塑性材料而言。而中性变载是指对强化材料而言的,此时各应力分量若有改变,但 $d\sigma_{ij} = 0$[如当 $\tau_{\max} = 120\text{MPa}$ 时屈服,而一组应力 $\tau_{\max} = (\sigma_1 - \sigma_3)/2 = (500 - 260)/2 = 120(\text{MPa})$ 时屈服,另一组应力 $\tau_{\max} = (\sigma_1' - \sigma_3')/2 = (600 - 360)/2 = 120(\text{MPa})$ 时也屈服],仅是应力分量内部做了调整。对于应力状态它只不过是从一个塑性状态过渡到另一个塑性状态,并没有引起新的塑性变形,这种变化过程就叫做**中性变载**。现在我们进一步分析如下:

$$\begin{aligned}\sigma_{ij} d\sigma_{ij} &= (S_{ij} + \sigma_m \delta_{ij}) d(S_{ij} + \sigma_m \delta_{ij}) \\ &= S_{ij} dS_{ij} + \sigma_m \delta_{ij} dS_{ij} + d\sigma_m \delta_{ij} S_{ij} + \sigma_m d\sigma_m \delta_{ij} \delta_{ij}\end{aligned} \tag{3-116}$$

式中,$\delta_{ij} dS_{ij} = dS_{ii} = 0$,$\delta_{ij} S_{ij} = S_{ii} = 0$,$\delta_{ij}\delta_{ij} = 3$。所以,

$$\sigma_{ij} d\sigma_{ij} = S_{ij} dS_{ij} + 3\sigma_m d\sigma_m \tag{3-117}$$

由于平均应力对塑性变形不发生影响,故而不应计入 $3\sigma_m d\sigma_m$。所以,

$$\sigma_{ij} d\sigma_{ij} \rightarrow S_{ij} dS_{ij} = d\left(\frac{1}{2} S_{ij} S_{ij}\right) = dJ_2 \tag{3-118}$$

式中 J_2 为第二应力偏量不变量。于是复杂应力状态下的加载条件可写为

$$
\left.\begin{aligned}
S_{ij}\mathrm{d}S_{ij} &= \mathrm{d}J_2 > 0, && \text{加载} \\
S_{ij}\mathrm{d}S_{ij} &= \mathrm{d}J_2 < 0, && \text{卸载} \\
S_{ij}\mathrm{d}S_{ij} &= \mathrm{d}J_2 = 0, && \text{中性变载}
\end{aligned}\right\} \tag{3-119}
$$

显然材料在加载时服从塑性应力应变规律；卸载时服从弹性规律。加载时对于理想塑性材料 $\mathrm{d}J_2 = 0(\mathrm{d}S_{ij} = 0)$。当建立屈服函数理论后，由于 $f(\sigma_{ij}) = J_2$，$\mathrm{d}J_2$ 可改由 $\mathrm{d}f(\sigma_{ij})$ 表示。

二、加载曲面

对于复杂应力状态，需引入**加载曲面**（有时也称**后继屈服面**）的概念，这一概念在上节已提及，下面再做一介绍。加载曲面是应力空间中的曲面，它对应于材料的给定应力状态，将主应力空间划分为弹性区和塑性区，如图 3-29 所示，坐标原点相应于零应力，如果应力状态的增量 $\mathrm{d}\sigma_{ij}$ 由加载曲面指向其外部，则表示加载，这将进一步引起材料产生塑性变形；如果 $\mathrm{d}\sigma_{ij}$ 指向曲面内部，表示卸载，则只引起弹性变形；若增量 $\mathrm{d}\sigma_{ij}$ 位于加载曲面的切平面内时，则表示中性变载。

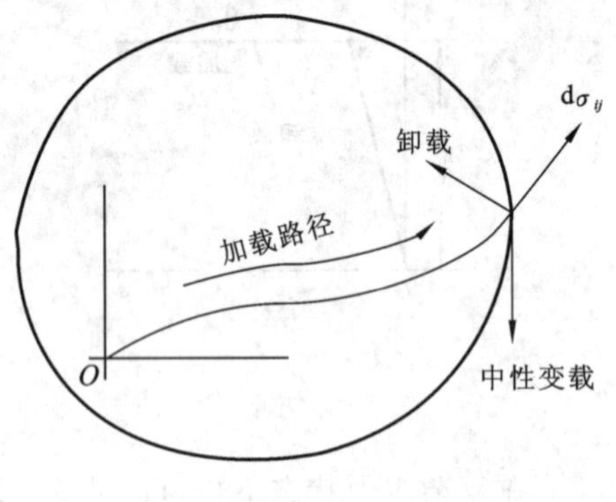

图 3-29

加载曲面并不是固定不变的，它是随着材料强化的发展而产生形状和位置的变化。一般地说，加载曲面的形状与位置不仅依赖于相应的应力状态，而且还依赖于整个变形历史。

应当注意，加载和加载曲面的概念是针对强化材料而言的。对于理想弹塑性材料，一旦材料达到屈服，就不能再继续加载，但塑性变形却在继续增长（即所谓塑性流动），在主应力空间中，区分弹性区和塑性区的曲面始终是**初始屈服面**（一些文献中简称为屈服面）。对于理想弹塑性材料，只有中性变载与卸载，卸载时只引起弹性变形，可是中性变载时塑性变形继续增长（塑性流动），这一点与强化材料是不同的。

三、加载方式

加载方式可分为简单加载和复杂加载两种情况。

1. 简单加载

在加载过程中任一点应力张量各分量与某一共同参数成比例地增大（也称**比例加载**），且中途不出现卸载也无中性变载的情况。

如设 σ_{ij}^0 为 t_0 时刻的任一非零的参考应力状态，则任意瞬时 t 的应力状态为 σ_{ij}，且

$$
\sigma_{ij} = K\sigma_{ij}^0 \tag{3-120}
$$

式中：K 为单调增长的时间函数。这样在加载过程中应力（或应力偏量）与应变主方向均不变，且重合（应力和应变圆在加载过程中一致且相似扩大）。简单加载首先要保证比例加载，即各载荷是按比例增大的。如薄壁圆管实验时，各载荷（拉力、内压力、扭矩等）由同一供油泵加压，就可以得到比例加载（参阅本教材本章第十七节和第十一章第一节）。

2. 复杂加载

加载过程中应力分量之间无一定关系。此时应力分量 σ_{ij} 增大可以是任意的，不受限制，因

而应力分量 σ_{ij} 的比值和应力主方向随着载荷的变化而变化。

前一种也即简单加载的方式可以使塑性状态的应力应变关系式(即塑性本构方程)的分析得到简化。

第十节　弹塑性应变增量与应变偏量增量间的关系

当受力物体中一点的应力状态满足屈服条件而进入塑性阶段以后,弹性本构方程对该点就不再适用。因而,需要建立塑性阶段的本构方程来描绘塑性应力与应变之间或应力增量与应变增量之间的一些关系。在建立这些关系之前必须先搞清楚弹塑性应变增量与弹塑性应变偏量增量之间所存在的各种关系以及某些存在这些关系的条件,作为讨论塑性本构方程的预备公式先予介绍。

前已述及,一点处应力状态进入塑性状态以后,相应的总应变 ε_{ij} 可以分解为两部分:弹性应变部分 ε_{ij}^{e} 和塑性应变部分 ε_{ij}^{P},即

$$\varepsilon_{ij} = \varepsilon_{ij}^{e} + \varepsilon_{ij}^{P} \tag{3-121}$$

其中弹性部分服从虎克定律。为表述塑性变形的流动特征,我们将式(3-121)改为增量形式。设外载荷在 dt 时间段内有微小增量时,应变也相应地有微小增量,式(3-121)对时间 dt 的变化率为

$$\frac{\mathrm{d}\varepsilon_{ij}}{\mathrm{d}t} = \frac{\mathrm{d}\varepsilon_{ij}^{e}}{\mathrm{d}t} + \frac{\mathrm{d}\varepsilon_{ij}^{P}}{\mathrm{d}t} \tag{3-122}$$

上式两端同乘以 dt,则

$$\frac{\mathrm{d}\varepsilon_{ij}}{\mathrm{d}t}\mathrm{d}t = \frac{\mathrm{d}\varepsilon_{ij}^{e}}{\mathrm{d}t}\mathrm{d}t + \frac{\mathrm{d}\varepsilon_{ij}^{P}}{\mathrm{d}t}\mathrm{d}t \tag{3-123}$$

或

$$\dot{\varepsilon}_{ij}\,\mathrm{d}t = \dot{\varepsilon}_{ij}^{e}\,\mathrm{d}t + \dot{\varepsilon}_{ij}^{P}\,\mathrm{d}t, \quad 即 \quad \mathrm{d}\varepsilon_{ij} = \mathrm{d}\varepsilon_{ij}^{e} + \mathrm{d}\varepsilon_{ij}^{P} \tag{3-124}$$

此式即为式(3-121)各项前加微分记号“d”,实际上各应力分量均在一个共同单调增长时间参数下改变,与应变率的概念(参照第二章第十六节)一样。今后在应变的各项讨论中,在应变分量前加上“d”即可。于是,应变增量与应变偏量增量间的关系可写为

$$\mathrm{d}\varepsilon_{ij} = \mathrm{d}e_{ij} + \delta_{ij}\,\mathrm{d}\varepsilon_{m} \tag{3-125}$$

现在我们利用以上讨论的两公式,全面分解应变增量为弹性与塑性两部分的关系式如下:

$$\left.\begin{aligned} \mathrm{d}\varepsilon_{ij} &= \mathrm{d}\varepsilon_{ij}^{e} + \mathrm{d}\varepsilon_{ij}^{P} \\ \mathrm{d}e_{ij} &= \mathrm{d}e_{ij}^{e} + \mathrm{d}e_{ij}^{P} \\ \mathrm{d}\varepsilon_{m} &= \mathrm{d}\varepsilon_{m}^{e} + \mathrm{d}\varepsilon_{m}^{P} \end{aligned}\right\} \tag{3-126}$$

$$\left.\begin{aligned} \mathrm{d}\varepsilon_{ij} &= \mathrm{d}e_{ij} + \delta_{ij}\,\mathrm{d}\varepsilon_{m} \\ \mathrm{d}\varepsilon_{ij}^{e} &= \mathrm{d}e_{ij}^{e} + \delta_{ij}\,\mathrm{d}\varepsilon_{m}^{e} \\ \mathrm{d}\varepsilon_{ij}^{P} &= \mathrm{d}e_{ij}^{P} + \delta_{ij}\,\mathrm{d}\varepsilon_{m}^{P} \end{aligned}\right\} \tag{3-127}$$

需要说明的是:

(1) 体积变化是弹性的,故物体在塑性变形过程中体积应变为零或平均正应变为零,称为塑性变形体积不变性,这是塑性力学理论一般所假设的前提,即

$$\mathrm{d}\varepsilon_{m}^{P} = 0 \tag{3-128}$$

于是在塑性变形关系中,必然有

$$d\varepsilon_{ij}^{P} = de_{ij}^{P} \tag{3-129}$$

$$d\varepsilon_{m} = d\varepsilon_{m}^{e} \tag{3-130}$$

(2) 为简化塑性与弹性变形的关系，设材料 $\nu = 1/2$，则弹性变形与塑性变形时体积都不发生变化，称为材料不可压缩性(变形还是有的)，即

$$d\varepsilon_{m}^{e} = 0 \tag{3-131}$$

此时，因为 $d\varepsilon_{m}^{P} = 0$，所以 $d\varepsilon_{m} = 0$，于是

$$d\varepsilon_{ij} = de_{ij}; \quad d\varepsilon_{ij}^{e} = de_{ij}^{e} \tag{3-132}$$

显然以上两式(3-131)、(3-132) 均是有条件的，即假设材料在弹性或塑性变形过程中体积都不改变，即 $\nu = 1/2$。

(3) 当塑性变形较大，弹性变形可以略去时，称为刚塑性，即

$$d\varepsilon_{ij}^{e} = 0 \tag{3-133}$$

于是 $d\varepsilon_{ij} = d\varepsilon_{ij}^{P}$，由于略去了弹性变形，则刚塑性材料必然有 $\nu = 1/2$，且 $de_{ij}^{e} = 0$。于是有

$$de_{ij} = de_{ij}^{P} = d\varepsilon_{ij}^{P} = d\varepsilon_{ij} \tag{3-134}$$

上述这些关系式，在建立塑性变形各种本构方程中，根据假设条件的不同而相应使用，切不可混淆用错。

此处，为以下讨论方便，再给出关于弹性变形阶段虎克定律的增量形式，即由式(3-61) 得

$$\left.\begin{aligned} \frac{d\sigma_{m}}{d\varepsilon_{m}} &= 3K \\ \frac{dS_{ij}}{de_{ij}^{e}} &= 2G \end{aligned}\right\} \tag{3-135}$$

第十一节　塑性变形本构方程 —— 增量理论(流动理论)

塑性应力应变关系的重要特点是它的非线性和不唯一性。所谓非线性是指应力应变关系不是线性关系(这一点在弹性变形中也可能存在)。所谓不唯一性是因为塑性变形加载与卸载规律不同而导致应变不能由应力唯一确定。所以，在塑性变形阶段，应变状态不仅与应力状态有关，而且依赖整个加载路径(即加载历史) 或者说依赖于整个的应力历史。

以上讨论说明，**塑性本构关系本质上是(瞬时概念) 增量关系**。因而在一般情况下，难以一概像虎克定律那样建立全量的与加载路径无关的应力、应变关系(即下面讨论的塑性全量理论)。但如果我们规定加载条件，则沿路径积分也是可能的(见下面讨论)。以下先建立增量理论的本构方程。

增量理论认为材料达到屈服后，进入塑性状态即发生塑性流动，依照流体力学中黏性定律得出应变率与应力之间存在一定的关系(故又称流动理论)，或结合塑性变形特点更一般地说明塑性应变增量与应力偏量之间的关系。并且由于这种关系必须和屈服条件相联系故又称为与某一屈服条件相关联的流动法则。以下讨论关于与 Mises 条件相关联的增量理论。

一、Prandtl-Reuss 理论(对理想弹塑性材料)

Prandtl-Reuss 理论假定：在塑性变形过程中的任一微小时间增量 dt 内，塑性应变增量与该瞬时应力偏量成比例，即

$$\frac{d\varepsilon_{x}^{P}}{S_{x}} = \frac{d\varepsilon_{y}^{P}}{S_{y}} = \frac{d\varepsilon_{z}^{P}}{S_{z}} = \frac{d\varepsilon_{xy}^{P}}{\tau_{xy}} = \frac{d\varepsilon_{yz}^{P}}{\tau_{yz}} = \frac{d\varepsilon_{zx}^{P}}{\tau_{zx}} = d\lambda \tag{3-136}$$

或

$$d\varepsilon_{ij}^{P} = S_{ij}\,d\lambda \tag{3-137}$$

式中 $d\lambda$ 为非负的标量比例常数，随载荷加载过程及点的位置而变化，在同一载荷和同一点位置处，对各个方向而言是常数。

式(3-136) 或式(3-137) 表示的含义是：塑性应变量增量 $d\varepsilon_{ij}^{P}$ 依赖于该瞬时的应力偏量 S_{ij}，而不是达到该状态所需的应力偏量增量 dS_{ij}，或者说与应力增量 $d\sigma_{ij}$ 无关。因为对于理想塑性材料来说，在复杂应力状态下，当材料的一个单元体达到屈服，而周围单元体对它无约束时，将无限制增长，毋须增加应力($d\sigma_{ij}$ 或 dS_{ij} 为零)。而由这两式说明了上述各分量之间的正比关系。同时该式也表示了在瞬时状态有：

(1) 塑性应变增量应变圆与应力偏量应力圆相似。

(2) 塑性应变增量主轴与应力主轴相重合，即塑性应变增量偏量与应力偏量的主轴重合。其证明相似于弹性变形的关系，可参考例 3-2。

式(3-136) 中考虑到在弹性和卸载情况下不产生塑性应变时，则 $d\lambda = 0$。当给定 S_{ij} 时，由于理想弹塑性材料屈服时应变增量可以任意增长，因此 $d\lambda$ 是不确定的，塑性应变增量 $d\varepsilon_{ij}^{P}$ 也不能确定，只有当流动受到周围弹性变形约束，通过变形连续性条件才可以将 $d\lambda$ 确定。当材料全面屈服时可以直接由屈服条件来计算。不过不管有何约束，塑性应变增量各分量之间的比例是确定的(以下举例)。当给定 $d\varepsilon_{ij}^{P}$ 就可以联系屈服条件来解 $d\lambda$，然后由式(3-136) 可求得 S_{ij}。下面用 Mises 屈服条件来计算 $d\lambda$，将式(3-137) 自乘求和，有

$$d\varepsilon_{ij}^{P}\,d\varepsilon_{ij}^{P} = S_{ij}S_{ij}(d\lambda)^2 = 2J_2(d\lambda)^2 \tag{3-138}$$

由式(2-140)$\bar{\varepsilon} = \dfrac{2}{\sqrt{3}}\sqrt{J'_2}$，又 $J'_2 = \dfrac{1}{2}e_{ij}e_{ij}$，则

$$\bar{\varepsilon} = \sqrt{\frac{2}{3}e_{ij}e_{ij}} \tag{3-139}$$

将式(3-139) 写成塑性增量形式，有

$$d\bar{\varepsilon}^{P} = \sqrt{\frac{2}{3}d\varepsilon_{ij}^{P}\,de_{ij}^{P}} = \sqrt{\frac{2}{3}d\varepsilon_{ij}^{P}\,d\varepsilon_{ij}^{P}} \tag{3-140}$$

联合式(3-138)、式(3-140) 和式(2-64) 可解得

$$d\lambda = \frac{3}{2}\frac{d\bar{\varepsilon}^{P}}{\bar{\sigma}} \tag{3-141}$$

于是

$$d\varepsilon_{ij}^{P} = \frac{3}{2}\frac{d\bar{\varepsilon}^{P}}{\bar{\sigma}}S_{ij} \tag{3-142}$$

如果理想塑性材料屈服时满足 Mises 屈服条件，则可在式(3-141)、式(3-142) 中令 $\bar{\sigma} = \sigma_s$。

对于 $\nu = 1/2$ 的理想弹塑性材料，应变偏量增量 de_{ij} 由弹性及塑性两部分组成，且 $d\varepsilon_{ij}^{P} = de_{ij}^{P}$，可得

$$de_{ij} = de_{ij}^{e} + de_{ij}^{P} = \frac{1}{2G}dS_{ij} + \frac{3}{2}\frac{d\bar{\varepsilon}^{P}}{\bar{\sigma}}S_{ij} \tag{3-143}$$

由于式(3-143)de_{ij} 中只有五个式子是独立的(因 $de_{ii} = 0$)，因此必须补充弹性变形的关系式。于是 Prandtl-Reuss 理论的全部关系式为

$$\left.\begin{aligned} de_{ij} &= \frac{1}{2G}dS_{ij} + \frac{3}{2}\frac{d\bar{\varepsilon}^{P}}{\bar{\sigma}}S_{ij} \\ d\varepsilon_{ii} &= \frac{1}{3K}d\sigma_{ii} \quad (\nu \neq \frac{1}{2}) \end{aligned}\right\} \tag{3-144}$$

为便于对 $d\bar{\varepsilon}^P$ 积分计算，有时将上式塑性变形部分改写成塑性变形的变化率（增量）来表示。

由 $de_{ij} = \frac{1}{2G}dS_{ij} + S_{ij}d\lambda$，两边乘以 S_{ij}，再令 $dW_P = S_{ij}de_{ij}$，又 $J_2 = \frac{1}{2}S_{ij}S_{ij}$，$dJ_2 = S_{ij}dS_{ij}$，故

$$dW_P = \frac{1}{2G}dJ_2 + 2J_2 d\lambda \tag{3-145}$$

对理想弹塑性材料，加载时 $dJ_2 = 0$；又 $J_2 = \frac{\bar{\sigma}^2}{3}$，于是

$$dW_P = 2\left(\frac{\bar{\sigma}}{\sqrt{3}}\right)^2 d\lambda, \quad 则 \quad d\lambda = \frac{3}{2}\frac{dW_P}{\bar{\sigma}^2} \tag{3-146}$$

式中：$dW_P = S_{ij}de_{ij}$ 称为塑性（形状）变形功增量。在塑性流动时，dW_P 恒大于零，因为产生一定的塑性应变需要消耗一定的塑性功，其几何关系如图 3-30 所示。其展开式为

$$dW_P = S_x de_x + S_y de_y + S_z de_z + 2(S_{xy}de_{xy} + S_{yz}de_{yz} + S_{zx}de_{zx}) \tag{3-147}$$

顺便指出：关于强化材料塑性功 W_P，它反映和表征了材料形变过程中一定的强化程度，对于强化材料 $\bar{\sigma}$-$\bar{\varepsilon}$ 可改为曲线，并且 σ_s 应以 $\bar{\sigma}$ 表示。于是 Prandtl-Reuss 理论的第一式可以改写为

$$de_{ij} = \frac{1}{2G}dS_{ij} + \frac{3}{2}\frac{dW_P}{\bar{\sigma}^2}S_{ij} \tag{3-148}$$

将上式与式(3-143)相比较，显然可得塑性变形功增量与等效应变增量的转化关系，即

$$d\bar{\varepsilon}^P = \frac{dW_P}{\bar{\sigma}} \tag{3-149}$$

上式转化的目的是为了便于计算。同样，对理想弹塑性材料应用 Mises 条件，可取为 $\bar{\sigma} = \sigma_s$，其计算方法请见本章第十二节中的例题。

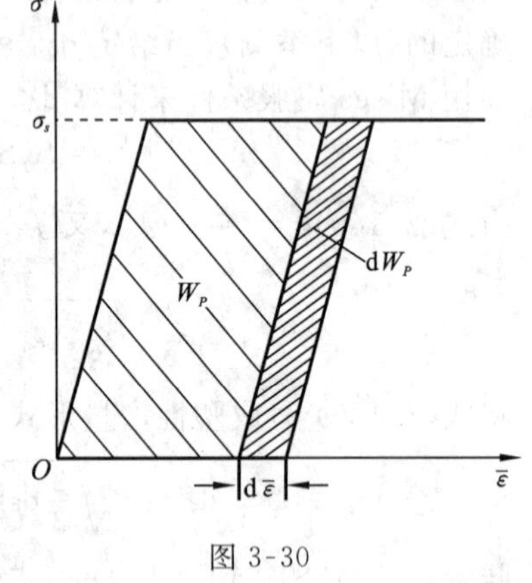

图 3-30

二、Levy-Mises 理论(对理想刚塑性材料)

当塑性变形比弹性变形大得多时，可略去弹性应变增量部分，而得出适用于理想刚塑性材料的 Levy-Mises 增量理论，此时只要将 Prandtl-Reuss 式(3-142) 中的塑性应变增量换成总应变增量，塑性等效应变增量换成等效应变增量即可，则有

$$d\varepsilon_{ij} = \frac{3}{2}\frac{d\bar{\varepsilon}}{\bar{\sigma}}S_{ij} \tag{3-150}$$

因为刚塑性的假设，由本章第十节中式(3-133) 及式(3-134) 可知：$d\varepsilon_{ij}^e = 0$，$d\varepsilon_{ij} = d\varepsilon_{ij}^P$，且整个变形阶段 $d\varepsilon_m = 0$，即：$\nu = 1/2$，$de = 0$(体积应变为零)。于是 Levy-Mises 理论的完整表达式为

$$\left.\begin{aligned} d\varepsilon_{ij} &= \frac{3}{2}\frac{d\bar{\varepsilon}}{\bar{\sigma}}S_{ij} \\ d\varepsilon_m &= 0 \end{aligned}\right\} \tag{3-151}$$

式(3-151) 依然表明：① 塑性应变增量偏量与应力偏量主轴重合；② 塑性应变增量偏量与应力偏量成正比例。

为了对塑性变形增量理论有进一步认识，下面试与弹性变形广义虎克定律作一比较。由式

(3-142)，展开其第一式，得

$$d\varepsilon_x^P = \frac{d\bar{\varepsilon}^P}{\bar{\sigma}}\left[\sigma_x - \frac{1}{2}(\sigma_y + \sigma_z)\right] \tag{3-152}$$

由广义虎克定律第一式

$$\varepsilon_x = \frac{1}{E}[\sigma_x - \nu(\sigma_y + \sigma_z)] \tag{3-153}$$

由式(3-152)、式(3-153)可看出：流动理论的本构方程与虎克定律的本构方程在形式上相似，其不同点为：

(1) 应变与应力的关系应以瞬时 dt 增量的应变增量 $d\varepsilon_{ij}^P$ 的微分形式为依据。

(2) 以$\frac{1}{2}$代替了 ν，反映了塑性变形材料的不可压缩性。

(3) 以$\frac{d\bar{\varepsilon}^P}{\bar{\sigma}}$代替了$\frac{1}{E}$，说明塑性变形的非线性及其对加载路径的依赖性(因为 $d\bar{\varepsilon}^P$ 为微分形式，且对强化材料来说$\frac{d\bar{\varepsilon}^P}{\bar{\sigma}}$为变量，随应力点位置而定，见以下讨论)。而对于弹性变形，当 $\nu = \frac{1}{2}$ 时(请参阅例 3-4)曾证得，$e_{ij} = \frac{1}{2G}S_{ij} = \frac{3}{2}\frac{\bar{\varepsilon}}{\bar{\sigma}}S_{ij}$，此时$\frac{\bar{\varepsilon}}{\bar{\sigma}}$为常量。

关于与 Tresca 条件相关联的流动法则在专门章节中再讨论。

例 3-7 试求理想弹塑性材料在下列情况中的塑性应变增量之比：

(1) 简单拉伸：$\sigma = \sigma_s$。

(2) 二维应力状态：$\sigma_1 = \frac{\sigma_s}{3}, \sigma_3 = -\frac{\sigma_s}{3}$。

(3) 纯剪切：$\tau_{xy} = \sigma_s$。

解 用 prandtl-Reuss 理论，由式(3-137)$d\varepsilon_{ij}^P = S_{ij}d\lambda$ 或 $d\varepsilon_1^P = S_1 d\lambda, d\varepsilon_2^P = S_2 d\lambda, d\varepsilon_3^P = S_3 d\lambda$，则 $d\varepsilon_1^P : d\varepsilon_2^P : d\varepsilon_3^P = S_1 : S_2 : S_3$。于是：

(1) $\sigma_m = \frac{\sigma_s}{3}, S_1 = \frac{2\sigma_s}{3}, S_2 = S_3 = -\frac{\sigma_s}{3}$。所以 $d\varepsilon_1^P = \frac{2\sigma_s}{3}d\lambda, d\varepsilon_2^P = d\varepsilon_3^P = -\frac{\sigma_3}{3}d\lambda$，得

$$d\varepsilon_1^P : d\varepsilon_2^P : d\varepsilon_3^P = 2 : (-1) : (-1)。$$

(2) $\sigma_m = 0, S_1 = \frac{\sigma_s}{3}, S_2 = 0, S_3 = -\frac{\sigma_s}{3}$，所以

$$d\varepsilon_1^P : d\varepsilon_2^P : d\varepsilon_3^P = 1 : 0 : (-1)。$$

(3) $\sigma_m = 0, \sigma_1 = \sigma_s, \sigma_2 = 0, \sigma_3 = -\sigma_s$，而 $S_1 = \sigma_s, S_2 = 0, S_3 = -\sigma_s$，则

$$d\varepsilon_1^P : d\varepsilon_2^P : d\varepsilon_3^P = 1 : 0 : (-1)。$$

如采用 Levy-Mises 理论，上面比例式中的 $d\varepsilon_1^P : d\varepsilon_2^P : d\varepsilon_3^P$ 均可换成 $d\varepsilon_1 : d\varepsilon_2 : d\varepsilon_3$。

三、强化材料的增量理论

以上讨论的增量理论都是考虑理想塑性材料，且采用 Mises 屈服条件。它们也可推广到强化材料中去。这时需要引入强化条件。此处只讨论 Mises 等向强化材料的增量理论[①]。等向强化模型是认为拉伸时的强化屈服极限和压缩时的强化屈服极限是相等的(不计 Bauschinger 效

① 另一种强化模型是随动强化模型，认为弹性范围不变。

应)，强化条件(忽略弹性应变部分)的表达式为

$$\bar{\sigma}=\varphi\left(\int \mathrm{d}\bar{\varepsilon}^{P}\right) \tag{3-154}$$

函数φ可以通过简单拉伸时拉应力与总塑性应变$\bar{\varepsilon}^{P}$之间的关系来确定，对上式求导，得

$$\varphi'=\frac{\mathrm{d}\bar{\sigma}}{\mathrm{d}\bar{\varepsilon}^{P}} \tag{3-155}$$

其几何意义是等效应力$\bar{\sigma}$与塑性等效应变$\bar{\varepsilon}^{P}$曲线上某点M的斜率，如图 3-31 所示。在简单拉伸时将$\varphi'=\mathrm{d}\sigma_x/\mathrm{d}\varepsilon_x^P$，它就是曲线$\sigma_x$-$\varepsilon_x$弹塑性阶段一点的斜率，在线性强化时$\varphi'$为常数。将式(3-155)代入式(3-141)，得

$$\mathrm{d}\lambda=\frac{3\mathrm{d}\bar{\varepsilon}^{P}}{2\bar{\sigma}}=\frac{3}{2}\frac{\mathrm{d}\bar{\sigma}}{\bar{\sigma}\varphi'} \tag{3-156}$$

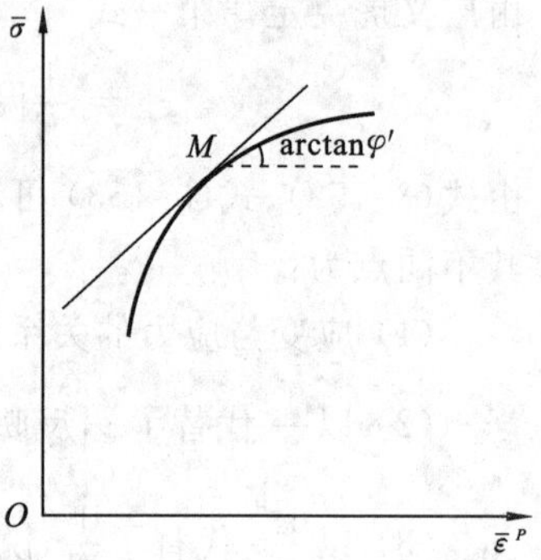

图 3-31

因此等向强化材料的 Prandtl-Reuss 理论为

$$\mathrm{d}e_{ij}=\frac{1}{2G}\mathrm{d}S_{ij}+\frac{3}{2}\frac{\mathrm{d}\bar{\sigma}}{\bar{\sigma}\varphi'}S_{ij} \tag{3-157}$$

当不计弹性变形时，$\mathrm{d}\bar{\varepsilon}^{P}=\mathrm{d}\bar{\varepsilon}$，于是等向强化材料的 Levy-Mises 理论为

$$\mathrm{d}\varepsilon_{ij}=\frac{3\mathrm{d}\bar{\sigma}}{2\bar{\sigma}\varphi'}S_{ij} \tag{3-158}$$

第十二节* 薄壁圆筒受拉伸与扭转的增量理论解

本节以薄壁圆筒的拉伸和扭转问题为例，来说明本构方程增量理论的应用，在本章第十五节中将介绍全量理论的应用，以便对照。

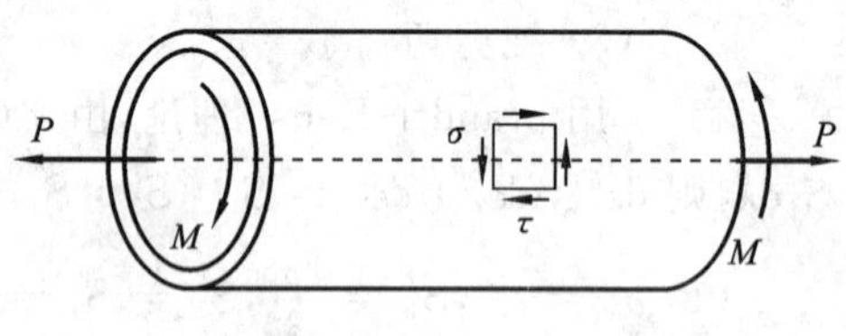

图 3-32

例 3-8 在薄壁筒的拉扭问题中，若材料为理想弹塑性，且$\nu=1/2$。设拉力为P，扭矩为M(图 3-32)，筒的平均半径为r，壁厚为t。于是筒内应力为均匀应力状态，有

$$\sigma_z=\frac{P}{2\pi rt},\quad \tau_{z\theta}=\frac{M}{2\pi r^2 t}$$

其余的应力分量为零。现按下列三种加载路径(图 3-33)，试用 Prandtl-Reuss 理论来计算筒中的应力：

(1) 先拉至$\varepsilon_s=\dfrac{\sigma_s}{E}$进入塑性状态后，保持$\varepsilon_s$不变，然后加扭矩至$\gamma_s=\dfrac{\tau_s}{G}$。

(2) 先扭至$\gamma_s=\dfrac{\tau_s}{G}$进入塑性状态后，保持$\gamma_s$不变，然后拉力至$\varepsilon_s=\dfrac{\sigma_s}{E}$。

(3) 同时拉伸和扭转，在$\dfrac{\gamma}{\varepsilon}$的比值保持不变条件下进入塑性状态到$\varepsilon_s=\dfrac{\sigma_s}{E}$，$\gamma_s=\dfrac{\tau_s}{G}$。

解 1. 分析

本题已知圆筒为均匀应力状态，且已知应力公式，故只需应用本构方程求解。

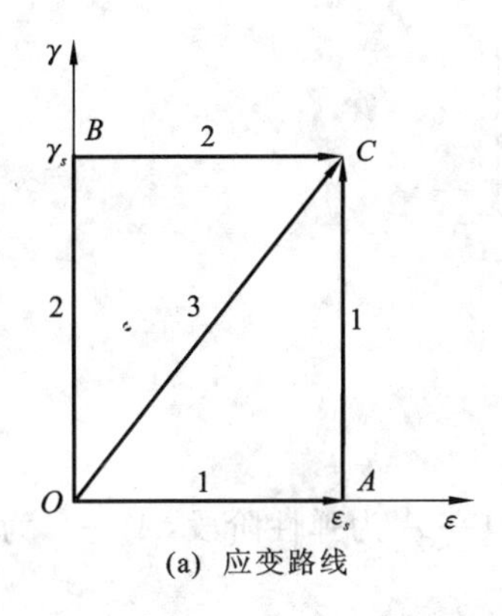

(a) 应变路线

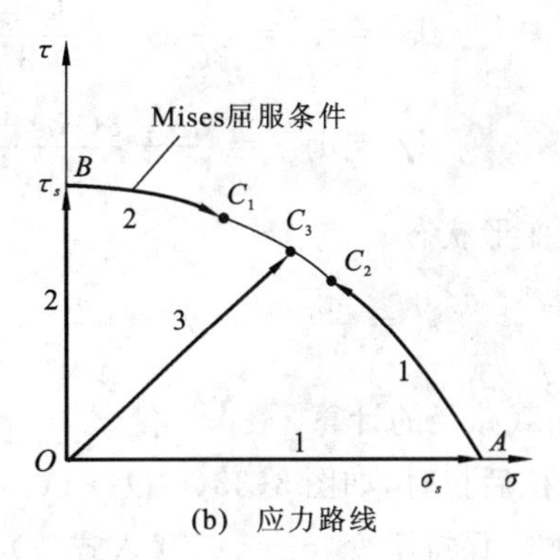

(b) 应力路线

图 3-33

由材料不可压缩条件，$\nu=\dfrac{1}{2}$，则只拉伸刚到塑性状态时，$\varepsilon_s=\dfrac{\sigma_s}{E}=\dfrac{\sigma_s}{3G}$；只扭转刚达到塑性状态时(且按 $\tau_s=\dfrac{\sigma_s}{\sqrt{3}}$)，$\gamma_s=\dfrac{\tau_s}{G}=\dfrac{\sigma_s}{\sqrt{3}G}$。

应用 Mises 屈服条件，将

$$\sigma_1=\frac{\sigma}{2}+\sqrt{\left(\frac{\sigma}{2}\right)^2+\tau^2},\quad \sigma_2=0,\quad \sigma_3=\frac{\sigma}{2}-\sqrt{\left(\frac{\sigma}{2}\right)^2+\tau^2} \tag{1}$$

代入式(3-109)，可得圆筒的 Mises 屈服条件即为

$$\sigma^2+3\tau^2=\sigma_s^2 \tag{2}$$

以下讨论圆筒处于塑性状态的本构方程(增量理论)。

采用柱坐标，应力为：$\sigma_z=\sigma,\tau_{z\theta}=\tau$，其他应力为零。$S_z=\dfrac{2\sigma}{3},S_r=S_\theta=-\dfrac{\sigma}{3}$。按照 Prandtl-Reuss 理论，应变偏量增量为

$$\mathrm{d}e_z:\mathrm{d}e_r:\mathrm{d}e_\theta=S_z:S_r:S_\theta=\left(\frac{2}{3}\sigma\right):\left(-\frac{1}{3}\sigma\right):\left(-\frac{1}{3}\sigma\right)=1:\left(-\frac{1}{2}\right):\left(-\frac{1}{2}\right) \tag{3}$$

如设 $\mathrm{d}e_z=\mathrm{d}\varepsilon$，则 $\mathrm{d}e_r=\mathrm{d}e_\theta=-\dfrac{\mathrm{d}\varepsilon}{2}$，又设 $\mathrm{d}\gamma_{z\theta}=\mathrm{d}\gamma$，且 $\mathrm{d}\gamma_{r\theta}=\mathrm{d}\gamma_{rz}=0$。现计算塑性功率公式。

$$\begin{aligned}\mathrm{d}W_P&=S_{ij}\,\mathrm{d}e_{ij}=S_r\,\mathrm{d}e_r+S_\theta\mathrm{d}e_\theta+S_z\,\mathrm{d}e_z+\tau_{\theta z}\,\mathrm{d}\gamma_{\theta z}\\&=\left(-\frac{1}{2}S_z\right)\left(-\frac{1}{2}\mathrm{d}e_z\right)\times 2+S_z\,\mathrm{d}e_z+\tau_{\theta z}\,\mathrm{d}\gamma_{\theta z}\\&=\frac{3}{2}S_z\,\mathrm{d}e_z+\tau_{\theta z}\,\mathrm{d}\gamma_{\theta z}=\sigma\mathrm{d}\varepsilon+\tau\mathrm{d}\gamma\end{aligned} \tag{4}$$

按照 Prandtl-Reuss 理论，则由式(3-148)，得

$$\mathrm{d}e_{ij}=\frac{1}{2G}\mathrm{d}S_{ij}+\frac{3}{2}\,\frac{\mathrm{d}W_P}{\sigma_s^2}S_{ij} \tag{5}$$

$$\left.\begin{aligned}\mathrm{d}e_z&=\frac{1}{2G}\mathrm{d}S_z+\frac{3}{2}\,\frac{\mathrm{d}W_P}{\sigma_s^2}S_z=\frac{1}{3G}\mathrm{d}\sigma+\frac{\mathrm{d}W_P}{\sigma_s^2}\sigma\\ \mathrm{d}\gamma_{z\theta}&=\frac{1}{G}\mathrm{d}\tau_{z\theta}+\frac{3\mathrm{d}W_P}{\sigma_s^2}\tau_{z\theta}=\frac{1}{G}\mathrm{d}\tau+\frac{3\mathrm{d}W_P}{\sigma_s^2}\tau\end{aligned}\right\} \tag{6}$$

将 $\mathrm{d}W_P$ 代入到上式中去，可得圆筒达到塑性屈服后的应力状态(σ,τ)时的本构方程，即

$$
\left.\begin{aligned}
d\varepsilon = de_z = \frac{1}{3G}d\sigma + \frac{\sigma d\varepsilon + \tau d\gamma}{\sigma_s^2}\sigma \\
d\gamma = d\gamma_{z\theta} = \frac{d\tau}{G} + \frac{3(\sigma d\varepsilon + \tau d\gamma)}{\sigma_s^2}\tau
\end{aligned}\right\} \tag{7}
$$

在圆筒最后变形状态 C 点有

$$
\varepsilon_s = \frac{\sigma_s}{3G}, \qquad \gamma_s = \frac{\sigma_s}{\sqrt{3}G} \tag{8}
$$

2. 按加载路径的计算

(A) 先拉后扭时，如图 3-33(a)$O \to A \to C$ 路径。$O \to A$ 为弹性阶段，$A \to C$ 为塑性阶段。当 $A \to C$ 时，ε 保持不变，$d\varepsilon = 0$，代入式(7) 得

$$
\frac{1}{3G}d\sigma + \frac{\tau\sigma}{\sigma_s^2}d\gamma = 0, \quad \frac{1}{G}d\tau = \left(1 - \frac{3\tau^2}{\sigma_s^2}\right)d\gamma \tag{9}
$$

式(9) 第二式也可改写为

$$
Gd\gamma = \frac{d\tau}{1 - \dfrac{3\tau^2}{\sigma_s^2}} \tag{10}
$$

用积分公式$\int \frac{dx}{1-x^2} = \mathrm{cth}^{-1}x$ 对上式两端积分并考虑在 A 点处，$\gamma = 0, \tau = 0$，得

$$
\gamma = \frac{\sigma_s}{\sqrt{3}G}\mathrm{cth}^{-1}\left(\frac{\sqrt{3}\tau}{\sigma_s}\right) \quad 或为 \quad \tau = \frac{\sigma_s}{\sqrt{3}}\mathrm{th}\left(\frac{\sqrt{3}G\gamma}{\sigma_s}\right) \tag{11}
$$

把式(11) 代入式(9) 第一式积分或直接由屈服条件式(2)，得

$$
\sigma = \frac{\sigma_s}{\mathrm{ch}\left(\dfrac{\sqrt{3}G\gamma}{\sigma_s}\right)} \tag{12}
$$

把 C 点值式(8) 且当 $\gamma = \gamma_s$ 代入式(11)、式(12)，得 $\sigma = 0.648\sigma_s, \tau = 0.439\sigma_s$。

(B) 先扭后拉时，如图 3-33(a)$O \to B \to C$ 路径：$O \to B$ 为弹性阶段，$B \to C$ 为塑性阶段。当 $B \to C$ 时，γ 保持不变，$d\gamma = 0$，代入式(7)，得

$$
d\varepsilon = \frac{d\sigma}{3G} + \frac{\sigma^2 d\varepsilon}{\sigma_s^2}, \quad 0 = \frac{d\tau}{G} + \frac{3\sigma\tau d\varepsilon}{\sigma_s^2} \tag{13}
$$

将式(13) 第一式积分，并考虑在 B 点时，$\varepsilon = 0, \sigma = 0$，得

$$
\varepsilon = \frac{\sigma_s}{3G}\mathrm{cth}^{-1}\frac{\sigma}{\sigma_s} \quad 或为 \quad \sigma = \sigma_s \mathrm{th}\frac{3G\varepsilon}{\sigma_s} \tag{14}
$$

把式(14) 代入式(13) 第二式积分或直接由屈服条件式(2) 得

$$
\tau = \frac{\sigma_s}{\sqrt{3}\mathrm{ch}\dfrac{3G\varepsilon}{\sigma_s}} \tag{15}
$$

把 C 点值式(7) 且当 $\varepsilon = \varepsilon_s$ 代入以上两式，得：$\sigma = 0.762\sigma_s, \tau = 0.374\sigma_s$。

(C) 在$\frac{\gamma}{\varepsilon}$ 保持不变时，$\frac{\tau}{\sigma}$ 也保持不变。材料是理想弹塑性材料，在由 O 点直线到达 C 点以前一直处于弹性状态，应遵守虎克定律：$\sigma = E\varepsilon, \tau = G\gamma, G = \frac{E}{3}$，且 $\nu = \frac{1}{2}$，而当达到 C 点时应有以下的比例

$$\frac{\gamma}{\varepsilon}=\frac{\gamma_s}{\varepsilon_s}=\frac{\sigma_s/\sqrt{3}G}{\sigma_s/3G}=\sqrt{3} \quad 以及 \quad \frac{\tau}{\sigma}=\frac{G}{E}\frac{\gamma}{\varepsilon}=\frac{\sqrt{3}}{3} \tag{16}$$

代入屈服条件式(2)，得：$\sigma=\dfrac{\sigma_s}{\sqrt{2}}=0.707\sigma_s$，$\tau=\dfrac{\sigma_s}{\sqrt{6}}=0.408\sigma_s$。

由以上计算可看出：由于加载路径的不同，虽然最终达到的变形一样[在图 3-33(a) 的 ε-γ 图上为 C 点]，对应的应力却不一样[在图 3-33(b) 的 σ-τ 图上为 C_1、C_2、C_3 点]。

对于一般的加载曲线路径 af 如图 3-34 所示，我们总可以用阶梯线段 ab，bc，cd，… 来近似，然后利用例题 3-8 式(6) 来积分，一段一段地去解决。线段取得越细小，近似程度就越高。于是对于任何拉扭复杂加载问题，只要知道变形加载路径，我们都可以用增量理论来解决。

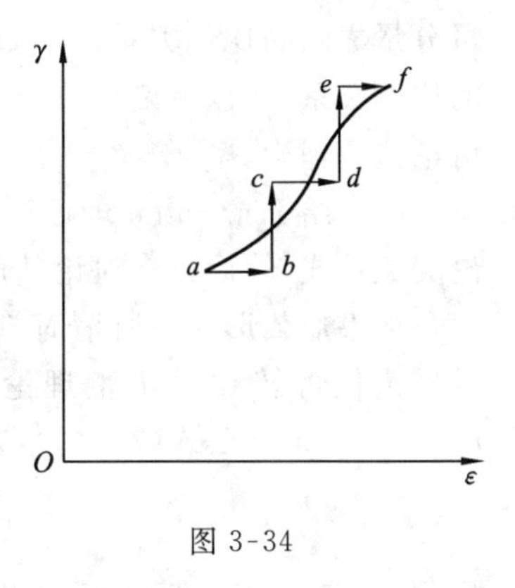

图 3-34

对于强化材料如已知应力应变曲线，则由应力加载路径也可以用增量理论来计算相应的应变值。

例 3-9 上述薄壁圆筒问题，如改用 Mises 等向强化材料，其他条件不变，试表示其计算公式。

解 由式(3-157)，且 $\nu=1/2$，得

$$d\varepsilon_{ij}=de_{ij}=\frac{dS_{ij}}{2G}+\frac{3}{2\varphi'}\frac{d\bar{\sigma}}{\bar{\sigma}}S_{ij} \tag{1}$$

因 $\bar{\sigma}=\sqrt{\sigma_z^2+3\tau_{\theta z}^2}=\sqrt{\sigma^2+3\tau^2}$，则

$$\frac{d\bar{\sigma}}{\bar{\sigma}}=\frac{d(\bar{\sigma})^2}{2\bar{\sigma}^2}=\frac{d(\sigma^2+3\tau^2)}{2(\sigma^2+3\tau^2)}=\frac{\sigma d\sigma+3\tau d\tau}{\sigma^2+3\tau^2} \tag{2}$$

将式(2) 代入式(1) 并展开，且 $S_z=2\sigma_2/3=2\sigma/3$，$E=3G$，则得

$$d\varepsilon_z=d\varepsilon=\frac{d\sigma}{E}+\frac{1}{\varphi'}\frac{\sigma d\sigma+3\tau d\tau}{\sigma^2+3\tau^2}\sigma \tag{3}$$

$$d\gamma_{\theta z}=d\gamma=\frac{d\tau}{G}+\frac{3}{\varphi'}\frac{\sigma d\sigma+3\tau d\tau}{\sigma^2+3\tau^2}\tau \tag{4}$$

实际上是将本例题 3-9 的式(3)、式(4) 代替了例题 3-8 的式(7) 中的两式。只是将强化材料 $\bar{\sigma}=\varphi\left(\int d\bar{\varepsilon}^P\right)$ 替换了理想材料的 σ_s。因此，只要根据强化材料的 $\bar{\sigma}$-$\bar{\varepsilon}^P$ 曲线，再根据变形路径的 $\int d\bar{\varepsilon}^P$ 的值找到 $\bar{\sigma}$，同样可解。如给出线性强化材料曲线为：$\varepsilon=\dfrac{\sigma_s}{E}+\dfrac{\sigma-\sigma_s}{E_P}$，而可得：$d\bar{\varepsilon}^P=\dfrac{d\sigma}{E_P}$，而由本章第十一节中的式(3-155) 可知 $\varphi'=\dfrac{d\bar{\sigma}}{d\bar{\varepsilon}^P}$。

第十三节　塑性变形本构方程——全量理论(形变理论)

在增量理论中，一般来说，我们得到了塑性应变增量分量与应力偏量分量之间的关系。为了得到总塑性应变分量和应力分量之间的关系，应将增量理论的本构方程对全部加载路径积

分，从而求出总应变分量与瞬时应力分量之间的关系式。由此可见，应力与应变的全量关系必然与加载的路径有关，而全量理论（也称形变理论）企图直接建立用全量形式表示的与加载路径无关的本构方程。因此只能仅仅在某些特殊加载历史条件下才为可能。

全量理论有不同的形式：Ильющин 理论（又称小弹塑性变形理论）讨论应力偏量分量和应变偏量分量之间的比例关系；Hencky 理论讨论材料 $\nu \neq 1/2$ 时的应力偏量分量和塑性应变偏量分量之间的比例关系；Nadai 理论则讨论大变形条件下应力偏量分量与自然应变[①]分量之间的比例关系。在以上诸理论中，Ильющин 理论比较简单，在实际问题中应用较多，这里我们只讨论这个理论。

在介绍 Ильющин 理论过程中，我们先以 Prandtl-Reuss 理论为基础推导出 Ильющин 理论的关系式，然后再来讨论其假设与使用条件。

如果加载形式是所谓简单加载，即在加载过程中，任一点的各应力分量都按比例增长，增量理论便可转化为全量理论。由式(3-120)$\sigma_{ij} = K\sigma_{ij}^0$，则 $S_{ij} = KS_{ij}^0$，$\bar{\sigma} = K\bar{\sigma}^0$，分别代入 Prandtl-Reuss 公式(3-142)，并约去 K，于是有

$$d\varepsilon_{ij}^P = \frac{3}{2}\frac{d\bar{\varepsilon}^P}{\bar{\sigma}^0}S_{ij}^0 \tag{3-159}$$

将式(3-159)等号两边积分，得

$$\int d\varepsilon_{ij}^P = \int \frac{3}{2}\frac{d\bar{\varepsilon}^P}{\bar{\sigma}^0}S_{ij}^0 = \frac{3}{2}\frac{S_{ij}^0}{\bar{\sigma}^0}\int d\bar{\varepsilon}^P = \frac{3}{2}\frac{S_{ij}}{K}\frac{K}{\bar{\sigma}}\bar{\varepsilon}^{P\text{②}} \tag{3-160}$$

由此有

$$\varepsilon_{ij}^P = \frac{3}{2}\frac{\bar{\varepsilon}^P}{\bar{\sigma}}S_{ij} \tag{3-161}$$

式(3-161)表示塑性应变分量仅与应力偏量分量成比例[③]，塑性变形不包括体变，也即 $\nu = 1/2$。如果我们也设弹性变形时体积不变，即 $\nu = 1/2$，于是等于假设材料整个变形过程中具有不可压缩性，可以统一弹塑性不同阶段的应力应变关系，此时弹性变形的应变偏量为[见例 3-4 式(4)]

$$e_{ij}^e = \frac{S_{ij}}{2G} = \frac{3}{2}\frac{\bar{\varepsilon}^e}{\bar{\sigma}}S_{ij} \tag{3-162}$$

因为 $e_{ij}^P = \varepsilon_{ij}^P$，由式(3-161)得 $e_{ij}^P = \dfrac{3}{2}\dfrac{\bar{\varepsilon}^e}{\bar{\sigma}}S_{ij}$，所以

$$e_{ij} = e_{ij}^e + e_{ij}^P = \frac{3}{2}\frac{\bar{\varepsilon}^e}{\bar{\sigma}}S_{ij} + \frac{3}{2}\frac{\bar{\varepsilon}^P}{\bar{\sigma}}S_{ij} \tag{3-163}$$

由于 $\bar{\varepsilon} = \bar{\varepsilon}^e + \bar{\varepsilon}^P$，故得

$$e_{ij} = \frac{3\bar{\varepsilon}}{2\bar{\sigma}}S_{ij} \tag{3-164}$$

上式表示的应变偏量仅 5 个方程独立，故补充平均正应力虎克定律，并需要 $\bar{\sigma} = \varphi(\bar{\varepsilon})$。即得 Ильющин 理论的完整关系式

$$\left.\begin{aligned} & e_{ij} = \frac{3}{2}\frac{\bar{\varepsilon}}{\bar{\sigma}}S_{ij}, \quad \bar{\sigma} = \varphi(\bar{\varepsilon}) \\ & \sigma_m = 3K\varepsilon_m \end{aligned}\right\} \tag{3-165}$$

---

① 自然应变或称对数应变为大变形情况下的瞬时应变。

② 在简单加载的条件下，可以证明 $\int d\bar{\varepsilon}^P = \bar{\varepsilon}^P$。

③ 式(3-161)实为对于理想塑性材料当 $\nu = 1/2$ 时，Hencky 理论的特例。

显然式(3-165) 中的第二式，只能适用于 $\nu \neq \frac{1}{2}$ 的条件下(如 $\nu = \frac{1}{2}, \varepsilon_m = 0$)，为使 Ильющин 理论适用于弹性变形 $\nu \neq \frac{1}{2}$ 的普遍情况，可将式(3-165) 的两式统一起来，即

$$\sigma_{ij} = S_{ij} + \sigma_m \delta_{ij} = \frac{2}{3} \frac{\bar{\sigma}}{\bar{\varepsilon}} e_{ij} + 3K \varepsilon_m \delta_{ij} \tag{3-166}$$

又由 $\sigma_{ij} = S_{ij} + \sigma_m \delta_{ij}$ 及 $\varepsilon_{ij} = e_{ij} + \varepsilon_m \delta_{ij}$ 可分别证得 Ильющин 理论的统一公式

$$\sigma_{ij} = \frac{2}{3} \frac{\bar{\sigma}}{\bar{\varepsilon}} \varepsilon_{ij} + 3\varepsilon_m \delta_{ij} \left(K - \frac{2}{9} \frac{\bar{\sigma}}{\bar{\varepsilon}} \right) \tag{3-167}$$

或

$$\varepsilon_{ij} = \frac{3}{2} \frac{\bar{\varepsilon}}{\bar{\sigma}} \sigma_{ij} - \sigma_m \delta_{ij} \left(\frac{3}{2} \frac{\bar{\varepsilon}}{\bar{\sigma}} - \frac{1}{3K} \right) \tag{3-168}$$

现在我们根据推导公式来作两个方面的说明。

首先上述全量理论是由增量理论的特殊加载方式，即简单加载推导出来的。因此其假设与增量理论的一些前提条件是相似的，即假设：

(1) 体积的改变是弹性的，并且与静水应力成正比，而塑性变形时体积不可压缩。

(2) 应变偏量与应力偏量相似且同轴，其含义是：① 应力主轴与应变主轴重合；② 应力偏量分量与应变偏量分量成比例。前者说明方向关系，后者说明分配关系。

上述的(2) 就是 Ильющин 理论的公式本身，即式(3-165) 的第一式。Prandtl 理论是说明瞬时状态的塑性应变增量与应力偏量成正比，而Ильющин理论是采用了简单加载来保证了全过程的这种关系，对于弹性变形这种关系始终存在，于是 Ильющин 获得了这种弹性与塑性变形规律一致的物理依据。另外，我们在推导过程中，在 $\nu = \frac{1}{2}$ 的前提下将 e_{ij}^e 和 e_{ij}^P 结合起来。这仅是我们在计算应变偏量时的要求，因为静水应力不影响塑性，相当于当 $\nu \neq \frac{1}{2}$ 时，我们已经将 $\sigma_m = 3K\varepsilon_m$ 分离了出去。如果当 $\nu \neq \frac{1}{2}$ 时，根据 $\sigma_{ij} = S_{ij} + \sigma_m \delta_{ij}$ 只要在简单加载条件下，应力依然可以相加得到，于是 Ильющин 又获得了这种弹性与塑性变形可以叠加的数学依据。读者可验证当材料处于弹性阶段时，如应用 $\frac{3}{2} \frac{\bar{\sigma}}{\bar{\varepsilon}} = 2G$ 公式，可将式(3-167) 化为虎克定律 Lame 应力公式。据此再增加第三条假设。

(3)“单一曲线”假定：不论应力状态如何，对于同一种材料来说，等效应力 $\bar{\sigma}$ 与等效应变 $\bar{\varepsilon}$ 之间有确定的关系式

$$\bar{\sigma} = \varphi(\bar{\varepsilon}) \tag{3-169}$$

式中 $\varphi(\bar{\varepsilon})$ 是表征材料特性的函数，它可以由简单拉伸试验得出。换句话说，当 $\nu = \frac{1}{2}$ 时，$\bar{\sigma}$-$\bar{\varepsilon}$ 曲线就是 σ_x-ε_x 曲线，即 $\sigma_x = \varphi(\varepsilon_x)$。这种关系已由实验得到证实。

由于 Ильющин 考虑了与弹性变形同量级的塑性变形，给出了弹塑性变形的应力应变关系，故也称为**弹塑性小变形理论**。实质上，上述理论也是(物理) 非线性弹性理论的本构方程，其区别仅是卸载过程的规律不同。其共同点则是应力应变关系存在一一对应的关系。最终的应变决定于最后的应力，建立了其全量关系。而弹塑性小变形的物理关系是比弹性变形更为广泛的关系，因为它既包括了弹性极限内的关系，也包括了弹性极限外的关系。

以上提出了使用全量理论必须满足简单加载的特定条件。但是当外载按比例增长时，在物体内部各个点是否能保证处于同一加载的过程呢？即应力各分量是否按比例增大呢？因此下面要讨论简单加载定理，即物体内所有的点都处于同一加载过程的条件。

第十四节* 简单加载定理

Илыощин 提出了保证物体内任意一点应力状态的各应力分量之间比值不变，即按同一参数单调增长的具体条件称为**简单加载定理**。这些条件是：

(1) 外载荷按比例增加(在变形过程中，要求不出现中途卸载的情况)。

(2) $\nu = 1/2$，即材料不可压缩。

(3) 如有位移边界条件，只能是零位移边界条件。

(4) 材料的应力应变曲线具有幂强化 $\bar{\sigma} = A\bar{\varepsilon}^n$ 的形式。

证 设 $\sigma_{ij}^0, \varepsilon_{ij}^0, u_i^0$ 为物体内初始时的应力场、应变场和位移场，它们应当满足下列方程。

(i) 平衡方程：$\sigma_{ij'j}^0 + F_i^0 = 0$，$F_i^0$ 为单位体积的体力分量；

(ii) 几何方程：$\varepsilon_{ij}^0 = (u_{i'j}^0 + u_{j'i}^0)/2$；

(iii) 本构方程：$S_{ij}^0 = \dfrac{2}{3}\dfrac{\bar{\sigma}^0}{\bar{\varepsilon}^0}\varepsilon_{ij}^0 = \dfrac{2}{3}A(\bar{\varepsilon}^0)^{n-1}\varepsilon_{ij}^0$，因为 $\nu = \dfrac{1}{2}$，故 $e_{ij}^0 = \varepsilon_{ij}^0$；

(iv) 应力边界条件：$\sigma_{ij}^0 n_j = T_i^0$(在 S_T 上)；

(v) 位移边界条件：$u_i^0 = 0$(在 S_u 上)。

现在要证明当外载荷按比例增加时，即 $F_i = F_i^0 a, T_i = T_i^0 a, \sigma_{ij'j} = \sigma_{ij}^0 a, \varepsilon_{ij} = \varepsilon_{ij}^0 b, u_i = u_i^0 b$ 能满足上述全部方程。

$$\sigma_{ij'j} + F_i = \sigma_{ij'i}^0 a + F_i^0 a = (\sigma_{ij'j}^0 + F_i^0)a = 0 \tag{3-170}$$

$$\varepsilon_{ij} = \varepsilon_{ij}^0 b = \frac{1}{2}(u_{i'j}^0 + u_{j'i}^0)b = \frac{1}{2}(u_{i'j} + u_{j'i}) \tag{3-171}$$

因为 $\bar{\sigma} = A\bar{\varepsilon}^n$，初始状态有 $\bar{\sigma}^0 = A(\bar{\varepsilon}^0)^n$，后继状态也应有$(\bar{\sigma}^0 a) = A(\bar{\varepsilon}^0 b)^n$，所以 $b = \sqrt[n]{a}$。于是

$$S_{ij} = S_{ij}^0 a = \frac{2}{3}A(\bar{\varepsilon}^0)^{n-1}\varepsilon_{ij}^0 a = \frac{2}{3}A(\bar{\varepsilon})^{n-1}\varepsilon_{ij} = \frac{2}{3}\frac{\bar{\sigma}}{\bar{\varepsilon}}\varepsilon_{ij} \tag{3-172}$$

在边界 S_T 上，

$$\sigma_{ij} n_j = \sigma_{ij}^0 a n_j = T_i^0 a = T_i \tag{3-173}$$

在边界 S_u 上，

$$u_i = u_i^0 b = 0 \tag{3-174}$$

至此证明了 $\sigma_{ij}, \varepsilon_{ij}, u_i$ 能满足全部方程。

以上平衡方程和几何关系都是在小变形条件下成立的，故为必要条件。除此之外，这些条件中外载荷按比例增加也是满足简单加载的必要条件，其余均为充分条件。如有位移边界条件，则在比例加载下，由于 u_i 也将按比例增加($u_i = u_i^0 b$)，势必不符合 $u_i = \bar{u}_i$ 的条件，故只能是零位移边界条件，如固定边界条件。当位移边界条件近似满足时，在保证小变形条件下，只产生不大的偏差。对于 $\nu = 1/2$ 的条件并不必要，因为只要 S_{ij} 与 e_{ij} 成比例就行了。静水应力及体积

应变，可在求解的最后再叠加上去，如有$\nu=1/2$的条件则可以简化计算。幂强化的条件也不是必要条件，但它可以避免区分弹性区和塑性区，使计算简便得多。在幂强化条件中通过选取不同的参数可以描述各种实际材料的性质，因而不失一般性。

当不满足简单加载条件时，形变理论一般是不应使用的，但是由于用全量理论解题简单方便，因此工程上在不是简单加载的条件下也任意使用。令人意外的是在不满足简单加载条件下经常得到的计算结果和实验结果很接近，这就使人们估计全量理论的适用范围要比简单加载条件更大些。因此关于偏离简单加载的问题还有待深入研究。

第十五节* 薄壁圆筒受拉伸与扭转的全量理论解

例 3-10 将例 3-8 的薄壁圆筒受拉伸与扭转的问题，改用全量理论来计算筒中的应力。

解 由全量理论式(3-165)第一式，并且$\nu=\dfrac{1}{2}$，$\varepsilon_{ij}=e_{ij}$，故$\varepsilon_{ij}=\dfrac{3}{2}\dfrac{\bar{\varepsilon}}{\bar{\sigma}}S_{ij}$或$S_{ij}=\dfrac{2}{3}\dfrac{\bar{\sigma}}{\bar{\varepsilon}}\varepsilon_{ij}$。又$S_z=\dfrac{2}{3}\sigma$，$S_{\theta z}=\tau_{\theta z}=\tau$，其展开式为

$$\sigma=\frac{\bar{\sigma}}{\bar{\varepsilon}}\varepsilon \quad 和 \quad \tau=\frac{\bar{\sigma}}{3\bar{\varepsilon}}\gamma \tag{1}$$

又：$\varepsilon_r=\varepsilon_\theta=-\dfrac{1}{2}\varepsilon_z=-\dfrac{1}{2}\varepsilon$，$\varepsilon_{\theta z}=\dfrac{1}{2}\gamma_{\theta z}=\dfrac{\gamma}{2}$，故

$$\bar{\varepsilon}=\left(\varepsilon^2+\frac{1}{3}\gamma^2\right)^{\frac{1}{2}} \tag{2}$$

对于理想塑性材料：$\bar{\sigma}=\sigma_s$，并同式(2)一起代入式(1)，得

$$\sigma=\frac{\sigma_s}{\left(\varepsilon^2+\dfrac{1}{3}\gamma^2\right)^{\frac{1}{2}}}\varepsilon,\quad \tau=\frac{\sigma_s}{\left(\varepsilon^2+\dfrac{1}{3}\gamma^2\right)^{\frac{1}{2}}}\gamma \tag{3}$$

在简单加载条件下，材料进入塑性状态各应变分量同时达到屈服，即$\varepsilon=\varepsilon_s$，$\gamma=\gamma_s$，又$\varepsilon_s=\dfrac{\sigma_s}{3G}$，$\gamma_s=\dfrac{\sigma_s}{\sqrt{3}G}$分别代入式(3)得

$$\sigma=\frac{\sigma_s}{\left[\left(\dfrac{\sigma_s}{3G}\right)^2+\dfrac{1}{3}\left(\dfrac{\sigma_s}{\sqrt{3}G}\right)^2\right]^{\frac{1}{2}}}\frac{\sigma_s}{3G}=\frac{\sigma_s}{\sqrt{2}}=0.707\sigma_s \tag{4}$$

$$\tau=\frac{\sigma_s}{\left[\left(\dfrac{\sigma_s}{3G}\right)^2+\dfrac{1}{3}\left(\dfrac{\sigma_s}{\sqrt{3}G}\right)^2\right]^{\frac{1}{3}}}\frac{\sigma_s}{\sqrt{3}G}=\frac{\sigma_s}{\sqrt{6}}=0.408\sigma_s \tag{5}$$

对比例 3-8 的第三条路径，即与$\dfrac{\gamma}{\varepsilon}$比值保持不变的条件下进入塑性状态的结果完全相同，说明当简单加载时全量理论与增量理论等价。

第十六节* 卸载定理

在卸载过程中，只有弹性变形能够恢复，而塑性变形保持不变。先以单向拉伸为例来说明

卸载过程的计算(图 3-35)。设应力连续增长到 $\tilde{\sigma}(\tilde{\sigma} > \sigma_s)$,这时的应变为 $\tilde{\varepsilon}$。若此时卸载,应力降至 σ^r,则由图 3-35 可见,残余应变 ε^r 为 $\varepsilon^r = \tilde{\varepsilon} - \varepsilon^e$,对应应力的下降量则残余应力为 $\sigma^r = \tilde{\sigma} - \sigma^e$。由于卸载时,应力应变的变化规律是弹性的,即 $\sigma^e = E\varepsilon^e$,故有

$$(\tilde{\sigma} - \sigma^r) = E(\tilde{\varepsilon} - \varepsilon^r) \quad (3\text{-}175)$$

式中:$\tilde{\sigma}$ 和 $\tilde{\varepsilon}$ 为开始卸载时的应力和应变;σ^r 和 ε^r 为残余应力和残余应变(即卸载终了时的应力和应变):$\varepsilon^e = \tilde{\varepsilon} - \varepsilon^r$ 及 $\sigma^e = \tilde{\sigma} - \sigma^r$ 为卸载过程中应力和应变的改变量,称为卸载应力及应变。

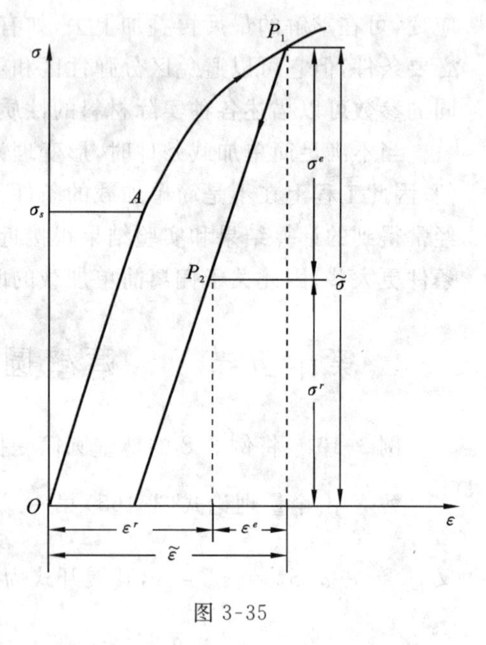

图 3-35

由式(3-175),已知卸载开始时的应变 $\tilde{\varepsilon}$,则根据卸载应力 $\tilde{\sigma}$-σ^r 即可计算出残余应变来。

当复杂应力状态卸载时,如果外载荷的下降引起物体内塑性区各点的等效应力 $\bar{\sigma}$ 都下降,则整个物体处于卸载过程(也称简单卸载)。这时载荷对应力、应变的改变量之间存在与上述的弹性体简单拉伸时相似情况。卸载可以理解为在变形体上施加反方向的载荷。按弹性理论计算其所引起的应力和应变,它们实际上是所卸载荷相应的应力和应变的改变量。从卸载前的应力和应变减去这些改变量就得到卸载后的应力和应变了。这就是所谓的**卸载定理**。

我们还可看出,在全面卸载以后,即外载荷等于零的情况下,在物体内不仅会留下残余变形,而且还会有残余应力。这是因为卸载前时应力是按弹塑性体计算的,而卸载过程中应力的改变量是按弹性体计算的。两种应力不会完全相等。因此,相减之后就得残余应力。关于卸载应力可按弹性应变规律计算如下:

$$S_{ij}^e = 2\mu e_{ij}^e, \quad \sigma_m^e = Ke \quad (3\text{-}176)$$

或

$$\sigma_{ij}^e = S_{ij}^e + \sigma_m^e \delta_{ij} = 2\mu e_{ij}^e + Ke\delta_{ij} \quad (3\text{-}177)$$

完全卸去载荷后的残余应力和残余应变为

$$\sigma_{ij}^r = \tilde{\sigma}_{ij} - \sigma_{ij}^e, \quad \varepsilon_{ij}^r = \tilde{\varepsilon}_{ij} - \varepsilon_{ij}^e \quad (3\text{-}178)$$

式中:$\tilde{\sigma}_{ij}$ 和 $\tilde{\varepsilon}_{ij}$ 分别为卸载前的应力场和应变场;σ_{ij}^e 和 ε_{ij}^e 分别为卸载应力、应变,即卸载过程中应力、应变分量的改变量。其中 $\tilde{\sigma}_{ij}$ 是按塑性状态时应变关系计算的,而 σ_{ij}^e 是按弹性规律计算的,两者并不相等。

顺便指出:将塑性应变(或变形)称为残余应变(或变形)并不合适,虽然在单向拉伸、静定杆件系统等特殊情况下两者数值相等,但它们的含义却不同,在一般条件下数值也不等,在超静定结构中,甚至有的杆件的残余应变可以为弹性变形(只有当整个结构内部分杆件发生了塑性变形,才可能出现残余应力和残余变形)。残余应变是卸载后变形体内剩余的应变,它等于卸载前的应变减去卸载过程中的改变量,而塑性应变等于总应变减去弹性应变。

当卸载过程出现第二次屈服(反向屈服)产生塑性变形的话,则上述计算方法就不能使用了。因为塑性变形发生了变化,应力将不服从弹性应变规律。此时应根据载荷卸去的过程,求解另一阶段的塑性变形问题了。

最后我们举例来讨论引用全量理论对加载、卸载时应变与残余应变的计算。关于应力与残

余应力将在下一章中再举实例说明。

例 3-11 设低合金钢为线性强化材料，如图 3-36 所示，应力应变曲线为 $\varepsilon = \frac{\sigma_s}{E} + \frac{1}{E'}(\sigma - \sigma_s)$，其中 $E = 200\text{GPa}, E' = 20\text{GPa}, \sigma_s = 300\text{MPa}$，且弹性范围内 $\nu = 1/3$。现按下列顺序比例加载或卸载：① 从 $\sigma^{(0)}$ 加载到 $\sigma^{(1)}$；② 从 $\sigma^{(1)}$ 卸载到 $\sigma^{(2)}$；③ 再从 $\sigma^{(2)}$ 卸载到 $\sigma^{(3)} = \sigma^{(0)}$。

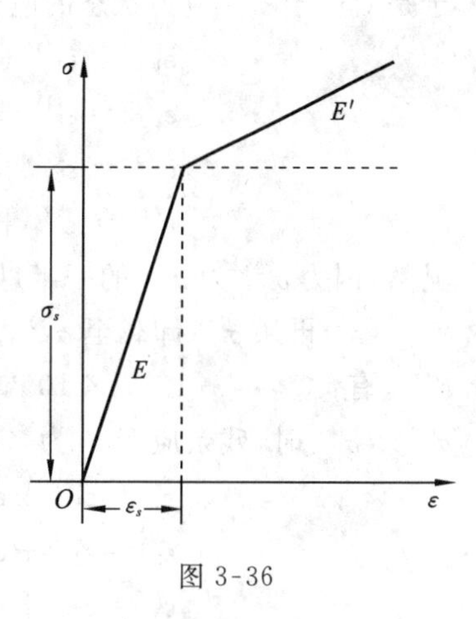

图 3-36

上述应力状态为(应力单位 MPa)

$$\sigma^{(0)} = \begin{bmatrix} 0 & 0 & 0 \\ 0 & 0 & 0 \\ 0 & 0 & 0 \end{bmatrix}, \quad \sigma^{(1)} = \begin{bmatrix} 800 & 0 & 0 \\ 0 & 600 & 0 \\ 0 & 0 & 400 \end{bmatrix},$$

$$\sigma^{(2)} = \begin{bmatrix} 400 & 0 & 0 \\ 0 & 300 & 0 \\ 0 & 0 & 200 \end{bmatrix}$$

试用全量理论求其所对应的各应变状态与卸完载荷时的残余应变。

解 (1) 先计算第一种应力状态 $\sigma^{(1)}$ 对应的 $\varepsilon^{(1)}$。

当材料由 $\sigma^{(0)}$ 加载到 $\sigma^{(1)}$，其等效应力按式(2-46)有

$$\begin{aligned} \bar{\sigma}^{(1)} &= \frac{1}{\sqrt{2}}\left[(800-600)^2 + (600-400)^2 + (400-800)^2\right]^{\frac{1}{2}} \\ &= 346(\text{MPa}) > \sigma_s = 300(\text{MPa}) \end{aligned} \tag{1}$$

这说明材料已进入塑性状态，按单一曲线假定，由简单拉伸曲线相应为：$\bar{\varepsilon} = \frac{\sigma_s}{E} + \frac{1}{E'}(\bar{\sigma} - \sigma_s)$，将 $\bar{\sigma}^{(1)}$ 代入得

$$\bar{\varepsilon}^{(1)} = \frac{300}{2\times10^5} + \frac{1}{2\times10^4}(346-300) = 3.8\times10^{-3} \tag{2}$$

材料 $\nu \neq 1/2$，为计算应变分量用 Ильющин 全量理论式(3-168)

$$\varepsilon_{ij} = \frac{3}{2}\cdot\frac{\bar{\varepsilon}}{\bar{\sigma}}\sigma_{ij} - \sigma_m\delta_{ij}\left(\frac{3}{2}\cdot\frac{\bar{\varepsilon}}{\bar{\sigma}} - \frac{1}{3K}\right) \tag{3}$$

其中：$K = \frac{E}{3(1-2\nu)} = \frac{2\times10^5}{3(1-2/3)} = 2\times10^5(\text{MPa})$

$$\left.\begin{aligned} \varepsilon_1^{(1)} &= \frac{3}{2}\left(\frac{3.8\times10^{-3}\times800}{346}\right) - 600\left(\frac{3}{2}\,\frac{3.8\times10^{-3}}{346} - \frac{1}{3\times2\times10^5}\right) = 4.29\times10^{-3} \\ \varepsilon_2^{(1)} &= 1.00\times10^{-3} \\ \varepsilon_3^{(1)} &= -2.29\times10^{-3} \end{aligned}\right\} \tag{4}$$

体积应变 $e^{(1)} = \varepsilon_1^{(1)} + \varepsilon_2^{(1)} + \varepsilon_3^{(1)} = (4.29 + 1.00 - 2.29)\times10^{-3} = 3\times10^{-3}$

$\left(\text{由 } e = \frac{\sigma_m}{K} \text{ 检验得 } e^{(1)} = \frac{600}{2\times10^5} = 3\times10^{-3} \text{ 正确}\right)$。

(2) 从 $\sigma^{(1)}$ 卸载至 $\sigma^{(2)}$，则卸载应力 $\sigma^{e(2)}$ 为

$$\sigma_1^{e(2)} = -400\text{MPa}, \quad \sigma_2^{e(2)} = -300\text{MPa}, \quad \sigma_3^{e(2)} = -200\text{MPa}$$

卸载按弹性规律有：$\varepsilon_1^e = \frac{1}{E}\left[\sigma_1^e - \nu(\sigma_2^e + \sigma_3^e)\right]$，于是得

$$\varepsilon_1^{e(2)} = -1.17\times10^{-3},\quad \varepsilon_2^{e(2)} = -0.5\times10^{-3},\quad \varepsilon_3^{e(2)} = 0.17\times10^{-3}$$

于是对应于 $\sigma^{(2)}$ 应力状态的应变分量为

$$\varepsilon_1^{(2)} = \varepsilon_1^{(1)} + \varepsilon_1^{e(2)} = (4.29-1.17)\times10^{-3} = 3.12\times10^{-3}$$

$$\varepsilon_2^{(2)} = \varepsilon_2^{(1)} + \varepsilon_2^{e(2)} = (1.00-0.50)\times10^{-3} = 0.50\times10^{-3}$$

$$\varepsilon_3^{(2)} = \varepsilon_3^{(1)} + \varepsilon_3^{e(2)} = (-2.29+0.17)\times10^{-3} = -2.12\times10^{-3}$$

$$e^{(2)} = \varepsilon_1^{(2)} + \varepsilon_2^{(2)} + \varepsilon_3^{(2)} = (3.12+0.50-2.12)\times10^{-3} = 1.50\times10^{-3}$$

显然,因为 $\sigma^{(2)}$ 为 $\sigma^{(1)}$ 的一半,则 $e^{(2)}$ 为 $e^{(1)}$ 的一半,符合体积为弹性变形的规律。

(3) 再从 $\sigma^{(2)}$ 卸载至 $\sigma^{(3)}$,从应力数值上可知卸载应力 $\sigma^{e(3)} = \sigma^{e(2)}$。于是同样可得 $\varepsilon^{e(3)} = \varepsilon^{e(2)}$,有:$\varepsilon_1^{e(3)} = -1.17\times10^{-3}$,$\varepsilon_2^{e(3)} = -0.50\times10^{-3}$,$\varepsilon_3^{e(3)} = 0.17\times10^{-3}$。当达到原始状态:$\sigma^{(3)} = \sigma^{(0)}$ 时,残余应变 ε^r 为

$$\varepsilon_1^r = \varepsilon_1^{(2)} + \varepsilon_1^{e(3)} = (3.12-1.17)\times10^{-3} = 1.95\times10^{-3}$$

$$\varepsilon_2^r = \varepsilon_2^{(2)} + \varepsilon_2^{e(3)} = (0.50-0.50)\times10^{-3} = 0$$

$$\varepsilon_3^r = \varepsilon_3^{(2)} + \varepsilon_3^{e(3)} = (-2.12+0.17)\times10^{-3} = -1.95\times10^{-3}$$

对应原始零应力状态的体积应变为

$$e^{(3)} = e^{(0)} = \varepsilon_1^r + \varepsilon_2^r + \varepsilon_3^r = (1.95+0-1.95)\times10^{-3} = 0$$

第十七节　岩土材料的变形模型与强度准则

一、岩土材料的变形特点及主要假设

地质工程或采掘工程中的岩土、煤炭、土壤,结构工程中的混凝土、石料以及工业陶瓷等,将这些材料统称为**岩土材料**。

在一般的常规材料试验机上,进行岩土类介质的材料力学实验时,由于试验机压头的位移量大于试件的变形量,试件在破坏时,试验机贮存的弹性变形能立即释放,对试件产生冲击作用并导致剧烈破坏,因此得不到材料应变软化阶段的规律,即不能得到全应力应变曲线。若采用刚性试验机,并能控制加载速度以适应试件的变形速度,就可获得全应力应变曲线。岩石和混凝土等材料的具代表性的全应力应变曲线如图 3-37 所示。

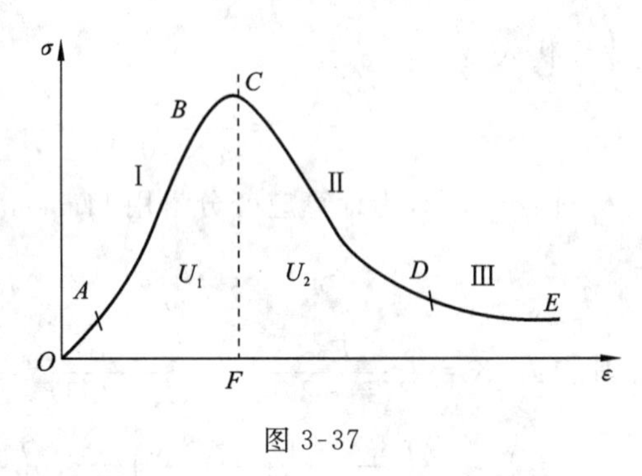

图 3-37

实验表明,当应力较低时,试件材料的内部裂隙被压实,在这个阶段(OA 段),应力的数值增加不大,而压缩应变较大;在内部裂隙被压实之后,应力与应变呈现近似线性增长,在这个阶段(AB 段)中,伴有体积变化,而 B 点的应力值称为**屈服强度**,随着应力的增加,材料的微裂纹也在不断地发生与扩展,因此应力和应变之间表现出明显的非线性增长,也表现一定的应变硬化特性(BC 段),C 点的应力值称为**强度极限**;在 C 点附近,试件总的体积变化从收缩转入扩胀,即材料出现宏观裂纹,裂纹的扩展使得材料的变形不断增加,而应力不断下降,将这一阶段(CD 段)称为**应变软化阶段**;DE 阶段则显示出了材料的剩余强度。在达到强度极限时,积蓄于材料内的应变能的数值为峰值左侧曲线 $OABCF$ 所包围的面积,记为 U_1,从材料出现宏观裂缝

到彻底破坏整个过程中所消耗的能量为峰值右侧曲线($FCDE$)所包围的面积U_2。若$U_1>U_2$，则材料破坏后仍剩余一部分能量，这部分变形能的突然释放会伴随有"岩爆"；若$U_1<U_2$，则变形能在试件破坏过程中全部释放，不会出现岩爆。

综上所述，可将岩土材料的应力应变曲线大体分为三个阶段。第Ⅰ阶段($OABC$)为应力应变非线性上升，第Ⅱ阶段(CD)为应变软化阶段，而第Ⅲ阶段(DE)为剩余强度阶段，在有些材料中并不出现该阶段。通常在拉伸情况下，材料的应力应变曲线的变化规律与压缩时相似，但表征各阶段的应力和应变的数值与压缩时有很大的差别。岩土材料的受压强度比受拉时要高得多。

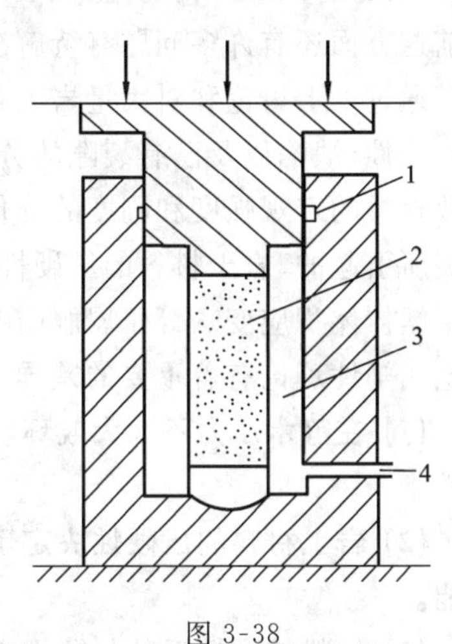

图 3-38
1.密封；2.试件；3.胶皮套；4.围压

关于岩土类材料，通常是处于三向或双向受压状态下。在岩石力学和土力学中，模拟三向受力状态的试验被称为"**三轴试验**"。三轴试验中最常见的是模拟三向受力状态的一种特殊情况，即在三个相互垂直方向上保持两个方向上的压力值相等，而改变另一方向上压力的大小。这种试验可以在三轴试验机上完成，图 3-38 为这种三轴试验机的主体构造原理示意图。试验时在圆柱体试件周围环绕着流体，把这种流体施以高压来向试件提供围压。在试验过程中，通常使围压保持到某一恒定值，用一个可以推进的活塞压头向试件施加轴向压力，不断增大压力，直到试件产生破坏。一般可以彼此独立地控制围压和轴向载荷，并且设有专门的装置来测量试验时的轴向载荷、围压以及变形量。一般围压愈低，材料屈服强度也愈低，应变软化阶段也愈明显，随着围压的增大，屈服强度增大，塑性性质也明显增加。图 3-39 是伍姆比杨(Wombeyan)大理岩在常规实验机上进行三轴试验的结果。

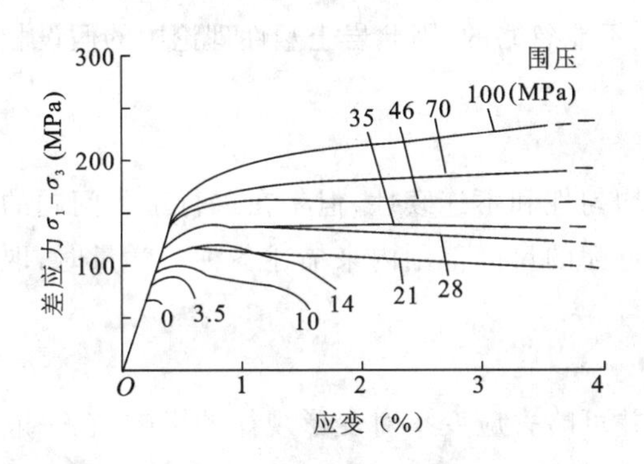

(a) 伍姆比杨 (Wombeyan) 大理岩在三轴压缩试验中，随围压增加，应力应变曲线的演变

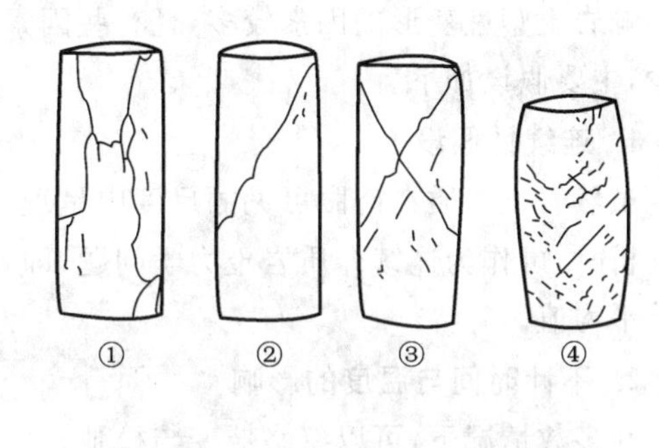

(b) 不同围压下伍姆比杨大理岩的破裂或流动类型

① 常压下的轴向劈裂；② 围压为3.5MPa时的单个剪切破坏；③ 围压为35MPa时的共轭剪切；
④ 围压为100MPa时的塑性变形，显示两组滑移线发育良好

图 3-39

另一种三轴试验就是模拟三个相互垂直方向的压力各自独立变化。为了和上述三轴试验

相区别，通常称之为**真三轴试验**。真三轴试验通常是在立方体岩石试件的三组相互正交对应的表面上，独立地加载来进行的。试验时要特别注意减小受载岩石试件表面上的摩擦，以使试件获得三向受力状态的良好近似值。可想而知，进行真三轴试验要比三轴试验复杂和困难得多，目前这方面还有许多问题有待解决。

通过以上讨论和对大量岩土材料的试验资料的分析，人们认识到，由于岩土材料组成上的不均匀性、缺陷以及已有裂隙的分布，使得材料在受载过程中细微裂隙进一步扩展与运动，并导致材料的宏观强度和刚度的降低。因此，材料的非弹性变形主要是由微裂隙和缺陷的产生与扩展所引起的。岩土材料的压硬性（抗剪强度随压力的增高而提高）、剪胀性（在剪应力作用下产生塑体体积应变）、等压屈服（在各向相等的压力作用下产生塑性屈服），使得岩土塑性理论与金属塑性理论有着重要的差异。这些差异主要表现为：

(1) 在静水压力不太大或环境温度不太高的工程环境下，岩土类介质表现出应变软化的特性。

(2) 岩土材料的压硬性决定了岩土的剪切屈服与破坏必须考虑平均应力和材料的内摩擦性能。

(3) 材料的弹性系数与塑性变形无关是金属材料的特点，而岩土材料则需考虑弹塑性的耦合。

(4) 在岩土材料中需考虑奇异屈服面。

(5) 金属材料中的正交流动法则在岩土材料中亦不再适用。

由于岩土材料与金属材料在变形特性上的显著差异，岩土材料的强度准则（在金属塑性理论中称屈服条件，在岩土塑性理论中也可称为塑性条件）应包含平均应力，并且能反映应力与应力张量中球形分量与偏斜分量之间存在着交叉影响，体积应变的屈服则使强度准则曲面的端部是封闭的，等等。材料变形的复杂性与描述应力应变模型的多样性，是求解岩土材料承载能力时首先遇到的问题。合理简化应力应变曲线，正确选择强度准则，对求解具有重要意义。由于影响岩土塑性变形的因素较多，且有些因素是不能忽略的，因此岩土塑性理论中的假设相对较少，主要假设如下。

1. 连续性假设

虽然岩土介质在肉眼可见的尺度内呈现不均匀性和不连续性，但是在进行工程问题的力学分析时，可作为连续介质岩土力学问题，即在更大的尺度范围内来描述各种力学量时，取其统计平均值。

2. 不计时间与温度的影响

在多数情况下，可以忽略蠕变与松弛效应，并可略去应变率对变形规律的影响。在一般工程问题中，温度的变化是不大的，可以不计温度的影响。

二、岩土材料的变形模型

根据大量岩土材料的试验资料，我们可对岩土材料的应力应变曲线进行简化，并将强度极限作为岩土材料变形特性的转折点，则可采用以下几种基本变形模型。

1. 理想弹塑性模型

即假设应力达到最大值后保持不变，而材料的变形仍可继续增长，如图 3-40(a) 所示，数学表达式为

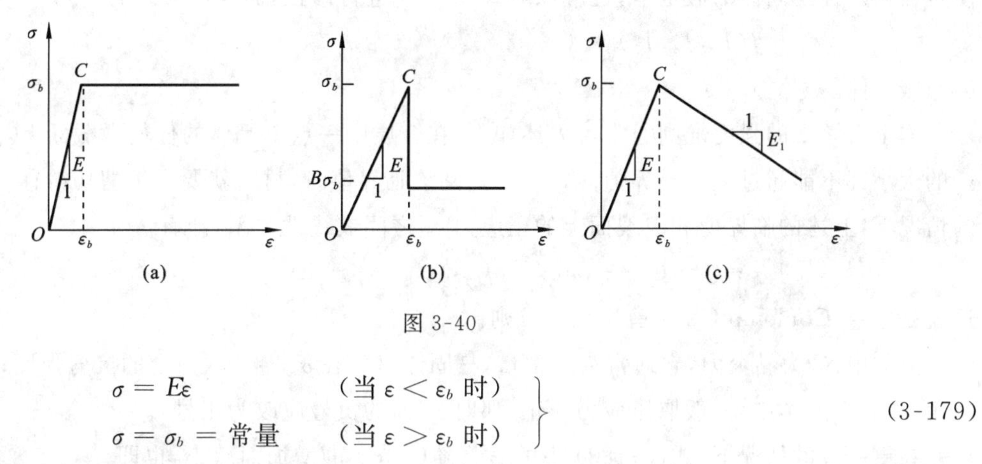

图 3-40

$$\left.\begin{aligned} &\sigma = E\varepsilon & &(\text{当 } \varepsilon < \varepsilon_b \text{ 时}) \\ &\sigma = \sigma_b = \text{常量} & &(\text{当 } \varepsilon > \varepsilon_b \text{ 时}) \end{aligned}\right\} \tag{3-179}$$

该模型适用于材料的应变软化不明显时，即在 C 点附近存在着一段应力下降不明显的情况。

2. 脆塑性模型

如图 3-40(b) 所示，在该模型中应力达到最大值时产生“跌落”，下降后的应力值称为剩余强度，其数学表达式为

$$\left.\begin{aligned} &\sigma = E\varepsilon & &(\text{当 } \varepsilon < \varepsilon_b \text{ 时}) \\ &\sigma = B\sigma_b = \text{常量} & &(\text{当 } \varepsilon = \varepsilon_b \text{ 时}) \end{aligned}\right\} \tag{3-180}$$

其中 B 称为**剩余强度系数**，且 $0 \leqslant B < 1$。当应变软化剧烈时，采用该模型可以反映出应力跌落的特性。

3. 线性软化模型

如图 3-40(c) 所示，将应变软化过程近似为线性的，即

$$\left.\begin{aligned} &\sigma = E\varepsilon & &(\text{当 } \varepsilon < \varepsilon_b \text{ 时}) \\ &\sigma = \sigma_b - E_1(\varepsilon - \varepsilon_b) & &(\text{当 } \varepsilon > \varepsilon_b \text{ 时}) \end{aligned}\right\} \tag{3-181}$$

选取不同的斜率 E_1，可以描述材料的不同软化特性。

考虑到岩土材料应力应变实验曲线的多样性，也可将上述变形模型进行不同的组合。

三、岩土材料的强度准则

在岩土材料实验中，当 $\sigma = \sigma_b$ 时，材料出现宏观裂纹。在复杂应力状态下，当材料出现宏观裂纹时，应力之间所满足的条件称为**强度准则**。这种提法与金属塑性理论中的屈服条件相类似，所以也可将强度准则称为**塑性条件。该条件表示材料将由弹性状态进入非弹性变形状态，两者的临界状态即表示材料进入塑性或出现宏观裂纹，其应变与变形模型相关，对于理想弹塑性模型则表示进入无约束塑性变形状态；对于脆塑性模型和线性软化模型则分别代表将产生应力跌落和进入线性软化状态。**在 C 点(图 3-37) 以后的应力组合仍满足强度准则，但这时表征材料的力学性能参数的数值按不同模型有所差别。例如，对于理想弹塑性模型，力学性能参数的值 σ_b 不变，而在脆塑性模型中强度值由 σ_b 降为 $B\sigma_b$，线性软化模型中强度值的下降与 ε 及 E_1 有关。因此岩土材料的承载特性不仅与变形模型相关，也与强度准则有关。

对于一般岩土材料来说，随着静水压力的增加，屈服应力和破坏应力都有很大的增长。即

使是在初始各向同性的假定下，也应该对式(3-83)进行修正，而采用形式为

$$f(I_1, J_2, J_3) = 0 \tag{3-182}$$

的屈服条件。

岩土力学中的强度准则通常可表述如下：在介质中一点单元体的任何微截面上，其剪应力 τ_n 的大小都不能超过某一临界值。当 $|\tau_n|$ 达到该临界值时，材料就要产生剪切滑移。在最简单的情况下，上述的临界值和破裂面上的正应力 σ_n 之间成线性关系，即有

$$|\tau_n| = C - \sigma_n \tan\varphi \tag{3-183}$$

这就是库仑(Coulomb C A) **剪切强度准则**。

上式中：C 为黏聚力，它通常为一常量，是固体材料在 $\sigma_n = 0$ 截面上的抗剪强度；φ 为**内摩擦角**(在岩土力学中，一般取压应力为正，那时 σ_n 前的负号应改为正号)。

在更一般的情况下，式(3-183)中的 φ 将随($-\sigma_n$)的增加而减小，也即

$$\tau_n = f(\sigma_n) \tag{3-184}$$

这就是**莫尔强度准则**。莫尔强度准则可用曲线(如双曲线、抛物线、摆线等)来表示 φ 值随 σ_n 的增加而变化的情况，如图 3-41(b) 所示。当我们仅考虑 φ 值为常数的情形时，就是库仑剪断裂准则式(3-183)，它表示的是一对射线，如图 3-41(a) 所示。介质应力状态的最大应力圆应处于由这两条射线或莫尔包络线 MN 和 $M'N'$ 所包围的区域内。当材料产生剪切滑移时，最大应力圆(此时为极限应力圆)应与射线或包络线相切。莫尔强度准则的包络线可以通过材料的一系列不同应力状态下的试验，由材料产生破坏时的极限应力圆来确定。而在库仑剪破裂准则中，则可用单向抗拉强度 σ_{bt} 与单向抗压强度 σ_{bc} 来表示黏聚力 C 和内摩擦角 φ，它们之间的关系为

$$\tan\varphi = \frac{\sigma_{bc} - \sigma_{bt}}{2\sqrt{\sigma_{bt}\sigma_{bc}}}, \qquad C = \frac{\sqrt{\sigma_{bt}\sigma_{bc}}}{2} \tag{3-185}$$

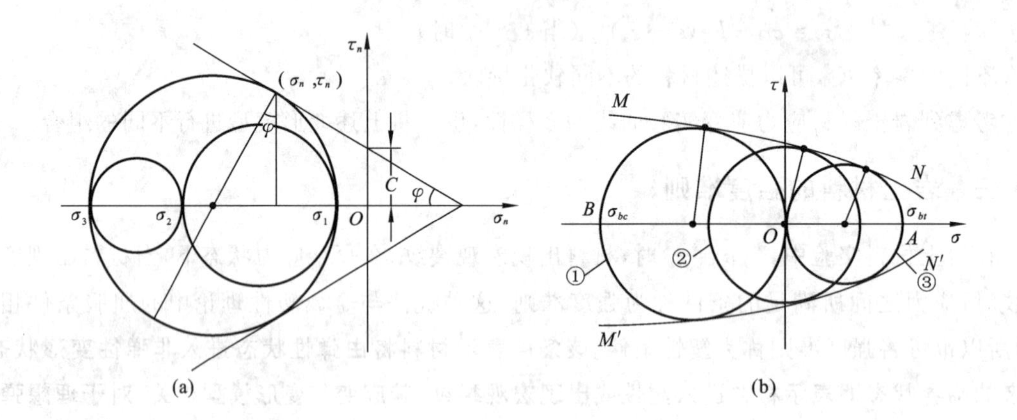

① 单向压缩；② 纯剪切；③ 单向拉伸

图 3-41

实验表明，用式(3-183)或式(3-184)表示材料中的微裂纹(即开始活动)可能更恰当些，故通常以它们来作为岩土材料的屈服条件。经研究表明，库仑剪切强度准则实际上可认为是莫

尔强度准则的线性化表示，所以也常称之为**摩尔-库仑准则**。

为了用主应力($\sigma_1 \geqslant \sigma_2 \geqslant \sigma_3$)表示库仑剪破裂准则，将

$$\left.\begin{aligned}\sigma_n &= \frac{1}{2}(\sigma_1+\sigma_3)+\frac{1}{2}(\sigma_1-\sigma_3)\sin\varphi \\ \tau_n &= \frac{1}{2}(\sigma_1-\sigma_3)\cos\varphi\end{aligned}\right\} \tag{3-186}$$

代入式(3-183)，得

$$\frac{1}{2}(\sigma_1-\sigma_3)=C\cos\varphi-\frac{1}{2}(\sigma_1+\sigma_3)\sin\varphi \tag{3-187}$$

或写成

$$f(\sigma_{ij})=\frac{1}{2}(\sigma_1-\sigma_3)+\frac{1}{2}(\sigma_1+\sigma_3)\sin\varphi-C\cos\varphi=0 \tag{3-188}$$

式(3-188)中的两个主应力若用$\sigma_1,\sigma_2,\sigma_3$轮换，则可得到6个表达式。此外，式(3-188)右端的第二项反映了静水压力对屈服条件的影响。注意到

$$\sigma_m=\frac{1}{3}(\sigma_1+\sigma_2+\sigma_3),\quad S_j=\sigma_j-\sigma_m\quad(j=1,2,3) \tag{3-189}$$

则式(3-188)还可写为

$$\frac{1}{2}(S_1-S_3)+\frac{1}{2}(S_1+S_3)\sin\varphi+\sigma_m\sin\varphi-C\cos\varphi=0 \tag{3-190}$$

式(3-188)或式(3-190)在$\sigma_1,\sigma_2,\sigma_3$主应力空间中形成的屈服面与$\pi$平面的截迹为图3-42所示六边形$ABCDEF$，该六边形的边长相等，但夹角并不相等。而且六边形的大小是随着各向等值压缩应力状态的增大而线性缩小，当$\sigma_1=\sigma_2=\sigma_3=C\cot\varphi$时，图形收缩成一点$O'$。因此，该准则的屈服面为以$\pi$平面上六边形为底，以$O^*$为顶的六棱锥体的侧面。由几何表示可知，在库仑准则中考虑到了材料的抗拉压强度极限的明显差异以及静水压力对强度准则的影响。

另一种考虑静水压力的强度准则是**卓柯-普拉格(Drucker-Prager)准则**，它是Mises条件的推广，如图3-43所示，可写成

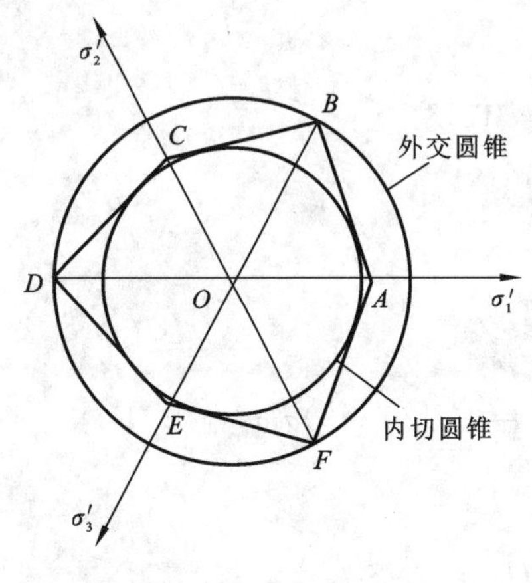

图3-42

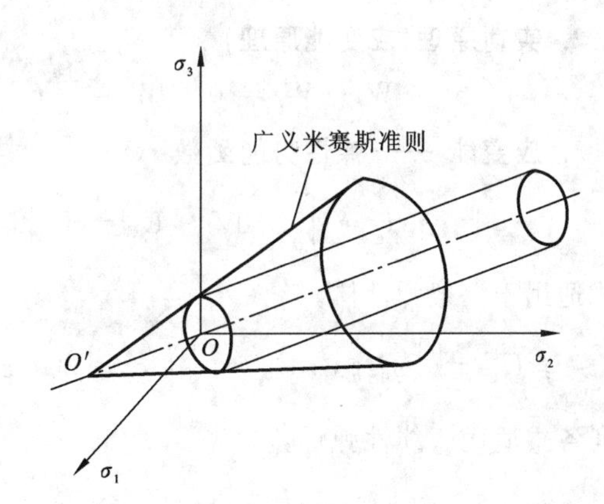

图3-43

$$f = aI_1 + \sqrt{J_2} - K = 0 \tag{3-191}$$

式中，$I_1 = \sigma_1 + \sigma_2 + \sigma_3$；$a$ 和 K 均为正的常数，它们都是物性参数，且与 C 和 φ 的关系取决于圆锥面与六棱锥面之间的相互关系。

若取两个锥面的顶点重合，当 Mises 圆的半径与图 3-42 中 OB 的长度相等，即为外接圆锥时，有

$$a = \frac{2\sin\varphi}{\sqrt{3}(3 - \sin\varphi)}, \quad K = \frac{6C\cos\varphi}{\sqrt{3}(3 - \sin\varphi)} \tag{3-192}$$

当为内切圆锥时，有

$$a = \frac{2\sin\varphi}{\sqrt{3}(3 + \sin\varphi)}, \quad K = \frac{6C\cos\varphi}{\sqrt{3}(3 + \sin\varphi)} \tag{3-193}$$

关于材料的屈服条件或强度准则，除已经介绍的 Tresca 条件、Mises 条件、Coulomb 准则、Mohr 准则和 Drucker-Prager 准则外，还有选用材料的单拉屈服极限 σ_s 和剪切屈服极限 K 来表示的双剪应力屈服条件（俞茂宏等，1988），还有选用单拉强度极限 σ_{bt}、单压强度极限 σ_{bc} 以及双压强度极限 σ_{2bc} 来描述的强度准则（Chen W F，1982），以及根据混凝土破坏包络面的几何特性，建议采用以八面体应力表达的强度准则等（过镇海等，1991），此处由于篇幅所限，不再一一介绍了。

第十八节　本章小结·关于余能的概念

现将本章的主要讨论内容、结论和主要公式归纳如下。

1. 弹性本构方程——广义虎克定律

(1) $\sigma_{ij} = \lambda\delta_{ij}e + 2G\varepsilon_{ij} \quad (e = \varepsilon_{ii})$。

(2) $\varepsilon_{ij} = \dfrac{1+\nu}{E}e_{ij} - \dfrac{\nu}{E}\delta_{ij}\sigma \quad (\sigma = \sigma_{ii})$。

(3) $\sigma_m = 3K\varepsilon_m$；$S_{ij} = 2Ge_{ij}$。

上列三式相互等价，适用于线性弹性体。

2. 实功原理（应变能原理）

$$W_i + W_e = 0, \quad W_i = -U \quad (\text{或} U = W_e)$$

3. 应变能——弹性势能函数

$$U = \int_V U_0 \mathrm{d}V, \quad U_0 = \int \sigma_{ij} \mathrm{d}\varepsilon_{ij}$$

上式适用于一般弹性体。

$$U_0 = \frac{1}{2}\sigma_{ij}\varepsilon_{ij}, \quad U_0 = \frac{1}{2}(\lambda e^2 + 2G\varepsilon_{ij}\varepsilon_{ij}), \quad U_0 = \frac{1}{2E}[(1+\nu)\sigma_{ij}\sigma_{ij} - \nu\sigma^2]$$

上列各式适用于线性弹性体。

$$U_0 = U_{0V} + U_{0d}, \quad U_{0V} = \frac{3}{2}\sigma_m\varepsilon_m, \quad U_{0d} = \frac{1}{2}S_{ij}e_{ij}$$

根据线性弹性体变形的特点，外力是从零项加到一定值的，也即变力做功，因此不论外力实功或应变能，凡属线弹性变形的范畴，积分后均带系数 1/2。

4. 弹性势能对应力、应变的微分关系

(1) $\sigma_{ij}=\dfrac{\partial u_0(\varepsilon_{ij})}{\partial\varepsilon_{ij}}$ （适用于一般弹性体） (3-194)

(2) $\varepsilon_{ij}=\dfrac{\partial u_0(\sigma_{ij})}{\partial\sigma_{ij}}$ （适用于线性弹性体） (3-195)

5. 关于余能的概念

为了更好地理解式(3-194)和式(3-195)的概念，简单介绍一下关于余能(应变余能)的概念。对于一般弹性体如图3-44所示，以一维应力状态为例，我们所定义的应变能实际上就相当于图3-44中应力应变曲线与ε_x轴所包围的面积，此时$U_0=\int_0^{\varepsilon_x}\sigma_x\mathrm{d}\varepsilon_x$。

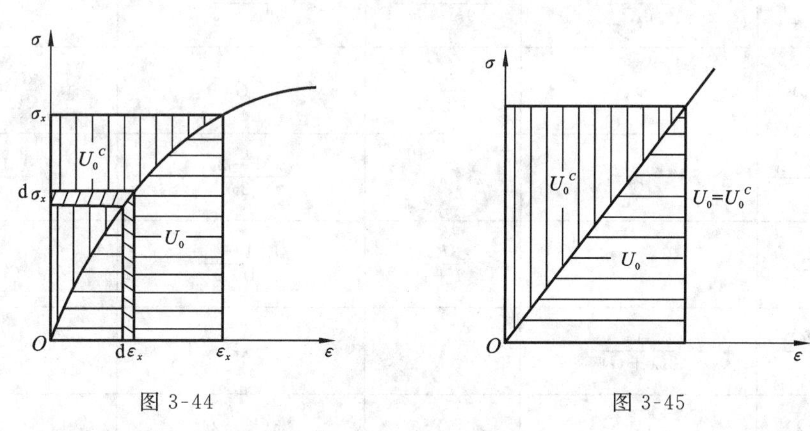

图3-44　　图3-45

如果我们认为应力应变曲线与σ_x轴所包围的面积U_0^C与面积U_0互补，且定义面积U_0^C为应变余能，则一维状态下$U_0^C=\int_0^{\sigma_x}\varepsilon_x\mathrm{d}\sigma_x$。注意此时的积分式中积分变量为应力，即为应力与应变曲线与σ_x轴所包围的面积。应变余能U_0^C的一般表达式为

$$U_0^C=\int_0^{\sigma_{ij}}\varepsilon_{ij}\mathrm{d}\sigma_{ij} \tag{3-196}$$

因此对于式(3-68)来说，对于一般弹性体，其关系式为

$$\varepsilon_{ij}=\frac{\partial U_0^C(\sigma_{ij})}{\partial\sigma_{ij}} \tag{3-197}$$

由于对于线弹性体应力应变曲线为直线(图3-45)，则有

$$U_0=U_0^C \tag{3-198}$$

即应变能与应变余能相等，式(3-68)才成立。

显然弹性势函数与应力、应变的微分关系实际上为用应变能形式表示的弹性本构方程。

6. 弹性常数

对各向同性弹性体的弹性常数通常有5个，但只有两个是独立的。这两个独立的弹性常数通常取为E和ν。五个弹性常数间的关系为

$$E=\frac{G(3\lambda+2G)}{\lambda+G},\quad \nu=\frac{\lambda}{2(\lambda+G)},\quad \lambda=\frac{\nu E}{(1+\nu)(1-2\nu)}$$

$$G=\frac{E}{2(1+\nu)},\quad K=\frac{E}{3(1-2\nu)}$$

各向同性弹性体弹性常数间的关系，请见表3-2中所示。

表 3-2

参数		$E=$	$\nu=$	$\lambda=$	$G=\mu=$	$K=$
ν	ν	E	ν	$\frac{E\nu}{(1+\nu)(1-2\nu)}$	$\frac{E}{2(1+\nu)}$	$\frac{E}{3(1-2\nu)}$
	G	E	$\frac{E-2G}{2G}$	$\frac{G(E-2G)}{3G-E}$	G	$\frac{GE}{3(3G-E)}$
	λ	E	$\frac{2\lambda}{E+\lambda+\sqrt{(E+\lambda)^2+8\lambda^2}}$	λ	$\frac{E-3\lambda+\sqrt{(E+\lambda)^2+8\lambda^2}}{4}$	$\frac{E+3\lambda+\sqrt{(E+\lambda)^2+8\lambda^2}}{6}$
	K	E	$\frac{3K-E}{6K}$	$\frac{3K(3K-E)}{9K-E}$	$\frac{3KE}{9K-E}$	K
ν	G	$2G(1+\nu)$	ν	$\frac{2G\nu}{1-2\nu}$	G	$\frac{2G(1+\nu)}{3(1-2\nu)}$
	λ	$\frac{\lambda(1+\nu)(1-2\nu)}{\nu}$	ν	λ	$\frac{\lambda(1-2\nu)}{2\nu}$	$\frac{\lambda(1+\nu)}{3\nu}$
	K	$3K(1-2\nu)$	ν	$\frac{3K\nu}{1+\nu}$	$\frac{3K(1-2\nu)}{2(1+\nu)}$	K
λ	G	$\frac{G(3\lambda+2G)}{\lambda+G}$	$\frac{\lambda}{2(\lambda+G)}$	λ	G	$\frac{3\lambda+2G}{3}$
	K	$\frac{9K(K-\lambda)}{3K-\lambda}$	$\frac{\lambda}{3K-\lambda}$	λ	$\frac{3(K-\lambda)}{2}$	K
G	K	$\frac{9KG}{3K+G}$	$\frac{3K-2G}{2(3K+G)}$	$\frac{3K-2G}{3}$	G	K

7. 塑性本构方程包括三个基本要素

综合本章讲过的理论，塑性变形的本构方程包括三个基本要素：屈服条件、强化条件、应力应变定性关系。以 Prandtl-Reuss 理论为例，采用 Mises 屈服条件 $\bar{\sigma}=\sigma_s$，考虑的是理想弹塑性材料，应力应变定性关系为

$$d\varepsilon_{ij}^P=\frac{3}{2}\frac{d\bar{\varepsilon}^P}{\bar{\sigma}}S_{ij} \tag{3-199}$$

推广到强化材料，采用的强化条件是 $\bar{\sigma}=\varphi\left(\int d\bar{\varepsilon}^P\right)$，式中 $\bar{\sigma}$ 可以用来衡量瞬时屈服强度，其初始屈服函数即是屈服条件。由此说明对某一理论，三个基本要素之间有一定关系。

8. 形变理论与增量理论的本质差别在于应力应变关系

形变理论只能求全量解(应变、位移等)，在整个加载过程中应力与应变呈一一对应关系。而增量理论是考虑瞬时应力状态中塑性应变增量与应力偏量之间的对应关系，可以求得瞬量解。如果要计算整个过程的变形，那么可由瞬时变形进行累积而得。因为它能反映复杂加载历史的影响，进而求得全量解。当沿不同的加载路径，一般两种理论所得的结果是不同的，只有在简单加载条件下，才有相同的结果。

9. 本构理论与加载(卸载)过程的关系

形变理论与增量理论适合于加载过程,在卸载过程中应力应变关系要用弹性变形虎克定律。如果整个变形过程中既包括加载过程又包括卸载过程,则要分开进行计算,然后进行累积相叠加。

10. 本构理论总结

若将弹性变形与塑性变形本构方程理论作比较与概括,则如表 3-3 所示。

表 3-3

理论名称		弹性应变	塑性应变	本构方程	材料模型		加载方式
弹性理论 Hooke (1660)		$e_{ij}^e=\frac{1}{2G}S_{ij}=\frac{3\bar{\varepsilon}^e}{2\bar{\sigma}}S_{ij}$	$e_{ij}^P=0$	$e_{ij}=\frac{1}{2G}S_{ij}$;$\varepsilon_m=\frac{\sigma_m}{3K}$ 或 $\varepsilon_{ij}=\frac{1+\nu}{E}\sigma_{ij}-\frac{\nu}{E}\delta_{ij}\sigma_m$	$\nu\leqslant\frac{1}{2}$	理想线性弹性体	比例
塑性增量理论	Prandtl (1924) -Reuss (1930)	$de_{ij}^e=\frac{1}{2G}dS_{ij}$	$de_{ij}^P=\frac{3d\bar{\varepsilon}^P}{2\bar{\sigma}}S_{ij}$	$de_{ij}=\frac{1}{2G}dS_{ij}+\frac{3d\bar{\varepsilon}^P}{2\bar{\sigma}}S_{ij}$,$(d\bar{\varepsilon}^P=\frac{dW_P}{\bar{\sigma}})$;$d\varepsilon_m=\frac{1}{3K}d\sigma_m$	$\nu\leqslant\frac{1}{2}$	理想弹塑性体	复杂
	Levy (1871) -Mises (1913)	$d\varepsilon_{ij}^e=0$	$d\varepsilon_{ij}^P=\frac{3d\bar{\varepsilon}^P}{2\bar{\sigma}}S_{ij}$	$\begin{cases}d\varepsilon_{ij}=\frac{3d\bar{\varepsilon}}{2\bar{\sigma}}S_{ij}\\ d\varepsilon_m=0\end{cases}$	$\nu=\frac{1}{2}$	理想刚塑性体	复杂
塑性全量理论	Hencky (1924)	$e_{ij}^e=\frac{1}{2G}S_{ij}$	$e_{ij}^P=\frac{\varphi}{2G}S_{ij}$ $(\varphi=\frac{3G\bar{\varepsilon}^P}{\bar{\sigma}})$	$\begin{cases}e_{ij}=\frac{1+\varphi}{2G}S_{ij}\\ \varepsilon_m=\frac{1}{3K}\sigma_m\end{cases}$	$\nu\leqslant\frac{1}{2}$	理想弹塑性体	比例
	Илвющин (1943)	$e_{ij}^e=\frac{3\bar{\varepsilon}^e}{2\bar{\sigma}}S_{ij}$	$\varepsilon_{ij}^P=\frac{3\bar{\varepsilon}^P}{2\bar{\sigma}}S_{ij}$	$\begin{cases}e_{ij}=\frac{3\bar{\varepsilon}}{2\bar{\sigma}}S_{ij}\\ \varepsilon_m=\frac{1}{3K}\sigma_m\end{cases}$	$\nu=\frac{1}{2}$ $\nu\neq\frac{1}{2}$	幂次强化材料 $\bar{\sigma}=\varphi(\bar{\varepsilon})$	比例

习　题

3-1　试证明在弹性变形时，关于一点的应力状态，下式成立。

(1) $\gamma_8 = \dfrac{1}{G}\tau_8$；　　(2) $\bar{\sigma} = k\bar{\varepsilon}$　(设 $\nu = 0.5$)

3-2*　试以等值拉压应力状态与纯剪切应力状态的关系，由应变能公式证明 G,E,ν 之间的关系为：$G = \dfrac{E}{2(1+\nu)}$。

3-3*　证明：如泊松比 $\nu = \dfrac{1}{2}$，则 $G = \dfrac{1}{3}E,\lambda \to \infty,k \to \infty,e = 0$，并说明此时上述各弹性常数的物理意义。

3-4*　如设材料屈服的原因是形状改变比能(畸形能)达到某一极值时发生，试根据单向拉伸应力状态和纯剪切应力状态确定屈服极限 δ_s 与 τ_s 的关系。

3-5　试依据物体单向拉伸侧向不会膨胀，三向受拉体积不会缩小的体积应变规律来证明泊松比 ν 的上下限为：$0 < \nu < \dfrac{1}{2}$。

3-6*　试由物体三向等值压缩的应力状态来推证：$K = \lambda + \dfrac{2}{3}G$ 的关系，并验证是否与 $K = \dfrac{E}{3(1-2\nu)}$ 符合。

3-7　已知钢材弹性常数 $E_1 = 210\text{GPa},\nu_1 = 0.3$，橡皮的弹性常数 $E_2 = 5\text{MPa},\nu_2 = 0.47$，试比较它们的体积弹性常数(设 K_1 为钢材，K_2 为橡皮的体积弹性模量)。

3-8　有一处于二向拉伸应力状态下的微分体($\sigma_1 \neq 0,\sigma_2 \neq 0,\sigma_3 = 0$)，其主应变为 $\varepsilon_1 = 1.7 \times 10^{-4},\varepsilon_2 = 0.4 \times 10^{-4}$。已知 $\nu = 0.3$，试求主应变 ε_3。

3-9　如题 3-9 图示尺寸为 1cm×1cm×1cm 的铝方块，无间隙地嵌入一有槽的钢块中。设钢块不变形，试求：在压力 $P = 6\text{kN}$ 的作用下铝块内一点应力状态的三个主应力及主应变，铝的弹性常数 $E = 70\text{GPa},\nu = 0.33$。

3-10*　直径 $D = 40\text{mm}$ 的铝圆柱体，无间隙地放入厚度为 $\delta = 2\text{mm}$ 的钢套中，圆柱受轴向压力 $P = 40\text{kN}$。若铝的弹性常数 $E_1 = 70\text{GPa},\nu_1 = 0.35$，钢的 $E = 210\text{GPa}$，试求筒内一点处的周向应力。

3-11　将橡皮方块放入相同容积的铁盒内，上面盖以铁盖并承受均匀压力 P，如题 3-11 图示，设铁盒与铁盖为刚体，橡皮与铁之间不计摩擦，试求铁盒内侧面所受到橡皮块的压力 q，

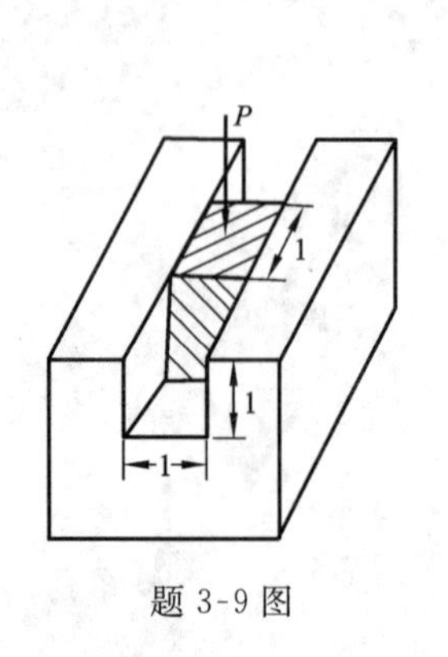

题 3-9 图

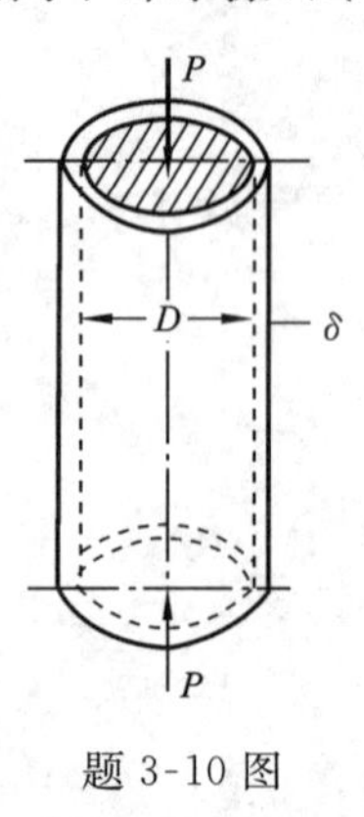

题 3-10 图

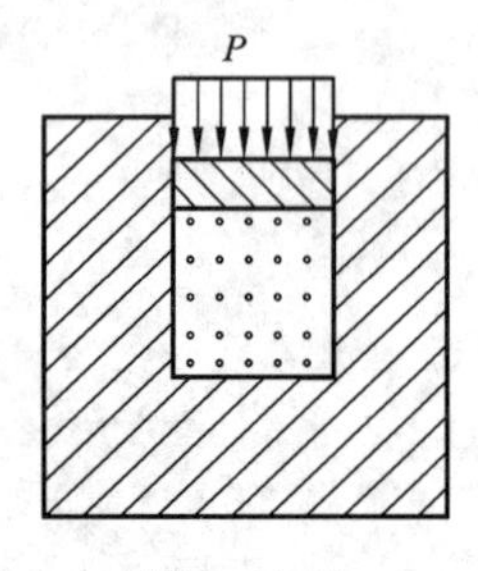

题 3-11 图

以及橡皮块的体积应变。若将橡皮块换成刚体或不可压缩体时，其体积应变又各为多少？

3-12　已知畸变能 $U_{0d} = \frac{1}{2}S_{ij}e_{ij}$，求证 $U_{0d} = \frac{1}{2}\bar{\sigma}\bar{\varepsilon}$。

3-13*　已知截面为 A，体积为 V 的等直杆，受到轴向力的拉伸，试求此杆的总应变能 U 及体变能 U_V 与畸变能 U_d，并求其比值：$K_V = \frac{U_V}{U}$，$K_d = \frac{U_d}{U}$ 随泊松比 ν 的变化。

3-14　试由应变能公式根据纯剪应力状态，证明在弹性范围内剪应力不产生体积应变，且剪切弹性模量 $G > 0$。

3-15*　各向同性体承受单向拉伸（$\sigma_1 > 0, \sigma_2 = \sigma_3 = 0$），试确定只产生剪应变的截面位置。

3-16　给定单向拉伸曲线如题 3-16 图所示，ε_s，E，E' 均为已知，当知道 B 点的应变为 ε 时，试求该点的塑性应变。

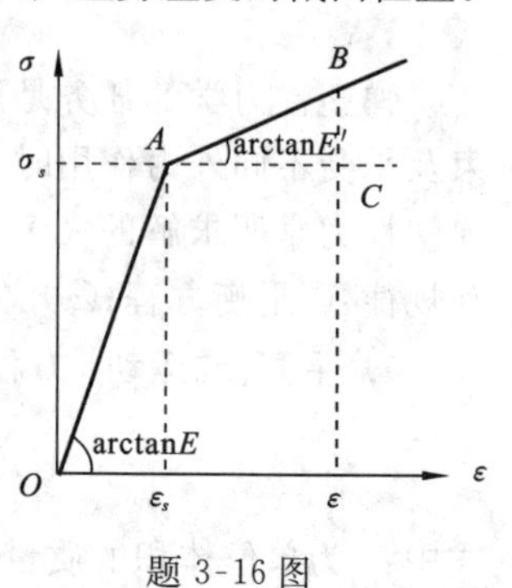

题 3-16 图

3-17　给定下列的主应力，试由 Prandtl-Reuss，Levy-Mises 理论求：$d\varepsilon_1^P : d\varepsilon_2^P : d\varepsilon_3^P$ 和 $d\varepsilon_1 : d\varepsilon_2 : d\varepsilon_3$。由 Èëüùþèí 理论求 $\varepsilon_1^P : \varepsilon_2^P : \varepsilon_3^P$。

（1）$\sigma_i = 3\sigma, \sigma_2 = \sigma, \sigma_3 = -\sigma$；（2）$\sigma_1 = 2\sigma, \sigma_2 = \sigma, \sigma_3 = 0$。

3-18*　已知一长封闭圆筒，平均半径为 r，壁厚为 t，承受内压力 p 的作用，而产生塑性变形，材料是各向同性的，如忽略弹性应变，试求周向、径向和轴向应变增量之比。

3-19　已知薄壁圆筒承受轴向拉应力 $\sigma_z = \frac{\sigma_s}{2}$ 及扭矩的作用，若使用 Mises 条件，试求屈服时剪应力 $\tau_{z\theta}$ 应为多大？并求出此时塑性应变增量的比值 $d\varepsilon_r^P : d\varepsilon_\theta^P : d\varepsilon_z^P : d\gamma_{z\theta}^P$。

3-20　薄壁圆筒，平均半径为 r，壁厚为 t，承受内压力 p 作用，设 $\sigma_r = 0$，且材料是不可压缩的，$\nu = \frac{1}{2}$，讨论下列三种情形：

（1）管的两端是自由的；（2）管的两端是固定的；（3）管的两端是封闭的。

分别对 Mises 和 Tresca 两种屈服条件，讨论 p 多大时管子开始屈服。已知材料单向拉伸试验 σ_s 值。

3-21*　按题 3-20 所述，如已知纯剪试验 τ_s 值，又如何？

3-22　给出以下问题的最大剪应力条件与畸变能条件：

（1）如 τ_s 已知，受内压作用的封闭薄壁圆筒。设内压为 q，平均半径为 r，壁厚为 t。材料为理想弹塑性。

（2）如 σ_s 已知，受拉力 p 和弯矩 M 作用的杆。杆为矩形截面，面积 $b \times h$，材料为理想弹塑性。

3-23　设材料为理想弹塑性，$\nu = \frac{1}{2}$，当材料加载进入塑性状态，试给出简单拉伸时的 Prandtl-Reuss 增量理论与全量理论的本构方程以及塑性应变增量之间与应变分量之间的比值。

3-24　设已知薄壁圆管受拉伸与扭矩，其应力为 $\sigma_z = \sigma, \tau_{z\theta} = \tau$，其他应力为零。若使 $\frac{\gamma}{\varepsilon} = \sqrt{3}$ 保持为常数的情况下进入塑性状态，试分别用增量理论与全量理论求圆管中的应力值。

3-25　已知某材料在纯剪时的曲线 $\tau = f(\gamma)$，问 $(\bar{\sigma}, \bar{\varepsilon})$ 曲线是什么形式？

3-26*　由符合 Mises 屈服条件的材料制成的圆杆，其体积是不可压缩的，若首先将杆拉至屈服，保持应变不变，再扭至 $\theta = \frac{\tau_s}{GR}$，式中 R 为圆杆的半径，τ_s 为材料的剪切屈服极限，试求此时圆杆中的应力值。

第四章　弹塑性力学基础理论的建立及基本解法

第一节　弹塑性力学基础理论的建立

弹塑性力学的任务是研究各种具体几何尺寸的弹性、弹塑性体或刚塑性体在各种几何约束及承受不同外力作用时，发生于其内部的应力分布与变形(或位移)规律。与材料力学一样，弹塑性力学所求解的大多数问题都是超静定问题，因此其基础理论的建立来自三个方面的客观规律：①平衡方程；②几何方程；③本构方程。现将这三方面的方程汇集如下。

1. 平衡(或运动)方程

$$\sigma_{ij'j} + F_i = 0\left(\rho \frac{\partial^2 u_i}{\partial t^2}\right) \tag{4-1}$$

式中：ρ 为单位体积的质量。若式(4-1)不等于零，即表示物体内质点处于运动状态(如弹性波的传播问题)，则根据理论力学中的达朗伯原理需将式(4-1)右端等于括号内的惯性力项。

这一组方程只表明物体内一点应力状态与其邻点的应力状态之间在平衡(或运动)时所应满足的关系，对于任何连续体，不论是弹性体、弹塑性体以至流体、气体都是成立的。

2. 几何方程与应变协调方程

(1) 几何方程：

$$\varepsilon_{ij} = \frac{1}{2}(u_{i'j} + u_{j'i}) \tag{4-2}$$

此式表明在小变形条件下，物体内一点附近的变形情况和该点的应变状态之间的关系。

(2) 应变协调方程(变形连续性条件、变形相容条件)：

$$\left.\begin{aligned}
&\frac{\partial^2 \varepsilon_x}{\partial y^2} + \frac{\partial^2 \varepsilon_y}{\partial x^2} = \frac{\partial^2 \gamma_{xy}}{\partial x \partial y}, \quad 2\frac{\partial^2 \varepsilon_x}{\partial y \partial z} = \frac{\partial}{\partial x}\left(-\frac{\partial \gamma_{yz}}{\partial x} + \frac{\partial \gamma_{zx}}{\partial y} + \frac{\partial \gamma_{xy}}{\partial z}\right)\\
&\frac{\partial^2 \varepsilon_y}{\partial z^2} + \frac{\partial^2 \varepsilon_z}{\partial y^2} = \frac{\partial^2 \gamma_{yz}}{\partial y \partial z}, \quad 2\frac{\partial^2 \varepsilon_y}{\partial z \partial x} = \frac{\partial}{\partial y}\left(\frac{\partial \gamma_{yz}}{\partial x} - \frac{\partial \gamma_{zx}}{\partial y} + \frac{\partial \gamma_{xy}}{\partial z}\right)\\
&\frac{\partial^2 \varepsilon_z}{\partial x^2} + \frac{\partial^2 \varepsilon_x}{\partial z^2} = \frac{\partial^2 \gamma_{zx}}{\partial z \partial x}, \quad 2\frac{\partial^2 \varepsilon_z}{\partial x \partial y} = \frac{\partial}{\partial z}\left(\frac{\partial \gamma_{yz}}{\partial x} + \frac{\partial \gamma_{zx}}{\partial y} - \frac{\partial \gamma_{xy}}{\partial z}\right)
\end{aligned}\right\} \tag{4-3}$$

可缩写为

$$\varepsilon_{ij'kl} + \varepsilon_{kl'ij} = \varepsilon_{ik'jl} + \varepsilon_{jl'ik} \tag{4-4}$$

上述方程是6个应变分量 ε_{ij} 保证3个位移分量 u_i 为单值连续函数(保持连续)的条件。显然，上述方程(4-1)和方程(4-3)与物体的物理性质无关。

3. 本构方程(物性方程)

(1) 在弹性变形阶段，且屈服函数 $f(\sigma_{ij}) < 0$。则有

$$\text{(i)}\qquad \varepsilon_{ij} = \frac{1+\nu}{E}\sigma_{ij} - \frac{\nu}{E}\delta_{ij}\sigma \qquad (\sigma = \sigma_{ii}) \tag{4-5}$$

如用应变表示应力，则有

$$\text{(ii)}\qquad \sigma_{ij} = \frac{E\nu}{(1+\nu)(1-2\nu)}\delta_{ij}e + \frac{E}{1+\nu}\varepsilon_{ij} = \lambda\delta_{ij}e + 2G\varepsilon_{ij} \qquad (e = \varepsilon_{ii}) \tag{4-6}$$

为便于与塑性变形本构方程对比，也可将本构方程表示为

(iii) $$e_{ij}^{e}=\frac{1}{2G}S_{ij}=\frac{3\bar{\varepsilon}^{e}}{2\bar{\sigma}}S_{ij},\quad \sigma_m=3K\varepsilon_m \tag{4-7}$$

(2) 在弹塑性变形阶段，屈服函数 $f(\sigma_{ij})\geqslant 0$，则有

A. 增量理论(流动理论)

(i)Prandtl-Reuss($\nu\leqslant\frac{1}{2}$)：

(a) 理想弹塑性材料 $$de_{ij}=\frac{1}{2G}dS_{ij}+\frac{3d\bar{\varepsilon}^{P}}{2\bar{\sigma}}S_{ij},\quad d\sigma_m=3Kd\varepsilon_m \tag{4-8}$$

(b) 等向强化材料 $$\left.\begin{aligned}de_{ij}&=\frac{1}{2G}dS_{ij}+\frac{3d\bar{\sigma}}{2\bar{\sigma}\varphi'}S_{ij}\\ d\sigma_m&=3Kd\varepsilon_m\end{aligned}\right\} \tag{4-9}$$

(ii) Levy-Mises($\nu=\frac{1}{2}$)：

(a) 理想刚塑性材料 $$d\varepsilon_{ij}=\frac{3}{2}\frac{d\bar{\varepsilon}}{\sigma}S_{ij},\quad d\varepsilon_m=0 \tag{4-10}$$

(b) 等向强化材料 $$d\varepsilon_{ij}=\frac{3d\bar{\sigma}}{2\bar{\sigma}\varphi'}S_{ij},\quad d\varepsilon_m=0\quad \left(\varphi'=\frac{d\bar{\sigma}}{2\bar{\varepsilon}^{P}}\right) \tag{4-11}$$

B. 全量理论(形变理论)

以 Илвющин 为代表(强化材料 $\nu\leqslant\frac{1}{2}$)，则

$$e_{ij}=\frac{3\bar{\varepsilon}}{2\bar{\sigma}}S_{ij}\quad\left(\nu=\frac{1}{2}\right),\quad \sigma_m=3K\varepsilon_m\quad\left(\nu\neq\frac{1}{2}\right) \tag{4-12}$$

其中 $\bar{\sigma}=\varphi(\bar{\varepsilon})$ 或 $\bar{\sigma}=A\bar{\varepsilon}^{n}$。

总之，当物体发生变形时，不论弹性变形或塑性变形问题，共有 3 个平衡微分方程、6 个几何方程和 6 个本构方程，共计 15 个独立方程(统称**泛定方程**)。而问题有 σ_{ij}，ε_{ij} 和 u_i 共计 15 个基本未知函数。因此，在给定边界条件时，问题是可以求解的。弹塑性静力学的这种问题在数学上称为**求解边值问题**。

任何一个固体力学参量在具体受力物体内一般都是体内各点(x,y,z)的函数，它们满足的方程(泛定方程)相同。然而由于物体几何尺寸的不同，载荷大小与分布的不同，必然导致物体内各点应力、应变与位移的大小和变化规律是千变万化的。也就是说，单靠这些泛定方程是不足以解决具体问题的。从力学观点来说，所有满足泛定方程的应力、应变和位移，也应该同时满足物体(表面)与外界作用的条件，也即应力边界条件和位移边界条件；而从数学观点来说，就是要满足具体问题的定解条件，也即边界条件(或初始条件)。于是，弹塑性力学的基本方程组和边界条件一直构成了弹塑性力学边值问题的提法。

4. 边界条件

(1) 应力边界条件： $$\sigma_{ij}l_j=\bar{F}_i\quad (在\ S_T\ 上) \tag{4-13}$$

(2) 位移边界条件： $$u_i=\bar{u}_i\quad (在\ S_u\ 上) \tag{4-14}$$

以上这些方程的解答是唯一的。以下将证明解的唯一性。

第二节 弹塑性力学问题的提法

在求解弹塑性静力学的问题时，通常已知的条件为：①物体的形状和尺寸；②材料的物理

常数;③外载荷包括体力和面力;④物体的约束条件。求解弹塑性力学问题的目的,在于求出物体内各点的应力和位移,即应力场、位移场。因而,问题的提法是,结合作用在物体全部边界或内部的外界作用(包括外力、重力、温度影响等),求解物体内因此而产生的应力场和位移场。

弹塑性力学泛定方程是一个封闭的方程组。但仅靠这组方程并不能解决任何具体问题。在所有满足泛定方程的应力、应变和位移分布的函数中,只有与定解条件,即边界条件或初始条件(对弹性动力学问题)相符合的解,才是我们所需要的解答。也就是说,弹塑性力学的基本方程组一般控制了物体内部应力、应变和位移之间相互关系的普遍规律,而定解条件则具体给出了一个边值问题的特定规律。因此,弹塑性力学的基本方程组和边界条件一直构成了弹塑性力学边值问题的严格完整的提法。根据具体问题边界条件类型的不同,常把边值问题分类三类。

第一类边值问题:给定物体的体力和面力,求在平衡状态下的应力场和位移场,即所谓边界应力已知的问题。

第二类边值问题:给定物体的体力和物体表面各点位移的约束情况,求在平衡状态下的应力场和物体内部的位移场,即所谓边界位移已知的问题。

第三类边值问题:在物体表面上,一部分给定面力,其余部分给定位移(或在部分表面上给定外力和位移关系)的条件下求解上述问题,即所谓混合边值问题。

应当指出:弹塑性力学问题的提法必须使定解问题是适定的,即:①有解;②解是唯一的;③解是稳定的。在研究弹塑性力学时,自然会提出问题的解是否存在和是否唯一的问题。根据数学弹塑性力学理论证明:解是存在的(即解的存在定理),而且在小变形条件下,对于受平衡力系作用的物体的应力和应变解也是唯一的(即解的唯一性定理。对于理想弹塑性材料无约束变形,其解不为唯一,不在此例)。所谓解是稳定的,就是说如果定解条件有微小变化,将只引起解的微小变化。我们此处将只讨论弹性力学解的唯一性问题。

在求解弹塑性力学边值问题时我们还应该注意到下列几个问题:

(1) 边界条件的个数必须给得不多也不少,才能得到正确的解答。如果条件给多了,就找不到满足全部条件的解;如果给少了,就会有许多的解满足所给的条件,因而就无法判断哪些是正确的解。根据前述应力边界与位移边界的讨论:一般对于空间问题的应力边界条件,必须在边界的每一点上有三个应力边界条件;或者对于空间问题的每个边界面可以建立六个应力与面力的力与力矩的平衡条件。一般对于空间问题的位移边界条件,必须在边界的每一点上有三个位移边界条件;或者对于空间问题的每个边界面可以建立六个约束移动与转动的位移条件。

(2) 对于塑性力学问题,在给定加载路径时,可以对每时刻求出增量,然后用累计(积分)的方法得出应力和应变的分布规律。对于加载过程的弹塑性问题可作为非线性弹性力学问题来处理,如果出现卸载问题,卸载时必须根据弹性变形规律来处理。

(3) 在弹塑性变形状态下,物体有的部分进入了塑性状态,有的部分还处于弹性状态,也就是说,首先要找到弹塑性区域的分界面,然后在弹性区域应用弹性本构方程,在塑性区域应用塑性本构方程。在寻求弹塑性交界面时可应用这两种区域间的连续条件和间断性条件(具体条件在有关章节中介绍)。

(4) 当理想弹性材料的物体处于弹塑性状态时,泛定方程中多了一个 $d\lambda$ 的未知参数,不过也增加了一个屈服条件 $f(\sigma_{ij}) = 0$,因为只有在应力满足屈服条件时,$d\lambda$ 才不等于零。此时可引用屈服条件求解,如本章例 4-3 的解。

第三节　弹塑性力学问题的基本解法

在求解弹塑性边值问题时，有三种不同的解题方法。

1. 位移法

用位移作为基本未知量来求解边值问题的方法，称为**位移法**。通常，给定位移边界条件（第二类边值问题）时，宜用此法。具体步骤如下：

（1）从几何方程和本构方程中消去应变，得到表示应力和位移关系的 6 个新方程。将新方程代入平衡方程，得到用位移表示的 3 个平衡方程。

（2）解平衡方程求得位移 u_i。在这一过程中由于进行了积分运算，会出现待定函数。这些任意函数可用由位移表示的边界条件来确定。因此，需把边界条件用位移来表示。

（3）如果需要求应变，即按几何方程求出应变。

（4）如果还需要求出应力，可将求出的应变式代入本构方程，即得应力表达式。

在上述求解过程中，对位移法来说无需用到应变协调方程，这是因为应变协调方程本身是来自几何方程的，而几何方程在上面的步骤中已用到，所以，连续性条件是一定满足的。

2. 应力法

用应力作为基本未知量来求解边值问题，叫**应力法**。显然，当给定应力边界条件（第一类边值问题）时，宜用应力法。具体步骤如下：

（1）显然，3 个平衡微分方程不足以确定 6 个应力分量，故还需补充方程。

（2）借助本构方程把应变协调方程用应力表示，与平衡方程一起共得 9 个方程，这就是一组确定应力的综合方程。积分这些方程时会出现坐标的任意函数，它们可以由应力边界条件来确定。

（3）将所得应力再代入本构方程，即可求得应变分量表达式。

（4）为了求得位移的表达式，应将所得的应变式代入几何方程，再积分出位移来。这时又会出现坐标的任意函数，这些函数则由位移约束条件来确定。

3. 混合法

对第三类边值问题则宜以各点的一部分位移分量和一部分应力分量作为基本未知量混合求解。这种方法叫**混合法**。

由以上讨论可以看出：位移法解题比较简单，因为它只是首先解出 3 个未知数 u_i，但是，在工程中所遇到的问题常常是要求出应力以判断强度，甚至不要求计算位移，此时宜用应力法求解。总之，在解具体问题时，尽量避免联立求解 15 个泛定方程，而是根据要求解什么，以什么为未知量，把其余一些未知量从方程中消去。

上述位移法、应力法和混合法统称为**直接解法**。尽管这些方法的建立在理论上有着重大意义，但在实际解题过程中却很少原原本本地按上述步骤去做，原因还是在于数学上的困难和复杂性，对于弹性力学问题需要在严格的边界条件上解复杂的偏微分方程组；而对于塑性力学问题，再加上本构方程的非线性和多值关系，就更加困难。因而，人们又研究了各种解题方法，在弹塑性力学解题方法中经常采用如下方法。

(1) 逆解法：设位移或应力的函数式是已知的，然后代入上述有关方程中求得应力和位移或应变和位移，并且要求满足边界条件。如果验证能满足或近似满足一切基本方程与边界条件，就可把所选取的解作为所要求的解。

(2) 半逆解法：也称**凑合解法**。所谓半逆解法就是在未知量中，先根据问题的特点假设一部分应力或位移为已知，然后在基本方程和边界条件中，求解其余的部分，这样便得到了全部未知量。在具体计算中对于简单问题经常先利用材料力学中对同类型问题的初等解作为近似解，建立应力(或位移) 函数再代入弹性力学的基本方程中逐步修正得到精确解。

(3) 迭代法：在塑性力学中使用全量理论并按位移求解问题时，还经常采用 Илвющин 提出的弹性解法，也即**迭代法**。所谓迭代法就是逐步渐近求解位移方程的方法。将弹性解答作为第一个近似解，并以此为基础代入有关方程重复计算逐步修正误差，可得出在所要求精确度内接近实际的解。一般在小变形条件下解的收敛很快。

由于塑性力学问题求解的困难，往往还要做一些简化，例如，认为材料是不可压缩的，略去弹性变形，略去强化等。如前所述材料的各种理想化将使解法具有独自的特色。以下将分别进行介绍。

在讨论弹塑性问题的具体解法前，还须提出几个弹性力学中很重要的定理与原理。

第四节　弹塑性力学的基本定理与原理

1. 弹性力学解的唯一定理

把弹性力学的普遍方程与边界条件联系起来研究，可以证明这些方程的解不仅存在，而且具有单值性。也就是说，当载荷及表面上某些点的位移已给定时，弹性体只存在着唯一的一种应力状态，这个结论称为解的唯一性定理。解的存在定理的证明过程冗长(可参考数学弹性理论书籍)，不拟介绍，以下只证明解的唯一性定理。首先应说明，这里只涉及微小变形的弹性力学问题。如果应变和位移不是微小量，则基本方程的解可能不再具有单值性，这种情况在弹性稳定问题中就可以看到。现采用反证法来证明解的唯一性。

设问题的解不唯一，先假定在给定的载荷及边界条件下，有两组不同的解答，即：应力解 $\sigma_{ij}^{(1)}$ 和 $\sigma_{ij}^{(2)}$，与之对应的位移解 $u_i^{(1)}$ 和 $u_i^{(2)}$，它们的差为：$\sigma_{ij}^{*} = \sigma_{ij}^{(1)} - \sigma_{ij}^{(2)}$ 及 $u_i^{*} = u_i^{(1)} - u_i^{(2)}$。先由第一组解，它必然满足平衡方程(4-1) 与应力和位移边界条件式(4-13) 及式(4-14)，即

$$\sigma_{ij',j}^{(1)} + F_i = 0, \quad \sigma_{ij}^{(1)} n_j = \bar{F}_i, \quad u_i^{(1)} = \bar{u}_i \tag{4-15}$$

对于第二组解，同样也满足上述条件，即

$$\sigma_{ij',j}^{(2)} + F_i = 0, \quad \sigma_{ij}^{(2)} n_j = \bar{F}_i, \quad u_i^{(2)} = \bar{u}_i \tag{4-16}$$

此外，各应变分量的两组解答 $\varepsilon_{ij}^{(1)}$ 和 $\varepsilon_{ij}^{(2)}$，也应各自满足应变协调方程(4-3)。由于以上各式中应力分量之间是线性相关的，若将式(4-15) 的第一式减去式(4-16) 的第一式，(4-15) 的第二式减去(4-16) 的第二式，则有

$$\sigma_{ij',j}^{*} = 0, \quad (\sigma_{ij}^{(1)} - \sigma_{ij}^{(2)}) n_j = 0, \quad 即 \quad \sigma_{ij}^{*} = 0 \tag{4-17}$$

显然，应变协调方程也能够被一组应变差 $\varepsilon_{ij}^{(1)} - \varepsilon_{ij}^{(2)} = \varepsilon_{ij}^{*}$ 所满足。又由式(4-15)、式(4-16) 的第三式相减，则有

$$u_i^{*} = u_i^{(1)} - u_i^{(2)} = 0 \tag{4-18}$$

式(4-17)、式(4-18) 表明，差应力 σ_{ij}^{*} 状态所对应的是所有的外力(包括体力和面力) 及所有边界位移都等于零的无应力状态。由此得出，在全部体积内有

$$\sigma_{ij}^{(1)} = \sigma_{ij}^{(2)}, \quad u_i^{(1)} = u_i^{(2)} \tag{4-19}$$

又因为所有的外力及位移都等于零，则外力的功必等于零。根据式(3-11) 外力功与弹性变形势能的关系，可知差应力状态下弹性体内积累的变形势能等于零。又由式(3-69) 知，弹性变形能是应变分量的平方的函数。只要有一个应变分量不等于零，变形能必定有非零的正值，当所有的应变分量全部等于零时，它才会等于零。因此，上述变形势能为零，说明弹性体内任意一点差应力状态下应变分量也为零，也即两组解答的应变分量也相等，$\varepsilon_{ij}^{(1)}=\varepsilon_{ij}^{(2)}$。再由式(4-19)，解的唯一性得证。

2. 圣维南原理

现在介绍在弹塑性力学计算中一个非常重要的简化边界条件的原理 —— 圣维南原理，也称局部影响原理。

弹性力学解的唯一性定理告诉我们，两组静力等效载荷分别作用于同一物体同一边界区域时，因各自构成的边界条件不同，所以两种情况下物体中的内力是不同的。但是实践说明：两组有相等合力与合力矩的力系分布在相同的边界面上所求得的应力场，只在面力作用点附近才有显著不同，而离开受力点较远的地方的应力分布则基本相同。这一事实被总结为圣维南原理。在许多工程实际问题中，关于边界力的真实分布情况是极为复杂并难以确定的，一般只能计算某一段边界上的合力和合力矩。因而圣维南原理简化了边界条件，这对解决实际问题是非常必要的，实验证明也是符合实际的。

圣维南原理指出：如作用在弹性体表面某一局部面积上的力系，为作用在同一局部面积上的另一静力等效力系所替代，则载荷的这种重新分布，只在离载荷作用处附近的地方，才使应力的分布发生显著的变化，而在离载荷较远处则只产生极小的局部影响。

现以等直方杆一端受压缩问题为例加以说明。如图 4-1(a)、(b)、(c) 三种情况，其外力合力均为 P，这时三者的应力只在杆端附近不同，其影响范围不超过物体最小尺寸宽度 b 的限度，在离开杆端的大部分长度上，作用力的不同分布将无太大差异。研究证明，影响区的大小大致与外力作用区的大小相当。圣维南原理的应用也就是对于严格要求的边界条件在局部边界上有所放松，也可称为静力等效边界条件。它的运用扩大了弹性力学解决具体问题的范围。

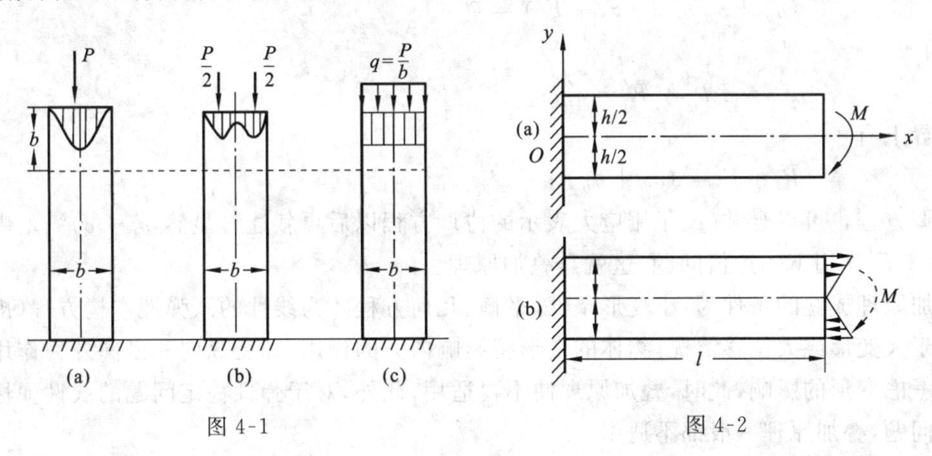

图 4-1　　图 4-2

例 4-1　如用图 4-2(b) 代替图 4-2(a)，据圣维南原理，其端部边界条件可用积分形式的静力等效力系(即分布在端部梁内应力组成的力系) 来代替边界上作用力系。试列出这些积分形式的静力合成边界条件。

解　此问题端部的积分形式的边界条件为

$$\int_{-h/2}^{h/2}(\sigma_x)_{x=l}\mathrm{d}y=0,\quad \int_{-h/2}^{h/2}(\sigma_x)_{x=l}y\mathrm{d}y=M,\quad \int_{-h/2}^{h/2}(\tau_{xy})_{x=l}\mathrm{d}y=0$$

对于薄壁构件或壳体，在应用圣维南原理时必须谨慎。如图 4-3(a) 的工字梁，两端作用弯曲扭转双力偶，虽然外载荷在杆端范围内与零载荷静力等效，但却在整个杆长内引起显著的应力和变形。因而圣维南原理在此处并不适用。对此，我们可以作如下的补充解释，圣维南原理中所指出的"局部表面"面积的二维尺寸中，应至少有一个不大于物体的最小特征尺寸，而图 4-3(b) 中薄壁杆件外力作用的表面积的两个尺寸 b 及 h 皆远大于其腹板厚度 t，故原理不能应用。因此，应用圣维南原理的一个必要条件，即只有当力作用区域的尺寸比物体最小尺寸小的条件下才能应用。

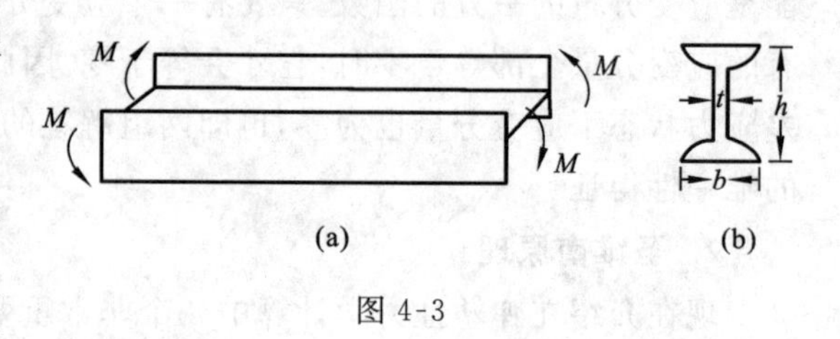

图 4-3

3. 叠加原理

所谓叠加原理就是"弹性体由数种载荷作用时所引起的诸固体力学参量(内力、应力或位移)等于各个载荷单独作用时所引起的该参量值之代数和。"叠加原理在物理现象上说明多力作用互不影响的独立作用，在数学理论上说明参量函数为线性方程。

现以弹性力学边值问题的应力解为例来进行说明：其解应力分量 σ_{ij} 必须满足平衡方程、协调方程和应力边界条件。设某一弹性体在一组面力和体力分别为 $\overline{F}_i$，F_i 作用下，其体内的应力分量为 σ_{ij}，在同一弹性体内由另一组面力 $\overline{F}'_i$和体力 F'_i所引起的另一组应力分量为 σ'_{ij}。则 $\sigma_{ij}+\sigma'_{ij}$就一定是由于面力 $\overline{F}_i+\overline{F}'_i$和体力 $F_i+F'_i$的共同作用所引起的应力。这是因为定解条件和泛定方程都是线性的。在这种情况下，

$$\sigma_{ij',j}+F_i=0,\quad \sigma'_{ij',j}+F'_i=0 \tag{4-20}$$

成立，以上两式相加后有

$$(\sigma_{ij}+\sigma'_{ij})_{,j}+(F_i+F'_i)=0 \tag{4-21}$$

此外，由于

$$\overline{F}_i=\sigma_{ij}l_j,\quad \overline{F}'_i=\sigma'_{ij}l_j \tag{4-22}$$

故在边界上有

$$\overline{F}_i+\overline{F}'_i=(\sigma_{ij}+\sigma'_{ij})l_j \tag{4-23}$$

同样协调方程也可以合并(关于用应力表示的协调方程以后再叙述)。显然，$\sigma_{ij}+\sigma'_{ij}$满足由 $\overline{F}_i+\overline{F}'_i$和 $F_i+F'_i$作用下的边值问题。这就是叠加原理。

叠加原理成立的条件为：小变形条件(平衡、几何方程才为线性的)、弹性本构方程(虎克定律)。对于大变形或大位移情况，物体的变形将影响内力的作用，如受纵向和横向外力作用的梁就必须考虑变形的影响，此时，叠加原理便不再适用。此外，对于弹性稳定问题的线性弹性和塑性力学问题，叠加原理一般都不适用。

第五节　弹性力学的最简单问题·求解弹性力学问题简例

在弹性力学问题中，应变分量的二阶导数可以用应力分量的二阶导数来表示。如应力分量可用各点坐标的线性函数来表示，或者为常数，那么应力分量的二阶导数必等于零，因此这些应力

分量一定满足变形连续性条件。在这种特殊情况下,应力分量只需满足平衡方程及边界条件,因而容易求出解答。这类问题称为**弹性力学的最简单问题**。属于这类问题的有纯拉伸、纯扭转、平面弯曲、厚壁筒问题等。以下将举一个最简单的直杆拉伸的例子,来说明弹性力学解题的梗概。

例 4-2 设有图 4-4 所示等直杆,两端受集中力 P 作用,直杆侧表面为自由表面。求其应力场和位移场。

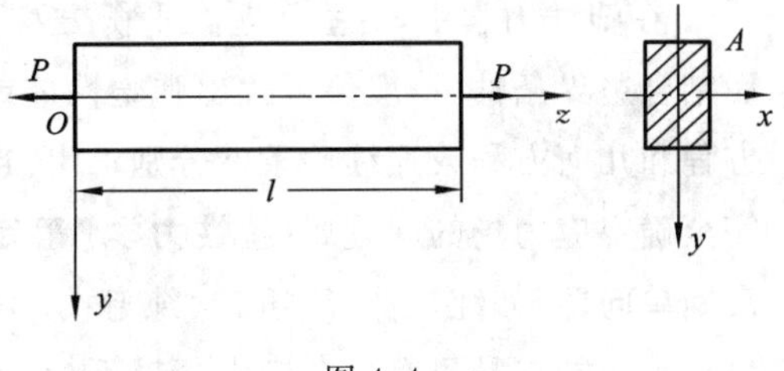

图 4-4

解 1) 确定体力和面力:对于上述问题,首先选取坐标系 $Oxyz$ 如图所示,两端 $x=0,z=l$ 处有外力作用,其合力为 P。假定体力略去不计,且杆件侧面的面力等于零。

2) 写出边界条件:在杆件侧面,因任一点的外法线方向 n 均垂直于 z 轴,故 $n_3=\cos(\widehat{n,z})=0$,杆体侧面的边界条件为:$\sigma_{ij}l_j=\overline{F}_i=0$,即

$$\sigma_x l_1+\tau_{xy}l_2=0,\quad \tau_{yz}l_1+\sigma_y l_2=0,\quad \tau_{zx}l_1+\tau_{yz}l_2=0 \tag{1}$$

在两端部因 $l_1=\cos(\widehat{z,x})=0,l_2=\cos(\widehat{z,y})=0,l_3=\pm 1$,设 σ_z 在端部均匀分布,由圣维南原理,则边界条件可简化为(其中 A 为杆的截面面积)

$$\sigma_z l_3 A=\pm P \quad 或 \quad \sigma_z\big|_{z=0或z=l}=\frac{P}{A} \tag{2}$$

3) 选择解题方法:选用应力法,则未知应力函数应满足平衡条件与应变协调方程,现用半逆解法求解。根据解的唯一性可知,如能给出一个既满足全部方程,又满足边界条件的解,则这个解就是本问题的唯一解。

4) 解边值问题:由半逆解法利用材料力学解答,取 $\sigma_x=\sigma_y=\tau_{xy}=\tau_{yz}=\tau_{zx}=0,\sigma_z=C$。此处 C 为特定常数,代入平衡方程 $\sigma_{ij'j}+F_i=0$,可见恒满足。而 σ_z 为常数必然满足应变协调方程。由边界条件可知式(1) 自然满足,从式(2) 有

$$C=\frac{P}{A},\quad \sigma_z=\frac{P}{A},\quad \sigma=\sigma_x+\sigma_y+\sigma_z=\frac{P}{A} \tag{3}$$

由广义虎克定律式(4-5) 有

$$\left.\begin{aligned}
&\varepsilon_z=\frac{1+\nu}{E}\sigma_z-\frac{\nu}{E}\sigma=\sigma_z\left(\frac{1+\nu}{E}-\frac{\nu}{E}\right)=\frac{P}{EA}\\
&\varepsilon_x=\varepsilon_y=-\frac{\nu\sigma_z}{E}=-\frac{\nu P}{EA}\\
&\gamma_{xy}=\gamma_{yz}=\gamma_{zx}=0
\end{aligned}\right\} \tag{4}$$

由上式可见,各应变分量均为常数。再积分式(4-2),可求出各位移分量。为此,可得在无刚性位移情况下的解为

$$u=\frac{\nu P}{EA}x,\quad v=-\frac{\nu P}{EA}y,\quad w=\frac{P}{EA}z \tag{5}$$

如给定位移边界条件,则在上述积分中便包含了积分常数,它反映了杆件的刚性位移(移动)。如给定 $x=0,u=\bar{u}_0$,则上述位移解为

$$u=-\frac{\nu P}{EA}x+\bar{u}_0 \tag{6}$$

$\bar{u}_0$ 即 x 方向的刚性位移。

5) 校核:将所得结果代入平衡方程、应变协调方程、边界条件等公式均满足。

第六节　塑性力学的最简单问题·求解塑性力学问题桁架实例·塑性分析的概念

在塑性力学中，有些问题在平衡方程与屈服条件中的未知函数和方程式的数目相等，因而结合边界条件，一般便可找出弹塑性体或结构中应力分布的规律。而应变和位移再根据本构方程和几何方程或连续性条件分别求出。这种仅通过平衡方程、屈服条件和应力边界条件就能完全确定应力场的问题属(**塑性力学**) **静定问题**，称为**塑性力学的最简单问题**，如纯拉伸、纯扭转、纯弯曲、简单桁架(这几个问题的另一个共同点是只有一个应力分量不为零)、厚壁筒(轴对称问题)等。以下举理想弹塑性材料的三杆(超静定) 桁架为例来说明塑性力学问题的求解方法与塑性分析概念。

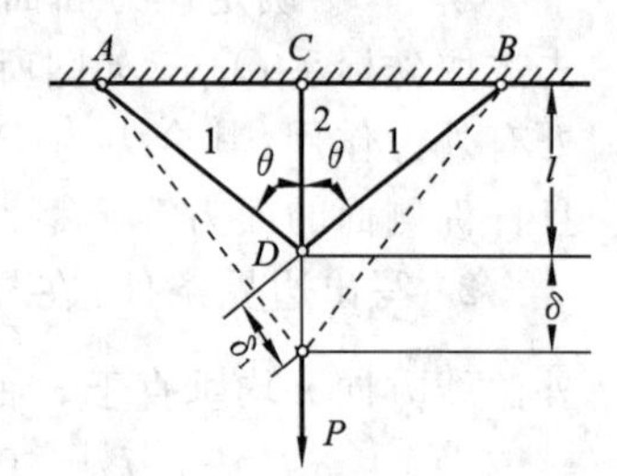

图 4-5

例 4-3　试讨论图 4-5 所示三杆的超静定桁架的承载能力，各杆横截面积 A 相同，尺寸如图，材料为理想弹塑性，屈服极限为 σ_s，在节点 D 垂直作用载荷 P。

解　1. 基本方程式

平衡方程

$$P = (2\sigma_1\cos\theta + \sigma_2)A \tag{1}$$

若 $\sum F_y = 0$，杆长 $l_2 = l, l_1 = l/\cos\theta$，杆 2 的伸长量用 δ 表示，则几何方程：$\delta_1 = \varepsilon_1 l_1, \delta_2 = \delta = \varepsilon_2 l_2 = \varepsilon_2 l$，而

$$\delta_1 = \delta\cos\theta, \quad \varepsilon_1 = \varepsilon_2\cos^2\theta \tag{2}$$

而应力应变关系

$$\text{当 } \varepsilon < \varepsilon_s \text{ 时}, \sigma = E\varepsilon; \text{当 } \varepsilon \geqslant \varepsilon_s \text{ 时}, \sigma = \sigma_s \tag{3}$$

2. 各杆应力及极限载荷的计算

1) 弹性解：当三杆都处于弹性状态时，$\varepsilon_1 = \sigma_1/E, \varepsilon_2 = \sigma_2/E$。代入式(2)，得：$\sigma_1 = \sigma_2\cos^2\theta$。再把上式代入式(1)，得

$$\sigma_1 = \frac{P\cos^2\theta}{A(1+2\cos^3\theta)}, \quad \sigma_2 = \frac{P}{A(1+2\cos^3\theta)} \tag{4}$$

当外载荷逐渐增大到某一数值时，杆 2 首先到达塑性状态，$\sigma_2 = \sigma_s$。这时杆 1 仍处于弹性阶段。此时的外载荷称为**弹性极限载荷**，用 P_e 来表示。由式(4)，有

$$P_e = \sigma_s A(1+2\cos^3\theta) \tag{5}$$

2) 弹塑性解：当外载荷继续增大时，虽然杆 2 变形增加，但应力不变(理想弹塑性材料)。杆 2 的无限流动受杆 1 的约束，此时：$\sigma_2 = \sigma_s$，代入式(1)，得

$$\sigma_1 = \frac{\left(\dfrac{P}{A} - \sigma_s\right)}{2\cos\theta}, \qquad \sigma_2 = \sigma_s \tag{6}$$

3) 塑性解:当杆 1 的应力也达到屈服极限时,整个桁架全部进入塑性流动状态,此时的外载荷称为**塑性极限载荷**,用 P_s 来表示。这种情况表示结构丧失进一步承载的能力。由式(6) 第一式使 $\sigma_1 = \sigma_s$,得

$$P_s = (2\cos\theta + 1)\sigma_s A \tag{7}$$

且 $\sigma_1 = \sigma_2 = \sigma_s$。塑性极限载荷与弹性极限载荷之比为

$$\frac{P_s}{P_e} = \frac{1 + 2\cos\theta}{1 + 2\cos^3\theta} \tag{8}$$

设桁架角 $\theta = 45°$,则 $P_s/P_e = 1.41$。

3. 变形和位移的计算

1) 当 $P = P_e$ 时,桁架结构 2 处于弹塑性交界状态,杆 1 仍处于弹性状态,因此

$$\varepsilon_1 = \frac{\sigma_1}{E} = \frac{P_e\cos^2\theta}{EA(1 + 2\cos^3\theta)} = \frac{\sigma_s}{E}\cos^2\theta, \qquad \varepsilon_2 = \frac{\sigma_s}{E} \tag{9}$$

这时 D 点的位移 δ_e 为

$$\delta_e = \varepsilon_2 l = \frac{\sigma_s l}{E} \tag{10}$$

2) 当 $P_s > P > P_e$ 时,杆 1 仍处于弹性状态,应变 ε_1 由虎克定律从式(6) 求得。而杆 2 的变形这时不能由虎克定律计算,要用与杆 1 的协调变形条件式(2) 来求得,即

$$\varepsilon_1 = \frac{\dfrac{P}{A} - \sigma_s}{2E\cos\theta}, \qquad \varepsilon_2 = \frac{\varepsilon_1}{\cos^2\theta} = \frac{\dfrac{P}{A} - \sigma_s}{2E\cos^3\theta} \tag{11}$$

D 点的位移为

$$\delta = \varepsilon_2 l = \frac{\dfrac{P}{A} - \sigma_s}{2E\cos^3\theta} l \tag{12}$$

3) 当 $P = P_s$ 时,杆 1 也开始进入塑性状态,这时 ε_1,ε_2 和 D 点的位移为

$$\varepsilon_1 = \frac{\sigma_s}{E}, \qquad \varepsilon_2 = \frac{\sigma_s}{E\cos^2\theta}, \qquad \delta_s = \varepsilon_2 l = \frac{\sigma_s l}{E\cos^2\theta} \tag{13}$$

因此

$$\frac{\delta_s}{\delta_e} = \frac{1}{\cos^2\theta} \tag{14}$$

当 $\theta = 45°$ 时,$\delta_s/\delta_e = 2.00$。桁架的载荷位移曲线如图 4-6 所示。

从以上分析可知:塑性变形位移比弹性变形位移大一些,但仍属同一量级,而承载能力则有很大的提高。当桁架的超静定次数更高时,将提高得更多。

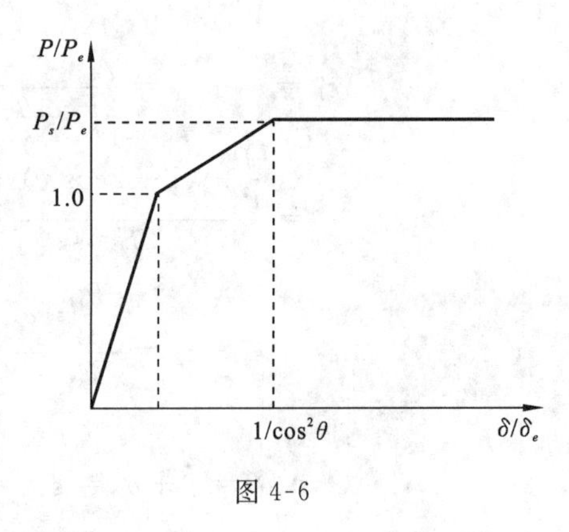

图 4-6

4. 完全卸载后的残余应力与残余应变

如果静定结构(如两杆桁架) 从加载到产生塑性变形后卸载,应力可以恢复到零,而应变不能恢复原状,允许有残余应变,它就等于塑性应变。而对于超静定结构来说,当加载到使某些杆产生塑性变形后再完全卸载,由于杆件的互相制约,桁架内既有残余应变也有残余应力存在,残余应变将不等于塑性应变。

考虑上述桁架，当加载到 $\tilde{P}=P(P_e<P<P_s)$ 后，再完全卸载，卸载时相当于在物体上加上了反方向的载荷 $P_e=-P$，这时的应力按弹性规律变化，应力应变关系服从虎克定律。设 σ_1^e，σ_2^e 是完全卸载所产生的应力，由式(4)、式(5)有

$$\sigma_1^e=-\frac{P}{A}\cdot\frac{\cos^2\theta}{(1+2\cos^3\theta})=-\frac{P}{P_e}\sigma_s\cos^2\theta,\quad \sigma_2^e=-\frac{P}{A}\cdot\frac{1}{1+2\cos^3\theta}=-\frac{P}{P_e}\sigma_s \tag{15}$$

设 ε_1^e，ε_2^e 是完全卸载所产生的应变，由虎克定律得

$$\varepsilon_1^e=\frac{\sigma_1^e}{E}=-\frac{P\sigma_s\cos^2\theta}{P_eE},\qquad \varepsilon_2^e=\frac{\sigma_2^e}{E}=-\frac{P\sigma_s}{P_eE} \tag{16}$$

D 点在卸载中产生的位移为

$$\delta^e=\varepsilon_2^e l=-\frac{P\sigma_s}{P_eE}l \tag{17}$$

而加载到 $\tilde{P}=P$ 时的应力、应变、D 点的位移前面已计算出，由式(6)、式(11)、式(12) 有

$$\left.\begin{aligned}
&\tilde{\sigma}_1=\frac{\frac{P}{A}-\sigma_s}{2\cos\theta},\qquad \tilde{\sigma}_2=\sigma_s\\
&\tilde{\varepsilon}_1=\frac{\frac{P}{A}-\sigma_s}{2E\cos\theta},\qquad \tilde{\varepsilon}_2=\frac{\frac{P}{A}-\sigma_s}{2E\cos^3\theta}\\
&\tilde{\delta}=\frac{\frac{P}{A}-\sigma_s}{2E\cos^3\theta}l
\end{aligned}\right\} \tag{18}$$

卸载后的残余应力 σ_1^r，σ_2^r，残余应变 ε_1^r，ε_2^r，D 点残余位移 δ^r 分别按式(3-178)$\sigma_{ij}^r=\tilde{\sigma}_{ij}-\sigma_{ij}^e$，由式(15)、式(16)、式(17) 与式(18) 相加(σ_{ij}^e，ε_{ij}^e，δ^e 均为负值)，则有

$$\left.\begin{aligned}
\sigma_1^r&=\tilde{\sigma}_1+\sigma_1^e=\frac{\frac{P}{A}-\sigma_s}{2\cos\theta}-\frac{P}{P_e}\sigma_s\cos^2\theta\\
&=\frac{\frac{P}{P_e}\sigma_s(1+\cos^3\theta)-\sigma_s}{2\cos\theta}-\frac{P}{P_s}\sigma_s\cos^2\theta=\frac{\left(\frac{P}{P_e}-1\right)\sigma_s}{2\cos\theta}>0\\
\sigma_2^r&=\tilde{\sigma}_2+\sigma_2^e=\left(1-\frac{P}{P_e}\right)\sigma_s<0
\end{aligned}\right\} \tag{19}$$

$$\left.\begin{aligned}
\varepsilon_1^r&=\tilde{\varepsilon}_1+\varepsilon_1^e=\frac{\frac{P}{A}-\sigma_s}{2E\cos\theta}-\frac{P}{P_e}\frac{\sigma_s\cos^2\theta}{E}\\
&=\frac{\frac{P}{P_e}\sigma_s(1+2\cos^3\theta)-\sigma_s}{2E\cos\theta}-\frac{P}{P_s}\frac{\sigma_s\cos^2\theta}{E}=\frac{\left(\frac{P}{P_e}-1\right)\sigma_s}{2E\cos\theta}>0\\
\varepsilon_2^r&=\tilde{\varepsilon}_2+\varepsilon_2^e=\frac{\frac{P}{A}-\sigma_s}{2E\cos^3\theta}-\frac{P}{P_e}\frac{\sigma_s}{E}=\frac{\left(\frac{P}{P_e}-1\right)\sigma_s}{2E\cos^3\theta}>0
\end{aligned}\right\} \tag{20}$$

$$\delta^r=\tilde{\delta}+\delta^e=\varepsilon_2^r l=\frac{\left(\frac{P}{P_e}-1\right)\sigma_s}{2E\cos^3\theta}l>0 \tag{21}$$

从以上计算结果可见，残余应力 $\sigma_1^r>0$，$\sigma_2^r<0$，这是因为它们必须满足平衡方程：$2\sigma_1^r\cos\theta+\sigma_2^r=0$，说明受载过程中各杆的内力必须保持自我平衡的关系。而残余应变都大于零，因为它

们必须满足协调方程 $\varepsilon_1^r = \varepsilon_2^r \cos^2\theta > 0$，说明受载过程中各杆的变形必须满足保持自我协调的关系。

为了与残余应变进行对比，我们再计算塑性应变。于是可以通过结构的弹塑性解($P_e < P < P_s$)中各杆应变值[式(11)]与由该解中应力[式(15)]引起的弹性应变相减得到塑性应变，即

$$
\left.\begin{aligned}
\varepsilon_1^P &= \varepsilon_1 - \varepsilon_1^e = \frac{\frac{P}{A} - \sigma_s}{2E\cos\theta} - \frac{\sigma_1}{E} = 0 \\
\varepsilon_2^P &= \varepsilon_2 - \varepsilon_2^e = \frac{\frac{P}{A} - \sigma_s}{2E\cos^3\theta} - \frac{\sigma_2}{E} = \frac{\frac{P}{A} - \sigma_s}{2E\cos^3\theta} - \frac{\sigma_s}{E}
\end{aligned}\right\} \tag{22}
$$

由式(22)可见：该超静定结构中杆 1 无塑性变形，即 $\varepsilon_1^P = 0$，那么该杆的残余变形即 ε_1^r[式(20)]显然为弹性变形。当然这是结构受载过程中，由于杆的残余塑性变形 ε_2^r 而引起的。又因为 $P > P_e$，不难从式(20)与式(22)看出 $\varepsilon_2^r < \varepsilon_2^P$，说明卸载结束后，杆 2 反向受压($\sigma_2 < 0$)，有负的弹性变形存在。

上述例题说明：一般由理想弹塑性材料组成的超静定结构体系，都具有弹性、弹塑性与塑性三个工作阶段。研究后一阶段中结构变形与内力的状态，正是结构塑性分析的基本任务。

传统的结构设计是根据许用应力法(也就是弹性分析)来分析构件的强度的，其最主要的缺点是未能全面地从杆件本身或者整个结构的承载能力相联系，它是根据杆件局部材料(如轴只根据其外圈剪应力最大)或者各杆件(如上述桁架只根据其中间杆受力最大)是否满足强度条件来决定整个杆件或结构是否安全来进行设计的。但是，从上述例题的分析知，更重要的是材料的塑性性能将使杆件或结构(超静定结构)在部分区域或构件进入屈服后，应力重新分布，从而使杆件或结构能承担更大的载荷，从而达到充分发挥材料潜在能力，并有利于经济性。

由于理想塑性材料(包括弹塑性与刚塑性材料)制成的杆件或结构在外载荷增加到某一数值(满足屈服条件)时，即达到所谓的(塑性)极限状态，这样的载荷值称为塑性极限载荷。极限载荷的计算即称为塑性分析。求杆件或结构塑性极限载荷的问题一般只限于理想塑性体，而强化材料不存在这个问题。再有，当计算塑性极限载荷 P_s 时，从例 4-3 式(7)可以知道它与材料的弹性常数 E 无关，因此若用刚塑性模型($E \to \infty$)求出 P_s 也是一样的，这说明极限载荷 P_s 与弹性变形过程无关。因而对于理想塑性(特别是刚塑性)材料的这种特性不仅建立了塑性分析的理论基础，而且使极限载荷的计算大为简便，但是由于塑性理论中数学上的困难，只有少数简单问题能求得。一般情况只能根据极限分析定理(在第十一章中讲述)用近似的方法来进行计算。

习　题

4-1　设某一体力为零的物体的位移分量为：$u=v=0, w=w(z)$，试求位移函数 $w(z)$。

4-2*　试证明应力分量 $\sigma_x=\dfrac{M}{J}y, \sigma_y=\tau_{xy}=0$ 是两端受弯矩 M 作用的单位厚度狭长矩形板的弹性解，并设 $l\gg h$，见题 4-2 图。

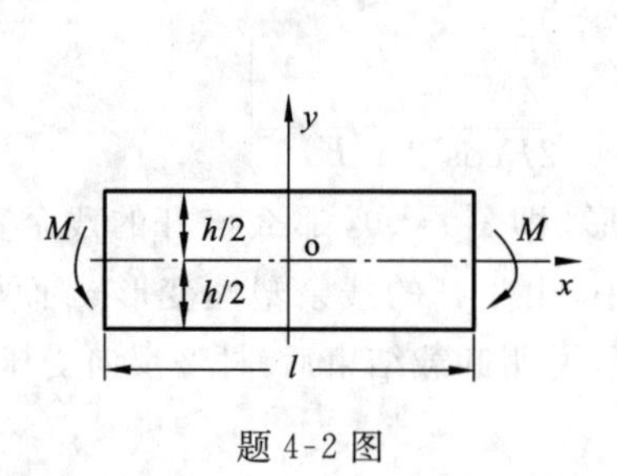

题 4-2 图

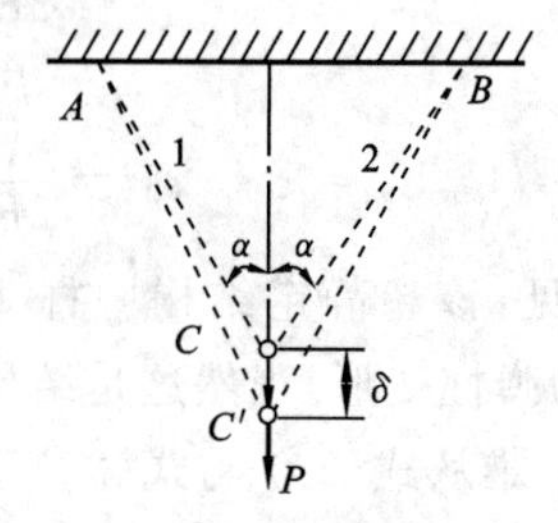

题 4-4 和题 4-5 图

4-3　已知平面应力问题的应变分量为：$\varepsilon_x=Axy, \varepsilon_y=By^3, \gamma_{xy}=Cy^2+D$，试证此应变分量能满足变形协调条件。

4-4　题 4-4 图所示的受力结构中，1、2 两杆的长度 l 和横截面积 A 相同，两杆材料的本构关系为：(a) $\sigma=E\varepsilon$；(b) $\sigma=F\varepsilon^{*}$；试求载荷 P 与节点 C 的位移 δ 之间的关系。

4-5　按上题 4-4 的条件，材料为理想弹塑性，并设 $a=45°$，试求该静定结构的弹性极限载荷 P_e 与塑性极限载荷 P_s。

第五章　平面问题直角坐标解答

第一节　弹塑性力学平面问题及其基本方程

一、平面问题的特点及其分类

1. 平面问题的特点

从最一般的情况出发，任何一个弹塑性体均为三维空间物体，它所承受的力系都是空间力系。所有固体力学参量都是坐标 x,y,z 的函数。这一类问题，就是通常所说的弹塑性力学空间问题。但是，在工程实践中，当弹塑性体具有某种特殊的几何形状并受到特殊的载荷作用时，就可使空间问题得以简化，其中一类就是平面问题。平面问题的特点是：

(1) 几何参数(物体形状尺寸)和载荷(面力和体力)只是 x,y 的函数而与 z 无关。

(2) 力学参量($\sigma_{ij},\varepsilon_{ij},u_i$)的 15 个未知函数只存在有 xOy 平面内的分量，且只是 x 和 y 的函数，其余分量或不存在或可以用 xOy 平面内的分量表示。

(3) 基本方程是二维的。

平面问题分为两大类，一类是平面应力问题，另一类是平面应变问题。现分别介绍如下。

2. 平面应力问题

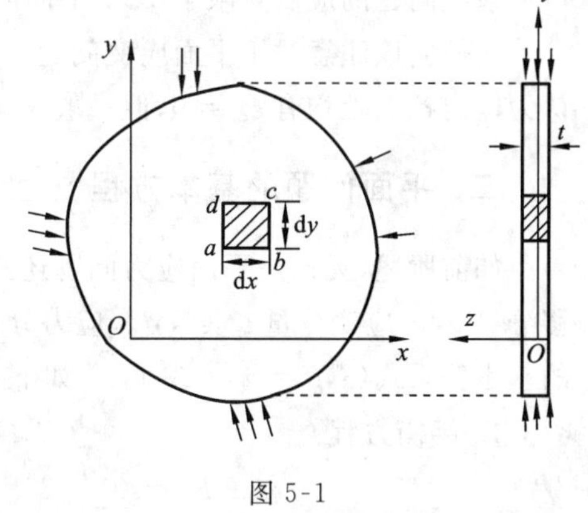

图 5-1

在平面应力问题中，所考虑的物体在一个方向的几何尺寸远小于其他两个方向的几何尺寸，如图 5-1 所示的薄平板。在薄平板的两个板面上无面力，载荷只作用在板侧边界面上，且平行于板面，沿厚度均匀分布，即 z 方向的体力 F_z 及面力 $\overline{F}_z$ 均为零(板的前后面为自由面)。如取图 5-1 中的坐标系，则板面上($z=\pm t/2$)各点处有

$$(\sigma_z)_{z=\pm\frac{t}{2}}=0,\quad (\tau_{zx})_{z=\pm\frac{t}{2}}=0,\quad (\tau_{zy})_{z=\pm\frac{t}{2}}=0 \tag{5-1}$$

当 t 很小，且板又不发生屈曲时，位移分量 w 的值很小，u 和 v 沿板厚的变化也将很小。如果忽略位移和应变分量沿厚度的变化，则可近似地认为板内所有各点都有

$$\sigma_x=\sigma_x(x,y),\quad \sigma_y=\sigma_y(x,y),\quad \tau_{xy}=\tau_{xy}(x,y),\quad \sigma_z=\tau_{zx}=\tau_{yz}=0 \tag{5-2}$$

即全部应力分量均为 x,y 的单值连续函数，在任何点处均为平面应力状态，故称此类问题为**平面应力问题**。

我们应该注意：对于平面应力问题，由于薄平板不承载的自由表面不受约束，故一般 $\varepsilon_z\neq 0$，且它不是独立的，完全取决于 σ_x 和 σ_y。同时和它直接关系的 z 轴方向位移 w 也不独立。

3. 平面应变问题

设物体沿一个方向(通常取为 z 轴方向)很长,垂直于 z 轴的横截面相同,即为一等直柱体;位移约束条件或支承条件沿 z 轴方向也是相同的。柱体侧表面承受的面力及体力均垂直于 z 轴(平行于横截面),且分布规律不随 z 而变化。

挡土墙或重力坝可作为平面应变问题的实例,如图 5-2(a) 所示。如远离柱体两端垂直于 z 轴的单位厚度平面如图 5-2(b) 所示,与相邻各层可以认为是处于相同的情况,且由于 z 轴方向的约束(z 轴方向的无限延伸,相当于刚性约束)。于是可取 z 轴方向位移 $w=0$。此外,由于物体的变形只在 xOy 平面内产生,故位移 u,v 均与坐标 z 无关。因而对于平面应变状态有

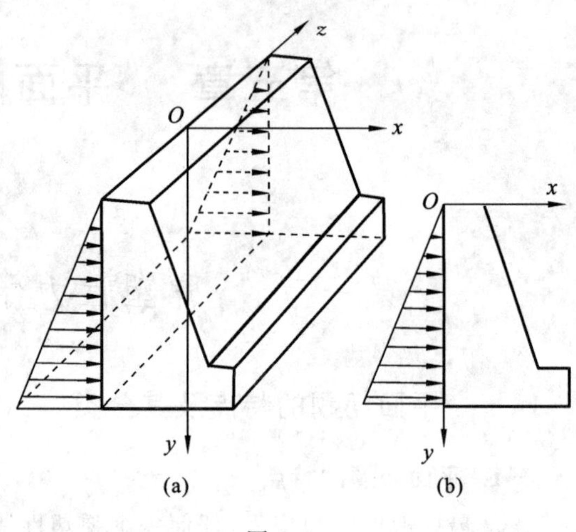

图 5-2

$$u=u(x,y),\quad v=v(x,y),\quad w=0 \tag{5-3}$$

将式(5-3) 代入几何方程(2-91),则有

$$\varepsilon_x=\varepsilon_x(x,y),\quad \varepsilon_y=\varepsilon_y(x,y),\quad \gamma_{xy}=\gamma_{xy}(x,y),\quad \varepsilon_z=\gamma_{yz}=\gamma_{zx}=0 \tag{5-4}$$

可见该类问题的应变只限于 xOy 平面内。凡符合此条件的平面问题,就称为**平面应变问题**。

我们应该注意对于平面应变问题,由于此类物体端部受约束而在 z 轴方向不能移动,故可认为体内各点处均有 $\varepsilon_z=0$,但一般 $\sigma_z\neq 0$,且 σ_z 不是独立的。

二、平面问题的基本方程

如前所述,无论是平面应力问题还是平面应变问题,它们的未知独立函数共有 8 个,即:位移分量 u,v,应变分量 $\varepsilon_x,\varepsilon_y,\gamma_{xy}$,应力分量 $\sigma_x,\sigma_y,\tau_{xy}$,它们都是 x,y 的单值连续函数。平面问题的基本关系式($\alpha,\beta=x,y$ 或 1,2) 如下。

1. 平衡方程

$$\sigma_{\alpha\beta'\beta}+F_\alpha=0 \tag{5-5}$$

2. 几何方程

$$\varepsilon_{\alpha\beta}=\frac{1}{2}(u_{\alpha'\beta}+u_{\beta'\alpha}) \tag{5-6}$$

3. 应变协调方程

$$\frac{\partial^2\varepsilon_x}{\partial y^2}+\frac{\partial^2\varepsilon_y}{\partial x^2}=\frac{\partial^2\gamma_{xy}}{\partial x\partial y} \tag{5-7}$$

4. 弹性本构方程(广义 Hooke 定律)

注意到平面应力问题中一般 $\varepsilon_z\neq 0$,而平面应变问题中一般 $\sigma_z\neq 0$,故考虑

$$\sigma_{\alpha\beta}=\lambda\delta_{\alpha\beta}\varepsilon_{kk}+2G\varepsilon_{\alpha\beta}\quad 或\quad \varepsilon_{\alpha\beta}=\frac{1+\nu}{E}\sigma_{\alpha\beta}-\frac{\nu}{E}\delta_{\alpha\beta}\sigma_{kk} \tag{5-8}$$

式中 $k=x,y,z$ 或 1,2,3。

5. 边界条件

(1) 应力边界条件:注意到 $l_3=0$,故式(2-73)简化为

$$\overline{F}_\alpha=\sigma_{\alpha\beta}l_\beta \quad (\text{在 } S_T \text{ 上}) \tag{5-9}$$

(2) 位移边界条件:

$$u_\alpha=\overline{u}_\alpha \quad (\text{在 } S_u \text{ 上}) \tag{5-10}$$

这样平面问题的8个特定函数(力学参量)可由平衡微分方程(5-5)、几何方程(5-6)和本构方程(5-8)共8个方程,再结合边界条件式(5-9)、式(5-10)来求解。下面介绍比较常用的应力法求解平面问题。

第二节　平面问题的应力法求解

一、平面应力问题

据本构方程(5-8)第二式可写出对应于平面应力问题的物理方程为

$$\left.\begin{aligned}
\varepsilon_x&=\frac{1}{E}(\sigma_x-\nu\sigma_y), & \gamma_{xy}&=\frac{\tau_{xy}}{G}=\frac{2(1+\nu)}{E}\tau_{xy}\\
\varepsilon_y&=\frac{1}{E}(\sigma_y-\nu\sigma_x), & \gamma_{yz}&=0\\
\varepsilon_z&=-\frac{\nu}{E}(\sigma_x+\sigma_y), & \gamma_{zx}&=0
\end{aligned}\right\} \tag{5-11}$$

如用应变分量表示应力分量,则由式(5-11)可得

$$\left.\begin{aligned}
\sigma_x&=\frac{E}{1-\nu^2}(\varepsilon_x+\nu\varepsilon_y), & \tau_{xy}&=\frac{E}{2(1+\nu)}\gamma_{xy}\\
\sigma_y&=\frac{E}{1-\nu^2}(\varepsilon_y+\nu\varepsilon_x), & \tau_{yz}&=0\\
\sigma_z&=0, & \tau_{zx}&=0
\end{aligned}\right\} \tag{5-12}$$

关于应变协调方程(5-7)①,在应力法求解中要把该式改用应力分量表示。为此将平衡方程(5-5)第一式对 x 求导数,第二式对 y 求导数,有

$$\frac{\partial^2\tau_{xy}}{\partial x\partial y}=-\frac{\partial^2\sigma_x}{\partial x^2}-\frac{\partial F_x}{\partial x},\quad \frac{\partial^2\tau_{xy}}{\partial x\partial y}=-\frac{\partial^2\sigma_y}{\partial y^2}-\frac{\partial F_y}{\partial y} \tag{5-13}$$

将式(5-13)两式相加,并引用式(5-11)右列第一式,得

$$\frac{\partial^2\gamma_{xy}}{\partial x\partial y}=-\frac{1+\nu}{E}\left(\frac{\partial^2\sigma_x}{\partial x^2}+\frac{\partial^2\sigma_y}{\partial y^2}+\frac{\partial F_x}{\partial x}+\frac{\partial F_y}{\partial y}\right) \tag{5-14}$$

将式(5-11)前两式代入式(5-7),其右端以式(5-14)代换,并将所得结果化简得

$$\left(\frac{\partial^2}{\partial x^2}+\frac{\partial^2}{\partial y^2}\right)(\sigma_x+\sigma_y)=-(1+\nu)\left(\frac{\partial F_x}{\partial x}+\frac{\partial F_y}{\partial y}\right) \tag{5-15}$$

上式即为用应力表示的应变协调方程。

---

① 三维应变协调方程共有6个条件:由于平面应力问题 $\varepsilon_z\neq 0$,且 $\sigma_x,\tau_{xy},\sigma_y$ 不依赖于 z,故其余应变协调方程不能全部满足,而要求 ε_z 和 $(\sigma_x+\sigma_y)$ 必须是 x,y 的线性函数。但对于薄平板,所得的解具有足够的精确度(请参考 Timoshenko and Goodier 著《弹性理论》§8-4 平面应力解答的近似性)。

于是对于平面应力问题的求解归结为：当给定应力边界条件时，从平衡方程(5-5)及用应力表示的应变协调方程(5-15)即可解出各应力分量，再从本构方程即可得出各应变分量，从几何方程即可得到各位移分量，问题全部得解。

二、平面应变问题

在平面应变问题中，由于 z 轴方向的约束，则有 $w=0$。由于沿长度方向几何形状不变，载荷也均匀分布，故而任取一个与 xOy 平面平行且厚度等于一个单位的薄片作为研究对象来分析，则不失一般性(如上述条件中 $w=$ 常数或 $\varepsilon_x=$ 常数。等于常数的位移 w 或轴向应变 ε_z 并不伴随产生一个 xOy 平面的翘曲变形，其计算方法与 $w=0$ 或 $\varepsilon_z=0$ 并没有什么差别，此类问题称为拟平面应变问题或准平面应变问题①)。于是有

$$\varepsilon_x=\frac{\partial u}{\partial x},\quad \varepsilon_y=\frac{\partial v}{\partial y},\quad \gamma_{xy}=\frac{\partial u}{\partial y}+\frac{\partial v}{\partial x},\quad \varepsilon_z=\gamma_{xz}=\gamma_{yz}=0 \tag{5-16}$$

据本构方程(5-8)第一式，可写出平面应变问题的物理方程为

$$\left.\begin{aligned}\sigma_x&=\lambda(\varepsilon_x+\varepsilon_y)+2G\varepsilon_x\\ \sigma_y&=\lambda(\varepsilon_x+\varepsilon_y)+2G\varepsilon_y\\ \tau_{xy}&=G\gamma_{xy}\end{aligned}\right\} \tag{5-17}$$

也即

$$\left.\begin{aligned}\sigma_x&=\frac{E}{(1+\nu)(1-2\nu)}[\nu\varepsilon_y+(1-\nu)\varepsilon_x]\\ \sigma_y&=\frac{E}{(1+\nu)(1-2\nu)}[\nu\varepsilon_x+(1-\nu)\varepsilon_y]\\ \tau_{xy}&=G\gamma_{xy}\\ \tau_{xz}&=\tau_{yz}=0\\ \sigma_z&=\lambda(\varepsilon_x+\varepsilon_y)=\nu(\sigma_x+\sigma_y)\end{aligned}\right\} \tag{5-18}$$

若用应力分量表示应变分量，则为

$$\left.\begin{aligned}\varepsilon_x&=\frac{1-\nu^2}{E}\left(\sigma_x-\frac{\nu}{1-\nu}\sigma_y\right)\\ \varepsilon_y&=\frac{1-\nu^2}{E}\left(\sigma_y-\frac{\nu}{1-\nu}\sigma_x\right)\\ \gamma_{yx}&=\frac{\tau_{yx}}{G}=\frac{2(1+\nu)}{E}\tau_{xy}\end{aligned}\right\} \tag{5-19}$$

比较以上平面应力与平面应变问题的广义 Hooke 定律可知，如将平面应力本构方程(5-11)或式(5-12)中的 E 换成 E_1，ν 换成 ν_1，而

$$E_1=\frac{E}{1-\nu^2},\quad \nu_1=\frac{\nu}{1-\nu} \tag{5-20}$$

便可得到平面应变问题本构方程式(5-19)或式(5-20)，对于平面应力与平面应变问题，公式中的剪切弹性模量可以证明是相等的，不必更换，因为

$$G_1=\frac{E_1}{2(1+\nu_1)}=\frac{E}{1-\nu^2}\frac{1}{2\left(1+\dfrac{\nu}{1-\nu}\right)}=\frac{E}{2(1+\nu)}=G \tag{5-21}$$

---

① 对于杆件端部光滑约束可以自由伸缩的情况，端部截面 $\sigma_z=0$，且 $\varepsilon_z=$ 常量，这类问题的解可以由对应两端固定的条件，由平面应变得出的解与在端部作用表面应力(作为载荷)$\sigma_z=-\nu(\sigma_x+\sigma_y)$ 所得到的解，两者相叠加而得到。

又因 σ_z 不是独立的未知量，可不包含在基本方程中。

由于应力分量只是 x,y 的函数，故平面应变问题的平衡方程同样为式(5-5)。据式(5-20)可直接从式(5-15)中得出平面应变问题的变形协调方程。

$$\left(\frac{\partial^2}{\partial x^2}+\frac{\partial^2}{\partial y^2}\right)(\sigma_x+\sigma_y)=-\frac{1}{1-\nu}\left(\frac{\partial F_x}{\partial x}+\frac{\partial F_y}{\partial y}\right) \tag{5-22}$$

此外，平面应变问题在边界上，应满足边界条件式(5-9)或式(5-10)。

三、平面问题的共同解法

从以上平面应力问题与平面应变问题的讨论可知，平面问题的解，除共同必须满足一组平衡方程外，还应该分别满足应变协调方程(5-15)或式(5-22)。但是，如果体力 F_x,F_y 都是常量或者等于零的话，则以上两个协调方程都化为

$$\left(\frac{\partial^2}{\partial x^2}+\frac{\partial^2}{\partial y^2}\right)(\sigma_x+\sigma_y)=0 \quad 或 \quad \nabla^2(\sigma_x+\sigma_y)=0 \tag{5-23}$$

式中 ∇^2 为拉普拉斯算子。

如果考虑的问题是在区域 D 上，且$(\sigma_x+\sigma_y)$是直到二阶导数都连续的连续函数，则$(\sigma_x+\sigma_y)$为 D 上的调和函数。在这种情况下，平面应力和平面应变问题的应力分量 $\sigma_x,\sigma_y,\tau_{xy}$ 的分布是相同的，或者说，它们在 xOy 平面内应力场一致。

于是，对于体力为零或是常数(如重力)的平面问题的解，可归结为：要求满足平衡方程(5-5)、应变协调方程(5-23)和边界条件式(5-9)。

从以上的讨论可知，上述方程中均不包含有材料常数。这就是说，不同材料的物体只要它们的几何条件、载荷条件相同，则不论其为平面应力问题还是平面应变问题，它们在该平面内的应力分量及其分布规律是相同的(并与材料的弹性性质无关)。但其应变和位移是不同的。这一结论①给光弹性试验提供了模拟试验的理论基础。在实验室中可以用平面应力情况下的薄板模型，来代替平面应变情况下的长柱构件，还可以用偏振光透明材料代替工程实物固体材料来进行试验。

第三节　应力函数·双调和方程

上述平面问题解的方法，还可以引用应力函数来进一步简化。平衡方程(5-5)和应变协调方程(5-23)是用应力分量 $\sigma_x,\sigma_y,\tau_{xy}$ 写出的弹性平面问题的基本方程组。如边值问题属于第一类，即面力已知问题，则可由以上方程组按应力求解，而毋须考虑位移。

现先讨论体力为零的情况。若引入应力函数 $\varphi(x,y)$，经推导可求得平衡微分方程(5-5)的通解为

$$\sigma_x=\frac{\partial^2\varphi}{\partial y^2},\quad \sigma_y=\frac{\partial^2\varphi}{\partial x^2},\quad \tau_{xy}=\frac{\partial^2\varphi}{\partial x\partial y} \tag{5-24}$$

为使应力分量也满足应变协调方程(5-23)，则由式(5-24)得

$$\sigma_x+\sigma_y=\frac{\partial^2\varphi}{\partial x^2}+\frac{\partial^2\varphi}{\partial y^2}=\nabla^2\varphi \tag{5-25}$$

---

① 这只是对单连域的应力边界问题而言。对于多连域的应力解答，一般说来与材料物理常数有关，这是因为由于位移边界条件求解而出现的。但只要限定每一周边上的边界力都是平衡力系时，应力解答将与弹性常数无关。

由应变协调方程(5-23)得

$$\frac{\partial^4\varphi}{\partial x^4}+2\frac{\partial^4\varphi}{\partial x^2\partial y^2}+\frac{\partial^4\varphi}{\partial y^4}=0 \quad 或为 \quad \nabla^4\varphi=0 \tag{5-26}$$

函数 $\varphi(x,y)$ 称为**应力函数**,是由 Airy 在 1862 年所提出,故又称为 **Airy 函数**。此式也称为**双调和方程**,φ 也称**双调和函数**。当不考虑体力时,平面问题归结为只需解得满足双调和方程(5-26)的应力函数 φ,再由式(5-24)求得应力解,而所求的解在边界上应满足边界条件。下面考虑有体力的情况。

1. 设物体的重力是唯一的体力

这时取 y 轴垂直向上,则

$$F_x=0,\quad F_y=-\rho g$$

式中:ρ 为单位体积的质量;g 为重力加速度。

考察平衡方程(5-5)知,这是一个非齐次偏微分方程组,它的通解包含两部分,即齐次偏微分方程的通解和该方程的任意一个特解。前者已得到,后者可以取为以下三种情况:

$$\sigma_x=-F_x x,\qquad \sigma_y=-F_y y,\qquad \tau_{xy}=0 \tag{5-27}$$

$$\sigma_x=0,\qquad \sigma_y=0,\qquad \tau_{xy}=-F_x y-F_y x \tag{5-28}$$

$$\sigma_x=-F_x x-F_y y,\qquad \sigma_y=-F_x x-F_y y,\qquad \tau_{xy}=0 \tag{5-29}$$

如考虑取式(5-27),则当 $F_x=0, F_y=-\rho g$,即体力为常量时,则平衡方程的通解为

$$\left.\begin{aligned}\sigma_x&=\frac{\partial^2\varphi}{\partial y^2}-F_x x=\frac{\partial^2\varphi}{\partial y^2}\\ \sigma_y&=\frac{\partial^2\varphi}{\partial x^2}-F_y y=\frac{\partial^2\varphi}{\partial x^2}+\rho g y\\ \tau_{xy}&=-\frac{\partial^2\varphi}{\partial y\partial x}\end{aligned}\right\} \tag{5-30}$$

显然式(5-30)满足应变协调方程(5-23)或式(5-26)。

2. 设体力是有势力

由理论力学可知:在势力场中,有势力在坐标轴上的投影等于势能函数对相应坐标的偏导数冠以负号。现设势能函数为 V,则

$$F_x=-\frac{\partial V}{\partial x},\quad F_y=-\frac{\partial V}{\partial y} \tag{5-31}$$

此时平衡微分方程化为

$$\frac{\partial}{\partial x}(\sigma_x-V)+\frac{\partial\tau_{xy}}{\partial y}=0,\quad \frac{\partial\tau_{xy}}{\partial x}+\frac{\partial}{\partial y}(\sigma_y-V)=0 \tag{5-32}$$

将式(5-32)比较式(5-24),其解为

$$\sigma_x=\frac{\partial^2\varphi}{\partial y^2}+V,\quad \sigma_y=\frac{\partial^2\varphi}{\partial x^2}+V,\quad \tau_{xy}=-\frac{\partial^2\varphi}{\partial x\partial y} \tag{5-33}$$

体力为有势力,如重力、惯性力等。若势力场为重力场,取 y 轴铅直向上,则 $V=\rho g y$。于是,解答与上述体力为常量时的结果相同,所得的应力分量结果也将相同。将式(5-33)代入应变协调方程(5-15)与式(5-22),分别得出

$$\nabla^4\varphi=-(1-\nu)\nabla^2 V \quad (关于平面应力问题) \tag{5-34}$$

$$\nabla^4\varphi=-\frac{1-2\nu}{1-\nu}\nabla^2 V \quad (关于平面应变问题) \tag{5-35}$$

于是，按应力求解应力边值问题当考虑体力时，可先由相容方程(5-34)或式(5-35)解得应力函数 φ，于是当体力为常量时用公式(5-30)，当体力为有势力时用公式(5-33)再求出应力分量，并且在边界上满足应力边界条件，且在多连域的情况下，这些应力分量还须满足位移单值条件。

前已述及，直接求解弹性力学问题往往是很困难的。因此，在具体求解问题时，一般采用半逆解法或逆解法。常用的半逆解法要针对所需求解的问题(一般利用材料力学的解)假定部分或全部应力分量为某种形式的双调和函数，且预先设定足够多的特定参数，从而导出应力函数 φ。然后来分析所得应力函数是否满足边界条件，并由此确定待定系数。如不满足则应重新假定。下面讨论应力函数的性质及选取方法。根据弹性力学解的要求，应力函数必须具有以下性质：

(1) 应力函数 φ 是双调和函数①，所谓双调和函数就是：①在所定义的区域内连续，并且对于坐标 x,y,z 最初四次的导数也连续；②这函数在它所要求的区域内要满足 $\nabla^4\varphi=0$。

(2) 因为双调和方程 $\nabla^4\varphi=0$ 是一个线性微分方程，故而双调和函数之间也可以几项叠加在一起，它们叠加起来也仍是双调和函数。

根据上述应力函数的性质，一般的初等函数(如：多项式、幂函数、三角函数、对数函数、双曲线函数)和非初等函数(如复变函数)以及级数(如幂级数、富氏级数)等均可作为应力函数。在矩形边界的直角坐标的平面问题中使用幂函数有限多项式表示应力函数 φ 是极为方便的。

由于弹性力学边值问题解法的特点，显然根据物体几何形状和边界受载条件是确定应力函数的决定因素。更一般的做法，即所谓逆解法就是根据边界上的面力分布，选择一些双调和函数，各自乘上一个特定系数，把它们叠加在一起，再检验是否满足变形协调条件和应力边界条件加以修正，并确定待定系数。这种半逆解法与逆解法贯穿在整个弹性力学求解问题的内容中，我们只有通过不断深入学习，才能有所理解。

第四节　平面问题的多项式解答

本节中将讨论逆解法在用多项式解答平面问题中的应用。假定体力不计。

1. 取 φ 为一次多项式

$$\varphi=A+Bx+Cy$$

无论各系数取任何值，变形协调方程 $\nabla^4\varphi=0$ 总能满足，且各应力分量 $\sigma_x=\sigma_y=\tau_{xy}=0$，不论弹性体为任何形状，也不论坐标系如何选择，由应力边界条件总是得出 $\bar{T}_x=\bar{T}_y=0$，由此可见：

(1) 线性应力函数对应于无体力、无面力、无应力的状态。

(2) 把任何平面问题的应力函数加上(或减去)一个线性函数并不影响应力。

2. 取 φ 为二次多项式

$$\varphi=Ax^2+Bxy+Cy^2$$

无论各系数取任何值，协调方程也总能满足。为明确起见，现分别考察该式中每一项所能解决的问题。对应于 $\varphi=Ax^2$，由式(5-24)得应力分量为

---

① 在体力是常量的情况下，弹性静力学问题中的位移、应力和应变的分量都是双调和函数(见钱伟长、叶开源著《弹性力学》§5-5)。

$$\sigma_x = 0, \quad \sigma_y = 2A, \quad \tau_{xy} = 0 \tag{5-36}$$

对于图 5-3(a) 所示的矩形板和坐标方向，当板内发生上述应力时，左右两边没有面力，而上下边分别有向上和向下的均布面力 $2A$。可见，应力函数 $\varphi = Ax^2$ 能解决矩形板在 y 方向受均布拉力(设 $A > 0$) 或均布压力(设 $A < 0$) 的问题。

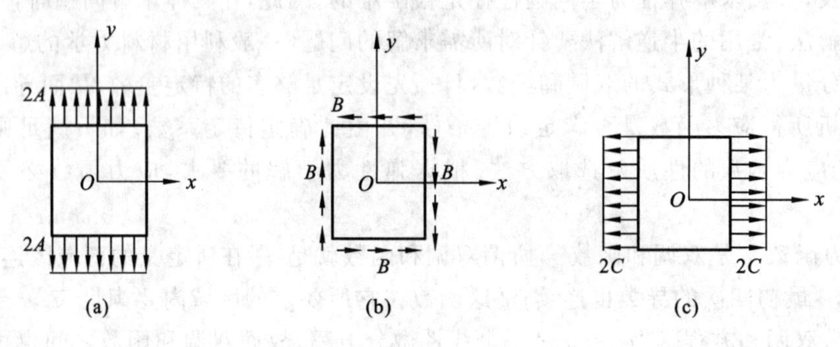

图 5-3

对应于 $\varphi = Bxy$，应力分量是 $\sigma_x = 0, \sigma_y = 0, \tau_{xy} = \tau_{yx} = -B$。对于图 5-3(b) 所示的矩形板和坐标方向，当板内发生上述应力时，在左右两边分别有向上和向下的均布面力 B，而在上下两边分别有向左和向右的均布面力 B。可见应力函数 $\varphi = Bxy$ 能解决矩形板受均布剪力的问题。而对于应力函数 $\varphi = Cy^2$，显然能解决的问题如图 5-3(c) 所示。

3. 取 φ 为三次多项式

$\varphi = Ax^3 + Bx^2y + Cxy^2 + Dy^3$

显然上式总能满足协调方程。其中如对应 $\varphi = Dy^3$，则 $\sigma_x = 6Dy, \sigma_y = 0, \tau_{xy} = \tau_{yx} = 0$。对于图 5-4 所示的矩形板和坐标系，当板内发生上述应力时，上下两边没有面力；在左右两边没有铅直面力，有线性变化的水平面力，而每一边上的水平面力的合力 T_x 为零，如下面式(5-37) 所示，水平面力合成的结果为一合力偶矩 M，如式(5-38) 所示。即

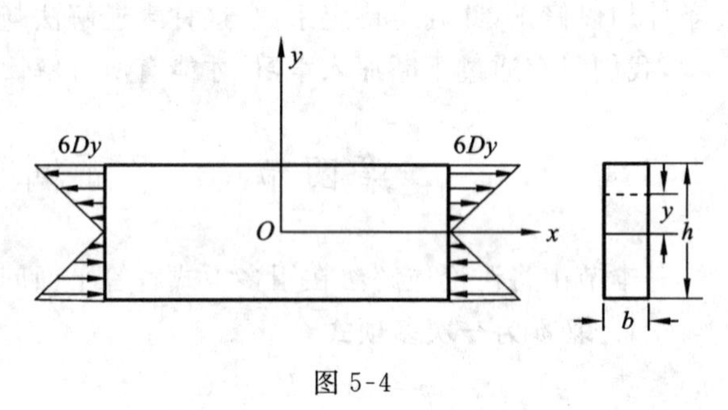

图 5-4

$$T_x = \int_A \sigma_x \mathrm{d}A = \int_{-\frac{h}{2}}^{+\frac{h}{2}} 6Dyb\,\mathrm{d}y = 0 \tag{5-37}$$

$$M = \int_A \sigma_x y\,\mathrm{d}A = \int_{-\frac{h}{2}}^{+\frac{h}{2}} 6Dy^2 b\,\mathrm{d}y = 6J_z D \tag{5-38}$$

式中 $A = bh, J_z = \dfrac{bh^3}{12}$，以 D 的值代替 σ_x，则 $\sigma_x = 6Dy = \dfrac{My}{J_z}$。由此可知 $\varphi = Dy^3$ 能解决矩形梁受纯弯曲的问题。三次多项式其他对应项，读者可自行分析。

4. 取 φ 为四次或四次以上的多项式

如果 φ 取四次或四次以上的多项式，则只有 4 个系数是独立的，其余系数应由多项式的双调和方程来确定。例如，对于下列四次多项式的应力函数 $\varphi = Ax^4 + Bx^3y + Cx^2y^2 + Dxy^3 + Ey^4$，将 φ 式代入 $\nabla^4\varphi = 0$，并令其满足。于是，各系数间应有下列关系式：$3A + C + 3E = 0$，即函数 φ 必须满足条件才可作为双调和函数。

又例如，对于五次多项式 $\varphi = Ax^5 + Bx^4y + Cx^3y^2 + Dx^2y^3 + Exy^4 + Fy^5$，则有：$\nabla^4\varphi = 4\times3\times2(5A+E+C)x + 4\times3\times2(5F+B+D)y$，故 φ 为双调和函数的条件为：$E=-(5A+C)$ 和 $F=-(B+D)/5$。

例 5-1 给出 $\varphi = Axy^2$。

(1) 检查 φ 是否可以作为应力函数。

(2) 在图 5-5(a) 中矩形板的边界上对应着怎样的边界面力。

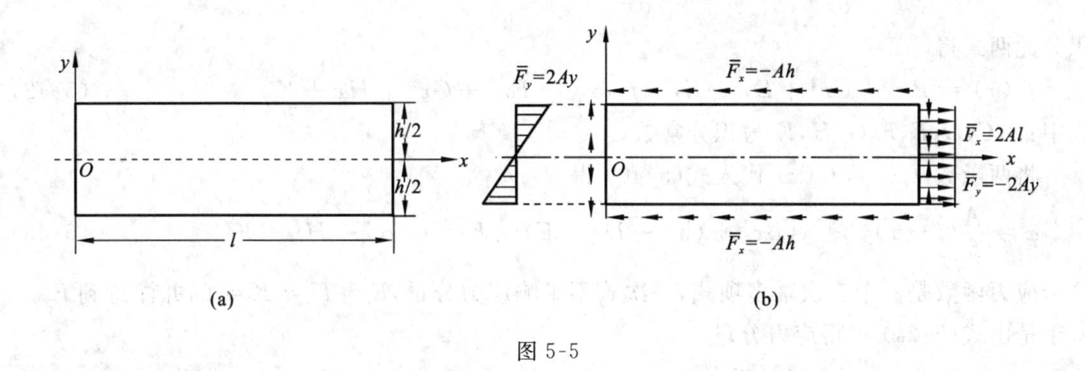

图 5-5

解 (1) 函数 $\varphi = Axy^2$ 满足协调方程 $\nabla^4\varphi = 0$，故可作为应力函数。

(2) 应力分量：

$$\sigma_x = 2Ax,\quad \sigma_y = 0,\quad \tau_{xy} = -2Ay$$

于是在板边界上对应的面力为：① 在矩形板的边界 $x = l$ 上：$\bar{F}_x = 2Al =$ 常数，$\bar{F}_y = -2Ay$；② 在边界 $y = \pm h/2$ 上：$\bar{F}_y = 0, \bar{F}_x = -Ah$；③ 在边界 $x = 0$ 上：$\bar{F}_x = 0, \bar{F}_y = 2Ay$，如图 5-5(b) 所示。

第五节　梁的弹性平面弯曲

一、悬臂梁的弯曲

作为用直角坐标解题的例子，讨论下述悬臂梁的平面弯曲。设在图 5-6 中的板条左端固定，自由端有集中力 P 作用，略去梁的自重，梁的高度为 h，厚度 $t = 1$，跨度为 l。

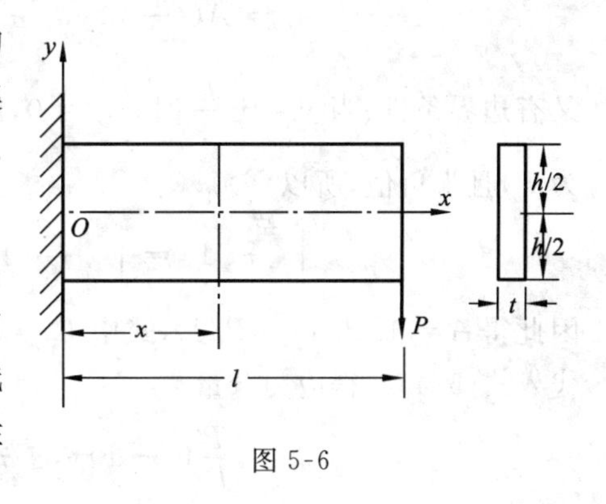

图 5-6

1. 选取应力函数

用半逆解法，上述问题为平面应力问题，由材料力学梁的弯曲理论可知，任一截面的弯矩与 $(l-x)$ 作线性变化，而截面上任一点的正应力 σ_x 又与该点至中性轴 z 的距离 y 成正比。因而可设

$$\sigma_x = A(l-x)y \tag{5-39}$$

式中：A 为常数。将式(5-39)进行积分得

$$\varphi = \frac{A}{6}(l-x)y^3 + yf_1(x) + f_2(x) \tag{5-40}$$

式中的 $f_1(x)$ 和 $f_2(x)$ 为 x 的待定函数。将式(5-40)代入双调和方程(5-26)可得

$$y\frac{\mathrm{d}^4 f_1(x)}{\mathrm{d}x^4} + \frac{\mathrm{d}^4 f_2(x)}{\mathrm{d}x^4} = 0 \tag{5-41}$$

由于 $f_1(x)$ 及 $f_2(x)$ 只是 x 的函数，式(5-41)的第二项与 y 无关，故式(5-41)成立时必有

$$\frac{\mathrm{d}^4 f_1(x)}{\mathrm{d}x^4} = 0, \quad \frac{\mathrm{d}^4 f_2(x)}{\mathrm{d}x^4} = 0$$

积分此两式得

$$f_1(x) = Bx^3 + Cx^2 + Dx + E, \quad f_2(x) = Fx^3 + Gx^2 + Hx + K \tag{5-42}$$

式中：B,C,D,E,F,G,H,K 为积分常数。

将两函数 $f_1(x)$，$f_2(x)$ 代入式(5-40)得

$$\varphi = \frac{A}{6}(l-x)y^3 + y(Bx^3 + Cx^2 + Dx + E) + Fx^3 + Gx^2 + Hx + K \tag{5-43}$$

这个应力函数是一个三次幂多项式，一次式不影响应力分量，$E = H = K = 0$，并注意到 $F_y = 0$，于是由式(5-24)可得应力分量

$$\left.\begin{aligned} \sigma_x &= A(l-x)y \\ \sigma_y &= 6(By+F)x + 2(Cy+G) \\ \tau_{xy} &= \frac{A}{2}y^2 - 3Bx^2 - 2Cx - D \end{aligned}\right\} \tag{5-44}$$

2. 待定系数的确定

边界条件要求在 $y = \pm h/2$ 时，$\sigma_y = 0$，因此可得

$$6\left(B\frac{h}{2} + F\right)x + 2\left(C\frac{h}{2} + G\right) = 0, \quad 6\left(-B\frac{h}{2} + F\right)x + 2\left(-C\frac{h}{2} + G\right) = 0$$

对于从 0 到 l 所有的 x 值，上列方程均应满足，因此得

$$B\frac{h}{2} + F = 0, \quad C\frac{h}{2} + G = 0, \quad -B\frac{h}{2} + F = 0, \quad -C\frac{h}{2} + G = 0$$

解此方程组，得 $B = C = F = G = 0$，代入式(5-44)，应力分量为

$$\sigma_x = A(l-x)y, \quad \sigma_y = 0, \quad \tau_{xy} = \frac{A}{2}y^2 - D \tag{5-45}$$

又有边界条件：当 $y = \pm\frac{h}{2}$ 时，$\tau_{xy} = 0$，由式(5-45)得 $D = \frac{Ah^2}{8}$，在 $x = l$ 的端面上，剪力总值为 P，且为负值，所以

$$\int_{-\frac{h}{2}}^{+\frac{h}{2}} \tau_{xy}\,\mathrm{d}y = \int_{-\frac{h}{2}}^{+\frac{h}{2}} \frac{A}{8}(4y^2 - h^2)\,\mathrm{d}y = -P$$

因此得 $A = 12P/h^3 = P/J_z$，式中 $J_z = h^3/12$ 为截面对中性轴 z 的惯性矩，将所得系数 A 及 D 代入式(5-45)，得应力分量

$$\sigma_x = \frac{P}{J_z}(l-x)y, \quad \sigma_y = 0, \quad \tau_{xy} = -\frac{P}{2J_z}\left(\frac{h^2}{4} - y^2\right) \tag{5-46}$$

由此可见，所得结果与材料力学的完全一致。并可得出结论，当端部剪应力 τ_{xy} 是按抛物线分布，固定端正应力 σ_x 是按线性分布的话(两者相当于边界面力)，这一解是精确解。如果不是

这样，则根据圣维南原理，这一解在远离端部的梁内还是足够精确的。

3. 应变与位移的计算

现在来讨论悬臂梁的变形及位移，根据平面应力问题 Hooke 定律式(5-11) 有

$$\varepsilon_x = \frac{1}{E}(\sigma_x - \nu\sigma_y),\quad \varepsilon_y = \frac{1}{E}(\sigma_y - \nu\sigma_x),\quad \gamma_{xy} = \frac{2(1+\nu)}{E}\tau_{xy}$$

将式(5-46) 中的应力分量代入上式，得出

$$\varepsilon_x = \frac{P}{EJ_z}(l-x)y,\quad \varepsilon_y = -\frac{\nu P}{EJ_z}(l-x)y,\quad \gamma_{xy} = -\frac{(1+\nu)P}{EJ_z}\left(\frac{h^2}{4} - y^2\right) \tag{5-47}$$

关于悬臂梁位移的边界条件请复习第二章例 2-9，其固定方式要求：

（Ⅰ）使梁轴线的左端 O 点位移为零，即

$$u = v = 0 \quad (当\ x = y = 0\ 时) \tag{5-48}$$

（Ⅱ）使板条不能绕左端的 O 点转动。这样的约束可以用不同的方式实现。

(a) 在左端固定沿轴线的水平微线段 dx，使其保持水平方向不变[图 5-7(a)]，即

$$\frac{\partial v}{\partial x} = 0,\quad 但\quad \frac{\partial u}{\partial y} \neq 0 \quad (当\ x = y = 0\ 时) \tag{5-49}$$

(b) 固定垂直于轴线的垂直微线段 dy，使其保持垂直的方向不变[图 5-7(b)]，即

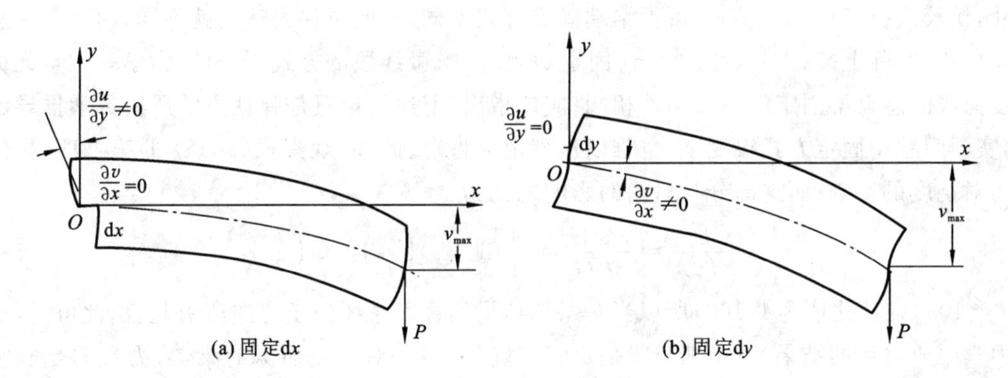

图 5-7

$$\frac{\partial u}{\partial y} = 0,\quad 但\quad \frac{\partial v}{\partial x} \neq 0 \quad (当\ x = y = 0\ 时) \tag{5-50}$$

积分式(5-6) 并使所得结果满足边界条件（Ⅰ）、（Ⅱ）的(a) 或（Ⅰ）、（Ⅱ）的(b)，即可求得位移 u 和 v。现在省略较为繁琐的积分过程，只写出最终结果。

(A) 按（Ⅰ）、（Ⅱ）的(a) 方式固定，求得

$$\left.\begin{aligned} u &= \frac{P}{EJ_z}\left[lxy - \frac{x^2 y}{2} + \frac{2+\nu}{6}y^3 - \frac{(1+\nu)h^2}{4}y\right] \\ v &= -\frac{P}{EJ_z}\left[\frac{\nu(l-x)}{2}y^2 + \frac{lx^2}{2} - \frac{x^3}{6}\right] \end{aligned}\right\} \tag{5-51}$$

在式(5-51) 中令 $y = 0$，即为梁的挠曲线方程，有

$$v = -\frac{P}{EJ_z}\left(\frac{lx^2}{2} - \frac{x^3}{6}\right) \tag{5-52}$$

再令 $x = l$，得

$$v_{\max} = -\frac{Pl^3}{3EJ_z} \tag{5-53}$$

所得结果与材料力学结果相同。现在考察截面变形后的形状。设变形前横截面的方程为：$x = x_0$，变形后截面上每一点在 x 方向的位移为 u，因而截面的方程变为

$$x = x_0 + u = x_0 + \frac{P}{EJ_z}\left[lxy - \frac{x^2 y}{2} + \frac{(2+\nu)}{6}y^3 - \frac{(1+\nu)h^2}{4}y\right]$$

可见横截面于变形后不再是平面，而成为由上式所表示的曲面。

(B) 按(Ⅰ)、(Ⅱ)的(b)方式固定，求得

$$\left.\begin{aligned} u &= \frac{P}{EJ_z}\left[lxy - \frac{x^2 y}{2} + \frac{(2+\nu)}{6}y^3\right] \\ v &= -\frac{P}{EJ_z}\left[\frac{\nu(l-x)}{2}y^2 + \frac{lx^2}{2} - \frac{x^3}{6} + \frac{(1+\nu)h^2}{4}x\right] \end{aligned}\right\} \tag{5-54}$$

令 $y = 0$，得出梁的挠曲线方程为

$$\left.\begin{aligned} v &= -\frac{P}{EJ_z}\left[\frac{lx^2}{2} - \frac{x^3}{6} + \frac{(1+\nu)h^2}{4}x\right] \\ v_{\max} &= -\frac{Pl^3}{3EJ_z} - \frac{P(1+\nu)h^2 l}{4EJ_z} = -\left(\frac{Pl^3}{3EJ_z} + \frac{Ph^2 l}{8GJ_z}\right) \end{aligned}\right\} \tag{5-55}$$

因此，比较式(5-51)与(5-54)可见梁端固定方式不同，梁的位移表达式就不同，两者差一刚性转动位移。实际上按(Ⅰ)、(Ⅱ)的(a)固定 O 点与 dx 微线段的方式，与材料力学一维空间的梁挠度曲线的悬臂梁固定端约束条件相同。应该指出：上述讨论只是弹性力学严格数学推导的要求，实际问题中固定方式很复杂，也难以从理论上肯定。此外，观察式(5-55)的第二项，显然是剪力对挠度的影响。而这部分与弯曲的影响之比为

$$\frac{Ph^2 l/(8GJ_z)}{Pl^3/(3EJ_z)} = \frac{3h^2 E}{8l^2 G} = \frac{3}{4}(1+\nu)\left(\frac{h}{l}\right)^2 \approx \left(\frac{h}{l}\right)^2 \tag{5-56}$$

如 $l = 10h$，则此比值为1/100，所以当 $h \leqslant l$ 时，梁的挠度主要由于弯曲所引起。由此可见，在材料力学中所得到的结果，对于细长梁是足够正确的，但是对于短而深的梁，剪力影响是非常重要的，不能忽视。

二、承受均布载荷简支梁的弯曲

现考察一受均布载荷 q 作用两端简支的梁，其截面为矩形，取宽度等于1，梁高为 h，梁的跨度为 l，梁的自重不计，如图5-8所示，该梁属平面应力问题。本题讨论以应力函数的选取和应力分量分布规律为重点。参照此题材料力学解答有

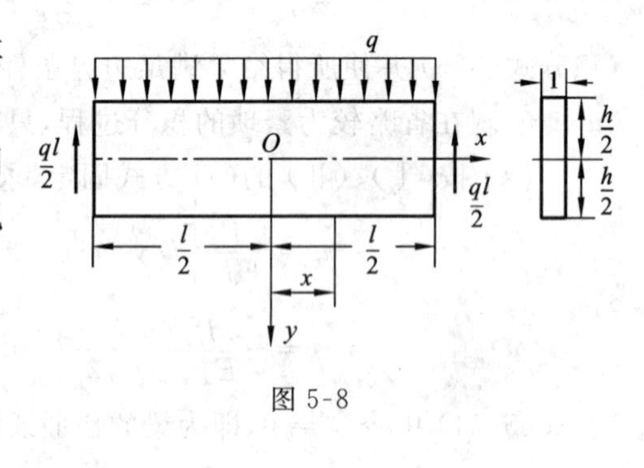

图 5-8

$$\left.\begin{aligned} \sigma_x &= \frac{My}{J_z} = \frac{q}{2J_z}\left(\frac{l^2}{4} - x^2\right)y \\ \sigma_y &= 0 \\ \tau_{xy} &= \frac{QS}{bJ_z} = -\frac{qx}{2J_z}\left(\frac{h^2}{4} - y^2\right) \end{aligned}\right\} \tag{5-57}$$

1. 应力函数的选取

用半逆解法设

$$\sigma_x = Ay + Bx^2 y = \frac{\partial^2 \varphi}{\partial y^2}, \quad \tau_{xy} = Cx + Dxy^2 = -\frac{\partial^2 \varphi}{\partial x \partial y}, \quad \sigma_y = f(y) = \frac{\partial^2 \varphi}{\partial x^2} \tag{5-58}$$

需要说明的是：由于梁上边有分布载荷的作用，故而 σ_y 不能为零。又由于分布载荷为均匀连续，显然 σ_y 不随 x 而变化，仅为 y 的函数。故而可修正式(5-57)的第二项为 $\sigma_y = f(y)$。现在对(5-58)的第一式积分，即

$$\varphi = \frac{A}{6}y^3 + \frac{B}{6}x^2 y^3 + yf_1(x) + f_2(x) \tag{5-59}$$

对式(5-58)第一式积分一次再对 x 求导，并与式(5-58)的第二式相等，即

$$Bxy^2 + f_1'(x) = -Cx - Dxy^2$$

由此得

$$B = -D, \quad f_1'(x) = -Cx, \quad f_1(x) = -\frac{Cx^2}{2} + E$$

将上列所得结果代入式(5-59)，得

$$\varphi = \frac{A}{6}y^3 + \frac{B}{6}x^2 y^3 - \frac{C}{2}x^2 y + Ey + f_2(x) \tag{5-60}$$

又由式(5-58)第三式知 φ 只能是 x 的二次函数，故而在式(5-60)中可设 $f_2(x) = Gx^2 + Ix$，于是，

$$\varphi = \frac{A}{6}y^3 + \frac{B}{6}x^2 y^3 - \frac{C}{2}x^2 y + Ey + Gx^2 + Ix \tag{5-61}$$

将上列应力函数 φ 代入双调和方程，得 $\nabla^4 \varphi = 4By \neq 0$，这表示上述应力函数不能满足双调和方程，须进一步修改应力函数 φ。试增加一任意函数 $\psi(x,y)$，又(5-61)式中 Ey 项和 Ix 项与应力无关可删去，于是应力函数为

$$\varphi = \frac{A}{6}y^3 + \frac{B}{6}x^2 y^3 - \frac{C}{2}x^2 y + Gx^2 + \psi(x,y) \tag{5-62}$$

再将它代入双调和方程中，得

$$\frac{\partial^4 \psi}{\partial x^4} + 2\frac{\partial^4 \psi}{\partial x^2 \partial y^2} + \frac{\partial^4 \psi}{\partial y^4} = -4By \tag{5-63}$$

这一微分方程可用下列的五次整函数来表示，即

$$\psi(x,y) = \frac{F}{24}x^4 y + \frac{H}{120}y^5 + \frac{K}{12}x^2 y^3 \tag{5-64}$$

代入式(5-63)中，得：$Fy + 2Ky + Hy = -4By$，即 $F + 2K + H = -4B$，函数 ψ 中的 $\frac{Kx^2 y^3}{12}$ 可以删去，因为式(5-62)中已有 $x^2 y^3$ 的项，又因 φ 只能是 x 的二次函数，再删去 $\frac{Fx^4 y}{24}$ 项，因此，$H = -4B$，于是，满足双调和方程的应力函数的最后形式为

$$\varphi = \frac{A}{6}y^3 + \frac{B}{6}x^2 y^3 - \frac{C}{2}x^2 y + Gx^2 - \frac{H}{120}y^5 \tag{5-65}$$

或改写为：$\varphi = C_1 x^2 + C_2 x^2 y + C_3 y^3 + C_4 x^2 y^3 + C_5 y^5$，再由 $\nabla^4 \varphi = 0$，得 $C_5 = -\frac{C_4}{5}$。

2. 边界条件的确定

边界条件为

$$(\sigma_y)_{y=-\frac{h}{2}}=-q,\quad (\tau_{xy})_{y=\pm\frac{h}{2}}=0,\quad (\sigma_y)_{y=+\frac{h}{2}}=0 \tag{5-66}$$

$$\int_{-\frac{h}{2}}^{+\frac{h}{2}}(\sigma_x)_{x=\pm\frac{l}{2}}y\mathrm{d}y=0,\quad \int_{-\frac{h}{2}}^{+\frac{h}{2}}(\tau_{xy})_{x=\pm\frac{l}{2}}\mathrm{d}y=\pm\frac{ql}{2} \tag{5-67}$$

3. 应力分量的确定

$$\left.\begin{aligned}\sigma_x&=\frac{q}{2J_z}\left[\left(\frac{l^2}{4}-x^2\right)y+\left(\frac{2}{3}y^2-\frac{h^2}{10}\right)y\right]\\ \sigma_y&=-\frac{q}{2J_z}\left(\frac{y^3}{3}-\frac{h^2}{4}y+\frac{h^3}{12}\right)\\ \tau_{xy}&=-\frac{qx}{2J_z}\left(\frac{h^2}{4}-y^2\right)\end{aligned}\right\} \tag{5-68}$$

应力分量沿横截面高度的变化情况，大致如图5-9所示。将应力表达式(5-68)与材料力学导出的解答式(5-57)相比较，可以看出：

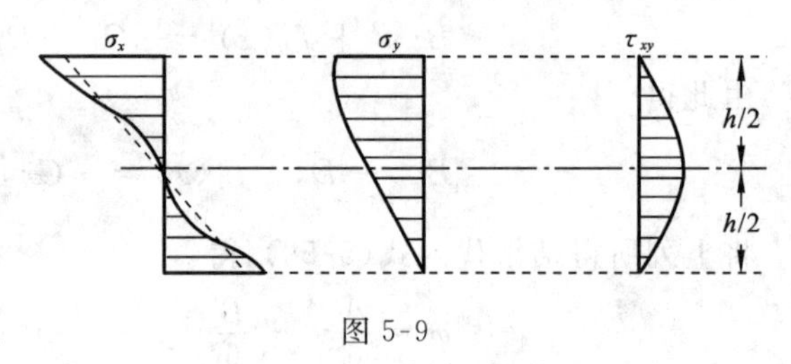

图 5-9

(1) 在弯曲正应力 σ_x 的表达式中，第一项与材料力学给出的解答完全一样，这是主要项。而第二项则是弹性力学给出的修正项，此项与 x 无关。其主要项如图5-9中虚线所示。以梁的中间截面($x=0, y=\pm\frac{h}{2}$)而论，梁顶和梁底的弯曲应力的第二项与第一项之比率，如当 $\frac{h}{l}=0.1, 0.25, 0.5$ 时，则比率为0.27%，1.67%，6.67%。可见对于跨度 l 比梁高 h 大得多的梁，修正项影响很小，可以略去不计。但对于跨度小、横截面高度大的梁，此影响则不容忽视。

(2) 应力分量 σ_y 表示梁的各纵向纤维之间的挤压应力。在材料力学解答中，认为各纵向纤维之间没有挤压，即正应力 $\sigma_y=0$。实际上这种应力通常是存在的，应力 σ_y 是产生 σ_x 第二项的原因。

(3) 剪应力 τ_{xy} 的表达式，即式(5-68)第三式与材料力学解答式(5-57)的第三式完全相同。

(4) 在梁的两端面($x=\pm\frac{l}{2}$)上有正应力(修正项)存在。将 $x=\pm l/2$ 代入式(5-68)第一式有

$$(\sigma_x)_{x=\pm\frac{l}{2}}=\frac{q}{J_z}\left(\frac{y^2}{3}-\frac{h^2}{20}\right)y \tag{5-69}$$

这显然与原题意不符，但在两端面的这些力的合力和合力偶矩都等于零。于是，根据圣维南原理，除端部附近以外，对梁的大部分来说，此解是足够准确的。

(5) 用所得之应力，并依本章所述的方法求 $y=0$ 处的位移，即梁轴线的弯曲方程

$$v_0=-\frac{q}{2EJ_z}\left[\frac{l^2}{8}x^2-\frac{x^4}{12}-\frac{h^2}{20}x^2+\left(1+\frac{\nu}{2}\right)\frac{h^2}{4}x^2\right]+\delta \tag{5-70}$$

式中 δ 为梁中间截面的形心($x=y=0$)处的竖向位移，则

$$\delta=\frac{5}{384}\frac{ql^4}{EJ_z}\left[1+\frac{12}{5}\frac{h^2}{l^2}\left(\frac{4}{5}+\frac{\nu}{2}\right)\right] \tag{5-71}$$

式(5-71)方括号前的因数是根据平面假设而得出的材料力学解答，而方括号中的第二项则代表修正项，是剪应力的影响。

第六节* 三角形截面重力坝的弹性计算

本节讨论三角形截面重力坝的实例，作为平面应变问题的求解例子。

设有三角形等截面的水坝如图 5-10 所示。设坝体承受水压力 $q=-\gamma y$，γ 为水的容重，坝体的容重为 p。坝身很长，除坝身两端部分外，坝的任何横截面中的形变是相同的，因此这是平面应变问题。

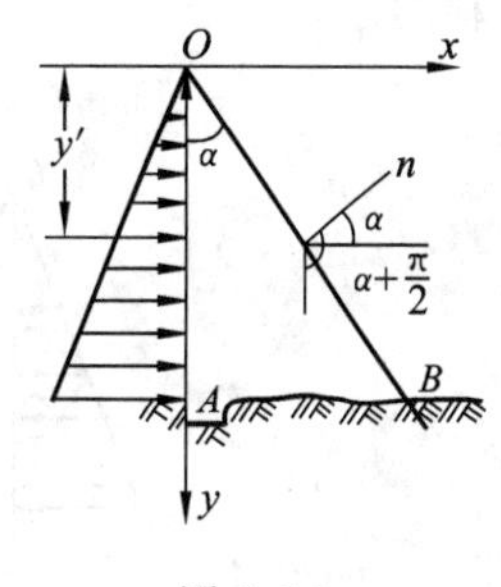

图 5-10

1. 应力函数的选取

本例可以用量纲分析来选取应力函数。在坝体内任意一点的应力分量必定由两部分组成：其一由坝身重量引起，它应与 p 成正比；其二，由水的压力引起，它与 γ 成正比。此外，这两部分还与点的坐标 x、y 以及角度 α 有关。现在我们来分析各量的量纲：应力分量的量纲是〔力〕/〔长度〕^{2}，p 和 γ 的量纲是〔力〕/〔长度〕^{3}，x 和 y 的量纲是〔长度〕，而 α 则是无量纲的数量。所以，如果应力分量具有多项式的解答，那么它们的表达式只可能是 Apx，Bpy，$C\gamma x$，$D\gamma y$ 四种项的组合，其中 A，B，C，D 是无量纲的常数，它只与 α 有关。这就是说，应力分量的表达式只可能是 x 和 y 的纯一次式，根据应力分量是应力函数对 x 和 y 的二阶导数所给出，所以应力函数就是 x 和 y 的纯三次式。据此可以假设：

$$\varphi=Ax^3+Bx^2y+Cxy^2+Dy^3 \tag{5-72}$$

或者根据材料力学的理论：坝内水平截面主要受到压力和弯曲的组合作用，其应力将是坐标的线性函数，因此，也可确定以三次多项式作为应力函数。将式(5-72)代入双调和方程 $\nabla^4\varphi=0$，显然得到满足。

2. 待定系数的确定

本例中体力 $F_x=0$，$F_y=p$。应用式(5-30)，式中 $\rho g=p$，注意此处 y 轴正向向下，故得应力分量为

$$\sigma_x=2Cx+6Dy,\quad \sigma_y=6Ax+2By-py,\quad \tau_{xy}=-2Bx-2Cy \tag{5-73}$$

再列出边界条件：

(1) OA 边界($x=0$)：$(\sigma_x)_{x=0}=-\gamma y$，$(\tau_{xy})_{x=0}=0$。 (5-74)

(2) OB 边界($x=y\tan\alpha$)：$\bar{F}_x=\bar{F}_y=0$。由于 $l_x=\cos\alpha$，$l_y=-\sin\alpha$，可得

$$\sigma_x\cos\alpha-\tau_{xy}\sin\alpha=0,\quad \tau_{xy}\cos\alpha-\sigma_y\sin\alpha=0 \tag{5-75}$$

将式(5-73) 代入上述边界条件式(5-74)、式(5-75)，可解得 4 个待定常数为

$$A=-\frac{\gamma}{2\tan^3\alpha}+\frac{p}{6\tan\alpha},\quad B=\frac{\gamma}{2\tan^2\alpha},\quad C=0,\quad D=-\frac{\gamma}{6}$$

3. 应力分量

将上述常数代入式(5-73) 中，得

$$\sigma_x=-\gamma y,\quad \sigma_y=\left(\frac{p}{\tan\alpha}-\frac{2\gamma}{\tan^3\alpha}\right)x+\left(\frac{\gamma}{\tan^2\alpha}-p\right)y,\quad \tau_{xy}=-\frac{\gamma}{\tan^2\alpha}x \tag{5-76}$$

坝体水平截面 MN($y=h$) 上的应力分布如图 5-11 所示，按材料力学计算截面 MN 上的应力 σ_y 和 τ_{xy} 的表达式为

$$\sigma_y = \frac{N}{F} \pm \frac{M}{J_z}\left(x - \frac{b}{2}\right), \quad \tau_{xy} = \frac{QS}{bJ_z} \tag{5-77}$$

根据上列公式计算的结果：应力 σ_y 与式(5-77) 计算结果完全相同；但材料力学公式计算的剪应力 τ_{xy} 为抛物线规律分布，与图 5-11(b) 相比较根本不同。至于正应力 σ_x，则根本无法由材料力学求得。

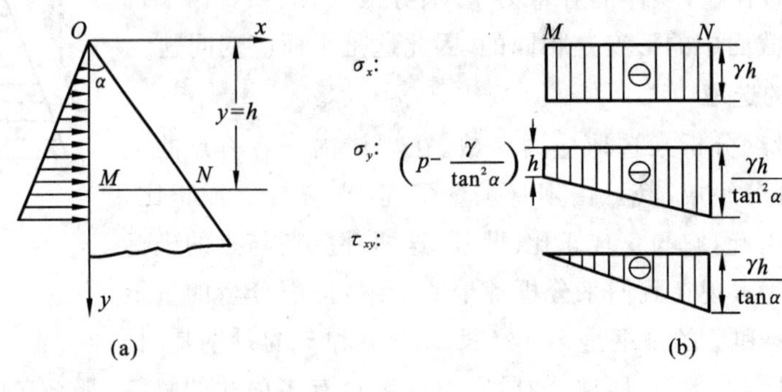

图 5-11

这里指出，坝底面应力 σ_x 的分布在实际情况下，由于坝底面与基础固结在一起，按理论计算与之是不相符的。虽然根据圣维南原理，基础的影响是局部性的，但当坝底宽度与坝高度之比不小时，则这种影响就不能忽视。关于重力坝的较精确应力分析，目前已多采用有限单元法来进行计算。

第七节* 用三角级数解弹性平面问题简介

矩形截面梁，在受连续分布载荷作用的情况下，应力函数取多项式的形式来解题是方便的。如果情况比较复杂，特别是载荷不连续，则采用三角级数（富里哀级数）的应力函数①。下面来求解狭长截面矩形梁的弯曲问题（图 5-12）。用三角级数求解平面问题的基本原理和解题步骤，与前述的多项式解法相同。

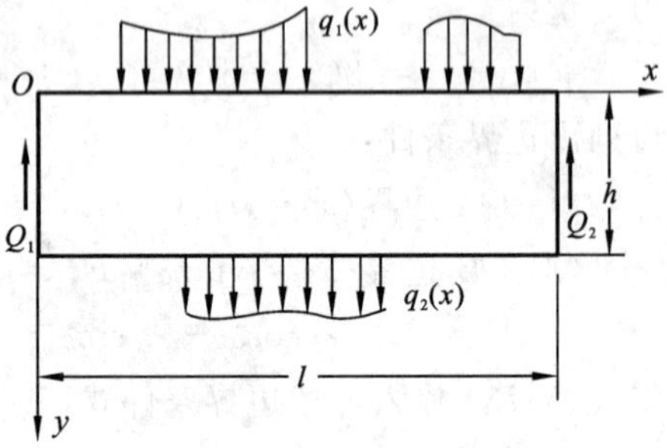

图 5-12

1. 应力函数

选取的三角级数形式，最一般情况可取

$$\varphi = \varphi_1 + \varphi_2 \quad (\text{并设 } \alpha = n\pi/l) \tag{5-78}$$

若取 $\alpha = n\pi/l$，则式(5-78) 中的 φ_1 和 φ_2 可表示为

$$\varphi_1 = \sum_{n=1}^{\infty} \sin\alpha x f_n(y) \tag{5-79}$$

$$\varphi_2 = \sum_{n=1}^{\infty} \cos\alpha x g_n(y) \tag{5-80}$$

① 在本书第十章变分原理中，还将介绍应用三角级数的位移函数。

式中，n 为正整数；l 为梁长度；f_n 和 g_n 均为坐标 y 的函数。

将式(5-79)、式(5-80)代入双调和方程 $\nabla^4\varphi = 0$ 中，得到一个四阶常系数线性齐次微分方程。再求得其通解为

$$f_n(y) = A_n \text{sh}\alpha y + B_n \text{ch}\alpha y + C_n y \text{sh}\alpha y + D_n y \text{ch}\alpha y \tag{5-81}$$

$$g_n(y) = A'_n \text{sh}\alpha y + B'_n \text{ch}\alpha y + C'_n y \text{sh}\alpha y + D'_n y \text{ch}\alpha y \tag{5-82}$$

式中，$A_n, B_n, C_n, D_n, A'_n, B'_n, C'_n, D'_n$都是积分常数。

如图 5-12 所示梁的情况，根据支点条件(在 $x = 0, x = l$ 处，$\sigma_x = 0$)可取应力函数式(5-79)，即 $\varphi = \varphi_1$。

2. 确定应力分量

如不计体力，则可由式(5-24)计算应力分量。显然，这些应力分量的表达式也必然是无穷三角级数的形式。

3. 确定待定常数

按边界条件来确定式(5-81)、式(5-82)中的待定常数，这时载荷函数也必须展为无穷三角级数

$$q(x) = \frac{a_0}{2} + \sum_{n=1}^{\infty} a_n \cos\frac{n\pi x}{l} + \sum_{n=1}^{\infty} b_n \sin\frac{n\pi x}{l}$$

其系数(即富里哀系数)为

$$a_0 = \frac{2}{l}\int_0^l q(x)\text{d}x; a_n = \frac{2}{l}\int_0^l q(x)\cos\frac{n\pi x}{l}\text{d}x; b_n = \frac{2}{l}\int_0^l q(x)\sin\frac{n\pi x}{l}\text{d}x$$

如 $q(x)$ 是奇函数，就是 $q(-x) = -q(x)$，则 $q(x)$ 可展开为只有正弦项的级数，即 $a_0 = a_n = 0$；如 $q(x)$ 是偶函数，就是 $q(-x) = q(x)$，则 $q(x)$ 只有余弦项，即 $b_n = 0$。

第八节　弹性平面问题应力函数的选择小结

在弹性力学的大多数平面问题中，是已知边界上的面力(载荷)或者部分边界上给出位移，并可以通过平衡条件来计算反力。对于这类问题采用应力解法去设应力函数的方法是方便的。但在解题的过程中如何寻找应力函数是问题的关键。一般采用多项式选取应力函数有几个途径：① 根据材料力学现有的解答；② 参考已求得的平面问题的结果；③ 进行量纲分析；④ 根据边界上受力情况。

应当指出，对于无体力或体力为常数的弹性平面问题、边值问题的解，就是要求在域内(弹性体内)满足 $\nabla^4\varphi = 0$，在边界上满足应力函数 φ 的二阶导数(应力分量)与面力的关系(即边界条件)。因此应力函数的选取还是有规律可循的。根据以上实例可知：对于矩形板受纯拉(压)或剪切可采用二次多项式；对于板条纯弯可采用三次多项式；对于一端受力的悬臂梁的弯曲可采用四次多项式；对于受连续均布载荷的单跨梁采用五次多项式；对于矩形截面水坝受三角形分布的水压力问题还可以采用六次多项式。一般物体形状与所受载荷越复杂的问题，可以增高多项式的幂次来求解。如载荷分布不是连续的，或者分布规律不能用代数整函数表示，那么只能用三角级数来表示。值得提出的是：我国地质学家李四光教授曾在 1943 年应用应力函数法($\varphi = Ax^2 + Bx^2y^3 + Cy^5$)解决了构造地质中一个山字形构造的应力分布①。

---

① 参见王仁、丁中一、殷有泉编《固体力学基础》§ 5-2。

应力函数在边界上的力学意义还可以通过有限差分法采用边界上应力函数 φ 及其导数的方法来解决。应力函数与边界上的合力矩有关，而其一阶导数与边界上的合力有关，请参考弹性力学有关书籍①。

第九节　梁的弹塑性弯曲问题的求解

我们现在来讨论均布载荷作用的简支梁的弹塑性弯曲(图 5-13)，并采用初等理论的简化假定，即

$$\sigma_y = \sigma_z = \tau_{xz} = \tau_{yz}$$

而只考虑 $\sigma_x = \sigma, \tau_{xy} = \tau$，此外，认为梁弯曲为小变形，剪应力 τ 与正应力 σ 相比为小量，且加以忽略。在弯曲过程中，梁的横截面仍保持为平面且与变形后的梁轴相垂直。梁内各点处于平面单向应力状态，这当然也可看作是一种比例加载。梁的材料为理想弹塑性材料，并考虑畸变能屈服条件

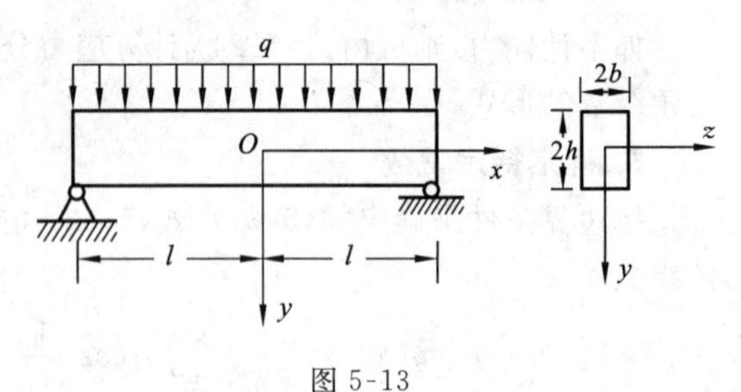

图 5-13

$$\sigma = \sigma_x = \sigma_s$$

1. 弹性解($q \leqslant q_e$)

梁全部处于弹性状态时，任一 x 处截面上的弯矩为

$$M(x) = \frac{q}{2}(l^2 - x^2) \tag{5-83}$$

此时任一截面上 y 处一点的应力，也即弹性区各点的应力为

$$\sigma = \sigma_x = \pm \frac{M(x)y}{J_z} \tag{5-84}$$

式中轴惯矩 $J_z = 4bh^3/3$。由式(5-84)可知，$y = \pm h$ 处，应力同时达到最大值，当梁弯矩在载荷 q 不断增加而达到某一数值时，最大弯矩(中间)截面的上下边缘处各点横截面上的应力 σ_x，出现 $\sigma_x = \sigma = \sigma_s$ 的情况下，全梁即处于弹性极限状态，此时可计算出梁的弹性极限弯矩 M_e，由式(5-84)代入 $\sigma = \sigma_s, y = \pm h, J_z = 4bh^3/3$，得

$$M_e = \frac{4}{3}bh^2\sigma_s \tag{5-85}$$

相应的弹性极限载荷 q_e 可由式(5-83)、$x = 0$ 与式(5-85)计算，得

$$q_e = \frac{8bh^2}{3l^2}\sigma_s \tag{5-86}$$

其应力分布规律见图 5-14(a)、(b)，可用双三角形形式来表示弹性状态。

2. 弹塑性解($q_e < q < q_s$)

实际上当梁处于弹性极限状态的同时，即梁最大弯矩截面的上下边缘处，应力已经达到屈服极限，梁的塑性变形已经开始。该截面的塑性区将随着载荷 q 的增长而逐渐对称地从上下两面开始扩展，并向左右普及到梁的其他横截面。最后整个最大弯矩作用截面将首先进入屈服流

---

① 参见黄炎编著的《工程弹性力学》§ 6-4。

动状态。

现设ξ表示弹性区与塑性区分界线坐标，并由于随着各截面的弯矩不同ξ也不同，因此ξ是x的函数，即$\xi = \xi(x)$，且$0 \leqslant \xi \leqslant h$。当梁的截面处于弹塑性变形阶段时，应力分布可分成三个区域，其应力分布规律见图 5-14(c)，为双梯形形式来表示弹塑性状态，即

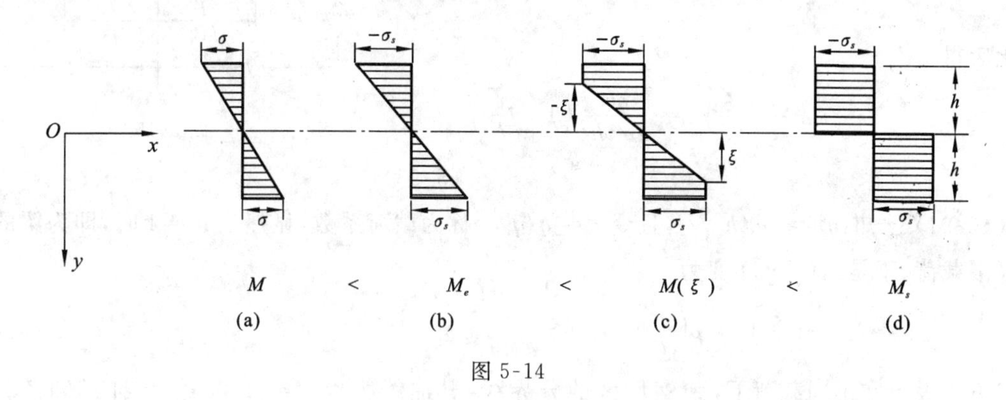

图 5-14

$$\left.\begin{array}{lll}\sigma = -\sigma_s & (\text{塑性区}), & \text{当} -h \leqslant y \leqslant -\xi \text{时} \\ \sigma = \dfrac{y}{\xi}\sigma_s & (\text{弹性区}), & \text{当} -\xi \leqslant y \leqslant \xi \text{时} \\ \sigma = \sigma_s & (\text{塑性区}), & \text{当} \xi \leqslant y \leqslant h \text{时}\end{array}\right\} \tag{5-87}$$

由于对于任一截面x处的弯矩，可由该截面的正应力$\sigma_x = \sigma$对中性轴y的乘积的积分来表示，其中微面积$\mathrm{d}A = 2b\mathrm{d}y$，则

$$M(x) = 4b\int_0^h \sigma(x, y) y \mathrm{d}y \tag{5-88}$$

因此，所有在弹性与塑性区并存的截面上(必然包括梁的最大弯矩作用的中间截面) 的弹塑性弯矩可由式(5-87) 和式(5-88) 求得

$$M = 4\int_0^{\xi} \sigma_s \frac{y}{\xi} by\mathrm{d}y + 2\int_{\xi}^{h} \sigma_s by\mathrm{d}y + 2\int_{-h}^{-\xi} -\sigma_s by\mathrm{d}y = \frac{2b\sigma_s}{3}(3h^2 - \xi^2) \tag{5-89}$$

3. 塑性解($q = q_s$)

对于理想弹塑性材料，当$M > M_e$时，梁截面外层纤维横截面上的应力值保持为$\pm\sigma_s$，塑性区间内，向左右两侧扩展。最大弯矩作用的整个截面进入塑性状态，其应力分布规律如图 5-14(d) 所示，可用双矩形形式来表示塑性状态。此时的弯矩即为塑性极限弯矩，可由式(5-89) 使$\xi = 0$求得，即

$$M_s = 2bh^2\sigma_s \tag{5-90}$$

又由式(5-83) 使$x = 0$及式(5-90) 可得

$$q_s = \frac{4bh^2}{l^2}\sigma_s \tag{5-91}$$

由式(5-86) 及式(5-91) 知塑性极限载荷与弹性极限载荷之比为：$q_s/q_e = 1.5$。

4. 讨论

以上我们解决了受均布载荷简支梁个别截面特别是最大弯矩截面的应力、弯矩，载荷的弹性、弹塑性、塑性解，现在还要对全梁的弹塑性段与极限分析作进一步讨论。

(1) 全梁的弹塑性段与其交界线：当载荷$q > q_e$时，上述梁的中间部分为塑性区域，两端

为弹性区域。只要给定弯矩分布，就可从式(5-89) 与式(5-83) 算出 ξ，从而可知弹塑性段的区域及全梁弹性与塑性区的交界线，如图 5-15 所示。由式(5-89) 和式(5-83) 有

$$\frac{2b\sigma_s}{3}(3h^2-\xi^2)=\frac{q}{2}(l^2-x^2) \tag{5-92}$$

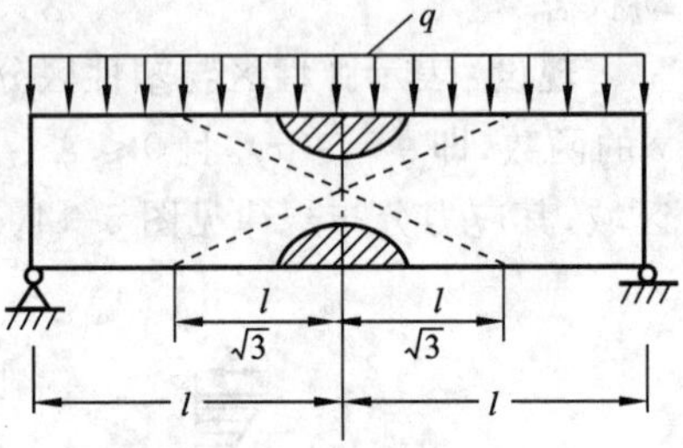

简化后得

$$1-\frac{1}{3}\left(\frac{\xi}{h}\right)^2=\frac{ql^2}{4\sigma_s bh^2}\left(1-\frac{x^2}{l^2}\right) \tag{5-93}$$

图 5-15

由式(5-91) 已知：$q_s=4\sigma_s bh^2/l_2$，且令 $\rho=q/q_s$，ρ 称为载荷系数，显然当 $\rho=1$ 时，即为梁的塑性极限载荷。于是式(5-93) 变为

$$\frac{1}{3}\left(\frac{\xi}{h}\right)^2-\rho\left(\frac{x}{l}\right)^2=1-\rho \tag{5-94}$$

上述方程表示在不同载荷下，弹塑性区的分界线，其曲线为以 $\rho=1$ 为渐近线的双曲线(图 5-15)。当梁开始屈服时，屈服发生在梁中间截面的上下两点，即当 $x=0$，$\xi=h$，代入式(5-94)，得 $\rho=\frac{2}{3}$，此时，

$$q=\rho q_s=\frac{2}{3}\times\frac{4\sigma_s bh^2}{l^2}=\frac{8bh^2}{3l^2}\sigma_s=q_e \tag{5-95}$$

即为弹性极限载荷。如果载荷继续增大，则屈服点扩大成为上、下两个塑性区域，直至两塑性区域最后在梁轴中点连接起来，达到全部塑性状态，即在 $x=0$，$\xi=0$ 处，可得 $\rho=1$，此时 $q=q_s$，即为塑性极限载荷。故而对于部分塑性的梁，ξ 及 ρ 一定满足

$$0<\xi<h,\quad \frac{2}{3}<\rho<1 \tag{5-96}$$

如以 $\xi=h$，$\rho=1$ 代入式(5-94) 可解得受均布载荷简支梁，在梁的极限载荷状态下，全梁中间部分左右侧最大塑性长度为(图 5-15)：$x=\pm l/\sqrt{3}$。

(2) 极限分析：对于理想弹塑性材料的上述受载梁，在全截面进入塑性状态以前(对应的外载荷为 q_e)，因梁的变形(挠度 δ) 受弹性区(称为弹性核心) 的约束，故变形仍可认为与弹性变形同量级，梁的挠度也还不会过分增大。可认为梁处于小挠度状态[①]。当载荷继续增加，一直达到塑性极限载荷 q_s，这时梁的某个截面(此处为中间截面) 全部进入塑性状态，梁的变形将可能出现无限制的流动。此时该截面可形象地看作铰链，称为**塑性铰**。全梁形成一个机构，达到塑性破坏，已失去正常工作能力(图 5-16)，不能再承受载荷。

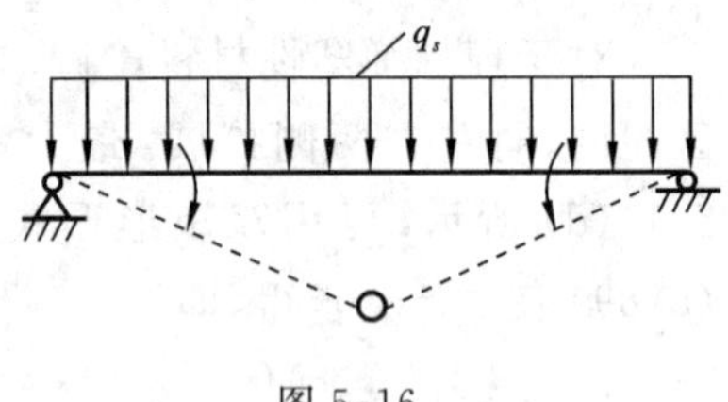

图 5-16

塑性铰与通常铰有以下区别：

第一，通常铰不能承受弯矩，而塑性铰则有定值($|M|=M_s$) 的弯矩。

第二，通常铰可以两个方向弯曲，而塑性铰不能反向弯曲，当 $|M|$ 减小时产生卸载，需按

① 请参考庄懋年、马晓士、蒋潞编《工程塑性力学》§ 4-2。

弹性计算。

一般情况下，梁（或刚架）由于出现塑性铰而形成机构的条件并不限于一个塑性铰。使结构产生足够数量的塑性铰，所形成的机构最小载荷必然为极限载荷。进一步讨论将在塑性极限分析一章中专门进行介绍。

在极限设计的理论中，需求出使结构丧失承载能力时的载荷，在目前的情形就是塑性极限载荷 q_s，以下简称极限载荷。在许用应力的设计计算中，只要梁中有任何一点处材料达到塑性状态，梁就不许可承受更多的载荷，即弹性极限载荷 q_e（亦称最大载荷）。而由上述梁的弹塑性弯曲问题的求解可知 $q_s = 1.5q_e$，即塑性（极限）分析比许用应力方法增加了50%的载荷，从而能充分发挥材料的潜力，达到节省和更合理地使用材料。这对某些结构如连续梁或刚架情况尤其明显和重要。

例 5-2 矩形截面 $2b \times 2h$ 简支梁，如图5-17所示，中点受集中力 P，试计算其弹性极限载荷 q_e 和塑性极限载荷 q_s，并确定弹塑性交界线。

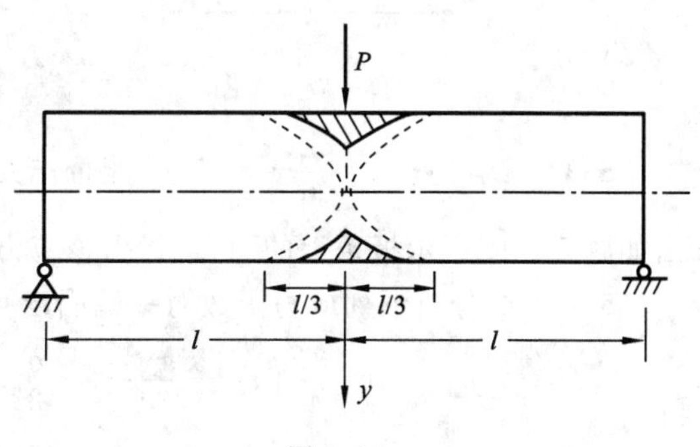

图 5-17

解 梁的中间截面弯矩 $M = Pl/2$，弹性极限弯矩 $M_e = 4bh^2\sigma_s/3$，所以，弹性极限载荷

$$P_e = \frac{2M_e}{l} = \frac{8bh^2}{3l}\sigma_s \tag{1}$$

梁任一截面弯矩 $M(x) = P(l-x)/2$，由本节式(5-89)有

$$\frac{2b\sigma_s}{3}(3h^2 - \xi^2) = \frac{P}{2}(l-x) \tag{2}$$

若将式(1)代入式(2)，得

$$\frac{P_e}{4}\frac{l}{h^2}(3h^2 - \xi^2) = \frac{P}{2}(l-x) \tag{3}$$

也即

$$3h^2 - \xi^2 = \frac{2Ph^2}{P_e l}(l-x) \tag{4}$$

可见，梁弹塑性区的交界线为一抛物线，如图5-17所示，在梁的上、下两侧水平方向上塑性区长度为 $l/3$。而塑性极限载荷为

$$P_s = \frac{3}{2}P_e = \frac{3}{2}\frac{8}{3}\frac{bh^2}{l}\sigma_s = \frac{4bh^2}{l}\sigma_s \tag{5}$$

习　题

5-1　已知平面应力问题的应变分量为：$\varepsilon_x = Axy$，$\varepsilon_y = By^3$，$\gamma_{xy} = Cy^2 + D$。试由平衡微分方程求出该弹性体所承受的体力分量 F_x 及 F_y。

5-2　给出函数 $\varphi = axy$，试问：① 检查 φ 是否可以作为应力函数；② 如以 φ 为应力函数，求出应力分量的表达式；③ 指出在图示矩形板边界上对应着怎样的边界面力。

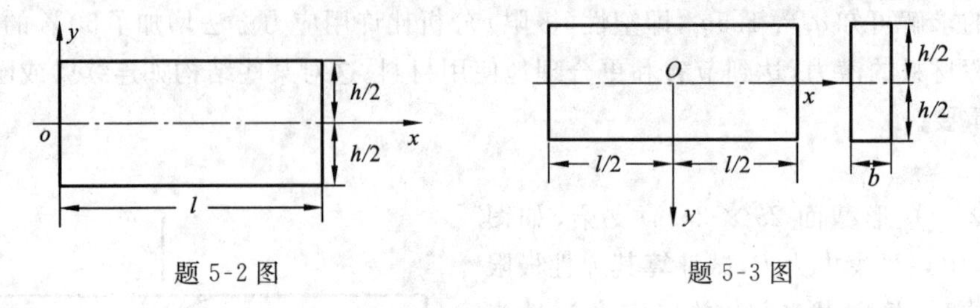

题 5-2 图　　　　题 5-3 图

5-3*　试检查 $\varphi = \frac{a_1}{6}y^3 + \frac{a_2}{2}y^2$ 能否作为应力函数？若能，试求应力分量（不计体力），并画出如题 5-3 图所示板条上的面力，指出该应力函数所能解的问题。

5-4　试分析下列应力函数对一端固定直杆可解什么样的平面问题：

$$\varphi = \frac{3F}{4c}\left(xy - \frac{xy^3}{3c^2}\right) + \frac{q}{2}y^2$$

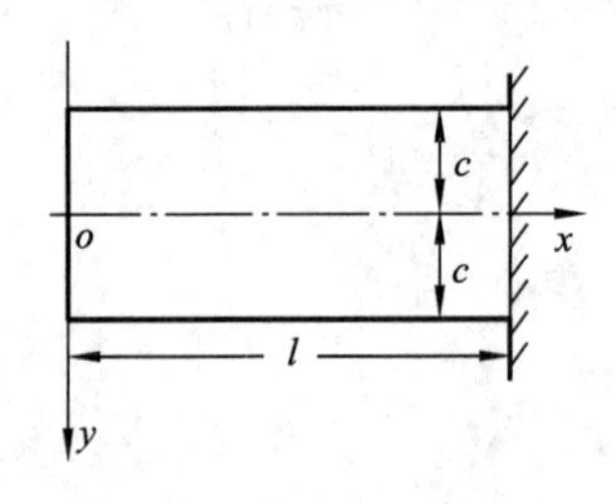

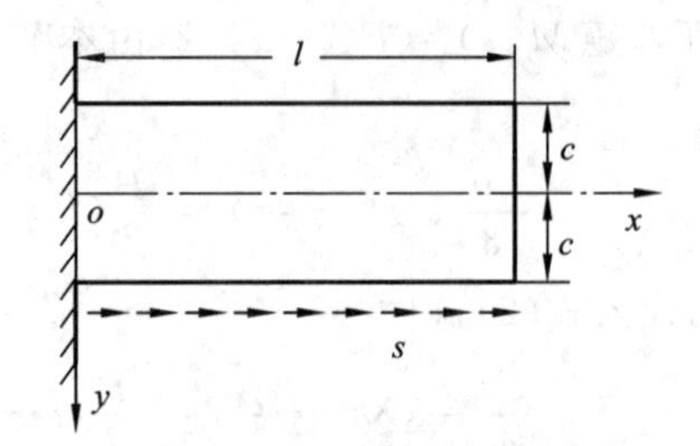

题 5-4 图　　　　题 5-5 图

5-5*　悬臂梁（$-c < y < c, 0 < x < l$）沿下边界受均匀剪力 S 作用，而上边界和 $x = l$ 的端边界不受载荷作用时，可用应力函数：

$$\varphi = S\left(\frac{xy}{4} - \frac{xy^2}{4c} - \frac{xy^3}{4c^2} + \frac{ly^2}{4c} + \frac{ly^3}{4c^2}\right)$$

求出应力解答。并说明，此解答在哪些方面必须用圣维南原理解释。

5-6*　已求得三角形坝体的应力场为：$\sigma_x = ax + by$，$\sigma_y = cx + dy$，$\tau_{xy} = \tau_{yx} = -dx - ay - \gamma x$，$\tau_{xz} = \tau_{yz} = \sigma_z = 0$，其中 γ 为坝体材料的容重，γ_1 为水的容重。试根据边界条件求常数 a,b,c,d 的值。

5-7*　很长的直角六面体在均匀压力 p 的作用下，放置在绝对刚性和光滑的基础上，不计体力，试确定其应力分量和位移分量。

5-8　如题 5-3 图所示的两端简支梁，全梁只承受自重的作用，设材料的比重为 γ，试检验应力函数 $\varphi = Ax^2y^3 + By^5 + Cy^3 + Dx^2y$ 能否成立，并求出各系数及应力分量。

5-9*　上端固定悬挂的棱柱杆，设其内部应力为：$\sigma_z = \rho g(l-2) + \frac{p}{A}$，$\sigma_x = \sigma_y = \tau_{xy} = \tau_{yz} = \tau_{zx} = 0$。试求此杆所受的体力及侧面和上、下端面所受的外载荷。A 是杆的横截面积。

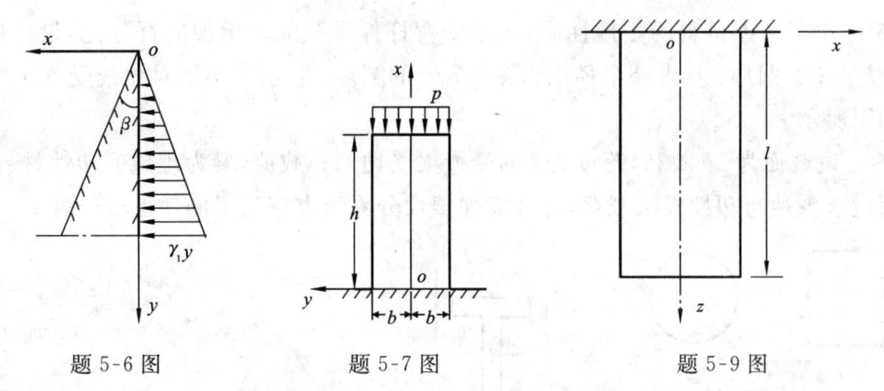

题 5-6 图　　　　题 5-7 图　　　　题 5-9 图

5-10　设图中的三角形悬臂梁只受重力作用，而梁的比重为 p，试用纯三次式：$\varphi = ax^3 + bx^2y + cxy^2 + dy^3$ 的应力函数求解应力分量。

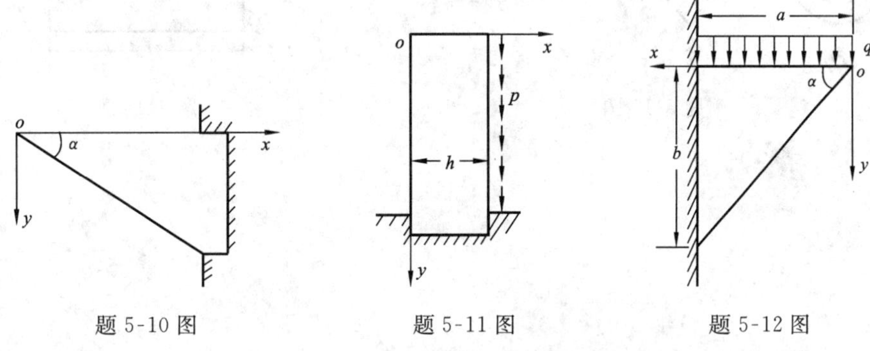

题 5-10 图　　　　题 5-11 图　　　　题 5-12 图

5-11*　设有矩形截面的柱体，在一边侧面上受均匀剪力 p 如题 5-11 图所示，若柱的体力不计，试求应力分量。

5-12*　图中的悬臂梁受均布载荷 $q = 100\text{kN/m}$ 作用，试求其最大应力：

(1) 用应力函数

$$\varphi = \frac{q}{2\left(1-\frac{\pi}{4}\right)}\left[-x^2 + xy + (x^2+y^2)\left(\frac{\pi}{4} - \arctan\frac{y}{x}\right)\right]$$

(2) 用材料力学求解，并比较以上结果。

5-13*　设应力函数为：$\varphi = f(y)\sin ax$，$a = \dfrac{n\pi}{l}$，试问函数 $f(y)$ 应满足什么样的条件？

5-14*　如题 5-14 图所示梁的上部边界作用着载荷：$q(x) = q_0 \sin ax$，$a = \dfrac{2\pi}{l}$，试求梁内的应力分量。

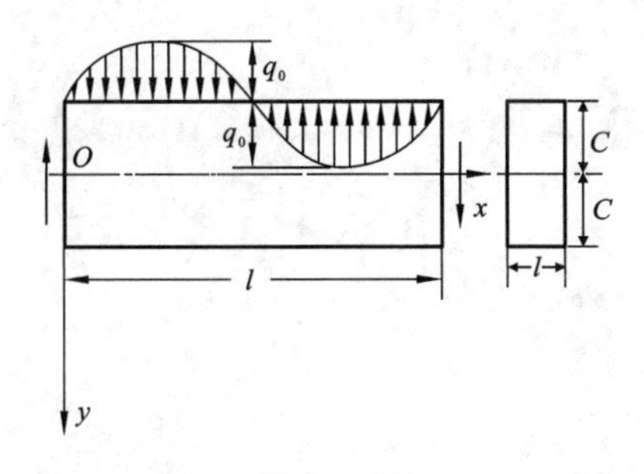

题 5-14 图

5-15* 由于考虑材料的塑性性质，试求受弯杆件承载能力增加的百分比，设杆件的截面为：① 正方形；② 圆形；③ 内外半径比为 $\lambda = a/b$ 的圆环；④ 正方形沿对角线受弯；⑤ 工字梁，其尺寸如图所示。

5-16 设载面为 $2b \times 2h$，跨度为 l 的悬壁梁受均匀布载荷，梁为理想弹塑性材料，试用初等理论假设求弹性与塑性极限载荷，并计算弹塑性分界线方程与梁的塑性段长度。

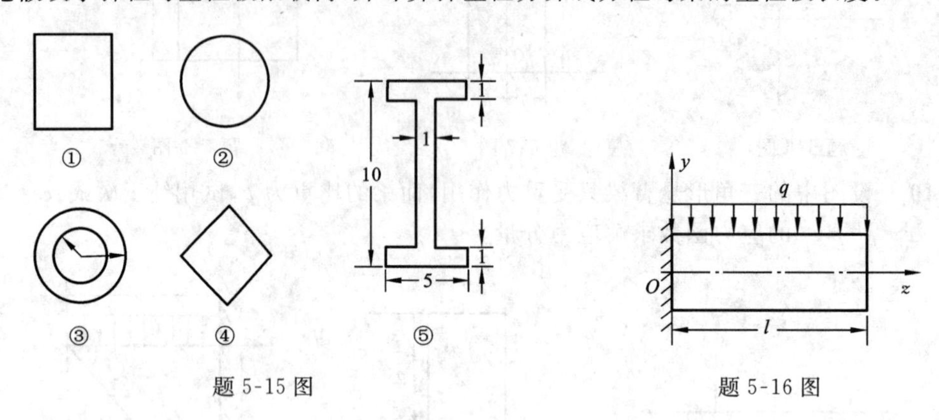

题 5-15 图　　　　题 5-16 图

第六章　平面问题极坐标解答

第一节　平面问题基本方程的极坐标表示

上一章中我们研究了平面问题的直角坐标解答。但是在工程中存在许多圆域或环域问题，如圆盘、圆环、扇形环、楔形体之类的物体，如果采用极坐标来求解是比较方便的。本章将讨论采用极坐标时平面问题的解决。

极坐标系 $Or\theta$ 与直角坐标系 xOy 间的关系式如图 6-1 所示。

$$x = r\cos\theta,\quad y = r\sin\theta,\quad r^2 = x^2 + y^2,\quad \theta = \arctan\frac{y}{x} \tag{6-1}$$

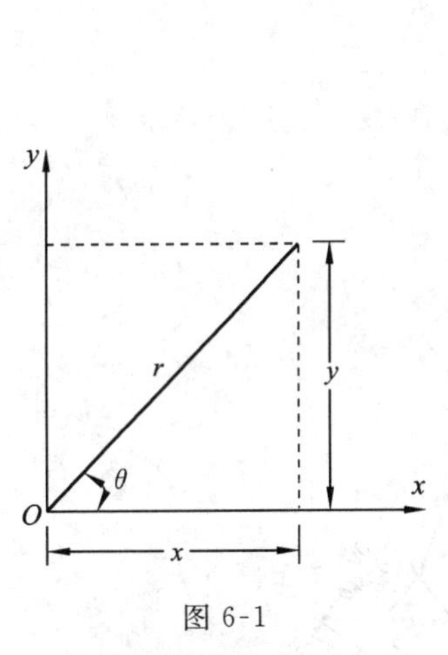

图 6-1

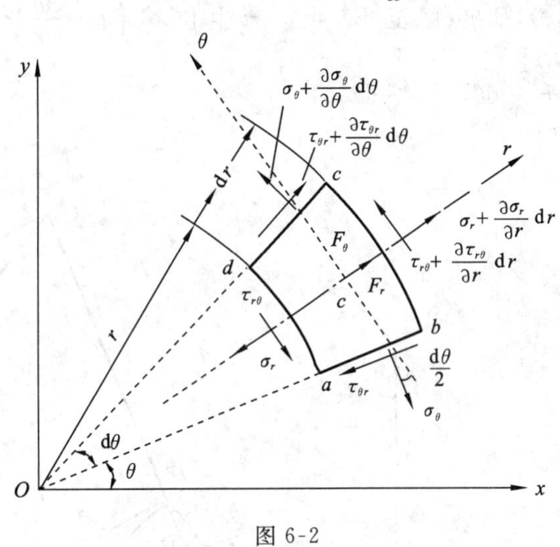

图 6-2

1. 平衡微分方程

我们在物体中取一单位厚度(厚度 = 1)的微分体 $abcd$ 如图 6-2 所示，其在 r、θ 方向的体力分量分别为 F_r，F_θ。沿 r 方向正应力叫径向正应力，用 σ_r 表示；沿 θ 方向的正应力叫做周向(环向、切向)正应力，用 σ_θ 表示；剪应力用 $\tau_{r\theta}$ 和 $\tau_{\theta r}$ 表示(由剪应力互等定理：$\tau_{r\theta} = \tau_{\theta r}$)。该微分单元体 $abcd$ 的中心角为 $\mathrm{d}\theta$，内半径为 r，外半径为 $r + \mathrm{d}r$。

微分体的各边为：$ad = r\mathrm{d}\theta$，$ab = dc = \mathrm{d}r$，$cb = (r + \mathrm{d}r)\mathrm{d}\theta$。我们将作用于微分体 $abcd$ 上的各力投影在坐标 r 和 θ 方向上，并列出平衡方程 $\sum F_r = 0$ 和 $\sum F_\theta = 0$，即

$$\begin{aligned}&\left(\sigma_r + \frac{\partial\sigma_r}{\partial r}\mathrm{d}r\right)(r + \mathrm{d}r)\mathrm{d}\theta - \sigma_r r\mathrm{d}\theta - \left(\sigma_\theta + \frac{\partial\sigma_\theta}{\partial\theta}\mathrm{d}\theta\right)\mathrm{d}r\sin\frac{\mathrm{d}\theta}{2} - \sigma_\theta\mathrm{d}r\sin\frac{\mathrm{d}\theta}{2}\\&\quad + \left(\tau_{r\theta} + \frac{\partial\tau_{r\theta}}{\partial\theta}\mathrm{d}\theta\right)\mathrm{d}r\cos\frac{\mathrm{d}\theta}{2} - \tau_{r\theta}\mathrm{d}r\cos\frac{\mathrm{d}\theta}{2} + F_r(r\mathrm{d}\theta)\mathrm{d}r = 0\end{aligned} \tag{6-2}$$

$$\begin{aligned}&\left(\sigma_\theta + \frac{\partial\sigma_\theta}{\partial\theta}\mathrm{d}\theta\right)\mathrm{d}r\cos\frac{\mathrm{d}\theta}{2} - \sigma_\theta\mathrm{d}r\cos\frac{\mathrm{d}\theta}{2} + \left(\tau_{r\theta} + \frac{\partial\tau_{r\theta}}{\partial r}\mathrm{d}r\right)(r + \mathrm{d}r)\mathrm{d}\theta\\&\quad - \tau_{r\theta}r\mathrm{d}\theta + \left(\tau_{\theta r} + \frac{\partial\tau_{\theta r}}{\partial\theta}\mathrm{d}\theta\right)\mathrm{d}r\sin\frac{\mathrm{d}\theta}{2} + \tau_{\theta r}\mathrm{d}r\sin\frac{\mathrm{d}\theta}{2} + F_\theta(r\mathrm{d}\theta)\mathrm{d}r = 0\end{aligned} \tag{6-3}$$

由于 $d\theta$ 是个小量，故取 $\sin\frac{d\theta}{2}\approx\frac{d\theta}{2}$ 及 $\cos\frac{d\theta}{2}\approx 1$，并略去三阶以上微量，整理后可得

$$\left.\begin{aligned}&\frac{\partial\sigma_r}{\partial r}+\frac{1}{r}\frac{\partial\tau_{r\theta}}{\partial\theta}+\frac{\sigma_r-\sigma_\theta}{r}+F_r=0\\&\frac{1}{r}\frac{\partial\sigma_\theta}{\partial\theta}+\frac{\partial\tau_{r\theta}}{\partial r}+\frac{2\tau_{r\theta}}{r}+F_\theta=0\end{aligned}\right\}\tag{6-4}$$

式(6-4)中第一式 $\frac{\sigma_r}{r}$ 及 $-\frac{\sigma_\theta}{r}$ 项为面积增大及方向变化而引起的，第二式的 $\frac{2\tau_{r\theta}}{r}$ 项则两者兼有之。再由 $\sum M_C=0$（C 为微分体形心），并略去高阶微量，将得出剪应力互等定理：$\tau_{r\theta}=\tau_{\theta r}$。

2. 几何方程

在极坐标中，用 u,v 分别代表 A 点的径向位移和切向位移，即为极坐标的位移分量。用 ε_r，ε_θ 分别代表径向正应变和切向正应变，用 $\gamma_{r\theta}$，$\gamma_{\theta r}$ 代表剪应变。它们都是位置坐标 r、θ 的函数。

微分体 $ABCD$ 变形后移至 $A'B'C'D$，如图 6-3 所示。微分体变形后 A 点移至 A' 点，产生位移 (u,v)，B 点移至 B' 点，产生位移 $\left(u+\frac{\partial u}{\partial r}dr, v+\frac{\partial v}{\partial r}dr\right)$，$D$ 点移至 D' 点，产生位移 $\left(u+\frac{\partial u}{\partial\theta}d\theta, v+\frac{\partial v}{\partial\theta}d\theta\right)$。

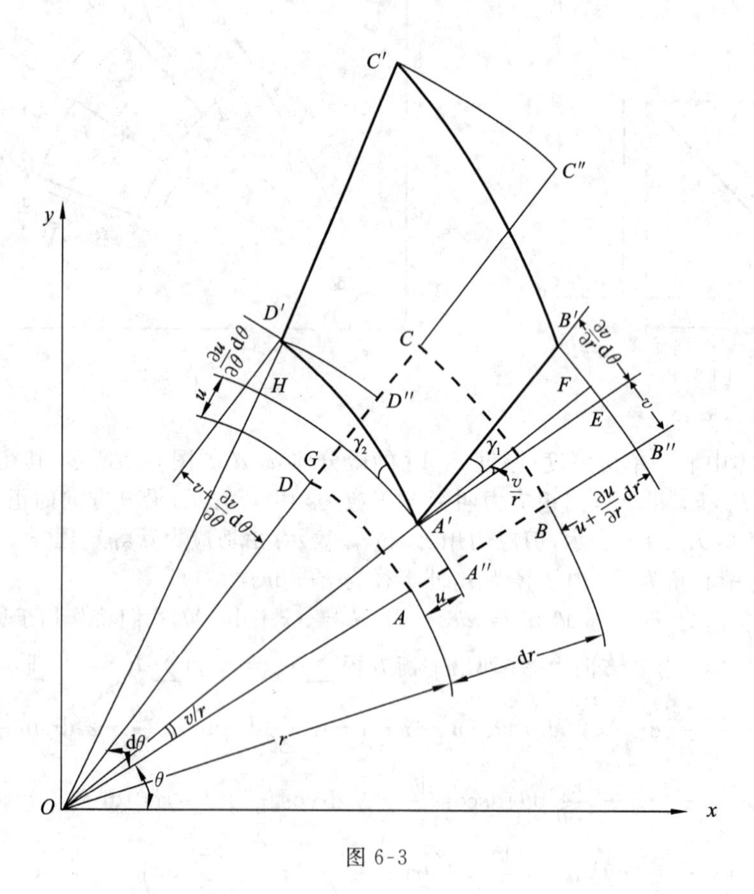

图 6-3

根据小变形条件，位移均为微量。在导出的过程中都略去高阶微量，不计 $A'D'$ 的偏转对其长度的影响。各点的位移可以分解为先由 A、B、C、D 点到 A''、B''、C''、D'' 点的径向位移，再由 A''、B''、C''、D'' 点到 A'、B'、C'、D' 点的切向位移。图中 OA' 的延长线交 $B''B'$ 于 F，$A'E$ 为 $A''B''$ 的平行线。半径为 OA' 的圆弧 $\widehat{A'H}$ 交 OD'' 于 G，且交 D' 处至该弧的垂线于 H，$\angle HA'F = \frac{\pi}{2}$。于是由图 6-3 可得微元体的各应变分量为

$$\varepsilon_r = \frac{A'B' - AB}{AB} \approx \frac{BB'' - AA''}{AB} = \frac{u + \left(\frac{\partial u}{\partial r}\right)\mathrm{d}r - u}{\mathrm{d}r} = \frac{\partial u}{\partial r} \tag{6-5}$$

$$\begin{aligned}\varepsilon_\theta &= \frac{A'D' - AD}{AD} \approx \frac{(D'D'' + GA'' - A'A'') - AD}{AD} \\ &= \frac{v + \left(\frac{\partial v}{\partial \theta}\right)\mathrm{d}\theta + (r+u)\mathrm{d}\theta - v - r\mathrm{d}\theta}{r\mathrm{d}\theta} = \frac{\partial v}{r\partial \theta} + \frac{u}{r}\end{aligned} \tag{6-6}$$

$$\begin{aligned}\gamma_{r\theta} &= \gamma_1 + \gamma_2 = \angle B'A'F + \angle D'A'H \approx \frac{B'E - EF}{A''B''} + \frac{D'H}{A'H} \\ &= \left(\frac{B'E}{A''B''} - \frac{A''A'}{OA''}\right) + \frac{DD'' - AA''}{A''G - A'A'' + GH} \\ &= \frac{\frac{\partial v}{\partial r}\mathrm{d}r}{\mathrm{d}r + \frac{\partial u}{\partial r}\mathrm{d}r} - \frac{v}{r+u} + \frac{u + \frac{\partial u}{\partial \theta}\mathrm{d}\theta - u}{r\mathrm{d}\theta + \frac{\partial v}{\partial \theta}\mathrm{d}\theta} \approx \frac{\partial v}{\partial r} - \frac{v}{r} + \frac{\partial u}{r\partial \theta}\end{aligned} \tag{6-7}$$

在上面几式中，由于 $u \ll r$，故 $\frac{\partial u}{\partial r} \ll 1$，$r+u \approx r$，$v \ll r\mathrm{d}\theta$，故 $\frac{\partial v}{\partial \theta} \ll r$，于是在计算中均可略去。因此，用极坐标表示的几何方程为

$$\varepsilon_r = \frac{\partial u}{\partial r}, \qquad \varepsilon_\theta = \frac{\partial v}{r\partial \theta} + \frac{u}{r}, \qquad \gamma_{r\theta} = \frac{\partial v}{\partial r} + \frac{\partial u}{r\partial \theta} - \frac{v}{r} \tag{6-8}$$

式(6-8)中第二式的 $\frac{u}{r}$ 项为径向位移使半径增大而引起的弧长增大部分；第三式的 $\frac{v}{r}$ 项为由于切向位置移动使径向半径偏斜而引起的整体刚性角位移，应予减去。

3. 本构方程(Hooke 定律)

由于极坐标系也是正交坐标系，所以用极坐标表示的 Hooke 定律与用直角坐标表示的形式不变。由于局部一点的 r，θ 坐标轴仍是一个正交坐标系，因而只需将直角坐标系导出公式中的 x，y 分别换成 r，θ 即可。于是有：

(1) 平面应力问题。

$$\left.\begin{aligned}\sigma_r &= \frac{E}{1-\nu^2}(\varepsilon_r + \nu\varepsilon_\theta) \\ \sigma_\theta &= \frac{E}{1-\nu^2}(\varepsilon_\theta + \nu\varepsilon_r) \\ \tau_{r\theta} &= G\gamma_{r\theta} = \frac{E}{2(1+\nu)}\gamma_{r\theta}\end{aligned}\right\} \tag{6-9}$$

用应力分量表示应变分量，则为

$$\varepsilon_r = \frac{1}{E}(\sigma_r - \nu\sigma_\theta), \quad \varepsilon_\theta = \frac{1}{E}(\sigma_\theta - \nu\sigma_r), \quad \gamma_{r\theta} = \frac{1}{G}\tau_{r\theta} \tag{6-10}$$

(2) 平面应变问题($E \to E_1, \nu \to \nu_1$ 的关系依然存在)。

$$\left.\begin{aligned}
\sigma_r &= \frac{E(1-\nu)}{(1+\nu)(1-2\nu)}\left(\varepsilon_r + \frac{\nu}{1-\nu}\varepsilon_\theta\right) \\
\sigma_\theta &= \frac{E(1-\nu)}{(1+\nu)(1-2\nu)}\left(\varepsilon_\theta + \frac{\nu}{1-\nu}\varepsilon_r\right) \\
\tau_{r\theta} &= G\gamma_{r\theta} = \frac{E}{2(1+\nu)}\gamma_{r\theta}
\end{aligned}\right\} \tag{6-11}$$

若用应力分量表示应变分量,则为

$$\left.\begin{aligned}
\varepsilon_r &= \frac{1+\nu}{E}[(1-\nu)\sigma_r - \nu\sigma_\theta] \\
\varepsilon_\theta &= \frac{1+\nu}{E}[(1-\nu)\sigma_\theta - \nu\sigma_r] \\
\gamma_{r\theta} &= \frac{1}{G}\tau_{r\theta}
\end{aligned}\right\} \tag{6-12}$$

4. 极坐标中的应力函数和应变协调方程

平面问题直角坐标系中,当无体积力或体积力为常量时,由式(5-23) 及式(5-26)。可用应力或应力函数表示的连续性方程分别为

$$\nabla^2(\sigma_x + \sigma_y) = 0 \quad 和 \quad \nabla^4\varphi = 0 \tag{6-13}$$

下面我们将上列方程变换成用极坐标表示的形式,据式(6-1) 得:

$$\frac{\partial r}{\partial x} = \frac{x}{r} = \cos\theta, \quad \frac{\partial r}{\partial y} = \frac{y}{r} = \sin\theta, \quad \frac{\partial \theta}{\partial x} = -\frac{1}{r}\sin\theta, \quad \frac{\partial \theta}{\partial y} = \frac{1}{r}\cos\theta \tag{6-14}$$

现求应力函数 $\varphi(r,\theta)$ 对 x 及 y 的微分,有

$$\frac{\partial \varphi}{\partial x} = \frac{\partial \varphi}{\partial r}\frac{\partial r}{\partial x} + \frac{\partial \varphi}{\partial \theta}\frac{\partial \theta}{\partial x}, \qquad \frac{\partial \varphi}{\partial y} = \frac{\partial \varphi}{\partial r}\frac{\partial r}{\partial y} + \frac{\partial \varphi}{\partial \theta}\frac{\partial \theta}{\partial y} \tag{6-15}$$

按照式(6-15) 和式(6-14),则有

$$\frac{\partial \varphi}{\partial x} = \frac{\partial \varphi}{\partial r}\cos\theta - \frac{1}{r}\frac{\partial \varphi}{\partial \theta}\sin\theta, \qquad \frac{\partial \varphi}{\partial y} = \frac{\partial \varphi}{\partial r}\sin\theta + \frac{1}{r}\frac{\partial \varphi}{\partial \theta}\cos\theta \tag{6-16}$$

由上两式中以$\frac{\partial \varphi}{\partial x}$和$\frac{\partial \varphi}{\partial y}$代替 φ,又可得出 φ 的二阶偏微分,即

$$\left.\begin{aligned}
\frac{\partial^2 \varphi}{\partial x^2} &= \frac{\partial^2 \varphi}{\partial r^2}\cos^2\theta - 2\frac{\partial^2 \varphi}{\partial r\partial \theta}\frac{\sin\theta\cos\theta}{r} + \frac{\partial \varphi}{\partial r}\frac{\sin^2\theta}{r} + 2\frac{\partial \varphi}{\partial \theta}\frac{\sin\theta\cos\theta}{r^2} + \frac{\partial^2 \varphi}{\partial \theta^2}\frac{\sin^2\theta}{r^2} \\
\frac{\partial^2 \varphi}{\partial y^2} &= \frac{\partial^2 \varphi}{\partial r^2}\sin^2\theta + 2\frac{\partial^2 \varphi}{\partial r\partial \theta}\frac{\sin\theta\cos\theta}{r} + \frac{\partial \varphi}{\partial r}\frac{\cos^2\theta}{r} - 2\frac{\partial \varphi}{\partial \theta}\frac{\sin\theta\cos\theta}{r^2} + \frac{\partial^2 \varphi}{\partial \theta^2}\frac{\cos^2\theta}{r^2} \\
\frac{\partial^2 \varphi}{\partial x\partial y} &= \frac{\partial^2 \varphi}{\partial r^2}\sin\theta\cos\theta + \frac{\partial^2 \varphi}{\partial r\partial \theta}\frac{\cos^2\theta}{r} - \frac{\partial \varphi}{\partial r}\frac{\sin\theta\cos\theta}{r} - \frac{\partial \varphi}{\partial \theta}\frac{\sin^2\theta}{r^2} - \frac{\partial^2 \varphi}{\partial \theta^2}\frac{\sin\theta\cos\theta}{r^2}
\end{aligned}\right\} \tag{6-17}$$

将式(6-17) 中第一式及第二式相加,并利用三角公式得

$$\nabla^2\varphi = \frac{\partial^2 \varphi}{\partial x^2} + \frac{\partial^2 \varphi}{\partial y^2} = \frac{\partial^2 \varphi}{\partial r^2} + \frac{1}{r}\frac{\partial \varphi}{\partial r} + \frac{1}{r^2}\frac{\partial^2 \varphi}{\partial \theta^2} \tag{6-18}$$

因此,按照式(6-18),在极坐标中用应力函数表示的应变协调方程(6-13),可用运算符号表示如下:

$$\nabla^4\varphi = \left(\frac{\partial^2}{\partial r^2} + \frac{1}{r}\frac{\partial}{\partial r} + \frac{1}{r^2}\frac{\partial^2}{\partial \theta^2}\right)\left(\frac{\partial^2 \varphi}{\partial r^2} + \frac{1}{r}\frac{\partial \varphi}{\partial r} + \frac{1}{r^2}\frac{\partial^2 \varphi}{\partial \theta^2}\right) = 0 \tag{6-19}$$

此式即为极坐标中平面问题的双调和方程。若将式(6-19) 展开,可得

$$\nabla^4\varphi = \frac{\partial^4 \varphi}{\partial r^4} + \frac{2}{r^2}\frac{\partial^4 \varphi}{\partial \theta^2\partial r^2} + \frac{2}{r^4}\frac{\partial^4 \varphi}{\partial \theta^4} + \frac{2}{r}\frac{\partial^3 \varphi}{\partial r^3} - \frac{2}{r^3}\frac{\partial^3 \varphi}{\partial \theta^2\partial r} - \frac{1}{r^2}\frac{\partial^2 \varphi}{\partial r^2} + \frac{4}{r^4}\frac{\partial^2 \varphi}{\partial \theta^2} + \frac{1}{r^3}\frac{\partial \varphi}{\partial r} = 0 \tag{6-20}$$

此外根据坐标的几何条件式(6-8),采用导出直角坐标应变协调方程的方法,则可以得出以应

变表示的所应满足的应变协调方程为

$$\frac{\partial^2 \varepsilon_\theta}{\partial r^2}+\frac{1}{r^2}\frac{\partial^2 \varepsilon_r}{\partial \theta^2}+\frac{2}{r}\frac{\partial \varepsilon_\theta}{\partial r}-\frac{1}{r}\frac{\partial \varepsilon_r}{\partial r}=\frac{1}{r}\frac{\partial^2 \varepsilon_{r\theta}}{\partial r\partial \theta}+\frac{1}{r^2}\frac{\partial \gamma_{r\theta}}{\partial \theta} \tag{6-21}$$

在极坐标中,现将各应力分量用应力函数表示,为此使x轴与r轴重合,y轴与θ重合,也就是使$\theta=0$,则

$$\left.\begin{aligned}\sigma_r&=(\sigma_x)_{\theta=0}=\left(\frac{\partial^2\varphi}{\partial y^2}\right)_{\theta=0}\\ \sigma_\theta&=(\sigma_y)_{\theta=0}=\left(\frac{\partial^2\varphi}{\partial x^2}\right)_{\theta=0}\\ \tau_{r\theta}&=(\tau_{xy})_{\theta=0}=\left(-\frac{\partial^2\varphi}{\partial x\partial y}\right)_{\theta=0}\end{aligned}\right\} \tag{6-22}$$

应用式(6-17),并令式中$\theta=0$,得

$$\left.\begin{aligned}\sigma_r&=\frac{1}{r}\frac{\partial\varphi}{\partial r}+\frac{1}{r^2}\frac{\partial^2\varphi}{\partial\theta^2}\\ \sigma_\theta&=\frac{\partial^2\varphi}{\partial r^2}\\ \tau_{r\theta}&=-\frac{1}{r}\frac{\partial^2\varphi}{\partial r\partial\theta}+\frac{1}{r^2}\frac{\partial\varphi}{\partial\theta}=-\frac{\partial}{\partial r}\left(\frac{1}{r}\frac{\partial\varphi}{\partial\theta}\right)\end{aligned}\right\} \tag{6-23}$$

若将式(6-23)代入平衡方程式(6-4)将自动满足。这就是极坐标中用应力函数表示应力分量的表达式。

第二节　平面问题的极坐标解法·极坐标轴对称问题

一、求解步骤与应力边界条件

在极坐标中,弹性力学边值问题的解法仍然归结为寻求一个应力函数$\varphi(r,\theta)$,它除了必须满足双调和方程式(6-19)以外,还应由式(6-23)求得的应力分量满足应力边界条件。

关于极坐标的应力边界条件,由于研究的物体都具有圆曲线边界,故在边界处的单元体不论从形状或坐标表示的位置均与内部的相同。因此其应力边界条件的建立,可以直接由边界处的应力分量代之以面力,并不需要像直角坐标那样另外再推导边界点的平衡方程式。

根据极坐标的基本方程,其求解问题(应力法)的步骤为:

(1) 确定体力面力。

(2) 选取以待定系数表示的应力函数。

(3) 写出应力分量的表达式,根据应变协调方程和应力边界条件确定待定常数。

二、轴对称平面问题

在工程实际问题中,有一些构件的形状和它所承受的外力均不随极角θ变化,例如曲杆(部分圆环)受纯弯曲,如图6-4所示,其应力分布对称于O点且垂直于z轴(z轴垂直于$Or\theta$平面),显然应力分量不依赖于θ,而只是r的函数,故称为应力分布轴对称问题。由于应力分布轴对称,则$\tau_{r\theta}$必定是零。这时平衡微分方程式(6-4)变为(不计体力)

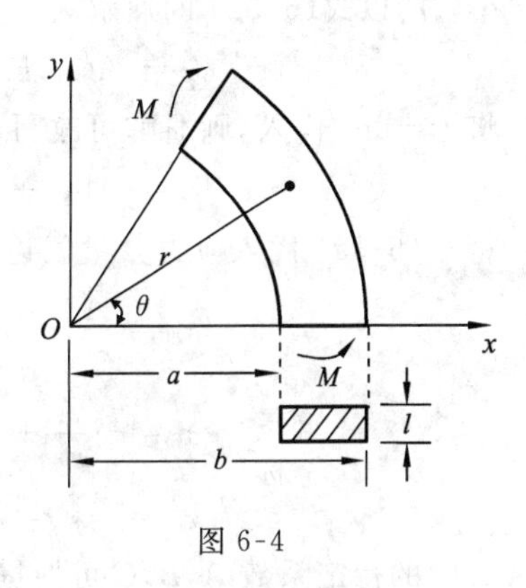

图 6-4

$$\frac{\mathrm{d}\sigma_r}{\mathrm{d}r}+\frac{\sigma_r-\sigma_\theta}{r}=0 \tag{6-24}$$

在应力分布轴对称的同时,如果位移也是轴对称的,则称为完全轴对称问题。对于平面问题则为完全轴对称平面问题。由于轴对称,属弹塑性力学又一类最简单问题,如均匀受压的厚壁筒,参见图 6-5。这时有 $u=u(r), v=0$。于是几何方程式(6-8) 变为

$$\varepsilon_r=\frac{\mathrm{d}u}{\mathrm{d}r},\qquad \varepsilon_\theta=\frac{u}{r},\qquad \gamma_{r\theta}=0 \tag{6-25}$$

对于应力分布轴对称或完全轴对称问题,其应力分量都由式(6-23) 得

$$\sigma_r=\frac{1}{r}\frac{\mathrm{d}\varphi}{\mathrm{d}r},\quad \sigma_\theta=\frac{\mathrm{d}^2\varphi}{\mathrm{d}r^2},\quad \tau_{r\theta}=\tau_{\theta r}=0 \tag{6-26}$$

同时,双调和方程(6-19) 可以简化为

$$\left(\frac{\mathrm{d}^2}{\mathrm{d}r^2}+\frac{1}{r}\frac{\mathrm{d}}{\mathrm{d}r}\right)\left(\frac{\mathrm{d}^2\varphi}{\mathrm{d}r^2}+\frac{1}{r}\frac{\mathrm{d}\varphi}{\mathrm{d}r}\right)=\frac{\mathrm{d}^4\varphi}{\mathrm{d}r^4}+\frac{2}{r}\frac{\mathrm{d}^3\varphi}{\mathrm{d}r^3}-\frac{1}{r^2}\frac{\mathrm{d}^2\varphi}{\mathrm{d}r^2}+\frac{1}{r^3}\frac{\mathrm{d}\varphi}{\mathrm{d}r}=0 \tag{6-27}$$

这是一个变系数微分方程,也称为 Euler 方程,按应力求解时,解此微分方程,就可得到应力函数 $\varphi(r)$ 的表达式。为了将方程(6-27) 化为常系数线性微分方程,可引入一个新的参数 t,并令 $r=e^t$,即 $t=\ln r$,于是可得

$$\frac{\mathrm{d}\varphi}{\mathrm{d}r}=\frac{\mathrm{d}\varphi}{\mathrm{d}t}\frac{\mathrm{d}t}{\mathrm{d}r}=\frac{1}{r}\frac{\mathrm{d}\varphi}{\mathrm{d}t} \tag{6-28}$$

$$\frac{\mathrm{d}^2\varphi}{\mathrm{d}r^2}=\frac{\mathrm{d}}{\mathrm{d}r}\left(\frac{\mathrm{d}\varphi}{\mathrm{d}r}\right)=\frac{\mathrm{d}}{\mathrm{d}r}\left(\frac{1}{r}\frac{\mathrm{d}\varphi}{\mathrm{d}t}\right)=-\frac{1}{r^2}\frac{\mathrm{d}\varphi}{\mathrm{d}r}+\frac{1}{r}\frac{\mathrm{d}}{\mathrm{d}r}\left(\frac{\mathrm{d}\varphi}{\mathrm{d}t}\right)=\frac{1}{r^2}\left(\frac{\mathrm{d}^2\varphi}{\mathrm{d}t^2}-\frac{\mathrm{d}\varphi}{\mathrm{d}t}\right) \tag{6-29}$$

$$\frac{\mathrm{d}^3\varphi}{\mathrm{d}r^3}=\frac{\mathrm{d}}{\mathrm{d}r}\left(\frac{\mathrm{d}^2\varphi}{\mathrm{d}r^2}\right)=\frac{\mathrm{d}}{\mathrm{d}r}\left[\frac{1}{r^2}\left(\frac{\mathrm{d}^2\varphi}{\mathrm{d}t^2}-\frac{\mathrm{d}\varphi}{\mathrm{d}t}\right)\right]=\frac{1}{r^3}\left(\frac{\mathrm{d}^3\varphi}{\mathrm{d}t^3}-3\,\frac{\mathrm{d}^2\varphi}{\mathrm{d}t^2}+2\,\frac{\mathrm{d}\varphi}{\mathrm{d}t}\right) \tag{6-30}$$

$$\frac{\mathrm{d}^4\varphi}{\mathrm{d}r^4}=\frac{1}{r^4}\left(\frac{\mathrm{d}^4\varphi}{\mathrm{d}t^4}-6\,\frac{\mathrm{d}^3\varphi}{\mathrm{d}t^3}+11\,\frac{\mathrm{d}^2\varphi}{\mathrm{d}t^2}-6\,\frac{\mathrm{d}\varphi}{\mathrm{d}t}\right) \tag{6-31}$$

将上列各式代入式(6-27),则有

$$\frac{\mathrm{d}^4\varphi}{\mathrm{d}t^4}-4\,\frac{\mathrm{d}^3\varphi}{\mathrm{d}t^3}+4\,\frac{\mathrm{d}^2\varphi}{\mathrm{d}t^2}=0 \tag{6-32}$$

其特征方程为

$$K^4-4K^3+4K^2=0\quad 或\quad K^2(K-2)^2=0 \tag{6-33}$$

这个方程有两个重根,即 $K=0, K=2$,与重根对应的数学积分结果为 $\mathrm{e}^{0\cdot t}=1, t\mathrm{e}^{0\cdot t}=t, \mathrm{e}^{2t}, t\mathrm{e}^{2t}$。所以式(6-32) 的通解为

$$\varphi=At+Bt\,\mathrm{e}^{2t}+C\mathrm{e}^{2t}+D \tag{6-34}$$

将 $t=\ln r$ 代入,则通解可改写为

$$\varphi=A\ln r+Br^2\ln r+Cr^2+D \tag{6-35}$$

将式(6-35) 代入应力分量表达式(6-26),得

$$\left.\begin{aligned}\sigma_r&=\frac{A}{r^2}+B(1+2\ln r)+2C\\ \sigma_\theta&=-\frac{A}{r^2}+B(3+2\ln r)+2C\\ \tau_{r\theta}&=\tau_{\theta r}=0\end{aligned}\right\} \tag{6-36}$$

式中的待定系数 A,B,C 可根据具体问题所给定的边界条件予以确定。下节我们举厚壁圆筒问题为例。

第三节　厚壁圆筒问题的弹性解

现先讨论一般弹性解答。试考察一厚壁圆筒，管内外沿轴向受均匀分布径向压力 p_1 和 p_2(图 6-5)，其内外半径分别为 a 和 b。厚壁筒一般认为 $b:a>1.1$。管子长度很长，以至可以认为离两端足够远处的应力和应变分布沿长度方向没有差异。因而由对称性可知，原来的任一横截面变形后仍保持平面，沿管轴 z 向可以假定没有位移，即 $w=0$(如管长为有限长时，且两端无刚性固定的情况下，w 也只是 z 的函数，可单独另行计算，见拟平面应变问题第五章第二节的二)。又由于构件外形及载荷对称于筒轴 z，因而应力与应变的分布对称于圆筒中心轴线，即 Oz 为对称轴。每一点的位移仅有径向位移 u，而环向位移 $v=0$，且 u 仅是坐标 r 的函数。于是厚壁筒问题是一个完全轴对称的平面应变问题。

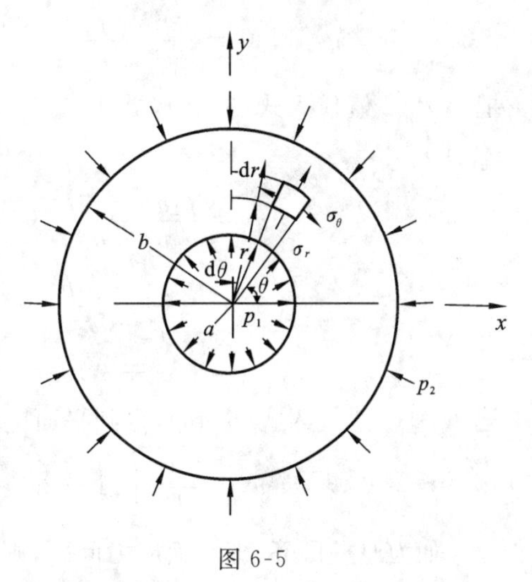

图 6-5

上述问题的应力与极角 θ 无关，所以应力分量可由式(6-36) 来确定，而式中的待定系数 A,B,C 可由下述边界条件来确定，即

$$(\sigma_r)_{r=a}=-p_1,\qquad (\sigma_r)_{r=b}=-p_2 \tag{6-37}$$

代入式(6-36) 有

$$\frac{A}{a^2}+B(1+2\ln a)+2C=-p_1,\quad \frac{A}{b^2}+B(1+2\ln b)+2C=-p_2 \tag{6-38}$$

上式中有 3 个待定系数，而只有两个边界条件。因为这是一个多连域(圆环形) 的问题，还应考虑位移的单值条件。由环向位移 $v=0$，且径向位移 u 与极角无关，所以几何方程式(6-8) 可简化为式(6-25)：

$$\varepsilon_r=\frac{\mathrm{d}u}{\mathrm{d}r},\quad \varepsilon_\theta=\frac{u}{r},\quad \gamma_{r\theta}=0 \tag{6-39}$$

将平面应变的物理方程代入式(6-39)，则有

$$\frac{\mathrm{d}u}{\mathrm{d}r}=\frac{1+\nu}{E}[(1-\nu)\sigma_r-\nu\sigma_\theta],\quad \frac{u}{r}=\frac{1+\nu}{E}[(1-\nu)\sigma_\theta-\nu\sigma_r] \tag{6-40}$$

再将应力分量的表达式(6-36) 代入式(6-40) 的第一式，并对其积分得

$$\frac{u}{r}=\frac{1+\nu}{E}\left\{-\frac{A}{r^2}+B[2(1-2\nu)\ln r-1]+2C(1-2\nu)\right\}+D \tag{6-41}$$

式中的 D 为积分常数。将式(6-36) 再代入式(6-40) 的第二式，则有

$$\frac{u}{r}=\frac{1+\nu}{E}\left\{-\frac{A}{r^2}+B[2(1-2\nu)\ln r+(3-4\nu)]+2C(1-2\nu)\right\} \tag{6-42}$$

比较式(6-41) 与式(6-42)，可以看出由它们算得的同一点的位移 u 是不相同的，这说明对多连域出现了位移的多值解答。显然根据位移的单值性条件，则必须使上述两位移表达式一致，因此必有 $B=0,D=0$。由此，径向位移表达式可写为

$$\frac{u}{r}=\frac{1+\nu}{E}\left[-\frac{A}{r^2}+C(1-2\nu)\right] \tag{6-43}$$

把 $B=0$ 代入式(6-36)，则应力分量为

$$\sigma_r=\frac{A}{r^2}+2C,\qquad \sigma_\theta=-\frac{A}{r^2}+2C,\qquad \tau_{r\theta}=0 \tag{6-44}$$

以 $B=0$ 代入边界条件式(6-38) 可解得

$$A=-\frac{a^2b^2(p_1-p_2)}{b^2-a^2},\quad C=\frac{a^2p_1-b^2p_2}{2(b^2-a^2)} \tag{6-45}$$

把 A 和 C 值代入式(6-45)，并由 $\varepsilon_x=0$，则得承受内、外均匀压力的厚壁筒应力公式(Lame 公式)

$$\left.\begin{aligned}\sigma_r&=\frac{p_1a^2-p_2b^2}{b^2-a^2}-\frac{(p_1-p_2)a^2b^2}{(b^2-a^2)r^2}\\ \sigma_\theta&=\frac{p_1a^2-p_2b^2}{b^2-a^2}+\frac{(p_1-p_2)a^2b^2}{(b^2-a^2)r^2}\\ \sigma_z&=\nu(\sigma_r+\sigma_\theta)\end{aligned}\right\} \tag{6-46}$$

把 A 和 C 值代入式(6-46)，得到平面应变轴对称问题的径向位移公式

$$u=\frac{1+\nu}{E}\left[(1-2\nu)\frac{(p_1a^2-p_2b^2)r}{b^2-a^2}+\frac{(p_1-p_2)a^2b^2}{(b^2-a^2)r}\right] \tag{6-47}$$

如为厚壁圆环，即平面应力问题，则应力分量仍然为式(6-46)，但 $\sigma_z=0$，其径向位移公式推导方法相似，而径向位移公式则变为

$$u=\frac{1}{E}\left[(1-2\nu)\frac{(p_1a^2-p_2b^2)r}{b^2-a^2}+(1+\nu)\frac{(p_1-p_2)a^2b^2}{(b^2-a^2)r}\right] \tag{6-48}$$

在实际问题中最常见的是只有内压的情况，如压力油缸、高压容器、油气井和煤层气井的水力压裂等都属于这种情况。这时在公式(6-46) 中，令 $p_2=0$，得到应力公式为

$$\left.\begin{aligned}\sigma_r&=\frac{p_1a^2}{b^2-a^2}-\frac{p_1a^2b^2}{(b^2-a^2)r^2}=\frac{p_1a^2}{b^2-a^2}\left(1-\frac{b^2}{r^2}\right)\\ \sigma_\theta&=\frac{p_1a^2}{b^2-a^2}+\frac{p_1a^2b^2}{(b^2-a^2)r^2}=\frac{p_1a^2}{b^2-a^2}\left(1+\frac{b^2}{r^2}\right)\\ \sigma_z&=\nu(\sigma_r+\sigma_\theta)\end{aligned}\right\} \tag{6-49}$$

式中的 r 值恒满足 $a\leqslant r\leqslant b$，所以此时：$\sigma_r<0$，永为压应力；$\sigma_\theta>0$，永为拉应力。它的分布情况如图 6-6 所示。

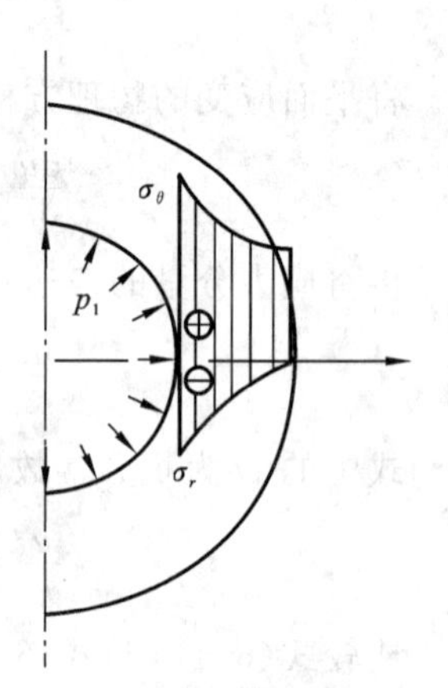

图 6-6

关于油气井和煤层气井水力压裂的力学机理分析和对水力压裂临界深度值的影响见王鸿勋(1987)、李同林(1997)、李同林(1994) 等的研究。

从图 6-6 的应力分布图可以看出，当厚壁圆筒仅受内压时，在内表面应力 σ_r 和 σ_θ 都达到最大值，且为异常号。这在设计上是十分不利的。由本章第四节强度分析可知，如厚壁筒为提高强度而增加壁厚，则收效甚微。因此工程上为了使应力合理分布，常用组合圆筒方法。所谓组合圆筒就是将两个或多个圆筒用热压配合或压入配合法套在一起，这种装配应力与内压力引起的工作应力叠加，可大大提高圆筒的承载能力。这种组合圆筒的问题具有广泛的实际意义，如夹层炮筒、轮轴套合及压力隧道等的设计均用此种方法。

第四节　厚壁圆筒问题的弹塑性解

本节将讨论不可压缩理想弹塑性材料只受内压的厚壁圆筒问题的弹塑性解答。现设厚壁圆筒问题仍属平面应变状态，由于在理想塑性情况，按屈服条件和平衡方程联合求解，可求出应力分量的塑性解答，无需使用变形条件和本构关系。这种问题属于"静定"问题，是塑性力学的最简单问题。

一、弹性解($p \leqslant p_e$)

当内压力 $p_1 = p$ 不大时，整个厚壁筒处于弹性状态，由式(6-49)应力分量为

$$\sigma_r = \frac{a^2 p}{b^2 - a^2}\left(1 - \frac{b^2}{r^2}\right),\quad \sigma_\theta = \frac{a^2 p}{b^2 - a^2}\left(1 + \frac{b^2}{r^2}\right),\quad \sigma_z = \nu(\sigma_r + \sigma_\theta) \tag{6-50}$$

从式(6-50)，可以看出当 $\nu = 0.5$ 时，$\sigma_\theta > \sigma_z > \sigma_r$。因此 $\sigma_1 = \sigma_\theta, \sigma_2 = \sigma_z, \sigma_3 = \sigma_r$。当 p 逐渐增大，圆筒材料开始屈服时，应满足屈服条件。把式(6-50)代入 Mises 屈服条件，有

$$\sigma_\theta - \sigma_r = \frac{2}{\sqrt{3}}\sigma_s \tag{6-51}$$

得

$$\frac{\sqrt{3}b^2}{\frac{b^2}{a^2} - 1}\frac{p}{r^2} = \sigma_s \tag{6-52}$$

圆筒首先在 $r = a$ 处屈服，这时的压力 $p = p_e$，即为弹性极限载荷

$$p_e = \left(1 - \frac{a^2}{b^2}\right)\frac{\sigma_s}{\sqrt{3}} \tag{6-53}$$

当 $b \to \infty$，$p_e = \frac{\sigma_s}{\sqrt{3}}$，由此可知，在弹性无限空间内的圆柱形孔洞受内压时(如隧道)，其内表面开始屈服时的压力值与内孔的半径无关。实际上，对于厚壁来说，$\left(\frac{a}{b}\right)^2$ 比较小，只加大圆筒的外半径 b，并不会明显提高圆筒的弹性极限压力。例如，当 $\frac{a}{b} = \frac{1}{3}$ 时，$p_e = \frac{8}{9}\frac{\sigma_s}{\sqrt{3}}$。而当 $b \to \infty$ 时，$p_e = \frac{\sigma_s}{\sqrt{3}}$，只提高弹性极限载荷约 11%。因此，不能只是加大筒的厚度来提高厚壁筒的强度。如采用两个或两个以上的圆筒以过盈配合的方法构成组合厚壁筒，其应力分布将比单一的整体厚壁筒合理。

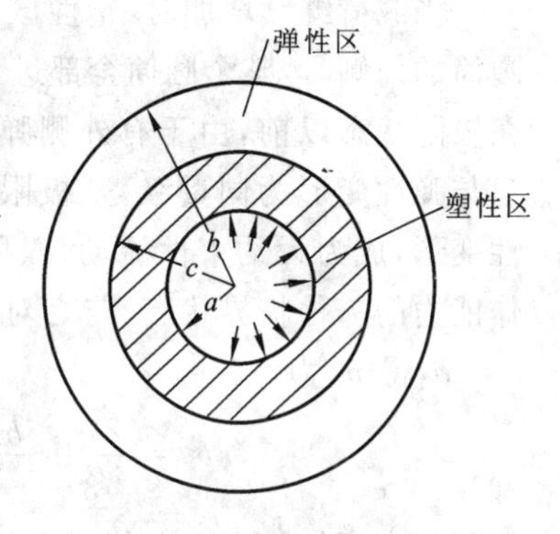

图 6-7

二、弹塑性解($p_e < p < p_s$)

当内压力达到 p_e 时，在圆筒的内壁开始产生塑性变形。随着 p 的增大，将在靠近内壁处形成塑性区。由于对称，弹塑性区交界线必为一个半径为某一数值 c 的圆。于是圆筒分为两个环状区域(图 6-7)：$a \leqslant r \leqslant c$ 为塑性区；$c \leqslant r \leqslant b$ 为弹性区。

如略去体力，在塑性区平衡方程为

$$\frac{\mathrm{d}\sigma_r}{\mathrm{d}r}+\frac{\sigma_r-\sigma_\theta}{r}=0 \tag{6-54}$$

将 Mises 屈服条件式(6-51) 代入式(6-54)，得

$$\frac{\mathrm{d}\sigma_r}{\mathrm{d}r}-\frac{2}{\sqrt{3}}\frac{\sigma_s}{r}=0,\sigma_r=\frac{2}{\sqrt{3}}\sigma_s\ln r+A \tag{6-55}$$

式中 A 为积分常数，由边界条件定出。当 $r=a$ 时，$\sigma_r=-p$，因此

$$\sigma_r=-p+\frac{2}{\sqrt{3}}\sigma_s\ln\frac{r}{a} \tag{6-56}$$

式(6-56) 代入式(6-51)，得

$$\sigma_\theta=\sigma_r+\frac{2}{\sqrt{3}}\sigma_s=\frac{2}{\sqrt{3}}\sigma_s-p+\frac{2}{\sqrt{3}}\sigma_s\ln\frac{r}{a}=\frac{2}{\sqrt{3}}\sigma_s\left(1+\ln\frac{r}{a}\right)-p \tag{6-57}$$

在弹塑性交界 $r=c$ 处的应力为

$$\sigma_c=-p+\frac{2}{\sqrt{3}}\sigma_s\ln\frac{c}{a} \tag{6-58}$$

因而，对于外层弹性区来说，σ_c 就是作用到该区内侧的径向压力，此时问题转化为外半径为 b、内半径为 c 的圆筒受内压力 σ_c 作用的弹性极限问题，如图 6-7 所示。也即按式(6-53)，将 a 换成 c，$-p_e$ 换成 σ_c，得

$$\sigma_c=-\left(1-\frac{c^2}{b^2}\right)\frac{\sigma_s}{\sqrt{3}} \tag{6-59}$$

因而在 $r=c$ 处，σ_r 必连续，由式(6-59) 与式(6-58) 相等，可得

$$\ln\frac{c}{a}+\frac{1}{2}\left(1-\frac{c^2}{b^2}\right)=\frac{\sqrt{3}p}{2\sigma_s} \tag{6-60}$$

这是弹塑性交界线 c 应满足的方程，此乃一超越方程，当给定 p 时，可用数值法求出 c 值。当 c 和 σ_c 算出后，容易由弹性公式计算出弹性区的应力。综上所述塑性区($a\leqslant r\leqslant c$) 的应力解为

$$\sigma_r=\sigma_s\frac{2}{\sqrt{3}}\ln\frac{r}{a}-p,\quad \sigma_\theta=\frac{2}{\sqrt{3}}\sigma_s\left(1+\ln\frac{r}{a}\right)-p,\quad \tau_{r\theta}=0 \tag{6-61}$$

三、塑性解($p=p_s$)

当载荷继续增加时，塑性区逐渐向外扩大。当其前沿一直扩展到圆筒的外侧时，整个圆筒全部进入塑性状态，这种状态称为极限状态。在极限状态以前，由于有外侧弹性区的约束，圆筒内侧塑性区的变形只与弹性变形为同量级。从极限状态开始，圆筒将开始产生较大的塑性变形，成为无约束性流动。极限状态是从正常工作状态转向丧失工作能力的一种临界状态。与之对应的(塑性) 极限载荷由式(6-60)，使 $c=b$，得 p_s 为

$$p_s=\frac{2\sigma_s}{\sqrt{3}}\ln\frac{b}{a} \tag{6-62}$$

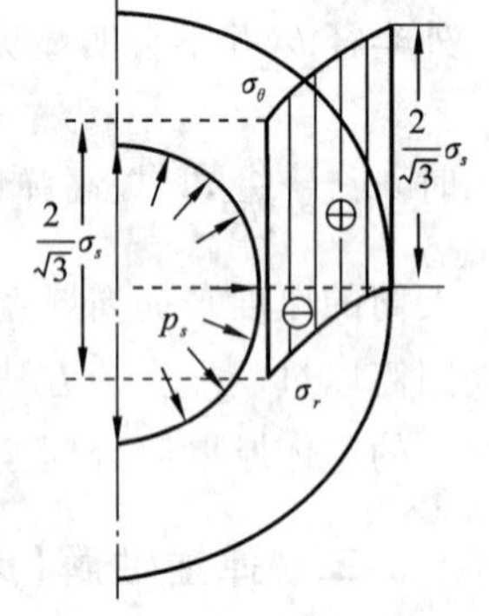

图 6-8

极限状态下的应力分布如图 6-8 所示。如图中可见，其 σ_θ 的最大值发生在筒的外壁，由于采用 Mises 条件，σ_θ 与 σ_r 之差保持为常值$\frac{2}{\sqrt{3}}\sigma_s$。这与弹性状态不同，在弹性状态下，$\sigma_\theta$ 的最大值发生在筒的内壁。

本节计算过程中采用了Mises条件，如采用Tresca条件，则屈服条件为$\sigma_\theta - \sigma_r = \sigma_s$（当$\nu = \frac{1}{2}$时，Mises条件为$\sigma_s - \sigma_r = \frac{2}{\sqrt{3}}\sigma_s$，在所有公式中将$\frac{2}{\sqrt{3}}\sigma_s$换成$\sigma_s$即可）。

第五节　半无限平面体问题

当建筑物地基土体作为弹性体考虑时，地表面受到带状载荷作用的问题以及大尺寸薄板边界受作用于板的中面，且平行于板面的外力作用时的问题，均属于半无限平面体受载(Flament)问题。前者可作为平面应变问题来处理，后者则作为平面应力问题来处理。以下按平面应力问题来讨论，其结果同样可转化到平面应变问题。我们先从楔形尖顶承受集中载荷着手。

一、楔形尖顶承受集中载荷

如图6-9所示，三角形截面的长柱(取单位厚度的柱体研究)，在顶端受线分布垂直载荷P力的作用。可根据量纲分析，选取应力函数为

$$\varphi = Ar\theta\sin\theta \tag{6-63}$$

式(6-63)满足应变协调方程$\nabla^4\varphi = 0$，且由式(6-23)，得

$$\sigma_r = \frac{2A}{r}\cos\theta, \quad \sigma_\theta = 0, \quad \tau_{r\theta} = 0 \tag{6-64}$$

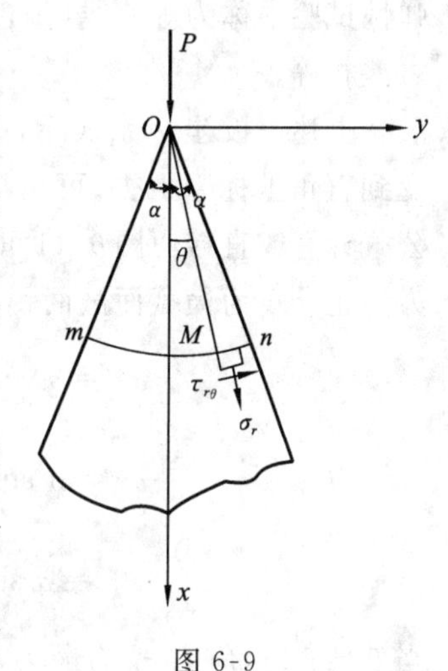

图 6-9

显然上述应力分量满足在楔形体的外缘边上无外力作用的边界条件，且σ_r的分布对称于x轴，M点的应力随r增大而减小。

现在我们来确定待定常数A，为此我们取一半径为r的弧形面mn，其上的分布应力的合力应与P力相平衡，得

$$\int_{-\alpha}^{\alpha} \sigma_r \cos\theta r\,\mathrm{d}\theta + P = 0 \tag{6-65}$$

代入式(6-64)，积分得$2A = -P/(\alpha + \frac{1}{2}\sin 2\alpha)$，所以，

$$\sigma_r = \frac{P}{\alpha + \frac{1}{2}\sin 2\alpha}\frac{1}{r}\cos\theta, \quad \sigma_\theta = \tau_{r\theta} = \tau_{\theta r} = 0 \tag{6-66}$$

在式(6-66)中$r \to 0$，$\sigma_r \to \infty$。这说明，在楔顶集中力P作用点处应力无穷大，即解答不适用。但根据圣维南原理除去在作用点附近的一个小扇形区，其解答仍然不失为精确解。

二、半无限平面体边界上承受集中载荷

现在来考察一半无限大板，在其水平边界AB上受力P的作用，见图6-10。取板的厚度等于1，P是均匀分布在单位厚度上的力。

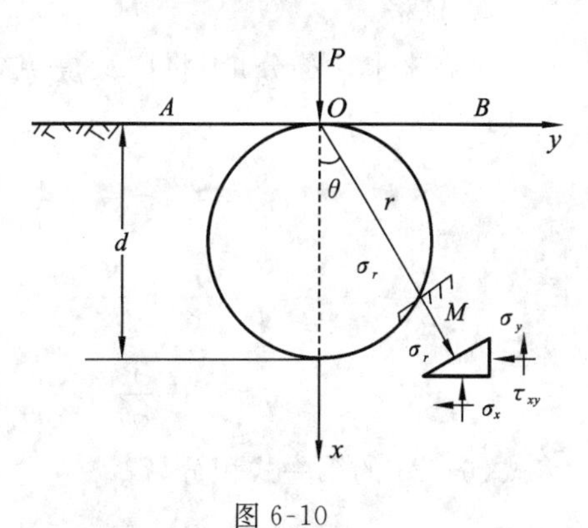

图 6-10

1. 应力

利用式(6-66),设 $\alpha=\pi/2$,则可得到上述问题的应力解答,即

$$\sigma_r=-\frac{2P}{\pi}\frac{\cos\theta}{r},\qquad \sigma_\theta=\tau_{r\theta}=0 \tag{6-67}$$

这个解满足边界 AB 上的条件,除力 P 作用点 O 外,没有其他外力的作用。

作直径为 d 的圆周,圆心在 x 轴上,与 y 轴相切于 O 点,见图 6-10,对于这圆周上任一点 M,$r=d\cos\theta$,从式(6-67) 得

$$\sigma_r=-\frac{2P}{\pi d} \tag{6-68}$$

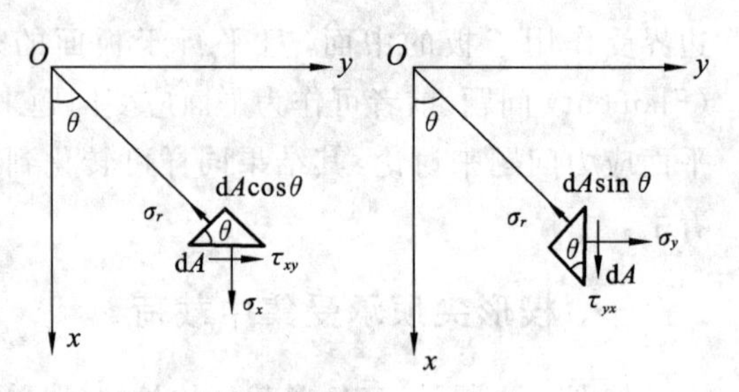

图 6-11

由此可知,除载荷作用点外,此圆上各点的应力 σ_r 均相等,即此圆为径向应力等值轨迹线。在光弹性试验中称为等差线(等色线),线上各主应力之差相等。

上述用极坐标系表示的各应力分量不难转变到直角坐标系上去。可用材料力学斜截面应力公式计算或直接由图 6-11 可知(图上表示的各应力为正,dA 为横截面微面积):

$$\left.\begin{aligned}\sigma_x&=\sigma_r\cos^2\theta=-\frac{2P\cos^3\theta}{\pi r}=-\frac{2P}{\pi}\frac{x^3}{(x^2+y^2)^2}\\ \sigma_y&=\sigma_r\sin^2\theta=-\frac{2P\sin^2\theta\cos\theta}{\pi r}=-\frac{2P}{\pi}\frac{xy^2}{(x^2+y^2)^2}\\ \tau_{xy}&=\sigma_r\sin\theta\cos\theta=-\frac{2P\sin\theta\cos^2\theta}{\pi r}=-\frac{2P}{\pi}\frac{x^2y}{(x^2+y^2)^2}\end{aligned}\right\} \tag{6-69}$$

当 $\theta=0$ 时,应力 σ_x 为最大,这时 $r=x$,则

$$(\sigma_x)_{\max}=-\frac{2P}{\pi x}=\frac{P}{1.57x} \tag{6-70}$$

当 $y=\pm x/\sqrt{3}$ 时,应力 τ_{xy} 为最大,其值为

$$(\tau_{xy})_{\max}=\frac{2P}{\pi x}=\frac{9}{16\sqrt{3}} \tag{6-71}$$

这些应力的大小分布情况如图 6-12 所示。

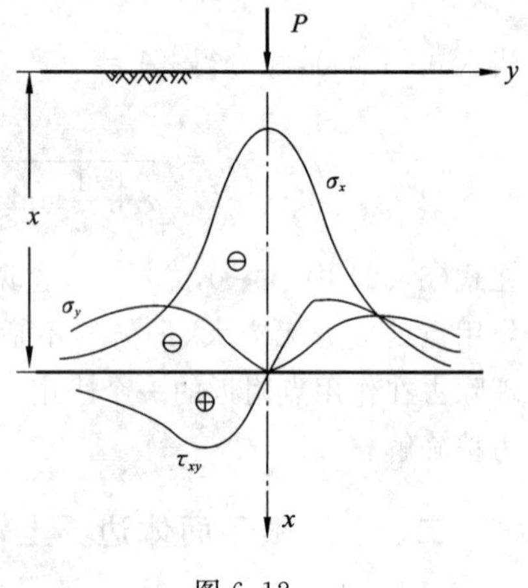

图 6-12

2. 位移

现在来求位移分量。将广义虎克定律和几何方程代入式(6-67),得

$$\left.\begin{aligned}\varepsilon_r&=\frac{\partial u}{\partial r}=-\frac{2P\cos\theta}{\pi Er}\\ \varepsilon_\theta&=\frac{u}{r}+\frac{1}{r}\frac{\partial v}{\partial\theta}=\frac{2\nu P\cos\theta}{\pi Er}\\ \gamma_{r\theta}&=\frac{1}{r}\frac{\partial v}{\partial\theta}+\frac{\partial v}{\partial r}-\frac{v}{r}=0\end{aligned}\right\} \tag{6-72}$$

将式(6-72) 的第一式积分,得

$$u = -\frac{2P}{\pi E}\cos\theta\ln r + f(\theta) \tag{6-73}$$

将式(6-73)代入式(6-72)的第二式，并积分得

$$v = \frac{2\nu P}{\pi E}\sin\theta + \frac{2P}{\pi E}\sin\theta\ln r - \int f(\theta)\mathrm{d}\theta + g(r) \tag{6-74}$$

将式(6-73)、式(6-74)代入式(6-72)的第三式，简化并乘以 r 后，得

$$g(r) - r[g'(r)] - \left[f'(\theta) + \int f(\theta)\mathrm{d}\theta + \frac{2(1-\nu)P}{\pi E}\sin\theta\right] = 0 \tag{6-75}$$

上式前两项只是 r 的函数，最后方括号中各项只是 θ 的函数，而 r 与 θ 又是互不依赖的两个变量，因此式(6-75)成立，必存在下列两个方程：

$$\left.\begin{aligned} & g(r) - rg'(r) = K \\ & f'(\theta) + \int f(\theta)\mathrm{d}\theta + \frac{2(1-\nu)}{\pi E}P\sin\theta = K \end{aligned}\right\} \tag{6-76}$$

式中 K 为常数。解微分方程(6-76)得

$$\left.\begin{aligned} & g(r) = Cr + K \\ & f(\theta) = A\sin\theta + B\cos\theta - \frac{(1-\nu)P}{\pi E}\theta\sin\theta \end{aligned}\right\} \tag{6-77}$$

其中 K,A,B,C 均为任意常数，可由问题的约束条件与对称性来确定。先将式(6-77)分别代入式(6-73)、式(6-74)得

$$\left.\begin{aligned} & u = -\frac{2P}{\pi E}\cos\theta\ln r - \frac{(1-\nu)P}{\pi E}\theta\sin\theta + A\sin\theta + B\cos\theta \\ & v = \frac{2P}{\pi E}\sin\theta\ln r - \frac{(1-\nu)P}{\pi E}\theta\cos\theta + \frac{(1+\nu)P}{\pi E}\sin\theta + A\cos B - B\sin\theta + Cr \end{aligned}\right\} \tag{6-78}$$

下面我们来确定式中常数 A,B,C。

(1) 首先，我们假定半无限平面体受到约束，不能沿 x 或 y 方向作刚体位移。又由于问题的对称性，因而在对称轴(x 轴)上各点没有侧向位移，即：在 $\theta = 0$ 处，$v = 0$。于是根据式(6-78)第二式得：$A + Cr = 0$，因为此式中的 r 可以是任意值，故欲使此式成立，必有

$$A = 0, \quad C = 0 \tag{6-79}$$

(2) 从实际位移情况，我们假设在 x 轴上距 O 点足够远的 h 处无竖向位移(即径向位移 $u = 0$)。将 $\theta = 0, r = h$ 以及 $A = 0$ 代入式(6-78)第一式得

$$B = \frac{2P}{\pi E}\ln h \tag{6-80}$$

将所求得积分常数代入式(6-78)，得各位移分量为

$$\left.\begin{aligned} & u = \frac{2P}{\pi E}\cos\theta\ln\frac{h}{r} - \frac{(1-\nu)P}{\pi E}\theta\sin\theta \\ & v = -\frac{2P}{\pi E}\sin\theta\ln\frac{h}{r} - \frac{(1-\nu)P}{\pi E}\theta\cos\theta + \frac{(1+\nu)P}{\pi E}\sin\theta \end{aligned}\right\} \tag{6-81}$$

请注意半无限平面体内各点位移分量符号及其正方向(图 6-13)。现在我们应用式(6-81)来求自由边界 AB 上各点的竖向位移(即所谓沉陷量)。于是有

$$(v)_{\theta=\pm\frac{\pi}{2}} = \mp\left[\frac{2P}{\pi E}\ln\frac{h}{r} - \frac{(1+\nu)P}{\pi E}\right](\downarrow) \tag{6-82}$$

当 $r = 0$ 时，得 $v \to \infty$，因此必须假定集中力 P 作用点附近区域被小半径的圆柱面切去，而不予

考虑。边界 AB 上各点竖向位移的大略图线如图 6-14 所示，其中所示的渐近线为 x 轴的对数曲线。还应当指出，一般为了实际应用(例如求地基的沉陷)，我们可以取自由边界上的一点作为基点(如图 6-14 中的 B 点)，求任意点 M 对该点的相对位移(即相对沉陷量)η，消去 h 得

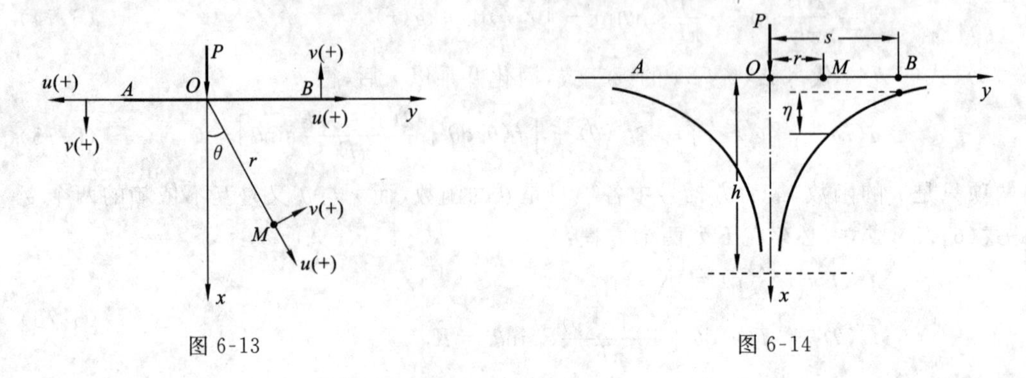

图 6-13　　　　图 6-14

$$\eta = \left[\frac{2P}{\pi E}\ln\frac{h}{r} - \frac{(1+\nu)P}{\pi E}\right] - \left[\frac{2P}{\pi E}\ln\frac{h}{s} - \frac{(1+\nu)P}{\pi E}\right] \tag{6-83}$$

即
$$\eta = \frac{2P}{\pi E}\ln\frac{s}{r} \tag{6-84}$$

对于平面应变问题，将上述平面应力问题所得结果的位移分量公式中的 E，ν 换为 $E_2 = E/(1-\nu^2)$，$\nu_1 = \nu/(1-\nu)$ 即可 。例如，在平面应变情况下，式(6-84) 应改写为

$$\eta = \frac{2(1-\nu^2)P}{\pi E}\ln\frac{s}{r} \tag{6-85}$$

三、半无限平面体边界上承受分布载荷 q 作用

由以上结果不难利用叠加原理推广到半无限平面体上边界有多个载荷或分布载荷作用的情况。设在上边界有分布载荷作用(图 6-15)，则由图得出：$dy = r d\theta/\cos\theta$，于是有

$$q dy = \frac{qr d\theta}{\cos\theta} \tag{6-86}$$

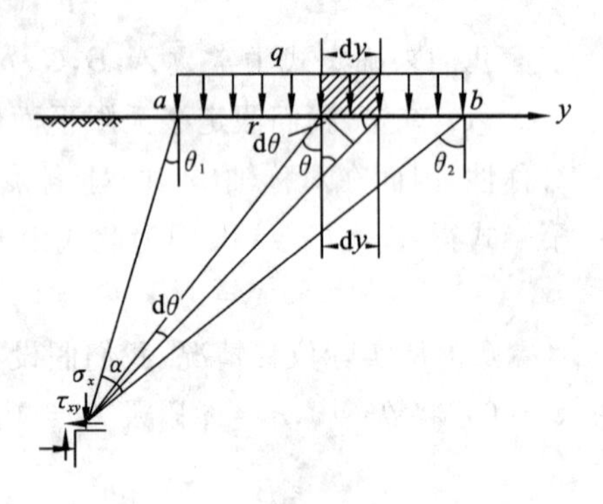

图 6-15

以 $q dy$ 代替式(6-69) 中的 P，便得到 $q dy$ 作用下各点之应力。如载荷从 a 均匀分布到 b，且 q 为常数，则任一点的应力由下列公式确定。

$$\left.\begin{aligned}
\sigma_x &= -\frac{2}{\pi}\int_{\theta_1}^{\theta_2} q\cos^2\theta d\theta = -\frac{q}{2\pi}(2\theta + \sin 2\theta)\Big|_{\theta_1}^{\theta_2} \\
\sigma_y &= -\frac{2}{\pi}\int_{\theta_1}^{\theta_2} q\sin^2\theta d\theta = -\frac{q}{2\pi}(2\theta - \sin 2\theta)\Big|_{\theta_1}^{\theta_2} \\
\tau_{xy} &= -\frac{2}{\pi}\int_{\theta_1}^{\theta_2} q\sin^2\theta\cos\theta d\theta = +\frac{q}{2\pi}(\cos 2\theta)\Big|_{\theta_1}^{\theta_2}
\end{aligned}\right\} \tag{6-87}$$

以上为弹性解。为了后面引出塑性平面应变问题，在此作进一步讨论：如令 $\alpha = \theta_2 - \theta_1$，见图 6-15，则根据二维空间的主应力计算可得

$$\sigma' = -\frac{q}{\pi}(\alpha - \sin\theta), \qquad \sigma'' = -\frac{q}{\pi}(\alpha + \sin\alpha) \tag{6-88}$$

对于不可压缩材料的平面应变问题，其垂直半无限体方向（即 z 向）的应力 σ_z（因为对称）必为主应力，且有

$$\sigma_z = \nu(\sigma' + \sigma'') = \frac{1}{2}(\sigma' + \sigma'') \tag{6-89}$$

由此可见，σ_z 为主应力，其数值等于 σ' 与 σ'' 的平均应力，故必为中间主应力。则知 $\sigma_1 = \sigma'$，$\sigma_2 = \sigma_z$，$\sigma_3 = \sigma''$，由此得最大剪应力

$$\tau_{\max} = \frac{1}{2}(\sigma_1 - \sigma_3) = -\frac{q}{\pi}\sin\alpha \tag{6-90}$$

当 $\alpha = \pm\pi/2$ 时，最大剪应力达到最大值。

当外载荷不断增加，则必当载荷达到某一数值时，在介质中的某一点处，开始出现塑性区。由式(6-90)可知，材料的屈服首先在 a、b 两点发生（$\alpha = \theta_2 - \theta_1 = \pm\pi/2$），并且由于应力集中，$a$、$b$ 点的实际应力将高出计算应力数倍（图 6-16），材料在此处首先屈服。这一问题的进一步塑性分析及极限状态的讨论请参阅本书第十一章相关内容。

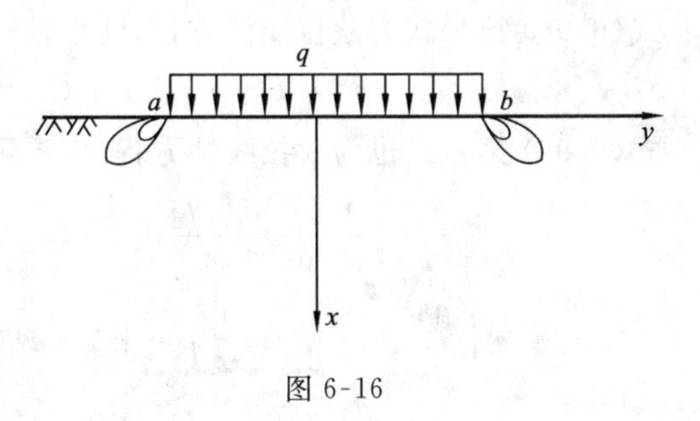

图 6-16

第六节　圆孔孔边应力集中

在工程结构中，经常要求在构件中加工开孔。由于孔口的存在破坏了材料的连续性，从而引起了在孔边应力局部增大的现象，这就是材料力学中介绍过的应力集中。应力集中对于构件的强度，特别是对交变应力下的持久极限将产生严重的影响。用弹性力学的方法可以对孔边应力集中作定量的计算。

本节讨论左右边界受均匀拉力作用带孔平板的应力集中问题。设孔为圆形，半径为 a，且半径 a 远小于板的长度与宽度，故可将该平板作为无限大平板处理。然后再讨论相对有限大平板解的精确性（图 6-17）。

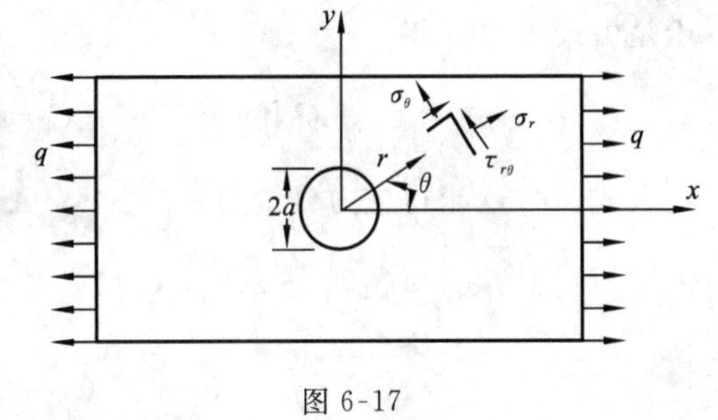

图 6-17

由圣维南原理可知，在远离小孔的地方，孔边局部应力集中的影响将消失。对于无孔板来说，板中应力为

$$\sigma_x = q, \quad \sigma_y = 0, \quad \tau_{xy} = 0 \tag{6-91}$$

与之相应的应力函数为

$$\varphi_0 = \frac{1}{2}qy^2 \tag{6-92}$$

转为极坐标表示为

$$\varphi_0 = \frac{1}{2}qr^2\sin^2\theta = \frac{1}{4}qr^2(1 - \cos 2\theta) \tag{6-93}$$

现在参照上述无孔板来选取一个应力函数 φ，使它适用于有孔板。用极坐标表示的应力函数为

$$\varphi = f_1(r) + f_2(r)\cos 2\theta \tag{6-94}$$

将式(6-94)代入应变协调方程(6-19)，得

$$\left(\frac{\mathrm{d}^2}{\mathrm{d}r^2} + \frac{1}{r}\frac{\mathrm{d}}{\mathrm{d}r}\right)\left(\frac{\mathrm{d}^2 f_1}{\mathrm{d}r^2} + \frac{1}{r}\frac{\mathrm{d}f_1}{\mathrm{d}r}\right) + \left(\frac{\mathrm{d}^2}{\mathrm{d}r^2} + \frac{1}{r}\frac{\mathrm{d}}{\mathrm{d}r} - \frac{4}{r^2}\right)\left(\frac{\mathrm{d}^2 f_2}{\mathrm{d}r^2} + \frac{1}{r}\frac{\mathrm{d}f_2}{\mathrm{d}r} - \frac{4f_2}{r^2}\right)\cos 2\theta = 0 \tag{6-95}$$

因式(6-95)要求对所有的 θ 均应满足，则 $\cos 2\theta \neq 0$，故有

$$\left.\begin{aligned}&\left(\frac{\mathrm{d}^2}{\mathrm{d}r^2} + \frac{1}{r}\frac{\mathrm{d}}{\mathrm{d}r}\right)\left(\frac{\mathrm{d}^2 f_1}{\mathrm{d}r^2} + \frac{1}{r}\frac{\mathrm{d}f_1}{\mathrm{d}r}\right) = 0\\&\left(\frac{\mathrm{d}^2}{\mathrm{d}r^2} + \frac{1}{r}\frac{\mathrm{d}}{\mathrm{d}r} - \frac{4}{r^2}\right)\left(\frac{\mathrm{d}^2 f_2}{\mathrm{d}r^2} + \frac{1}{r}\frac{\mathrm{d}f_2}{\mathrm{d}r} - \frac{4f_2}{r^2}\right) = 0\end{aligned}\right\} \tag{6-96}$$

式(6-96)第一式为欧拉线性方程，已于轴对称问题中解得，则由式(6-35)得通解为

$$f_1 = C_1 + C_2\ln r + C_3 r^2 + C_4 r^2\ln r \tag{6-97}$$

式(6-96)第二式也为欧拉线性方程，现采用特解法，设其特解为 $f_2 = r^n$，于是有

$$\frac{\mathrm{d}^2 f_2}{\mathrm{d}r^2} + \frac{1}{r}\frac{\mathrm{d}f_2}{\mathrm{d}r} - \frac{4f_2}{r^2} = [n(n-1) + (n-4)]r^{n-2} = (n+2)(n-2)r^{n-2} \tag{6-98}$$

$$\begin{aligned}&\left(\frac{\mathrm{d}^2}{\mathrm{d}r^2} + \frac{1}{r}\frac{\mathrm{d}}{\mathrm{d}r} - \frac{4}{r^2}\right)(n+2)(n-2)r^{n-2}\\&= (n+2)(n-2)[(n-2)(n-3) + (n-2) - 4]r^{n-4}\\&= (n+2)n(n-2)(n-4)r^{n-4} = 0\end{aligned} \tag{6-99}$$

其特征方程为：$(n+2)n(n-2)(n-4) = 0$。因而得：$n_1 = -2, n_2 = 0, n_3 = 2, n_4 = 4$。于是得式(6-96)第二式的通解为

$$f_2 = \frac{C_5}{r^2} + C_6 + C_7 r^2 + C_8 r^4 \tag{6-100}$$

于是由式(6-94)得

$$\varphi = C_1 + C_2\ln r + C_3 r^2 + C_4 r^2\ln r + \left(\frac{C_5}{r^2} + C_6 + C_7 r^2 + C_8 r^4\right)\cos 2\theta \tag{6-101}$$

代入式(6-23)求得应力分量为

$$\left.\begin{aligned}\sigma_r &= C_2\frac{1}{r^2} + 2C_3 + C_4(1 + 2\ln r) - \left(\frac{6C_5}{r^4} + \frac{4C_6}{r^2} + 2C_7\right)\cos 2\theta\\\sigma_\theta &= -C_2\frac{1}{r^2} + 2C_3 + C_4(3 + 2\ln r) + \left(\frac{6C_5}{r^4} + 2C_7 + 12C_8 r^2\right)\cos 2\theta\\\tau_{r\theta} &= \left(-\frac{6C_5}{r^4} - \frac{2C_6}{r^2} + 2C_7 + 6C_8 r^2\right)\sin 2\theta\end{aligned}\right\} \tag{6-102}$$

上式中的常数可以根据下列边界条件确定：

(1) 当 $r \to \infty$ 时，应力应保持有限值，不能无限制地增长，因此 $\ln r$ 和 r^2 项前的系数应为零，即：$C_4 = C_8 = 0$。

(2) 当 $r = a$ 时，$\sigma_r = \tau_{r\theta} = 0$，则有

$$2C_3 + \frac{C_2}{a^2} = 0,\quad 2C_7 + \frac{6C_5}{a^4} + \frac{4C_6}{a^2} = 0,\quad 2C_7 - \frac{6C_5}{a^4} - \frac{2C_6}{a^2} = 0 \tag{6-103}$$

(3) 应力函数 φ 在 r 足够大时给出的应力应与无孔时应力函数 φ_0 给出的应力相同。而由

φ_0 确定的应力分量为

$$\sigma_r^0 = \frac{1}{2}q(1+\cos2\theta),\quad \sigma_\theta^0 = \frac{1}{2}q(1-\cos2\theta),\quad \tau_{r\theta}^0 = -\frac{1}{2}q\sin2\theta \tag{6-104}$$

于是，由上述讨论，在 $r\to\infty$ 的条件下，可令式(6-102) 与式(6-104) 相等。并由此解得

$$C_2 = -\frac{1}{2}qa^2,\quad C_3 = \frac{1}{4}q,\quad C_5 = -\frac{1}{4}qa^4,\quad C_6 = \frac{1}{2}qa^2,\quad C_7 = -\frac{1}{4}q$$

将以上结果代入式(6-101)，并弃去 C_1(其对应力分量没有影响)，得应力函数为

$$\varphi = \frac{1}{4}q\left[r^2 - 2a^2\ln r - \left(r^2 - 2a^2 + \frac{a^4}{r^2}\right)\cos2\theta\right] \tag{6-105}$$

再代入式(6-102)，相应的各应力分量为

$$\left.\begin{aligned}\sigma_r &= \frac{1}{2}q\left[1-\frac{a^2}{r^2}+\left(1-\frac{4a^2}{r^2}+\frac{3a^4}{r^4}\right)\cos2\theta\right]\\ \sigma_\theta &= \frac{1}{2}q\left[1+\frac{a^2}{r^2}-\left(1+\frac{3a^4}{r^4}\right)\cos2\theta\right]\\ \tau_{r\theta} &= -\frac{1}{2}q\left(1+\frac{2a^2}{r^2}-\frac{3a^4}{r^4}\right)\sin2\theta\end{aligned}\right\} \tag{6-106}$$

现由式(6-106) 讨论应力在板内与孔边的大小分布规律。

(1) 圆孔边缘的应力 σ_θ。沿着圆孔边，即当 $r=a$ 时，由式(6-106) 的第二式可以得出其环向应力 σ_θ 为

$$\sigma_\theta = q(1-2\cos2\theta) \tag{6-107}$$

当取不同的 θ 值时，环向应力 σ_θ 亦不相同，其沿孔边各点的环向应力值如表 6-1 所示。应力分布大小状况如图 6-18 所示。当 $r=a,\theta=\pm\frac{\pi}{2}$ 时，$(\sigma_\theta)_{\max}=3q$；当 $\sigma=0$ 或 π 时，$(\sigma_\theta)_{\min}=-q$。

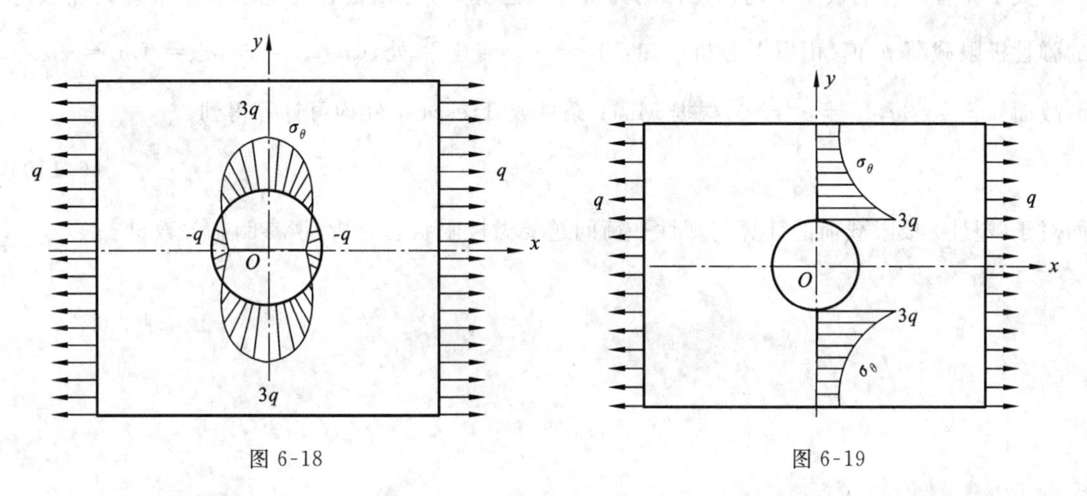

图 6-18　　　　图 6-19

(2) 通过圆孔圆心横截面上的应力。当 $\theta=\pm\frac{\pi}{2}$，由式(6-106) 第二式得环向应力为

表 6-1

θ	0	$\frac{\pi}{6}$	$\frac{\pi}{4}$	$\frac{\pi}{3}$	$\frac{\pi}{2}$	…
$(\sigma_\theta)_{r=a}$	$-q$	0	q	$2q$	$3q$	…

表 6-2

r	a	$2a$	$3a$	$4a$	$10a$	…
σ_θ	$3q$	$1.22q$	$1.07q$	$1.04q$	$1.005q$	…

$$\sigma_\theta = q\left(1 + \frac{a^2}{2r^2} + \frac{3a^4}{2r^4}\right) \tag{6-108}$$

现列出沿 y 轴方向各点的 σ_θ 值，如表 6-2 所示。沿通过孔心横截面上应力的分布大小状态如图 6-19 所示。由式(6-108) 说明式中括号内第二项及第三项随 r 的增加而迅速减小，σ_θ 由最大值很快接近于平均应力 q，这说明孔边的应力增大是局部性的，远离孔边即迅速衰减下去。上面的计算是对于无限大板计算的结果，这说明对于有限尺寸的板，以上结论也是可以用的。当 $r = 10a$ 时，孔的影响只有 5‰。一般板宽不小于 $8a$，误差不超过 60%。

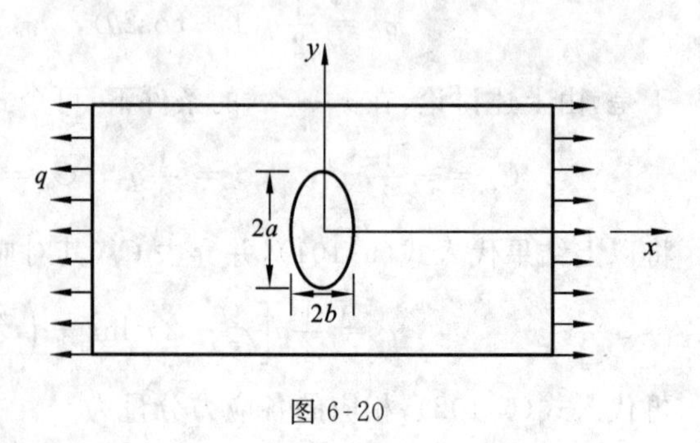

图 6-20

对于椭圆形的孔[①]，当椭圆的一个主轴($2b$) 与受拉方向一致时(图 6-20)，则在另一主轴($2a$) 端部产生的应力为

$$(\sigma_\theta)_{\max} = q\left(1 + \frac{2a}{b}\right) \tag{6-109}$$

由此可见，如 $a > b$，则$(\sigma_\theta)_{\max} > 3q$，且当 $b \to 0$，也即椭圆孔趋于一条裂纹时，裂纹尖端的应力是相当大的。这种情况说明，垂直于受拉方向的裂纹首先在端部扩展。工程上为了防止裂纹的扩展，而加大其尖角处的曲率半径。例如常在裂纹尖端处钻一小孔，加大了此处的曲率半径，从而有效地降低了应力集中程度。

当孔边的应力很大时，对于脆性材料将导致破裂。但对于塑性材料，由于材料的屈服，而使应力的集中大为减轻。

关于具有圆孔的板条受均匀拉伸的弹塑性状态分析，可以很容易地求出平板开始屈服时的弹性极限载荷 p_e 值。由以上分析可知：当 $r = a$，$\theta = \pm\dfrac{\pi}{2}$ 处，$(\sigma_\theta)_{\max} = 3q$，$\sigma_z = 0$，$\sigma_r = \tau_{r\theta} = 0$，故而知 $\sigma_1 = 3q$，$\sigma_2 = \sigma_3 = 0$，根据 Mises 条件或 Tresca 条件均可计算得到

$$p_e = \frac{1}{3}\sigma_s \tag{6-110}$$

而对于(塑性) 极限载荷的计算与塑性平衡问题要做极限状态分析，请参阅有关教材[②]。

① 关于椭圆孔的板受均匀拉伸问题，可参见王龙甫编《弹性理论》(第二版) § 9-14。

② 请参考卡恰诺夫著，周承倜译《塑性理论基础》(第二版) § 40。

习　题

6-1　试判断题6-1图中所示的几种不同受力情况是平面应力问题还是平面应变问题?是否是轴对称问题?

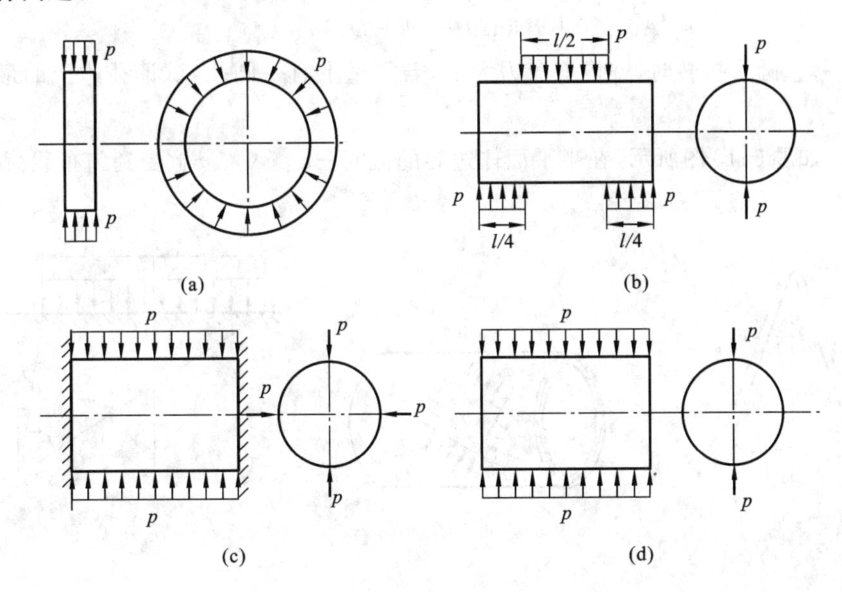

题6-1图

6-2*　考察函数$c\theta$是否可作为极坐标的应力函数,其中c为常数。若可以作为应力函数,则在$r=a$及$r=b$的环形边界上对应着怎样的边界条件?

6-3　在极坐标中取$\varphi = A\ln r + Cr^2$,式中A与C皆为常数。

(1) 检查φ可否为应力函数。

(2) 写出应力分量的表达式。

(3) 在$r=a$和$r=b$的边界上对应着怎样的边界条件?

6-4*　试求题6-4图中给出的圆弧曲梁内的应力分量,选取应力函数$\varphi = f(r)\sin\theta$。

6-5　试确定应力函数$\varphi = cr^2(\cos 2\theta - \cos 2\alpha)$中的常数$c$值,使满足题6-5图中的条件:在$\theta=\alpha$面上$\sigma_\theta = 0$,$\tau_{r\theta} = s$,在$\theta = -\alpha$面上,$\sigma_\theta = 0$,$\tau_{r\theta} = -S$,并证明楔顶端没有集中力与力偶作用。

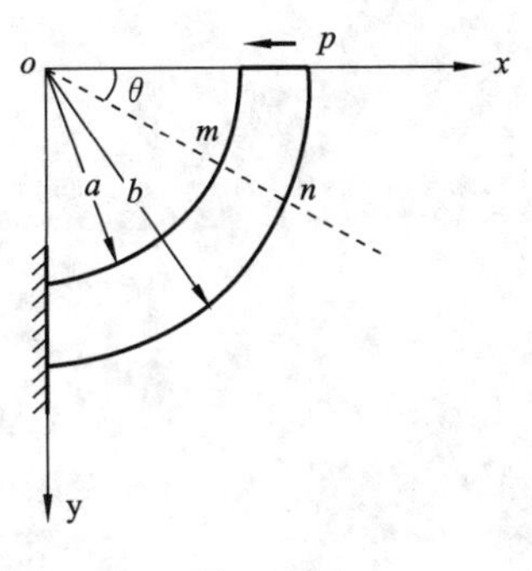

题6-4图

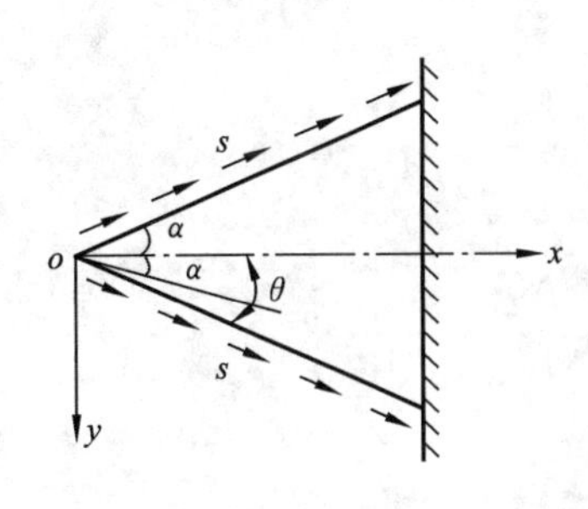

题6-5图

6-6　试求内外径之比为 1/2 的厚壁圆筒在内外压力相等(即 $p_1 = p_2$)时的极限荷载，并根据平面应力与平面应变问题分别讨论之。

6-7　试用 Tresca 条件求只有外压力作用($p_1 = 0, p_2 = p$)时的厚壁筒的应力分布和塑性区应力公式。

6-8　楔形体在两侧面上受均布剪力 q(题 6-8 图)作用，试求应力分量。取应力函数：

$$\varphi = r^2(A\cos 2\theta + B\sin 2\theta + C\theta + D)$$

6-9*　薄壁圆管扭转时，壁内剪应力为 τ_0，若管壁上有一圆孔，试证孔边上的最大正应力为 $\sigma_{\max} = 4\tau_0$。

6-10*　如题 6-10 图所示，在半平面体边界的区间 $-a \leqslant y \leqslant a$ 上受到匀布载荷 p 的作用，试求半平面体中的应力 σ_x, σ_y 和 τ_{xy}。

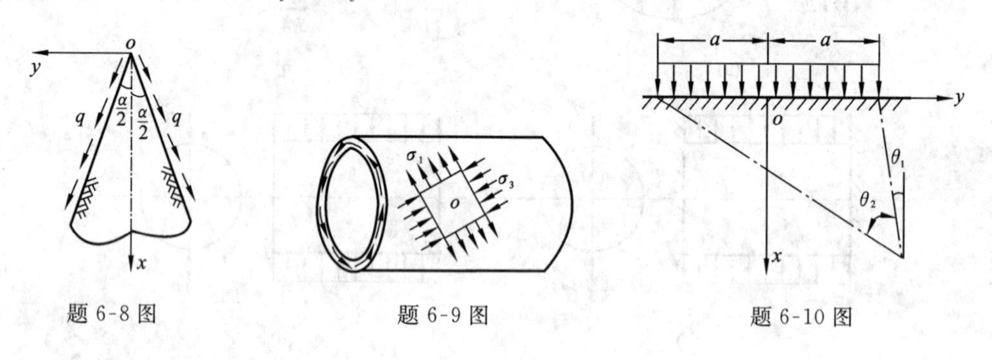

题 6-8 图　　题 6-9 图　　题 6-10 图

第七章　柱体的扭转

第一节　任意等截面直杆的自由扭转

本章讨论柱体的弹性、弹塑性扭转问题，它是一个特殊的空间问题。这类问题在航空、土建及机械工程中是常见的。所谓柱体的扭转，是指任意形状等截面直杆只在端部作用着大小相等方向相反的扭矩。扭矩矢量与柱体的轴线 z 相重合；并由于横截面的变形不受约束而称为**自由扭转**。通常约束扭转对于实体杆件影响不大，而对于开口或闭口薄壁杆件，将伴随有纵向弯曲①。

圆形截面柱体的扭转，在材料力学课程中已经进行过讨论。其特点是扭转变形前后的截面都是圆形，横截面大小形状均不改变，横截面彼此绕轴线只作相对转动，在小变形条件下，没有轴向位移，即 $w(x,y,z)=0$。这样，变形后截面仍保持为平面，截面的半径及柱体长度不变。可以证明圆形截面杆扭转的材料力学解答为精确解，关于平截面的假设也是符合实际的，这在本章第二节中将给出证明。然而，非圆形截面柱体的情况则要复杂得多。由于截面的非对称形式，在扭转过程中，截面不再保持为平面，而发生了垂直于截面的**翘曲变形**，即 $w(x,y,z)\neq 0$。上述函数 $w(x,y,z)$ 进一步可以说明仅为 x 与 y 的函数，称为**翘曲函数**，是位移法求解的依据（翘曲函数在一些弹性力学教科书中亦称为**扭转函数**）。下面我们在讨论柱体的扭转问题中采用应力法求解。

设有一均质等直任意截面柱体，受扭矩 M_T 作用，产生自由扭转，不计体力，如图 7-1 所示，在计算中为简便起见，可假定杆的右端不能转动，但可以自由翘曲，也就是相对左端“固定”，这样就限制了柱体的刚体位移。选取右手坐标系，坐标原点 O 为右端横截面的形心，z 轴与杆轴重合，x 和 y 轴为右端面内相互垂直的一对形心轴。

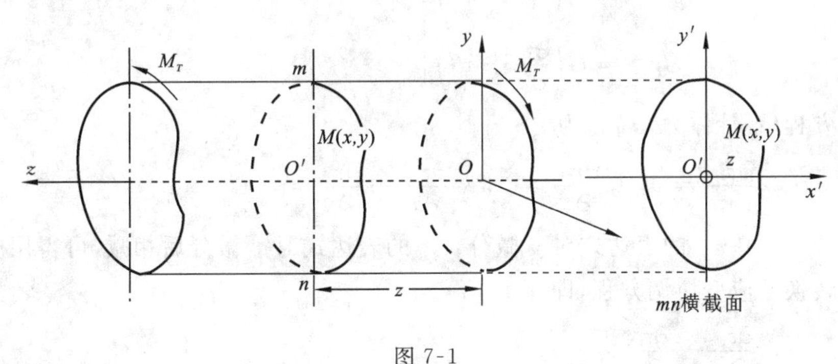

图 7-1

由于柱体是自由扭转，则可以认为截面的翘曲变形与坐标 z 无关，即截面的翘曲结果都一

① 请参考奚绍中、郑世瀛编《应用弹性力学》有关章节。

样，因此任取一横截面 mn 研究，且翘曲函数 w 仅为 x,y 的函数，即

$$w = w(x,y) \tag{7-1}$$

此外，假设柱体发生变形后截面只有绕 z 轴的刚周边的刚性转动（即截面只有翘曲而在本身投影平面内无大小和形状的变化），并且单位长度的（相对）扭转角 θ 是一个常数。因而，截面的总扭转角与该截面到右端固定端坐标原点 O 的距离 z 成正比（相对固定端没有转动但有翘曲），即 z 处截面的扭转角为 θz（图 7-2）。显然总扭转角包括有累积的刚性转动位移，而所引起的角应变与柱体截面的坐标 z 无关（图 7-2 中表示了 γ 与 θz 的关系）。

现在考察离固定端为 z 的截面上离形心 O' 为 r 的任一点 $M(x,y,z)$，扭转后位移到 M' 点，沿 x,y 方向的位移分量（图 7-3）有

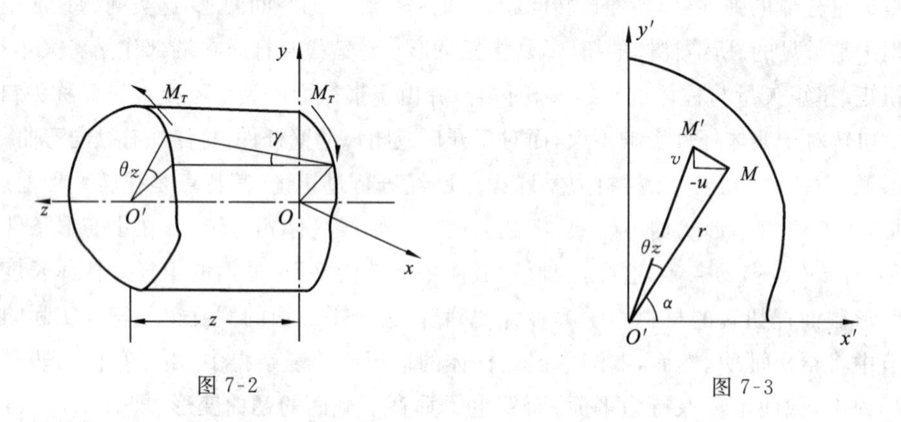

图 7-2　　　　图 7-3

$$u = -(r\theta z)\sin\alpha = -y\theta z, \quad v = (r\theta z)\cos\alpha = x\theta z \tag{7-2}$$

式中 α 为 $O'M$ 与 x 轴正方向所成的角。将式(7-1)、式(7-2) 代入几何方程，得

$$\varepsilon_x = \gamma_{xy} = \varepsilon_y = \varepsilon_z = 0, \quad \gamma_{zx} = \frac{\partial w}{\partial x} - y\theta, \quad \gamma_{zy} = \frac{\partial w}{\partial y} + x\theta \tag{7-3}$$

广义 Hooke 定律转化为

$$\left.\begin{aligned} &\sigma_x = \sigma_y = \sigma_z = \tau_{xy} = 0 \\ &\tau_{zx} = G\gamma_{zx} = G\left(\frac{\partial w}{\partial x} - y\theta\right) \\ &\tau_{zy} = G\gamma_{zy} = G\left(\frac{\partial w}{\partial y} + x\theta\right) \end{aligned}\right\} \tag{7-4}$$

即平衡微分方程（不计体力）转化为

$$\frac{\partial \tau_{zx}}{\partial z} = 0, \quad \frac{\partial \tau_{zy}}{\partial z} = 0, \quad \frac{\partial \tau_{zx}}{\partial x} + \frac{\partial \tau_{zy}}{\partial y} = 0 \tag{7-5}$$

如将式(7-4) 中 τ_{zx} 的表达式对 y 微分，τ_{zy} 的表达式对 x 微分后相减，可得用应力表示的由几何方程转换的应变协调方程，即

$$\frac{\partial \tau_{zx}}{\partial y} - \frac{\partial \tau_{zy}}{\partial x} = -2G\theta \tag{7-6}$$

于是，任意形状截面的柱体扭转时的应力，可根据边界条件由式(7-5)、式(7-6) 两式求得。上述问题的解，可采用应力函数法。为此，如取一个函数 φ，使得

$$\tau_{zx} = \frac{\partial \varphi}{\partial y}, \quad \tau_{zy} = -\frac{\partial \varphi}{\partial x} \tag{7-7}$$

此处 φ 称**(扭转)应力函数**,为 Prandtl 首先提出。显然式(7-7)满足平衡方程。而应变协调方程(7-6)简化为

$$\nabla^2\varphi=\frac{\partial^2\varphi}{\partial x^2}+\frac{\partial^2\varphi}{\partial y^2}=-2G\theta \tag{7-8}$$

由此知应力函数 φ 应当满足偏微分方程(7-8),这种形式的方程称**泊松(Poisson)方程**。

现在我们来考察边界条件。建立边界条件时,注意到全部应力分量关系,对于柱体的侧面为自由表面(图 7-4),有

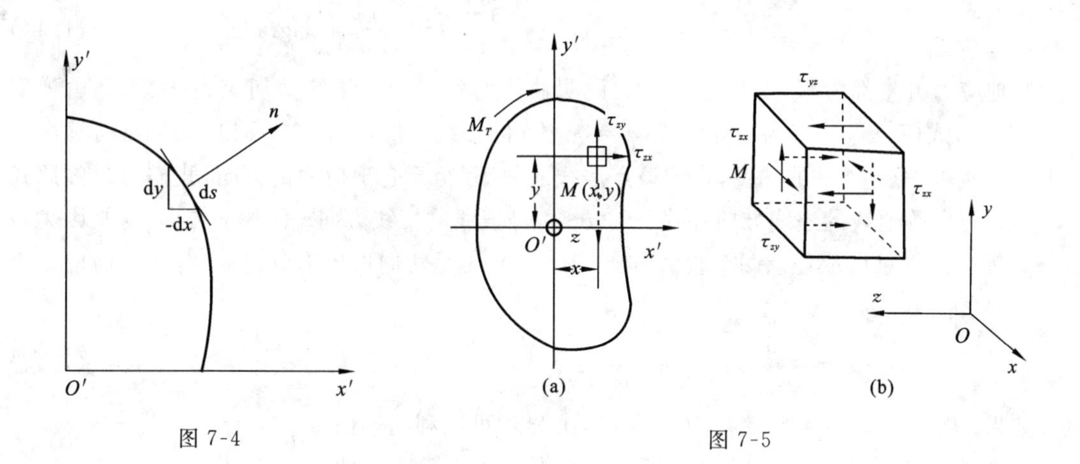

图 7-4　　图 7-5

$$\sigma_x l_x+\tau_{xy}l_y=0,\quad \tau_{yx}l_x+\sigma_y l_y=0,\quad \tau_{zx}l_x+\tau_{zy}l_y=0 \tag{7-9}$$

式中:

$$l_x=\cos(n,x)=\frac{\mathrm{d}y}{\mathrm{d}s},\quad l_y=\cos(n,y)=-\frac{\mathrm{d}x}{\mathrm{d}s},l_z=\cos(n,z)=0 \tag{7-10}$$

其中 $x=x(s),y=y(s)$,并且 s 增加时,y 增加,而 x 减少,故在式(7-10)的 $\mathrm{d}x$ 前以负号来表示。在端面有

$$\left.\begin{aligned}&\sum X=0,\iint\tau_{zx}\mathrm{d}A=0;\sum M_x=0,\iint\sigma_z y\mathrm{d}A=0\\&\sum Y=0,\iint\tau_{zy}\mathrm{d}A=0;\sum M_y=0,\iint\sigma_z x\mathrm{d}A=0\\&\sum Z=0,\iint\sigma_z\mathrm{d}A=0;\sum M_z=0,\iint(\tau_{zy}x-\tau_{zx}y)\mathrm{d}A-M_T=0\end{aligned}\right\} \tag{7-11}$$

在图 7-5(a)中所表示的应力分量 τ_{zx} 与 τ_{zy} 均为正的方向,实际上不一定如此,且上述剪应力画在微分体的阳面与一般的应力表示描述相同,如图 7-5(b)所示。在微分体上作用位置如图 7-5(b)所示。图 7-5(a)中的 M_T 为 z 段右端作用扭矩,O' 处的"○"点表示 z 轴正向。

注意到:由式(7-4)知上述边界条件中仅有 τ_{zx} 与 τ_{zy},其他应力分量 $\sigma_x=\sigma_y=\sigma_z=\tau_{xy}=0$,于是注意到上述边界条件式(7-9)中仅有第三式,式(7-11)中仅有 $\sum X=0$,$\sum Y=0$,$\sum M_z=0$,需进一步讨论,其余各式都是零的恒等式。

现先根据侧面边界条件,将式(7-7)及式(7-10)代入式(7-9)第三式得

$$\frac{\partial\varphi}{\partial y}\frac{\mathrm{d}y}{\mathrm{d}s}+\frac{\partial\varphi}{\partial x}\frac{\mathrm{d}x}{\mathrm{d}s}=\frac{\mathrm{d}\varphi}{\mathrm{d}s}=0\quad 或\quad \varphi=常数 \tag{7-12}$$

式(7-12) 说明,沿柱体任意截面的边界曲线,应力函数 $\varphi(x,y)$ 为任意常数。因此在此问题中,所要求的只限于 φ 的一阶导数,即切应力分量。所以将常数取为零必然符合边界条件。即有

$$\varphi_0 = 0 \quad (\text{沿周边 } C) \tag{7-13}$$

在多连域截面的情况下,虽然应力函数 φ 在每一边界上都是常数,但各个常数不能相同,此时只能把其中某一个边界(一般为外边界) 上的 φ 取为零。

现在来计算柱体横截面任一点 M 的合剪应力,因为剪应力分量 τ_{zx},τ_{zy} 均在微分体的 z 向截面上(其法线方向),故而该点的合剪应力的大小为

$$\tau = \sqrt{\tau_{zx}^2 + \tau_{zy}^2} = \sqrt{\left(\frac{\partial\varphi}{\partial y}\right)^2 + \left(\frac{\partial\varphi}{\partial x}\right)^2} = \left|\frac{\partial\varphi}{\partial n}\right| = |\operatorname{grad}\varphi| \tag{7-14}$$

由于其他应力分量都为零,故而式(7-14) 说明柱体的各点均处于纯剪切应力状态。又由梯度的定义[①]知,式(7-14) 中 n 为 φ 等值线($\varphi =$ 常数) 的法线方向,于是式(7-14) 表明了合剪应力的大小为所求一点 M 处的梯度,也即该点法线的斜率。至于合剪应力的方向,我们可以参照式(7-7),设想以等值线的法线方向 n 代替 x 方向,等值线的切线方向 s 代替 y 方向,这是因为截面上 x 轴和 y 轴可以取任意两个垂直方向(图 7-6)。于是法向剪应力分量 τ_{zn} 与切向剪应力分量 τ_{zs} 分别为

$$\tau_{zn} = \frac{\partial\varphi}{\partial s}, \quad \tau_{zs} = -\frac{\partial\varphi}{\partial n} \tag{7-15}$$

如果 s 是等值线($\varphi =$ 常数),则 $\mathrm{d}\varphi/\mathrm{d}s = 0$。显然可以利用侧面边界条件式(7-12) 来说明沿柱体截面的 φ 等值线(包括边界曲线),$\tau_{zn} = \partial\varphi/\partial s = 0$。亦即截面任意一点 M 处,切向剪应力 $\tau_{zs} = -\partial\varphi/\partial n$ 就是合剪应力。换句话说,合剪应力的大小为 $|\partial\varphi/\partial n|$,合剪应力的方向为等值线的切线方向。图 7-6 中所表明的剪应力方向均为受正扭矩作用下的实际剪应力方向,图中的 M_T 即如前所述的为右端固定端的作用扭矩。

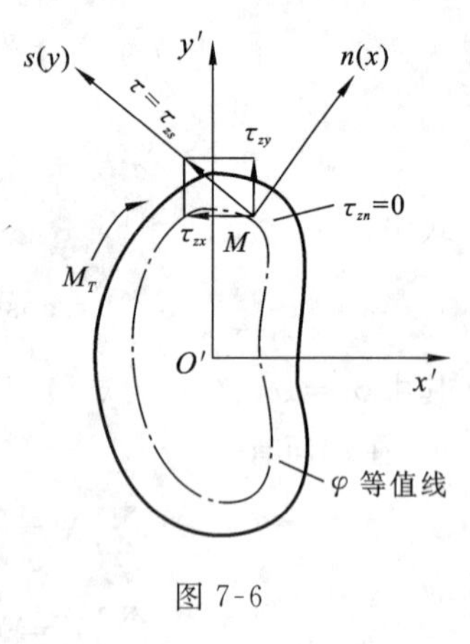

图 7-6

根据上述分析知:如截面存在某一等值线 φ,则等值线上各点的合剪应力 τ 均与等值线相切,故而等值线即为剪应力线,但线上各剪应力的数值一般不相等。显然因为边界线 C 为 $\varphi = 0$ 的等值线,也即边界上的剪应力方向必须与边界线切线一致,故周界线 C 本身也是一条剪应力线。关于在柱体受扭截面上等值线的确定将在本章第四节薄膜比拟法一节中讨论。

再按端部边界条件来计算应力函数与扭矩 M_T 的关系。由式(7-11) $\sum M_z = 0$ 得

$$\begin{aligned} M_T &= \iint_A (\tau_{zy}x - \tau_{zx}y)\mathrm{d}x\mathrm{d}y = -\iint_A x\frac{\partial\varphi}{\partial x}\mathrm{d}x\mathrm{d}y - \iint_A y\frac{\partial\varphi}{\partial y}\mathrm{d}x\mathrm{d}y \\ &= -\int \mathrm{d}y \int x\frac{\partial\varphi}{\partial x}\mathrm{d}x - \int \mathrm{d}x \int y\frac{\partial\varphi}{\partial y}\mathrm{d}y \end{aligned} \tag{7-16}$$

其中 A 为截面面积。将式(7-16) 进行分部积分,并注意 φ_a 及 φ_b 是横截面边界上点 a 及点 b 的 φ 值,所以 $\varphi_a = \varphi_b = 0$,见图 7-7。于是有

---

① 参见本书第九章第一节,关于梯度定义的注释。

$$-\int \mathrm{d}y \int x \frac{\partial \varphi}{\partial x} \mathrm{d}x = -\int \mathrm{d}y \left(x\varphi \Big|_{x_a}^{x_b} - \int \varphi \mathrm{d}x \right)$$

$$= -\int \mathrm{d}y (x_b \varphi_b - x_a \varphi_a) + \iint \varphi \mathrm{d}x \mathrm{d}y$$

$$= \iint \varphi \mathrm{d}x \mathrm{d}y \tag{7-17}$$

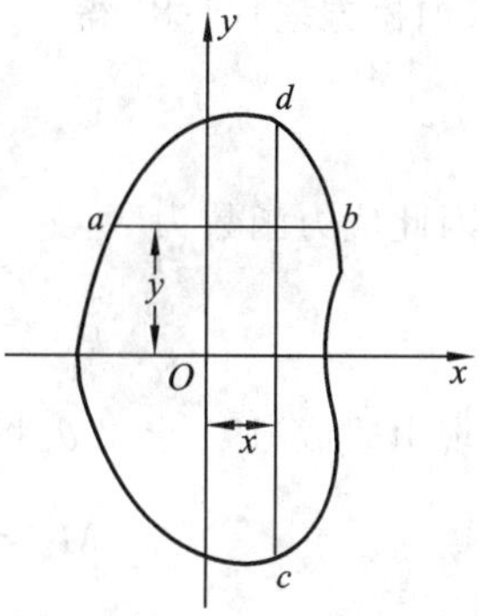

图 7-7

同理，有

$$-\int \mathrm{d}x \int y \frac{\partial \varphi}{\partial y} \mathrm{d}y = \iint \varphi \mathrm{d}x \mathrm{d}y \tag{7-18}$$

于是式(7-16) 成为

$$M_T = 2\iint \varphi \mathrm{d}x \mathrm{d}y \tag{7-19}$$

式(7-19) 表示，如在截面上每一点有一个 $\varphi(x, y)$ 值，则扭矩 M_T 为 φ 曲面下所包体积的两倍。对于端部边界条件式(7-11) 中的 $\sum X = 0$ 式有

$$\iint_A \tau_{zx} \mathrm{d}x \mathrm{d}y = \iint \frac{\partial \varphi}{\partial y} \mathrm{d}x \mathrm{d}y = \int \mathrm{d}x \int_c^d \frac{\partial \varphi}{\partial y} \mathrm{d}y = \int (\varphi_d - \varphi_c) \mathrm{d}x = 0 \tag{7-20}$$

式中 $\varphi_c = \varphi_d = 0$ 为截面边界上的 φ 值。同理，由式(7-11) 中的 $\sum Y = 0$ 式有

$$\iint_A \tau_{zy} \mathrm{d}x \mathrm{d}y = 0 \tag{7-21}$$

从式(7-20) 及式(7-21) 可知上述边界条件自然满足。

对于柱体扭转问题的解，如给定单位扭转角 θ，则由式(7-8) 和式(7-13) 唯一地确定扭转应力函数 φ。从而由式(7-7) 求出应力，由式(7-19) 求出扭矩，然后可以从式(7-4) 求出应变，以及翘曲函数 w。但我们注意到由式(7-4) 及式(7-7) 有

$$\gamma_{xz} = \frac{\partial u}{\partial z} + \frac{\partial w}{\partial x} = \frac{1}{G} \frac{\partial \varphi}{\partial y}, \quad \gamma_{yz} = \frac{\partial w}{\partial y} + \frac{\partial v}{\partial z} = -\frac{1}{G} \frac{\partial \varphi}{\partial x} \tag{7-22}$$

当通过积分来求位移函数和翘曲函数时，所得结果中总含有表示刚体位移的积分常数。所以位移函数和翘曲函数可准确到一个附加常数的范围内。

依照材料力学圆轴扭转公式建立扭矩与单位扭角之间的关系式为

$$\theta = \frac{M_T}{K_T} \tag{7-23}$$

K_T 表示为扭转刚度，其单位与扭矩的单位相同，是扭转问题中很有用的一个概念。在以下章节的具体问题中，再来讨论其表示值。

第二节　椭圆截面柱体的扭转

椭圆截面柱体，长半轴为 a，短半轴为 b，椭圆截面的边界方程为

$$\frac{x^2}{a^2} + \frac{y^2}{b^2} = 1 \tag{7-24}$$

设柱端作用扭矩 M_T，求其应力分量、最大剪应力和位移分量。现先设应力函数

$$\varphi = C\left(\frac{x^2}{a^2} + \frac{y^2}{b^2} - 1\right) \tag{7-25}$$

式中 C 为待定常数。由式(7-24) 可知 $\varphi_C = 0$，满足边界条件。再将式(7-25) 代入应变协调方程

(泊松方程)(7-8) 得

$$C=-\frac{a^2b^2}{a^2+b^2}G\theta \tag{7-26}$$

因此应力函数为

$$\varphi=-\frac{a^2b^2G\theta}{a^2+b^2}\left(\frac{x^2}{a^2}+\frac{y^2}{b^2}-1\right) \tag{7-27}$$

现由式(7-19) 求出 θ。将式(7-27) 代入式(7-19),得

$$M_T=-\frac{2a^2b^2G\theta}{a^2+b^2}\left(\frac{1}{a^2}\iint x^2\mathrm{d}x\mathrm{d}y+\frac{1}{b^2}\iint y^2\mathrm{d}x\mathrm{d}y-\iint \mathrm{d}x\mathrm{d}y\right) \tag{7-28}$$

式中对椭圆有惯性矩:$J_y=\iint x^2\mathrm{d}x\mathrm{d}y=\frac{\pi a^3b}{4}$,$J_x=\iint y^2\mathrm{d}x\mathrm{d}y=\frac{\pi ab^3}{4}$,$A=\iint \mathrm{d}x\mathrm{d}y=\pi ab$。于是得到

$$\theta=\frac{(a^2+b^2)}{\pi a^3b^3}\frac{M_T}{G} \tag{7-29}$$

再代回式(7-27) 得确定的应力函数

$$\varphi=-\frac{M_T}{\pi ab}\left(\frac{x^2}{a^2}+\frac{y^2}{b^2}-1\right) \tag{7-30}$$

于是可由式(7-7) 计算应力分量

$$\tau_{zx}=-\frac{2M_T}{\pi ab^3}y,\quad \tau_{zy}=\frac{2M_T}{\pi a^3b}x \tag{7-31}$$

横截面上任意一点的合剪应力是

$$\tau=\sqrt{\tau_{zx}^2+\tau_{zy}^2}=\frac{2M_T}{\pi ab}\left(\frac{x^2}{a^4}+\frac{y^2}{b^4}\right)^{\frac{1}{2}} \tag{7-32}$$

最大剪应力发生在短半轴的两端 m 及 n 点($x=0$,$y=\pm b$),其值为

$$\tau_{\max}=\frac{2M_T}{\pi ab^2} \tag{7-33}$$

剪应力的分布如图 7-8 所示。当 $a=b$ 时(柱体的横截面为圆形时),解答与材料力学中相同。如将式(7-29) 代入式(7-2) 可得到位移分量

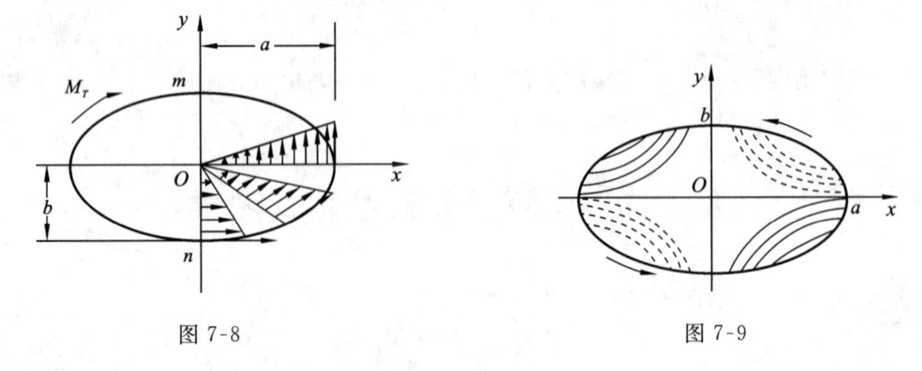

图 7-8　　　　图 7-9

$$\left.\begin{aligned}u&=-\theta yz=-\frac{(a^2+b^2)M_T}{\pi a^3b^3G}yz\\ v&=\theta xz=\frac{(a^2+b^2)M_T}{\pi a^3b^3G}xz\end{aligned}\right\} \tag{7-34}$$

利用式(7-34)、式(7-22)及式(7-30)得

$$\frac{\partial w}{\partial x}=-\frac{(a^2-b^2)M_T}{\pi a^3 b^3 G}y,\quad \frac{\partial w}{\partial y}=-\frac{(a^2-b^2)M_T}{\pi a^3 b^3 G}x \tag{7-35}$$

进行积分,得

$$w=-\frac{(a^2-b^2)M_T}{\pi a^3 b^3 G}xy+f_1(y),\quad w=-\frac{(a^2-b^2)M_T}{\pi a^3 b^3 G}xy+f_2(x) \tag{7-36}$$

由此可见,$f_1(y)$ 及 $f_2(x)$ 应当等于同一常数 w_0,而 w_0 就是 z 方向的刚性位移。不计这个刚性位移,即得

$$w=-\frac{(a^2-b^2)M_T}{\pi a^3 b^3 G}xy \tag{7-37}$$

式(7-37)表明,柱体的横截面并不保持为平面,而将翘曲成曲面。曲面的等高线在 xOy 面上的投影是双曲线,而这些双曲线的渐近线是 x 轴和 y 轴,在 $a>b$ 的情况下,实线表示凸起,虚线表示凹下,如图7-9所示。只有当 $a=b$ 时(圆截面柱体),才有 $w=0$,扭转变形前后横截面才保持为平面。

第三节* 矩形截面柱体的扭转

现在来讨论矩形截面柱体的扭转。此类问题的解已不能采用一个多项式来表达,而必须采用级数形式的应力函数来求解。

由以上讨论知道,应力函数 φ 在矩形 $ABCD$ 内(图7-10)应满足泊松方程式(7-8),在边界上满足式(7-13),亦即

$$\left.\begin{aligned}&\nabla^2\varphi=-2G\theta\\&\varphi_C=0(\text{当 } x=\pm a,y=\pm b\text{ 时})\end{aligned}\right\} \tag{7-38}$$

式中,a,b 为截面尺寸。

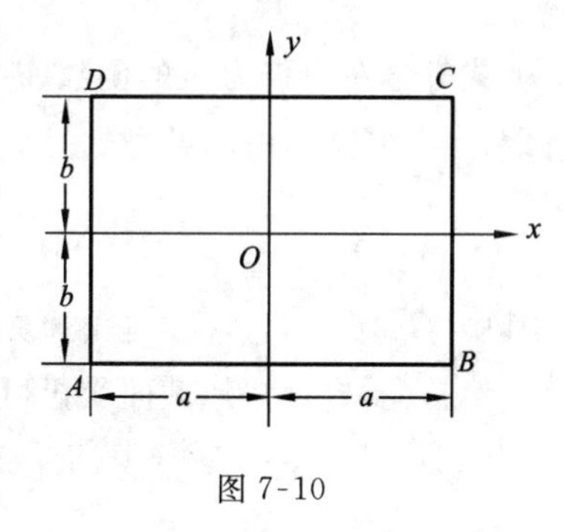

图7-10

当定义域是单连通区域的条件下,泊松方程式(7-8)的第一边值问题(直接用未知函数表示边界条件的Dirichlel问题)的解法,同于常系数线性微分方程的解法。即其解为该非齐次方程(泊松方程)的特解 φ_0 加上它对应的齐次方程(拉氏方程)的通解 φ_1,有

$$\varphi=\varphi_0+\varphi_1 \tag{7-39}$$

满足

$$\nabla^2\varphi_0=-2G\theta,\quad \nabla^2\varphi_1=0 \tag{7-40}$$

一旦求得 φ_0,则由上式可知 $\varphi_1=\varphi-\varphi_0$,又由原边界上 $\varphi_C=0$,故对拉氏方程的边界条件转化为:$(\varphi_1)_C=-\varphi_0$。于是进一步求解下列拉氏方程的边值问值

$$\nabla^2\varphi_1=0,\quad (\varphi_1)_C=-\varphi_0\quad(\text{在边界 } C \text{ 上}) \tag{7-41}$$

当解得 φ_0 与 φ_1 后,由式(7-39)即可得出式(7-38)的解,且其边界条件 $\varphi_C=0$ 也必然能够满足。

现在我们来具体计算矩形截面柱体的扭转问题,首先要选取满足泊松方程的特解 φ_0。此时我们假设采用狭长矩形截面,即 $a\gg b$,则由于矩形截面高度很小,而 $\tau_{zy}=-\partial\varphi/\partial x=0$,可

以认为，大部分截面长度上应力函数 φ 几乎与 x 无关。再加上在上边界要求 $\varphi_C = 0$（当 $y = \pm b$ 时）的条件，可设特解 φ_0 为

$$\varphi_0 = -(y^2 - b^2)G\theta \tag{7-42}$$

可见上式是满足 $\nabla^2\varphi_0 = -2G\theta$ 的。于是进而来寻求 φ_1，从式(7-41)知 φ_1 为一个调和函数，应满足 $(\varphi_1)_C = -\varphi_0$，即下列边界条件

$$\left.\begin{aligned} &\varphi_1 = G\theta(y^2 - b^2) \quad (\text{当 } x = \pm a \text{ 时}) \\ &\varphi_1 = 0 \qquad\qquad\qquad (\text{当 } y = \pm b \text{ 时}) \end{aligned}\right\} \tag{7-43}$$

从此式可知：当 $y = \pm b$ 时，$\varphi_1 = 0$ 与 x 无关，而当 $x = \pm a$ 时，φ_1 有定值。此时应力函数取一般幂函数很难做到，故而考虑为无穷级数形式，且 φ_1 可理解为一般矩形截面对狭长矩形截面的修正项($\varphi = \varphi_1 + \varphi_0$)，并要求 $\varphi_C = 0$。所以参照矩形截面的边界方程 $(x^2 - a^2)(y^2 - b^2) = 0$，采用 X_n，Y_n（各自为 x，y 的独立函数）两项相乘的无穷级数的应力函数，即

$$\varphi_1 = \sum_{n=0}^{\infty} X_n(x)Y_n(y) \tag{7-44}$$

由

$$\nabla^2\varphi_1 = \sum_{n=0}^{\infty}(X''_n Y_n + Y''_n X_n) = 0 \tag{7-45}$$

要求级数的每一项有（否则将有无穷多积分常数）：$X''_n Y_n = -Y''_n X_n$，或写成

$$\frac{X''_n}{X_n} = -\frac{Y''_n}{Y_n} \tag{7-46}$$

上式等号左边仅为 x 的函数，右边仅为 y 的函数，故只能等于常数 K_n^2，于是有：$X''_n = K_n^2 X_n$，$Y''_n = -K_n^2 Y_n$。由此可得

$$X_n = \sum_{n=0}^{\infty}(C_{1n}\operatorname{sh}K_n x + C_{2n}\operatorname{ch}K_n x), \quad Y_n = \sum_{n=0}^{\infty}(C_{3n}\sin K_n y + C_{4n}\cos K_n y) \tag{7-47}$$

其中，C_{1n}，C_{2n}，C_{3n}，C_{4n} 是由边界条件来确定的常数。

首先，根据矩形截面受扭可知 φ_1 应有对称性，即 X_n 应为 x，Y_n 应为 y 的偶函数。因此式(7-47)中 $C_{1n} = C_{3n} = 0$。于是有

$$\varphi_1 = \sum_{n=0}^{\infty} C_{4n}\cos K_n y \cdot C_{2n}\operatorname{ch}K_n x = \sum_{n=0}^{\infty} A_n \cos K_n y \cdot \operatorname{ch}K_n x \tag{7-48}$$

式中：A_n 为待定常数。由式(7-43)，因 $y = \pm b$，$\varphi_1 = 0$，即式(7-38) $\varphi_C = 0$，故 $\cos K_n b = 0$，$K_n = n\pi/(2b)$（n 为奇数）。于是得到应力函数 φ 为

$$\varphi = -(y^2 - b^2)G\theta + \sum_{n=1,3,5,\cdots}^{\infty} A_n \operatorname{ch}\frac{n\pi x}{2b} \cdot \cos\frac{n\pi y}{2b} \tag{7-49}$$

又由式(7-38)，因 $x = \pm a$，$\varphi = 0$，代入式(7-49)，可得

$$\sum_{n=1,3,5,\cdots}^{\infty} A_n \operatorname{ch}\frac{n\pi a}{2b}\cos\frac{n\pi y}{2b} = (y^2 - b^2)G\theta \tag{7-50}$$

等式两端乘以 $\cos\frac{n\pi y}{2b}$ 后，逐项从区间 $-b$ 到 b 积分，并注意三角函数的正交性，除 n 相等的一项外，其余均为零，于是有

$$A_n \operatorname{ch}\frac{n\pi a}{2b}\int_{-b}^{b}\cos^2\frac{n\pi y}{2b}\mathrm{d}y = G\theta\int_{-b}^{b}(y^2 - b^2)\cos\frac{n\pi y}{2b}\mathrm{d}y \tag{7-51}$$

$$bA_n \operatorname{ch}\frac{n\pi a}{2b} = -\frac{4G\theta}{\left(\frac{n\pi}{2b}\right)^3}\sin\frac{n\pi}{2} \tag{7-52}$$

所以

$$A_n = -\frac{32b^2G\theta}{\pi^3}\frac{\sin\frac{n\pi}{2}}{n^3\operatorname{ch}\frac{n\pi a}{2b}} \tag{7-53}$$

将式(7-53)代入式(7-49)得到

$$\varphi = -G\theta\left[y^2 - b^2 + \frac{32b^2}{\pi^3}\sum_{n=1,3,5,\cdots}^{\infty}\frac{\sin\frac{n\pi}{2}}{n^3\operatorname{ch}\frac{n\pi a}{2b}}\cdot\operatorname{ch}\frac{n\pi x}{2b}\cos\frac{n\pi y}{2b}\right] \tag{7-54}$$

于是扭矩为

$$M_T = 2\iint_A \varphi\,\mathrm{d}x\mathrm{d}y = 16G\theta ab^3\left[\frac{1}{3} - \frac{64b}{\pi^5 a}\sum_{n=1,3,5,\cdots}^{\infty}\frac{\operatorname{th}\frac{n\pi a}{2b}}{n^5}\right] \tag{7-55}$$

引进符号

$$\alpha = \left[\frac{1}{3} - \frac{64b}{\pi^5 a}\sum_{n=1,3,5,\cdots}^{\infty}\frac{\operatorname{th}\frac{n\pi a}{2b}}{n^5}\right] = f_1\left(\frac{a}{b}\right) \tag{7-56}$$

则

$$\theta = \frac{M_T}{16G\alpha b^3 a} = \frac{M_T}{GJ_T} = \frac{M_T}{K_T} \tag{7-57}$$

式中 $J_T = \alpha(2a)(2b)^3$，称为相当极惯性矩；$K_T = GJ_T = 16\alpha Gab^3 = \alpha G(2a)(2b)^3$，称为**扭转刚度**。

将式(7-57)代入式(7-54)得

$$\varphi = -\frac{M_T}{16\alpha ab^3}\left[y^2 - b^2 + \frac{32b^2}{\pi^3}\sum_{n=1,3,5,\cdots}^{\infty}\frac{\sin\frac{n\pi}{2}}{n^2\operatorname{ch}\frac{n\pi a}{2b}}\cdot\operatorname{ch}\frac{n\pi x}{2b}\cos\frac{n\pi y}{2b}\right] \tag{7-58}$$

从而得剪应力

$$\left.\begin{aligned}
\tau_{zx} &= \tau_{xz} = \frac{\partial\varphi}{\partial y} = -\frac{M_T}{16\alpha ab^3}\left[2y - \frac{16b}{\pi^2}\sum_{n=1,3,5,\cdots}^{\infty}\frac{\sin\frac{n\pi}{2}}{n^2\operatorname{ch}\frac{n\pi a}{2b}}\cdot\operatorname{ch}\frac{n\pi x}{2b}\sin\frac{n\pi y}{2b}\right]\\
\tau_{zy} &= \tau_{yz} = -\frac{\partial\varphi}{\partial y} = \frac{M_T}{16\alpha ab^3}\left[\frac{16b}{\pi^2}\sum_{n=1,3,5,\cdots}^{\infty}\frac{\sin\frac{n\pi}{2}}{n^2\operatorname{ch}\frac{n\pi a}{2b}}\cdot\operatorname{sh}\frac{n\pi x}{2b}\cos\frac{n\pi y}{2b}\right]
\end{aligned}\right\} \tag{7-59}$$

可证明(或从本章第四节薄膜比拟法分析)，当 $a > b$ 时，在 $x = 0, y = \pm b$ 处剪应力取最大值，即

$$(\tau_{zx})_{\substack{x=0\\y=\pm b}} = |\tau_{\max}| = \frac{2M_T}{16\alpha ab^2}\left[1 - \frac{8}{\pi^2}\sum_{n=1,3,5,\cdots}^{\infty}\frac{1}{n^2\operatorname{ch}\frac{n\pi a}{2b}}\right] = \frac{M_T}{8\beta ab^2} = \frac{M_T}{W_T} \tag{7-60}$$

式中

$$\beta=\frac{\alpha}{\left[1-\frac{8}{\pi^{2}}\sum_{n=1,3,5,\cdots}^{\infty}\frac{1}{n^{2}\operatorname{ch}\frac{n\pi a}{2b}}\right]}=f_{2}\left(\frac{a}{b}\right)\tag{7-61}$$

$W_T=8\beta ab^2=\beta(2a)(2b)^2$，称为**相当抗扭截面系数**。由式 $\beta=f_2\left(\frac{a}{b}\right)$ 及式 $\alpha=f_1\left(\frac{a}{b}\right)$ 可知，α 和 β 随 $\frac{a}{b}$ 而变化，表 7-1 给出了不同的 $\frac{a}{b}$ 时的 α 和 β 值。

由表 7-1 看出，当 $\frac{a}{b}$ 很大时（$\to\infty$），即对于很窄的矩形截面 $a\gg b$（a 为长度，b 为宽度），α 和 β 值趋于 $\frac{1}{3}$，此时式(7-57) 和式(7-60) 简化为

$$\theta=\frac{3M_T}{G(2a)(2b)^3},\quad \tau_{\max}=\frac{3M_T}{(2a)(2b)^2}\tag{7-62}$$

表 7-1

a/b	α	β	a/b	α	β
1.0	0.141	0.208	3.0	0.263	0.267
1.2	0.166	0.219	4.0	0.281	0.282
1.5	0.196	0.231	5.0	0.291	0.291
2.0	0.229	0.246	10.0	0.312	0.312
2.5	0.249	0.258	∞	0.333	0.333

矩形截面柱体扭转时，横截面上剪应力的分布规律如图 7-11 所示。截面周边上各点处的剪应力方向与周边相切，这是因为在柱体的侧面上没有切向面力，由剪应力互等定理可知，截面的周边各点上不可能有垂直于周边的剪应力。同理还可以利用两侧面相交推断出凸角点上的剪应力必为零。因此，周边各点的剪应力形成与周边相切的剪应力流。整个截面上的最大剪应力发生于矩形长边的中点。

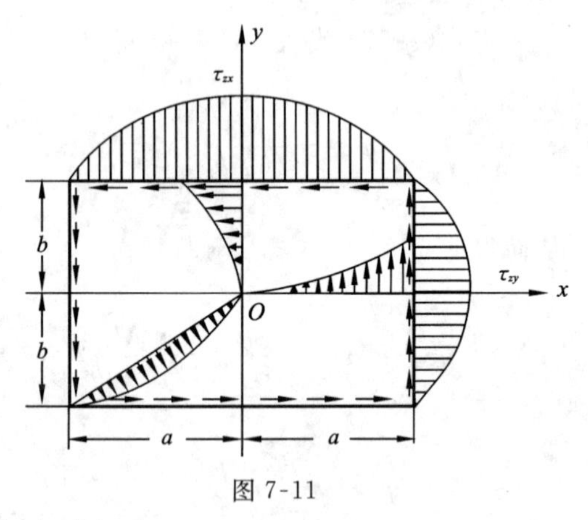

图 7-11

第四节　薄膜比拟法

从柱体扭转所讨论的问题来看，具有较复杂的截面时，求其精确解是很困难的。并且在了解截面应力场的全貌来说，必须知道应力函数 φ 的等值线。为此我们采用薄膜比拟法：由于弹性扭转问题用应力函数写出的微分方程与表面受压力作用的薄膜的挠度方程在形式上完全相似，利用其相似性可得到用薄膜试验来解决扭转问题的比拟法。

现在先讨论膜振动的平衡方程。假定在一块板上开一个与柱体截面形状相同的孔(尺寸不必相同),孔上平敷以张紧的均匀薄膜,支持在边界上,则当薄膜内侧受单位面积上的均匀压力 q 作用时,各点就要发生挠度 z(图 7-12),此时薄膜受均匀张力 T 作用。T 为单位长度的力。

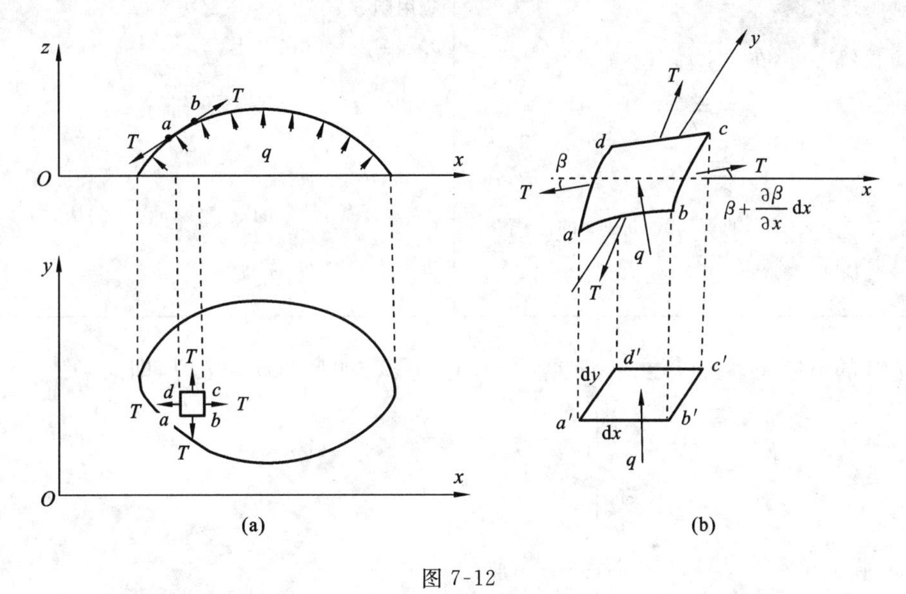

图 7-12

截取薄膜上任一微分体 $abcd$,其在 xOy 面上的投影为矩形 $a'b'c'd'$,边长为 dx 和 dy。现在来建立微分体 z 方向的平衡方程。考虑在小挠度情况下,作用在 ad 边的 T 的斜率为 β,即

$$\beta \approx \frac{\partial z}{\partial x} \tag{7-63}$$

因各点的挠度 z 不同,随 x 坐标的增量在 bc 边 T 的斜率为

$$\beta + \frac{\partial \beta}{\partial x}\mathrm{d}x \approx \frac{\partial z}{\partial x} + \frac{\partial^2 z}{\partial x^2}\mathrm{d}x \tag{7-64}$$

同样可得张力在 ab 及 dc 边的斜率分别为

$$\frac{\partial z}{\partial y} \quad 和 \quad \frac{\partial z}{\partial y} + \frac{\partial^2 z}{\partial y^2}\mathrm{d}y \tag{7-65}$$

在不计薄膜重量时,T 可以近似认为是常数;并考虑薄膜微元在 xOy 平面的投影面 $a'b'c'd'$ 上的作用力 q,于是得 z 向平衡方程:$\sum Z = 0$,即

$$T\mathrm{d}y\left(\frac{\partial z}{\partial x} + \frac{\partial^2 z}{\partial x^2}\mathrm{d}x\right) - T\mathrm{d}y\left(\frac{\partial z}{\partial x}\right) + T\mathrm{d}x\left(\frac{\partial z}{\partial y} + \frac{\partial^2 z}{\partial y^2}\mathrm{d}y\right) - T\mathrm{d}x\left(\frac{\partial z}{\partial x}\right) + q\mathrm{d}x\mathrm{d}y = 0 \tag{7-66}$$

消去 $\mathrm{d}x\mathrm{d}y$,化简得

$$\nabla^2 z = \frac{\partial^2 z}{\partial x^2} + \frac{\partial^2 z}{\partial y^2} = -\frac{q}{T} \tag{7-67}$$

式(7-67)即为膜振动平衡方程,称为泊松方程,与应变协调方程式(7-8)比较,可知薄膜问题与扭转问题相似,其各量之间的对应关系列入表 7-2 中所示。

表 7-2

薄膜问题	扭转问题
薄膜挠度 z：$\nabla^2 z = -\dfrac{q}{T}$ 方程：$z_C = 0$（在 C 上） 斜率：$\begin{cases} -\dfrac{\partial z}{\partial n} \\ \dfrac{\partial z}{\partial s} = 0 \end{cases}$ （s 是 z 的等高线，n 是 s 的法线） 薄膜体积 V：$2V = 2\iint z\mathrm{d}x\mathrm{d}y$	应用函数 φ：$\nabla^2 \varphi = -2G\theta$ 方程：$\varphi_C = 0$（在 C 上） 应力：$\begin{cases} \tau_{sz} = -\dfrac{\partial \varphi}{\partial n} \\ \tau_{nz} = \dfrac{\partial \varphi}{\partial s} = 0 \end{cases}$ （s 是 φ 的等值线，n 是 s 的法线） 扭矩 M_T：$M_T = 2\iint \varphi\mathrm{d}x\mathrm{d}y$

根据表 7-2 的对应关系可以建立物理量之间的关系式。如令 $2G\theta = q/T$，即

$$\left.\begin{aligned} \varphi &= z \\ M_T &= 2V \\ \tau = \tau_{zs} &= -\frac{\partial z}{\partial n} \end{aligned}\right\} \tag{7-68}$$

由此可知，膜的平衡位置 z 与 φ 曲面相似，膜的等挠度（等高度）线与剪应力线相似（图 7-13）。由此可以得到以下结论：

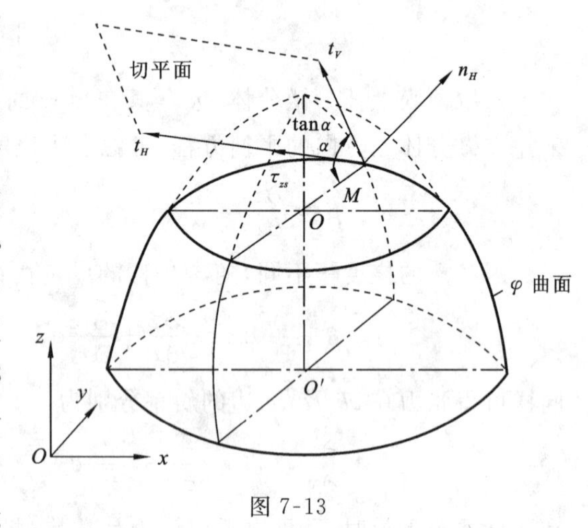

图 7-13

（1）柱体上任一点 M 的合剪应力 $\tau = \tau_{zs}$ 的方向，就是薄膜上相应点处等挠度线在该点的水平切线方向（图 7-13 上用 t_H 来表示），其大小与过该点 M 的切面的垂直切线（用 t_V 来表示）沿切平面法线（用 n_H 来表示）方向的斜率成正比。此斜率也称薄膜在该点处的坡度，图 7-13 上用 $\tan\alpha$ 来表示。由于等挠度线是指在 xOy 平面内的曲线，一般 n_H 与 n 不加区分，故 $\tau_{zs} = -\dfrac{\partial z}{\partial n}$，式中的负号是由于沿外法线 n 方向 z 减少所致。

（2）薄膜的等挠度线与剪应力线一致（薄膜的等挠度线犹如地形图的等高线），显然最大剪应力发生在等挠度线最为密集的地方（坡度越陡，应力越大）。由薄膜表面可知，最大斜率在边界处，所以最大剪应力一定也产生在截面的边界上，图 7-14 表示了矩形截面柱体受扭转时截面上的剪应力线也即 φ 等值线。

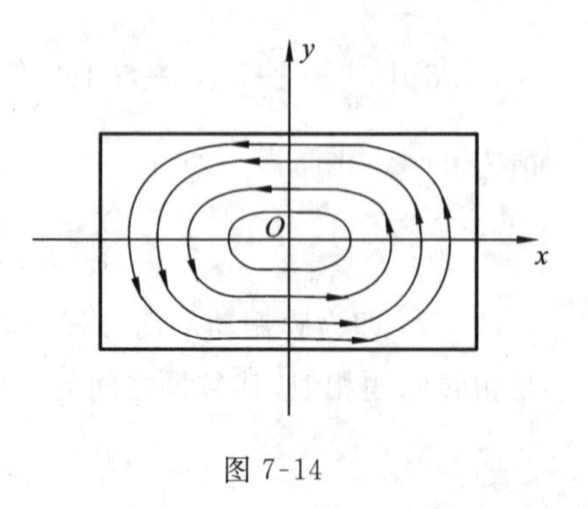

图 7-14

（3）薄膜挠曲面下的体积与扭矩成比例，扭矩等于薄膜覆盖下体积的两倍。

薄膜比拟法的实验测定资料已有不少结果，但是由于实测精度所限已很少被用。但薄膜比拟法仍是一种形象生

动的力学比拟方法，可以帮助我们想象剪应力分布情况、扭矩计算等，其理论仍不失为弹性力学扭转部分重要内容。

第五节* 开口薄壁杆件的自由扭转

一、狭长矩形截面杆的扭转

很多开口组合薄壁杆横截面可以认为由几个狭长矩形组成，所以，先研究具有狭长截面的杆件(图 7-15)的自由扭转问题，其解可利用薄膜比拟法。据薄膜比拟法可认为薄膜斜率沿截面长边方向(x 方向)不变，在不计薄膜两端处的坡度时，即可认为薄膜呈一柱面。于是有：$\dfrac{\partial z}{\partial x}=0$，即假设 $\tau_{zy}=-\dfrac{\partial \varphi}{\partial x}=0$，而式(7-67)则简化为

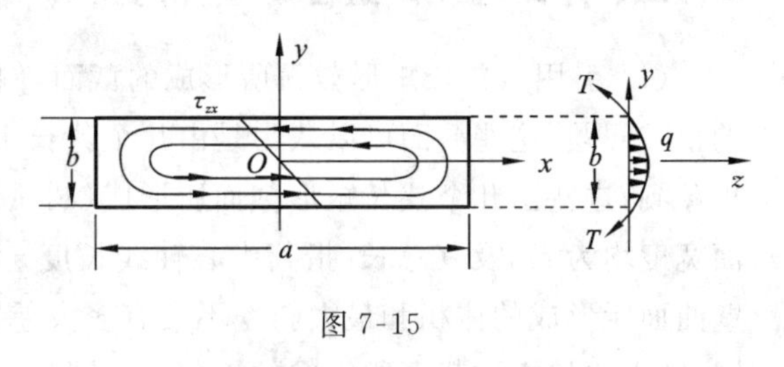

图 7-15

$$\frac{\mathrm{d}^2 z}{\mathrm{d}y^2}=-\frac{q}{T} \tag{7-69}$$

上式积分两次后，考虑到边界条件($y=0$ 处 $\mathrm{d}z/\mathrm{d}y=0$，$y=b/2$ 处 $z=0$)得

$$z=\frac{1}{2}\frac{q}{T}\left[\left(\frac{b}{2}\right)^2-y^2\right] \tag{7-70}$$

即薄膜在短边 b 方向为一抛物线(图 7-15)。于是薄膜下高度为 $h=z|_{y=0}$ 的体积为

$$V=\frac{2}{3}b\left(\frac{qb^2}{8T}\right)a=\frac{qab^3}{12T} \tag{7-71}$$

根据本章第四节给出的比拟关系：q/T 换成 $2G\theta$，因而扭矩的近似公式为

$$M_T=2V=\frac{1}{3}ab^3G\theta=J_TG\theta \tag{7-72}$$

其中，$J_T=ab^3/3$ 为薄矩形截面的极惯性矩。可由式(7-70)计算得

$$\tau_{zx}=\frac{\partial z}{\partial y}=-\frac{qy}{T}=-2G\theta y \tag{7-73}$$

单位长度的扭转角由扭矩公式得出

$$\theta=\frac{3M_T}{ab^3G}=\frac{M_T}{GJ_T} \tag{7-74}$$

由式(7-73)可见，最大剪应力发生在 y 为最大值 $\pm b/2$ 处，即产生在周边靠近形心轴的点上，其值为

$$|\tau_{\max}|=G\theta b=\frac{3M_T}{ab^2}=\frac{M_T}{W_T} \tag{7-75}$$

其中 $W_T=ab^2/3$ 为抗扭截面系数。观察结果式(7-74)、式(7-75)，与本章第三节的解析法得到的结果一致。如果我们计算

$$\tau_{zy}=-\frac{\partial z}{\partial x}=0 \tag{7-76}$$

这是假设的前提。由于这一简化得到了式(7-73)，说明剪应力 τ_{zx} 是按直线分布的，现在按照这样的结论来计算扭矩

$$M_T = \int_{-\frac{b}{2}}^{\frac{b}{2}} \tau_{zx} ya\,dy = \int_{-\frac{b}{2}}^{\frac{b}{2}} G\theta y^2 a\,dy = \frac{G\theta ab^3}{6} \tag{7-77}$$

将式(7-77)与式(7-72)比较，说明其结果只有作用扭矩 M_T 的一半。其原因是，在假设中已经略去了 τ_{zy} 这个分量。但是，τ_{zy} 这个分量的值虽然只在短边边缘附近才稍大一点，可是由于窄截面很长，它所组成的力矩占了总扭矩的另一半。这表明对于整体平衡来说，却是不可忽视的。这种狭长矩形截面近似计算，对于 $\tau_{\max}$ 来说，与前面关于矩形截面的更为精确的结果相比，当 $a = 10b$ 时，误差约为 6.7%。

二、开口与开口组合薄壁杆的扭转

(1) 引用对狭长矩形截面所形成的截面，例如圆弧形、角形、槽形、工字形截面开口薄壁杆的扭转问题。这些截面可以认为是由几个狭长矩形截面所组成的单连域截面。由薄膜比拟可以想象到，这些由几个狭长矩形截面所形成(圆弧形亦可)的截面，如果宽度一样(图 7-16 中各截面宽度均为 t)，及其总长(指其中心轴线长度)均与以上讨论的狭长矩形截面长度相当，则薄壁曲面所形成的体积和最大斜率不会有多大差别。也就是说，如果宽度相同，总长相等，材料相同，则由狭长矩形截面所组成的折角形或圆弧形截面柱体受扭时其应力与扭矩等的计算，可以由一个同宽同长的狭长直边矩形截面来代替，而不致有多大误差。

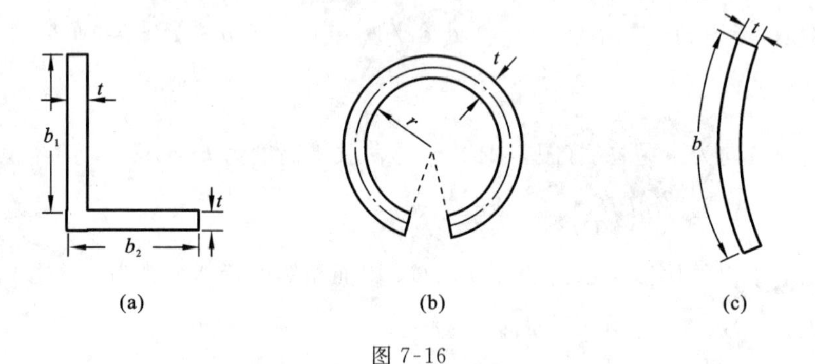

图 7-16

(2) 上述论述还可以推广到狭长矩形截面由不同宽度与不同长度所组合的截面的开口组合薄壁杆受扭问题中去(图 7-17)。因为由薄膜比拟法知道剪应力线总是与截面边界平行，并在外凸角点处合剪应力为零。根据这一性质，对于截面为多个窄条组成的杆的自由扭转，就可以看成是若干窄条截面杆扭转问题的解的组合。

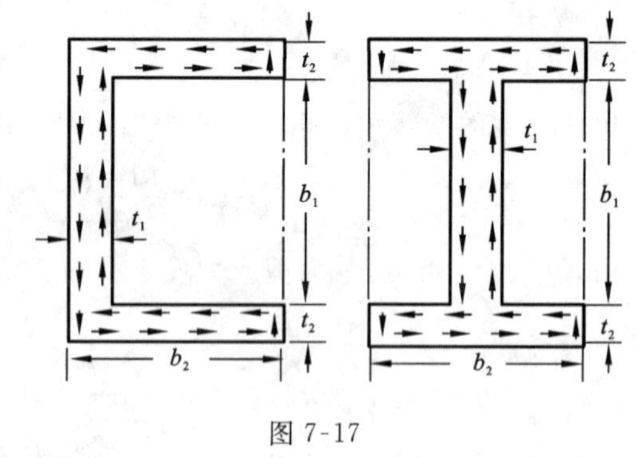

图 7-17

现考虑由 n 个狭长矩形截面组合的开口薄壁杆，整个截面承受的总扭矩为 M_T。如果第 i 个($i = 1, 2, \cdots, n$)狭长矩形截面长为 b_i，宽为 t_i，所承受的扭矩为 M_i。于是根据平衡条件，整个截面上的扭矩应等于各组成部分上扭矩的总和，即

$$M_T = M_1 + M_2 + \cdots + M_i + \cdots + M_n = \sum_{i=1}^{n} M_i \tag{7-78}$$

又根据连续性条件，由柱体受自由扭转时刚性周边薄片假设，横截面在其本身平面内的投影只

做刚性平面转动。因此整个横截面和其各组成部分的扭转角相同，于是

$$\theta_1 = \theta_2 = \cdots = \theta_i = \cdots = \theta_n = \theta \tag{7-79}$$

又由式(7-74) 可得

$$\theta_1 = \frac{M_1}{GJ_1}, \theta_2 = \frac{M_2}{GJ_2}, \cdots, \theta_i = \frac{M_i}{GJ_i}, \cdots, \theta_n = \frac{M_n}{GJ_n} \tag{7-80}$$

将式(7-80) 代入式(7-78) 并注意式(7-79)，有

$$M_T = \sum_{i=1}^{n} M_i = \theta G \sum_{i=1}^{n} J_i \tag{7-81}$$

式中 J_i 为 i 截面的极惯性矩。由此即可求得整个组合截面的极惯性矩 J_T 为

$$J_T = J_1 + J_2 + \cdots + J_i + \cdots + J_n = \sum_{i=1}^{n} J_i = \frac{1}{3}\sum_{i=1}^{n} b_i t_i^3 \tag{7-82}$$

于是就可得到开口组合薄壁杆件的单位长度扭转角计算公式

$$\theta = \frac{M_T}{GJ_T} \tag{7-83}$$

并引用式(7-75) 得

$$\tau_{\max} = G\theta t_i^{\max} = \frac{M_T t_i^{\max}}{J_T} \tag{7-84}$$

其中 $t_i^{\max}$ 为 $t_1, t_2, \cdots, t_n$ 中最大的一个。

例 7-1 求图 7-17 中所示槽形及工字形截面的杆受扭矩 M_T 作用时的单位长度扭转角及最大剪应力。

解 先计算题设截面的极惯性矩：$J_T = (b_1 t_1^3 + 2b_2 t_2^3)/3$，于是其扭转角和最大剪应力为

$$\theta = \frac{M_T}{GJ_T} = \frac{3M_T}{G}\frac{1}{(b_1 t_1^3 + 2b_2 t_2^3)}, \quad \tau_{\max} = \frac{M_T t_i^{\max}}{J_T} = \frac{3M_T t_i^{\max}}{b_1 t_1^3 + 2b_2 t_2^3}$$

其中 $t_i^{\max}$ 为 t_1 和 t_2 中较大的一个。

顺便指出：对于组合截面薄壁杆件的凹角处有很大的应力集中，其值与该处的圆角半径 r 有关，有专门公式可进行对凹角处最大剪应力的计算。

第六节* 闭口薄壁杆自由扭转·剪应力环流公式

闭合薄壁截面可分为两类，一类为双连通截面，如图 7-18(a)，一类为多于二连的多连通截面，如图 7-18(b)。前面在引入应力函数时知道应力函数 φ 在边界上为常量，对单连通域可以取边界上 $\varphi_C = 0$，对多连通域，外边界是 C_0，仍可取 $\varphi_{c_0} = 0$，对内边界：C_1，C_2 应力函数要考虑位移的单值性，应力函数就不能再取作零，而要分别取别的不同常量。由此对每个边界需要补充一个方程。本书只提出具有代表性的双连通域[图 7-18(a)] 的闭口薄壁杆件的扭转问题。

以下先讨论剪应力环流定理，此定理将给出在多连域截面上沿周边的 φ 取值，借以建立补充条件。在横截面边界内任何薄壁截面中线闭合周线 C[图 7-18(a)] 上，沿其切线方向的剪应力 τ 绕周线的积分称为**环流应力**，则

$$\oint_C \tau \mathrm{d}x = \oint_C [-\tau_{zx}\cos(s,\hat{}x) + \tau_{yz}\cos(s,\hat{}y)]\mathrm{d}s = \oint_C \left[\tau_{zx}\frac{\mathrm{d}x}{\mathrm{d}s} + \tau_{zy}\frac{\mathrm{d}y}{\mathrm{d}s}\right]\mathrm{d}s \tag{7-85}$$

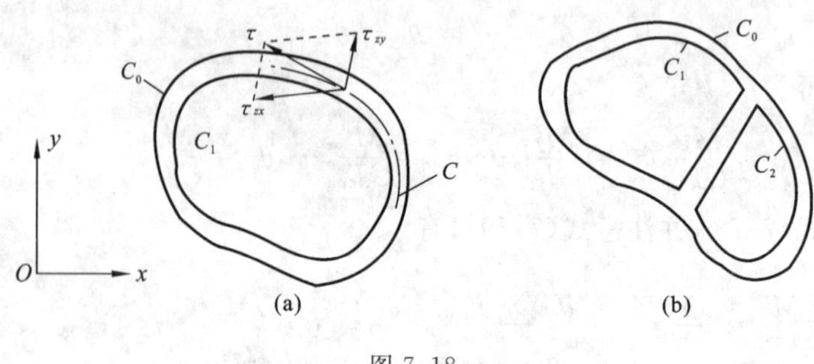

图 7-18

将式(7-4) 代入,得

$$\oint_C \tau \mathrm{d}s = G\oint_C \left(\frac{\partial w}{\partial x}\mathrm{d}x + \frac{\partial w}{\partial y}\mathrm{d}y\right) + G\theta\oint_C (x\mathrm{d}y - y\mathrm{d}x) = G\oint_C \mathrm{d}w + 2G\theta A \tag{7-86}$$

由高等数学格林定理可以得到式中简单闭曲线边界的区域面积 $A = \frac{1}{2}\oint_C (x\mathrm{d}y - y\mathrm{d}x)$。为了保证位移的单值性,要求位移函数 w 的全微分在边界内闭曲线 C 的积分为零,即$\oint_C \mathrm{d}w = 0$,所以

$$\oint_C \tau \mathrm{d}s = 2G\theta A \tag{7-87}$$

式(7-87) 称**剪应力环流公式**。显然对截面内任意封闭曲线都成立。剪应力环流公式表示:对于在柱体横截面内,而不越出边界的任意一条封闭曲线上,剪应力环流等于这曲线所包围的面积乘以常数 $2G\theta$。剪应力环流公式的物理意义是:沿薄壁杆横截面边界内任意一条封闭曲线(可以取为内边界)上剪应力总量与扭转角 θ 的物性关系(Hooke 定律)。这就是截面给定有多少孔所要的多少个这样的补充方程。又 $\tau = -\partial\varphi/\partial n$,则

$$\oint_{C_i} \frac{\partial\varphi}{\partial n}\mathrm{d}s = -2G\theta A_i \tag{7-88}$$

显然,式(7-88) 是在截面 A_i 内边界 C_i 上,且 $i = 1,2,\cdots,n$。现在来建立双连通截面柱体的应力函数方程式。

$$\left.\begin{aligned} &\frac{\partial^2\varphi}{\partial x^2} + \frac{\partial^2\varphi}{\partial y^2} = -2G\theta, && \text{在薄壁区域内} \\ &\varphi_{C_0} = 0, && \text{在外边界 } C_0 \text{ 上} \\ &\oint_{C_i} \frac{\partial\varphi}{\partial n}\mathrm{d}s = -2G\theta A_1, && \text{在内外界 } C_1 \text{ 上} \end{aligned}\right\} \tag{7-89}$$

下面我们借助薄膜比拟法进一步解决闭口双连通截面薄壁柱体受扭问题的方法(图 7-19)。

如在平板上挖一与截面外周界 C_0 相同的孔洞,直径为 AB;假想设制另一无重量的外形与截面内周界 C_1 相同的平板 ED。$\delta(C)$ 为原薄壁杆截面壁的厚度,它可以不是常量。于是,设想将内外平板模拟好双连通截面位置,再将张紧的薄膜贴在内外平板间,然后在整个截面区域内使薄膜 $AEDB$ 承受均匀压力 q,并在施加压强过程中使内平板保持水平,但上升时可竖向平行移动。现在考虑平板 ED 在 z 方向的平衡。在杆壁中线的微小长度 $\mathrm{d}s$ 上,薄膜对平板的拉力是 $T\mathrm{d}s$。这个拉力在 z 轴上的投影是 $T\sin\alpha\mathrm{d}s$,于是有

$$\oint_{C_i} T\sin\alpha \mathrm{d}s = qA_1 \quad (7\text{-}90)$$

这里的线积分包括杆壁内边界线的全长，并在小变形下，

$$\sin\alpha \approx \tan\alpha \approx -\frac{\partial z}{\partial n} \quad (7\text{-}91)$$

式中的负号是由于沿外法线 n 向 z 是减少的。所以由本章第四节式(7-66) 和式(7-90)、式(7-91) 可得

$$\oint_{C_i} \tau \mathrm{d}s = 2G\theta A_1 \quad (7\text{-}92)$$

式(7-92) 与式(7-87) 完全相同(C,A 可以选为 C_1,A_1 值)。所以上述双连通薄膜比拟是成功的，也就是说，可以利用这种办法来计算双连通截面薄壁柱体扭转问题的解答。

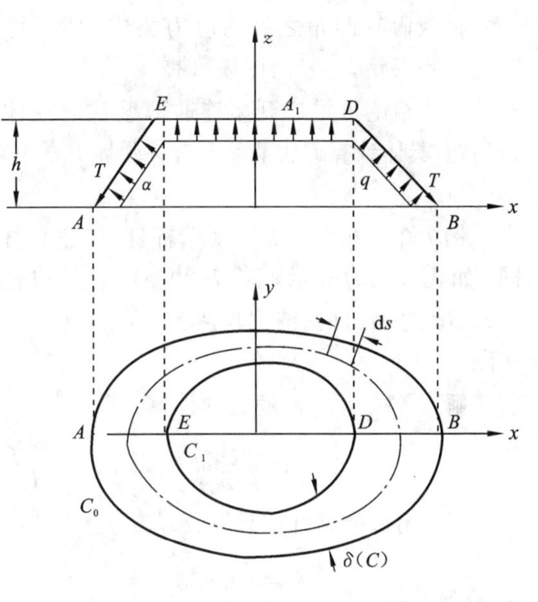

图 7-19

由于杆壁的厚度 δ 很小，薄膜的斜率沿着厚度方向的变化可以不计。于是，假设剪应力沿薄壁厚度的大小不变，均匀分布，也即在杆壁厚度为 δ 之处剪应力的数值为常量(等于薄膜的斜率)，于是

$$\tau = -\frac{\partial z}{\partial n} = \frac{h}{\delta} \quad (7\text{-}93)$$

式中的 h 为薄膜高度，且 $\tan\alpha = h/\delta$。

注意到杆的壁厚 δ 是可以变化的，$\delta = \delta(C)$，而式(7-93) 说明：$\tau\delta = h =$ 常数，即不同截面处剪应力 τ 与壁厚 δ 乘积为常量，剪应力与壁厚的乘积也称为**剪流**。扭矩等于薄膜下体积 $ABDE$ 的两倍，即

$$M_T = 2V = 2Ah \quad (7\text{-}94)$$

式中的 A 为杆壁中线所包围的面积。由式(7-93) 及式(7-94) 消去 h，得

$$\tau = \frac{M_T}{2A\delta} \quad (7\text{-}95)$$

可见最大剪应力发生在壁厚 δ 最小之处，与开口薄壁杆的情况相反，即

$$\tau_{\max} = \frac{M_T}{2A\delta_{\min}} \quad (7\text{-}96)$$

将式(7-95) 代入剪应力环流公式(7-87) 有

$$\oint_C \tau \mathrm{d}s = \frac{M_T}{2A}\oint_C \frac{1}{\delta}\mathrm{d}s = 2G\theta A \quad (7\text{-}97)$$

式中 C 是薄壁截面的中心线。于是得单位扭转角

$$\theta = \frac{M_T}{4A^2G}\int_C \frac{1}{\delta}\mathrm{d}s \quad (7\text{-}98)$$

对于均匀厚度的闭口薄壁杆，δ 是常量，式(7-98) 将简化为

$$\theta = \frac{M_T s}{4A^2G\delta} \quad (7\text{-}99)$$

其中 s 是杆壁中线的全长。

在截面有凹角之处的应力集中问题，可参考有关工程书籍，有专门图表可查。

上述结论可推广到多连通薄壁截面柱体的扭转问题，具体计算方法请参照有关弹性力学书籍①。

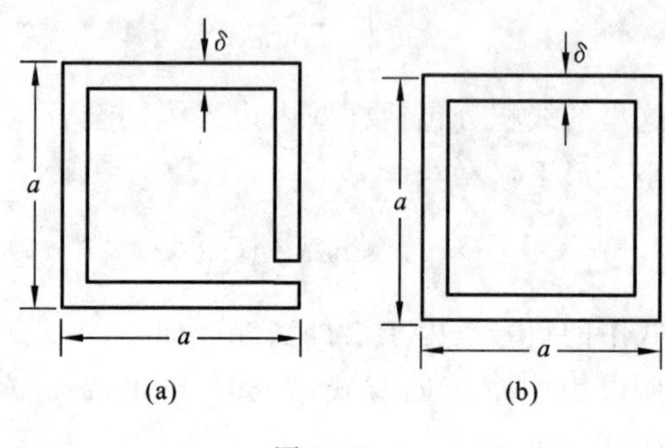

图 7-20

例 7-2　两个正方形薄壁杆件，尺寸和材料相同，如图 7-20 所示，图 7-20(a) 是开口的，图 7-20(b) 是闭口的。试比较两者的最大剪应力及抗扭刚度。

解　(1) 开口薄壁杆的计算：

$$J_T = \frac{4}{3}a\delta^3, \quad \tau_{\max}^{(1)} = \frac{M_T\delta}{J_T} = \frac{3M_T}{4a\delta^2}, \quad \theta^{(1)} = \frac{M_T}{GJ_T} = \frac{3M_T}{4Ga\delta^3}$$

(2) 闭口薄壁杆的计算：

$$A = (a-\delta)^2 \approx a^2, \quad \tau_{\max}^{(2)} = \frac{M_T}{2A\delta} = \frac{M_T}{2a^2\delta}$$

$$S = 4(a-\delta) \approx 4a, \quad \theta^{(2)} = \frac{M_T S}{4A^2 G\delta} = \frac{M_T}{Ga^3\delta}$$

(3) 两者比较：

$$\frac{\tau_{(\max)}^{(2)}}{\tau_{(\max)}^{(1)}} = \frac{M_T/(2a^2\delta)}{3M_T/(4a\delta^2)} = \frac{2}{3}\left(\frac{\delta}{a}\right)$$

$$\frac{K_T^{(2)}}{K_T^{(1)}} = \frac{M_T/\theta^{(2)}}{M_T/\theta^{(1)}} = \frac{\theta^{(1)}}{\theta^{(2)}} = \frac{3M_T/(4Ga\delta^3)}{M_T/(Ga^3\delta)} = \frac{3}{4}\left(\frac{a}{\delta}\right)^2$$

从上述结果看出：材料相同，形状和尺寸相同，并在同样扭矩作用下，闭口杆比开口杆产生的最大剪应力小，而抗扭刚度大。

第七节　柱体的弹塑性扭转

以上我们讨论了柱体扭转问题的弹性解，现在进而来讨论柱体受扭的弹塑性解。为了容易叙述起见，我们先介绍柱体受扭的全塑性解，再来解决弹塑性解。并且由于求一般任意截面柱体弹塑性扭转问题的解析解在数学上比较困难，最后我们只介绍最简单的圆轴问题。

根据柱体扭转的弹性分析，可以知道在扭转变形的一切阶段，各点的应力状态始终是纯剪应力状态，这就意味着柱体在扭矩作用下是一个简单加载过程，属于塑性力学的简单问题。

一、塑性扭转·沙堆比拟法

当柱体的某一点的合剪应力达到屈服应力值时，材料开始发生屈服。由于边界上的剪应力首先达到最大值，所以首先屈服的点一定在边界上。当扭矩继续增加，塑性区的范围就逐渐由边界向内部延伸而加大。在塑性区应力分量仍然满足平衡方程

$$\frac{\partial\tau_{xz}}{\partial x} + \frac{\partial\tau_{yz}}{\partial y} = 0 \tag{7-100}$$

① 请参考蒋咏秋等编《弹性力学基础》§ 6-8。

同时必须满足屈服条件(现使用Mises条件):$J_2=\tau_{zx}^2+\tau_{zy}^2=k^2$,式中$k$为纯剪屈服应力。引进塑性应力函数$\varphi_p$,而

$$\tau_{zx}=\frac{\partial\varphi_p}{\partial y},\quad \tau_{zy}=-\frac{\partial\varphi_p}{\partial x} \tag{7-101}$$

则屈服条件可写为

$$\tau^2=\left(\frac{\partial\varphi_p}{\partial y}\right)^2+\left(-\frac{\partial\varphi_p}{\partial x}\right)^2=k^2 \quad 或 \quad \tau=\left|\frac{\partial\varphi_p}{\partial n}\right|=|\operatorname{grad}\varphi_p|=k \tag{7-102}$$

在边界上有

$$(\varphi_p)_C=常数=0 \tag{7-103}$$

虽然在变形的不同阶段中,应力函数φ和φ_p所满足的方程不同,但在弹性解中所讨论的应力函数φ的性质,由于不牵涉到物性方程,在塑性变形阶段中对应力函数φ_p同样也成立。因此,在弹性解中用薄膜比拟法的方法可以推广到塑性解中来,而避开数学上的困难。这种方法称为沙堆比拟法。

对于理想塑性材料k是常数。式(7-102)说明应力函数φ_p的曲面上的法向斜率是常数,即φ_p曲面是等倾斜面。也就是说,当柱体处于全塑性状态时,可以用在给定周边筑起具有等倾表面的几何体来比拟。这样我们就可以将干沙堆放在一个与柱体横截面相同的水平硬平板面上就能形成这种表面(图7-21)。这就是所谓**沙堆比拟法**。

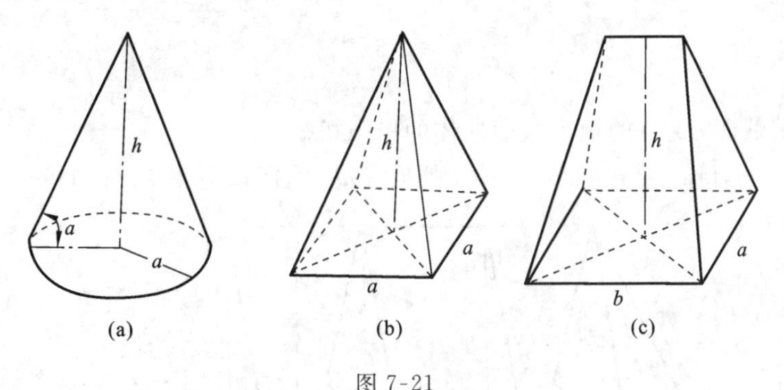

图7-21

沙堆的表面坡度为常数,它由沙子的内摩擦系数所决定。因此,这表面可以用来代表应力函数φ_p,而只相差一个可由屈服应力k和沙子性质$\tan\alpha$决定的比例因子η。对于沙堆的高度h与沙子内摩擦角α(也即沙堆表面与水平面的倾斜角)之间的关系式为

$$|\operatorname{grad}h|=\tan\alpha \tag{7-104}$$

将此式与(7-102)比较,则在底边相同时有

$$\frac{\varphi_p}{h}=\frac{k}{\tan\alpha}=\eta \tag{7-105}$$

如果我们确定了沙堆的高度h及内摩擦角α以及材料的剪切极限应力k,就可以确定应力函数$\varphi_p(x,y)$。如果令$\tan\alpha=k$,即取$\eta=1$,则在给定周边基础上堆起来的等倾度沙堆,其高度$h(x,y)$就是应力函数$\varphi_p(x,y)$,沙堆的等高线就是剪应力轨迹线。沙堆体积的两倍,就是极限扭矩M_s,即

$$M_s=2\iint\varphi_p\,\mathrm{d}x\mathrm{d}y \tag{7-106}$$

以上的推证说明了一般情况下比拟法的计算,只要借助于沙堆的形状($\tan\alpha=k$),事实上

并不需要去真堆沙子，也不必去知道沙子的内摩擦角。

例 7-3　求半径为 a 的理想塑性材料圆柱体处于完全塑性状态时的应力函数 φ_p、应力分量以及塑性时的极限扭矩 M_s[图 7-21(a)]。

解　圆柱体在全部进入塑性状态时，φ_p 表面必然是一个圆锥，令

$$\varphi_p = k(a-r) \tag{1}$$

此式能满足方程式(7-102)和边界条件式(7-103)。因此应力分量为

$$\tau_{zx} = -k\frac{y}{r},\quad \tau_{zy} = k\frac{x}{r} \tag{2}$$

它表示剪应力是垂直于半径的，而大小为 k。现在用沙堆比拟法来计算极限扭矩 M_s。由图 7-21(a) 可知：坡度 $\tan\alpha = \dfrac{h}{a}$，体积 $V = \dfrac{\pi a^2 h}{3}$。现设 $\tan\alpha = k$，则 $h = ak$，于是

$$M_s = 2V = 2\left(\frac{1}{3}\pi a^2 h\right) = \frac{2\pi}{3}a^3 k \tag{3}$$

如当 $\tau_{\max} = k$ 时的弹性极限扭矩，可以由材料力学计算得

$$M_e = kW_p = \frac{k\pi r^3}{2} = \frac{\pi}{2}a^3 k \tag{4}$$

由此可知：$\dfrac{M_s}{M_e} = \dfrac{4}{3} = 1.333$。

例 7-4　求截面 $a\times b$ 的矩形截面柱体的极限扭矩。

解　设 $b > a$，$\tan\alpha = h/(a/2) = k$，则 $h = ak/2$，所以由图 7-22 可见

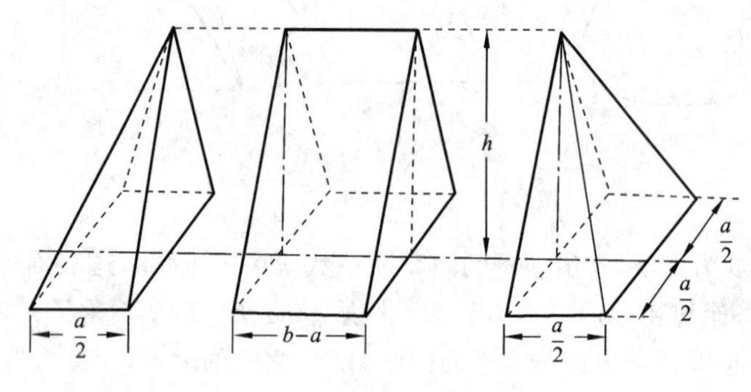

图 7-22

$$M_s = 2V = 2\left[(b-a)a\frac{h}{2} + 2\left(\frac{a^2}{3}\frac{h}{2}\right)\right] = \frac{a^2 k}{6}(3b-a)$$

若 $b = a$，则 $M_s = \dfrac{a^3 k}{3}$ 为正方形截面柱体的极限扭矩。若 $b \gg a$，则 $M_s \approx \dfrac{a^2 bk}{2}$ 为狭长形矩形截面的极限扭矩。

二、应力间断点·应力间断线

对于理想塑性材料来说，在塑性区的合剪应力矢量的大小是一个常数，而其方向则平行于周界线。根据这一性质，利用周界线的形状，可以描绘出应力线。一般说来，在截面内部，沙堆会

出现尖顶[图7-21(a)、(b)]与棱线[图7-21(c)]。在这些顶点和棱线的两侧剪应力的方向发生突变，称为**应力间断点与应力间断线**。关于圆轴扭转时截面的圆心 O 是应力间断点(图7-23)。而对矩形截面杆扭转时，棱线 AE、BE、DF、CF 及 EF 都是应力间断线(图7-24)。

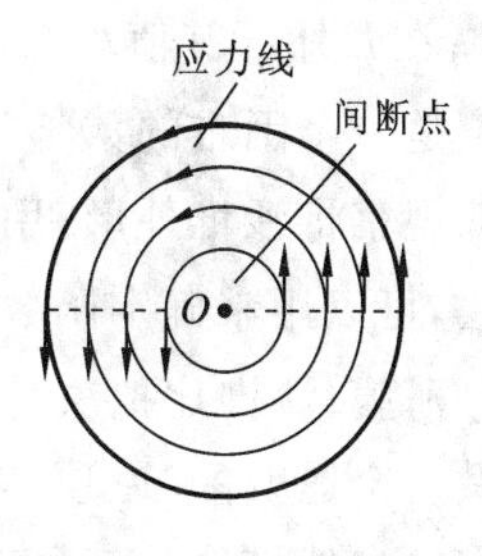

图7-23

以下将说明这些点和线是弹性区域的极限。在弹性区趋于零时，从不同方向过来的两个塑性区域相遇，因此会出现剪应力间断。如边界上有凸角(如图7-24的 B、C、E、F 各点)，由于该凸角处的剪应力为零，虽然扭矩增大，但是永远是弹性变形，棱线一定经过这里。如边界上有凹角，将由于应力集中而使剪应力趋于无限大，因而一开始就进入塑性变形而棱线一定不经过这里(如图7-25的 A 点)，剪应力线以圆弧线绕过尖角。

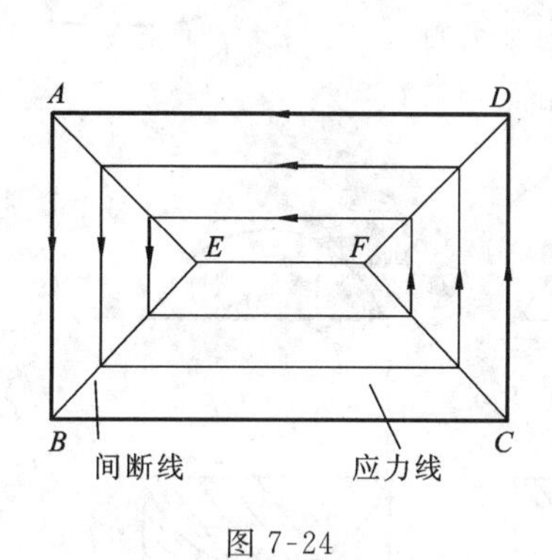

图7-24

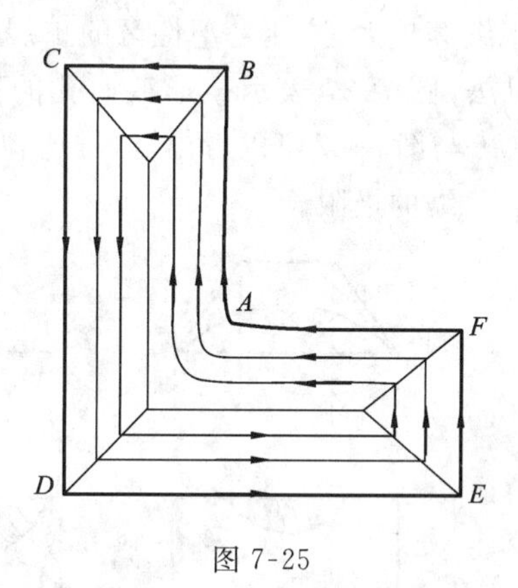

图7-25

当梁弯曲时，在极限弯曲下，中性轴两侧的正应力也有间断。但应该指出：**应力间断可以是应力的方向发生突变，也可以是应力的大小发生突变，或者两者兼而有之。**

三、弹塑性扭转·薄膜-沙堆比拟法

现在考虑柱体扭转的理想弹塑性问题。当截面的一部分进入塑性状态以后，尚未到达极限状态以前，属于弹塑性扭转状态。显然在弹性区与塑性区交界处应力应当连续。在交界线 L 上既要满足弹性区的应力条件，又要满足塑性区的应力条件。已知在塑性区应力函数必须满足

$$|\operatorname{grad}\varphi_p| = k, \quad \varphi_p|_C = 0 \tag{7-107}$$

而又要满足在弹性区的应力条件，即应力函数应满足

$$\nabla^2\varphi = -2G\theta \tag{7-108}$$

于是在 L 上应有

$$\frac{\partial\varphi}{\partial x} = \frac{\partial\varphi_p}{\partial x}, \frac{\partial\varphi}{\partial y} = \frac{\partial\varphi_p}{\partial y} \tag{7-109}$$

或

$$\varphi_p = \varphi + \text{常数}, \text{且使 } \varphi_p = \varphi (\text{在 } L \text{ 上}) \tag{7-110}$$

现引进弹塑性应力函数 $F(x,y)$，在弹性区函数 F 即为 φ，在塑性区 F 即为 φ_p。因此 F 在周边 C 上等于零，其一阶导数在 C 围成的区域内均为连续，在 L 上 F 的梯度的绝对值恰好等于常

数 k;在 L 外部其值均与 k 相等,在 L 内部其值都小于 k,并须满足 $\nabla^2 F = -2G\theta$。这一命题在分析上是一个困难的数学问题,Nadai 为解决这一问题提出了一种薄膜-沙堆比拟法。为便于从外部观察将沙堆外形,用造形相同的透明板代替,也称**薄膜-屋顶比拟法**。通过这种形象化实验方法,可以用来确定函数 F,从而求得确定弹塑性扭矩的方法。

薄膜-沙堆比拟法是:用上述薄膜比拟法,在开好的孔上再加做一个透明的"屋顶",让它符合纯塑性状态的应力函数(即沙堆的自然坡度),然后在薄膜的底侧受均匀不大的压力时,薄膜不受屋顶的阻碍,和前述薄膜比拟法相同,杆全部处于弹性状态。当压力逐步增大时,薄膜的挠度增大,其边缘上有一部分与屋顶接触,表示截面有一部分进入塑性状态,即应力函数 F 满足塑性应力函数 φ_p 的条件。当压力继续加大,则薄膜与屋顶的接触面也继续扩大,这便是塑性区的扩展。图 7-26 表示薄膜-屋顶比拟法,图 7-27 表示矩形截面孔的薄膜与屋顶接触过程。从图 7-26 与图 7-27 可以看出:沙堆比拟法中的角点与棱线就是弹性区收缩的极限。

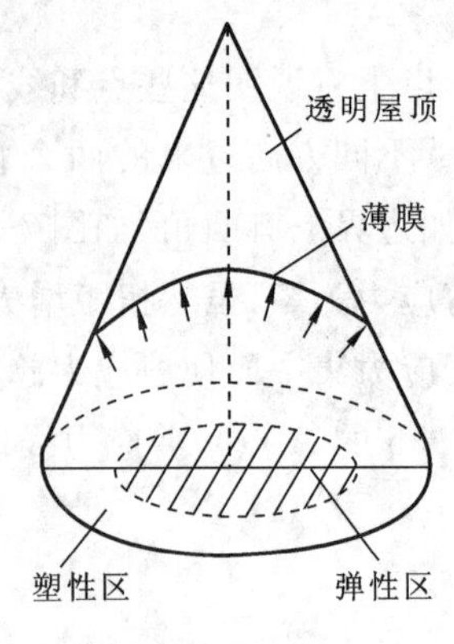

图 7-26

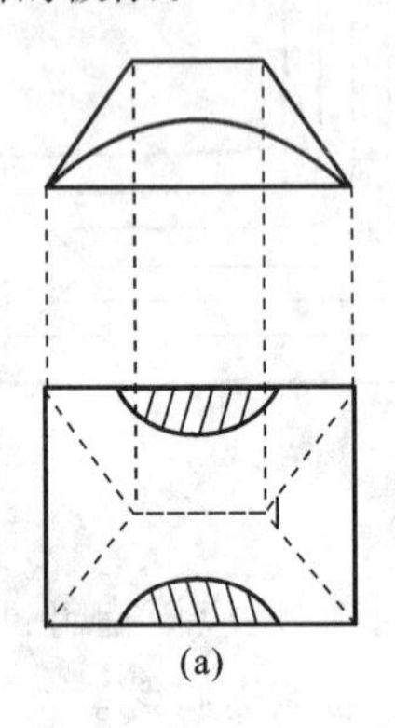

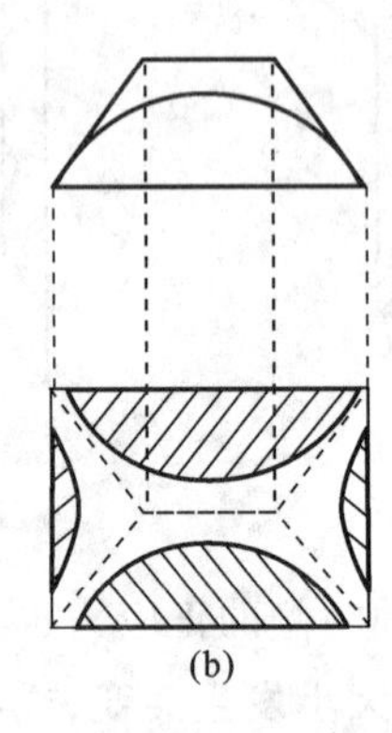

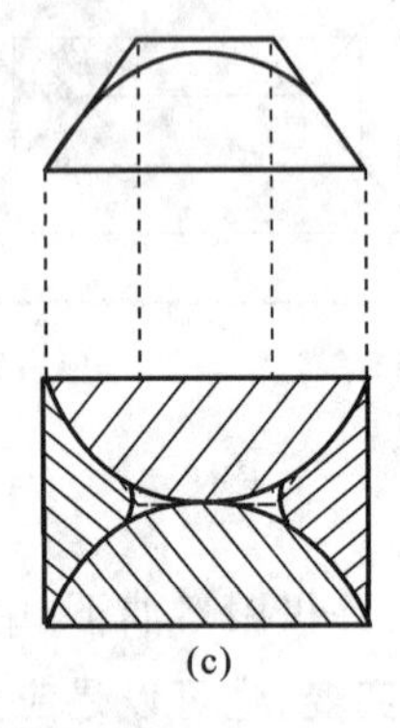

图 7-27

于是,由薄膜表示的挠度,也即应力函数的值具有连续的一阶导数,说明应力分量在越过弹性边界时是连续的。由此弹塑性扭转时的应力函数就完全可以由薄膜自由部分和约束部分来表示。对于任一有限的 θ 角,截面总是包含弹性区(核)和塑性区两部分。

由于扭矩公式(7-19)是从静力平衡条件得来的,因而它不仅适用于弹性状态和纯塑性状态,也适用于弹塑性状态,即

$$M_T = 2\iint F \mathrm{d}x \mathrm{d}y \tag{7-111}$$

成立。

四、圆柱体的弹塑性扭转

今以半径为 a 的圆柱体为例,来讨论它的弹塑性扭转问题。当扭矩增加到一定数值后,圆柱体的外部进入塑性状态,由于轴对称性,弹塑性交界必为一圆周线,设其半径为 ρ,则 $\rho > r \geqslant 0$ 为弹性区,$a \geqslant r \geqslant \rho$ 为塑性区域,如图 7-28 所示。

在弹性区,应力函数 φ 满足泊松方程 $\nabla^2 \varphi = -2G\theta$,在 z 轴对称的条件下,转化为极坐标表

示的协调方程为

$$\frac{d^2\varphi}{dr^2}+\frac{1}{r}\frac{d\varphi}{dr}=-2G\theta \quad 或 \quad \frac{1}{r}\frac{d}{dr}\left(r\frac{d\varphi}{dr}\right)=-2G\theta \tag{7-112}$$

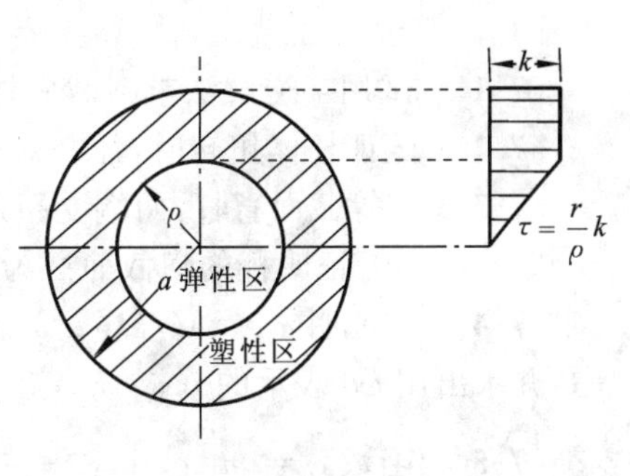

图 7-28

积分后得

$$\frac{d\varphi}{dr}=-G\theta r+\frac{G_1}{r} \tag{7-113}$$

由于原点 $r=0$，应力 $d\varphi/dr$ 为有限值，故 $C_1=0$。再积分得

$$\varphi=-\frac{1}{2}G\theta r^2+C_2 \tag{7-114}$$

积分常数 C_2 将由弹塑性交界上的连续条件来决定。

在塑性区，应力函数 φ_p 满足 $\varphi_p|_{r=a}=0$，又对于理想弹塑性材料有 $\partial\varphi_p/\partial r=-k$（$r$ 即为外法线 n），所以取 $\varphi_p=k(a-r)$，在弹塑性分界线上 $r=\rho$ 处，$\varphi=\varphi_p$，所以

$$C_2=k(a-\rho)+\frac{1}{2}G\theta\rho^2 \tag{7-115}$$

由此得出弹塑性问题的应力函数为

$$F=\begin{cases}\varphi=-\dfrac{1}{2}G\theta(r^2-\rho^2)+k(a-\rho), & \rho>r\geqslant 0\\ \varphi_p=k(a-r), & a\geqslant r\geqslant\rho\end{cases} \tag{7-116}$$

弹塑性交界的半径 ρ 可由应力连续条件确定，即在 $r=\rho$ 处有 $k=G\theta\rho$。由此得

$$\rho=\frac{k}{G\theta} \tag{7-117}$$

应力函数为

$$F=\begin{cases}\varphi=-\dfrac{1}{2}G\theta\left[r^2-\left(\dfrac{k}{G\theta}\right)^2\right]+k\left(a-\dfrac{k}{G\theta}\right), & \rho>r\geqslant 0\\ \varphi_p=k(a-r), & a\geqslant r\geqslant\rho\end{cases} \tag{7-118}$$

如利用弹性区应力 τ 与塑性区纯剪屈服应力 k 的比例（图 7-28），则直接得弹性区应力为

$$\tau=\frac{r}{p}k=rG\theta \tag{7-119}$$

式(7-117) 表明，对任一有限的扭转角 θ，$\rho\neq 0$，即总有弹性区（核）存在。扭矩按式(7-111) 计算

$$\begin{aligned}M_T&=2\iint_A F\,dxdy=2\iint_A(\varphi+\varphi_p)dxdy=2\int_0^\rho\left\{\frac{1}{2}G\theta\left[\left(\frac{k}{G\theta}\right)^2-r^2\right]\right.\\&\quad\left.+k\left(a-\frac{k}{G\theta}\right)\right\}2\pi r dr+2\int_\rho^a k(a-r)2\pi r dr\\&=\frac{2}{3}\pi a^3k\left[1-\frac{1}{4a^3}\left(\frac{k}{G\theta}\right)^3\right]\end{aligned} \tag{7-120}$$

如使 $\theta\to\infty$，则得极限扭矩

$$M_s=\frac{2}{3}\pi a^3k \tag{7-121}$$

式(7-121) 与例 7-3 结果相同。

习　题

7-1*　试用半逆解法求圆截面柱体扭转问题的解。

7-2　试证柱体扭转时，任一横截面上边界点处的剪应力方向与边界切线方向重合。

7-3　一等截面直杆，两端受扭矩 M_r，取杆的中心轴线为 z 轴，变形满足下式：$u = -\theta zy$，$v = \theta zx$，$w = 0$。证明杆的横截面必为一圆形。

7-4　试证明 $\varphi = A(r^2 - a^2)$ 既可以用来求解实心圆截面柱体，也可求解圆管的扭转问题，并求出用 $G\theta$ 表示的 A。

7-5*　函数 $\varphi = m\left[x^2 + y^2 - \dfrac{1}{a}(x^3 - 3xy^2) - \dfrac{4a^2}{27}\right]$，试问它能否作为题 7-5 图所示的高度为 a 的正三角形截面杆件的扭转应力函数？若能，求其应力分量，坐标如图所示。

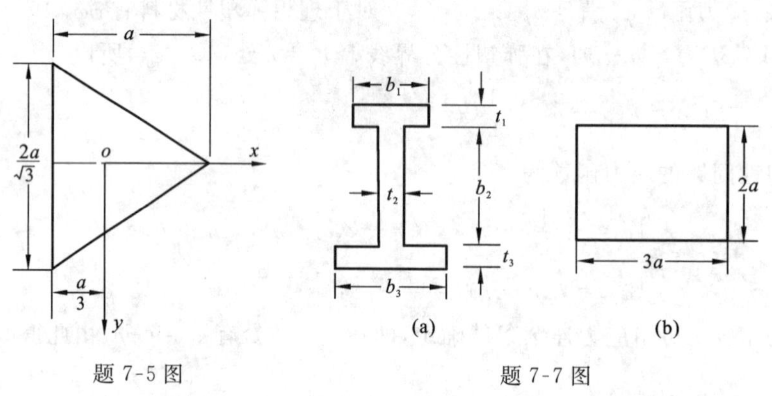

题 7-5 图　　　　题 7-7 图

7-6　试比较边长为 $2a$ 的正方形截面杆 1 与面积相等的圆截面杆 2 承受同样大小扭矩作用时所产生的最大剪应力与抗扭刚度。

7-7　试求题 7-7 图(a)、(b) 所示截面形状的柱体受扭矩作用下的扭转刚度 K_T。

7-8*　试求具有相等尺寸的无缝和有缝薄壁圆形管[如题 7-8 图(a)、(b) 所示]在相同扭转作用下的最大剪应力之比与扭转刚度之比。

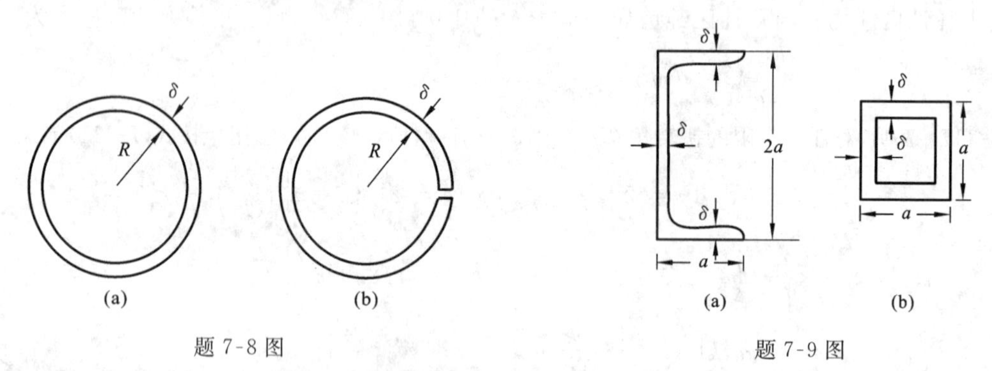

题 7-8 图　　　　题 7-9 图

7-9*　试比较截面积相等的槽形薄壁杆件与正方形管状薄壁杆件[如题 7-9 图(a)、(b) 所示]的最大剪应力之比及抗扭刚度之比($\delta \ll R$)。

7-10　求边长为 $2c$ 的等边三角形截面柱体的极限扭矩。

7-11*　试求外半径为 b，内半径为 a 的圆筒的塑性极限扭矩。

7-12　已知空心圆柱内外半径之比为 $a : b = \lambda$。试求此圆柱受扭时，塑性极限扭矩 M_s 比弹性极限扭矩 M_e 提高了多少比值？试给出 $\lambda = 0$，$\lambda = 1/2$ 时所提高的值。

第八章　弹性力学问题一般解·空间轴对称问题

第一节　弹性力学问题的一般解

通过前几章的学习，我们已重点讨论了弹塑性力学的平面问题和柱体扭转（特殊的空间问题）。关于梁的弯曲问题由于空间维度的简化，作为平面应力问题在材料力学中比较成功地得到了解决，我们只是在平面问题中进行了检验。本节将对一般空间弹性力学问题的解法给予理论分析，并举出解法实例。在一般求解边值问题时，按照未知量的不同有位移法与应力法，下面分别来行讨论。

一、位移法

若以位移为基本未知量，必须将泛定方程改用位移 u_i 来表示。现在来进行推导：将几何方程式(4-2)代入本构方程式(4-6)得

$$\sigma_{ij} = \lambda\delta_{ij}e + G(u_{i'j} + u_{j'i}) \tag{8-1}$$

再将式(8-1)对 j 取导后再代入式(4-1)得

$$\sigma_{ij'j} + F_i = \lambda\delta_{ij}e_{'j} + G(u_{i'jj} + u_{j'ij}) + F_i = 0 \tag{8-2}$$

由于 $u_{j'j} = e$，则得

$$\lambda\delta_{ij}e_{'j} + Gu_{i'jj} + Ge_{'i} + F_i = 0 \tag{8-3}$$

由于 $\delta_{ij}e_{'j} = e_{'j} = e_{ii}$，所以

$$(\lambda + G)e_{'j} + G\nabla^2 u_i + F_i = 0 \tag{8-4}$$

式中 $e = \dfrac{\partial u}{\partial x} + \dfrac{\partial v}{\partial y} + \dfrac{\partial w}{\partial z}$，并采用Laplac算符 $\nabla^2 = \dfrac{\partial^2}{\partial x^2} + \dfrac{\partial^2}{\partial y^2} + \dfrac{\partial^2}{\partial z^2}$。如物体内质点处于运动状态，式(8-4)也可写为

$$(\lambda + G)e_{'i} + G\nabla^2 u_i + F_i = \rho\frac{\partial^2 u_i}{\partial t^2} \tag{8-5}$$

式(8-5)的平衡(运动)微分方程的展开式为

$$\left.\begin{aligned}
&(\lambda + G)\frac{\partial e}{\partial x} + G\nabla^2 u + F_x = 0\left(\rho\frac{\partial^2 u}{\partial t^2}\right)\\
&(\lambda + G)\frac{\partial e}{\partial y} + G\nabla^2 v + F_y = 0\left(\rho\frac{\partial^2 v}{\partial t^2}\right)\\
&(\lambda + G)\frac{\partial e}{\partial z} + G\nabla^2 w + F_z = 0\left(\rho\frac{\partial^2 w}{\partial t^2}\right)
\end{aligned}\right\} \tag{8-6}$$

当体力不计时，有

$$(\lambda + G)e_{'i} + G\nabla^2 u_i = 0\left(\rho\frac{\partial^2 u_i}{\partial t^2}\right) \tag{8-7}$$

上述式(8-6)或式(8-7)称为 **Lame** 方程(或 **Lame-Navier 方程**)。式(8-4)、式(8-5)和式(8-6)

的推导过程是平衡方程、几何方程及本构方程的综合，因此以位移形式表示的平衡(运动)微分方程是弹性力学问题位移解法的基本方程。Lame 方程在弹性波动力学问题中是极为重要的理论基础。

所求问题的边界条件给定的是边界上的位移，如式(4-14)则可直接进行计算，如果全部边界或部分边界上给出的是应力边界条件，如式(4-13)就要将应力形式的边界条件转换成为位移形式。其方法与将应力形式的平衡方程转化为 Lame 方程的方法大致相同。现推导如下：先后将式(4-6)、式(4-2)代入式(4-13)得

$$\overline{F}_i = (\lambda e\delta_{ij} + 2G\varepsilon_{ij})l_j = \lambda e\delta_{ij}l_j + G(u_{i,j} + u_{j,i})l_j = \lambda el_i + Gu_{i,j}l_j + Gu_{j,i}l_j \tag{8-8}$$

(式中 $u_{i,j}l_j = \dfrac{\partial u_i}{\partial x_j}l_j$ 为函数 u_i 沿物体表面法线 n 的方向导数)，其展开式为

$$\left.\begin{aligned}
\overline{F}_x &= \lambda el_x + G\left(\frac{\partial u}{\partial x}l_x + \frac{\partial u}{\partial y}l_y + \frac{\partial u}{\partial z}l_z\right) + G\left(\frac{\partial u}{\partial x}l_x + \frac{\partial v}{\partial x}l_y + \frac{\partial w}{\partial x}l_z\right)\\
\overline{F}_y &= \lambda el_y + G\left(\frac{\partial v}{\partial x}l_x + \frac{\partial v}{\partial y}l_y + \frac{\partial v}{\partial z}l_z\right) + G\left(\frac{\partial u}{\partial y}l_x + \frac{\partial v}{\partial y}l_y + \frac{\partial w}{\partial y}l_z\right)\\
\overline{F}_z &= \lambda el_z + G\left(\frac{\partial w}{\partial x}l_x + \frac{\partial w}{\partial y}l_y + \frac{\partial w}{\partial z}l_z\right) + G\left(\frac{\partial u}{\partial z}l_x + \frac{\partial v}{\partial z}l_y + \frac{\partial w}{\partial z}l_z\right)
\end{aligned}\right\} \tag{8-9}$$

由此，用位移法解弹性力学问题归结为按给定边界条件积分 Lame 方程。

例 8-1 设有半空间无限体，容重为 p，在上边界上受均布压力 q，如图 8-1 所示。求体内的位移和应力。

解 以 xy 为边界面，取 z 轴垂直向下。体力分量 $F_x = F_y = 0, F_z = p$；面力分量在 $z = 0$ 处，$\overline{F}_x = \overline{F}_y = 0$，$\overline{F}_z = q$，如图 8-1 所示。

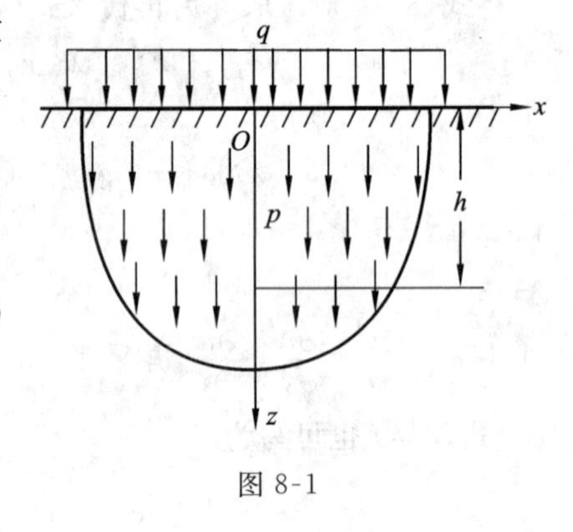

图 8-1

采用半逆解法。由于载荷和几何形状都对称于 z 轴，则各点位移只在 z 向有变化。试假设

$$u = 0, \quad v = 0, \quad w = w(z) \tag{1}$$

于是

$$e = \frac{\partial u}{\partial x} + \frac{\partial v}{\partial y} + \frac{\partial w}{\partial z} = \frac{\mathrm{d}w}{\mathrm{d}z},$$

而

$$\nabla^2 w = \frac{\mathrm{d}^2 w}{\mathrm{d}z^2} \tag{2}$$

因此由 Lame 方程式(8-6)的前两式知，它们成为恒等式自然满足，而第三式给出

$$\frac{\mathrm{d}^2 w}{\mathrm{d}z^2} = -\frac{p}{\lambda + 2G}，积分得\ w = -\frac{p}{2(\lambda + 2G)}z^2 + Az + B \tag{3}$$

式中 A, B 为积分常数。在边界上，$l_x = l_y = 0$，而 $l_z = -1$。边界条件式(8-9)前两式自然满足，因为 $\overline{F}_x = \overline{F}_y = 0$，$w$ 只与 z 有关。又 $\overline{F}_z = q$，其第三式为

$$-\left(\lambda\frac{\mathrm{d}w}{\mathrm{d}z} + 2G\frac{\mathrm{d}w}{\mathrm{d}z}\right)_{z=0} = q \quad 即 \quad \left(\frac{\mathrm{d}w}{\mathrm{d}z}\right)_{z=0} = -\frac{q}{\lambda + 2G} \tag{4}$$

将式(3)代入式(4)得 $A = -q/(\lambda + 2G)$，再代回式(3)，得

$$w = B - \frac{qz}{\lambda + 2G} - \frac{pz^2}{2(\lambda + 2G)} \tag{5}$$

为了确定常数 B,可以将无限的边界条件转化为有限的,即假定半空间体在距平面边界 h 足够远处已经很小而可以忽略,即 $(w)_{z=h}=0$,则由式(5) 得

$$B=\frac{qh}{\lambda+2G}+\frac{ph^2}{2(\lambda+2G)}$$

于是,式(3) 给出的位移为

$$w=\frac{q}{\lambda+2G}(h-z)+\frac{p}{2(\lambda+2G)}(h^2-z^2) \tag{6}$$

将 $\lambda+2G$ 换成 ν,E 来表示,则位移解答为

$$\left.\begin{aligned}&u=v=0\\&w=\frac{(1+\nu)(1-2\nu)}{(1-\nu)E}\left[q(h-z)+\frac{p}{2}(h^2-z^2)\right]\end{aligned}\right\} \tag{8-10}$$

显然最大位移发生在边界上,由式(8-10) 可知

$$w_{\max}=(w)_{z=0}=\frac{(1+\nu)(1-2\nu)}{(1-\nu)E}\left(qh+\frac{1}{2}ph^2\right) \tag{8-11}$$

将式(8-10) 代入式(4-2),再引用式(4-6) 可得应力分量解答

$$\sigma_x=\sigma_y=-\frac{\nu}{1-\nu}(q+pz),\quad \sigma_z=-(q+pz),\quad \tau_{xy}=\tau_{yz}=\tau_{zx}=0 \tag{8-12}$$

二、应力法

以应力作为基本未知量,需将泛定方程改用应力分量 σ_{ij} 表示。应力方程可由应变协调方程(4-4) 和平衡微分方程(4-1),用应力应变关系就可得到用应力表示的应变协调方程[①]。不过也可从位移方程,即已求得的 Lame 方程式(8-4) 出发来推导:

第一步,先将Lame方程转变为3个正应力和的关系式,供以下推证使用。将式(3-48) 和式(3-49) 代入式(8-4) 得

$$\left(\frac{2\nu G}{1-2\nu}+G\right)e_{,i}+Gu_{i,jj}+F_i=0 \tag{8-13}$$

将式(8-13) 简化,可得

$$\frac{1}{1-2\nu}e_{,i}+u_{i,jj}+\frac{F_i}{G}=0 \tag{8-14}$$

使式(8-14) 对 k 取导,则

$$\frac{1}{1-2\nu}e_{,ik}+(u_{i,k})_{,jj}+\frac{F_{i,k}}{G}=0 \tag{8-15}$$

再将式(8-15) 乘以 δ_{ki}(展开式相加),可得

$$\frac{1}{1-2\nu}e_{,ii}+(u_{i,i})_{,jj}+\frac{F_{i,i}}{G}=0 \tag{8-16}$$

由于 $u_{i,i}=e$,再使 $e_{,jj}=e_{,ii}$ 前两项合并,得

$$\frac{2(1-\nu)}{1-2\nu}e_{,ii}+\frac{F_{i,i}}{G}=0 \tag{8-17}$$

令 $\sigma=\sigma_{kk}$,由式(4-12) 知 $e=\dfrac{\sigma_m}{K}=\dfrac{1-2\nu}{E}\sigma$,化简则有

① 见杨桂通编《弹塑性力学》§4-3。

$$\sigma_{,ii} + \frac{1+\nu}{1-\nu} F_{i,i} = 0 \tag{8-18}$$

第二步，再由 Lame 方程，利用几何方程与虎克定律得到应力公式。再按式(8-15) 改变下标符号，可写出以下两式

$$\frac{1}{1-2\nu} e_{,ij} + (u_{i,j})_{,kk} + \frac{F_{i,j}}{G} = 0 \tag{8-19}$$

$$\frac{1}{1-2\nu} e_{,ji} + (u_{j,i})_{,kk} + \frac{F_{j,i}}{G} = 0 \tag{8-20}$$

将式(8-19) 及式(8-20) 相加，得出

$$\frac{2}{1-2\nu} e_{,ij} + (u_{i,j} + u_{j,i})_{,kk} + \frac{1}{G}(F_{i,j} + F_{j,i}) = 0 \tag{8-21}$$

利用式(4-5)，式(8-21) 中 $u_{i,j} + u_{j,i} = 2\varepsilon_{ij} = \dfrac{2}{E}[(1+\nu)\sigma_{ij} - \nu\delta_{ij}\sigma]$，简化后得

$$\sigma_{,ij} + (1+\nu)\sigma_{ij,kk} - \nu\delta_{ij}\sigma_{,kk} + (1+\nu)(F_{i,j} + F_{j,i}) = 0 \tag{8-22}$$

由式(8-18) 并将下标符号 i 改为 k 可得

$$-\frac{\nu}{1+\nu}\delta_{ij}\sigma_{,kk} = \frac{\nu}{1-\nu}\delta_{ij}F_{k,k} \tag{8-23}$$

于是有

$$\frac{1}{1+\nu}\sigma_{,ij} + \sigma_{ij,kk} + \frac{\nu}{1-\nu}\delta_{ij}F_{k,k} + (F_{i,j} + F_{j,i}) = 0 \tag{8-24}$$

由 $\sigma_{ij,kk} = \nabla^2\sigma_{ij}$，式(8-24) 可写成

$$\nabla^2\sigma_{ij} + \frac{1}{1+\nu}\sigma_{,ij} + \frac{\nu}{1-\nu}\delta_{ij}F_{k,k} + (F_{i,j} + F_{j,i}) = 0 \tag{8-25}$$

其展开式为

$$\left.\begin{aligned}
\nabla^2\sigma_x + \frac{1}{1+\nu}\frac{\partial^2\sigma}{\partial x^2} &= -\frac{\nu}{1-\nu}\left(\frac{\partial F_x}{\partial x} + \frac{\partial F_y}{\partial y} + \frac{\partial F_z}{\partial z}\right) - 2\frac{\partial F_x}{\partial x} \\
\nabla^2\sigma_y + \frac{1}{1+\nu}\frac{\partial^2\sigma}{\partial y^2} &= -\frac{\nu}{1-\nu}\left(\frac{\partial F_x}{\partial x} + \frac{\partial F_y}{\partial y} + \frac{\partial F_z}{\partial z}\right) - 2\frac{\partial F_y}{\partial y} \\
\nabla^2\sigma_z + \frac{1}{1+\nu}\frac{\partial^2\sigma}{\partial z^2} &= -\frac{\nu}{1-\nu}\left(\frac{\partial F_x}{\partial x} + \frac{\partial F_y}{\partial y} + \frac{\partial F_z}{\partial z}\right) - 2\frac{\partial F_z}{\partial z} \\
\nabla^2\tau_{xy} + \frac{1}{1+\nu}\frac{\partial^2\sigma}{\partial x\partial y} &= -\left(\frac{\partial F_y}{\partial x} + \frac{\partial F_x}{\partial y}\right) \\
\nabla^2\tau_{yz} + \frac{1}{1+\nu}\frac{\partial^2\sigma}{\partial y\partial z} &= -\left(\frac{\partial F_z}{\partial y} + \frac{\partial F_y}{\partial z}\right) \\
\nabla^2\tau_{zx} + \frac{1}{1+\nu}\frac{\partial^2\sigma}{\partial z\partial x} &= -\left(\frac{\partial F_x}{\partial z} + \frac{\partial F_z}{\partial x}\right)
\end{aligned}\right\} \tag{8-26}$$

当不计体力时，有

$$\nabla^2\sigma_{ij} + \frac{1}{1+\nu}\sigma_{,ij} = 0 \tag{8-27}$$

式(8-26) 和式(8-27) 称为 **Beltrami-Michell 方程**，也即**应力协调方程**。

由此，用应力法解弹性力学问题归结为按给定边界条件满足平衡微分方程(4-1) 和协调方程。注意到：Beltrami-Michell 方程是以应力形式表示的变形协调方程，并且在推导中虽然用到了平衡方程(此处引用 Lame 方程推出)，但推导中进行了对平衡方程的求导[式(8-15)] 已

不能代表平衡方程本身了，故而要重新考虑平衡方程，于是得出上述应力法求解的结论。

下一节我们举等截面悬臂梁的弯曲为空间问题按应力求解的实例。现在我们来讨论两种求解方法的特点。

按位移法求解弹性力学问题时，未知函数的个数比较少，仅有 3 个未知量 u, v, w。但必须求解 3 个联立的二阶偏微分方程。

应力法系以 6 个应力分量作为基本未知函数，用应力法虽然比位移法多了 3 个，而得到比位移法更复杂的方程组，但由于用应力作为未知函数后，边界条件比位移法简单得多，所以对于已知表面力边界的问题，用应力法所得的最后基本方程式，在多数实际问题中反而比位移法简单而且容易求解。

应该指出，用位移法解弹性力学问题时，在满足位移表示的平衡方程及边界条件求得物体各点位移后，用几何条件得出应变分量，则变形连续条件自行满足(因为所设位移函数是单值连续函数)。而用应力法解弹性力学问题时，还须注意所谓位移单值性的问题，因为由应变求位移时，需要进行积分运算，这就涉及到积分的连续条件问题。对于单连体(即只有一个连续边界的物体，也就是内部无空洞的物体)问题，如满足平衡方程、应力协调方程及应力边界条件，则应力分量完全确定，其解是唯一确定的。而对于多连体(即内部有空洞的物体)问题，则除了满足上述方程及边界条件外，还要考虑位移的单值性条件(即物体中任意一点的位移是单值的)，这样才可能完全确定应力分量(这一点已经在本书第六章中厚壁筒解答里进行过讨论)。

虽然上面所说按应力法求解比位移法求解容易些，但就解决弹性体问题的普遍性而言，按位移求解是更为普遍适用的方法，特别是在弹性波传播理论及在数值计算方法中，例如有限差分法、有限单元法等得到了广泛的应用。

对于具体实际问题，应根据问题的特点或者所要求的未知参量，恰当地选择求解方法。不论以位移或应力作为未知函数的位移法或应力法(相当于材料力学和结构力学中求解超静定问题时的位移法与应力法)，在弹塑性力学中为便于构设未知函数，具体解题大多采用逆解法与半逆解法。

第二节* 任意等截面悬臂梁的弯曲

这里将讨论任意等截面悬臂梁，在自由端受力 P 作用的问题。P 力过自由端的弯曲中心 T[①]，并与过截面形心 A 的一个主形心轴平行。取固定端截面的形心为坐标原点，取梁的轴线为 z，x，y 轴与截面的形心主轴重合，见图 8-2。

用半逆解法解此题，参考材料力学结果，设

$$\sigma_x = \sigma_y = \tau_{xy} = 0, \quad \sigma_z = -\frac{P(l-z)}{J_y}x \tag{8-28}$$

式中 J_y 为截面对 y 轴的惯性矩。将式(8-28)代入平衡方程(4-1)，略去体力，得

$$\frac{\partial \tau_{zx}}{\partial z} = 0, \quad \frac{\partial \tau_{yz}}{\partial z} = 0, \quad \frac{\partial \tau_{zx}}{\partial x} + \frac{\partial \tau_{zy}}{\partial y} + \frac{P}{J_y}x = 0 \tag{8-29}$$

由式(8-29)前两式知剪应力 τ_{zx} 和 τ_{zy} 与坐标 z 无关，只是 x, y 的函数。如同扭转问题，取

---

① 当外力通过横截面的弯曲中心时，则杆体受弯时不产生扭转。请参考多学时材料力学教材。

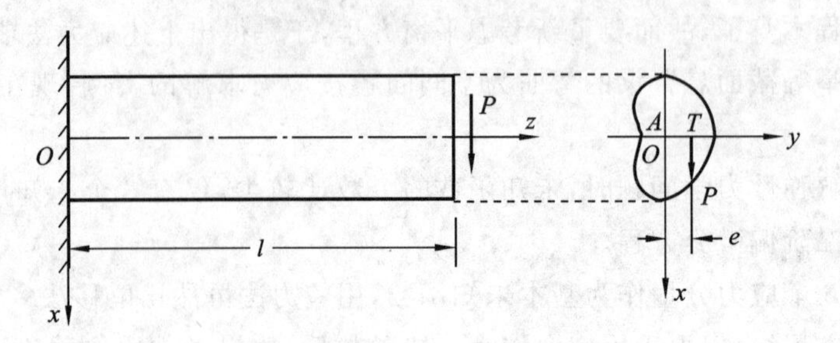

图 8-2

应力函数 $\varphi(x,y)$，使

$$\left.\begin{aligned}\tau_{zx} &= \frac{\partial\varphi}{\partial y} - \frac{Px^2}{2J_y} + f(y)\\ \tau_{yz} &= -\frac{\partial\varphi}{\partial x}\end{aligned}\right\} \tag{8-30}$$

则式(8-30)满足方程式(8-29)，式中的 $f(y)$ 为 y 的任意函数，为满足 τ_{zx} 与沿 x 向的面力边界条件。以式(8-28)代入应力协调方程(8-27)，并注意到：$\sigma=\sigma_x+\sigma_y+\sigma_z=-P(l-z)x/J_y$，则式(8-27)的前四式成为恒等式，第五及第六式为

$$\nabla^2\tau_{yz}=0,\qquad \nabla^2\tau_{zx}=-\frac{P}{(1+\nu)J_y} \tag{8-31}$$

以式(8-30)代入式(8-31)，有

$$\frac{\partial}{\partial x}\nabla^2\varphi=0,\qquad \frac{\partial}{\partial y}\nabla^2\varphi=\frac{\nu}{1+\nu}\frac{P}{J_y}-f''(y) \tag{8-32}$$

由式(8-32)的两式可知

$$\nabla^2\varphi=\frac{\partial^2\varphi}{\partial x^2}+\frac{\partial^2\varphi}{\partial y^2}=\frac{\nu}{1+\nu}\frac{P}{J_y}y-f'(y)+C \tag{8-33}$$

式中 C 是积分常数。这个常数有简单的物理意义，我们考察悬臂梁的横截面上任意一微分体的转动角(刚性转动位移)

$$w_z=\frac{1}{2}\left(\frac{\partial v}{\partial x}-\frac{\partial u}{\partial y}\right) \tag{8-34}$$

它沿轴的变化率是

$$\begin{aligned}\frac{\partial w_z}{\partial z} &= \frac{1}{2}\frac{\partial}{\partial z}\left(\frac{\partial v}{\partial x}-\frac{\partial u}{\partial y}\right)=\frac{1}{2}\left[\frac{\partial}{\partial x}\left(\frac{\partial v}{\partial z}+\frac{\partial w}{\partial y}\right)-\frac{\partial}{\partial y}\left(\frac{\partial u}{\partial z}+\frac{\partial w}{\partial x}\right)\right]\\ &= \frac{1}{2}\left(\frac{\partial\gamma_{yz}}{\partial x}-\frac{\partial\gamma_{zx}}{\partial y}\right)=\frac{1}{2G}\left(\frac{\partial\tau_{yz}}{\partial x}-\frac{\partial\tau_{zx}}{\partial y}\right)\end{aligned} \tag{8-35}$$

以式(8-30)代入，有

$$\frac{\partial w_z}{\partial z}=-\frac{1}{2G}\left[\frac{\partial^2\varphi}{\partial x_2}+\frac{\partial^2\varphi}{\partial y_2}+f'(y)\right] \tag{8-36}$$

以式(8-33)代入式(8-36)，得

$$-2G\frac{\partial w_z}{\partial z}=\frac{\nu}{1+\nu}\frac{P}{J_z}y+C \tag{8-37}$$

由式(8-37)可见该旋转角沿 z 方向的变化率 $\partial w_z/\partial z$(相当单位长度的轴向转角)包括两项；其中 y 的一次项表示对不同 y 坐标的纵向微条，将产生不同的单位长度的轴向转角，因此这部分将引起横截面的畸变；其中常数项表示对杆中所有的纵向微条，将产生相同的单位长度的轴向

转角，这时杆的任意一个横截面，只是刚性地转过某一角度，因此这部分表示杆的扭转变形。实际上，$C/(2G)$ 就是单位长度的扭转角。若 P 力通过截面的弯曲中心 T，柱体无扭转发生，应取 $C=0$，这时式(8-33) 化为

$$\nabla^2\varphi=\frac{\nu}{1+\nu}\frac{P}{J_y}y-f'(y) \tag{8-38}$$

现在再考察边界条件式(4-27)。柱体的侧面有 $l_z=0$，无外力作用，边界条件前两式自动满足，而第三式因 $l_x=\cos(n\hat{,}x)=\mathrm{d}y/\mathrm{d}s$，$l_y=\cos(n\hat{,}y)=-\mathrm{d}x/\mathrm{d}s$，有

$$\tau_{zx}\frac{\mathrm{d}y}{\mathrm{d}s}-\tau_{yz}\frac{\mathrm{d}y}{\mathrm{d}s}=0 \tag{8-39}$$

将式(8-30) 代入式(8-39) 有

$$\frac{\partial\varphi}{\partial y}\frac{\mathrm{d}y}{\mathrm{d}s}-\frac{Px^2}{2J_y}\frac{\mathrm{d}y}{\mathrm{d}s}+f(y)\frac{\mathrm{d}y}{\mathrm{d}s}+\frac{\partial\varphi}{\partial x}\frac{\mathrm{d}y}{\mathrm{d}s}=0 \tag{8-40}$$

因为

$$\frac{\partial\varphi}{\partial y}\frac{\mathrm{d}y}{\mathrm{d}s}+\frac{\partial\varphi}{\partial x}\frac{\mathrm{d}x}{\mathrm{d}s}=\frac{\mathrm{d}\varphi}{\mathrm{d}s} \tag{8-41}$$

所以

$$\frac{\mathrm{d}\varphi}{\mathrm{d}s}=\left[\frac{Px^2}{2J_y}-f(y)\right]\frac{\mathrm{d}y}{\mathrm{d}s} \tag{8-42}$$

我们可以选取任意函数 $f(y)$，使式(8-42) 方括号内的项等于零，即

$$\left[\frac{Px^2}{2J_y}-f(y)\right]_s=0 \tag{8-43}$$

于是，侧面无外力的边界条件转化为 $\mathrm{d}\varphi/\mathrm{d}s=0$，也就是在周边上 φ 是常数，如取这常数为零，则 $\varphi_s=0$。如考虑自由端端面边界条件，可以求出截面上无扭矩的条件，也即弯曲中心 T 距中心 A 的位置 e(图 8-2)，此部分计算从略。

于是弯曲问题归结为解微分方程(8-38)，而在周边上满足式(8-43) 及 $\varphi_s=0$。注意到式(8-38) 也就是 Boisson 方程，柱体弯曲问题也可以通过薄膜比拟法求解。

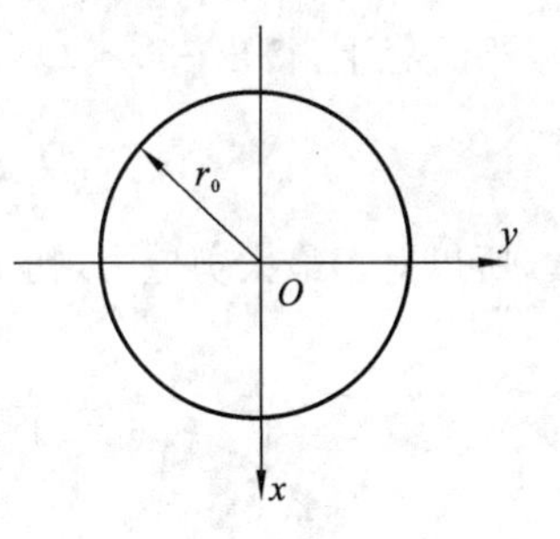

图 8-3

例 8-2 试求半径为 r_0 的圆截面悬臂梁，端点受 P 力作用时截面内的弯曲剪应力(图 8-3)。

解 截面周边为一圆周，其方程为

$$x^2+y^2=r_0^2 \tag{1}$$

为了使周边上满足式(8-43)，取

$$f(y)=\frac{P}{2J_y}(r_0^2-y^2) \tag{2}$$

于是方程(8-38) 为

$$\nabla^2\varphi=\frac{\nu}{1+\nu}\frac{P}{J_y}y+\frac{P}{J_y}y=\frac{1+2\nu}{1+\nu}\frac{P}{J_y}y \tag{3}$$

可见 φ 可以是关于 y 三次，关于 x 二次的多项式，为使周边上 $\varphi_s=0$，取

$$\varphi=m(r_0^2-x^2-y^2)y \tag{4}$$

式中 m 为常系数。以式(4) 代入式(3)，即可求得

$$m=-\frac{1+2\nu}{8(1+\nu)}\frac{P}{J_y} \tag{5}$$

将式(5) 代入式(4),得

$$\varphi=\frac{1+2\nu}{8(1+\nu)}\frac{P}{J_y}(x^2+y^2-r_0^2)y \tag{6}$$

将式(6) 和式(2) 代入式(8-30),得剪应力

$$\left.\begin{aligned}\tau_{zx}&=\frac{3+2\nu}{8(1+\nu)}\frac{P}{J_y}\left(r_0^2-x^2-\frac{1-2\nu}{3+2\nu}y^2\right)\\ \tau_{yz}&=-\frac{1+2\nu}{4(1+\nu)}\frac{P}{J_y}xy\end{aligned}\right\} \tag{8-44}$$

讨论:现在对应力分布作一些分析。在水平直径上($x=0$),由式(8-44) 得到

$$\tau_{yz}=0,\quad \tau_{zx}=\frac{3+2\nu}{8(1+\nu)}\frac{P}{J_y}\left(r_0^2-\frac{1-2\nu}{3+2\nu}y^2\right) \tag{8-45}$$

当 $y=0$,即在圆心处,τ_{zx} 取得最大值,即

$$(\tau_{zx})_{\max}=(\tau_{zx})_{\substack{x=0\\y=0}}=\frac{3+2\nu}{8(1+\nu)}\frac{P}{J_y}r_0^2 \tag{8-46}$$

在水平直径两端 $x=0, y=\pm r_0$ 处,有

$$(\tau_{zx})_{\substack{x=0\\y=\pm r_0}}=\frac{1+2\nu}{4(1+\nu)}\frac{P}{J_y}r_0^2 \tag{8-47}$$

对一般钢材,取 $\nu=0.3$,则有

$$(\tau_{zx})_{\max}=1.38\frac{P}{A},\qquad (\tau_{zx})_{\substack{x=0\\y=\pm r_0}}=1.23\frac{P}{A} \tag{8-48}$$

式中 A 为截面的面积。由式(8-45) 给出的水平直径上 τ_{zx} 的分布如图 8-4 所示。

根据材料力学梁的初等理论,设剪应力均匀分布在截面的水平直径上,得出 $\tau_{zx}=QS/(bJ_y)$,则

$$(\tau_{zx})_{\max}=\frac{4}{3}\frac{P}{A}=1.33\frac{P}{A} \tag{7}$$

所以对于最大剪应力,初等理论的解答误差约为 4%。

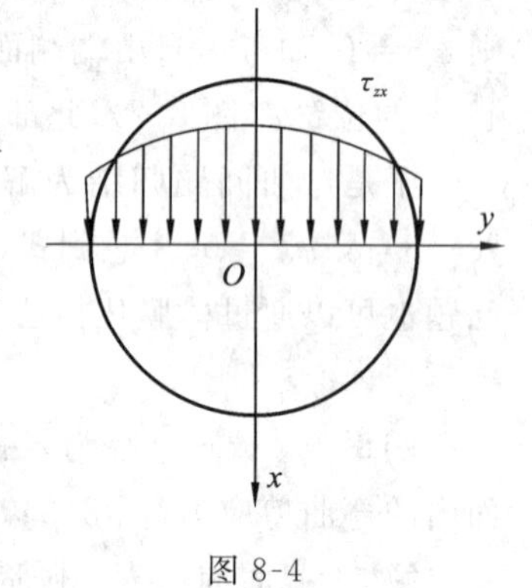

图 8-4

第三节　空间轴对称问题的基本方程

在工程中有不少问题的几何形状是回转体,物体的几何约束和所受的载荷亦是对称于回转轴 z 的。此时用柱坐标表达更为方便,所有各个力学参量分量都是 r 和 z 的函数而与 θ 无关(图 8-5)。这种问题称为**空间轴对称问题**,它是解决弹性接触问题的基础。现用相距 $\mathrm{d}r$ 的两个圆柱面,互成 $\mathrm{d}\theta$ 的两个铅直面和相距 $\mathrm{d}z$ 的两个水平面,从弹性体中截取一个微小六面单元体[图 8-5(a)],依照直角坐标及极坐标的基础理论推导方法,建立圆柱坐标的泛定方程。现将公式介绍如下。

1. 平衡方程

注意到应力分量是(r,z) 的函数,如图 8-5(b) 将微分体各面上的应力分量写出。单位体积内的体力在 r,z 方向的分量分别表示 F_r, F_z,根据此微分体在 r 方向的平衡条件 $\sum R=0$,得

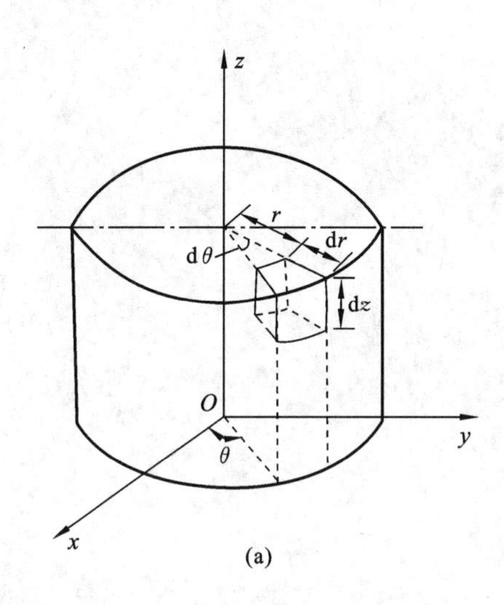

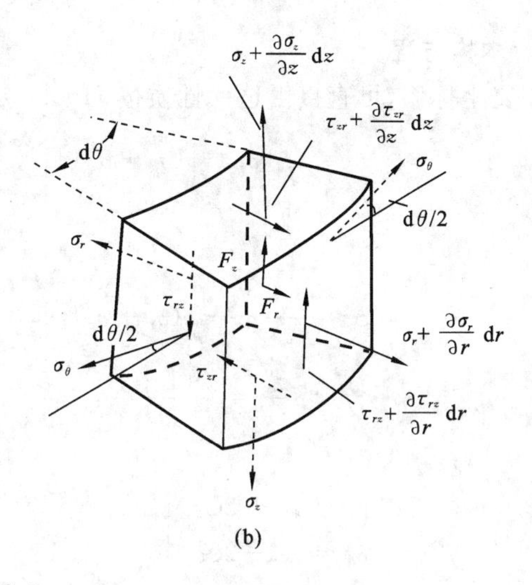

图 8-5

$$\left(\sigma_r+\frac{\partial\sigma_r}{\partial r}\mathrm{d}r\right)(r+\mathrm{d}r)\mathrm{d}\theta\mathrm{d}z-\sigma_r r\mathrm{d}\theta\mathrm{d}z+\left(\tau_{zr}+\frac{\partial\tau_{zr}}{\partial z}\mathrm{d}z\right)\left(r+\frac{\mathrm{d}r}{2}\right)\mathrm{d}\theta\mathrm{d}r$$
$$-\tau_{zr}\left(r+\frac{\mathrm{d}r}{2}\right)\mathrm{d}\theta\mathrm{d}r-2\sigma_\theta\mathrm{d}r\mathrm{d}z\cdot\sin\frac{\mathrm{d}\theta}{2}+F_r\left(r+\frac{\mathrm{d}r}{2}\right)\mathrm{d}\theta\mathrm{d}r\mathrm{d}z=0 \qquad (8\text{-}49)$$

在式(8-49)中，$\tau_{zr}+\frac{\partial\tau_{zr}}{\partial z}\mathrm{d}z$ 及 τ_{zr} 分别为微分体上、下面的剪应力；因为 $\mathrm{d}\theta$ 很小，可取 $\sin\frac{\mathrm{d}\theta}{2}\approx\frac{\mathrm{d}\theta}{2}$，并略去高阶微量，全式除以 $r\mathrm{d}r\mathrm{d}\theta\mathrm{d}z$ 得式(8-50)第一式，同理取 z 向平衡条件 $\sum Z=0$，得式(8-50)的第二式，即

$$\left.\begin{aligned}&\frac{\partial\sigma_r}{\partial r}+\frac{\partial\tau_{zr}}{\partial z}+\frac{\sigma_r-\sigma_\theta}{r}+F_r=0\\&\frac{\partial\sigma_z}{\partial z}+\frac{\partial\tau_{rz}}{\partial r}+\frac{\tau_{rz}}{r}+F_z=0\end{aligned}\right\} \qquad (8\text{-}50)$$

式(8-50)即为空间轴对称问题的平衡微分方程。

2. 几何方程

由径向位移 u 引起的应变分量为

$$\varepsilon_r=\frac{\partial u}{\partial r},\qquad \varepsilon_\theta=\frac{u}{r},\qquad \gamma_{zr}^{(1)}=\frac{\partial u}{\partial z} \qquad (8\text{-}51)$$

而由轴向位移 w 引起的应变分量为

$$\varepsilon_z=\frac{\partial w}{\partial z},\qquad \gamma_{zr}^{(2)}=\frac{\partial w}{\partial r} \qquad (8\text{-}52)$$

于是两者叠加可得空间轴对称问题的位移应变关系式

$$\left.\begin{aligned}&\varepsilon_r=\frac{\partial u}{\partial r}\\&\varepsilon_\theta=\frac{u}{r}\\&\varepsilon_z=\frac{\partial w}{\partial z}\\&\gamma_{r\theta}=\gamma_{\theta z}=0\\&\gamma_{rz}=\frac{\partial u}{\partial z}+\frac{\partial w}{\partial r}\end{aligned}\right\} \qquad (8\text{-}53)$$

3. 本构方程

正交坐标系,可直接由这一性质按 Hooke 定律得到

$$\left.\begin{aligned}\varepsilon_r &= \frac{1}{E}[\sigma_r - \nu(\sigma_\theta + \sigma_z)]\\ \varepsilon_\theta &= \frac{1}{E}[\sigma_\theta - \nu(\sigma_z + \sigma_r)]\\ \varepsilon_z &= \frac{1}{E}[\sigma_z - \nu(\sigma_r + \sigma_\theta)]\\ \gamma_{rz} &= \frac{\tau_{rz}}{G} = \frac{2(1+\nu)}{E}\tau_{rz}\end{aligned}\right\} \tag{8-54}$$

或

$$\left.\begin{aligned}\sigma_r &= \lambda e + 2G\varepsilon_r\\ \sigma_\theta &= \lambda e + 2G\varepsilon_\theta\\ \sigma_z &= \lambda e + 2G\varepsilon_z\\ \tau_{rz} &= G\gamma_{rz}\end{aligned}\right\} \tag{8-55}$$

式中 $e = \varepsilon_r + \varepsilon_\theta + \varepsilon_z = \frac{\partial u}{\partial r} + \frac{u}{r} + \frac{\partial w}{\partial z}$ 为体积应变。式(8-55) 中共有 $\sigma_r, \sigma_\theta, \sigma_z, \tau_{rz}, u, w, \varepsilon_r, \varepsilon_\theta, \varepsilon_z, \gamma_{rz}$ 10 个未知函数,必须满足上述 10 个泛定方程。

4. 空间轴对称问题的 Lame 方程

当体力 $F_r = F_z = 0$ 时,将式(8-55) 代入式(8-50),并采用记号 $\nabla^2 = \frac{\partial^2}{\partial r^2} + \frac{1}{r}\frac{\partial}{\partial r} + \frac{\partial^2}{\partial z^2}$,便可得到以位移表达的平衡方程,即解空间轴对称问题的位移法的基本方程为

$$\left.\begin{aligned}&(\lambda + G)\frac{\partial e}{\partial r} + G\nabla^2 u - G\frac{u}{r^2} = 0\\ &(\lambda + G)\frac{\partial e}{\partial z} + G\nabla^2 w = 0\end{aligned}\right\} \tag{8-56}$$

如计及 $\frac{\lambda + G}{G} = \frac{1}{1-2\nu}$,则式(8-56) 也可写为

$$\left.\begin{aligned}&\frac{1}{1-2\nu}\frac{\partial e}{\partial r} + \nabla^2 u - \frac{u}{r^2} = 0\\ &\frac{1}{1-2\nu}\frac{\partial e}{\partial z} + \nabla^2 w = 0\end{aligned}\right\} \tag{8-57}$$

当由式(8-56) 得到满足边界条件的位移函数后,再代回式(8-53)、式(8-55) 即可求得应变分量和应力分量。

第四节　半空间体在边界上受法向集中力——Boussinesq 问题

当无限弹性空间体上表面受一垂直集中力作用时,其体内各点的应力分布与变形问题,是一个在许多科学技术领域(如弹性接触研究及岩石在钻具作用下的破碎理论中) 常会遇到的问题,通常称之为 Boussinesq 问题。这是一个空间轴对称问题,与所有弹性力学问题一样,可以采用位移解法与应力解法。现在我们只简单介绍该问题求解的位移法。

设半无限体表面受法向集中力 P 作用,坐标选取如图 8-6 所示,当用位移法求解时,其方法就是如何求出方程(8-56) 的解,并使之满足边界条件。Boussinesq 找到了满足式(8-56) 的

两组特解，即满足上述平衡方程的两组位移函数，分别为

$$u = A\frac{rz}{R^3},\quad w = A\left[\frac{z^2}{R^3} + (3-4v)\frac{1}{R}\right] \tag{8-58}$$

$$u = B\frac{r}{R(R+z)}, w = B\frac{1}{R} \tag{8-59}$$

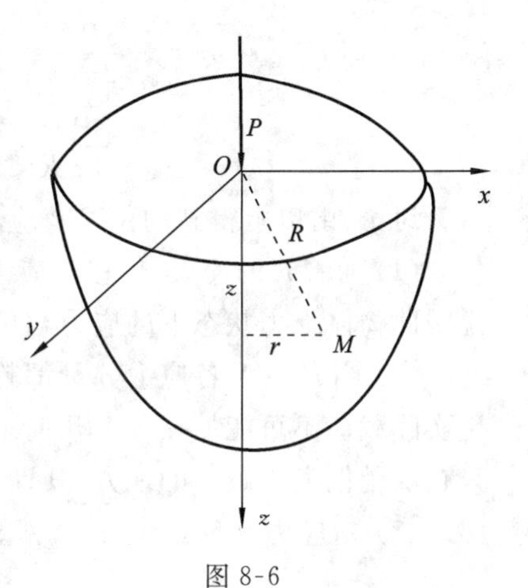

图 8-6

式中，r,z 是被考察点 M 的两个坐标；$R=\sqrt{r^2+z^2}$ 是点 M 到坐标原点的距离；A,B 是两个任意常数。据此，上述两线性无关的特解可以相加得到该二阶偏微分方程式(8-56)的通解：

$$\left.\begin{aligned} u &= A\frac{rz}{R^3} + B\frac{r}{R(R+z)} \\ w &= A\left[\frac{z^2}{R^3} + (3-4\nu)\frac{1}{R}\right] + B\frac{1}{R} \end{aligned}\right\} \tag{8-60}$$

以下利用边界条件来确定常数 A、B。将式(8-60) 代入式(8-55) 并注意到

$$e = \varepsilon_r + \varepsilon_\theta + \varepsilon_z = \frac{\partial u}{\partial r} + \frac{u}{r} + \frac{\partial w}{\partial z} \tag{8-61}$$

则可得到以下四个应力分量的函数

$$\left.\begin{aligned} \sigma_r &= \frac{E}{1+v}\left\{A\left[(1-2v)\frac{z}{R^3} - \frac{3zr^2}{R^5}\right] + \frac{B}{R^2(R+z)^2}\left(z^2 - r^2 + \frac{z^3}{R}\right)\right\} \\ \sigma_\theta &= \frac{E}{1+v}\left[A(1-2v)\frac{z}{R^3} + \frac{B}{R(R+2)}\right] \\ \sigma_z &= -\frac{E}{1+v}\left\{A\left[\frac{3z^3}{R^5} + (1-2v)\frac{z}{R^3}\right] + B\frac{z}{R^3}\right\} \\ \tau_{rz} &= -\frac{E}{1+v}\left\{A\left[\frac{3rz^2}{R^5} + (1-2v)\frac{r}{R^3}\right] + B\frac{r}{R^3}\right\} \end{aligned}\right\} \tag{8-62}$$

为求得任意常数 A,B，先由边界上无剪应力的条件，即当 $z=0, r\neq 0$ 时，$\tau_{rz}=0$(如 $z=0, r\neq 0$ 时，$\sigma_z=0$，自然满足)，可由式(8-62) 最后一式得出

$$(1-2\nu)A + B = 0 \tag{8-63}$$

又可设想过 M 点作一个与边界平行的截面，将弹性半空间体的上部分切下。根据被切下部分的 z 向平衡条件，可得

$$\int_0^\infty \sigma_z(2\pi r\mathrm{d}r) + P = 0 \tag{8-64}$$

将式(8-62) 中的 σ_z 代入式(8-64) 得

$$P - \frac{2\pi E}{1+\nu}[2(1-\nu)A + B] = 0 \tag{8-65}$$

解式(8-63) 与式(8-65) 两式可得

$$A = \frac{P(1+\nu)}{2\pi E},\quad B = -(1-2\nu)\frac{(1+\nu)P}{2\pi E} \tag{8-66}$$

把所得到的 A,B 代回式(8-60)，最后得位移的计算式为

$$\left.\begin{aligned} u &= \frac{(1+\nu)P}{2\pi E}\left[\frac{rz}{R^3} - (1-2\nu)\frac{r}{R(R+z)}\right] \\ w &= \frac{(1+\nu)P}{2\pi E}\left[\frac{2(1-\nu)}{R} + \frac{z^2}{R^3}\right] \end{aligned}\right\} \tag{8-67}$$

再将 A, B 代回式(8-62) 可得应力分量的计算式为

$$\left.\begin{aligned}
\sigma_r &= \frac{P}{2\pi}\left[\frac{1-2\nu}{R(R+z)} - \frac{3zr^2}{R^5}\right] \\
\sigma_\theta &= \frac{P}{2\pi}(1-2\nu)\left[\frac{z}{R^3} - \frac{1}{R(R+z)}\right] \\
\sigma_z &= -\frac{3P}{2\pi}\frac{z^3}{R^5} \\
\tau_{rz} &= -\frac{3P}{2\pi}\frac{rz^2}{R^5}
\end{aligned}\right\} \tag{8-68}$$

讨论:由以上得到的位移及应力计算公式(8-67)、式(8-68) 可以看出:

(1) 随着 R 的增大,位移和应力分量迅速减小。当 $R \to \infty$ 时,位移和应力分量皆趋于零。这说明此物体受力状态下的应力与位移均带有局部的性质。

(2) 当 $R \to 0$,各应力分量都趋于无限大。所以在集中力 P 作用点处材料早已进入塑性,由于实际载荷不可能加在一个几何点上,而实际上是分布在一个小面积上,由圣维南原理说明,只在要稍偏离接触区的地方,其计算公式仍是正确的。

(3) 由应力计算公式(8-68),$z = 0$ 时半无限体边界上的各点应力为

$$\sigma_z = 0, \tau_{rz} = 0, \quad \sigma_r = -\sigma_\theta = \frac{1-2\nu}{R^2}\frac{P}{2\pi} = \frac{1-2\nu}{2r^2}\frac{P}{\pi} \tag{8-69}$$

这说明,边界面上各点受到纯剪切作用。

(4) 由位移计算公式(8-67) 第二式,当 $z = 0$ 半无限体边界处任一点的法向位移沉陷量为

$$(w)_{z=0} = \frac{(1-\nu^2)P}{\pi E r} \tag{8-70}$$

(5) 当 $r = 0, R = z$ 时,亦即在外力作用线 z 线上的各点,由式(8-68) 其应力为

$$\sigma_r = \sigma_\theta = \frac{P}{2\pi}\frac{1-2\nu}{2z^2}, \quad \sigma_z = -\frac{P}{2\pi}\frac{3}{z^2}, \quad \tau_{rz} = 0 \tag{8-71}$$

这说明,在 z 轴上各点受到两向拉伸,一向压缩,它的主应力分别为

$$\sigma_1 = \sigma_2 = \sigma_r = \sigma_\theta, \quad \sigma_3 = \sigma_z < 0 \tag{8-72}$$

以绝对值比较,σ_z 比径向及周向应力 σ_r, σ_θ 大得多。

第五节* 半无限体表面圆形区域内受均匀分布压力作用

为了讨论弹性接触问题,我们先考察半无限体表面圆形区域内受均匀分布压力作用的情况。其解法可以由本章第四节半空间体表面受法向集中力作用的结果,通过叠加法求得法向分布力引起的位移和应力。

设圆形区域的半径为 a,单位面积的压力为 q。先求载荷圆中心下面(z 轴上) 上任一点的位移表达式。对于圆形区域中心下面任意一点 M(图 8-7),由对称性,有

径向位移:$u = 0$;切向位移:$v = 0$ (8-73)

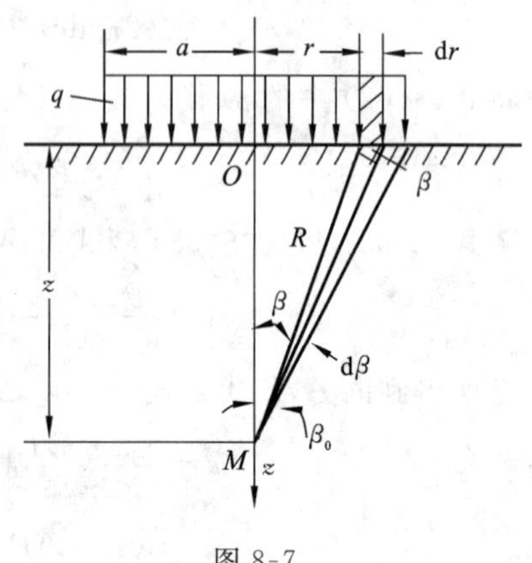

图 8-7

z 方向的位移分量可从式(8-67) 的第二式,对载荷用 dP 表示,并进行叠加而得到,其中使 $dP = 2\pi q r\,dr$,又有几

何关系 $R = z/\cos\beta, r = R\sin\beta, \mathrm{d}r = R\mathrm{d}\beta/\cos\beta$，则

$$\begin{aligned} w &= \int_0^a \frac{2\pi rq(1+\nu)\sin\beta}{2\pi Er}[2(1-\nu)+\cos^2\beta]\mathrm{d}r \\ &= \int_0^{\beta_0} \frac{(1+\nu)qz}{E}\left[2(1-\nu)\frac{\sin\beta}{\cos^2\beta}+\sin\beta\right]\mathrm{d}\beta \\ &= \frac{(1+\nu)q}{E}(\sqrt{a^2+z^2}-z)\left[2(1-\nu)+\frac{z}{\sqrt{a^2+z^2}}\right] \end{aligned} \tag{8-74}$$

令式(8-74)中的 $z=0$，则得载荷圆中心一点的沉陷

$$(w)_{z=0} = \frac{2(1-\nu^2)qa}{E} \tag{8-75}$$

对于半无限体表面上的点 M，要区分它在载荷圆之外还是在其内，现分别讨论如下：

若 M 点在载荷圆之外，则由式(8-70)来求半空间体边界上距圆心为 r 的一点 M 处的沉陷。由图8-8可知，其阴影部分单元面积 $\mathrm{d}A = s\mathrm{d}\varphi\mathrm{d}s$，单元面积上的载荷 $q\mathrm{d}A = qs\mathrm{d}\varphi\mathrm{d}s$，于是在 M 点的沉陷为

$$\frac{(1-\nu^2)q\mathrm{d}A}{\pi Es} = \frac{(1-\nu^2)qs\mathrm{d}\varphi\mathrm{d}s}{\pi Es} = \frac{(1-\nu^2)q}{\pi E}\mathrm{d}\varphi\mathrm{d}s \tag{8-76}$$

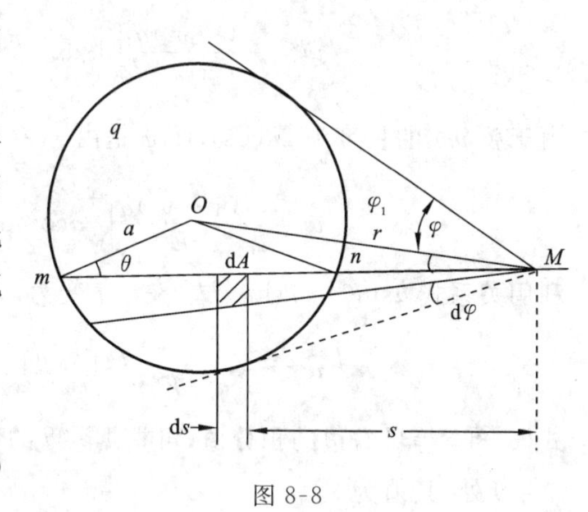

图 8-8

因此 M 点的总沉陷为

$$w = \frac{(1-\nu^2)q}{\pi E}\iint \mathrm{d}s\mathrm{d}\varphi \tag{8-77}$$

对 s 进行积分，注意弦 mn 的长度为：$2\sqrt{a^2-r^2\sin^2\varphi}$，并在对 φ 进行积分时，考虑对称性：$\int_{-\varphi_1}^{\varphi_1}\mathrm{d}\varphi = 2\int_0^{\varphi_1}\mathrm{d}\varphi$，得到

$$w = \frac{4(1-\nu^2)q}{\pi E}\int_0^{\varphi_1}\sqrt{a^2-r^2\sin^2\varphi\mathrm{d}\varphi} \tag{8-78}$$

其中 φ_1 是 φ 的最大值，即圆的切线和 OM 之间的夹角，对于确定的点 M，这是确定的值。

为了便于积分，引进变量 θ，由图可知，它和 φ 之间的关系为

$$a\sin\theta = r\sin\varphi \tag{8-79}$$

又

$$r\cos\varphi = \sqrt{r^2-a^2\sin\theta} \tag{8-80}$$

由式(8-79)两端微分，则

$$\mathrm{d}\varphi = \frac{a\cos\theta\mathrm{d}\theta}{r\cos\varphi} = \frac{a\cos\theta\mathrm{d}\theta}{r\sqrt{1-\frac{a^2}{r^2}\sin^2\theta}} \tag{8-81}$$

将式(8-79)和式(8-81)代入式(8-79)，则当 φ 从0变化到 φ_1 时，θ 由零变化到 $\pi/2$，于是得到 M 点的竖向位移为

$$w = \frac{4(1-\nu)^2 q}{\pi E}\int_0^{\frac{\pi}{2}}\frac{a^2\cos^2\theta\mathrm{d}\theta}{r\sqrt{1-\frac{a^2}{r^2}\sin^2\theta}}$$

$$= \frac{4(1-\nu^2)qr}{\pi E}\left[\int_0^{\frac{\pi}{2}}\sqrt{1-\frac{a^2}{r^2}\sin^2\theta}\mathrm{d}\theta-\left(1-\frac{a^2}{r^2}\right)\int_0^{\frac{\pi}{2}}\frac{\mathrm{d}\theta}{\sqrt{1-\frac{a^2}{r^2}\sin^2\theta}}\right] \tag{8-82}$$

式(8-82)中括号中的两个积分是椭圆积分，它们的值可按 a/r 的数值，由函数表查得。如 M 点在载荷面圆周上，即当 $r=a$ 时，式(8-82)变为

$$(w)_{r=a} = \frac{4(1-\nu^2)qa}{\pi E}\int_0^{\frac{\pi}{2}}\cos\theta\mathrm{d}\theta = \frac{4(1-\nu^2)qa}{\pi E} \tag{8-83}$$

如 M 点在载荷圆之内，做法与上相同，先考虑图8-9阴影部分面积 $\mathrm{d}A=s\mathrm{d}\varphi\mathrm{d}s$，则：$M$ 点的沉陷仍为式(8-77)。

$$w = \frac{(1-\nu^2)q}{\pi E}\iint\mathrm{d}\varphi\mathrm{d}s \tag{8-84}$$

由于弦 mn 的长度为 $2a\cos\theta$，而 φ 是由 $-\frac{\pi}{2}$ 变到$\frac{\pi}{2}$，所以有

$$w = \frac{4(1-\nu^2)q}{\pi E}\int_0^{\frac{\pi}{2}}a\cos\theta\mathrm{d}\varphi \tag{8-85}$$

利用关系式 $a\sin\theta = r\sin\varphi$，式(8-85)变为

$$w = \frac{4(1-\nu^2)qa}{\pi E}\int_0^{\frac{\pi}{2}}\sqrt{1-\frac{r^2}{a^2}\sin^2\varphi}\mathrm{d}\varphi \tag{8-86}$$

式(8-86)等号右边的积分值，可根据 r/a 的值通过查表而得到。最大竖向位移是在圆面的中心 $r=0$ 处，其值为

$$w = \frac{2(1-\nu)^2qa}{E} \tag{8-87}$$

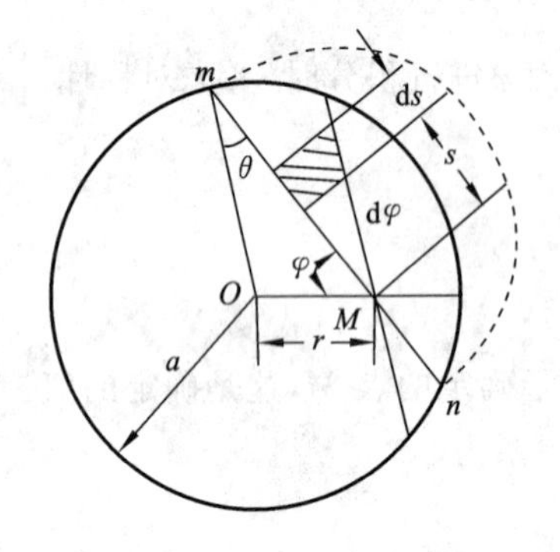

图 8-9

注：图 8-9 中的半圆虚线为留待下节讨论接触应力的变化规律时应用。

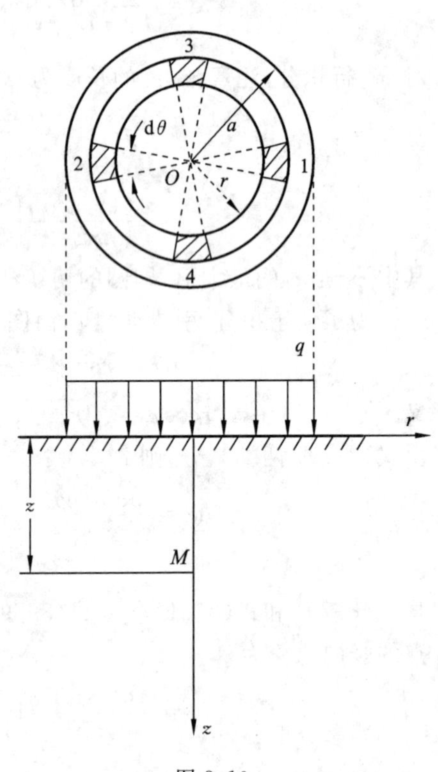

图 8-10

式(8-87)与式(8-75)的结果相同。将式(8-87)与式(8-83)进行比较，可见最大沉陷是载荷圆边界沉陷的 $\pi/2$ 倍，由式(8-87)还可以看到，最大沉陷不仅和载荷集度 q 成正比，而且和载荷圆的半径成正比。

应力也可以利用叠加法求得。例如：对于载荷圆中心下面(即 z 轴上)的任意一点 M 处(图8-10)的应力分

量 σ_z，可把载荷面积分为微分圆环，用圆环上的载荷 $2\pi rq\,\mathrm{d}r$ 代替式(8-68)中第三式里面的 P，对 r 进行积分。得到

$$\sigma_z = -\frac{3z^3}{2\pi}\int_0^a \frac{2\pi rq\,\mathrm{d}r}{(r^2+z^2)^{5/2}} = -q\left[1-\frac{z^3}{(a^2+z^2)^{3/2}}\right] \tag{8-88}$$

为了求得该点处的应力分量 σ_r 和 σ_θ，在载荷圆中分割出微分面 1、2、3、4。由式(8-68)的第一、二式将微分面 1、2 上或微分面 3、4 上两个载荷 $qr\,\mathrm{d}\theta\mathrm{d}r$ 代入，可得该点产生的应力分量为

$$(\mathrm{d}\sigma_r)_{1,2} = (\mathrm{d}\sigma_\theta)_{3,4} = 2\,\frac{qr\,\mathrm{d}\theta\mathrm{d}r}{2\pi}\left[\frac{1-2\nu}{R(R+z)}-\frac{3zr^2}{R^5}\right] \tag{8-89}$$

$$(\mathrm{d}\sigma_\theta)_{1,2} = (\mathrm{d}\sigma_r)_{3,4} = 2\,\frac{(1-2\nu)qr\,\mathrm{d}\theta\mathrm{d}r}{2\pi}\left[\frac{z}{R^3}-\frac{1}{(R+z)R}\right] \tag{8-90}$$

将式(8-89)和式(8-90)对应相加，得微分面 1、2、3、4 上的载荷所产生的应力

$$\mathrm{d}\sigma_r = \mathrm{d}\sigma_\theta = \frac{qr\,\mathrm{d}\theta\mathrm{d}r}{\pi}\left[\frac{(1-2\nu)z}{R^3}-\frac{3r^2z}{R^5}\right] \tag{8-91}$$

为了求得全部载荷在该点所引起的应力分量，只需将式(8-91)对 θ 从 0 到 $\pi/2$ 积分，对 r 从 0 到 a 积分，即

$$\begin{aligned}\sigma_r = \sigma_\theta &= \frac{q}{2}\int_0^a\left[\frac{(1-2\nu)z}{(r^2+z^2)^{3/2}}-\frac{3r^2z}{(r^2+z^2)^{5/2}}\right]r\mathrm{d}r\\ &= -\frac{q}{2}\left[(1+2\nu)+\frac{z^3}{(a^2+z^2)^{3/2}}-\frac{2(1+\nu)z}{(a^2+z^2)^{1/2}}\right]\end{aligned} \tag{8-92}$$

在载荷圆的中心(即 $z=0$)处，有

$$\sigma_z = -q,\quad \sigma_r = \sigma_\theta = -\frac{q(1+2\nu)}{2} \tag{8-93}$$

Oz 轴上任一点的最大剪应力发生在与 z 轴成 45° 的平面上，其值为

$$\tau_{\max} = \frac{1}{2}(\sigma_\theta-\sigma_z) = \frac{q}{2}\left[\frac{1-2\nu}{2}+\frac{(1+\nu)z}{(a^2+z^2)^{1/2}}-\frac{3}{2}\frac{z^3}{(a^2+z^2)^{3/2}}\right] \tag{8-94}$$

在

$$z = a\sqrt{\frac{2(1+\nu)}{7-2\nu}} \tag{8-95}$$

处，最大剪应力达到最大值，它等于

$$\left[\frac{1}{2}(\sigma_\theta-\sigma_z)\right]_{\max} = \frac{q}{2}\left[\frac{1-2\nu}{2}+\frac{2}{9}(1+\nu)\sqrt{2(1+\nu)}\right] \tag{8-96}$$

当 $\nu=0.3$ 时，式(8-95)和式(8-96)变成 $z=0.638a$，$\tau_{\max}=0.33q$。

第六节* 两球体间的接触压力

应用本章第五节所得的结果，可以导出两个弹性体之间的接触压力及由此引起的应力和变形。现在讨论两个球体的接触问题。设两个半径分别为 R_1 和 R_2，如图 8-11 所示。

设开始时两个球体不受压力作用，它们仅接触于一点 O，在两个球体表面上距公共法线为 r 的点 M_1 和点 M_2 与 O 点的切线间的距离为 z_1 和 z_2，由 $(R_1-z_1)^2+r^2=R_1^2$，知 $z_1=\dfrac{r^2}{(2R_1-z_1)}$。又因 $z_1\ll 2R_1$，则可求得 z_1，同理也可求得 z_2，如式(8-97)所示

$$z_1 = \frac{r^2}{2R_1}, \quad z_2 = \frac{r^2}{2R_2} \tag{8-97}$$

则 M_1 点与 M_2 点之间的距离为

$$z_1 + z_2 = r^2\left(\frac{1}{2R_1} + \frac{1}{2R_2}\right) = \frac{R_1 + R_2}{2R_1 R_2} r^2 = \beta r^2 \tag{8-98}$$

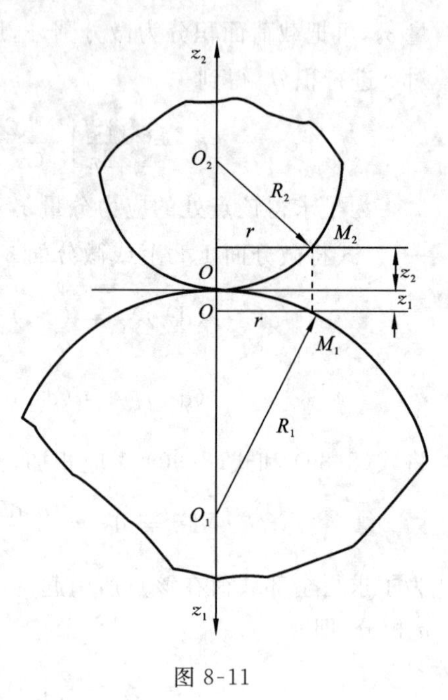

图 8-11

式中 $\beta = \frac{(R_1 + R_2)}{2R_1 R_2}$。当两个球体沿接触点 O 的公共法线用力 P 相压时，在接触点的附近，将产生局部变形而形成一个圆形的接触面，由于接触面边界的半径总是远小于 R_1 和 R_2，所以可以采用前面关于半无限体的结果来讨论这种局部变形。现分别用 w_1 和 w_2 表示 M_1 点沿 z_1 方向的位移及 M_2 点沿 z_2 方向的位移，δ 表示位于O点的公共法线上而距O点很远的任意两点（在这些点上因压缩而引起的变形可略去不计）因压缩而互相接近的距离。如果点 M_1 和点 M_2 由于局部变形而成为接触面内的同一点 M，则由几何关系有 $\delta = (z_1 + z_2) + (w_1 + w_2)$ 或 $w_1 + w_2 = \delta - (z_1 + z_2)$。将式(8-98) 代入得

$$w_1 + w_2 = \delta - \beta r^2 \tag{8-99}$$

根据对称性可以推测，球体接触面一定是以接触点 O 为中心的圆，现用图 8-9 中的圆来表示接触面，M 点表示球体 O_1 在接触面上的点（即变形前的 M_1 点），将球体 O_1 近似地作为半无限体，从本章第五节式(8-98)，得该点的位移

$$w_1 = \frac{1 - \nu_1^2}{\pi E_1}\iint q \mathrm{d}s\mathrm{d}\varphi \tag{8-100}$$

其中 q 是点(r,φ) 处的单位面积压力，此处是变量应放在积分号内；E_1，ν_1 为球体 O_1 的弹性常数，而积分区域应包括整个接触面。对于球体 O_2 也可以得到相似的公式。于是，

$$w_1 + w_2 = (k_1 + k_2)\iint q \mathrm{d}s\mathrm{d}\varphi \tag{8-101}$$

式中

$$k_1 = \frac{1 - \nu_1^2}{\pi E_1}, \quad k_2 = \frac{1 - \nu_2^2}{\pi E_2} \tag{8-102}$$

将式(8-101) 代入式(8-99)，得

$$(k_1 + k_2)\iint q \mathrm{d}s\mathrm{d}\varphi = \delta - \beta r^2 \tag{8-103}$$

至此，把问题归结为寻求未知函数 $q(r,\varphi)$（压力的分布规律），使式(8-103) 满足。

已经提到，由于对称接触面一定是圆面积，压力 q 在接触面中心为最大。Hertz 用半逆解法解决了这个问题。他指出，如果假定接触面上的压力 q 大小的分布规律与接触圆上作出的以 a 为半径的半球面的纵坐标成正比，则方程式(8-103) 可以满足。如以 q_0 表示接触圆中心 O 的压力，则根据上述假定，应有 $q_0 = ka$，由此得 $k = q_0/a$，k 这个比值表示接触面内所有分布压力 q 的放大或缩小的倍数，它是常值。这就是说，根据 Herlz 假定接触面内任一点的压力，应等于半球面在该点的高度和 k 的乘积。于是不难从图 8-9 看出，式(8-103) 左边的积分应等于作用于弦 mn 上的半圆（图 8-9 上用虚线半圆表示）面积 A 和 k 的乘积，即

$$\int q\mathrm{d}s = kA = \frac{q_0}{a}A \tag{8-104}$$

由于 $A = \pi(a^2 - r^2\sin^2\varphi)/2$，代入式(8-104) 后再代入式(8-103)，φ 是两倍于由 0 到 $\pi/2$ 进行积分，有

$$(k_1 + k_2)2\int_0^{\frac{\pi}{2}} \frac{q_0}{a}\ \frac{\pi}{2}(a^2 - r^2\sin^2\varphi)\mathrm{d}\varphi = \delta^2 - \beta r^2 \tag{8-105}$$

积分后得

$$(k_1 + k_2)\frac{\pi^2 q_0}{4a}(2a^2 - r^2) = \delta^2 - \beta r^2 \tag{8-106}$$

要使式(8-106) 对所有的 r 都成立，等式两边的常数项和 r^2 的系数分别相等，于是有

$$(k_1 + k_2)\frac{\pi^2 a q_0}{2} = \delta,\quad (k_1 + k_2)\frac{\pi^2 q_0}{4a} = \beta \tag{8-107}$$

这也证明了，只要式(8-107) 成立，Hertz 所假定的接触圆上的压力分布是正确的。

根据平衡条件，上述半球体积与 k 的乘积应等于外加压力 P，并由此求得最大单位面积压力 q_0 的值，即

$$q_0 = \frac{3P}{2\pi a^2} \tag{8-108}$$

它等于平衡压力 $P/(\pi a^2)$ 的 1.5 倍。将式(8-99) 和式(8-108) 代入式(8-107)，解得

$$a = \left[\frac{3\pi P(k_1 + k_2)R_1R_2}{4(R_1 + R_2)}\right]^{\frac{1}{3}},\quad \delta = \left[\frac{9\pi^2P^2(k_1 + k_2)^2(R_1 + R_2)}{16R_1R_2}\right]^{\frac{1}{3}} \tag{8-109}$$

由此从式(8-108) 可求得最大接触压力为

$$q_0 = \frac{3P}{2\pi}\left[\frac{4(R_1 + R_2)}{3\pi P(k_1 + k_2)R_1R_2}\right]^{\frac{2}{3}} \tag{8-110}$$

在 $E_1 = E_2 = E$ 及 $\nu_1 = \nu_2 = 0$ 时，有

$$\left.\begin{aligned} a &= 1.109\sqrt[3]{\frac{P}{E}\frac{R_1R_2}{(R_1 + R_2)}} \\ \delta &= 1.231\sqrt[3]{\frac{P^2}{E^2}\frac{(R_1 + R_2)}{R_1R_2}} \\ q_0 &= \frac{3}{2}\frac{P}{\pi a^2} = 0.388\sqrt[3]{PE^2\frac{(R_1 + R_2)^2}{R_1^2R_2^2}} \end{aligned}\right\} \tag{8-111}$$

求得了接触面之间的压力，利用本章第五节导出的公式可求得两个球体中的应力。最大压应力发生在接触面的中心，其值为 q_0，最大剪应力发生在公共线上距接触中心约为 $0.47a$ 处，其值为$0.31q_0$；最大拉应力发生在接触面的边界上，其值为 $0.133q_0$。

如球体与平面相接触[图 8-12(a)]，可取 $R_1 \to \infty$，利用式(8-111) 计算得

$$a = 1.109\sqrt[3]{\frac{PR_2}{E}},\quad \delta = 1.231\sqrt[3]{\frac{P^2}{E^2R_2}},\quad q_0 = 0.388\sqrt[3]{\frac{PE^2}{R_2^2}} \tag{8-112}$$

如球体与球座相接触[图 8-12(b)]，可取 R_1 为负值。

由以上公式可见，最大接触压应力与载荷不是成线性关系，而是与载荷的立方根成正比，这是因为随着载荷的增加，接触面也在增大，其结果使接触面上的最大压应力的增长较载荷的增长为慢。应力与载荷成非线性关系是接触应力的重要特征之一。接触应力的另一特征是应力与材料的弹性模量 E 和泊松 ν 有关，这是因为接触面积的大小与接触物体的弹性变形有关的缘故。

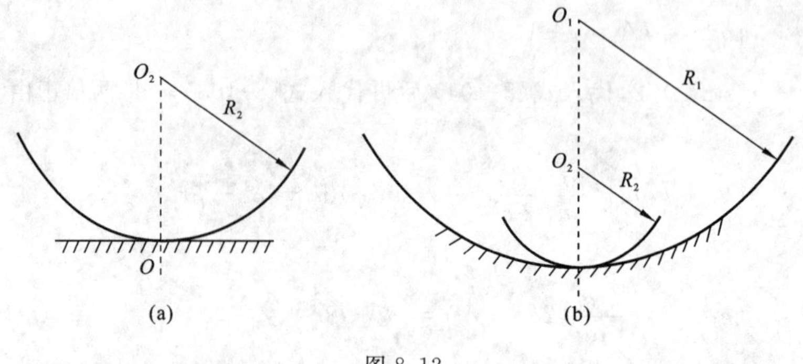

图 8-12

关于两任意弹性体的接触可参考一般弹性力学书籍①。各种接触问题的公式，工程上有手册可查。

例 8-3 直径分别为 10mm 与 100mm 的两钢球相接触，其间的压紧力 $P = 10\text{N}$，试求接触圆的半径 a，两中心相对位移 δ 和最大接触压力 q_0。

解 将有关数据代入式(8-111) 得

$$a = 0.67\text{mm}, \quad \delta = 9.8 \times 10^{-4}\text{mm}, \quad q_0 = 1\,080\text{N/mm}^2$$

第七节 力学分析方法概述

弹塑性力学与所有力学的分析方法一样，用数学公式来表达弹塑性体受力的变形问题有两条不同的途径：其中一条途径是以牛顿定律作为依据，通过微分体各力学参量之间的关系建立微分方程及其边界条件，这属于"矢量力学"范畴，我们要求的解就是应当既满足泛定方程，又满足边界条件，如果是精确满足就是精确解，如果是近似满足就是近似解（本书在以前所讨论的都是这部分内容），另一途径是以功能原理作为依据在上述微分关系上，最后通过积分建立整个物体的能量表达式（泛函）求其驻值或极值问题，这属于"分析力学"的范畴。我们要求的解就是精确或近似满足边界条件，同时使能量具有极值（一般为最小值）。上述两种途径：前者称为**几何法（矢量法）**，后者称为**变分法（能量法）**。在一定条件下它们所讨论的内容可以互相转化，它们所得到的结果可以为函数解，是等价的，统称为力学分析的**解析法**。

矢量法与**能量法**在应用上各有特点，一般说来：

（1）矢量法中微分方程的形成是与矢量相联系的，所以对于二维或三维问题就有联立的两个或三个微分方程组，而且方程的形式随着坐标的变换而改变。而能量法是以虚功或余虚功原理作依据，综合三大力学规律以能量形式表示的，是不随坐标变换的改变量。

（2）对于弹塑性力学边值问题的求解，真正能解出精确的函数解的只是极少数的简单问题，特别在二维和三维问题中更为困难，这是因为客观事物的复杂性与多样性不可能用有限的闭合的"解析函数"来描述。而能量法（指应用能量原理的变分法）却为求近似解提供了有利条件，因为能量计算中的最高阶次导数只有微分方程中的最高阶次导数阶次的一半（可以材料力

---

① 可参见黄炎编著《工程弹性力学》§ 10-4。

学梁的弹性曲线方程为例)。另外,微分方程的边界条件在用能量法时可以相应放松。所以能量法更容易构造近似解。

对基于能量原理的变分法我们将在第十章力学的变分解法中叙述。

以上说明为适应和满足工程实际问题的需要,弹性力学必须提供有足够精确度的近似解法。更由于近代电子计算技术的发展,为解析法转向数值法提供了强有力的工具。因此,应用数值法来求解问题的近似解是现代力学分析方法。

力学分析中的**数值法**又可分为两类:

第一类是在解析法的基础上进行近似数值计算。先对弹塑性力学问题建立基本微分方程,然后对基本微分方程采用近似的数值解法。这类方法的代表是有限差分法。

第二类是在力学模型上进行近似的数值计算。先将连续体分割为有限个单元组成的离散化模型求出数值解答。这类方法的代表是有限单元法。关于离散计算的有限单元法已形成专门学科,读者可参考有关书籍。

综上所述,现将力学分析方法及其解的分类归纳如下:

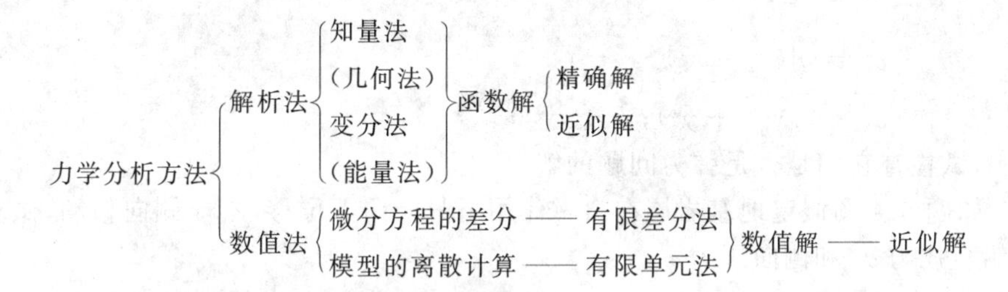

为了辩证地讨论问题,这里再给出几点说明。

(1) 有些学者认为能量原理是比牛顿第二定律更为根本的规律,从它可以导出牛顿定律。但并非所有的力都能用势能(或余能)来表示,例如非保守系统的摩擦力就是如此。所以在数学上并非所有的微分方程都有对应的泛函极值问题。

(2) 上述的力学分析方式绝不是孤立的,历史上首先是用能量法求近似解(如 Ritz 法),但随后是直接用微分方程求近似解(如 Галёркии 法)。当前国内外的有限元的发展也是如此,开始主要是用能量法,目前也运用微分方程,因为它更广泛、更根本而且简单直接。所有这些近似计算,无论用能量或微分方程都属变分计算。长时间来,人们把现代的有限元法和古典的差分法看成是毫不相干的,但变分方程和微分方程是等价的,因而有限元法与有限差分法必然有内在的联系。目前,这两类方法有互相渗透、渐趋一致的趋势。又如所谓加权残(余)数法就是介于求解微分方程的解析法与通过变分原理求近似解的方法之间的一种数值方法。

习　题

8-1　试用位移法基本(Lame)方程推导出平面应变问题的协调方程：

$$\nabla^2(\sigma_x+\sigma_y)=-\frac{1}{1-\nu}\left(\frac{\partial F_x}{\partial x}+\frac{\partial F_y}{\partial y}\right)$$

8-2　已知等直杆纯弯曲时的位移分量为

$$u=\frac{M}{EJ}xy+\omega_y z-\omega_z y+u_0$$

$$v=-\frac{M}{2EJ}(x^2+\nu y^2-\nu z^2)+\omega_z x-\omega_x z+v_0$$

$$w=\frac{-\nu M}{EJ}yz+\omega_x y-\omega_y x+w_0$$

证明它们满足位移法基本(Lame)方程和相应的边界条件。

8-3*　当体力为零时，应力分量为：

$$\sigma_x=a[y^2+\nu(x^2-y^2)]\quad;\quad\tau_{xy}=-2a\nu xy$$

$$\sigma_y=a[x^2+\nu(y^2-x^2)]\quad;\quad\tau_{yz}=0$$

$$\sigma_z=a\nu(x^2+y^2);\quad\tau_{zx}=0$$

式中 $a\neq0$，试检查它们是否是弹力问题的解。

8-4　如题 8-4 图假定地基岩层在自重作用下只能向下位移，不能侧向移动。试求地下岩体所受的铅直压力 σ_x 和侧向压力 σ_y。

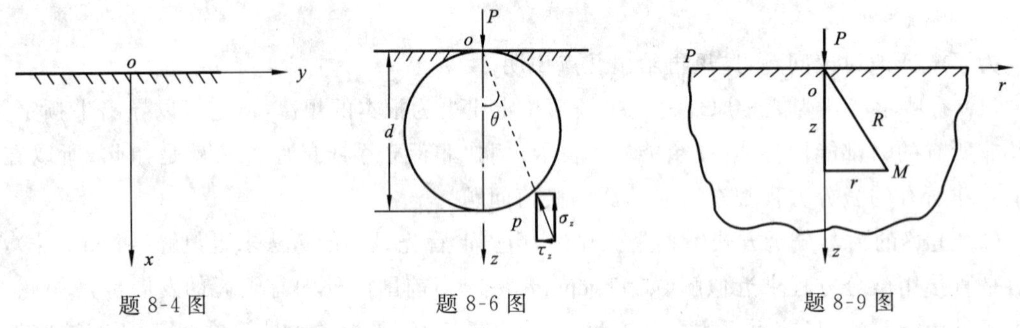

题 8-4 图　　题 8-6 图　　题 8-9 图

8-5　设应力分量为 $\sigma_x=ax+by$，$\sigma_y=cx+dy$，$\tau_{xy}=ex+fy$，$\sigma_z=\tau_{yz}=\tau_{zx}=0$，试求怎样的应力分布可作弹性应力解的条件。

8-6　试证明在集中力 P 作用的弹性半空间体内，应力分析有下述特点：设有在原点与边界面相切的球(题 8-6 图)，则在球面相截的所有水平面上的点的总应力 p 指向坐标原点，且其大小等于 $p=\dfrac{3P}{2\pi d^2}$。

8-7*　当布氏硬度计的钢球压入钢质零件的平表面时，设 $P=10\text{N}$，钢球直径为 10mm，如不计钢球自重，试求所产生的最大接触压力 q_0，相对位移 δ 和接触圆的半径 a。

8-8*　已知半径为 $R_2=50\text{mm}$ 的凹球面与半径为 $R_1=10\text{mm}$ 的球面接触，受到压力 $P=10\text{N}$ 的作用，材料均为钢制，试求接触面的半径 a，球中心的相对位移 δ，最大压应力 q_0，最大拉应力 $\sigma_{\max}$ 和最大剪应力 $\tau_{\max}$。

8-9　已知如题 8-9 图所示的半无限弹性体的边界面上，承受垂直于界面的集中力 P 的作用，试用位移法求位移及应力公式。

第九章* 加载曲面·材料稳定性假设·塑性势能理论

第一节 加载曲面

在第三章第九节中，对于复杂应力状态，我们引入了加载曲面的概念。我们认识到加载曲面是应力空间中的曲面，它对应于材料的给定状态，将应力空间划分为弹性区和塑性区。

如果材料是理想塑性的，则初始屈服面是固定的，应力点不能超出屈服面之外。而且，无论应力点是在屈服面之内或者刚刚达到屈服面之上，变形都是弹性的，材料处于初始弹性状态，应力和应变之间有单值对应关系，并服从广义 Hooke 定律，所以初始屈服条件总可以写成应力分量的函数

$$f(\sigma_{ij}) = 0 \tag{9-1}$$

对于强化材料，在发生塑性变形后，其相继弹性范围的边界则是变化的。因此材料进入塑性状态后，再继续产生塑性变形时的条件不同于初始屈服条件，称为**加载条件**。相应于加载条件的屈服曲面称为**加载面**或**强化曲面**（即**后继屈服面**）。后继屈服函数也改称为**加载函数**。由于强化材料的加载条件不只是与瞬时应力状态有关，而且与材料的加载历史有关，加载函数一般可写为

$$f(\sigma_{ij}, H) = 0 \tag{9-2}$$

其中 H 是一个决定于加载历史与材料特性的参数。

在本书第三章第九节中曾提出复杂应力状态下，产生新的塑性变形的加载条件（或加载准则）。现以屈服函数（加载函数）表示如下，并用主应力空间的几何图像来说明。

$$\left.\begin{aligned}
&\mathrm{d}f = \frac{\partial f}{\partial \sigma_{ij}}\mathrm{d}\sigma_{ij} \geqslant 0,\text{加载（}\mathrm{d}f = 0\text{ 指理想塑性材料）}\\
&\mathrm{d}f = \frac{\partial f}{\partial \sigma_{ij}}\mathrm{d}\sigma_{ij} < 0,\text{卸载}\\
&\mathrm{d}f = \frac{\partial f}{\partial \sigma_{ij}}\mathrm{d}\sigma_{ij} = 0,\text{中性变载（指强化材料）}
\end{aligned}\right\} \tag{9-3}$$

从几何图像上来观察，$f(\sigma_{ij}) = 0$[图 9-1(a)]或 $f(\sigma_{ij}, H) = 0$[图 9-1(b)]，在应力空间中为屈服或加载曲面。$\frac{\partial f}{\partial \sigma_{ij}}$ 表示屈服面的变化率，并与此曲面的外法线 n 矢量的分量成正比[①]，而 $\mathrm{d}\sigma$ 则表示应力空间中应力增量矢量，其分量即为 $\mathrm{d}\sigma_{ij}$。因此，$\frac{\partial f}{\partial \sigma_{ij}}\mathrm{d}\sigma_{ij}$ 与数性积 $n \cdot \mathrm{d}\sigma$ 同号（在第

① 在第九章第三节中将证明屈服函数是塑性势能函数，势能函数 f 上一点梯度 $\mathrm{grad}f = \frac{\partial f}{\partial \sigma_{ij}}n = \frac{\partial f}{\partial \sigma_1}i + \frac{\partial f}{\partial \sigma_2}j + \frac{\partial f}{\partial \sigma_3}k$ 是一个矢量，其方向与等势面 f 在该点的外法线方向相同，它在各应力轴上的投影为 $\frac{\partial f}{\partial \sigma_{ij}}$。

九章第三节塑性势能函数中将进一步说明)。

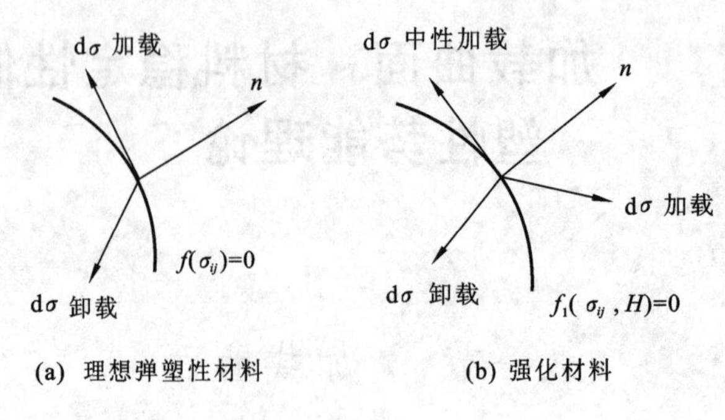

(a) 理想弹塑性材料　　(b) 强化材料

图 9-1

$\frac{\partial f}{\partial \sigma_{ij}} \mathrm{d}\sigma_{ij} > 0$时,表示 dσ 指向屈服面外(对强化材料为加载);$\frac{\partial f}{\partial \sigma_{ij}} \mathrm{d}\sigma_{ij} = 0$时,表示 dσ 与曲面相切(对理想塑性材料为加载,对强化材料为中性变载);$\frac{\partial f}{\partial \sigma_{ij}} \mathrm{d}\sigma_{ij} < 0$时,表示 dσ 指向屈服面内,为卸载。

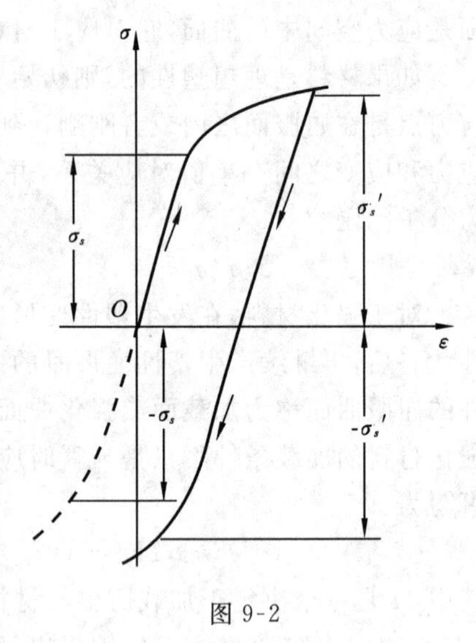

图 9-2

对于强化材料加载曲面的变化是很复杂的。下面简单介绍两种强化模型。

1. 等向强化模型

这种模型认为在应力空间里加载面作形状相似的扩大。在一维情况(单向应力状态)表示强化后拉伸屈服极限(σ_s')和压缩屈服极限($-\sigma_s'$)绝对值相等(图 9-2)。在复杂应力状态下,屈服面形状不变,均匀扩大,其中心位置不变。图 9-3(a)、(b) 分别表示 Mises 条件和 Tresca 条件的等向强化材料的屈服面的变化情况。其数学表达式为

$$f(\sigma_{ij}) = H(\mathrm{d}\bar{\varepsilon}^P) \tag{9-4}$$

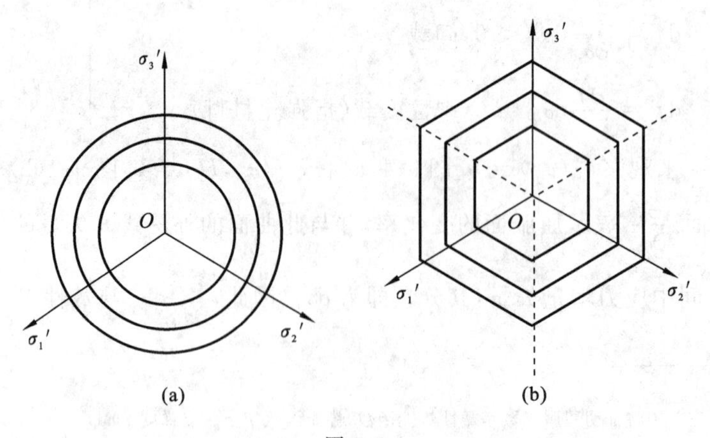

图 9-3

式中 $H(\mathrm{d}\bar{\varepsilon}^P)$ 表示屈服面扩展时与塑性变形有关的某一函数。等向强化模型忽略了各向异性的影响，因此只有在变形不大时使用。

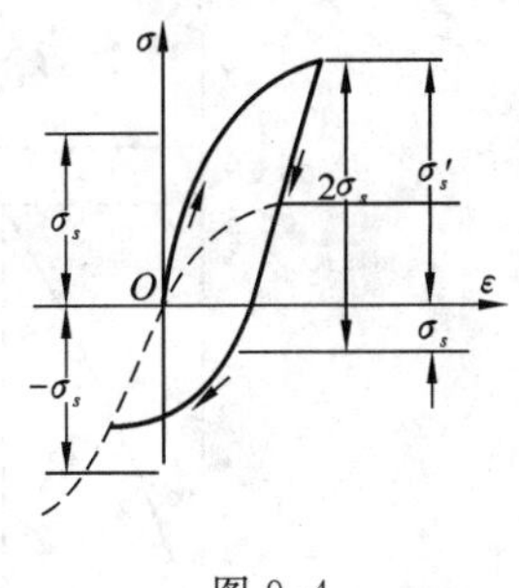

图 9-4

2. 随动强化模型

这种模型认为拉伸强化时使压缩屈服极限 $\sigma_s'^- < \sigma_s'^+$ 降低，但材料总的弹性范围不变，弹性卸载区间是初始屈服应力 σ_s 的两倍。由于拉伸强化而使得压缩屈服应力减小，这符合Bauschinger 效应(图 9-4)。当拉压时，如在塑性变形后将原点从 O 移到 O'。在复杂加载条件下，它认为屈服面的大小形状不变，在加载过程中按塑性变形方向发生刚性位移，见图 9-5(a)、(b)。随动强化条件可以写成

$$f[(\sigma_{ij}) - H(\bar{\varepsilon}^P)] = \sigma_s \tag{9-5}$$

$H(\bar{\varepsilon}^P)$ 表示屈服面中心产生的位移。

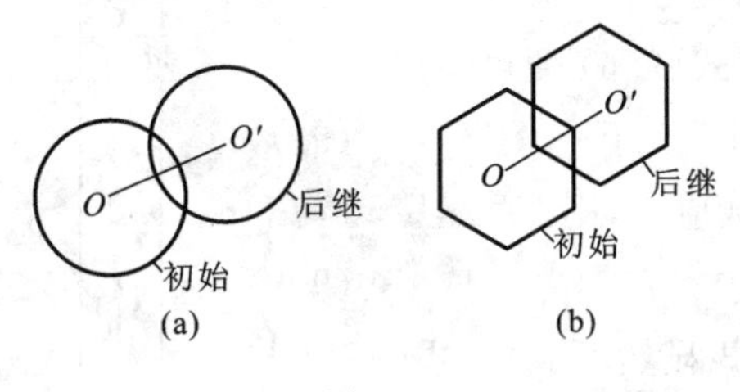

图 9-5

第二节　材料稳定性假设(Drucker 假设)

一、材料稳定性的概念

对于强化材料在简单加载时，其屈服极限在变形过程中是不断变化的，就应力应变曲线行为说来有下列形式：

(1) 应力随着载荷增大，这时应力增量 $\mathrm{d}\sigma$ 和应变增量 $\mathrm{d}\varepsilon$ 做的功 $\mathrm{d}\sigma\mathrm{d}\varepsilon > 0$，有这种特性的材料称为**稳定材料**，见图 9-6(a)。

(2) 随着应变增量 $\mathrm{d}\varepsilon$ 的增加，而应力增量 $\mathrm{d}\sigma$ 却不断减小。这时它们做负功 $\mathrm{d}\sigma\mathrm{d}\varepsilon < 0$，有这种特性的材料称为**不稳定材料**，见图 9-6(b)。

这里应指出的是所考虑的只是应力增量(也即附加应力) 对于应变增量所做的功，而不是总的应力所做的功。在图 9-6(b) 中，虽然 $\mathrm{d}\sigma\mathrm{d}\varepsilon < 0$，但是应力 σ 所做的功 $\sigma\mathrm{d}\varepsilon$ 是正的。

稳定材料的概念也可用塑性功的概念来叙述，如图 9-7 所示。设初始应力 σ^0 处于弹性状态，然后加载至 σ(σ 为初始屈服应力或加载应力)。如再继续加载到 $\sigma + \mathrm{d}\sigma$，则产生塑性应变增量 $\mathrm{d}\varepsilon^P$，此时如将载荷卸去，使应力恢复到 σ^0，如在整个应力循环过程中，所作的塑性功不小于零，则这种材料便是稳定的。上述功不可能是负的，否则我们可以通过应力循环不断地从材料中吸取能量。用数学公式表示，即为

$$(\sigma + \mathrm{d}\sigma - \sigma^0)\mathrm{d}\varepsilon^P \geqslant 0 \tag{9-6}$$

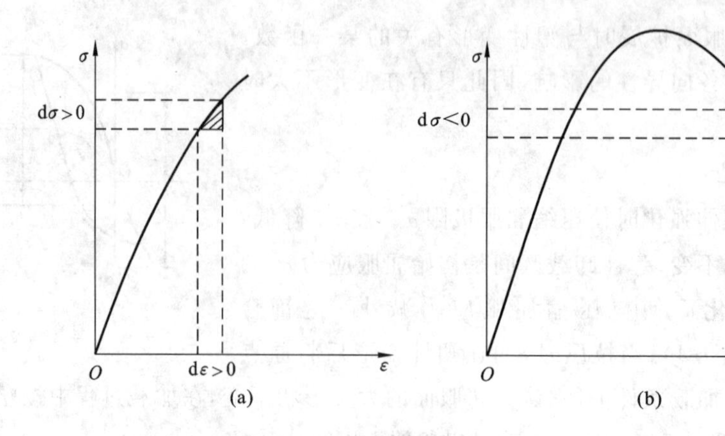

图 9-6

式(9-6)即为图 9-7 中所示阴影面积，等号对于单向应力状态是指理想弹塑性材料而言。

如果 $d\sigma$ 为无穷小量，则式(9-6)便可写成

$$(\sigma-\sigma^0)d\varepsilon^P>0 \tag{9-7}$$

如果开始加载时 σ^0 就是加载应力，则

$$d\sigma d\varepsilon^P \geqslant 0 \tag{9-8}$$

对于不稳定材料，上两式显然不成立。式(9-7)与式(9-8)也称为材料的基本不等式，也可说成是以下讨论的 Drucker 假设在一维状态下的特殊形式。

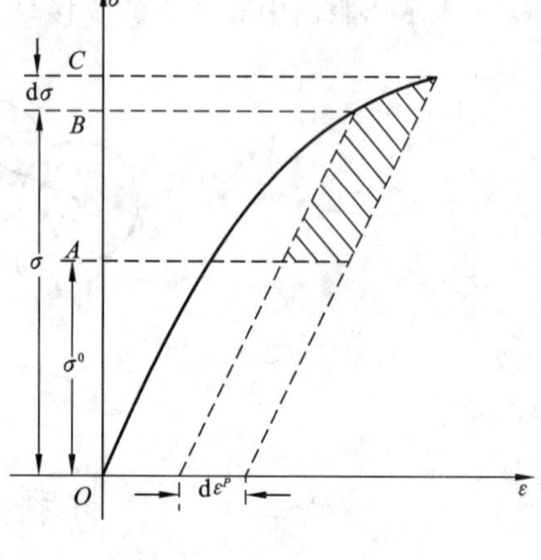

图 9-7

二、Drucker 假设

为了判断在复杂应力状态下，材料是否稳定，**Drucker 提出了他的假设："考虑某应力循环，初始应力 $\boldsymbol{\sigma}_{ij}^0$ 在加载面内，然后加载至 $\boldsymbol{\sigma}_{ij}$ 到达加载面上，再继续加载到 $\boldsymbol{\sigma}_{ij}+d\boldsymbol{\sigma}_{ij}$，在这个阶段，产生塑性应变增量 $d\boldsymbol{\varepsilon}_{ij}^P$，然后将应力卸回到 $\boldsymbol{\sigma}_{ij}^0$。若在整个应力循环过程中附加应力 $\boldsymbol{\sigma}_{ij}+d\boldsymbol{\sigma}_{ij}-\boldsymbol{\sigma}_{ij}^0$ 所做的塑性功不为负，则这种材料就是稳定的。"**

现用几何图形来说明。如图 9-8 所示，f，f_1 分别表示初始屈服面和加载面，加载路径从初始应力点 $A(\sigma_{ij}^0)$ 加载到初始屈服极限 $B(\sigma_{ij})$，再加载到后继屈服极限 $C(\sigma_{ij}+d\sigma_{ij})$，即 $A\rightarrow B\rightarrow C$，再由 C 卸载至 A，即 $C\rightarrow A$。(实)曲线 ABC 和(虚)曲线 CA 所围成的面积表示循环过程中所做的功。在这加载与卸载的循环中，总应变增量 $d\varepsilon_{ij}=d\varepsilon_{ij}^e+d\varepsilon_{ij}^P$，Drucker 假设的数学表达式为

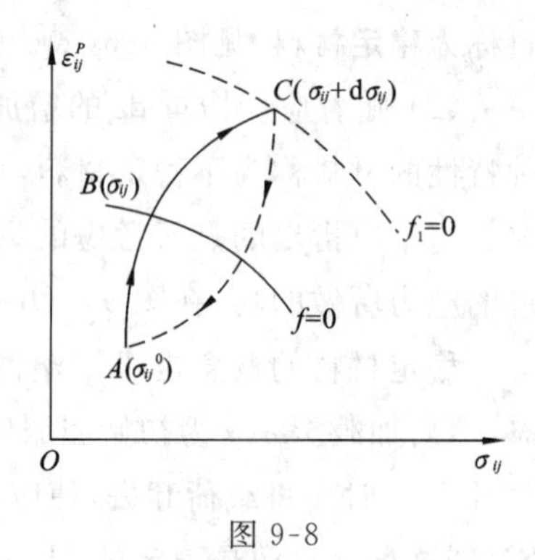

图 9-8

$$\oint_{ABCA}(\sigma_{ij}+d\sigma_{ij}-\sigma_{ij}^0)d\varepsilon_{ij}\geqslant 0 \tag{9-9}$$

我们将内力功 W_i(或其增量 dW_i)分为两部分：弹性功 W_i^e(增量 dW_i^e)与塑性功 W_i^P(增量 dW_i^P)，则

$$W_i = W_i^e + W_i^P \qquad 或 \qquad dW_i = dW_i^e + dW_i^P \tag{9-10}$$

根据上面的说明，应力 σ_{ij} 所做的功总是正的，故进一步来研究所谓附加应力$(\sigma_{ij} + d\sigma_{ij} - \sigma_{ij}^0)$所做功的增量 dW_i。又因为弹性功是可逆的，故而

$$dW_i^e = \oint_{ABCA} (\sigma_{ij} + d\sigma_{ij} - \sigma_{ij}^0) d\varepsilon_{ij}^e = 0 \tag{9-11}$$

这样一来，式(9-9) 可以写为

$$dW_i^P = \oint_{ABCA} (\sigma_{ij} + d\sigma_{ij} - \sigma_{ij}^0) d\varepsilon_{ij}^P \geqslant 0 \tag{9-12}$$

并且由于其中 AB 段为弹性加载过程，CA 段为弹性卸载过程。所以塑性应变增量 $d\varepsilon_{ij}^P$ 只在 BC 段产生。于是，上述的回路积分可改写为

$$\int_{BC} (\sigma_{ij} + d\sigma_{ij} - \sigma_{ij}^0) d\varepsilon_{ij}^P \geqslant 0 \tag{9-13}$$

以上说明在应力循环 $ABCA$ 过程中，塑性应变增量只在 BC 段产生，在循环的其余部分都不产生，于是该式可直接写成

$$(\sigma_{ij} + d\sigma_{ij} - \sigma_{ij}^0) d\varepsilon_{ij}^P \geqslant 0 \tag{9-14}$$

式(9-14) 可以分为两种情况：

(1) 当 $\sigma_{ij}^0 \neq \sigma_{ij}$ 时，$d\sigma_{ij}$ 与$(\sigma_{ij} - \sigma_{ij}^0)$相比是无穷小量，可以忽略，于是有

$$(\sigma_{ij} - \sigma_{ij}^0) d\varepsilon_{ij}^P \geqslant 0 \tag{9-15}$$

(2) 当 $\sigma_{ij} = \sigma_{ij}^0$ 时，即初始应力 σ_{ij}^0 在初始屈服面上，则有

$$d\sigma_{ij} d\varepsilon_{ij}^P \geqslant 0 \tag{9-16}$$

上列两个等式式(9-15) 和式(9-16) 可以认为是简单加载下材料稳定性概念，即式(9-6) 的推广，也即 Drucker 假设的数学表达式。这里需要说明的是：上两式中的等式(= 0) 是指 $d\varepsilon_{ij}^P = 0$ 或 $d\sigma_{ij} = 0$。后者说明初始屈服面不扩大，亦即可以理解为对理想塑性材料的加载而言；前者对强化材料在复杂应力状态下的中性变载而言。

Drucker 假设的两个不等式是稳定性材料的条件。由于它描述了屈服条件的变化情况，也可以认为是材料强化的数学定义。它们是已讨论的塑性本构方程(塑性变形规律) 的理论基础，也是塑性分析中将讨论的最大塑性功(耗散能) 原理的依据，并且由此提供对塑性势能函数的几何论证。此处我们先要做出两个重要的推论：① 塑性应变增量 $d\varepsilon_{ij}^P$ 必须垂直于加载面(沿其外法线方向)；② 屈服(加载) 面必须是外凸的。

现证明如下。

现将应力空间 σ_{ij} 的坐标轴和塑性应变空间 ε_{ij}^P 的坐标轴重合，并分别以矢量表示。根据加载准则，应力增量矢量 $d\sigma_{ij}$ 必定指向加载面外，或者与加载面相切。于是由材料稳定性假设两个不等式与功的概念一样，分别有下述两个矢量的数量积。由式(9-16) 得

$$|d\sigma_{ij}| \; |d\varepsilon_{ij}^P| \cos\theta \geqslant 0 \tag{9-17}$$

由式(9-15) 得

$$|(\sigma_{ij} - \sigma_{ij}^0)| \; |d\varepsilon_{ij}^P| \cos\varphi \geqslant 0 \tag{9-18}$$

于是必有

$$-\frac{\pi}{2} \leqslant \theta \leqslant \frac{\pi}{2}, \quad -\frac{\pi}{2} \leqslant \varphi \leqslant \frac{\pi}{2} \tag{9-19}$$

也就是说，$d\sigma_{ij}$ 与 $d\varepsilon_{ij}^{P}$ 之间的夹角 θ，$\sigma_{ij}-\sigma_{ij}^{0}$ 与 $d\varepsilon_{ij}^{P}$ 之间的夹角 φ 都必须为锐角。这说明只有满足上述两个推论：①$d\varepsilon_{ij}^{P}$ 与屈服面外法线一致；② 屈服面处处外凸，才能成立，见图 9-9。

首先，来说明 $d\varepsilon_{ij}^{P}$ 必定垂直于加载面，亦即沿应力点 σ_{ij} 的外法线方向。过 σ_{ij} 点作加载面的切平面 t。由于 $d\sigma$ 指向切平面外，最多沿切平面方向，于是由 $-\pi/2\leqslant\theta\leqslant\pi/2$ 可知，$d\varepsilon_{ij}^{P}$ 只能按上述规定，否则不能满足 θ 为锐角的条件。图 9-10 说明了 $d\varepsilon_{ij}^{P}$ 不垂直加载面，$\theta>\pi/2$ 的情况（注意 $d\sigma_{ij}$ 的方向是可以根据加载情况指向屈服面外的任意主向的），而与式(9-15) 相矛盾。

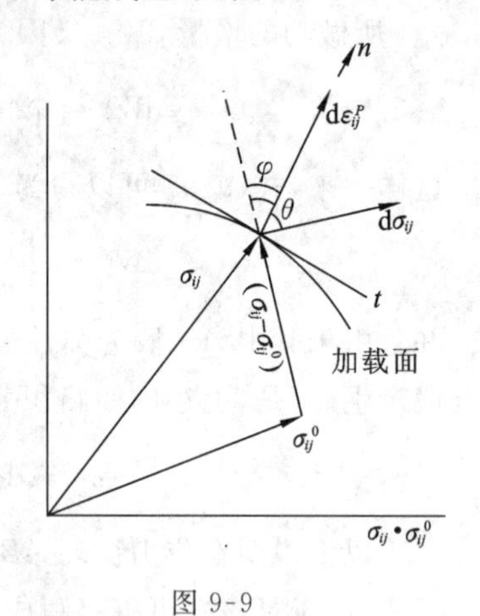

图 9-9

其次，再来说明加载面的外凸性，因为这个条件也适用于任意应力状态，即 σ_{ij}^{P} 任意的，又由于已经证明了 $d\varepsilon_{ij}^{P}$ 与加载面的外法线方向一致，故所有可能的应力点 σ_{ij}^{0} 均应在垂直于 $d\varepsilon_{ij}^{P}$ 切平面的另一侧，最多只能在此平面上才能满足 φ 为锐角的条件。由此可以得出结论，稳定材料的加载面必须是外凸的。对于内凹加载曲面，则出现$(\sigma_{ij}-\sigma_{ij}^{0})$ 与 $d\varepsilon_{ij}^{P}$ 之间成钝角的情况，而与式(9-16) 矛盾，见图 9-11。

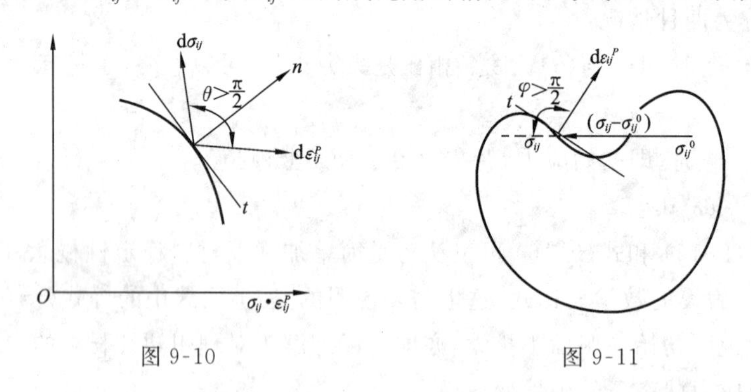

图 9-10　　　　图 9-11

以上说明了在第三章第八节中讨论的屈服面外凸的属性。显然两个常用的 Tresca 与 Mises 屈服条件的屈服曲面都是外凸的。

第三节　塑性势能函数·塑性势能理论

在第三章第六节中讨论了弹性势能函数，并导出了弹性应变的表达式

$$\frac{\partial U_0(\sigma_{ij})}{\partial(\sigma_{ij})}=\varepsilon_{ij} \tag{9-20}$$

上式说明在弹性变形过程中，一点处的应变状态可由弹性势能函数 $U_0(\sigma_{ij})$ 关于 σ_{ij} 的偏导数得到。在塑性变形过程中，相似地也可引进塑性势能（位势）函数 $f(\sigma_{ij})$，并从 $f(\sigma_{ij})$ 关于 σ_{ij} 的偏导数导出塑性应变增量 $d\varepsilon_{ij}^{P}$。这种称为塑性势能（位势）理论的证明可以通过 Drucker 假设得到：根据本章第二节讨论说明对于稳定材料，塑性应变增量矢量 $d\varepsilon_{ij}^{P}$ 与屈服曲面的外法线 n 方向一致，即与屈服函数的梯度方向一致。如果我们将屈服曲面的外法线方向用屈服函数 f 的梯度矢量

$$\mathrm{grad}f=\frac{\partial f}{\partial\sigma_{ij}}n \tag{9-21}$$

来表示(n 为曲面 f 上该点外法线方向的单位矢量),则关于 $d\varepsilon_{ij}^P$ 与 f 的正交性,说明了其大小可用下式表示

$$d\varepsilon_{ij}^P = \frac{\partial f}{\partial \sigma_{ij}} d\lambda \tag{9-22}$$

式中 $d\lambda$ 为非负的标量因子,在增量理论中提及,$d\lambda$ 只影响 $d\varepsilon_{ij}^P$ 的大小,而不影响其方向。

由此可见,屈服函数就是塑性势能函数。方程(9-22) 就是塑性势能理论的数学表达式。因此,**塑性势能理论**表示为:**塑性应变量增量矢量方向(塑性流动的方向)与塑性势能函数的梯度方向一致**。又根据有势场的定义可知:若矢量场存在的函数 f 满足 grad$f$,则此矢量场为有势面。于是从势能函数的概念说明塑性势曲面应该是一个等势面,在它上面,量 $f = C$ 保持常值,而过每一点只能有一个等势面,由于等势面不可能相交,故外法线是唯一的,这也就是要求屈服曲面处处是正则的(光滑点)。如果将塑性势能函数取为 Mises 屈服函数,则

$$\frac{\partial f}{\partial \sigma_{ij}} = \frac{\partial J_2}{\partial \sigma_{ij}} = S_{ij} \tag{9-23}$$

这时塑性势能流动理论式(9-22) 即化为增量理论(塑性变形部分关系)。

$$d\varepsilon_{ij}^P = S_{ij} d\lambda \tag{9-24}$$

式(9-24) 实际上表示了一种本构关系,因为塑性本构方程与塑性势能函数有联系,故上述方程称为与 Mises 条件相关联的流动法则。

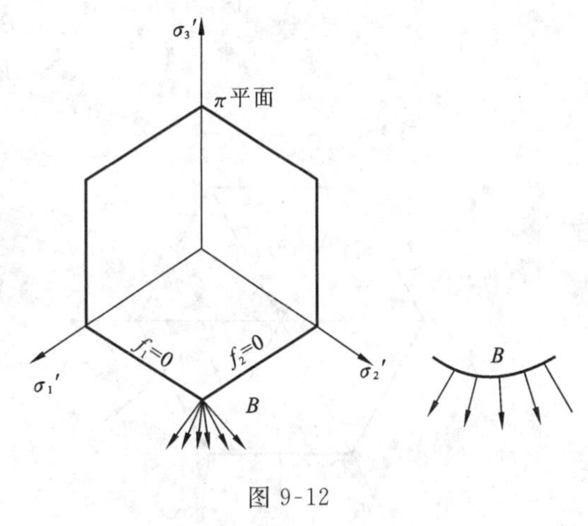

图 9-12

如果将塑性势能函数取为 Tresca 屈服函数,将得到与 Tresca 条件相关联的流动法则。但是由于 Tresca 屈服面是带棱边的正六边形的柱体(在 π 平面的屈服曲线是带角点的正六边形),在棱边(或角点)处将出现奇异点而外法线不唯一的情况。此时,塑性势能理论仍然可以推广使用,将这种棱边或尖角可以理解为光滑曲线的极端情况,例如图 9-12 所示的 B 点是由圆弧过渡来的。其棱边上的塑性应变增量是棱边两侧塑性应变增量的组合,即

$$d\varepsilon_{ij}^P = \frac{\partial f_1}{\partial \sigma_{ij}} d\lambda_1 + \frac{\partial f_2}{\partial \sigma_{ij}} d\lambda_2 \tag{9-25}$$

式中 $f_1 =$ 常量,$f_2 =$ 常量,为棱边(角点)B 处两侧的两个曲服面的方程,据此,$d\varepsilon_{ij}^P$ 的方向在相邻两曲面的法线之间,其具体计算将在下述例题中说明。

前已述及:在主应力空间内屈服曲面一点的外法线方向可以用屈服函数对应点的梯度表示,即 grad$f = \frac{\partial f_1}{\partial \sigma_{ij}} n = \frac{\partial f}{\partial \sigma_1} i + \frac{\partial f}{\partial \sigma_2} j + \frac{\partial f}{\partial \sigma_3} k$ 是一个矢量,它在 $\sigma_1, \sigma_2, \sigma_3$ 方向的投影(即为法线方向数)分别为 $\frac{\partial f}{\partial \sigma_1}, \frac{\partial f}{\partial \sigma_2}, \frac{\partial f}{\partial \sigma_3}$。而塑性应变量矢量 $d\varepsilon_{ij}^P$ 的方向已经证明与屈服曲面上该点的外法线 n 方向一致,故其分量 $d\varepsilon_1^P, d\varepsilon_2^P, d\varepsilon_3^P$ 必与 $\frac{\partial f}{\partial \sigma_{ij}}$ 的分量成正比,有

$$\mathrm{d}\varepsilon_1^P : \mathrm{d}\varepsilon_2^P : \mathrm{d}\varepsilon_3^P = \frac{\partial f}{\partial \sigma_1}\mathrm{d}\lambda : \frac{\partial f}{\partial \sigma_2}\mathrm{d}\lambda : \frac{\partial f}{\partial \sigma_3}\mathrm{d}\lambda$$

$$= \frac{\partial f}{\partial \sigma_1} : \frac{\partial f}{\partial \sigma_2} : \frac{\partial f}{\partial \sigma_3} \tag{9-26}$$

对于 Mises 屈服函数为势能函数，则由式(9-26) 和式(9-23) 可得各塑性主应变增量分量之比为

$$\mathrm{d}\varepsilon_1^P : \mathrm{d}\varepsilon_2^P : \mathrm{d}\varepsilon_3^P = S_1 : S_2 : S_3 \tag{9-27}$$

与第三章中增量理论中讨论的内容相同。

对于 Tresca 屈服函数为势能函数时，则要根据六边形各边函数[参照图 3-24、图 3-25 与第三章第八节第四小节“常用屈服条件”中的式(3-98)]关于σ_{ij} 的偏导数来求得主应变增量分量之间的比值，现以 f_1 边、f_2 边及两边交点 B 为例(图 9-13) 来说明。由第三章第八节第四小节“常用屈服条件” 中的式(3-98) 知

$$f_1 = \sigma_1 - \sigma_3 - \sigma_s = 0, \quad f_2 = \sigma_2 - \sigma_3 - \sigma_s = 0 \tag{9-28}$$

在 f_1 边上：$\frac{\partial f_1}{\partial \sigma_1} = 1, \frac{\partial f_1}{\partial \sigma_2} = 0, \frac{\partial f_1}{\partial \sigma_3} = -1$，故有

$$\mathrm{d}\varepsilon_1^P : \mathrm{d}\varepsilon_2^P : \mathrm{d}\varepsilon_3^P = \frac{\partial f_1}{\partial \sigma_1}\mathrm{d}\lambda_1 : \frac{\partial f_1}{\partial \sigma_2}\mathrm{d}\lambda_1 : \frac{\partial f_1}{\partial \sigma_3}\mathrm{d}\lambda_1$$

$$= \mathrm{d}\lambda_1 : 0 : (-\mathrm{d}\lambda_1) = 1 : 0 : (-1) \tag{9-29}$$

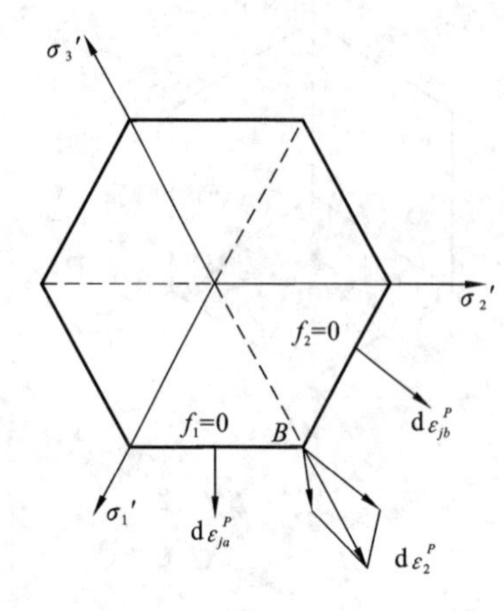

图 9-13

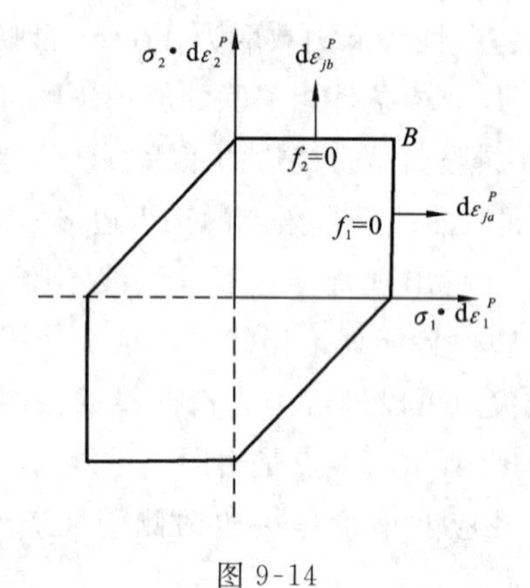

图 9-14

在 f_2 边上：$\frac{\partial f_2}{\partial \sigma_1} = 0, \frac{\partial f_2}{\partial \sigma_2} = 1, \frac{\partial f_2}{\partial \sigma_3} = -1$，故有

$$\mathrm{d}\varepsilon_1^P : \mathrm{d}\varepsilon_2^P : \mathrm{d}\varepsilon_3^P = \frac{\partial f_2}{\partial \sigma_1}\mathrm{d}\lambda_2 : \frac{\partial f_2}{\partial \sigma_2}\mathrm{d}\lambda_2 : \frac{\partial f_2}{\partial \sigma_3}\mathrm{d}\lambda_2$$

$$= 0 : \mathrm{d}\lambda_2 : (-\mathrm{d}\lambda_2) = 0 : 1 : (-1) \tag{9-30}$$

由式(9-29) 或式(9-30) 可验证满足材料的塑性不可压缩性：$\mathrm{d}\varepsilon_1^P + \mathrm{d}\varepsilon_2^P + \mathrm{d}\varepsilon_3^P = 0$。在 f_1 边上，$\mathrm{d}\varepsilon_{ja}$ 垂直于 f_1 边，在 f_2 边上，$\mathrm{d}\varepsilon_{jb}^P$ 垂直于 f_2 边。而在 f_1 边与 f_2 边交点 B 上，$\mathrm{d}\varepsilon_j^P$ 矢量的方向介于 $\mathrm{d}\varepsilon_{ja}^P$ 和 $\mathrm{d}\varepsilon_{jb}^P$ 之间，考虑其线性组合，由式(9-25)，则

$$\mathrm{d}\varepsilon_1^P : \mathrm{d}\varepsilon_2^P : \mathrm{d}\varepsilon_3^P = \mathrm{d}\lambda_1 : \mathrm{d}\lambda_2 : [-(\mathrm{d}\lambda_1 + \mathrm{d}\lambda_2)]$$

$$= \frac{\mathrm{d}\lambda_1}{\mathrm{d}\lambda_1 + \mathrm{d}\lambda_2} : \frac{\mathrm{d}\lambda_2}{\mathrm{d}\lambda_1 + \mathrm{d}\lambda_2} : \left(-\frac{\mathrm{d}\lambda_1 + \mathrm{d}\lambda_2}{\mathrm{d}\lambda_1 + \mathrm{d}\lambda_2}\right) \tag{9-31}$$

如引进系数：$0 \leqslant \mu = \dfrac{d\lambda_2}{d\lambda_1 + d\lambda_2} \leqslant 1$，于是，

$$d\varepsilon_1^P : d\varepsilon_2^P : d\varepsilon_3^P = (1-\mu) : \mu : (-1) \tag{9-32}$$

由上述计算可知，在屈服面的光滑曲线（f_1 边及 f_2 边）上，$d\varepsilon_{ij}^P$ 分量的比值与其标量因子 $d\lambda$ 无关，而在屈服面的角点 B 上，$d\varepsilon_{ij}^P$ 分量的比值与其标量因子 $d\lambda$ 有关。

当 Tresca 条件由三维应力状态退化为平面应力状态时，正六边形转化为斜六边形，见图 9-14，其塑性主应变增量分量比值的计算与上述讨论相同。

第四节　小结·例题

通过第三章和本章的学习，对塑性力学的基本理论的核心 —— 材料进入塑性状态的屈服条件和其相关联的本构方程（流动法则）进一步提高了理性认识。在 Drucder 材料稳定假设的基础上建立了塑性势能理论，并将屈服条件、强化条件和本构关系作了有机的联系，且在主应力空间中对屈服函数作了几何形象图示。特别要指出的是塑性势能函数（屈服函数）的概念与内容和弹性势能函数相似并同等重要，是弹塑性力学变分原理的理论基础，其分析计算更将作为塑性极限分析中基本定理的依据。下面据上述内容举例。

例 9-1　证明

$$\frac{\tau_8}{\tau_{\max}} = \frac{\sqrt{2(3+\mu_\sigma^2)}}{3} \quad (\text{当 } \sigma_1 > \sigma_2 > \sigma_3 \text{ 时})$$

证　由 Lode 应力参数 $\mu_\sigma = \dfrac{2\sigma_2 - \sigma_1 - \sigma_3}{\sigma_1 - \sigma_3}$，再改写为

$$\sigma_2 = \frac{\sigma_1 + \sigma_3}{2} + \mu_\sigma \frac{\sigma_1 - \sigma_3}{2} \tag{1}$$

所以

$$\sigma_1 - \sigma_2 = \frac{1-\mu_\sigma}{2}(\sigma_1 - \sigma_3), \quad \sigma_2 - \sigma_3 = \frac{1+\mu_\sigma}{2}(\sigma_1 - \sigma_3) \tag{2}$$

将式(2) 代入 τ_8 的表达式

$$\begin{aligned}\tau_8 &= \frac{1}{3}\sqrt{(\sigma_1-\sigma_2)^2 + (\sigma_2-\sigma_3)^2 + (\sigma_3-\sigma_1)^2} \\ &= \frac{1}{3}(\sigma_1-\sigma_3)\sqrt{\left(\frac{1-\mu_\sigma}{2}\right)^2 + \left(\frac{1+\mu_\sigma}{2}\right)^2 + 1} \\ &= \frac{1}{6}(\sigma_1-\sigma_3)\sqrt{2(3+\mu_\sigma^2)}\end{aligned} \tag{3}$$

又知 $\tau_{\max} = \dfrac{1}{2}(\sigma_1 - \sigma_3)$。于是 $\dfrac{\tau_8}{\tau_{\max}} = \dfrac{1}{3}[2(3+\mu_\sigma^2)]^{\frac{1}{2}}$，证毕。

现讨论上式结果的意义，我们已知有

Tresca 条件

$$\sigma_1 - \sigma_3 = \sigma_s \tag{4}$$

Mises 条件

$$\bar{\sigma} = \sigma_s = 3\tau_8\sqrt{2} \tag{5}$$

则由式(3)得

$$\sigma_1 - \sigma_3 = \frac{2}{3 + \mu_\sigma^2}\sigma_s = \beta\sigma_s \tag{6}$$

比较这两个条件可见，对于同一的三维应力状态，按两个屈服条件写出的关系式右端相差一个系数β。如以简单拉伸（或压缩）试验为准则，单向拉压时，$\mu_\sigma = \pm 1$，此时$\beta = 1$，即两个条件下没有差别。同样，以上述试验为准则，纯剪应力状态时，$\mu_\sigma = 0$，此时$\beta = 1.15$，两个条件的表达式差别最大。于是可知，按Mises条件，中间主应力σ_2对屈服有影响，影响最大发生在σ_2等于两个主应力平均值的时候，参见图3-13(b)。

例9-2 已知一点的初始应力状态为σ^0，该点材料已进入塑性状态。当σ^0变为σ'或变为σ''时（σ'和σ''应力状态如下所示），试根据Tresca及Mises屈服条件判定是加载还是卸载（应力单位：MPa）。

$$\sigma^0 = \begin{bmatrix} 400 & 0 & 0 \\ 0 & 200 & 0 \\ 0 & 0 & 200 \end{bmatrix};\quad \sigma' = \begin{bmatrix} 410 & 0 & 0 \\ 0 & 310 & 0 \\ 0 & 0 & 310 \end{bmatrix};\quad \sigma'' = \begin{bmatrix} 300 & 0 & 0 \\ 0 & 100 & 0 \\ 0 & 0 & 0 \end{bmatrix}$$

解　1. 按屈服条件直接判断

由Tresca条件，上述三种应力状态的最大剪应力分别为：$\tau_{max}^0 = (400 - 200)/2 = 100(\mathrm{MPa})$，$\tau'_{max} = (410 - 310)/2 = 50(\mathrm{MPa})$，$\tau''_{max} = (300 - 0)/2 = 150(\mathrm{MPa})$。由此可见：$\tau_{max}^0 \to \tau'_{max}$为卸载50MPa；$\tau_{max}^0 \to \tau''_{max}$为加载50MPa。

再由Mises条件，上述三种应力状态，且借助于其八面体剪应力式(2-61)得

$$\left.\begin{aligned} \tau_8^0 &= \frac{1}{3}\sqrt{200^2 + 0^2 + (-200)^2} = \frac{200\sqrt{2}}{3} = 94(\mathrm{MPa}) \\ \tau'_8 &= \frac{1}{3}\sqrt{100^2 + 0^2 + (-100)^2} = \frac{100\sqrt{2}}{3} = 47(\mathrm{MPa}) \\ \tau''_8 &= \frac{1}{3}\sqrt{200^2 + 100^2 + (-300)^2} = \frac{200\sqrt{14}}{3} = 125(\mathrm{MPa}) \end{aligned}\right\} \tag{1}$$

由此可见：$\tau_8^0 \to \tau'_8$为卸载47MPa，$\tau_8^0 \to \tau''_8$为加载31MPa。

2. 按塑性势能函数由加载准则判断

Tresca屈服函数为：在已知应力代数值($\sigma_1 > \sigma_2 > \sigma_3$)的情况下，只将在$f_1 = \sigma_1 - \sigma_3 - \sigma_s = 0$的平面上发生塑性变形，判断时有

$$\mathrm{d}f_1 = \frac{\partial f_1}{\partial \sigma_{ij}}\mathrm{d}\sigma_{ij} = \frac{\partial f_1}{\partial \sigma_1}\mathrm{d}\sigma_1 + \frac{\partial f_1}{\partial \sigma_3}\mathrm{d}\sigma_3 = 1 \times \mathrm{d}\sigma_1 - 1 \times \mathrm{d}\sigma_3 \tag{2}$$

则当$\sigma^0 \to \sigma'$时，$(\mathrm{d}f_1)' = 1 \times 10 - 1 \times 110 = -100 < 0$，为卸载；

又当$\sigma^0 \to \sigma''$时，$(\mathrm{d}f_1)'' = 1 \times (-100) - 1 \times (-200) = +100 > 0$，为加载；

Mises屈服函数为：$f = (\sigma_1 - \sigma_2)^2 + (\sigma_2 - \sigma_3)^2 + (\sigma_3 - \sigma_1)^2 - 2\sigma_s^2 = 0$，则

$$\mathrm{d}f = \frac{\partial f}{\partial \sigma_{ij}}\mathrm{d}\sigma_{ij} = 2[(2\sigma_1 - \sigma_2 - \sigma_3)\mathrm{d}\sigma_1 + 2(\sigma_2 - \sigma_3 - \sigma_1)\mathrm{d}\sigma_2 + (2\sigma_3 - \sigma_1 - \sigma_2)\mathrm{d}\sigma_3] \tag{3}$$

当$\sigma^0 \to \sigma'$时，

$$(\mathrm{d}f)' = \frac{\partial f}{\partial \sigma_{ij}} \mathrm{d}\sigma_{ij}$$

$$= 2[(2 \times 400 - 200 - 200) \times 10 + (2 \times 200 - 200 - 400) \times 110$$

$$+ (2 \times 200 - 400 - 200) \times 110] = -8 \times 10^4 < 0 \quad \text{（为卸载）} \tag{4}$$

又当 $\sigma^0 \rightarrow \sigma''$ 时，

$$(\mathrm{d}f_1)'' = 2[400 \times (-100) + (-200) \times (-100) + (-200) \times (-200)]$$

$$= 4 \times 10^4 > 0 \quad \text{（为加载）} \tag{5}$$

习　题

9-1　试证在比例加载下 Lode 应力参数 μ_σ 及应力状态特征角 θ_σ 保持不变。

9-2*　设 $\sigma_1 > \sigma_2 > \sigma_3$，证明 $0.816 \leqslant \dfrac{\tau_s}{\tau_{\max}} \leqslant 0.943$。

9-3*　试证 Lode 应力参数 $\mu_\sigma = \dfrac{3S_2}{S_1 - S_3}$。

9-4　在平面应力状态时，$\mu_\sigma = +1$ 所对应的应力状态有哪些形式？并作应力圆说明。

9-5*　薄壁管在拉伸—扭转试验时，应力状态为 $\sigma_x = \sigma, \sigma_y = \sigma_z = 0, \tau_{xy} = \tau, \tau_{yz} = \tau_{zx} = 0$，如知简单拉伸的屈服极限 σ_s，推导 Tresca 和 Mises 条件在 σ-τ 平面内的屈服曲线。

9-6*　试证明 Tresca 条件可以写成下列形式：$4J_2^3 - 27J_3^2 - 36k^2J_2^2 + 96k^4J_2 - 64k^6 = 0$，式中 $k = \sigma_s/2$ 或 $k = \tau_s$。

9-7*　将 Mises 屈服条件用：(1) 第一、第二应力不变量（I_1, I_2）表示；(2) 主应力偏量 S_i 表示。

9-8　物体中某点的应力状态

$$\sigma_{ij} = \begin{bmatrix} -100 & 0 & 0 \\ 0 & -200 & 0 \\ 0 & 0 & 300 \end{bmatrix}$$

该物体在单向拉伸时屈服极限为 $\sigma_s = 190\text{MPa}$，试用 Tresca 和 Mises 屈服条件来判断该点是处于弹性状态还是处于塑性状态。如主应力方向均作相反的改变（即同值异号）则对被研究点所处状态的判断有无变化？

9-9　求如题 9-9 图 Tresca 条件所示 D 点处的流动法则（即 $\mathrm{d}\varepsilon_1^P : \mathrm{d}\varepsilon_2^P : \mathrm{d}\varepsilon_3^P$）。

9-10　已知主应力 $\sigma_1 > \sigma_2 > \sigma_3$，并当两种特殊情况：(1) $\sigma_1 = \sigma_2$；(2) $\sigma_2 = \sigma_3$。试列出 Tresca 和 Mises 条件，并比较之。

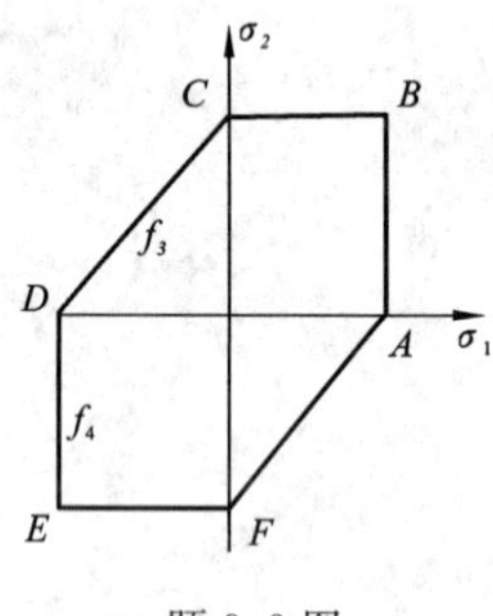

题 9-9 图

第十章　弹性力学变分法及近似解法

第一节　概　述

在弹性力学中，即使对于像平面应力问题、平面应变问题、柱体的扭转与弯曲等特殊问题，当边界条件比较复杂时，要求得精确解答已经是十分困难甚至是不可能的了。因此，对于弹性力学，以至塑性力学的大量实际问题，近似解法有极为重要的意义。

本章要介绍的变分方法，是近似解中最有成效的方法之一(前已说明，变分法也可以得到精确解)。所谓弹(塑) 性力学变分解法就是基于力学能量原理求解弹(塑) 性力学的变分方法，这种方法从其本质而言，是要把原来在给定边界条件下求解微分方程组的问题转变为泛函求极值的问题，而在求问题的近似解时，泛函的极值问题又可变成函数的极值问题，因此最终把问题归结为求解线性代数方程组。

本章中我们将讨论各类变分理论的建立和它们之间的关系，以及基于不同变分原理的近似解法。

由于弹性力学变分解法，实质上就是将数学中的变分法应用于解弹性力学问题，虽然在讨论的近似解法中使用变分计算均甚简单(类似微分)，但“变分” 的概念却极为重要，它关系到我们对一系列力学变分原理中“虚”(如虚功、虚位移、余虚功、虚应力等) 的概念的建立与理解。

为有利于本章内容的讨论，在书末给出了一个附录 Ⅱ，对涉及的数学中的变分法做一概要的介绍。

第二节　力学变分原理的基本概念

能量转化与守恒定律是自然界最基本的运动规律之一，在弹塑性变形运动中也不例外。当可变形团体在受外力作用下产生变形时，外力与内力均将做功。对于弹性体，由于变形的可逆性，外力对其相应的位移所做的功(实功)，在数值上就等于积蓄在物体内的应变能(实应变能)，当外力撤除时，这种应变能将全部转换成其他形式的能量——实功原理。这一概念在第三章中已经做过介绍。上述能量方法不仅适用于线弹性力学(如在材料力学、结构力学中)，而且还可用于非线性弹性力学和塑性力学问题(关于塑性力学问题，只需将应变能的概念改为耗散能或形变功的概念，下一章我们还将做讨论)。

能量方法由于其与坐标系选择无关等特点(见本书第八章第七节) 应用极为广泛，更由于它与数学工具——变分法的结合而导出了虚功原理，使得用数学分析的方法来解决力学问题的理论得到重大发展而更趋完善。

在理论力学中已经介绍了质点、质点系(或刚体) 的虚位移原理，即：**质点或质点系(或刚体) 在理想约束(不消耗能量) 下，处于平衡状态的必要和充分条件是作用在其上的各力，对于虚位移所做的总虚功为零。**对于质点系所受的力可以划分为主动力和约束反力(在理论力学中)，对变形体可以把它们划分为外力和内力(在材料力学、结构力学中) 来进行研究，自然后者表示的方法更适用于固体力学的讨论。因此,**虚功原理**可以改述为:**对于一个处于平衡状态的质点系,其外力和内力在任意给定的虚位移上所作的总虚功必须等于零**。其数学表示式为

$$W_e^* + W_i^* = 0 \tag{10-1}$$

式中:W_e^* 和 W_i^* 分别代表外力和内力对虚位移所做的虚功,简称外力虚功与内力虚功。

对于变形固体来说,也可以看成是个质点系,而内力虚功看成与内力实功和实应变能的关系一样,在数值上等于负的虚应变能(U^* 来表示),得

$$W_i^* = -U^* \tag{10-2}$$

于是**变形体虚功原理**可以表述为:**若弹性体(或变形体)处于平衡状态下,当其发生约束条件所允许的、微小的、任意的虚位移时,则外力在虚位移上的虚功在数值上等于整个弹性体的虚变形能**。数学表达式为

$$W_e^* = U^* \tag{10-3}$$

显然,式(10-3)可以由式(10-1)、式(10-2)得出。

1. 关于变形体的虚功原理的说明

(1) 变形体与刚体不同,刚体虽然也可看作是个质点系,但其内各个质点无相对位移,因此总的说来内力不做功。此时,$W_i^* = 0$,虚位移原理即表示为 $W_e^* = 0$,用来解决刚体力学(理论力学)的静定问题。而弹性体是可以变形的,各点间有相对位移,因此内力做功。卸载的弹性体能对外做功,正是内力做功的表现。所以对弹性问题求虚功总和时,应该计入内力在虚位移上做的虚功。虚位移原理表示为 $W_e^* = U^*$,用以解决变形体力学的超静定问题。

(2) 弹性体与不变质点系约束不同,它的质点受到一定的约束,也就是在其内部的各个质点应保持连续。因此在设出虚位移时,除在 S_u 部分边界上的点的虚位移值必须满足支座约束(几何边界)条件外(这一点与不变的质点系是共同的),还必须把虚位移设成坐标的单值连续函数满足连续性条件(这一点是不变的质点系没有的)。

(3) 在固体力学中,变形体所发生的位移都符合上述两种约束条件,而在小变形条件下变形是微小的量,因而也符合虚位移的基本要求,所以在解具体问题时可以把变形体由于面力作用而产生的实位移当作虚位移,由于应力作用产生的实应变当作虚应变。

2. 关于虚功原理的进一步说明

(1) 满足体系(包括不变的质点系与弹性体)所有的约束方程的无限小位移为体系的虚位移(故也称可能位移);如果位移不仅满足约束方程,而且也满足运动方程的初始条件,则为体系的实位移(也称真实位移)。显然,任何微小时间间隔的实位移增量都构成一组可能位移,但反过来,一组可能位移却不一定能形成实位移,因为它不一定满足运动方程和初始条件,因此对变形体来说,在约束性质与时间无关、约束条件所允许的(几何上可能的)条件下,微小的变形位移属于虚位移之列。

(2) 实功是力在自己产生位移上做的功。对于线性弹性体来说是变力(从零线性增加的),所以实功带有 1/2 的系数,实应变能也一样,而且加载时永远为正。而虚功是力在别的因素(人为的)产生的位移上做的功,所谓虚,并不是虚无,而是有可能的、虚设的意思,其意义是指位移的产生与此位移上做功的力无关。不论是否是线性弹性体,虚功都没有 1/2 的系数(虚应变能也如此)。当力的方向与位移的方向相同时,虚功为正,反之为负。

(3) 以上所讨论"虚"的物理概念反映在数学上就是变分运算,当讨论力学变分原理的计算式时,变分算子"δ"符号的出现就意味着"虚"的设施,再回忆一下:所谓微小的、任意的、可能的虚位移概念都是变分的思路。

变形体的虚功原理(虚位移原理)为力学变分原理的基础(也可以认为刚体、质点系的虚

功原理为其特例)，以下我们分三类变分原理来讨论：① 虚功原理(虚位移原理)及由它导出的最小势能原理；② 余虚功原理(虚应力原理)及由它导出的最小余能原理；③ 一般变分原理(广义变分原理)。

第三节　虚功原理(虚位移原理)

设有一个变形体处于平衡状态，已给定体力为 F_i，面力为 $\overline{F}_i$。该物体全部表面积为 S，体积为 V，则平衡条件为

$$\sigma_{ij'j} + F_i = 0 \tag{10-4}$$

应力边界条件

$$\sigma_{ij} l_j - \overline{F}_i = 0 \quad (\text{在 } S_T \text{ 上}) \tag{10-5}$$

式中：S_T 为给定面力的部分表面。

现在给予该变形体一组几何约束许可的、任意的、微小虚位移 δu_i，由此而产生了实际的力系在虚位移上所做的虚功。由式(10-1)$W_e^* + W_i^* = 0$，则**虚功原理**可以叙述为：**在外力作用下处于平衡状态的变形体，当给该物体微小虚位移时，外力的总虚功在数值上等于变形体的总虚应变能。**

我们知道，外力的总虚功 δW 为实际的体力 F_i 和面力 $\overline{F}_i$ 在虚位移上所做的功，即

$$\delta W = \int_V F_i \delta u_i \mathrm{d}V + \int_{S_T} \overline{F}_i \delta u_i \mathrm{d}S \tag{10-6}$$

参考第三章第四节中有关公式，可得在物体产生微小虚变形的过程中，该变形体内的总虚应变能为

$$\delta U = \int_V \sigma_{ij} \delta \varepsilon_{ij} \mathrm{d}V \tag{10-7}$$

于是虚功原理的数学表达式为

$$\delta U = \delta W,\text{即}\int_V \sigma_{ij} \delta \varepsilon_{ij} \mathrm{d}V = \int_V F_i \delta u_i \mathrm{d}V + \int_{S_T} \overline{F}_i \delta u_i \mathrm{d}S \tag{10-8}$$

其展开式为

$$\begin{aligned} &\iiint_V (\sigma_x \delta\varepsilon_x + \sigma_y \delta\varepsilon_y + \sigma_z \delta\varepsilon_z + \tau_{xy}\delta\gamma_{xy} + \tau_{yz}\delta\gamma_{yz} + \tau_{zx}\delta\gamma_{zx}) \mathrm{d}V \\ &= \iiint_V (F_x \delta u + F_y \delta v + F_z \delta w) \mathrm{d}V + \iint_{S_T} (\overline{F}_x \delta u + \overline{F}_y \delta v + \overline{F}_z \delta w) \mathrm{d}S \end{aligned} \tag{10-9}$$

式(10-8)或式(10-9)为虚功原理的位移变分方程。以下给出上述原理的具体证明。

若在虚功原理的变分方程(10-8)中，考虑到给定位移的部分表面 S_u 上，$u_i = \overline{u}_i$，所以 $\delta u_i = 0$(该面力即约束反力不能做功)；在给定面力的部分表面 S_T 上，边界条件 $\overline{F}_i = \sigma_{ij} l_j$ 成立。又因 $S = S_u + S_T$，于是对 S_T 的积分可以写成对 S 的积分，即有

$$\delta W = \int_{S_T} \overline{F}_i \delta u_i \mathrm{d}S + \int_V F_i \delta u_i \mathrm{d}V = \int_S \sigma_{ij} l_j \delta u_i \mathrm{d}S + \int_V F_i \delta u_i \mathrm{d}V \tag{10-10}$$

运用奥氏公式[①]将边界上的曲面积分转换成空间区域上的三重积分

① 奥氏公式：$\iint_\Sigma (Pl + Qm + Rn) \mathrm{d}\Sigma = \iiint_\Omega \left(\frac{\partial P}{\partial x} + \frac{\partial Q}{\partial y} + \frac{\partial R}{\partial z}\right) \mathrm{d}x\mathrm{d}y\mathrm{d}z$。

$$\int_S (\sigma_{ij}\delta u_i) l_j \mathrm{d}S = \int_V (\sigma_{ij}\delta u_i)_{'j} \mathrm{d}V \tag{10-11}$$

此处 $l_j = l_x, l_y, l_z$。将式(10-11) 代入式(10-10) 得

$$\begin{aligned} \delta W &= \int_V (\sigma_{ij}\delta u_i)_{'j} \mathrm{d}V + \int_V F_i \delta u_i \mathrm{d}V \\ &= \int_V (\sigma_{ij'j}\delta u_i + \sigma_{ij}\delta u_{i'j}) \mathrm{d}V + \int_V F_i \delta u_i \mathrm{d}V \\ &= \int_V (\sigma_{ij'j} + F_i)\delta u_i \mathrm{d}V + \int_V \sigma_{ij}\delta u_{i'j} \mathrm{d}V \end{aligned} \tag{10-12}$$

当变形体处于平衡状态时，由式(10-4)，知式(10-12) 展开式的第一项积分等于零。又由 $\sigma_{ij} = \sigma_{ji}$ 及 $\delta\varepsilon_{ij} = \frac{1}{2}(\delta u_{i'j} + \delta u_{j'i})$，故

$$\sigma_{ij}\delta u_{i'j} = \sigma_{ij}\delta\varepsilon_{ij} \tag{10-13}$$

将式(10-13) 代入式(10-12) 得

$$\delta W = \int_V \sigma_{ij}\delta\varepsilon_{ij} \mathrm{d}V = \delta U \tag{10-14}$$

以上，证明了当给予系统微小虚位移时，外力的总虚功与物体的总虚应变能相等是物体处于平衡状态的必要条件。此外，我们还可以证明 $\delta U = \delta W$ 是物体处于平衡状态的充分条件，即由 $\delta U = \delta W$ 可导出平衡方程 $\sigma_{ij'j} + F_i = 0$ 和应力边界条件 $\sigma_{ij} n_j = \overline{F}_i$。请读者自行校验或参考有关书籍①。

由以上讨论可知，虚功原理变分方程(10-9) 等价于平衡方程与应力边界条件。因此，满足变分方程(10-9) 的解就一定能满足平衡方程和应力边界条件。由此，**虚位移原理**也可表述为：**变形体处于平衡状态的必要与充分条件是，对于满足变形连续条件及几何约束边界条件的任意微小虚位移，外力所做总虚功在数值上等于变形体所产生的总虚变形能。**在应用虚功方程求解时，所选取的解不必预先满足平衡方程和应力边界条件，但根据上述讨论必须满足几何边界条件。

$$u_i = \overline{u}_i \quad 或 \quad \delta u_i = 0 \quad (在\ S_u\ 上) \tag{10-15}$$

及变形连续性条件

$$\delta\varepsilon_{ij} = \frac{1}{2}(\delta u_{i'j} + \delta u_{j'i}) \tag{10-16}$$

在上述虚功原理的推导中未涉及材料的本构关系，就是说，虚位移原理对于弹性体、弹塑性体和理想塑性体等都是适用的。

例 10-1 设有图 10-1 所示的简支梁受均布载荷，试写出梁的挠曲线的微分方程。

解 梁在平衡状态下给以虚位移 δw 时，由虚功原理得到：$\delta U = \delta w$，因此，

$$\delta U = \int_V \sigma_x \delta\varepsilon_x \mathrm{d}V = \int_0^l \left(\int_A \sigma_x \delta\varepsilon_x \mathrm{d}A\right) \mathrm{d}x \tag{1}$$

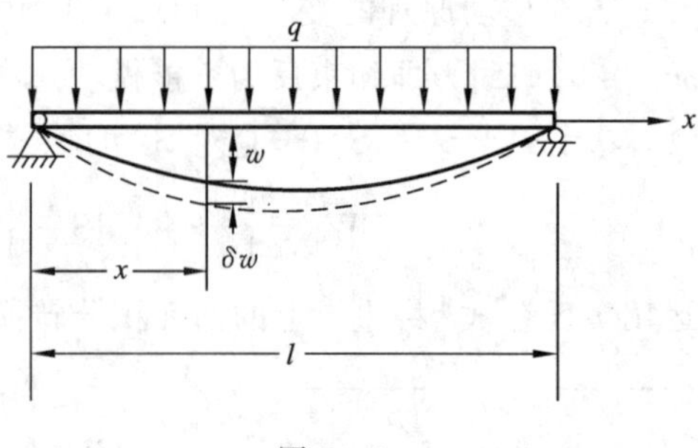

图 10-1

① 王龙甫编《弹性理论》(第二版) § 13-1。

其中$\frac{1}{\rho}=-\frac{\mathrm{d}^2 w}{\mathrm{d}x^2}=-w''$(曲率为负)，$\varepsilon_x=z/\rho=-zw''$，则$\delta\varepsilon_x=-z\delta(w'')=-z(\delta w'')$，$\sigma_x=E\varepsilon_x=-Ezw''$。代入式(1)并令$J_y=\int_A z^2\mathrm{d}A$，整理后得

$$\delta U=EJ_y\int_0^l w''(\delta w)''\mathrm{d}x \tag{2}$$

经两次分部积分后，可化为

$$\delta U=EJ_y\left\{w''(\delta w)'\big|_0^l-w'''(\delta w)\big|_0^l+\int_0^l w^{(4)}\delta w\mathrm{d}x\right\} \tag{3}$$

外力所作的虚功为

$$\delta w=\int_0^l q\delta w\mathrm{d}x \quad (\text{整体为零}) \tag{4}$$

由此，据$\delta U=\delta w$，有

$$\int_0^l(EJ_y w^{(4)}-q)\delta w\mathrm{d}x+EJ_y[w''(\delta w)'-w'''(\delta w)]_0^l=0 \tag{5}$$

由于δw在支承间的任意性，得

$$EJ_y w^{(4)}-q=0 \quad \text{和} \quad [w''(\delta w)'-w'''(\delta w)]_0^l=0 \tag{6}$$

对于简支梁边界条件，在支承$x=0$，$x=l$处，$w=0$，$\delta w=0$，而$(\delta w)'=\delta w'\neq 0$，因此得$w''=0$，即在支承处弯矩等于零；注意到$w'''\neq 0$，即剪力不等于零。所以静力边界条件自动满足。于是有

$$M=EJ_y\frac{1}{\rho}=EJ_y\frac{\mathrm{d}^2 w}{\mathrm{d}x^2}, \qquad Q=\frac{\mathrm{d}M}{\mathrm{d}x}=EJ_y\frac{\mathrm{d}^3 w}{\mathrm{d}x^3}\neq 0 \tag{7}$$

式(6)前一式即为所求梁的挠曲线方程，由材料力学弯曲理论

$$q=\frac{\mathrm{d}Q}{\mathrm{d}x}=\frac{\mathrm{d}^2 M}{\mathrm{d}x^2}=EJ_y w^{(4)} \tag{8}$$

可知式(6)前一式所表示的是以位移表示的平衡方程。

第四节　最小(总)势能原理·卡氏第一定理

一、关于势能的概念

在第三章中，我们已指出应变能函数就是弹性势能函数。在能量守恒系统中，质点或质点系对于某一参考位置的势能可以用作用在其上的全部力从现有位置移到该参考位置所做的功来度量。现在所讨论的弹性杆件，由于其变形是可逆的，也是个能量守恒系统，所以若取杆件在未受力时的状态作为参考状态，则在受力后它对于该参考状态的总势能就用杆件从变形的受力状态到未受力状态时作用在其上的全部力(包括外力和内力两部分)所做的功来度量。

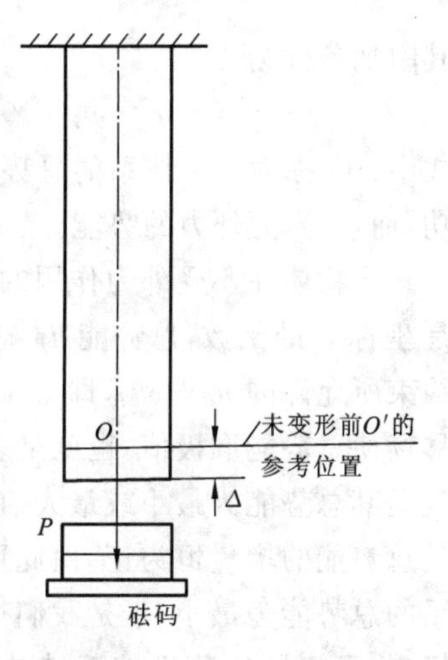

图 10-2

为便于理解，取上端固定下端自由并在自由端处悬挂一重物的拉杆(图 10-2)为例来说明。从拉杆未受力的状态到挂上重物而发生了变形后的受力状态，重物的重力(外力)做正功。

而圆杆的内力与重物的重力组成平衡力系，所以此时杆的内力做负功，这个功在数值上就等于积蓄在杆内的应变能U。于是我们在杆体加载后处于平衡的受力状态的位置下，来计算上述系统的势能。图 10-2 所示拉杆从它的变形状态到未变形前的参考位置OO'来说，它可以做功，即内力势能为$+U$。而对于外力P可以对于位移Δ做负功$(-P\Delta)$，其之所以是负的，是因为从杆的变形状态到未受力状态的参考位置来说，外力施力点位移Δ与外力P在指向上是相反的，这也就是说外力的势能应以$(-P\Delta)$来量度(数值上不同于卸载时的外力功)。根据这些分析可知，图 10-2 所示拉杆的总势能

$$\Pi_P = U - W = U - P\Delta \tag{10-17}$$

式中U为内力势能，数值上等于应变能：$-W$为外力势能，也可以理解为数值上等于常力P的实功。对于线弹性体来说，在加载过程中的外力功为$\frac{P\Delta}{2}$，其数值即为储存于杆件内的应变能，故有

$$\Pi_P = \frac{1}{2}P\Delta - P\Delta = -\frac{1}{2}P\Delta = -U \tag{10-18}$$

总势能Π_P恰等于负值的应变能U是线弹性体固有的特点。在本章第八节中还将计算上述拉杆的总余能。

二、最小(总)势能原理

理论力学已表明：在势力场中质点系在平衡位置的势能具有驻值。于是上面所讨论的虚功原理可以表示成另一种形式。由于虚位移是很微小的。因此在产生虚位移的过程中，外力的大小和方向可以看作是不变的，只是作用点有了改变。这样我们可以把式(10-8)中的变分符号提到积分号的前面，并将应变能函数表示成位移的函数，令$\delta\Pi_P$记作这个变分量，有

$$\delta\Pi_P = \delta\left[\int_V U_0(u_i)\mathrm{d}V - \int_V F_i u_i \mathrm{d}V - \int_{S_T} \overline{F}_i u_i \mathrm{d}S\right] = 0 \tag{10-19}$$

于是有

$$\delta\Pi_P = \delta(U - W) = 0 \tag{10-20}$$

其中

$$\Pi_P = U - W = \int_V [U_0(u_i) - F_i u_i]\mathrm{d}V - \int_{S_T} \overline{F}_i u_i \mathrm{d}S \tag{10-21}$$

其附加条件为

$$u_i - \bar{u}_i = 0 \quad (\text{在 } S_u \text{ 上}) \tag{10-22}$$

式中：Π_P称为整个体系的总势能；U为变形体的应变(势)能；W为一定的外力在S_T上所做的功，而$-W$为外力的势能。

当物体在不受外力作用的自然状态下，应变势能与外力的势能均为零。注意到位移分量u_i是坐标x_i的函数，总势能Π_P显然是位移u_i的泛函。式(10-20)说明，当位移从真正的u_i变化到约束所允许的$u_i + \delta u_i$，即有位移函数变分δu_i时，总势能泛函的一阶变分为零，因此真实的位移场使总势能取极值。也就是表示在一切可能平衡的状态下，体系的总势能是极大或极小，也就是其总势能为最小或最大值。对于稳定的平衡状态来说，物体偏离平衡状态而有虚位移时，其总势能的增量恒为正。由此可证明，总势能Π_P的二阶变分为正。因此在稳定的平衡状态，体系的总势能为最小。于是我们得出**最小(总)势能原理：在所有满足给定几何边界条件的位移场中，真实的位移场使系统的总势能取最小值**。上述原理的数学表达式即为式(10-20)、式

(10-21)、式(10-22)。

证明　现在,我们来给出总势能 Π_P 的二阶变分为正的证明。

令 u_i^* 为机动许可(也满足位移边界条件)的位移场,u_i 为真实解的位移场,与之相应的应变张量为 ε_{ij}^* 和 ε_{ij}。$u_i^* = u_i + \delta u_i$,$\varepsilon_{ij}^* = \varepsilon_{ij} + \delta\varepsilon_{ij}$。如将 $U_0(\varepsilon_{ij}^*)$ 按泰勒级数展开,略去二阶以上的高阶微量,可得

$$U_0(\varepsilon_{ij}^*) = U_0(\varepsilon_{ij}) + \frac{\partial U_0}{\partial \varepsilon_{ij}}\delta\varepsilon_{ij} + \frac{1}{2}\frac{\partial^2 U_0}{\partial \varepsilon_{ij}^2}(\partial\varepsilon_{ij})^2 \tag{10-23}$$

于是,机动许可状态的总势能与真实状态总势能之差为

$$\begin{aligned}\Delta\Pi_P &= \Pi_P(\varepsilon_{ij}^*) - \Pi_P(\varepsilon_{ij}) \\ &= \int_V U_0(\varepsilon_{ij} + \delta\varepsilon_{ij})\mathrm{d}V - \int_V U_0(\varepsilon_{ij})\mathrm{d}V - \int_V F_i\delta u_i\mathrm{d}V - \int_{S_T}\overline{F}_i\delta u_i\mathrm{d}S \\ &= \int_V \frac{\partial U_0}{\partial \varepsilon_{ij}}\delta\varepsilon_{ij}\mathrm{d}V + \frac{1}{2}\int_V \frac{\partial^2 U_0}{\partial \varepsilon_{ij}^2}(\delta\varepsilon_{ij})^2\mathrm{d}V - \int_V F_i\delta u_i\mathrm{d}V - \int_{S_T}\overline{F}_i\delta u_i\mathrm{d}S\end{aligned} \tag{10-24}$$

而另一方面,函数 ε_{ij} 变分引起泛函总势能的泛函增量有

$$\Delta\Pi_P = \Pi_P(\varepsilon_{ij}^*) - \Pi_P(\varepsilon_{ij}) = \delta\Pi_P + \frac{1}{2!}\delta^2\Pi_P \tag{10-25}$$

比较式(10-25)和式(10-24),并由式(10-20)、式(10-21),又有

$$\int_V \frac{\partial U_0}{\partial \varepsilon_{ij}}\delta\varepsilon_{ij}\mathrm{d}V = \int_V \sigma_{ij}\delta\varepsilon_{ij}\mathrm{d}V = \delta\int_V U_0\mathrm{d}V = \delta U \tag{10-26}$$

得

$$\delta\Pi_P = \int_V \frac{\partial U_0}{\partial \varepsilon_{ij}}\delta\varepsilon_{ij}\mathrm{d}V - \int_V F_i\delta u_i\mathrm{d}V - \int_{S_T}\overline{F}_i\delta u_i\mathrm{d}S = 0 \tag{10-27}$$

故

$$\delta^2\Pi_P = \int_V \frac{\partial^2 U_0}{\partial \varepsilon_{ij}^2}(\delta\varepsilon_{ij})^2\mathrm{d}V \tag{10-28}$$

当 $\delta\varepsilon_{ij}$ 足够小时,利用式(10-24)并在 $\varepsilon_{ij} = 0$ 处展开,且注意此时 $\left.\frac{\partial U_0}{\partial \varepsilon_{ij}}\right|_{\varepsilon} = \sigma_{ij} = 0$,于是有

$$U_0(\delta\varepsilon_{ij}) = U_0^*(\varepsilon_{ij}) - U_0(\varepsilon_{ij}) = \frac{1}{2}\frac{\partial^2 U_0}{\partial \varepsilon_{ij}^2}(\delta\varepsilon_{ij})^2 \tag{10-29}$$

又由式(10-28)可得

$$\Delta\Pi_P = \Pi_P(\varepsilon_{ij}^*) - \Pi_P(\varepsilon_{ij}) = \frac{1}{2}\delta^2\Pi_P = \int_V U_0(\delta\varepsilon_{ij})\mathrm{d}V \tag{10-30}$$

由于在线弹性情况下,应变势能函数 $U_0(\varepsilon_{ij})$ 为正定的二次型函数,故

$$\delta^2\Pi_P \geqslant 0,\quad \Delta\Pi_P \geqslant 0 \tag{10-31}$$

或

$$\Pi_P(\varepsilon_{ij}^*) \geqslant \Pi_P(\varepsilon_{ij}) \tag{10-32}$$

于是证明了总势能 Π_P 的二阶变分为正,真实位移场的势能为最小值。

鉴于我们已经证明线弹性体的应变能势能函数,即弹性势能函数 $U_0(\varepsilon_{ij})$ 始终是正的,故而上述证明只限于线弹性体,对于除此之外的一般情况,我们此处的证明还没有做到这一点,但最小势能原理却总是成立的。

我们知道,物体在外力作用下所产生的位移场,除了满足位移边界条件外,还必须满足以位移表示的平衡方程以及应力边界条件。最小势能原理说明,真实的位移除满足几何边界条件

外，还要满足最小势能原理的变分方程。在上面已经证明，虚功原理变分方程完全等价于平衡方程与应力边界条件。同样的结论也适合于最小势能原理变分方程，这是因为后者是由前者直接推导而得到的。用最小势能原理和用泛定方程求解边值问题，只是形式上的不同。但实际上由于变分法（泛函求极值）的应用，使解题方法大为方便，并且扩大了解题的范围，为近似解提供了基础。

例 10-2 设有受力分布载荷集度为 $q(x)$ 作用的简支梁。试用最小势能原理导出梁的挠曲线方程（图 10-3）。

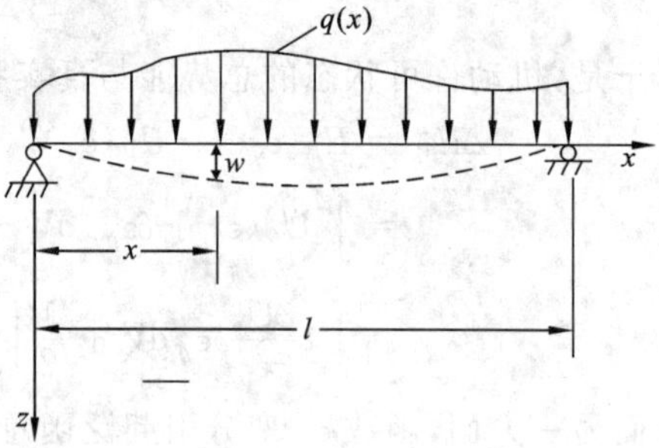

图 10-3

解 略去剪应力。由最小势能原理，知

$$\delta\Pi_P = \delta(U - W) = 0 \tag{1}$$

有

$$U = \iiint U_0 \,\mathrm{d}x\mathrm{d}y\mathrm{d}z = \frac{1}{2E}\iiint \sigma_x^2 \,\mathrm{d}x\mathrm{d}y\mathrm{d}z \tag{2}$$

式中：$\sigma_x = \dfrac{My}{J}$，$M = -EJ\dfrac{\mathrm{d}^2 w}{\mathrm{d}x^2}$，$J = \iint y^2 \,\mathrm{d}z\mathrm{d}y$，由此得

$$U = \frac{1}{2}\int_0^l EJ\left(\frac{\mathrm{d}^2 w}{\mathrm{d}x^2}\right)^2 \mathrm{d}x \tag{3}$$

$$W = \int_0^l q(x) w \,\mathrm{d}x \tag{4}$$

根据 $\delta\Pi_P = 0$，变分量为 δw，注意到

$$\delta(w') = (\delta w)' \tag{5}$$

$$\delta EJ(w'')^2 = 2EJw''\delta(w'') = 2EJw''(\delta w)'' \tag{6}$$

故

$$\delta\Pi_P = \int_0^l EJw''(\delta w)''\mathrm{d}x - \int_0^l q\delta w \,\mathrm{d}x = 0 \tag{7}$$

对式(7) 等号右边第一项进行两次分部积分，可得

$$\int_0^l EJw''(\delta w'')\mathrm{d}x = EJw''(\delta w)'\Big|_0^l - (EJw'')'\delta w\Big|_0^l + \int_0^l (EJw'')''\delta w \,\mathrm{d}x \tag{8}$$

于是式(7) 化为

$$\delta\Pi_P = \int_0^l (EJw^{(4)} - q)\delta w \,\mathrm{d}x + EJ\left[w''(\delta w)' - w'''\delta w\right]_0^l = 0 \tag{9}$$

由于 δw 的任意性，得 $EJw^{(4)} - q = 0$，即为挠曲线方程。对于简支梁边界条件：

$$w\Big|_{\substack{x=0\\x=l}} = 0, \quad 故 \quad \delta w\Big|_{\substack{x=0\\x=l}} = 0, \quad \delta w'\Big|_{\substack{x=0\\x=l}} \neq 0 \tag{10}$$

所以式(9) 第二项中，$w'' = 0$。此即表示支点处梁的弯矩为零，请注意 $w''' \neq 0$ 表示支点处剪力不为零，可见静力边界条件自动满足。

三、卡氏第一定理

由最小总势能原理可导出材料力学能量法中介绍的卡氏第一定理。假定有一组广义力[①] $Q_i(i = 1,2,\cdots,n)$ 作用下处于平衡状态的弹性结构物，系统的应变能可表示为相应的广义位

① 广义力并不限于集中力，也包括分布力、力偶、剪力流等。相应广义力的位移称为广义位移。

移 $\Delta_i(i=1,2,\cdots,n)$ 的函数 $U(\Delta_i)$，系统的总势能为

$$\Pi_P = U(\Delta_i) - \sum_{i=1}^{n} Q_i \Delta_i \tag{10-33}$$

根据势能泛函按泰勒级数展开取一阶变分，并由最小势能原理有

$$\delta \Pi_P = \sum_{i=1}^{n} \frac{\partial \Pi_P}{\partial \Delta_i} \delta \Delta_i = 0 \tag{10-34}$$

由于变分 $\delta\Delta_j$ 的独立性，为满足式(10-34)，连加号中只有第 i 个外力作用点的位移对总势能有影响，即只有第 i 个取导不为零。则可得 n 个独立的方程

$$\frac{\partial \Pi_P}{\partial \Delta_i} = 0 \quad (i=1,2,\cdots,n) \tag{10-35}$$

将式(10-33) 代入式(10-35) 得

$$\frac{\partial U}{\partial \Delta_i} = Q_i \tag{10-36}$$

式(10-36) 说明：**弹性体系的应变能对于其上某一外力点的位移之变化率就等于该外力的数值**。这就是**卡氏第一定理**。该定理既适用于线性弹性体，又适用于非线性弹性体。因为在计算中 $U=U(\Delta_i)$ 为一般弹性体的应变能。

例 10-3 悬臂梁自由端的转角为 θ，试确定施加于该处的力偶 M，梁的材料是在线弹性范围内工作的，见图 10-4。

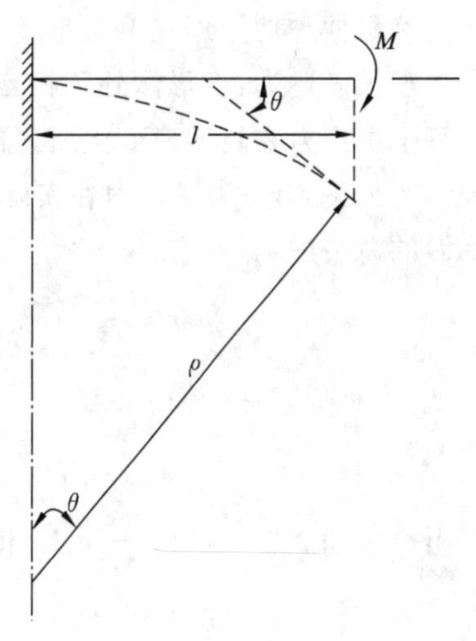

图 10-4

解 梁的任一点处的线应变为 $\varepsilon_x = \dfrac{y}{\rho}$，式中 ρ 为挠曲线的曲率半径。此梁处于纯弯曲状态，挠曲线为圆弧(图 10-4)。于是 $\rho\theta = l$。则 ε_x 式可改写为：$\varepsilon_x = \dfrac{y\theta}{l}$。对于梁内任一点的单位应变比能

$$U_0 = \frac{1}{2}\sigma_x \varepsilon_x = \frac{1}{2}E\varepsilon_x^2 = \frac{1}{2}\,\frac{EQ^2}{l^2}y^2 \tag{1}$$

于是梁的全部应变能为

$$U = \int_V U_0 \mathrm{d}V = \int_l \left(\int_A U_0 \mathrm{d}A\right)\mathrm{d}x = \int_l \left(\frac{1}{2}\,\frac{E\theta^2}{l^2}\int_A y^2 \mathrm{d}A\right)\mathrm{d}x = \frac{1}{2}\,\frac{EJ}{l}\theta^2 \tag{2}$$

按卡氏第一定理式(10-36)，有

$$M = \frac{\partial U}{\partial \theta} = \frac{EJ}{2l}(2\theta) = \frac{EJ\theta}{l} \tag{3}$$

由式(3) 即可根据已知转角 θ 求得外力偶矩 M 的值。

第五节　余虚功原理(虚应力原理)

本节讨论与虚功原理对偶的余虚功原理，该原理也称虚应力(虚力) 原理。首先，我们引进虚应力的概念。所谓**虚应力是当变形体处于平衡状态时，满足力的平衡条件及指定的力的边界条件的任意的可能的微小的应力，虚应力记作 $\boldsymbol{\delta\sigma_{ij}}$**。这就是说变分的函数不再是位移而是应力。虚应力的特征是，它使改变后的应力分量 $\sigma'_{ij} = \sigma_{ij} + \delta\sigma_{ij}$，仍满足平衡方程和应力边界条件，即 $\sigma'_{ij',j} + F_i = 0$，但还没有满足变形协调方程。又如将物体 V 的表面分为两部分时(即给定面力

的部分表面 S_T 和给定位移的部分表面 S_u)，则在 S_u 上，由于应力分量的变化，面力分量 F_i 也随之变化。于是在 S_u 上有：$(\sigma_{ij}+\delta\sigma_{ij})l_j=\overline{F}_i+\delta\overline{F}_i$，将式 $\sigma'_{ij'j}+F_i=0$ 与产生虚应力以前的平衡方程 $\sigma_{ij'j}+F_i=0$ 相减后，可得

$$(\delta\sigma_{ij})_{'j}=0 \tag{10-37}$$

将式 $(\sigma_{ij}+\delta\sigma_{ij})l_j=\overline{F}_i+\delta\overline{F}_i$ 与原边界条件 $\sigma_{ij}l_j=\overline{F}_i$ 相减后，得

$$\delta\sigma_{ij}l_j=\delta\overline{F}_i \quad (\text{在 } S_u \text{ 上}) \tag{10-38}$$

而在已给定面力的边界上不能改变，即

$$\delta\overline{F}_i=\delta\sigma_{ij}l_j=0 \quad (\text{在 } S_T \text{ 上}) \tag{10-39}$$

现在考察变形体处在给定条件下的相容状态，位移分量和应变分量为 u_i 和 ε_{ij}，且有

$$u_i=\overline{u}_i \quad \text{或} \quad u_i-\overline{u}_i=0 \quad (\text{在 } S_u \text{ 上}) \tag{10-40}$$

$$\varepsilon_{ij}-\frac{1}{2}(u_{i'j}+u_{j'i})=0 \quad (\text{在 } V \text{ 内}) \tag{10-41}$$

仍然根据虚功原理式 $W_e^*+W_i^*=0$，则当变形体的应力分量有一微小虚应力变化时，**余虚功原理**可表述为：**变形体处于相容状态时，微小虚外力在真实位移上所做的总余虚功，在数值上等于虚应力在真实应变上所做的总虚余应变能。**

如设 δW_C 为虚外力在实际位移上(也即其位移边界 S_u 上相应的虚反力在已知位移上)所做的总余虚功，则有

$$\delta W_C=\int_{S_u}\overline{u}_i\delta\overline{F}_i\,\mathrm{d}S \tag{10-42}$$

设 δU_C 为物体内的虚应力在实际应变上所做的总余虚应变能，则有

$$\delta U_C=\int_V\varepsilon_{ij}\delta\sigma_{ij}\,\mathrm{d}V \tag{10-43}$$

由余虚功原理知 $\delta W_C=\delta U_C$，即

$$\int_V\varepsilon_{ij}\delta\sigma_{ij}\,\mathrm{d}V-\int_{S_u}\overline{u}_i\delta\overline{F}_i\,\mathrm{d}S=0 \tag{10-44}$$

其展开式为

$$\begin{aligned}&\int_V(\varepsilon_x\delta\sigma_x+\varepsilon_y\delta\sigma_y+\varepsilon_z\delta\sigma_z+\gamma_{xy}\delta\tau_{xy}+\gamma_{yz}\delta\tau_{yz}+\gamma_{zx}\delta\tau_{zx})\mathrm{d}V\\&\quad-\int_{S_u}(\overline{u}\delta\overline{F}_x+\overline{v}\delta\overline{F}_y+\overline{w}\delta\overline{F}_z)\mathrm{d}S=0\end{aligned} \tag{10-45}$$

其附加条件为

$$(\delta\sigma_{ij})_{'j}=0(\text{在 } V \text{ 内}) \text{ 及 } \overline{F}_i=\overline{F}_i \text{ 或 } \delta\overline{F}_i=0(\text{在 } S_T \text{ 上}) \tag{10-46}$$

式(10-44)或式(10-45)为余虚功原理的应力变分方程。

关于余虚功原理的证明此处从略。

应当指出，余虚功原理的成立也与材料的本构关系无关。不限于线弹性体。还应指出，在虚位移原理中包含了实际的外力和内力，因而可理解为，虚位移原理的位移变分方程是系统平衡的要求，等价于平衡条件(包括静力边界条件)。而虚应力原理则包含有实际的位移和应变，所以，可把虚应力原理的应力变分方程看作是对物体变形协调的要求，等价于应变协调方程。实际上由虚应力原理的变分方程不难导出变形协调方程①。

---

① 王龙甫编《弹性理论》(第二版)§13-3。

于是，按式(10-44) 解题时，对于解答过程，不必预先满足变形协调条件，而只需使虚应力 $\delta\sigma_{ij}$ 满足物体的平衡和应力边界条件即可。因此，**余虚功原理**也可以叙述为：**变形体满足相容状态的必要与充分条件，是对于满足平衡条件及静力边界条件的任意微小虚应力，虚外(反) 力所做总虚余功数值上等于变形体的总虚余应变能。**

第六节　关于实与虚的功与余功、应变能与余应变能的概念

在第三章第十七节中，我们已引进了余应变能(余能) 的概念。现在我们来结合虚功原理与余虚功原理再进一步阐明功与余功、应变能与余应变能及其"虚" 的数学意义。

一、功与余功、虚功与虚余功

考虑图 10-5 所示非线性弹性材料在单向拉伸下的力-位移曲线。

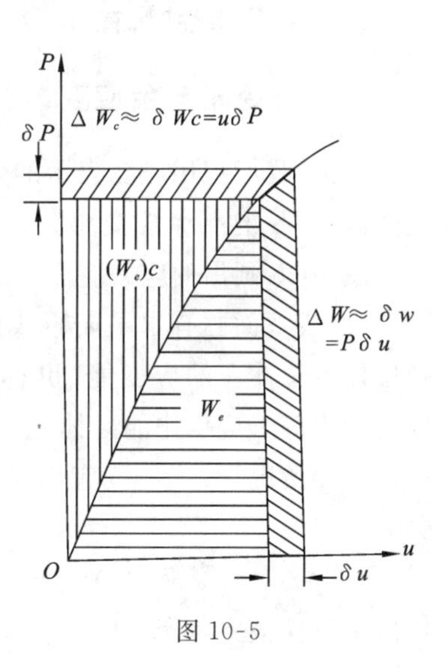

图 10-5

我们知道，曲线以下画有水平阴影线的面积 W_e 等于力 P 在位移达到某值 u 的过程中所做的功(实功)，则

$$W_e = \int_0^u P\mathrm{d}u \tag{10-47}$$

如位移微量增加 δu，则相应功的增量为

$$\Delta W = P\delta u + \frac{1}{2}\delta P\delta u + \cdots = \delta W + \frac{1}{2}\delta^2 W + \cdots \tag{10-48}$$

式中：ΔW 是功的全增量，等式右边第一项 $\delta W = P\delta u$，代表外力功的一阶变分，它是一个一阶无穷小量，实际上就是泛函 W 的一阶变分。此部分 δW 就是发生虚位移时外力所作的虚功。显然对于线弹性体，式中将不存在高阶项。如推广到三向受力情况，外力(包括体力和面力) 功的增量写作

$$\begin{aligned}\Delta W &= \int_V F_i\delta u_i\mathrm{d}V + \int_{S_T}\overline{F}_i\delta u_i\mathrm{d}S + \cdots \\ &= \delta W + \frac{1}{2}\delta^2 W + \cdots\end{aligned} \tag{10-49}$$

式中略去高阶项，而外力功的一阶变分(虚功) 为

$$\delta W = \int_V F_i\delta u_i\mathrm{d}V + \int_{S_T}\overline{F}_i\delta u_i\mathrm{d}S \tag{10-50}$$

至此，结合图 10-5，我们已说明了外力功(实功) 与其一阶变分(虚功) 的数学意义。

再看图 10-5 中曲线以上画有竖直阴影线的面积$(W_e)_C$，由于它是矩形 Pu 中除去外力功 W_e 之后余下的部分，因此把它叫做余功，则

$$(W_e)_C = \int_0^p u\mathrm{d}P \tag{10-51}$$

如外力增量为 δP，则相应余功的增量为

$$\Delta W_C = u\delta P + \frac{1}{2}\delta u\delta P + \cdots = \delta W_C + \frac{1}{2}\delta^2 W_C + \cdots \tag{10-52}$$

式中：$\delta W_C = u\delta P$ 是余功的一阶变分。实际上就是泛函$(W_e)_C$ 的一阶变分。此部分 δW_C 就是发生虚外力时，在实位移上所做的虚余功。

推广到三维的情况，如果体力和面力各有增量 δF_i 及 $\delta\overline{F}_i$，相应的余功的增量为

$$\Delta\delta W_C = \int_V u_i\delta F_i \mathrm{d}V + \int_{S_u} u_i\delta\overline{F}_i \mathrm{d}S + \cdots = \delta W_C + \frac{1}{2}\delta^2 W_C + \cdots \qquad (10\text{-}53)$$

式中 δW_C 是余功的一阶变分(虚余功)

$$\delta W_C = \int_V u_i\delta F_i \mathrm{d}V + \int_{S_u} u_i\delta\overline{F}_i \mathrm{d}S \qquad (10\text{-}54)$$

关于功与余功的问题需注意以下三点:

(i) 功与余功是互补的，$W_e + (W_e)_C = Pu$。

(ii) 功的变分来自位移的增变，积分变量为位移分量。余功的变分来自外力的增变，积分变量为力的分量。

(iii) 在线弹性时，有 $W_e = (W_e)_C$。

二、应变能与余应变能(余能、应力能)

过去，我们把用应变表示的弹性应变能函数 U 称为**应变能**，现在我们把用应力表示的余应变能函数 U_C 称为**余应变能**。

图 10-6 画出的应力应变曲线，类似于上述功与余功的讨论：曲线下面画有水平阴影线的面积 $U_0(\varepsilon)$ 代表积累于弹性体单位体积的应变能，也称**应变比能**。整个弹性体的应变能应等于应变比能对体积的积分。由图 10-6 可见，在单向拉伸情况下，当应变有增量 $\delta\varepsilon$ 时，变形比能的一阶变分为

$$\delta U_0(\varepsilon) = \sigma\delta\varepsilon \qquad (10\text{-}55)$$

推广到三向应力状态，则

$$\delta U_0(\varepsilon_{ij}) = \sigma_{ij}\delta\varepsilon_{ij} \qquad (10\text{-}56)$$

整个弹性体的应变能的一阶变分即所谓虚应变能为

$$\delta U(\varepsilon_{ij}) = \int_V \delta U_0(\varepsilon_{ij}) \mathrm{d}V = \int_V \sigma_{ij}\delta\varepsilon_{ij} \mathrm{d}V \qquad (10\text{-}57)$$

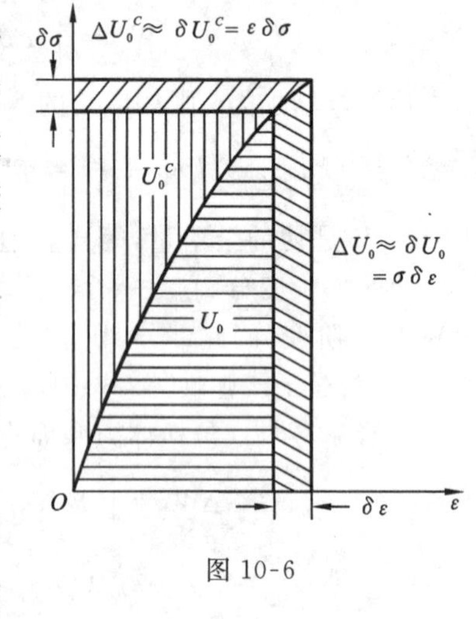

图 10-6

类似于上面讲到的余功，图 10-6 中曲线上画有竖直阴影线的面积 $U_0^C(\sigma)$ 代表余应变比能。余应变比能对体积的积分，为整个弹性体内的余应变能 $U_C(\sigma)$，在单向拉伸情况下，当应力有增量 $\delta\sigma$ 时，余应变比能的一阶变分为

$$\delta U_0^C(\sigma) = \varepsilon\delta\sigma \qquad (10\text{-}58)$$

而整个弹性体的余应变能的一阶变分，即所谓虚余应变能为

$$\delta U_C(\sigma_{ij}) = \int_V \delta U_0^C(\sigma_{ij}) \mathrm{d}V = \int_V \varepsilon_{ij}\delta\sigma_{ij} \mathrm{d}V \qquad (10\text{-}59)$$

同样对于应变能与余应变能问题，应注意以下三点:

(i) 余应变能与应变能是互补的，即：$U_0 + U_0^C = \sigma\varepsilon$。

(ii) 应变能的积分变量为应变分量，余应变能的变分来自应力变量的增变。

(iii) 在线弹性时，$U_0^C = U_0$。

由上述第一点推广到一般应力状态，我们可以再一次证明弹性势函数对应力、应变的微分关系(见第三章第四节、第六节)。由于 $U_0(\varepsilon_{ij}) + U_0^C(\sigma_{ij}) = \sigma_{ij}\varepsilon_{ij}$，则

$$\frac{\partial U_0(\varepsilon_{ij})}{\partial \varepsilon_{ij}} = \sigma_{ij}, \quad \frac{\partial U_0^C(\sigma_{ij})}{\partial \sigma_{ij}} = \varepsilon_{ij} \tag{10-60}$$

式(10-60)中的两式表明了弹性体的应力应变关系，再一次强调：一般非线性弹性体余应变能$U_0^C(\sigma_{ij})$与应变能$U_0(\varepsilon_{ij})$是不相等的，对于线弹性体则例外。

第七节　最小(总)余能原理

一、最小余能原理

类似于最小(总)势能的推导，可由余虚功原理导出最小(总)余能原理。由式(10-44)将应变能函数表示成应力的函数，即应变分量可由余应变能函数$U_0^C(\sigma_{ij})$导出，则

$$\delta U_C = \int_V \delta U_0^C \mathrm{d}V = \int_V \varepsilon_{ij}\delta\sigma_{ij}\mathrm{d}V \tag{10-61}$$

于是有

$$\int_V \delta U_0^C \mathrm{d}V - \int_{S_u} \bar{u}_i \delta \bar{F}_i \mathrm{d}S = 0 \tag{10-62}$$

当有虚应力时，在边界S_u上，位移分量保持不变。于是可把式(10-62)的变分符号放在积分号外，令$\delta\Pi_C$记作这个变分量，有

$$\delta\Pi_C = \delta\left[\int_V U_0^C(\sigma_{ij})\mathrm{d}V - \int_{S_u} \bar{F}_i \bar{u}_i \mathrm{d}S\right] = 0 \tag{10-63}$$

于是有

$$\delta\Pi_C = \delta(U_C - W_C) = 0 \tag{10-64}$$

其中

$$\Pi_C = U_C - W_C = \int_V U_0^C(\sigma_{ij})\mathrm{d}V - \int_{S_u} \bar{F}_i \bar{u}_i \mathrm{d}S \tag{10-65}$$

其附加条件为

$$\sigma_{ij',j} + F_i = 0 \ (\text{在} V \text{内}), \quad \sigma_{ij}n_j - \bar{F}_i = 0 \ (\text{在} S_T \text{上}) \tag{10-66}$$

式中，Π_C称为总余能；U_C为变形体的余应变能；W_C为在位移已给定的部分表面S_u上外力的余功，$-W_C$即为外(反)力在S_u上的余能。

注意到应力分量σ_{ij}是坐标x_i的函数，总余能Π_C显然是应力σ_{ij}的泛函。式(10-64)说明，当应力从真正的σ_{ij}变化到静力所允许的$\sigma_{ij}+\delta\sigma_{ij}$，即有应力函数变分$\delta\sigma_{ij}$时，总余能泛函的一阶变分为零，因此真实的应力场使物体的总余能取极值。与最小势能原理一样，进一步分析可以证明

$$\delta^2\Pi_C \geqslant 0 \tag{10-67}$$

故得下列**最小总余能原理：在所有满足平衡方程和应力边界条件的应力场中，真实的应力场对于稳定的平衡使系统的总余能取最小值。**一般最小总余能原理通常称为最小余能原理，但其中余能指系统的总余能，比余应变能具有更广泛的概念。

上述最小总余能原理推导，说明该原理既适用于线性弹性体，也适用于非线性弹性体。

我们知道，物体的真实应力场既满足平衡方程、应力边界条件，又满足变形协调条件。由最小余能原理知道，真实的应力场满足平衡方程和应力边界条件，还满足使总余能取最小值的条件。可见，最小总余能原理与变形协调条件等价。实际上，通过直接变换，可由应力变分方程导出变形协调方程。

第八节　最小功原理·卡氏第二定理

现在指出最小余能原理的一种特殊情况。若在物体的全部表面 S 上给定面力 $\bar{F}_i$（即只有 S_T 而无 S_u），则 $\delta\bar{F}_i = 0$，或者位移边界固定（变形体系无支座移动）$\bar{u}_i = 0$，可知 $W_C = 0$，则

$$\delta\Pi_C = \delta U_C = 0 \tag{10-68}$$

此时总余能等于余应变能，变分方程式(10-65) 称为**最小功原理：若变形体的面力给定，或位移边界固定，则在所有满足平衡方程和边界条件的应力场中，真实的应力场必使余应变能取最小值**。对于线弹性体，余应变能与应变能相等，故式(10-65) 又称为**最小应变能定理：没有体力而物体表面上位移给定的情况下，线弹性体处于实际的弹性平衡时，应变能为最小**。当物体偏离其稳定平衡位置时，其余能（应变能）将增加。因此，此时必有

$$\delta U = 0 \tag{10-69}$$

最小功原理也可以由下述卡氏定理式(10-74) 直接得出。该定理给出了材料力学、结构力学中求解静定系统的位移或超静定系统多余反力的常用公式。

现在讨论由最小余能原理推导出熟知的材料力学中的**卡氏第二定理**，常称为**卡氏定理**。

如假定变形体上受 n 个广义力 $Q_i(i = 1,2,\cdots,n)$ 的作用，并认为系统的内力已由广义力表示，则系统的总余能为

$$\Pi_C = U_C(Q_i) - \sum_{i=1}^{n} Q_i\Delta_i \tag{10-70}$$

其中 Δ_i 为与广义力 Q_i 相对应的广义位移。由最小余能定理，有

$$\delta\Pi_C = \sum_{i=1}^{n}\frac{\partial\Pi_C}{\partial Q_i}\delta Q_i = 0 \tag{10-71}$$

由于变分 δQ_i 的独立性，则得 n 个独立方程

$$\frac{\partial\Pi_C}{\partial Q_i} = 0 \quad (i = 1,2,\cdots,n) \tag{10-72}$$

将式(10-70) 代入式(10-72)，得

$$\frac{\partial U_C}{\partial Q_i} = \Delta_i \quad (i = 1,2,\cdots,n) \tag{10-73}$$

式(10-73) 即**卡氏第二定理**，它可叙述为：**对于线性结构，它的余应变能 U_C 对任一载荷 Q_i 的偏导数等于该载荷相应的位移 Δ_i，只要它的应变能表达为载荷的函数**。因此，此式可用来计算线性、非线性弹性杆件或构件在外力 Q_i 作用处与 Q_i 相应的位移 Δ_i。当 Δ_i 为零时可转化为最小功原理。对于线弹性体，由于余应变能 U_C 与应变能 U 是相等的，故而在材料力学中常表示为

$$\Delta_i = \frac{\partial U}{\partial Q_i} \tag{10-74}$$

但必须指出，上述公式仅对线性弹性体适用。

现仍举图 10-2 所示拉杆为例：余应变能 $U_C = U = \frac{P\Delta}{2}$；由于固定端边界位移 $u = 0$，支反力 R 的余功 $W_C = 0$，于是有

$$\Pi_C = U_C - W_C = \frac{1}{2}P\Delta - R_u = U \tag{10-75}$$

例 10-4 试用最小余能原理求图 10-7 所示超静定梁的支座反力。

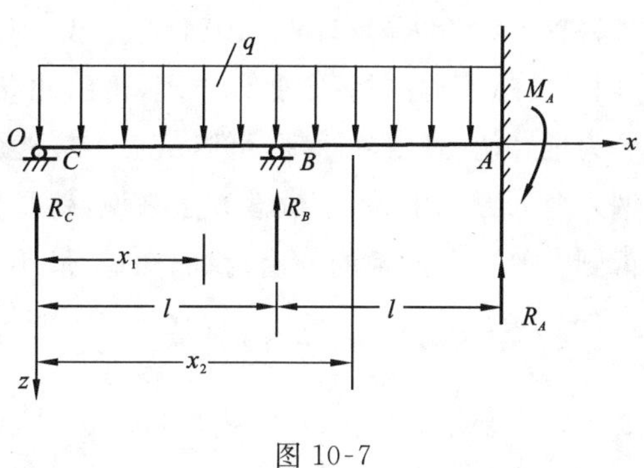

图 10-7

解 此题系两次超静定梁，现取 R_B,R_C 为多余支座反力，则可利用平衡条件将 R_A 和 M_A 用 R_B 和 R_C 来表示。则据力系的平衡条件 $\sum Z=0$ 和 $\sum M_A=0$，得

$$R_A+R_B+R_C=2ql \quad (1)$$

$$(R_B+2R_C)l+M_A=2ql^2 \quad (2)$$

可解得

$$R_A=2ql-R_B-R_C,\quad M_A=2ql^2-(R_B+2R_C)l \quad (3)$$

$$U_C=\int_0^l \frac{M^2}{2EJ}\mathrm{d}x+\int_l^{2l}\frac{M^2}{2EJ}\mathrm{d}x$$

$$=\int_0^l \frac{\left(R_Cx-\frac{1}{2}qx^2\right)^2\mathrm{d}x}{2EJ}+\int_l^{2l}\frac{\left[R_Cx-\frac{qx^2}{2}+R_B(x-l)\right]^2\mathrm{d}x}{2EJ} \quad (4)$$

由于边界支座没有位移，所以 $W_C=0$，则

$$\Pi_C=U_C-W_C=\int_0^l \frac{\left(R_Cx-\frac{qx^2}{2}\right)^2}{2EJ}\mathrm{d}x+\int_l^{2l}\frac{\left[R_Cx-\frac{qx^2}{2}+R_B(x-l)\right]^2}{2EJ}\mathrm{d}x \quad (5)$$

应用最小余能原理(或最小功原理或卡氏第二定理)，由 $\frac{\partial\Pi_C}{\partial R_B}=0$，则

$$\frac{1}{2EJ}\int_l^{2l}\left\{2\left[R_Cx-\frac{qx^2}{2}+R_B(x-l)\right](x-l)\right\}\mathrm{d}x=0 \quad (6)$$

得：$20R_C-17ql+8R_B=0$，由 $\frac{\partial\Pi_C}{\partial R_C}=0$ 得：$5R_B+16R_C-12ql=0$。于是解得 R_B 和 R_C，再由平衡方程解得 R_A 和 M_A，即

$$R_B=\frac{8}{7}ql,\quad R_C=\frac{11}{28}ql,\quad R_A=\frac{13}{28}ql,\quad M_A=\frac{1}{24}ql^2 \quad (7)$$

第九节* 广义变分原理

在虚位移与最小势能原理中，以位移分量作为参与变分的独立变量；而虚应力原理与最小余能原理，则以应力分量为参与变分的独立变量。这种类型的变分原理称为**一类变量变分原理**。但我们为了方便使用，有时候希望在一个变分过程中增加独立变量的个数来导出更多的弹性力学基本方程。**赖斯纳(Reissner)变分原理**就是把位移和应力看作是独立的变量，其结果相当于同时满足平衡微分方程、物理方程和应力、几何边界条件，称为**二类变量广义变分原理**。而**胡-鹫变分原理**是把位移、应变和应力作为独立变量，它等价于弹性力学的一切基本方程和全部边界条件，称为**三类变量广义变分原理**。这些原理是用拉氏乘子法，将条件极值问题变成无条件的驻值问题，是弹性力学中最一般的变分原理，称为**广义变分原理**，也称为**一般变分原理**。

本节将首先讨论由胡海昌于1954年提出[①],日本学者鹫津久一郎于1955年独立地给出相同结果,国外文献所称的**胡-鹫变分原理**,再由此导出**赖斯纳变分原理。**

为推导胡-鹫变分原理,可以从最小势能原理出发,引用拉氏待定乘子法,即把它的附加条件纳入变分方程中去,从数学方法来说,就是把条件极值问题用拉格郎日乘子法加以变化,从而得到一般变分原理的泛函。我们知道,最小势能原理是以 u_i 为变分量,附加条件为:在 S_u 上,$u_i=\bar{u}_i$,在 V 内有 $\varepsilon_{ij}=\frac{1}{2}(u_{i'j}+u_{j'i})$,共9个关系式。这是条件驻值问题,于是,我们在 Π_P 内引进9个拉氏乘子 $\lambda_i(i=1,2,\cdots,9)$,于是得到一般变分原理的泛函 Π_H 的展开式为

$$\begin{aligned}\Pi_H=&\iiint_V[U_0(\varepsilon_x,\varepsilon_y,\varepsilon_z,\gamma_{xy},\gamma_{yz},\gamma_{zx})-(F_xu+F_yv+F_zw)]\mathrm{d}V\\&+\iiint_V\Big[\lambda_1\Big(\frac{\partial u}{\partial x}-\varepsilon_x\Big)+\lambda_2\Big(\frac{\partial v}{\partial y}-\varepsilon_y\Big)+\lambda_3\Big(\frac{\partial w}{\partial z}-\varepsilon_z\Big)\\&+\lambda_4\Big(\frac{\partial u}{\partial y}+\frac{\partial v}{\partial x}-\gamma_{xy}\Big)+\lambda_5\Big(\frac{\partial v}{\partial z}+\frac{\partial w}{\partial y}-\gamma_{yz}\Big)+\lambda_6\Big(\frac{\partial w}{\partial x}+\frac{\partial u}{\partial z}-\gamma_{zx}\Big)\Big]\mathrm{d}V\\&-\iint_{S_T}(\bar{F}_xu+\bar{F}_yv+\bar{F}_zw)\mathrm{d}S-\iint_{S_u}[\lambda_7(u-\bar{u})+\lambda_8(v-\bar{v})+\lambda_9(w-\bar{w})]\mathrm{d}S\end{aligned}\tag{10-76}$$

简写式为

$$\begin{aligned}\Pi_H=&\int_V\Big\{U_0(\varepsilon_{ij})-F_iu_i+\lambda_i(i=1,2,\cdots,6)\Big[\frac{1}{2}(u_{i'j}+u_{j'i})-\varepsilon_{ij}\Big]\Big\}\mathrm{d}V\\&-\int_{S_T}\bar{F}_iu_i\mathrm{d}S-\int_{S_u}\lambda_i(i=7,8,9)(u-\bar{u}_i)\mathrm{d}S\end{aligned}\tag{10-77}$$

式(10-76)或式(10-77)中每一项都应有功的量纲,故 $\lambda_1,\lambda_2,\cdots,\lambda_6$ 相应地应为 $\sigma_x,\sigma_y,\cdots,\tau_{zx}$ 及 $\lambda_7,\lambda_8,\lambda_9$ 相应地应为 P_x,P_y,P_z 这样9个特定拉氏乘子;于是参与变分的独立变量为 $\sigma_{ij},\varepsilon_{ij}$,$P_i,u_i$,共计18个:$\sigma_x,\sigma_y,\cdots,\tau_{zx};\varepsilon_x,\varepsilon_y,\cdots,\gamma_{zx};P_x,P_y,P_z;u,v,w$。此外,没有别的约束条件。

以下先按上述关系将 λ_i 更换。由式(10-77)得

$$\begin{aligned}\Pi_H=&\int_V\Big\{U_0(\varepsilon_{ij})-F_iu_i+\sigma_{i'j}\Big[\frac{1}{2}(u_{i'j}+u_{j'i})-\varepsilon_{ij}\Big]\Big\}\mathrm{d}V-\int_{S_T}\bar{F}_iu_i\mathrm{d}S\\&-\int_{S_u}P_i(u_i-\bar{u}_i)\mathrm{d}S\end{aligned}\tag{10-78}$$

现在求式(10-78)Π_H 的驻值,以一阶变分 $\delta\Pi_H=0$,运算中注意到对给定条件(如 $F_i,\bar{F}_i,\bar{u}_i$)均不变分,并有下列关系式

$$\begin{aligned}\int_V\sigma_{ij}\delta\Big[\frac{1}{2}(u_{i'j}+u_{j'i})\Big]\mathrm{d}V&=\int_V\sigma_{ij}\delta u_{i'j}\mathrm{d}V\\&=-\int_V\sigma_{ij'j}\delta u_i\mathrm{d}V+\int_S\bar{F}_i\delta u_i\mathrm{d}S\\&=-\int_V\sigma_{ij'j}\delta u_i\mathrm{d}V+\int_{S_T}\bar{F}_i\delta u_i\mathrm{d}S+\int_{S_u}\bar{F}_i\delta u_i\mathrm{d}S\\&=-\int_V\sigma_{ij'j}\delta u_i\mathrm{d}V+\int_{S_T}\sigma_{ij}l_j\delta u_i\mathrm{d}S+\int_{S_u}\sigma_{ij}l_j\delta u_i\mathrm{d}S\end{aligned}\tag{10-79}$$

---

① 见胡海昌著《弹性力学的变分原理及其应用》,1981。

于是推证中引用式(10-79)有

$$\delta\Pi_H = \int_V \left\{ \frac{\partial U_0}{\partial \varepsilon_{ij}}\delta\varepsilon_{ij} - F_i\delta u_i + \delta\sigma_{ij}\left[\frac{1}{2}(u_{i'j} + u_{j'i}) - \varepsilon_{ij}\right] + \sigma_{ij}\delta\left[\frac{1}{2}(u_{i'j} + u_{j'i}) - \varepsilon_{ij}\right]\right\}dV$$

$$- \int_{S_T} \overline{F}_i\delta u_i dS - \int_{S_u}[\delta P_i(u_i - \overline{u}_i) + P_i\delta u_i]dS$$

$$= \int_V \left\{\left(\frac{\partial U_0}{\partial \varepsilon_{ij}} - \sigma_{ij}\right)\delta\varepsilon_{ij} - \left[\varepsilon_{ij} - \frac{1}{2}(u_{i'j} + u_{j'i})\right]\delta\sigma_{ij'j} - (\sigma_{i'j} + F_i)\delta u_i\right\}dV$$

$$+ \int_{S_T}(\sigma_{ij}l_j - \overline{F}_i)\delta u_i dS + \int_{S_u}(\sigma_{ij}l_i - P_i)\delta u_i dS$$

$$- \int_{S_u}(u_i - \overline{u}_i)\delta P_i dS = 0 \tag{10-80}$$

由于 $\delta\varepsilon_{ij}, \delta\sigma_{i'j}, \delta u_i$、$\delta P_i$ 的任意性,可得

$$\left.\begin{aligned}
&(1)\boldsymbol{\sigma_{ij}} = \frac{\partial \boldsymbol{U_0}}{\partial \boldsymbol{\varepsilon_{ij}}}(\text{在 V 内})\\
&(2)\boldsymbol{\varepsilon_{ij}} = \frac{1}{2}(\boldsymbol{u_{i'j}} + \boldsymbol{u_{j'i}})(\text{在 V 内})\\
&(3)\boldsymbol{\sigma_{ij'j}} + \boldsymbol{F_i} = 0(\text{在 V 内}), \boldsymbol{\sigma_{ij}l_j} = \overline{\boldsymbol{F}}_i(\text{在 } \boldsymbol{S_T} \text{ 上}), \boldsymbol{P_i} = \overline{\boldsymbol{F}}_i(\text{在 } \boldsymbol{S_u} \text{ 上})\\
&(4)\boldsymbol{u_i} = \overline{\boldsymbol{u}}_i(\text{在 } \boldsymbol{S_u} \text{ 上})
\end{aligned}\right\} \tag{10-81}$$

以上是**弹性力学问题的全部基本方程及边界条件。**

9个拉氏乘子的物理意义均可由上述结论式(10-81)确定,例如 P,显然表示 S_u 上的面,σ_{ij} 是物体内的应力。由最小余能原理同样可证得胡-鹫变分原理,此处从略。

Reissner 变分原理一般由最小余能原理推出,为简便起见,现在由胡-鹫变分原理导出 Reissner 变分原理,如在式(10-78)中,用广义虎克定律把应变分量 ε_{ij} 消去,注意到应力与应变之间互为函数关系,即 $\sigma_{ij} = C_{ijkl}\varepsilon_{ij}$,则 $\varepsilon_{ij} = C'_{ijkl}\sigma_{ij}$,于是 Reissner 变分原理的泛函 Π_R 为

$$\Pi_R = \int_V\left[\frac{1}{2}(u_{i'j} + u_{j'i})\sigma_{ij} - E(\sigma_{ij}) - F_i u_i\right]dV - \int_{S_T}\overline{F}_i u_i dS - \int_{S_u}P_i(u_i - \overline{u}_i)dS \tag{10-82}$$

其中 $E(\sigma_{ij}) = \sigma_{ij}\varepsilon_{ij} - U_0(\varepsilon_{ij})$。式(10-82)中共有12个独立变分量:$\sigma_{ij}, u_i, P_i$。现在由泛函 Π_R 求驻值,并使 $\delta\Pi_R = 0$,注意到

$$\delta E = \sigma_{ij}\delta\varepsilon_{ij} + \varepsilon_{ij}\delta\sigma_{ij} - \delta U_0(\varepsilon_{ij})$$

$$= \sigma_{ij}\delta\varepsilon_{ij} + \varepsilon_{ij}\delta\sigma_{ij} - \frac{\partial U_0}{\partial\varepsilon_{ij}}\delta\varepsilon_{ij} = \varepsilon_{ij}\delta\sigma_{ij} = \frac{\partial U_0^C}{\partial\sigma_{ij}}\delta\sigma_{ij} \tag{10-83}$$

并运用式(10-79),于是关于 Π_R 的一阶变分为

$$\delta\Pi_R = \int_V\left\{\delta\left[\frac{1}{2}(u_{i'j} + u_{j'i})\right]\sigma_{ij} + \frac{1}{2}(u_{i'j} + u_{j'i})\delta\sigma_{ij}\right\}dV - \int_V\frac{\partial U_0^C}{\partial\sigma_{ij}}\delta\sigma_{ij}dV$$

$$- \int_V F_i\delta u_i dV - \int_{S_T}\overline{F}_i\delta u_i dS - \int_{S_u}[\delta P_i(u_i - \overline{u}_i) + P_i\delta u_i]dS$$

$$= \int_V\left(\varepsilon_{ij} - \frac{\partial U_0^C}{\partial\sigma_{ij}}\right)\delta\sigma_{ij}dV - \int_V(\sigma_{ij'j} + F_i)\delta u_i dV + \int_{S_T}(\sigma_{ij}l_j - \overline{F}_i)\delta u_i dS$$

$$- \int_{S_u}(u_i - \overline{u}_i)\delta P_i dS + \int_{S_u}(\sigma_{ij}l_j - P_i)\delta u_i dS = 0 \tag{10-84}$$

由此得

$$
\left.\begin{aligned}
&(1)\boldsymbol{\varepsilon}_{ij}=\frac{\partial U_0^C}{\partial \boldsymbol{\sigma}_{ij}} && (\text{在 } V \text{ 内})\\
&(2)\boldsymbol{\sigma}_{ij'j}+\boldsymbol{F}_i=\mathbf{0} && (\text{在 } V \text{ 内})\\
&(3)\boldsymbol{\sigma}_{ij}\boldsymbol{l}_j=\bar{\boldsymbol{F}}_i && (\text{在 } S_T \text{ 上}),\boldsymbol{P}_i=\bar{\boldsymbol{F}}_i(\text{在 } S_u \text{ 上})\\
&(4)\boldsymbol{u}_i=\bar{\boldsymbol{u}}_i && (\text{在 } S_u \text{ 上})
\end{aligned}\right\} \tag{10-85}
$$

上述方程即**弹性力学问题的全部基本方程。**

由此可见，最小势能原理和最小余能原理都是条件变分原理，而 Reissner 与胡-鹫原理都是无条件变分原理。这两种广义变分原理都有不同形式的泛函，而当应力应变关系事前得到满足时，三类变量可以退化为二类变量，其变分方程是完全等价的。

上述广义变分原理的共同缺点是泛函只能取驻值，而不可能取极值，也就是广义变分原理的泛函 Π_H 或 Π_R 既不是最大也不是最小。广义变分原理是无约束条件的变分原理，不必满足什么条件，这是广义变分原理的优点。由于具体边界条件的复杂性，在使用一类变量变分原理时会遇到困难。但是，应用广义变分原理求近似解，问题的所有条件都通过变分近似地满足，因此广义变分原理近似解的精确度就比一类变量变分原理差。

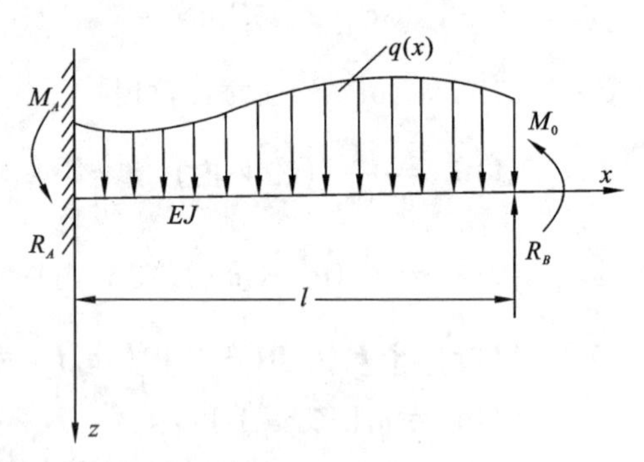

图 10-8

例 10-5　如图 10-8 的一个左端固定，右端简支，全段受分布载荷 $q(x)$ 及简支点受弯矩 M_0 作用的梁。试给出泛函 Π_H，Π_R，并验证 $\delta\Pi_H=0$ 等于此问题的全部方程和边界条件。

解　最小势能原理的泛函 Π_H（体力 $F_i=0$）为

$$
\Pi_H=\frac{1}{2}\int_0^l EJ(k)^2\mathrm{d}x-\int_0^l qw\mathrm{d}x+M_0\frac{\mathrm{d}w(l)}{\mathrm{d}x} \tag{1}
$$

其中 $k=w''=\dfrac{\mathrm{d}^2w}{\mathrm{d}x^2}$，为梁挠曲线的曲率，$k=\dfrac{M}{EJ}$。几何边界条件为

$$
w(0)=\frac{\mathrm{d}w(0)}{\mathrm{d}x}=w(l)=0 \tag{2}
$$

为了求出泛函 Π_H，我们在式(1) 中引用拉氏乘子：M,R_A,M_A,R_B，并将 $k=w''$ 作为附加条件处理。于是上述问题化为条件极值问题。如前所述，我们有泛函 Π_H 为

$$
\begin{aligned}
\Pi_H=&\frac{1}{2}\int_0^l EJ(k)^2\mathrm{d}x-\int_0^l qw\mathrm{d}x+M_0\frac{\mathrm{d}w(l)}{\mathrm{d}x}+\int_0^l(k-w'')M\mathrm{d}x+R_Aw(0)\\
&+M_Aw'(0)+R_Bw(l)
\end{aligned} \tag{3}
$$

其中变分量为 k,w,M,R_A,M_A 和 R_B，而无其他附加条件。式(3) 的一阶变分为

$$
\begin{aligned}
\delta\Pi_H=&\int_0^l[M\delta k+EJ(k)\delta k-M\delta(w'')-q\delta w]\mathrm{d}x+\int_0^l(k-w'')\delta M\mathrm{d}x+M_0\delta w'(l)\\
&+R_A\delta w(0)+w(0)\delta R_A+M_A\delta w'(0)+w'(0)\delta M_A+R_B\delta w(l)+w(l)\delta R_B
\end{aligned} \tag{4}
$$

注意到

$$
\int_0^l M\delta(w'')\mathrm{d}x=EJ\int_0^l w''(\delta w)''\mathrm{d}x=EJw''(\delta w)'\Big|_0^l-EJ\int_0^l w''(\delta w)'\mathrm{d}x
$$

$$= EJw''(\delta w)'\Big|_0^l - EJw''\delta w\Big|_0^l + \int_0^l w^{(4)}\delta w \mathrm{d}x$$

$$= M(\delta w)'\Big|_0^l - M'\delta w\Big|_0^l + \int_0^l M''\delta w \mathrm{d}x \tag{5}$$

于是有

$$\begin{aligned}\delta\Pi_H = &\int_0^l [(M+EJk)\delta k - (M''+q)\delta w + (k-w'')\delta M]\mathrm{d}x + [R_A - M'(0)]\delta w(0) \\ &+ [M_A + M(0)]\delta w'(0) + [R_B + M'(l)]\delta w(l) - [M(l) - M_0]\delta w'(l) \\ &+ w(0)\delta R_A + w'(0)\delta M_A + w(l)\delta R_B\end{aligned} \tag{6}$$

由 $\delta\Pi_H = 0$，及 δk，δw，δM，δR_B，δM_A 和 δR_A 等的任意性，可得所给问题的全部方程和边界条件。

(1)$EJk + M = 0$；　　(2)$M'' + q = 0$；

(3)$R_A - M'(0) = 0$；　　(4)$M_A + M(0) = 0$；

(5)$R_B + M'(l) = 0$；　　(6)$M(l) - M_0 = 0$；

(7)$w(0) = 0$；　　(8)$w'(0) = 0$；

(9)$w(l) = 0$；　　(10)$k - w'' = 0$。

根据所得结果，拉氏乘子的物理意义也就明确了。

第十节* 各变分原理之间的关系

对于一类变量变分原理也即由虚功(虚位移)原理导出的最小势能原理和由余虚功(虚应力)原理导出的最小余能原理统称为极值原理，也称最小能原理。解弹性力学问题，我们可以采用最小势能原理，也可以应用最小余能原理。在应用于具体问题时，某一原理可能比另一原理在计算上简便或精确些。但它们都是来源于能量守恒原理，这两个原理应该是相互等效的。以下我们来证明总势能 Π_P 和总余能 Π_C 的关系。

根据实功原理可知：$W_e + W_i = 0$，$W_i = -U$；并应有 $W_e^C + W_i^C = 0$，$W_i^C = -U_C$。式中 W_e^C，W_i^C 分别为外力与内力余功，两式相加，则有

$$\int_V F_i u_i \mathrm{d}V + \int_S \overline{F}_i u_i \mathrm{d}S = \int_V (U_0 + U_0^C)\mathrm{d}V \tag{10-86}$$

总势能 Π_P 和余能的公式可分别写为

$$\Pi_P = \int_V U_0 \mathrm{d}V - \int_V F_i u_i \mathrm{d}V - \int_{S_T} \overline{F}_i u_i \mathrm{d}S, \quad \Pi_C = \int_V U_0^C \mathrm{d}V - \int_{S_u} \overline{F}_i \overline{u}_i \mathrm{d}S \tag{10-87}$$

将式(10-87)的两式相加，并注意 $S = S_T + S_u$ 的积分合并，有

$$\Pi_P + \Pi_C = \int_V [U_0 + U_0^C]\mathrm{d}V - \int_V F_i u_i \mathrm{d}V - \int_{S=S_T+S_u} \overline{F}_i u_i \mathrm{d}S \tag{10-88}$$

利用式(10-86)，可得

$$\Pi_P + \Pi_C = 0 \tag{10-89}$$

或

$$\Pi_P = -\Pi_C \tag{10-90}$$

由此可知，对于精确解来说，总势能和余能的数值相等，但相差一个正负号。

各变分原理之间关系可用图 10-9 表示。

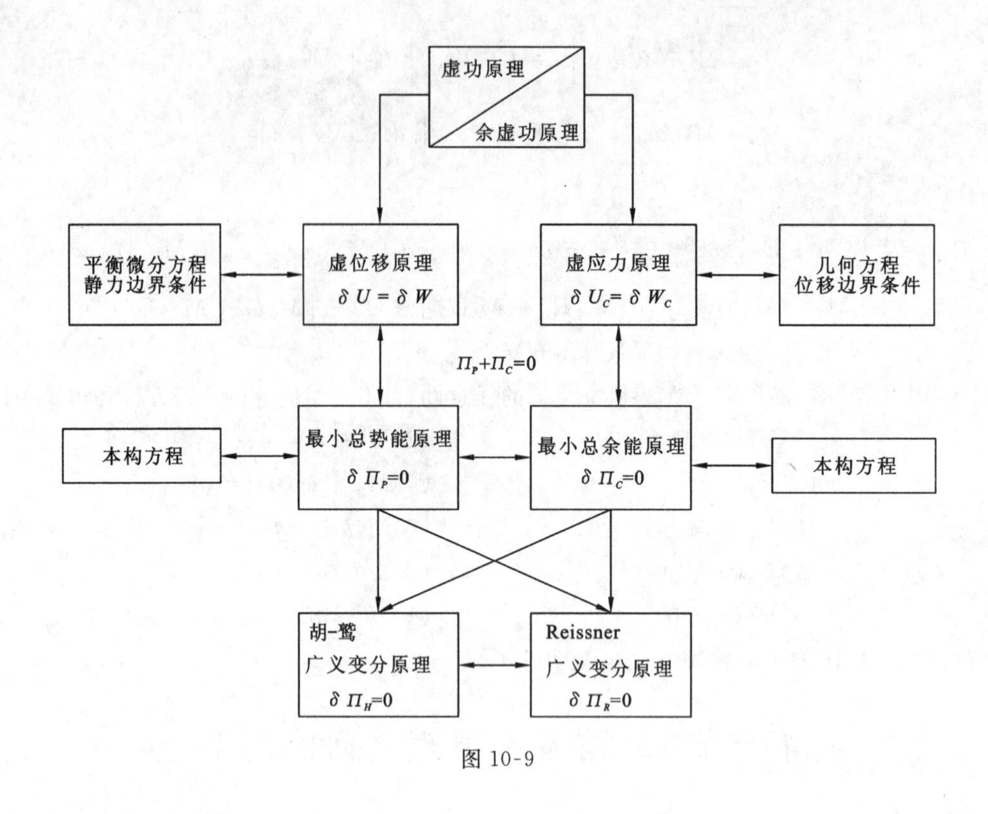

图 10-9

第十一节　基于变分原理的近似解法

本节介绍两类基本变分原理的应用，即基于虚位移原理或最小势能原理而利用位移变分方程的近似解法，以及基于虚应力原理或最小余能原理而利用应力变分方程的近似解法。弹性力学的变分方法不但如前所述可以得到一样的精确解，其重要作用还在于可以应用于近似计算方法中。除在一般问题近似解法中外，还在薄板、薄壳等弹性力学问题及有限元计算中其优越性将充分显示出来。此处我们将分别介绍基于上述两类变分原理的最广泛使用的两种具体近似解法：Rayleigh-Ritz（简称 Ritz）法和 Галёркин 法。

一、基于最小势能原理的近似解法

1. Ritz 法（瑞兹法）

当给定面力和几何约束条件时，我们可利用虚位移原理或最小势能原理来求解，此时，应力与位移边界条件已知，而其位移变分方程等价于平衡方程和应力边界条件，因此选取的位移函数，对于连续函数必然满足连续性条件，并且无需先满足应力边界条件，而只需满足位移边界条件。如选取位移函数为

$$u_i = u_i^0 + \sum_{k=1}^{n} a_{ik} u_{ik} \quad (i = 1,2,3; k = 1,2,\cdots,n) \tag{10-91}$$

式(10-91)下标记号不求和。

式中：a_{ik} 为未知待定的任意常数；u_i^0 满足位移边界条件，即：$u_i^0 = \bar{u}_i$，在 S_u 上；而 u_{ik} 为所设定的独立的 k 项线性相加的坐标函数，也就是各个函数仅与坐标有关而与位移变分完全无关，

且满足：$u_{ik}=0(i=1,2,3;k=1,2,\cdots,n)$，在 S_u 上。

这样，不论系数 a_{ik} 如何取值，位移函数 u_i 总能满足位移边界条件。

由于设定函数 u_{ik} 仅为坐标的选定函数，所以不参加变分，于是对于位移取一阶变分时，只需对系数 a_{ik} 取一阶变分，即

$$\delta u_i=\sum_{k=1}^{n}\delta a_{ik}u_{ik} \tag{10-92}$$

式(10-92)下标记号不求和。将式(10-91)代入最小势能原理的变分方程(10-21)，由于 u_{ik} 相当于选定的已知函数序列，因此依赖于 u_i 的泛函变成了待定常数 $a_{ik}(k=1,2,\cdots,n)$ 的函数，相应地，原来泛函的极值问题也就成了函数的极值问题。根据下述关系：

$$\delta\Pi_P=\frac{\partial\Pi_P}{\partial a_{ik}}\delta a_{ik}=0 \tag{10-93}$$

又由 a_{ik} 的任意性，可以得到用以确定全部系数的线性代数方程组。于是有

$$\frac{\partial\Pi_P}{\partial a_{ik}}=0\quad(i=1,2,3;k=1,2,\cdots,n) \tag{10-94}$$

注意到：全式展开时，a_{ik} 代表 a_{1k},a_{2k},a_{3k}；u_{ik} 代表 u_k,v_k,w_k。其具体计算式表述如下：

$$\Pi_P=\int_V U_0(u_i)\mathrm{d}V-\int_V F_iu_i\mathrm{d}V-\int_{S_T}\overline{F}_iu_i\mathrm{d}S \tag{10-95}$$

将式(10-91)代入式(10-95)，可得其展开式为

$$\begin{aligned}\delta\Pi_P=\sum_{k=1}^{n}\Big\{&\Big(\frac{\partial U}{\partial a_{1k}}\delta a_{1k}+\frac{\partial U}{\partial a_{2k}}\delta a_{2k}+\frac{\partial U}{\partial a_{3k}}\delta a_{3k}\Big)-\Big[\iiint_V\delta a_{1k}u_kF_x\mathrm{d}V\\&+\iiint_V\delta a_{2k}v_kF_y\mathrm{d}V+\iiint_V\delta a_{3k}w_kF_z\mathrm{d}V\Big]-\Big[\iint_{S_T}\delta a_{1k}u_k\overline{F}_x\mathrm{d}S\\&+\iint_{S_T}\delta a_{2k}v_k\overline{F}_y\mathrm{d}S+\iint_{S_T}\delta a_{3k}w_k\overline{F}_z\mathrm{d}S\Big]\Big\}=0\end{aligned} \tag{10-96}$$

于是根据式(10-94)也即计及 δa_{ik} 的任意性时，可由式(10-96)得其展开式为

$$\left.\begin{aligned}\frac{\partial\Pi_P}{\partial a_{1k}}&=\frac{\partial U}{\partial a_{1k}}-\iiint_V u_kF_x\mathrm{d}V-\iint_{S_T}u_k\overline{F}_x\mathrm{d}S=0\\\frac{\partial\Pi_P}{\partial a_{2k}}&=\frac{\partial U}{\partial a_{2k}}-\iiint_V v_kF_y\mathrm{d}V-\iint_{S_T}v_k\overline{F}_y\mathrm{d}S=0\\\frac{\partial\Pi_P}{\partial a_{3k}}&=\frac{\partial U}{\partial a_{3k}}-\iiint_V w_kF_z\mathrm{d}V-\iint_{S_T}w_k\overline{F}_z\mathrm{d}S=0\end{aligned}\right\} \tag{10-97}$$

式中 U 为应变能函数，是 a_{ik} 的二次函数。因而式(10-97)为系数 a_{ik} 的线性代数方程组，每组方程有3个。总数为 k 组($k=1,2,\cdots,n$)，故总的方程的个数为 $3n$，与未知数的个数相等，于是可由式(10-97)确定全部常数 $a_{ik}(i=1,2,3;k=1,2,\cdots,n)$，从而由式(10-91)可求出各位移分量。这一方法即为 Ritz 法。

适当地选择函数 u_k^0 和 u_{ik} 以及项数 n，可以得到精确度较高的位移解。如将求得的位移解代入用位移表示的应力表达式，即可求出对应的应力分量的近似解。

例 10-6 设有长度为 l 的简支梁，受均布载荷 q 作用。试根据材料力学理论求梁的挠度 $v(x)$，如图 10-10 所示。

解 用 Ritz 法。由

$$u_i = u_i^0 + \sum_{k=1}^{n} a_{ik} u_{ik} \qquad (1)$$

按所设定的坐标,根据材料力学知梁在 x 及 z 向的位移 $u = w = 0$。故有

$$v(x) = v^0 + \sum_{k=1}^{n} a_{2k} v_k \qquad (2)$$

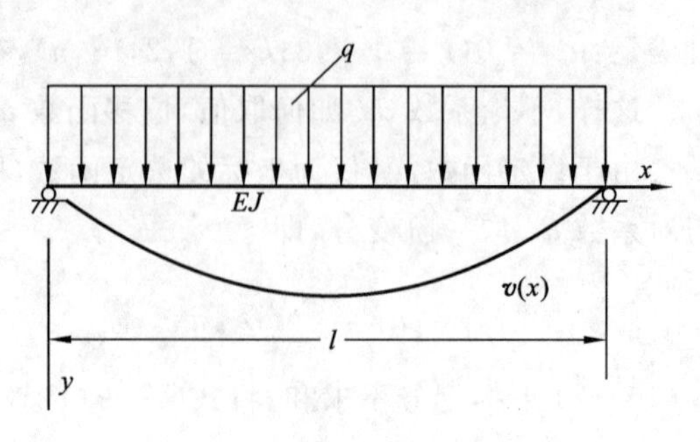

图 10-10

(A) 考虑 $v^0 = 0$,如设

$$v(x) = b_1 x(l-x) + b_2 x^2 (l^2 - x^2) + \cdots$$

$$= \sum_{k=1}^{n} b_k x^k (l^k - x^k) \qquad (3)$$

显然式(3) 满足边界条件

$$v(0) = v(l) = 0 \qquad (4)$$

今仅取式(3) 的第一项,则最小势能原理的泛函 Π_P 为

$$\Pi_P = U - W = \int_0^l \left[\frac{EJ}{2}\left(\frac{\mathrm{d}^2 v}{\mathrm{d}x^2}\right)^2 - qv\right]\mathrm{d}x = \int_0^l \left[\frac{EJ}{2}(-2b_1)^2 - b_1 qx(l-x)\right]\mathrm{d}x \qquad (5)$$

由 $\dfrac{\partial \Pi_P}{\partial b_1} = 0$,可得 $b_1 = \dfrac{ql^2}{24EJ}$。将 b_1 代入式(3),得梁的挠度为

$$v = \frac{ql^4}{24EJ}\left(\frac{x}{l} - \frac{x^2}{l^2}\right), \quad v_{\max} = \frac{ql^4}{96EJ} = 0.0104\,\frac{ql^4}{EJ} \qquad (6)$$

而材料力学的解为:$v_{\max} = \dfrac{5ql^4}{384EJ} = 0.0130\,\dfrac{ql^4}{EJ}$,相对误差为 20%,如取式(3) 的前两项,则可得:$b_1 = \dfrac{ql^2}{24EJ}$,$b_2 = \dfrac{q}{24EJ}$,于是有

$$v = \frac{ql^2 x}{24EJ}(l-x) + \frac{qx^2}{24EJ}(l^2 - x^2) \qquad (7)$$

式(7) 给出的最大位移与材料力学的解相等。

(B) 考虑 $v^0 = 0$,如设位移函数为下列三角级数:

$$v = b_1 \sin\frac{\pi x}{l} + b_1 \sin\frac{2\pi x}{l} + \cdots + b_n \sin\frac{n\pi x}{l} + \cdots = \sum_{n=1}^{\infty} b_n \sin\frac{n\pi x}{l} \qquad (8)$$

式中 $b_1, b_2, \cdots, b_n$ 为待定系数,即梁的挠度曲线将由一组正弦曲线叠加而成(图 10-11)。

此时,最小势能原理的泛函 Π_P 仍为

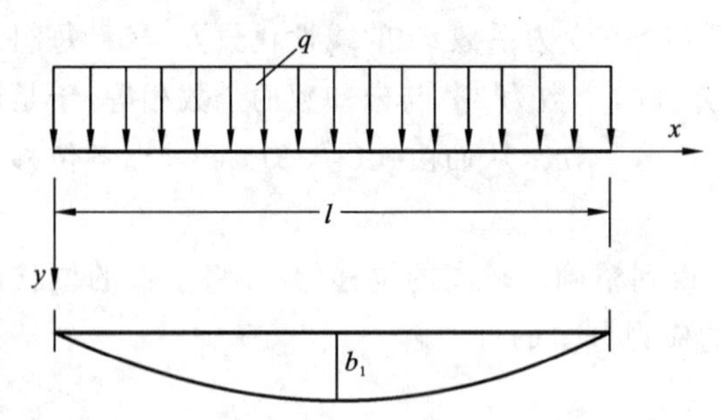

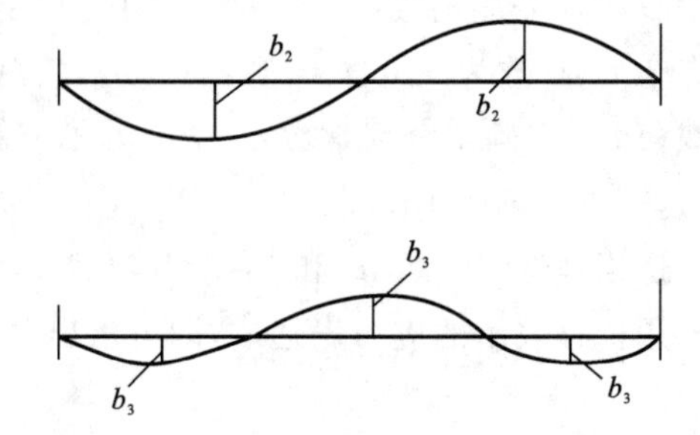

图 10-11

$$\Pi_P = \int_0^l \frac{EJ}{2}\left(\frac{\mathrm{d}^2 v}{\mathrm{d}x^2}\right)^2 \mathrm{d}x - \int_0^l qv\mathrm{d}x \tag{9}$$

等号右边第一项的被积函数为

$$\begin{aligned}\frac{\mathrm{d}^2 v}{\mathrm{d}x^2} &= -b_1 \frac{\pi^2}{l^2}\sin\frac{\pi x}{l} - 4b_2\frac{\pi^2}{l^2}\sin\frac{2\pi x}{l} - 9b_3\frac{\pi^2}{l^2}\sin\frac{3\pi x}{l} - \cdots \\ &= (-1)\left(\frac{\pi}{l}\right)^2\sum_{n=1}^{\infty} b_n n^2 \sin\frac{n\pi x}{l}\end{aligned} \tag{10}$$

将式(10) 代入式(9) 后，将出现正弦函数连加的平方项。但注意到三角函数的正交性，有

$$\int_0^l \sin\frac{n_1 \pi x}{l}\sin\frac{n^2\pi x}{l}\mathrm{d}x \begin{cases} = \dfrac{1}{2} & (\text{当 } n_1 = n_2 \text{ 时}) \\ = 0 & (\text{当 } n_1 \neq n_2 \text{ 时})\end{cases} \tag{11}$$

得

$$\Pi_P = \frac{EJ\pi^4}{4l^3}\sum_{n=1}^{\infty} n^4 b_n^2 - \frac{2ql}{\pi}\sum_{n=1,3,5,\cdots}^{\infty}\frac{b_n}{n} \tag{12}$$

根据 Ritz 法，有$\dfrac{\partial \Pi_P}{\partial b_n} = 0$，当 n 为奇数时，有

$$\frac{2EJ\pi^4}{4l^3}n^4 b_n - \frac{2ql}{n\pi} = 0, \quad 得 \quad b_n = \frac{4ql^4}{EJn^5\pi^5} \tag{13}$$

而当 n 为偶数时，有：$\dfrac{2EJ\pi^4}{4l^3}n^4 b_n = 0$。于是梁的挠度曲线可写为

$$v = \frac{4ql^4}{EJ\pi^5}\sum_{n=1,3,5,\cdots}^{\infty}\frac{1}{n^5}\sin\frac{n\pi x}{l} \tag{14}$$

级数式(14) 收敛很快，一般地说，取头两项即已足够精确。梁中点处的最大挠度为

$$v_{\max} = \frac{ql^4}{EJ\pi^5}\left(1 - \frac{1}{3^5} + \frac{1}{5^5} + \cdots\right) \tag{15}$$

当取级数的第一项时，有

$$v_{\max} = \frac{ql^4}{76.5EJ} = 0.0137\frac{ql^4}{EJ} \tag{16}$$

其解答已与材料力学解答接近。

2. Галёркин 法(伽辽金法)

如选取位移函数时，使其不仅满足位移边界条件，而且也满足应力边界条件，则位移变分方程有：$\delta U = \delta W$，即

$$\int_V \frac{\partial U_0}{\partial \varepsilon_{ij}}\delta\varepsilon_{ij}\mathrm{d}V = \int_V F_i \delta u_i \mathrm{d}V + \int_{S_T}\overline{F}_i\delta u_i \mathrm{d}S \tag{10-98}$$

而

$$\begin{aligned}\int_V \frac{\partial U_0}{\partial \varepsilon_{ij}}\delta\varepsilon_{ij}\mathrm{d}V &= \int_V \sigma_{ij}\delta u_{i'j}\mathrm{d}V = \int_V (\sigma_{ij}\delta u_i)_{'j}\mathrm{d}V - \int_V \sigma_{ij'j}\delta u_i \mathrm{d}V \\ &= \int_{S_T}\sigma_{ij} l_j \delta u_i \mathrm{d}S - \int_V \sigma_{ij'j}\delta u_i \mathrm{d}V = \int_{S_T}\overline{F}_i \delta u_i \mathrm{d}S - \int_V \sigma_{ij'j}\delta u_i \mathrm{d}V\end{aligned} \tag{10-99}$$

将式(10-99) 代入式(10-98) 左端，消去$\int_{S_T}\overline{F}_i\delta u_i\mathrm{d}S$，有

$$\int_V (\sigma_{ij'j} + F_i)\delta u_i \mathrm{d}V = 0 \tag{10-100}$$

与 Ritz 法一样，当选取位移函数为

$$u_i = u_i^0 + \sum_{k=1}^{n} a_{ik} u_{ik} \quad (i = 1,2,3; k = 1,2,\cdots,n) \tag{10-101}$$

则

$$\delta u_i = \sum_{k=1}^{n} \delta a_{ik} u_{ik} \tag{10-102}$$

式(10-101)、式(10-102) 中下标记号不求和。将式(10-102) 代入式(10-100) 得

$$\int_V (\sigma_{ij'j} + F_i) \sum_{k=1}^{n} \delta a_{ik} u_{ik} \mathrm{d}V = 0 \tag{10-103}$$

连加号内下标记号不求和。此式展开式为三个方程($i = 1,2,3$) 而每个含有 n 个积分($k = 1, 2,\cdots,n$)，其中 δa_{ik} 为任意值，且与 x,y,z 无关。故要此式成立，只有每个积分都等于零。共有 $3n$ 个方程可解 $3n$ 个未知常数，即

$$\int_V (\sigma_{ij'j} + F_i) u_{ik} \mathrm{d}V = 0 \tag{10-104}$$

其展开式为

$$\left.\begin{aligned}
&\int_V \left(\frac{\partial \sigma_x}{\partial x} + \frac{\partial \tau_{xy}}{\partial y} + \frac{\partial \tau_{xz}}{\partial z} + F_x\right) u_k \mathrm{d}V = 0 \\
&\int_V \left(\frac{\partial \tau_{yx}}{\partial x} + \frac{\partial \sigma_y}{\partial y} + \frac{\partial \tau_{yz}}{\partial z} + F_y\right) v_k \mathrm{d}V = 0 \quad (k = 1,2,\cdots,n) \\
&\int_V \left(\frac{\partial \tau_{zx}}{\partial x} + \frac{\partial \tau_{zy}}{\partial y} + \frac{\partial \sigma_z}{\partial z} + F_z\right) w_k \mathrm{d}V = 0
\end{aligned}\right\} \tag{10-105}$$

在式(10-105) 中，各应力分量可用位移分量表示。由于位移分量是系数 u_{ik} 待定常数的线性函数，故式(10-104) 为该系数的线性方程组。求解之后代入式(10-101)，便可求得各位移分量。这种方法即为 Галёркин 法。

例 10-7 用 Галёркин 法解例 10-6 题。

解 采用 Галёркин 法，要求设定的位移函数既满足位移边界条件又满足静力边界条件。此题的位移边界条件和静力边界条件分别为

$$v\bigg|_{\substack{x=0\\x=l}} = 0, \quad v''\bigg|_{\substack{x=0\\x=l}} = 0 \tag{1}$$

(A) 首先考虑多项式形式的位移函数。

由于一次、二次多项式不满足位移和力的边界条件，位移函数三次多项式不满足对称性要求，故选取下列四次多项式：

$$v = b_1 x^4 + b_2 x^3 + b_3 x^2 + b_4 x + b_5 \tag{2}$$

于是

$$v'' = 12 b_1 x^2 + 6 b_2 x + 2 b_3 \tag{3}$$

由边界条件 $x = 0, v = v'' = 0$，得：$b_3 = b_5 = 0$。由边界条件 $x = l, v = v'' = 0$，得：$b_2 = -2b_1 l$，$b_4 = b_1 l^3$。则

$$v = b_1 (x^4 - 2lx^3 + l^3 x) \tag{4}$$

此时式(10-104) 化为

$$\iiint_V \left(\frac{\partial \tau_{xy}}{\partial x} + F_y\right) v_k \mathrm{d}V = 0 \tag{5}$$

上式括号中的平衡条件可代之以梁用位移形式表示的平衡条件。此处 $v_k = x^4 - 2lx^3 + l^3x$，于是有

$$\int_0^l (EJv^{(4)} - q)(x^4 - 2lx^3 + l^3x)\mathrm{d}x = 0 \tag{6}$$

将式(4)代入进行积分，而上式中 $v^{(4)} = 24b_1$，可直接提到积分号外(但当 $v^{(4)}$ 为 x 函数时，则要参加积分)，得：$EJ \cdot 24b_1 = q$，也即 $b_1 = \dfrac{q}{24EJ}$。于是得

$$v = \frac{q}{24EJ}(x^4 - 2lx^3 + l^3x) \tag{7}$$

式(7)即为材料力学的解。

(B) 取位移函数为三角级数：

$$v = \sum_{m=1}^{\infty} b_m \sin\frac{m\pi x}{l} \tag{8}$$

显然此函数能满足全部边界条件：$v(0) = v''(0) = v(l) = v''(l) = 0$。此时式(10-105)变为

$$\int_0^l (EJv^{(4)} - q)\sin\frac{m\pi x}{l}\mathrm{d}x = 0 \tag{9}$$

将式(8)代入进行积分，得 b_m 所满足的代数方程，解之得

$$\left.\begin{aligned} b_m &= \frac{4ql^4}{EJ\pi^5}\frac{1}{m^5} \quad &(m\text{ 为奇数}) \\ b_m &= 0 \quad &(m\text{ 为偶数}) \end{aligned}\right\} \tag{10}$$

于是有

$$v = \frac{4ql^4}{EJ\pi^5}\sum_{m=1,3,\cdots}^{\infty}\frac{1}{m^5}\sin\frac{m\pi x}{l} \tag{11}$$

这一结果与 Ritz 法结果相同，方法更为简便。

二、基于最小余能原理的近似解法

如前所述，利用虚应力原理和最小余能原理来求弹性力学问题的近似解时，要以应力分量作为独立变量进行变分。所选的应力场，必须是静力许可的应力场，即满足平衡方程和应力边界条件，而变形协调条件则无需预先满足。在求解具体问题时，可能会遇到两种边值问题：一种是给定面力，一种是给定位移。当给定面力时，则在 S_T 上应用最小功原理，可知 $W_C = 0$；如给定位移，则在 S_u 上应力变分满足 $(\delta\sigma_{ij})_j = 0$，再由 $\delta\sigma_{ij}l_j = \delta\overline{F}_i$；求出 $\delta\overline{F}_i$ 之后代入应力变分方程进行计算。在上述情况下类似于位移变分方程解法，仍可用 Ritz 法或 Галёркин 法求近似解。如取应力分量为多项式

$$\sigma_{ij} = \sigma_{ij}^0 + \sum_m a_m \sigma_{ij}^m \tag{10-106}$$

式中：σ_{ij}^0 是选定的满足平衡方程和应力边界条件的函数；σ_{ij}^m 是选定的满足体力为零的平衡方程及面力为零的应力边界条件的函数，该函数为所设定的坐标函数。

这样不管系数 a_m 如何取值，式(10-106)的 σ_{ij} 总能满足平衡方程和应力边界条件，且当简单加载时，全部应力分量 σ_{ij} 均按同一比例增长。于是，对式(10-106)中应力分量的变分，只由系数 σ_m 的变分来实现，而 σ_{ij}^0 及 σ_{ij}^m 则只是给定的坐标 x,y,z 的函数，与应力的变分无关，即

$$\delta\sigma_{ij} = \sum_m \sigma_{ij}^m \delta a_m \tag{10-107}$$

根据已知条件，有

(1) 当给定面力时，由最小功原理，有 $\delta U_C = 0$，则

$$\delta U_C = \sum_m \frac{\partial U_C}{\partial a_m}\delta a_m = 0 \tag{10-108}$$

由 δa_m 的任意性可得

$$\frac{\partial U_C}{\partial a_m} = 0 \tag{10-109}$$

从而得出关于常数 a_m 的 m 个线性代数方程的方程组，从而求出 a_m。

(2) 如给定位移边界条件，则

$$\delta U_C = \sum_m \frac{\partial U_C}{\partial a_m}\delta a_m \quad 和 \quad \delta W_C = \int_{S_u} \bar{u}_i \delta \bar{F}_i \mathrm{d}S = \sum_m D_m \delta a_m \tag{10-110}$$

式中 $D_m = \int_{S_u} \bar{u}_i \sigma_{ij}^m l_j \mathrm{d}S$。由于 D_m 为坐标的给定函数，不参与变分的量。于是按 $\delta\Pi_C = 0$ 或 $\delta U_C = \delta W_C$，联立式(10-110)中的两式可得

$$\frac{\partial U_C}{\partial a_m} = D_m \tag{10-111}$$

式(10-111)仍为 m 个线性代数方程的方程组。

由以上讨论可知，应用应力变分方程解题时，选定的应力场要满足平衡方程和应力边界条件的要求，往往是不易做到的。但是对于某些问题，应力分量是用应力函数表示的，而应力函数表示的应力分量总能满足平衡方程。这样，我们选定应力函数的表达式，使其给出应力分量满足应力边界条件，困难就减少了。以下用 Ritz 法和 Галёркин 法分别计算柱体扭转问题，作为本部分内容的例题。

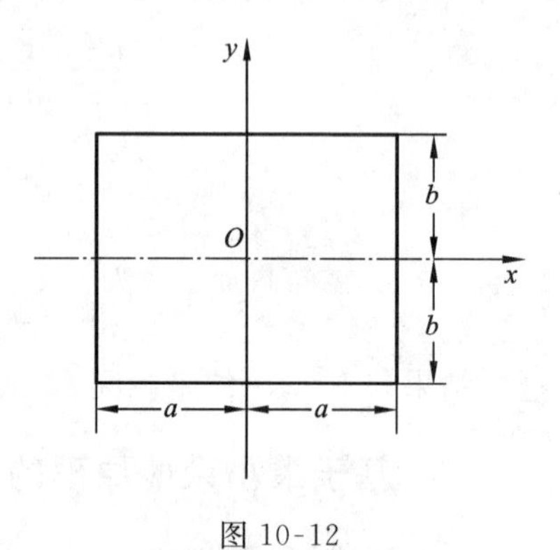

图 10-12

例 10-8 一等直矩形截面柱体为线弹性材料，长为 l，尺寸如图 10-12 所示。求解其扭转问题。

解 由第七章扭转可知，用应力函数表示的剪应力为

$$\tau_{xz} = \frac{\partial \varphi}{\partial y}, \quad \tau_{yz} = -\frac{\partial \varphi}{\partial x} \tag{1}$$

注意：φ 给出的应力分量已自动满足内部平衡条件。

(A) Ritz 法：柱体单位长度的余应变能为

$$U_C = \frac{1}{2G}\iint_A (\tau_{xz}^2 + \tau_{yz}^2)\mathrm{d}x\mathrm{d}y = \frac{1}{2G}\iint_A \left[\left(\frac{\partial \varphi}{\partial x}\right)^2 + \left(\frac{\partial \varphi}{\partial y}\right)^2\right]\mathrm{d}x\mathrm{d}y \tag{2}$$

其中 A 为柱体的截面面积。于是有

$$\delta U_C = \frac{1}{2G}\delta\iint_A \left[\left(\frac{\partial \varphi}{\partial x}\right)^2 + \left(\frac{\partial \varphi}{\partial y}\right)^2\right]\mathrm{d}x\mathrm{d}y \tag{3}$$

现求柱体单位长度的余功 W_C，在柱体侧面自由表面 S_T 上，即当 $x=\pm a, y=\pm b, \varphi_C = 0$，如令应力函数 φ 有一任意微小变化，则有 $\delta\varphi_C = 0$，说明自由表现处无余功，而两端面上作用有扭矩 M_T，且 $M_T = 2\iint \varphi \mathrm{d}x\mathrm{d}y$。由于端面上面力的详细分布情况是不清楚的，但知道它们静力等效于扭矩 M_T，又由于柱体的相对的单位扭转角为 θ，因此可以将两个端面看作位移已知的位

移边界条件，从而求得外力余功为

$$W_C = M_T\theta \quad 以及 \qquad \delta W_C = \delta M_T\theta = 2\iint_A \delta\varphi\theta \mathrm{d}x\mathrm{d}y \tag{4}$$

于是有：$\delta U_C = \delta W_C$，将式(3)及式(4)中第二式代入，得

$$\theta\left\{\iint_A\left[\frac{1}{2G}\left(\frac{\partial\varphi}{\partial x}\right)^2+\frac{1}{2G}\left(\frac{\partial\varphi}{\partial y}\right)^2-2\theta\varphi\right]\mathrm{d}x\mathrm{d}y\right\}=0 \tag{5}$$

这就是扭转问题中运用的变分方程。对于等矩形截面柱体可取应力函数为下列多项式：

$$\varphi=(x^2-a^2)(y^2-b^2)\sum_m\sum_n a_{mn}x^m y^n \quad (m,n=0,2,4,\cdots) \tag{6}$$

根据薄膜比拟法应力函数 φ 应为 x，y 的偶函数，所以式中 m，n 取偶数。为简便计算，以正方形截面为例，现只取式(6)的第一项使 $m=n=0$，则有

$$\varphi=a_0(x^2-a^2)(y^2-a^2) \tag{7}$$

代入总余能 Π_C（对于单位长度 l 的柱体）

$$\Pi_C=U_C-W_C=\frac{1}{2G}\iint_A\left\{\left[\left(\frac{\partial\varphi}{\partial x}\right)^2+\left(\frac{\partial\varphi}{\partial y}\right)\right]^2-4G\theta\varphi\right\}\mathrm{d}x\mathrm{d}y \tag{8}$$

再由 $\dfrac{\partial\Pi_C}{\partial a_0}=0$，得：$a_0=\dfrac{5}{8}\dfrac{G\theta}{a^2}$，从而

$$M_T=2\iint_A\varphi\mathrm{d}x\mathrm{d}y=\frac{20}{9}G\theta a^4=0.1388G\theta(2a)^4 \tag{9}$$

此结果与精确解 $M_T=0.1406G\theta(2a)^4$ 相比，误差为1.28%。

(B) Галёркин 法：由上法已知总余能为式(8)，其一阶变分为

$$\delta\Pi_C=\frac{1}{G}\iint_A\left[\frac{\partial\varphi}{\partial x}\frac{\partial(\delta\varphi)}{\partial x}+\frac{\partial\varphi}{\partial y}\frac{\partial(\delta\varphi)}{\partial y}-2G\theta\delta\varphi\right]\mathrm{d}x\mathrm{d}y \tag{10}$$

在计算上式前，先证明下面等式

$$\begin{aligned}&\iint_A\left[\frac{\partial}{\partial x}\left(\frac{\partial\varphi}{\partial x}\delta\varphi\right)+\frac{\partial}{\partial y}\left(\frac{\partial\varphi}{\partial y}\delta\varphi\right)\right]\mathrm{d}x\mathrm{d}y\\&=\iint_A\left[\frac{\partial^2\varphi}{\partial x^2}\delta\varphi+\frac{\partial\varphi}{\partial x}\frac{\partial(\delta\varphi)}{\partial x}+\frac{\partial^2\varphi}{\partial y^2}\delta\varphi+\frac{\partial\varphi}{\partial y}\frac{\partial(\delta\varphi)}{\partial y}\right]\mathrm{d}x\mathrm{d}y\\&=\iint_A\left(\frac{\partial^2\varphi}{\partial x^2}+\frac{\partial^2\varphi}{\partial y^2}\right)\delta\varphi+\iint_A\left[\frac{\partial\varphi}{\partial x}\frac{\partial(\delta\varphi)}{\partial x}+\frac{\partial\varphi}{\partial y}\frac{\partial(\delta\varphi)}{\partial y}\right]\mathrm{d}x\mathrm{d}y\end{aligned} \tag{11}$$

而式(11)的等式左端由格林公式①，又有 $l_x=\dfrac{\mathrm{d}y}{\mathrm{d}s}$，$l_y=-\dfrac{\mathrm{d}x}{\mathrm{d}s}$，则

$$\begin{aligned}&\iint_A\left[\frac{\partial}{\partial x}\left(\frac{\partial\varphi}{\partial x}\right)+\frac{\partial}{\partial y}\left(\frac{\partial\varphi}{\partial y}\right)\right]\delta\varphi\mathrm{d}x\mathrm{d}y\\&=\oint_C\left[\left(-\frac{\partial\varphi}{\partial y}\right)\mathrm{d}x+\left(\frac{\partial\varphi}{\partial x}\right)\mathrm{d}y\right]\delta\varphi\\&=\oint_C\left[\left(\frac{\partial\varphi}{\partial x}\right)l_x+\left(\frac{\partial\varphi}{\partial y}\right)l_y\right]\delta\varphi\mathrm{d}s\end{aligned} \tag{12}$$

对于柱体侧面边界 C 上，已知 $\varphi_C=0$，则 $\delta\varphi_C=0$，故式(12)边界线积分等于零，则式(11)左端为零，于是式(10)化为下式，且有 $\delta\Pi_C=0$，消去负号，得

$$\delta\Pi_C=\iint_A\left(\frac{\partial^2\varphi}{\partial x^2}+\frac{\partial\varphi}{\partial y^2}+2G\theta\right)\delta\varphi\mathrm{d}x\mathrm{d}y=0 \tag{13}$$

---

① 格林公式：$\oint_C(P\mathrm{d}x+Q\mathrm{d}y)=\iint_D\left(\dfrac{\partial Q}{\partial x}-\dfrac{\partial P}{\partial y}\right)\mathrm{d}x\mathrm{d}y$。

实际上，如根据柱体扭转的变形连续性条件，也即由位移形式表示的平衡方程

$$\nabla^2\varphi = \frac{\partial^2\varphi}{\partial x^2} + \frac{\partial^2\varphi}{\partial y^2} = -2G\theta \tag{14}$$

即能直接得到式(13)。如取 φ 为下列多项式：

$$\varphi = \sum_{i=1}^{n} a_i F_i(x,y) \tag{15}$$

而

$$\delta\varphi = \sum_{i=1}^{m} \delta a_i F_i(x,y) \tag{16}$$

则考虑到 δa_i 的任意性以后，式(13) 化为

$$\iint_A \left[\frac{\partial^2}{\partial x^2}(a_i F_i) + \frac{\partial^2}{\partial y^2}(a_i F_i) + 2G\theta\right] F_i \mathrm{d}x\mathrm{d}y = 0 \quad (i = 1,2,\cdots,n) \tag{17}$$

式(17) 为一代数方程组，由此可解出 a_i。

如仍取前面的级数式(6)，取一项并且使 $a = b$，则有式(7)，即 $F = a_0(x^2 - a^2)(y^2 - a^2)$，代入式(17) 可得

$$\iint_A \{2a_0[(x^2 - a^2) + (y^2 - a^2)] + 2G\theta\}(x^2 - a^2)(y^2 - a^2)\mathrm{d}x\mathrm{d}y = 0 \tag{18}$$

求得

$$a_0 = \frac{5}{8}\frac{G\theta}{a^2} \tag{19}$$

此结果与 Ritz 法解答一致。

习　　题

10-1　试证：

$$\int_V \frac{1}{2}\delta_{ij}(u_{i'j}+u_{j'i})\mathrm{d}V=\int_s \sigma_{ij}n_j u_i \mathrm{d}s-\int_V \sigma_{ij'j}u_i \mathrm{d}V$$

10-2　试给出平面应力状态极坐标系的单位体积应变能表达式。

10-3　设有图示悬臂梁右端受 P 作用，如取挠曲线为：$w=ax^2+bx^3$，试求 a,b 的值。

10-4　试给出题 10-4 图的余能表达式(不计均布力 q 引起的偏心弯矩)。

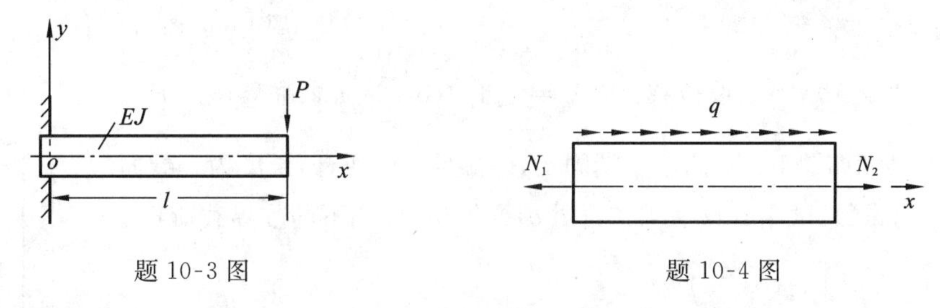

题 10-3 图　　　　题 10-4 图

10-5　题 10-5 图所示中点受集中力 P 作用的简支梁，设位移函数 $v=C\sin\frac{\pi x}{l}$，试求梁的挠曲线方程、最大挠度及其与材料力学解的比较。

10-6　试用卡氏第二定理求题 10-6 图示三杆桁架中 A 点的位移 Δ。已知杆的拉压刚度为 EA。

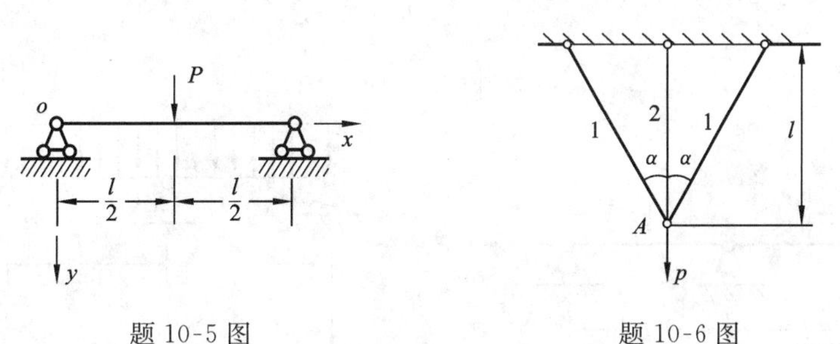

题 10-5 图　　　　题 10-6 图

10-7*　试用虚功原理求题 10-7 图所示梁的挠度曲线。设

$$w=a_1\sin\frac{\pi x}{l}$$

10-8*　已知一简支梁，跨度为 l，承受均布载荷 q 的作用，抗弯刚度 EJ 为常数，设

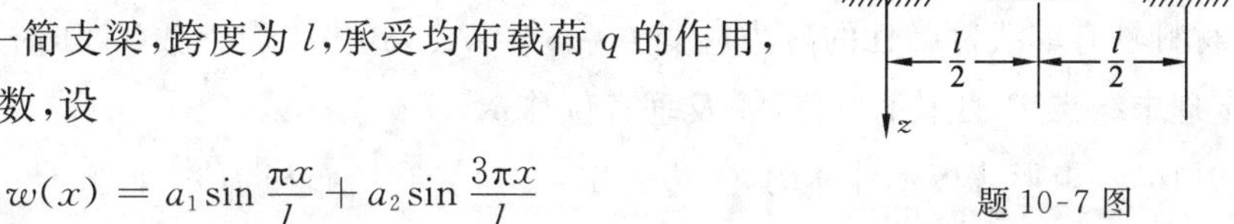

$$w(x)=a_1\sin\frac{\pi x}{l}+a_2\sin\frac{3\pi x}{l}$$

题 10-7 图

试用虚位移原理求系数 a_1,a_2 及梁的最大挠度。

10-9*　已知如题 10-9 图所示两端固支梁，跨度为 l，抗弯刚度 EJ 为常数，中点受集中力 P 作用，试用最小势能原理求 $w_{\max}$，设位移函数 $w=\frac{\delta}{2}\left(2-\cos\frac{2\pi x}{l}\right)$。

10-10　已知如题 10-10 图所示的一端固定，一端自由的压杆，载面抗弯刚度 EJ 为常数，试用 Ritz 法确定端顶受临界压力 P_{cr} 的近似值。设位移函数为 $v=c_1x^3+c_2x^2+c_3x+c_4$。

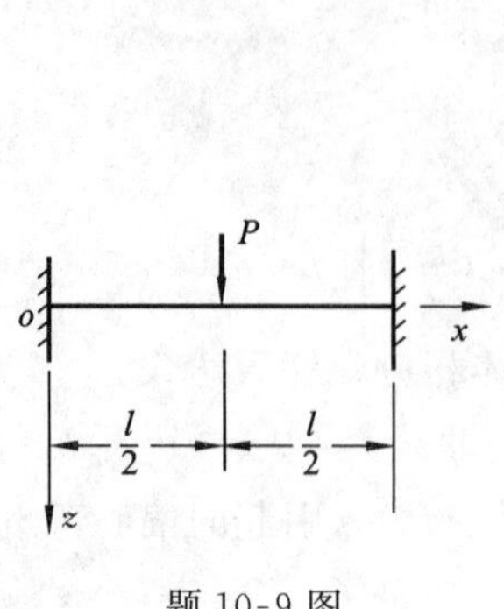

题 10-9 图

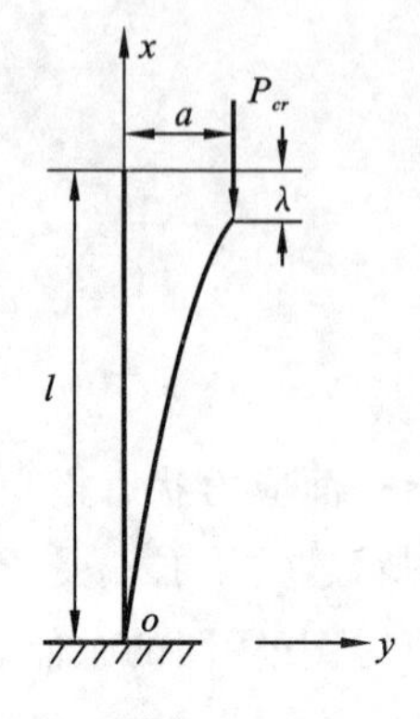

题 10-10 图

10-11* 上题10-10如设位移函数 $v=a\left(1-\cos\frac{\pi x}{2l}\right)$，求临界压力 P_{cr}。

10-12* 已知如题10-12图示一端固定，一端自由的压杆，长度为 l，载面抗弯刚度 EJ 为常数。试用Ritz法求在自重 q(N/mm)作用下的临界载荷 q_{cr}。设位移函数 $w=a\left(1-\cos\frac{\pi x}{2l}\right)$。

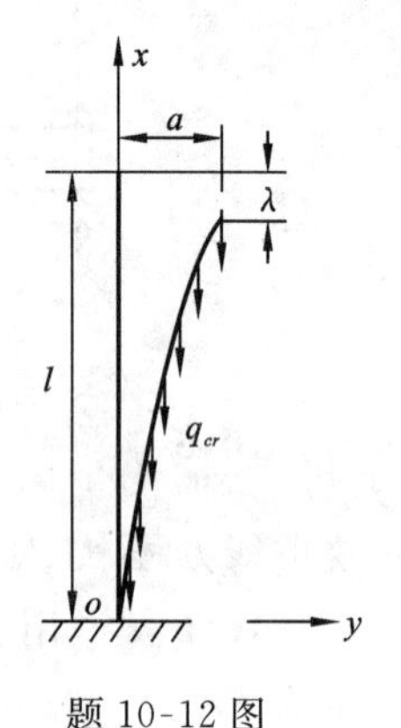

题 10-12 图

10-13 试用最小余能原理求题10-13图所示超静定梁 AB 的支座反力，已知梁的抗弯刚度 EJ，其载荷为两个集中力 P，跨度为 $2l$，中点有支点 C。

10-14* 如题10-14图示，载荷为均布荷载 q，跨度为 l。求中间支点 C 的支座弯矩 M_c。

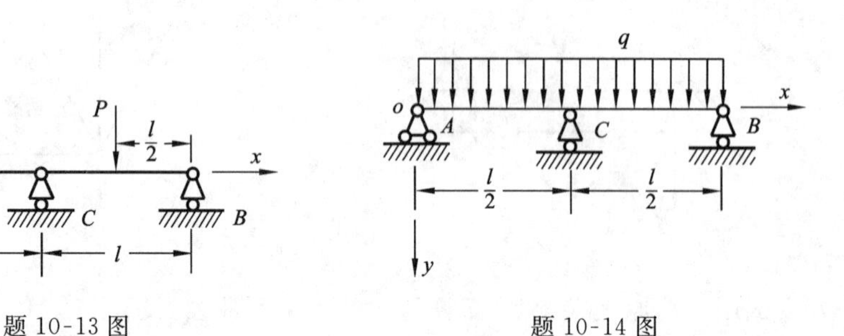

题 10-13 图　　　　题 10-14 图

10-15 已知如题10-15图所示的桁架 ABC，AB 和 BC 杆的截面面积均为 A。在 B 点作用力 P，材料具有非线性弹性的应力应变关系 $\sigma=k\sqrt{\varepsilon}$，式中 k 为常数(拉压时均适用)。试用卡氏第二定理求结点 B 的水平位移 δ_H 及垂直位移 δ_V。

10-16* 矩形薄板不计体力，三边固定，一边受有均布压力 q，如题10-16图所示。设应力函数为：

$$\varphi=-\frac{qx^2}{2}+\frac{qa^2}{2}\left(A_1\frac{x^2y^2}{a^2b^2}+A_2\frac{y^3}{b^3}\right)$$

试用应力变分法求解应力分量(计算应变能时，取泊松比 $\nu=0$)。

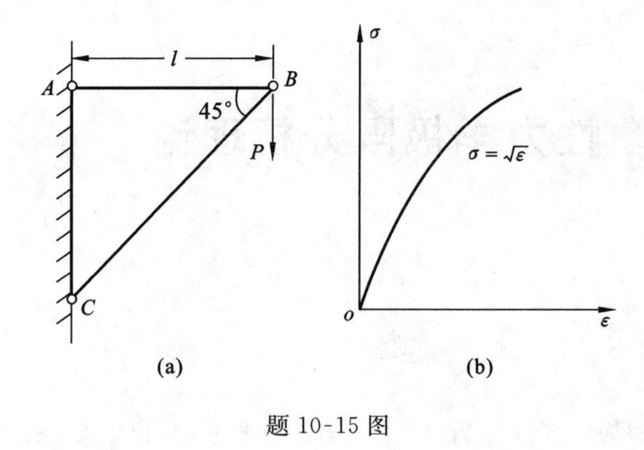

题 10-15 图

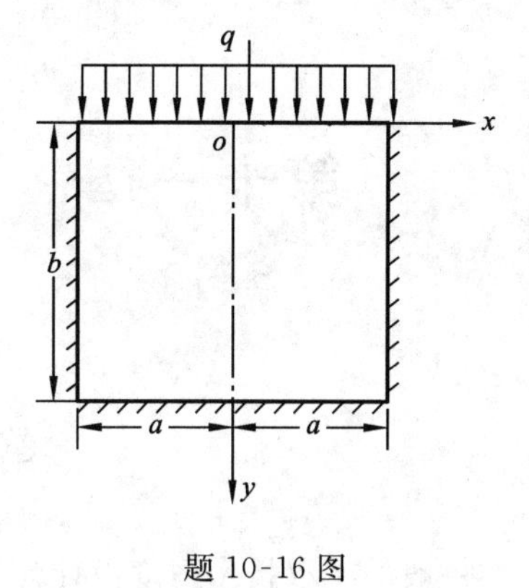

题 10-16 图

第十一章* 塑性力学极限分析理论

第一节 概 述

在一般的工程技术强度设计计算中，均以弹性分析(许用应力法)来进行。也就是说，结构各部分的尺寸是根据它的应力不得超过许用应力来考虑的。这些许用应力一般是将材料的屈服极限或强度极限除以由经验得来的安全系数。尽管这种方法在当前工程实际问题中普遍使用着，但最根本的缺点在于它和结构的承载能力没有直接的联系，它是根据局部材料和个别杆件(最薄弱环节)是否达到屈服极限(一般指塑性材料)来决定整个结构的设计；这种方法没有考虑到某些塑性材料能够承受比屈服极限应力更高的应力的塑性性质；更没有考虑到，在超静定结构中这种塑性特征使得应力超过弹性极限以后重新分布成为可能。这些重新分布的应力，常常可以承担更多的载荷。

由此可见，弹性分析是过于保守的，而塑性分析(极限载荷法)由于考虑了材料的塑性特征，就避免了上述弹性分析的缺点。在塑性分析中，以整个结构承载能力耗尽时的载荷为限界，其安全系数等于结构的极限载荷与所设计载荷的比值。无疑这种先进的计算方法在发掘材料潜力方面，大大增加了经济效益。

但应该看到，塑性分析与极限载荷设计同样存在局限性。首先，对于脆性材料或变形条件控制较严的结构，这种方法并不适用。其次，塑性分析理论主要着眼于基本强度，对屈曲、疲劳、裂纹扩展等问题，需另做专门研究。

对一般的弹塑性问题，我们必须跟踪加载历史，逐步求解应力和变形，再累积计算，这在数学方面有很大困难。而实际工程结构在使用过程中，加载和卸载常常是随机的，其力学过程也将难以捉摸，其计算方法也存在着很大困难。如果我们考虑：**当外载荷逐渐增加，结构将由弹性状态进入弹塑性状态，最终进入极限状态，此时结构在极限载荷的作用下，认为变形将无限制地增长，来寻求结构丧失承载能力的极限状态与确定极限载荷，这就是所谓塑性分析，也称极限分析。**

塑性分析的计算可以用两种方法进行：一种方法是由弹性解、弹塑性解，最后达到结构的极限状态，求出对应的极限载荷。这种方法如本书前几章中所介绍过的：桁架的拉压、受内压和外压的厚壁筒、柱体的扭转以及梁的弯曲等。而这些讨论过的问题都是弹塑性力学的简单问题。对于一般的弹塑性问题，用这种方法求解在数学上是困难的，有时甚至是难以实现的。而另一种方法是只考虑结构的极限状态，而忽略中间弹塑性过渡的过程。其所得的最后结果应该是和前一种方法相同的，并且对于后种方法只需要使用理想刚塑性材料模型作为结构塑性分析的研究对象。这样，极限载荷问题只限于理想塑性材料(也可以为理想弹塑性材料)，而强化材料就不存在这个问题。但是，对材料的性能虽然理想化了，而在很多实际计算中仍然难以得到满足弹塑性静力学问题全部基本方程(包括平衡条件、变形协调条件和材料本构方程、屈服条件以及边界条件等)的精确解。故而与弹性力学一样，人们找到了不满足上述全部条件的塑性力学问题的近似解。

在塑性问题的近似解中有所谓限界解。限界解又分为两类，即上限解与下限解。上限解高于精确解，下限解低于精确解，确定出解的上、下限也就确定了精确解所处的范围。对于不易求得精确解的问题，讨论其限界解是极为重要的。相应于计算这两种解的方法就是上限法和下限法。

相似于弹性力学，塑性力学也存在普遍定理①（如变分原理、极值原理、唯一性定理等），而对于塑性分析，则主要是极限分析原理：上限定理与下限定理，这是塑性分析方法（即上、下限解）的基本理论。在极限分析中，我们采用下列两条**基本假设**：

(i) 材料是理想塑性的，并忽略了弹性变形，即采用理想刚塑性模型。

(ii) 所有载荷都按同一比例增加，即为比例加载②。

本章所要讨论的内容就是介绍塑性分析计算极限载荷的近似解法，首先提出有关的原理与理论。

在讨论塑性分析问题前，先介绍两个重要概念。它们是物体或结构体系极限状态的两个特征，也是上、下限界解的前提条件：静力许可应力场与运动许可速度场（机动许可应变率场）。

1. 静力许可（可能）应力场

凡满足下列条件的应力场 σ_{ij}^0 称之为**静力许可应力场**。

(i) 满足平衡方程：$\boldsymbol{\sigma}_{ij'j}^0 + F_i = 0$。

(ii) 满足应力边界条件：$\boldsymbol{\sigma}_{ij}^0 l_j = \bar{F}_i$（在 S_T 上）。

(iii) 不违背屈服条件（即应力点不在屈服面之外）：$f(\boldsymbol{\sigma}_{ij}^0) \leqslant 0$。

显然当物体处于极限状态时，真实的应力场必定是静力许可的，但静力许可的应力场不一定是极限状态的应力场。

2. 运动许可速度场（机动许可应变率场）

凡满足下列条件的速度场（应变率场）$\dot{u}_{i'j}^*$ 称之为**运动（机动）许可速度场（应变率场）**。

(i) 满足几何条件：$\dot{\boldsymbol{\varepsilon}}_{i'j}^* = \frac{1}{2}(\dot{u}_{i'j}^* + \dot{u}_{j'i}^*)$。

(ii) 满足速度边界条件：$\dot{u}_i^* = \bar{\dot{u}}_i^*$（在 S_u 上），通常 $\bar{\dot{u}}_i^* = 0$。

(iii) 满足外功率为正（即以下讨论的耗散能率恒大于零），也即 $\int_{S_T} \bar{F}_i \dot{u}_{ij}^* \, dS > 0$。

显然，当物体处于极限状态时，真实的应变率场必定是机动可能的。但是机动许可的应变率场不一定是极限状态的真实应变率场。

第二节　虚功率原理与最大耗散能原理

极限分析定理可以用功能原理来证明，在第十章中我们已经讨论了虚功原理与余虚功原理，由于在其理论的建立中没有涉及材料的物理特性，因之它不仅可以应用于弹性体，也可以适用于塑性体。因为塑性分析的问题将牵涉到塑性流动或者应变速率的概念，所以我们将虚功原理与余虚功原理（在塑性力学中一概称为虚功原理）转写为虚功率原理（功率有时也称为功

① 请参考王仁、黄文彬等著《塑性力学引论》§7-4 至 §7-7。

② 比例加载不同于简单加载，如当塑性本构方程为非线性，物体内部应力分量间不一定按比例增长。

的增量)，只要引入位移与应变对时间的变化率(也即在 u_i 与 ε_{ij} 上加圆点)就可以了，但为了明确概念及使用条件现仍加以证明如下。虚功原理一般以式

$$W_e^* + W_i^* = 0 \tag{11-1}$$

来表示，前已论及。虚功率原理则以式(11-2)

$$\dot{W}_e^* + \dot{W}_i^* = 0 \tag{11-2}$$

来表示，一般两者不严格区分。但注意到变形体虚功与余虚功原理的连续性要求，常常将应力场和速度场当作是连续的。而在极限分析中却会出现应力场和速度场是间断的。现在将这两种情况的虚功率原理分别加以说明。

一、连续场的虚功率原理

连续场的虚功率原理：对于区域 V 内任一静力许可应力场 $\boldsymbol{\sigma}_{ij}^0$ 及运动许可速度场 $\dot{u}_i^*$，虚功率原理可表示为

$$\int_V F_i \dot{u}_i^* \,\mathrm{d}V + \int_S \overline{F}_i^0 \dot{u}_i^* \,\mathrm{d}S = \int_V \sigma_{ij}^0 \dot{\varepsilon}_{ij}^* \,\mathrm{d}V \tag{11-3}$$

下面我们来加以证明。

由 $\dot{\varepsilon}_{ij}^* = \frac{1}{2}(\dot{u}_{i,j}^* + \dot{u}_{j,i}^*)$ 及 $\sigma_{ij}^0 = \sigma_{ji}^0$，式(11-3)右端可写成

$$\int_V \sigma_{ij}^0 \dot{\varepsilon}_{ij}^* \,\mathrm{d}V = \int_V \sigma_{ij}^0 \dot{u}_{i,j}^* \,\mathrm{d}V = \int_V (\sigma_{ij}^0 \dot{u}_i^*)_{,j} \,\mathrm{d}V - \int_V \sigma_{ij,j}^0 \dot{u}_{ij}^* \,\mathrm{d}V \tag{11-4}$$

运用奥氏公式于等式右端第一项及应用平衡条件于第二项，则式(11-4)成为

$$\int_V \sigma_{ij}^0 \dot{\varepsilon}_{ij}^* \,\mathrm{d}V = \int_S \overline{F}_i^0 \dot{u}_i^* \,\mathrm{d}S + \int_V F_i \dot{u}_i^* \,\mathrm{d}V \tag{11-5}$$

于是式(11-3)得到证明。在不考虑体力的情况下，式(11-5)可写作

$$\int_S \overline{F}_i^0 \dot{u}_i^* \,\mathrm{d}S = \int_V \sigma_{ij}^0 \dot{\varepsilon}_{ij}^* \,\mathrm{d}V \tag{11-6}$$

应该指出：上述虚功率原理，已经省去了弹性力学变分原理中变分符号“δ”，因此不论应力或应变率的虚设均可应用，但 σ_{ij}^0 与 $\dot{\varepsilon}_{ij}^*$ 是互不相关的。也就是说塑性力学中的虚功(率)原理，实质上是泛指弹性力学中的虚功(虚位移)原理或余虚功(虚应力)原理，应用时要注意它所满足的不同条件。

上述公式是在连续的应力场和速率场中得到的。

二、有间断场的虚功率原理

在塑性极限分析中，我们经常利用间断的应力场或速率场来简化计算，因此必须讨论间断面的存在对虚功率原理的影响。

1. 有应力间断面的情况

在本书第九章中已经提出过应力间断面的例子(如梁弯曲的塑性铰处、柱体扭转的棱线处等)。在一般情况下，设物体内存在若干应力间断面 $S_i(i = 1,2,3,\cdots,n)$，这些面将物体分成若干部分，各部分的应力都是连续变化的。这时式(11-1)中的面积分项应分别在各面上进行。设在间断两侧分别以标号“+”“−”加以区分，如一侧有面力 $\overline{F}_i^+ = (\sigma_{ij} l_j)^+$，则另一侧为 $\overline{F}_i^- = (\sigma_{ij} l_j)^-$。由于作用在同一间断面两侧的作用力和反作用力大小相等，方向相反，故有

$$\overline{F}_i^+ = \overline{F}_i^- \qquad 即 \qquad (\sigma_{ij} l_j)^+ = (\sigma_{ij} l_j)^- \tag{11-7}$$

或

$$\sigma_{ij}^{+} = \sigma_{ij}^{-} \tag{11-8}$$

实际上，这种间断面是一个狭窄的连续过渡带的极限情况。在虚功率原理式(11-3)中，如果沿每一部分表面积分然后相加，则由于式(11-8)，使得沿这些间断面上的积分互相抵消。因而应力间断的存在并不影响虚功率原理。

2. 有速度间断面的情况

现在考虑速度场某一表面 S_D 出现间断。但沿间断线法线方向的速度分量必须是连续的，见图 11-1(a)。如果不是这样，而允许物体沿 S_D 分成两部分，各自向相背或相向方向运动，则 S_D 便要形成裂隙或重叠，这样 S_D 上的一个点就有可能占据多于一个点的空间位置或者两个点相处在同一的空间位置。物体变形的连续性条件就遭到破坏。但 S_D 两侧的两部分，如只是沿 S_D 做相对滑动的话，就不会出现变形不协调的问题。此时，垂直于 S_D 面的法向速度分量是连续的，也就是法向位移速度在间断面 S_D 两侧保持不变或法向位移速度的间断量为零。而在 S_D 面内的切向速度分量可以不连续，见图 11-1(b)，即允许有间断($\dot{u}_i^*$)出现。速度或其他力学量，过某一表面 S_D 出现不连续的问题，都可以理解为它们是在一个很窄的 S_D 带状区发生急剧而连续的变化。由于切向速度分量的不连续，在速度间断面 S_D 内将消耗功率 $\int_{S_D} q(\dot{u}_i^*)S$。式中($\dot{u}_i^*$)为沿 S_D 上切向位移速度的间断量；q 为沿间断线 S_D 的 σ_{ij} 的切向分量。

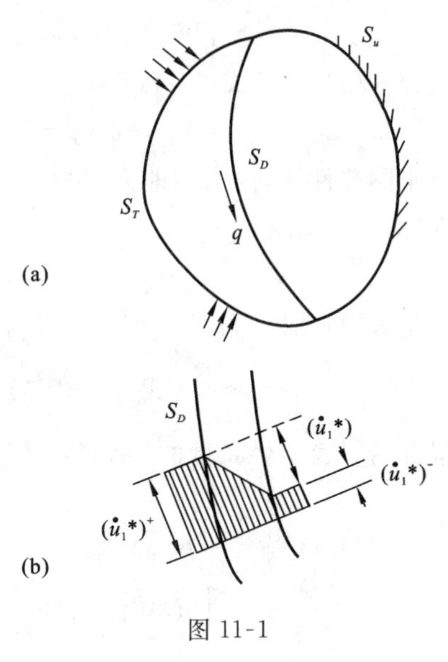

图 11-1

当间断面不止一个时，需要对所有的间断面求和，于是虚功率原理(不考虑体力)修改为

$$\int_S \bar{F}_i^0 \dot{u}_i^* \, dS = \int_V \sigma_{ij}^0 \dot{\varepsilon}_{ij}^* \, dV + \sum \int_{S_D} q(\dot{u}_i^*) dS_D \tag{11-9}$$

式(11-9)说明，对于速度间断场的虚功率原理必须计入切向应力分量在不连续表面上所做的功率。

三、最大耗散能原理

根据虚功率原理结合塑性变形的特征，我们还可以由材料稳定性(Drucker)假设，推证得：最大耗散能(率)原理[最大塑性功(率)原理]。

大家知道，塑性变形的基本性质是它的不可恢复性。当物体的应变状态发生变化时，其应变能也要改变。其中，弹性应变能增量贮存在物体内部，而塑性应变能增量将全部耗散掉。我们把应力在塑性应变增量(应变率)上所做的功(率)相对应的那部分应变能(率)，叫做**耗散能(率)**，也称为**塑性(变形)功(率)**(第三章第十一节增量理论中已提及)。当有塑性应变增量时，单位体积的耗散能增量为

$$\delta W_P = S_{ij} de_{ij} \tag{11-10}$$

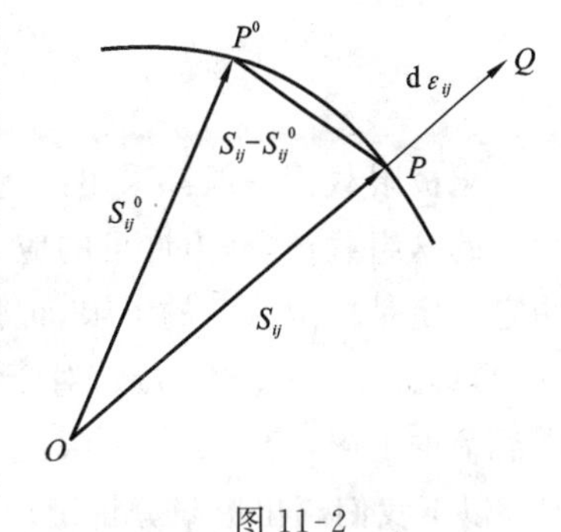

图 11-2

或

$$\dot{w}_P = S_{ij}\dot{e}_{ij} \tag{11-10$'$}$$

对应的应力状态 σ_{ij} 满足屈服条件。对于刚塑性材料来说，应有 $de_{ij} = d\varepsilon_{ij}^P$，则式(11-10) 表示耗散能增量为应力偏量矢量$\overrightarrow{OP}$ 与塑性应变增量矢量$\overrightarrow{PQ}$ 的标量积，见图 11-2。故 δW_P 为一标量，而 S_{ij}，$d\varepsilon_{il}^P$ 均为矢量。

现在考虑另一种应力状态 σ_{ij}^0，它也满足屈服条件，对应于屈服曲线上 P^0 点。此时耗散能增量为

$$\delta W_P^0 = S_{ij}^0 de_{ij} \tag{11-11}$$

比较式(11-10)、式(11-11) 有

$$\delta W_P - \delta W_P^0 = (S_{ij} - S_{ij}^0)de_{ij} = (S_{ij} - S_{ij}^0)d\varepsilon_{ij}^P \tag{11-12}$$

对于刚塑性体，内力功即为应力 σ_{ij} 在塑性应变增量 $d\varepsilon_{ij}^P$ 上所耗散的塑性功。因体积不可压缩，则 $d\varepsilon_m = 0$，有

$$S_{ij}d\varepsilon_{ij}^P = (\sigma_{ij} - \delta_{ij}\sigma_m)d\varepsilon_{ij}^P = \sigma_{ij}d\varepsilon_{ij}^P - \delta_{ij}\sigma_m d\varepsilon_{ij}^P = \sigma_{ij}d\varepsilon_{ij}^P \tag{11-13}$$

于是式(11-12) 可改写为下式，且对于体积 V 内应有

$$\int_V(\delta W_p - \delta W_P^0)dV = \int_V(\sigma_{ij} - \sigma_{ij}^0)d\varepsilon_{ij}^P dV \tag{11-14}$$

根据材料稳定性条件的 Drucker 假设，由式(9-15) 可知

$$(\sigma_{ij} - \sigma_{ij}^0)d\varepsilon_{ij}^P \geqslant 0 \tag{11-15}$$

由式(11-14) 与式(11-15)，则

$$\int_V(\delta W_P - \delta W_P^0)dV = \int_V(\sigma_{ij} - \sigma_{ij}^0)d\varepsilon_{ij}^P dV \geqslant 0 \tag{11-16}$$

对于刚塑性材料，其应变都是塑性的，即：$d\varepsilon_{ij}^P = d\varepsilon_{ij}$。并将应变增量 $d\varepsilon_{ij}$ 改写为应变率形式 $\dot{\varepsilon}_{ij}$，则下式成立

$$\int_V(\sigma_{ij} - \sigma_{ij}^0)\dot{\varepsilon}_{ij}dV \geqslant 0 \tag{11-17}$$

式(11-17) 即为最大耗散能原理：理想刚塑性材料的变形总是使耗散能为最大的方式。这就是说，一切塑性体是以这种方式受到歪斜的，即尽量引起最大的耗散能功率。因此**最大耗散能原理也可表述为：对于一切塑性体一定的塑性应变增量(或应变率) 来说，真实的应力是那样的一组应力 $\boldsymbol{\sigma}_{ij}$，它消耗的功(率) 要比其他一组也满足屈服条件的应力 $\boldsymbol{\sigma}_{ij}^0$ 消耗的功(率) 为大。**

在塑性力学里，把虚功原理的表达式(11-3) 称为基本等式，把最大耗散能原理的表达式(11-17) 称为基本不等式。

第三节　极限分析定理

求极限载荷一般都采用比例加载，即给定载荷间的比值，使其按同一参数 K 而增长。对于给定的这组载荷，静力许可的应力场可有无穷多种，每一种应力场对应了一种载荷强度，可证明它一定是极限载荷的下限，记作 P_-。下限定理就是要证明极限载荷 P_S 是所有 P_- 中最大的一个，即：$P_- \leqslant P_S$。类似地，对于给定的这组载荷，对于机动许可的速度场，可证明它一定是极限载荷的上限，记作 P_+。上限定理就是要证明极限载荷 P_S 是所有 P_+ 中最小的一个，即 $P_S \leqslant P_+$。以下我们给出极限分析定理的证明。

一、下限定理

下限定理：在所有与静力可能的应力场相对应的载荷中，极限载荷为最大。即

$$\boldsymbol{P_S} \geqslant \boldsymbol{P_-} \tag{11-18}$$

证　设有一刚塑性物体，其体积为V，表面为S，在S_T部分上给定面力$\overline{F}_i$，在S_u部分上给定位移速率$\bar{\dot{u}}_i$，对于真实的应力场σ_{ij}，速度场$\dot{u}_i$及应变率场$\dot{\varepsilon}_{ij}$，虚功率方程（不计体力）给出

$$\int_S \overline{F}_i \dot{u}_i \mathrm{d}S = \int_V \sigma_{ij} \dot{\varepsilon}_{ij} \mathrm{d}V \tag{11-19}$$

设有一静力许可应力场σ_{ij}^0，与之相应的面力为$\overline{F}_i^0$，对σ_{ij}^0与真实的应变场$\dot{\varepsilon}_{ij}$同样有

$$\int_S \overline{F}_i^0 \dot{u}_i \mathrm{d}S = \int_V \sigma_{ij}^0 \dot{\varepsilon}_{ij} \mathrm{d}V \tag{11-20}$$

因为$S = S_T + S_u$，在S_T上有$\overline{F}_i^0 = \overline{F}_i$，代入式(11-19)并与式(11-20)相减得

$$\int_{S_u} (\overline{F}_i - \overline{F}_i^0)\, \bar{\dot{u}}_i \mathrm{d}S = \int_V (\sigma_{ij} - \sigma_{ij}^0) \dot{\varepsilon}_{ij} \mathrm{d}V \tag{11-21}$$

由最大耗散能原理的基本不等式(11-18)可知

$$\int_V (\sigma_{ij} - \sigma_{ij}^0) \dot{\varepsilon}_{ij} \mathrm{d}V \geqslant 0 \tag{11-22}$$

于是式(11-21)有

$$\int_{S_u} \overline{F}_i \bar{\dot{u}}_i \mathrm{d}S \geqslant \int_{S_u} \overline{F}_i^0 \bar{\dot{u}}_i \mathrm{d}S \tag{11-23}$$

由此得出S_u上有

$$\overline{F}_i \geqslant \overline{F}_i^0 \tag{11-24}$$

而在全表面上，式(11-24)仍成立，此即$P_S \geqslant P_-$。也即表示极限载荷$P_S(\overline{F}_i)$大于或等于任何静力许可场的载荷$P_-(\overline{F}_i^0)$。式(11-23)为下限定理公式。利用它可以求出极限载荷的下限。

如果我们定义，初始塑性流动时，任意面力与真实面力（体力不计）之比为f，f称为**安全系数**，则真实的应力场与面力$\overline{F}_i$，f相平衡。因此，任意一静力许可的应力场σ_{ij}^0与$\overline{F}_i^0 = f^0 \overline{F}_i$相平衡，$f^0$称为**静力许可因子**。于是式(11-24)可改写为

$$f\overline{F}_i \geqslant f^0 \overline{F}_i \quad 或 \quad f \geqslant f^0 \tag{11-25}$$

这就是：任一静力许可的因子f^0不能大于安全系数f。

二、上限定理

上限定理：在所有与机动许可的速度场相对应的载荷中，极限载荷为最小。即

$$\boldsymbol{P_S} \leqslant \boldsymbol{P_+} \tag{11-26}$$

证　设有任一存在间断面S_D的机动许可速度场$\dot{u}_i^*$，并由速度场导出ε_{ij}^*，在表面S_u满足位移边界条件$\dot{u}_i^* = \bar{\dot{u}}_i^*$，由虚功率原理式(11-9)有

$$\int_S \overline{F}_i^* \dot{u}_i^* \mathrm{d}S = \int_V \sigma_{ij} \dot{\varepsilon}_{ij}^* \mathrm{d}V + \sum \int_{S_D} q(\dot{u}_i^*) \mathrm{d}S_D \tag{11-27}$$

若σ_{ij}^*是根据塑性势的概念，由$\dot{\varepsilon}_{ij}^*$导出的机动许可应力场，应用最大耗散能原理式(11-17)，并注意符号变换，有

$$\int_V (\sigma_{ij}^* - \sigma_{ij}) \dot{\varepsilon}_{ij}^* \mathrm{d}V \geqslant 0 \tag{11-28}$$

并由于 $k \geqslant q$，k 为剪切极限，则式(11-27) 化为

$$\int_S \overline{F}_i^* \dot{u}_i^* \mathrm{d}S \leqslant \int_V \sigma_{ij}^* \dot{\varepsilon}_{ij}^* \mathrm{d}V + \sum \int_{S_D} k(\dot{u}_i^*)\mathrm{d}S_D \tag{11-29}$$

注意到式(11-29) 不等式右边，由功能原理可得

$$\int_S \overline{F}_i^* \dot{u}_i^* \mathrm{d}S = \int_V \sigma_{ij}^* \dot{\varepsilon}_{ij}^* \mathrm{d}V + \sum \int_{S_D} k\dot{u}_i^* \mathrm{d}S_D \tag{11-30}$$

则

$$\int_S \overline{F}_i \dot{u}_i^* \mathrm{d}S \leqslant \int_S \overline{F}_i^* \dot{u}_i^* \mathrm{d}S \tag{11-31}$$

于是有

$$\overline{F}_i \leqslant \overline{F}_i^* \tag{11-32}$$

此即 $P_S \leqslant P_+$。也即表示极限载荷 $P_S(\overline{F}_i)$ 小于或等于任一机动可能的速度场对应的载荷 $P_+(\overline{F}_i^*)$。因为 $S = S_T + S_u$，在 S_T 上有 $u_i = u_i^*$，则

$$\int_S \overline{F}_i \dot{u}_i^* \mathrm{d}S = \int_{S_u} \overline{F}_i \dot{\overline{u}}_i^* \mathrm{d}S + \int_{S_T} \overline{F}_i \dot{u}_i^* \mathrm{d}S \tag{11-33}$$

于是式(11-29) 可化为

$$\int_{S_u} \overline{F}_i \dot{\overline{u}}_i^* \mathrm{d}S \leqslant \int_V \sigma_{ij}^* \dot{\varepsilon}_{ij}^* \mathrm{d}V + \sum \int_{S_D} k(\dot{u}_i^*)\mathrm{d}S - \int_{S_T} \overline{F}_i \dot{u}_i^* \mathrm{d}S \tag{11-34}$$

式(11-34) 即为上限定理公式。利用它可以求出极限载荷的上限。如果定义**机动许可因子** f^*，使 $\overline{F}_i^* = f^* \overline{F}_i$，于是有

$$f\overline{F}_i \leqslant f^* \overline{F}_i \qquad \text{或} \qquad f \leqslant f^* \tag{11-35}$$

这就是：任一机动许可因子 f^* 不能小于安全系数 f。

联系上、下限定理，则有

$$P_- \leqslant P_S \leqslant P_+ \qquad \text{或} \qquad f^0 \leqslant f \leqslant f^* \tag{11-36}$$

在一些极限分析中，如要计算静力许可因子或机动许可因子，则可以由下述计算中得到：

(1) $\overline{F}_i^0 = f^0 \overline{F}_i$，代入式(11-20) 有

$$f^0 = \frac{\int_V \sigma_{ij}^0 \dot{\varepsilon}_{ij} \mathrm{d}V}{\int_S \overline{F}_i \dot{u}_i \mathrm{d}S} \tag{11-37}$$

(2) 将 $\overline{F}_i^* = f^* \overline{F}_i$ 代入式(11-30) 有

$$f^* = \frac{\int_V \sigma_{ij}^* \dot{\varepsilon}_{ij}^* \mathrm{d}V + \sum \int_{S_D} k\dot{u}_i^* \mathrm{d}S}{\int_S \overline{F}_i \dot{u}_i^* \mathrm{d}S} \tag{11-38}$$

以上两个重要定理为极限分析提供了理论基础。在用上、下限定理进行塑性极限分析时，我们总是希望得到问题的完全解。所谓**完全解，是同时满足静力许可(下限)与机动许可(上限)的解答**。如果找到一个按流动法则的静力场 σ_{ij}^0，它是满足平衡方程和应力边界条件的一个解。同时由此应力场和本构方程可以求得一个满足速度边界条件的机动场的 $\dot{\varepsilon}_{ij}$。如果是这样的话，我们便得到一个既满足静力许可条件又满足机动许可条件的解答，即完全解。这时对应的外载荷就是极限载荷，即：$P_- = P_S = P_+$。只有在极简单的情况下才能获得这种完全解。需要说明的一点是：完全解不宜说成为真实解，由于极限分析中，材料刚塑性模型的理想假设，在刚性区的具体应力分布是求不出的，就无法得到实际的解答。

事实上，在计算中往往由于不易选取合适的静力场或机动场，使得下限解与上限解差距很大。为了改善这种情况，近年来发展了极限分析的广义变分原理。使得应力场与位移场可以同时独立变分，比较容易接近完全解[①]。

第四节　静力法·机动法

综上所述，在塑性分析中主要是求出极限载荷的大小，即要求知道物体或结构在极限状态下，能够承受的最大载荷，如果超过这个载荷值，则物体或结构将丧失正常工作的能力。因此，塑性分析在确定极限载荷时必须分别满足静力许可与运动许可的条件，也就是说对于一给定的物体或结构，在已知边界条件下可以有两种直接计算极限载荷限界解的基本方法，即静力法与机动法。

一、静力法

所谓**静力法就是在已知应力边界条件下，寻求同时满足平衡方程、塑性屈服条件的载荷值 —— 极限载荷的下限值**。其解法的依据是下限定理，基本思路是从平衡条件和屈服条件（如以梁来说即产生塑性弯矩）出发，来寻找一个能够满足即将形成机构条件的极限状态，最后通过平衡方程计算相应的极限载荷。显然，静力许可的载荷值，决不会大于极限载荷，是极限载荷的下限，否则结构将失去平衡。而极限载荷本身又是静力许可载荷的最大者。

二、机动法

所谓**机动法就是在已知位移速度边界条件下，寻求同时满足应变率方程和外功率为正的条件的载荷值 —— 极限载荷的上限值**。其解法的依据是上限定理，基本思路是从机构条件出发，来寻找一个能够满足刚刚达到破坏（塑性）机构（如以梁来说即形成塑性铰）的极限状态，最后运用虚功率原理确定相应的极限载荷。显然，机动许可的载荷值，决不会小于极限载荷，是极限载荷的上限，否则结构不可能变成机构。而极限载荷本身又是机动许可载荷的最小者。

在塑性破坏（损）机构的机动法分析中，经常要用塑性铰的概念（在一维空间梁的情况为塑性铰点，在二维空间板的情况为塑性铰线），此处我们把它再陈述一下：塑性变形只能在塑性铰处发生，该处的曲率变化可以任意增长，由于曲率变化率出现不连续，就好像一个铰一样，故称为**塑性铰**。塑性铰和普通铰（结构上的铰）不完全相同。其相同处是铰两侧的截面可以发生有限的相对转角。其区别有两点：其一，普通铰所受的弯矩为零，而塑性铰却能承受塑性弯矩 M_s；其二，普通铰是双向铰，相对转角可以沿两个方向自由转动，塑性铰是单向铰，只能沿一个方向自由转动。因此塑性弯矩的方向总是与转角的方向一致的。塑性铰为单向铰，是由于材料屈服造成的。当变形方向与应力方向一致时，则可以发生自由塑性变形。如果变形与应力方向相反时，则材料又将处于弹性状态（卸载），而不能自由变形，塑性铰即行消失。但由于存在残余变形，结构不能恢复原状。

以下我们举例来说明静力法与机动法的应用。

例 11-1　如图 11-3(a) 所示一端固定，一端简支的等截面超静定梁，梁的长度为 $2l$，中点

① 请参考熊祝华、洪善桃编著《塑性力学》第七章第十二节。

受集中力 P 作用,极限弯矩为 M_S,试求极限载荷 P_S。

解　1. 静力法

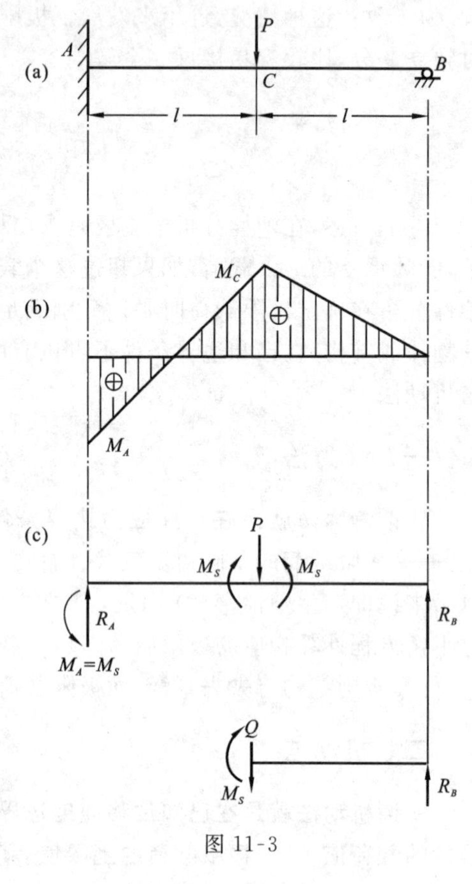

图 11-3

在弯矩可能是极值的某些截面处(如集中力作用处、固定端处),假设弯矩达到极限值 $M=\pm M_S$,而使结构成为一个机构,然后用平衡方程求出整个结构的弯矩分布图,校核各截面的弯矩,若各截面上的弯矩均未超过极限弯矩(屈服条件),而结构又是一个机构,对应的载荷就是最大的可能平衡的载荷——极限载荷。

参照材料力学方法求得的上述梁的弯矩图,如图 11-3(b),最大弯矩发生在 A 和 C 处。设 $M_A=-M_S$,$M_C=M_S$。对于整个梁,写出对 A 点的力矩平衡方程,如图 11-3(c) 所示,得

$$M_S-Pl+2lR_B=0 \tag{1}$$

对 BC 段,列出 C 点的力矩平衡方程,如图 11-3(c) 所示,得

$$-M_S+2lR_B=0 \tag{2}$$

从上列两式,可解得

$$R_B=\frac{M_S}{l},\qquad P=\frac{3M_S}{l} \tag{3}$$

由于弯矩在 AC 和 BC 段间都是逐段线性变化的,除 A 和 C 外,任何截面处的弯矩 $|M|<M_S$,而结构现在又是一个机构,所以这时的 P 就是这个结构的极限载荷,即

$$P_S=P_-=\frac{3M_S}{l}$$

注意在静力法中没有考虑变形方面的问题。

2. 机动法

将梁假设成可能破损的机构,塑性铰转动的瞬时,结构的内力和应力不变,除塑性铰处极限弯矩做功外,其余部分的弹性能量不变。因此,可以把塑性铰以外的部分看作是刚性的。

将极限弯矩在塑性铰旋转时所做的内力功(率)与载荷所做的外力功(率)相等,就可得出与这个机构相应的破损载荷。在考虑了一切机动可能的情况后,求出相应于各塑性机构的载荷,最小的载荷就是极限载荷。

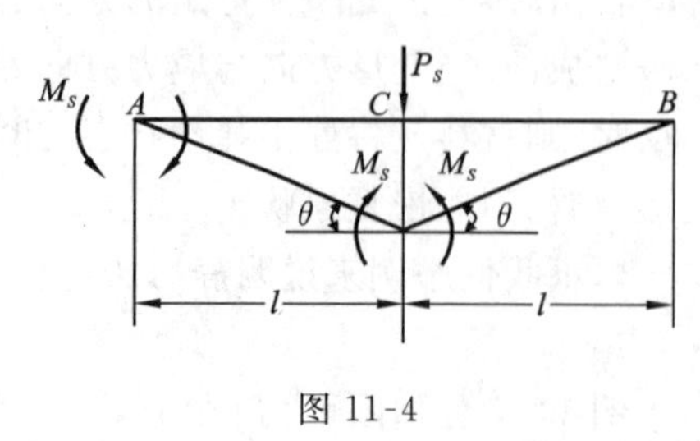

图 11-4

上述梁的可能破损的机构只有一个,即在固定端和中点 C 都成为塑性铰,如图 11-4 所示。令点 C 向下移动 Δ,则外力功为

$$W_e=P\Delta \tag{5}$$

当 C 点形成铰后,A 和 B 两端各转过角度 θ,而 C 点处折过 2θ 的角度,于是内力功为

$$W_i=M_S\theta+2\theta M_S=3M_S\theta \tag{6}$$

实际上,塑性铰转动的方向总是与极限弯矩的方向一致。

极限弯矩所做的内力功总是与外力功相等，可以不必考虑 M_S 的正负问题。由虚功率原理 $W_e + W_i = 0$，或 $W_e = |W_i|$，并注意到 $\theta = \frac{\Delta}{l}$，于是有

$$3M_S\theta = Pl\theta \tag{7}$$

解之得

$$P = \frac{3M_S}{l} \tag{8}$$

上例破损机构只有一个，因之求得的 P 就是这个机构的极限载荷，即

$$P_S = P_+ = \frac{3M_S}{l} \tag{9}$$

注意在机动法中，既不考虑平衡问题，也不考虑未变形部分的内力。

本题由于载荷与结构简单，能够考虑一切静力可能的内力情况及机动可能的位移情况。因而按一种方法就可以得到精确解，一般只能得到下限解与上限解，取其平均值。

例 11-2 求图 11-5(a) 所示梁的极限载荷。

解法一 1. 材料力学解

对于一端固定，一端简支的一次超静定梁，根据材料力学方法容易求得：最大弯矩在固定端处 $M_A = \frac{ql^2}{8}$，跨中有次大弯矩 $\frac{9}{128}ql^2$，该截面距固定端为 $0.625l$，见图 11-5(b)。

2. 静力法

设固定端为坐标原点，见图 11-5(c)，则弯矩方程为

$$M(x) = R_B(l-x) - \frac{q}{2}(l-x^2) \tag{1}$$

分析在极限状态时，有

$$\left.\begin{aligned} &当\ x = 0\ 时，M_A(0) = -M_S \\ &当\ x = x_1\ 时，M(x_1) = M_S \end{aligned}\right\} \tag{2}$$

最大弯矩作用点位置 x_1 处，$\frac{\mathrm{d}M(x)}{\mathrm{d}x} = Q = 0$，则

$$-R_B + q(l-x_1) = 0 \tag{3}$$

于是

$$x_1 = -\frac{R_B}{q} + l \tag{4}$$

由式(1) 及式(2) 第一式有

$$R_Bl - \frac{q}{2}l^2 = -M_S \tag{5}$$

由式(1) 及式(2) 第二式有

$$R_B(l-x_1) - \frac{9}{2}(l-x_1)^2 = M_S \tag{6}$$

联立解式(4)、(5)、(6) 可得

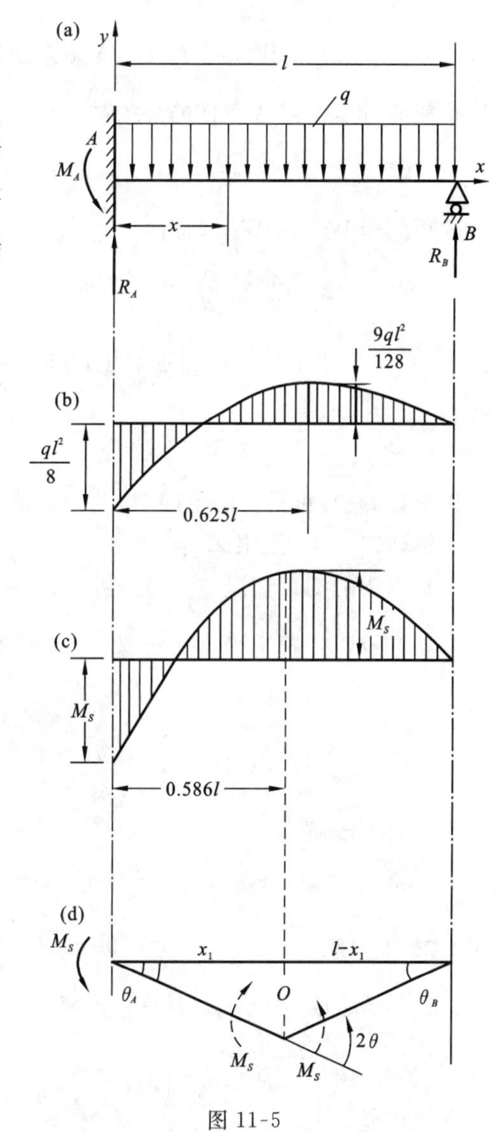

图 11-5

$$\left.\begin{aligned} x_1 &= (2-\sqrt{2})l \approx 0.586l \\ q_S &= q_- = \frac{2(3+2\sqrt{2})}{l^2}M_S = 11.657\frac{M_S}{l^2} \end{aligned}\right\} \tag{7}$$

在以上计算中，可得 q 的下限解，此时梁已形成破坏机构，故其解为完全解。

3. 机动解

梁的右端为铰支点，故只需在固定端及跨内各出现一个塑性铰，见图 11-5(d)，则足以形成破坏机构，得到速度场，且 x 变化将包含所有可能的机构。于是令 Δ 为中间塑性铰的垂直位移，有

$$\theta_A = \frac{\Delta}{x_1}, \qquad \theta_B = \frac{\Delta}{l-x_1} \tag{8}$$

$$\theta = \theta_A + \theta_B = \frac{\Delta}{x_1} + \frac{\Delta}{l-x_1} = \frac{\Delta l}{x_1(l-x_1)} \tag{9}$$

相应的内力功为

$$W_i = M_S\theta_A + M_S\theta = M_S\left[\frac{\Delta}{x_1} + \frac{\Delta l}{x_1(l-x_1)}\right] = \frac{\Delta(2l-x_1)}{x_1(l-x_1)}M_S \tag{10}$$

均布载荷对虚位移 Δ 所作的外力功为

$$W_e = \int_0^x qx\theta_A \mathrm{d}x + \int_0^{l-x} qx\theta_B \mathrm{d}x = qx\frac{\Delta}{2} + q(l-x)\frac{\Delta}{2} = \frac{1}{2}q\Delta l \tag{11}$$

由虚功原理 $W_e = |W_i|$，解得

$$q = \frac{2(2l-x)}{xl(l-x)}M_S \tag{12}$$

由 $\frac{\mathrm{d}q}{\mathrm{d}x} = 0$，可得塑性铰离固定端位置 $x_1 = l(2-\sqrt{2}) = 0.586l$，代回式(12)，得 q 的最小值

$$q = q_S = q_+ = \frac{2(3+2\sqrt{2})}{l^2}M_S = 11.657\frac{M_S}{l^2} \tag{13}$$

在以上计算中，可得 q 的上限解，此时梁成为唯一的破坏机构，故其解为完全解。

解法二　1. 上限解

根据梁的约束情况，在固定端必出现一个塑性铰，另一个塑性铰的位置则不能预知，设第二个塑性铰位于跨中央 $x = \frac{l}{2}$ 处，于是得到机动可能速度场，见图 11-6(b)，根据虚功率原理，有

$$3M_S\dot{\theta} = q\frac{l}{2}\frac{l\dot{\theta}}{2} \tag{14}$$

于是可得上限解

$$q = q_+ = \frac{12M_S}{l^2} \tag{15}$$

2. 下限解

已知 $M(0) = -M_S$，$M\left(\frac{l}{2}\right) = M_S$。设 $q = \frac{12M_S}{l^2}$，右端支反力

$$R_B = \frac{2}{l}\left(M_S + \frac{ql^2}{8}\right) = \frac{5M_S}{l} \tag{16}$$

而弯矩方程为

$$M(x)=\frac{M_S}{l}\left[5(l-x)-\frac{6(l-x)^2}{l}\right] \quad (17)$$

由条件$\frac{\mathrm{d}M}{\mathrm{d}x}=0$,可知其最大值在$x=\frac{7l}{12}=0.583l$处有

$$M_{\max}=\frac{25}{24}M_S \quad (18)$$

见图 11-6(c),因为$M_{\max}>M_S$,所以式(15) 给出的上限解并非静力解,若将$M_{\max}$乘以$\frac{24}{25}$因子,则所得结果将与$\frac{24}{25}q$相平衡,并且各截面上的弯矩都不超过极限弯矩,于是可得下限解

$$q=q_-=\frac{24}{25}\,\frac{12M_S}{l^2}=11.52\,\frac{M_S}{l^2} \quad (19)$$

由式(15)、式(19) 可知极限载荷的限界解

$$11.52\,\frac{M_S}{l^2}\leqslant q_S\leqslant 12\,\frac{M_S}{l^2} \quad (20)$$

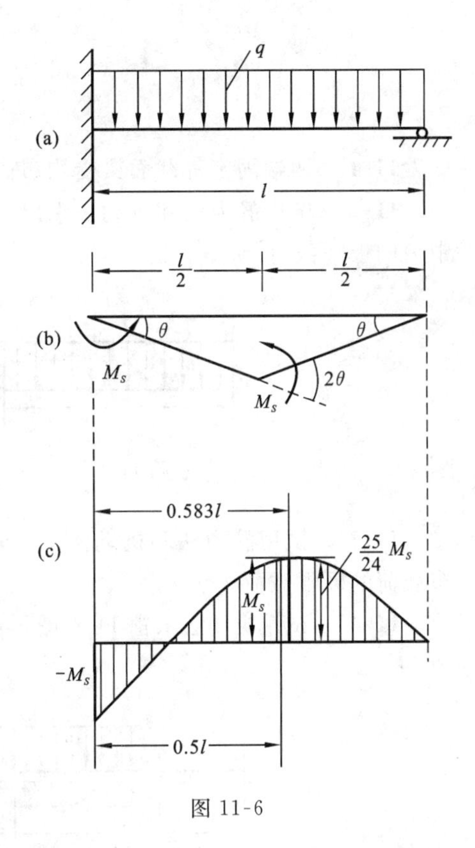

图 11-6

本题讨论:将静力法、机动解、上限解和下限解与材料力学解对比可知:一端铰支,一端固定梁在全梁均布载荷作用下,其跨中塑性铰既不在弹性阶段$x=0.625l$的最大距中弯矩截面处,也不在梁的新阶段$x=0.5l$的跨度中央截面处,而是在解法一所得$x_1=0.586l$的位置。这是因为随着分布载荷从弹性阶段增加到塑性极限阶段,由于内力的重新分布而梁的跨中最大弯矩截面是变动不定的。如果我们以材料力学解$x=0.625l$,按极限弯矩算出来的极限载荷$q_0=11.733M_0/l^2$只为近似解。对于结构与载荷完全对称的特殊情况,如例 11-1 集中载荷作用处,不论弹、塑性阶段随载荷增加其最大弯矩截面位置不变。

在结构力学的极限分析中,一般受弯构件组成的超静定梁、连续梁在刚架结构中已普遍使用。本章主要讲解极限分析的原理与方法,并以简单的超静定梁为例说明其应用。其理论也可提供弹塑性力学专题(如滑移线场理论、薄板的塑性分析等) 计算极限载荷之用。

习　题

11-1　两端固定等截面梁受均布截荷作用(题11-1图),塑性弯矩为M,试确定极限荷载。

11-2　试用静力法和机动法求出一端固定,一端简支如题11-2图所示离固定端l_1处受集中力的极限截荷。

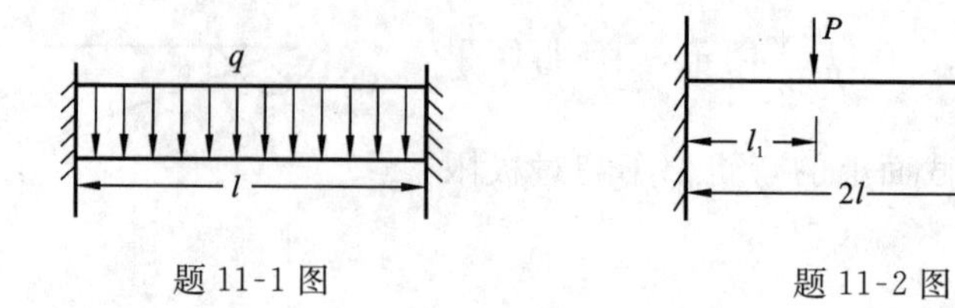

题11-1图　　题11-2图

11-3*　试用静力法和机动法求出一端固定,一端简支如题11-3图所示简支端半梁受均布载荷的极限载荷。

11-4*　试用机动法求题11-4图示连续梁的极限载荷,设$P = ql$,梁为等截面,极限弯矩为M。

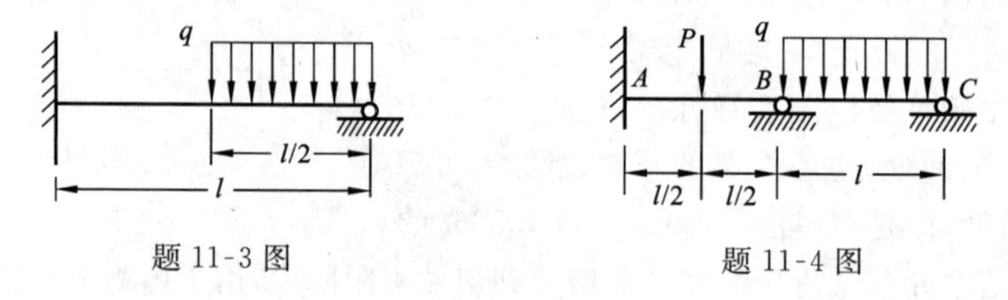

题11-3图　　题11-4图

第十二章* 平面应变问题的滑移线场理论解

第一节 概述·基本方程

一、概述

滑移线场理论是塑性力学中理论较完善的主要研究内容之一。它着重研究平面问题中，在临界状态下，以刚塑性力学模型为研究对象的极限载荷、塑性区的应力场和位移速度场问题。其理论在工业生产中（如冲压、辊轧、锻造、压延等金属成型加工方面）极为重要，此外在探矿工程、岩土工程、岩石破碎理论等方面也得到应用。

在本章所研究的问题中，材料除基本假设外，还忽略弹性变形部分，且不考虑材料强化的影响，即采用刚塑性模型假设。此种材料的特性为：屈服前处于无变形刚体状态，一旦屈服，即进入塑性流动状态。这种简化的目的是易于计算塑性极限载荷，但根据这种假定做出的分析，只有在物体内某一方向可以开始发生无约束的塑性流动后，才比较真实地接近弹塑性材料的分析结果。由于忽略弹性变形，材料又为不可压缩，则本构方程可以应用增量理论中的Levy-Mises理论，又由于刚塑性材料的假设，所以以下所讲的刚性区实际上将包括弹性区和与弹性变形同量级的约束塑性区。

二、基本方程

现在来讨论刚塑性平面应变问题应力状态的特点。若取 z 方向应变 $\varepsilon_z=0$，则知

$$u=u(x,y),\quad v=v(x,y),\quad w=0 \tag{12-1}$$

$$\varepsilon_x=\frac{\partial u}{\partial x},\quad \varepsilon_y=\frac{\partial v}{\partial y},\quad \gamma_{xy}=\frac{\partial u}{\partial y}+\frac{\partial v}{\partial x},\quad \varepsilon_z=\gamma_{yz}=\gamma_{zx}=0 \tag{12-2}$$

由于 $\tau_{xz}=\tau_{yz}=0$，则知 z 方向为一主方向，σ_z 即为一主应力。由本构方程Levy-Mises理论知 $\mathrm{d}\varepsilon_z=\frac{\varepsilon\mathrm{d}\varepsilon_i}{2\sigma_i}S_z$。又因 $\varepsilon_z=0$，而 $\mathrm{d}\varepsilon_z=0$，所以 $S_z=\sigma_z-\sigma_m=0$，则得

$$\sigma_z=\sigma_m=\frac{1}{2}(\sigma_x+\sigma_y) \tag{12-3}$$

于是在塑性区各点处的主应力为

$$\left.\begin{aligned}
\sigma_1&=\frac{\sigma_x+\sigma_y}{2}+\frac{1}{2}\sqrt{(\sigma_x-\sigma_y)^2+4\tau_{xy}^2}=\sigma_m+k\\
\sigma_2&=\frac{\sigma_x+\sigma_y}{2}=\sigma_m\\
\sigma_3&=\frac{\sigma_x+\sigma_y}{2}-\frac{1}{2}\sqrt{(\sigma_x-\sigma_y)^2+4\tau_{xy}^2}=\sigma_m-k
\end{aligned}\right\} \tag{12-4}$$

最大剪应力为

$$\tau_{\max} = \frac{\sigma_1 - \sigma_3}{2} = \frac{1}{2}\sqrt{(\sigma_x - \sigma_y)^2 + 4\tau_{xy}^2} \tag{12-5}$$

关于屈服条件,对 Tresca 条件,有 $\tau_{\max} = k$,即

$$\frac{1}{2}\sqrt{(\sigma_x - \sigma_y)^2 + 4\tau_{xy}^2} = k \tag{12-6}$$

而对 Mises 条件,有 $J_2 = k^2$,则

$$\frac{1}{6}[(\sigma_x - \sigma_y)^2 + (\sigma_y - \sigma_z)^2 + (\sigma_z - \sigma_x)^2 + (\tau_{xy}^2 + \tau_{yz}^2 + \tau_{zx}^2)] = k^2$$

得

$$\frac{1}{4}(\sigma_x - \sigma_y)^2 + \tau_{xy}^2 = k^2 \tag{12-7}$$

式(12-6)与式(12-7)得到相同屈服条件的形式,当两式中 k 用纯剪屈服应力 τ_S 来表示时两者相同(而用 σ_S 表示时两者则不同)。在滑移场中一概以剪切屈服应力 τ_S 表示 k。

于是可表示出式(12-4)的右半部,即 $\sigma_1 = \sigma_m + k$,$\sigma_2 = \sigma_m$,$\sigma_3 = \sigma_m - k$。这就是说:刚塑性平面应变问题在塑性区内任一点的应力状态等于静水应力 σ_m 与纯剪应力 $\tau = k$ 的两个应力状态的叠加。因此,我们得到结论:平面塑性应变状态是物体中各点的塑性流动都平行于给定的 xOy 平面,也即变形与 z 无关。在小变形条件和体积不可压缩下,任一微小单元在塑性应变状态下的畸变为一个纯变形,且垂直于流动平面的应力 σ_z 应等于 σ_m。在不计体力的情况下,平衡方程为:$\sigma_{\alpha\beta',\beta} = 0$,也即

$$\frac{\partial \sigma_x}{\partial x} + \frac{\partial \tau_{xy}}{\partial y} = 0, \quad \frac{\partial \tau_{yx}}{\partial x} + \frac{\partial \sigma_y}{\partial y} = 0 \tag{12-8}$$

式(12-7)和式(12-8)共计3个方程,其中包含有3个未知函数 σ_x,σ_y 和 τ_{xy}。如果物体边界上给定的是力的边界条件,那么,我们便可根据这3个方程来求解3个未知量 σ_x,σ_y 和 τ_{xy}。可见我们把材料假设为刚塑性材料以后,问题便简化为“静定”问题。但是,直接解这些方程,在数学上仍有困难。下面我们介绍利用滑移线的方法来求解这类问题①。

第二节 滑移线及其性质

一、滑移线

在物体内任取一单元体,通常在这单元体上有法向应力 σ 和剪应力 τ,剪应力的数值随该截面的位置而变化,可由零变到最大值 $\tau_{\max} = (\sigma_1 - \sigma_3)/2$。剪应力为零的面是主平面,其上作用有主应力。剪应力最大的面是由主平面转过 45° 角的面。

在 xOy 平面的任一点处,都存在着两个互相垂直的主应力。把各点主应力方向的线段连续地连接起来,就得到由两组相互正交的曲线所组成的网络。这些曲线的切线都与相应点的主应力方向重合。这些曲线叫做**主应力线**(图12-1中用曲线1-1、1-2表示)。与主应力方向成 45° 角的面上,剪应力达到最大值(主剪应力),把各点主剪应力方向的线段连续地连接起来,又可得到由两组相互正交的曲线组成的网络,这些曲线的切线都与相应的主剪应力的方向重合,称为**滑移线**[图12-1(a)中用曲线 α-α、β-β 表示]。滑移线 α 和滑移线 β 组成右手坐标系统,如图

① 滑移线理论在数学中就是指特征线理论。关于特征线理论简介请参见杨桂通编《弹塑性力学》一书中附录三。

12-1(b) 所示的剪应力 τ 和 θ 都是正的。θ 是 α 线的切线与 x 轴的夹角。

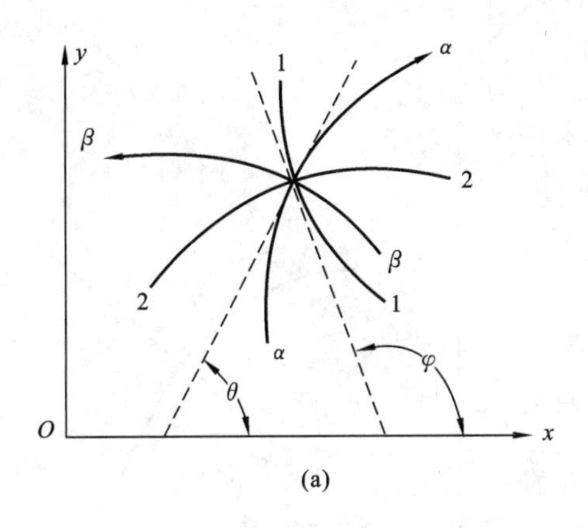

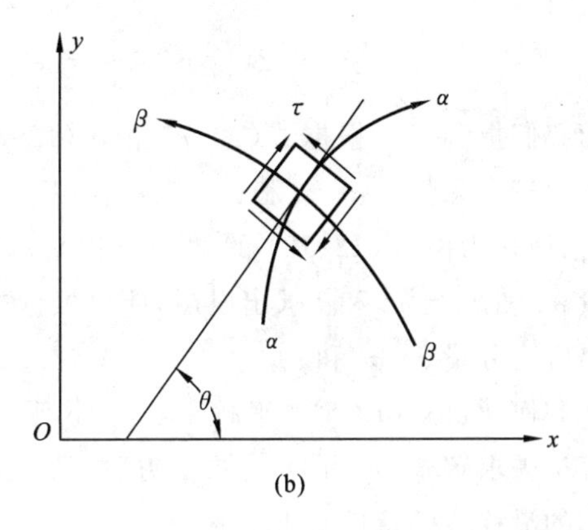

图 12-1

利用塑性状态下的 Mohr 应力圆(图 12-2),应力分量 σ_x,σ_y 和 τ_{xy} 可用平均应力 σ_m 和主应力 σ_1 的方向与 x 轴的夹角 φ 来表示,其公式为

$$\left.\begin{aligned}\sigma_x &= \sigma_m + k\cos2\varphi \\ \sigma_y &= \sigma_m - k\cos2\varphi \\ \tau_{xy} &= k\sin2\varphi\end{aligned}\right\} \quad (12\text{-}9)$$

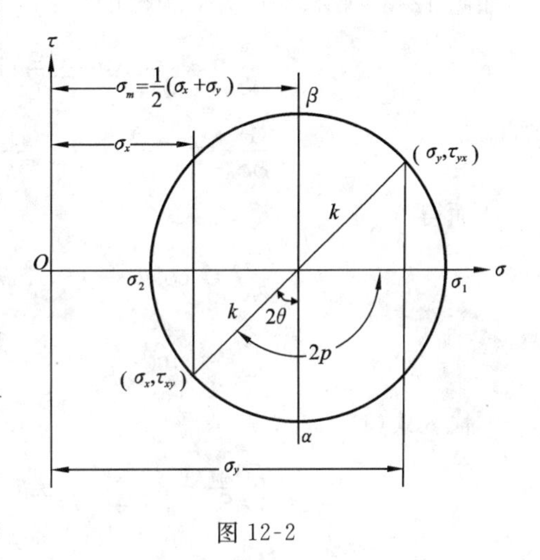

图 12-2

其中 k 是 Mohr 应力圆的半径。

我们还可以用表示主剪应力方向的 θ(滑移线 α 的切线方向与 x 轴的夹角)来代替 φ,将 $\varphi=\theta+\pi/4$ 代入式(12-9),得

$$\left.\begin{aligned}\sigma_x &= \sigma_m - k\sin2\theta \\ \sigma_y &= \sigma_m + k\sin2\theta \\ \tau_{xy} &= k\cos2\theta\end{aligned}\right\} \quad (12\text{-}10)$$

当知道滑移线上各点的平均应力 σ_m 和滑移线切线与 x 轴的夹角 θ 以后,便可根据式(12-10)得出各点的应力分量 σ_x,σ_y 和 τ_{xy}。上式中 k 是一常量,如果采用 Tresca 屈服条件和 Mises 屈服条件,则分别得

$$k=\frac{\sigma_S}{2},\quad k=\frac{\sigma_S}{\sqrt{3}} \quad (12\text{-}11)$$

将式(12-10) 代入屈服条件式(12-7),得

$$(\sigma_x-\sigma_y)^2+4\tau_{xy}^2=(-2k\sin2\theta)^2+4(k\cos2\theta)^2=4k^2(\sin^2 2\theta+\cos^2 2\theta)=4k^2 \quad (12\text{-}12)$$

可见屈服条件恒被满足,也就是说,当应力分量用式(12-10) 来表示后,屈服条件便自动满足了。

从图 12-2 还可以看到,与 α 点和 β 点相对应的截面上,$\sigma=\sigma_m$,$\tau=\tau_{\max}=k$。将式(12-10)代入平衡方程(12-8),得

$$\left.\begin{aligned}\frac{\partial\sigma_m}{\partial x}-2k\left(\cos2\theta\frac{\partial\theta}{\partial x}+\sin2\theta\frac{\partial\theta}{\partial y}\right)=0\\\frac{\partial\sigma_m}{\partial y}+2k\left(\cos2\theta\frac{\partial\theta}{\partial y}-\sin2\theta\frac{\partial\theta}{\partial y}\right)=0\end{aligned}\right\}\tag{12-13}$$

前面我们提到可以根据式(12-7)和式(12-8)三个方程来解三个未知量σ_x,σ_y和τ_{xy},现在利用了式(12-10)以后,便化为由式(12-13)的两个方程来求解两个未知量σ_m和θ。当σ_m和θ求出以后,便可根据式(12-10)求出应力分量σ_x,σ_y和τ_{xy}。

如何通过式(12-13)来解出σ_m和θ呢?我们并不是直接去求解式(12-13)的两个方程,而是利用变换坐标的滑移线的特性来求解σ_m和θ。

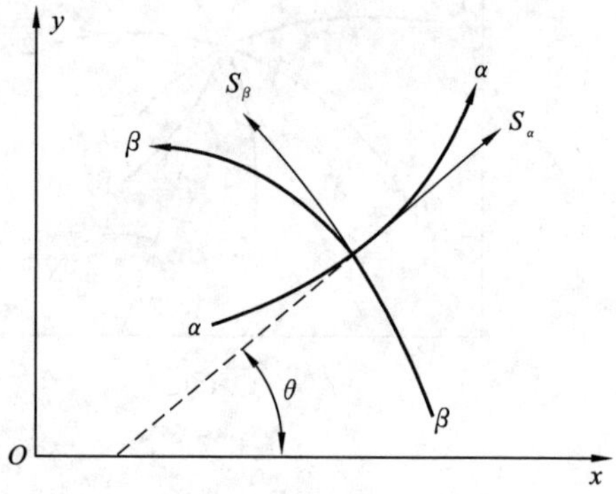

我们取和滑移线α、β相重合的坐标系统(S_α,S_β),如图12-3所示,根据方向导数的公式

图 12-3

$$\left.\begin{aligned}\frac{\partial}{\partial S_\alpha}=\frac{\partial}{\partial x}\cos\theta+\frac{\partial}{\partial y}\sin\theta\\\frac{\partial}{\partial S_\beta}=-\frac{\partial}{\partial x}\sin\theta+\frac{\partial}{\partial y}\cos\theta\end{aligned}\right\}\tag{12-14}$$

从而得

$$\left.\begin{aligned}\frac{\partial}{\partial x}=\cos\theta\frac{\partial}{\partial S_\alpha}-\sin\theta\frac{\partial}{\partial S_\beta}\\\frac{\partial}{\partial y}=\sin\theta\frac{\partial}{\partial S_\alpha}+\cos\theta\frac{\partial}{\partial S_\beta}\end{aligned}\right\}\tag{12-15}$$

再代入式(12-13),得

$$\left.\begin{aligned}\left(\frac{\partial\sigma_m}{\partial S_\alpha}-2k\frac{\partial\theta}{\partial S_\alpha}\right)\cos\theta+\left(\frac{\partial\sigma_m}{\partial S_\beta}+2k\frac{\partial\theta}{\partial S_\beta}\right)\sin\theta=0\\\left(\frac{\partial\sigma_m}{\partial S_\alpha}-2k\frac{\partial\theta}{\partial S_\alpha}\right)\sin\theta+\left(\frac{\partial\sigma_m}{\partial S_\beta}+2k\frac{\partial\theta}{\partial S_\beta}\right)\cos\theta=0\end{aligned}\right\}\tag{12-16}$$

式(12-16)为齐次方程,由于系数行列式

$$\Delta=\begin{vmatrix}\cos\theta & -\sin\theta\\\sin\theta & \cos\theta\end{vmatrix}\neq0\tag{12-17}$$

故

$$\left.\begin{aligned}\frac{\partial\sigma_m}{\partial S_\alpha}-2k\frac{\partial\theta}{\partial S_\alpha}=0\\\frac{\partial\sigma_m}{\partial S_\beta}+2k\frac{\partial\theta}{\partial S_\beta}=0\end{aligned}\right\}\tag{12-18}$$

故

$$\left.\begin{aligned}\frac{\partial}{\partial S_\alpha}(\sigma_m-2k\theta)=0\\\frac{\partial}{\partial S_\beta}(\sigma_m+2k\theta)=0\end{aligned}\right\}\tag{12-19}$$

式(12-19)表明

$$\left.\begin{aligned}\sigma_m - 2k\theta = c_1 \qquad &(\text{沿着 } \alpha \text{ 滑移线}) \\ \sigma_m + 2k\theta = c_2 \qquad &(\text{沿着 } \beta \text{ 滑移线})\end{aligned}\right\} \tag{12-20}$$

式中：c_1，c_2 为常量。应当注意，沿着不同的滑移线，常量的数值是不一样的。

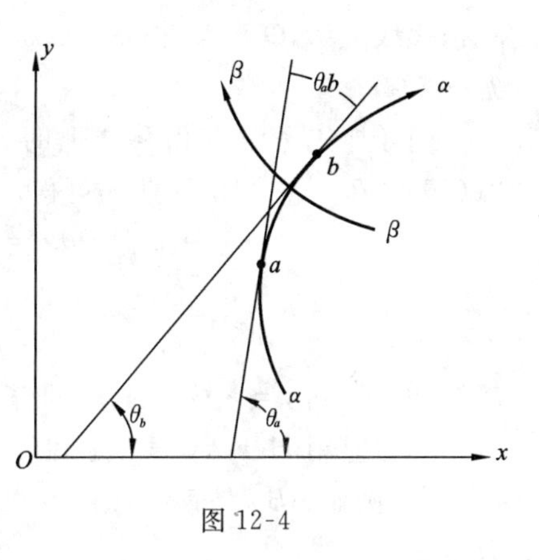

图 12-4

式(12-20) 便是利用滑移线场处理问题的基本公式。如果知道了滑移线，应用式(12-20) 便可根据已知某一点(例如 α 滑移线上的 b 点) 的平均应力 σ_b 来确定同一滑移线上的其他点(例如 a 点) 的平均应力 σ_a(图 12-4)。由式(12-20) 可知

$$\sigma_a - 2k\theta_a = \sigma_b - 2k\theta_b = \text{常量} \tag{12-21}$$

也是 $\sigma_a - \sigma_b = 2k(\theta_a - \theta_b)$，又 $\theta_a - \theta_b = \theta_{ab}$，所以

$$\sigma_a - \sigma_b = 2k\theta_{ab} \tag{12-22}$$

当滑移线 α 已作出，那么，从图上便可得知 θ_{ab}。如果 b 点的平均应力 σ_b 为已知，则利用式(12-22) 可求得 a 点的平均应力 σ_a。进而利用式(12-10)，便可根据 σ_a 和 θ_a 求出 a 点的应力分量 σ_x，σ_y 和 τ_{xy}。

我们从 $\sigma_a - \sigma_b = 2k\theta_{ab}$ 的式子还可以看出，滑移线的方向变化愈大(即 θ_{ab} 愈大)，平均应力的变化(即 $\sigma_a - \sigma_b$) 也就愈大。如果滑移线是直线($\theta_{ab} = 0$)，则沿直滑移线的平均应力不变(即 $\sigma_a = \sigma_b$)。

利用滑移线的方法处理问题时，首先应知道该问题的滑移线场(滑移线网络)。为建立滑移线场，需要了解滑移线的某些性质。

二、滑移线的性质及简单滑移线场

1. Hencky 定理

(1) 如果滑移线 β_1 与滑移线 α_1、α_2 分别交于 A 点和 B 点(图 12-5)，过这两点分别作滑移线 α_1、α_2 的切线，则其交角 θ_{AB} 必为常量，即

$$\theta_{AB} = \theta_{PQ} = \cdots = \text{常量} \tag{12-23}$$

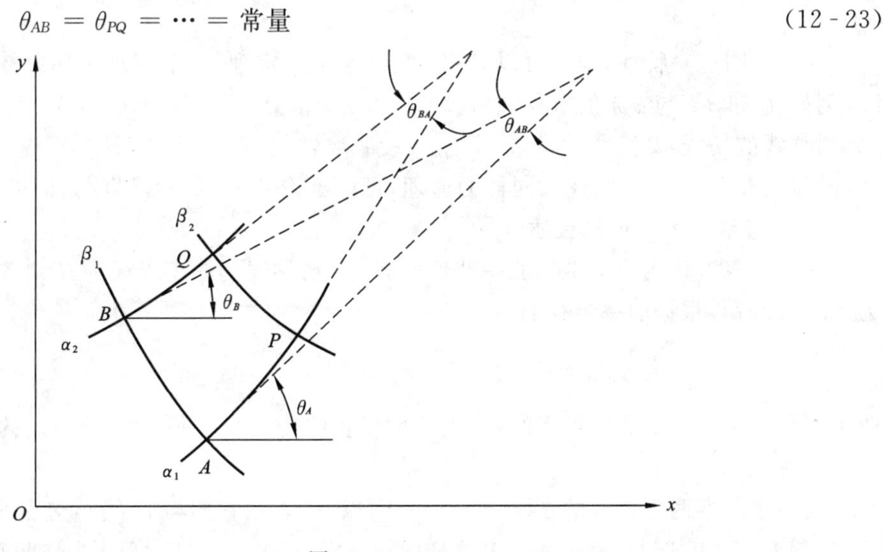

图 12-5

式(12-23)称为**Hencky第一定理**。现证明如下。

证 考虑α_1滑移线上的A点和P点，由式(12-20)可知$\sigma_A - 2k\theta_A = \sigma_P - 2k\theta_P$；再考虑$\beta_2$滑移线上$P,Q$两点，得$\sigma_P + 2k\theta_P = \sigma_Q + 2k\theta_Q$；从上述两式中消去$\sigma_P$，得$\sigma_A - \sigma_Q = 2k(\theta_A + \theta_Q - 2\theta_P)$。

同样地先考虑β_1滑移线上的A,B两点，再考虑α_2滑移线上的B,Q两点，得$\sigma_A - \sigma_Q = 2k(2\theta_B - \theta_A - \theta_Q)$。由这两式可得

$$\theta_A + \theta_Q - 2\theta_P = 2\theta_B - \theta_A - \theta_Q \tag{12-24}$$

即

$$\theta_A - \theta_B = \theta_P - \theta_Q \tag{12-25}$$

故知：$\theta_{AB} = \theta_{PQ} = \cdots =$ 常量，证毕。

作为应用Hencky第一定理的例子，我们来看图12-6所示的滑移线场。如果β族滑移线的某一段(例如AB)是直线，则被α族滑移线所截的所有β线的相应线段(如DC，$A'B'$，…)均为直线。

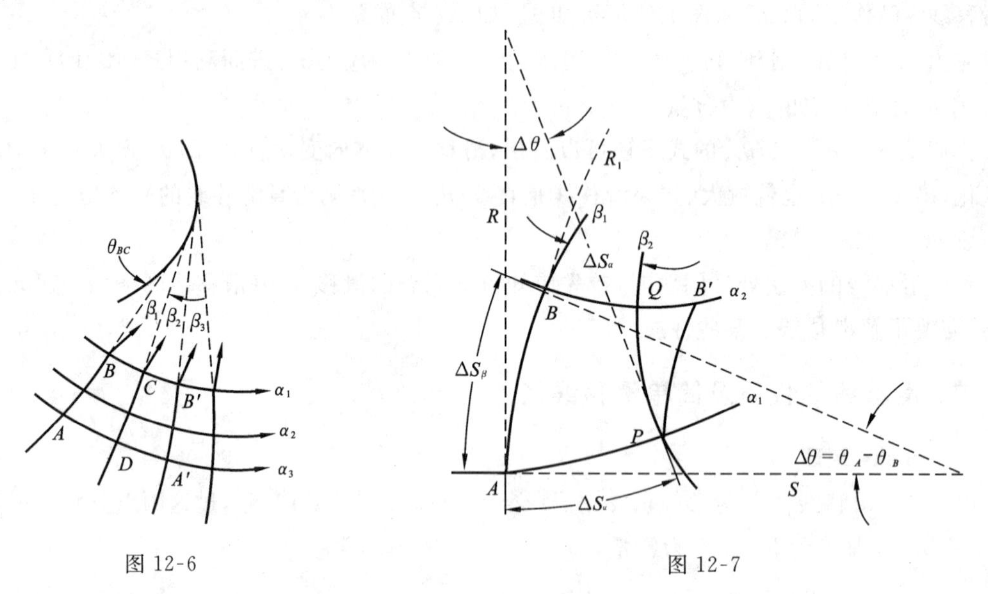

图 12-6

图 12-7

为了证明这一特性，我们可以利用Hencky第一定理。这个定理说明β族的任何两条滑移线(例如β_1和β_2)与α族的滑移线(例如α_1和α_3)相交(交点为B,C和A,D)，则过这些交点作β族滑移线的切线，其交角为常量，即$\theta_{BC} = \theta_{AD} =$ 常量。现在已知AB是直线，因此，要使上式满足，滑移线DC也必须是直线。同样的道理，可以推论$A'B'$等皆是直线。证毕。

2. 滑移线曲率半径的性质

现在考察滑移线曲率半径的一些性质。设α_1滑移线的曲率半径为R，β_1滑移线的曲率半径为S(图12-7)。根据曲率半径的定义，有

$$\frac{1}{R} = \frac{\partial\theta}{\partial S_\alpha}, \quad \frac{1}{S} = \frac{\partial\theta}{\partial S_\beta} \tag{12-26}$$

曲率半径的正负号是这样规定的：如果曲率半径的中心位于另一族滑移线的正方向，则为正，反之为负。

我们来考察两条相邻的β线，如β_1和β_2，以$\Delta\theta$表示它们与α_1线相交点的切线所形成的夹角，见图12-7。由式(12-26)第一式得$R\Delta\theta = \Delta S_\alpha$，其中$\Delta S_\alpha$是一条$\alpha$线被两条$\beta$线所割的微弧

长。将 $R\Delta\theta = \Delta S_\alpha$ 两边对 β 取偏导数

$$\frac{\partial}{\partial S_\beta}(R\Delta\theta) = \frac{\partial(\Delta S_\alpha)}{\partial S_\beta} \tag{12-27}$$

式(12-27) 左端由于 $\Delta\theta$ 不随 S_β 改变(Hencky 第一定理),所以

$$\frac{\partial}{\partial S_\beta}(R\Delta\theta) = \Delta\theta\frac{\partial R}{\partial S_\beta} \tag{12-28}$$

再从 P 点作平行于 AB 的线 PB'(图 12-7),$\Delta S'_\alpha = \widehat{BQ} = \widehat{BB'} - \widehat{QB'}$。从图 12-7 可知$\widehat{BB'} \approx \widehat{AP} = \Delta S_\alpha$,$\widehat{QB'} \approx \Delta S_\beta \Delta\theta$。所以 $\Delta S'_\alpha = \Delta S_\alpha - \Delta S_\beta \Delta\theta$。式(12-27) 右端可写成

$$\frac{\partial(\Delta S_\alpha)}{\partial S_\beta} = \frac{\Delta S'_\alpha - \Delta S_\alpha}{\Delta S_\beta} = \frac{\Delta S_\alpha - \Delta S_\beta\Delta\theta - \Delta S_\alpha}{\Delta S_\beta} = -\Delta\theta \tag{12-29}$$

由式(12-27)、式(12-28) 和式(12-29),得

$$\frac{\partial R}{\partial S_\beta} = -1, \quad \frac{\partial S}{\partial S_\alpha} = -1 \tag{12-30}$$

式(12-30) 称为 **Hencky 第二定理**。

说明:如果沿着一条滑移线移动,例如沿 β_1 线移动(图 12-7),那么,另一族滑移线 α 在交点 A 和 B 处的曲率半径将按所移动的距离 ΔS_β 而改变。换言之,设滑移线 α 在 A 点的曲率半径为 R,在 B 点的曲率半径为 R_1,见图 12-7,则

$$R_1 = R - \Delta S_\beta \tag{12-31}$$

当我们朝向滑移线凹的那一边移动时,曲率半径将减小,并且所有同族滑移线是凹向同一方向的。因此,如果塑性状态扩展得足够远,曲率半径便愈来愈小,最后必定变成零。最明显的例子就是由同心圆弧和半径所构成的滑移线场,见图 12-8。A 点的曲率半径为 R_A,B 点的曲率半径为 R_B,根据式(12-30) 有

$$R_B = R_A - \Delta R \tag{12-32}$$

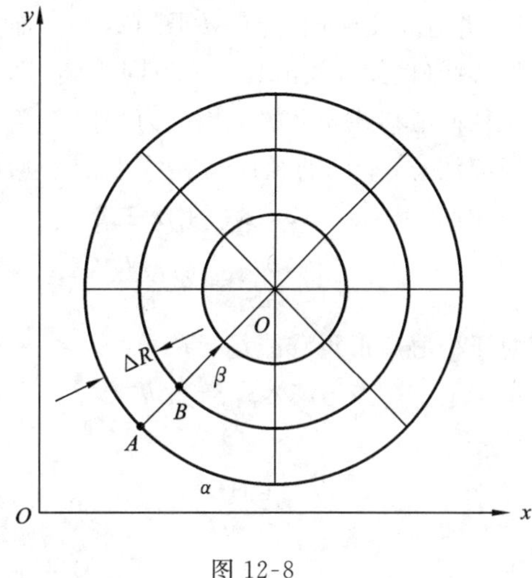

图 12-8

到达 O 点时,曲率半径为 0。根据式(12-26) 的第一式,可知在 O 点处,$\frac{\partial\theta}{\partial S_\alpha} \to \infty$;再由式(12-18) 的第一式,可知$\frac{\partial\sigma_m}{\partial S_\alpha} \to \infty$。这表明应力的导数在 O 点不连续,O 点为应力分布的一个奇点。

我们还可将式(12-30) 写成另一种形式。由于

$$\mathrm{d}R = \frac{\partial R}{\partial S_\alpha}\mathrm{d}S_\alpha + \frac{\partial R}{\partial S_\beta}\mathrm{d}S_\beta \tag{12-33}$$

沿着 β 线,$\mathrm{d}S_\alpha = 0$,因此

$$\frac{\partial R}{\partial S_\beta} = \frac{\mathrm{d}R}{\mathrm{d}S_\beta} \tag{12-34}$$

于是由(12-30) 第一式,得 $\mathrm{d}S_\beta = -\mathrm{d}R$。再由式(12-26) 第二式,得 $\mathrm{d}R_\beta = -S\mathrm{d}\theta$。所以 $\mathrm{d}R = S\mathrm{d}\theta$。因此推得

$$\left.\begin{aligned}\mathrm{d}R - S\mathrm{d}\theta = 0 \quad &(\text{沿着 }\beta\text{ 线})\\ \mathrm{d}R + S\mathrm{d}\theta = 0 \quad &(\text{沿着 }\alpha\text{ 线})\end{aligned}\right\} \tag{12-35}$$

3. 简单滑移线场

(1) 两族直线滑移线场。

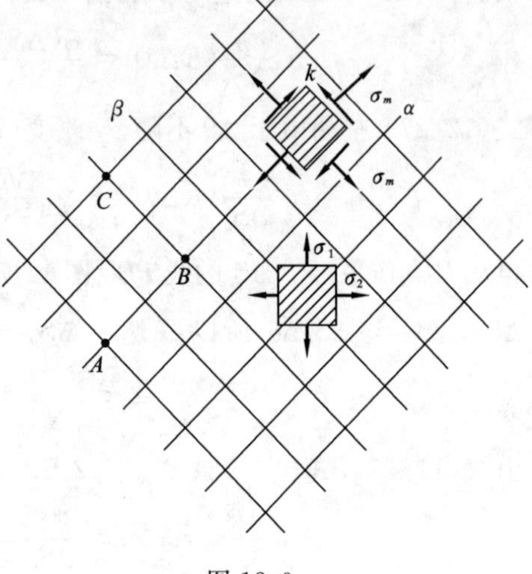

图 12-9

设 α 和 β 两族滑移线都是直线(图 12-9)。从前面的分析知道,在直滑移线上两点 A 和 B 的平均应力相同,即 $\sigma_A = \sigma_B$。因 β 滑移线也是直线,故 $\sigma_B = \sigma_C$。由此可见,在该区域的平均应力 σ_m 到处都是相同。根据式(12-10) 得

$$\left.\begin{aligned}\sigma_x &= \sigma_m - k\sin 2\theta\\ \sigma_y &= \sigma_m + k\sin 2\theta\\ \tau_{xy} &= k\cos 2\theta\end{aligned}\right\} \tag{12-36}$$

由于直滑移线场的 θ 均相同,而且平均应力 σ_m 也到处相同,因此各点的应力分量都相同。所以,这种滑移线场称为均匀应力状态的滑移线场。若 $\theta = 45^\circ$,则由式(12-36) 得

$$\sigma_x = \sigma_2 = \sigma_m - k, \quad \sigma_y = \sigma_1 = \sigma_m + k \tag{12-37}$$

(2) 中心扇形滑移线场。

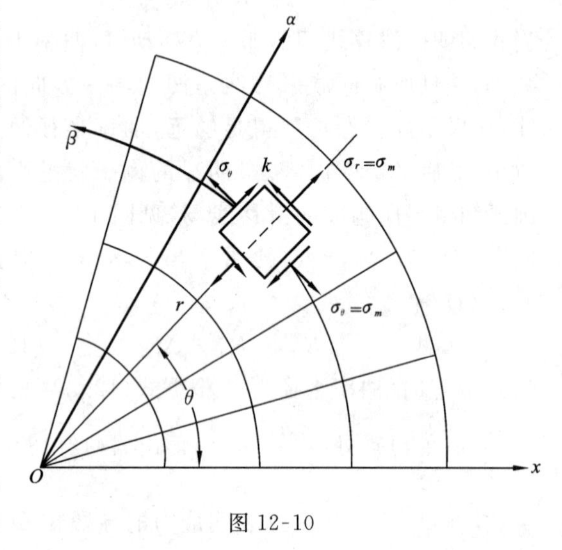

图 12-10

设某一族滑移线(例如 α 族滑移线) 为直线,并且相交于同一点 M(图 12-10),而另一族滑移线(例如 β 族滑移线) 为同心圆,则沿着某一径向滑移线 α 上的平均应力相同(r 为半径)。但应注意,不同的径向滑移线上的平均应力并不相同。根据式(12-18) 的第二式

$$\frac{\partial\sigma_m}{\partial S_\beta} + 2k\frac{\partial\theta}{\partial S_\beta} = 0 \tag{12-38}$$

对于中心扇形滑移线场,有

$$\Delta S_\beta = r\Delta\theta \tag{12-39}$$

于是

$$\frac{1}{r}\frac{\partial\sigma_m}{\partial\theta} + \frac{2k}{r} = 0 \tag{12-40}$$

即

$$\frac{\partial\sigma_m}{\partial\theta} = -2k \tag{12-41}$$

积分后,得

$$\sigma_m = (\sigma_m)_{\theta=0} - 2k\theta \tag{12-42}$$

可见,平均应力 σ_m 与 θ 成线性关系。应力分量 σ_x,σ_y 和 τ_{xy} 可按式(12-10) 计算。

如果将直角坐标系上的应力分量变换到极坐标系上的应力分量 σ_r 和 σ_θ,其转换关系式为

$$\left.\begin{aligned}\sigma_r &= \sigma_x\cos^2\theta + \sigma_y\sin^2\theta + 2\tau_{xy}\sin\theta\cos\theta\\ \sigma_\theta &= \sigma_x\sin^2\theta + \sigma_y\cos^2\theta - 2\tau_{xy}\sin\theta\cos\theta\end{aligned}\right\} \tag{12-43}$$

再将式(12-10) 代入式(12-43),得

$$\left.\begin{aligned}\sigma_r &= \sigma_m + k\sin 2\theta(\sin^2\theta - \cos^2\theta) + 2k\cos 2\theta\sin\theta\cos\theta \\ &= \sigma_m - k\sin 2\theta\cos 2\theta + k\cos 2\theta\sin 2\theta = \sigma_m \\ \sigma_\theta &= \sigma_m + k\sin 2\theta(\cos^2\theta - \sin^2\theta) - 2k\cos 2\theta\cos\theta\sin\theta = \sigma_m\end{aligned}\right\} \tag{12-44}$$

可见

$$\sigma_r = \sigma_\theta = \sigma_m \tag{12-45}$$

这表明在同一滑移线上，σ_r 和 σ_θ 相等，并且等于平均应力 σ_m。由于在滑移线场的区域里，平均应力 σ_m 仅是 θ 的函数，因此 σ_r 和 σ_θ 也仅是 θ 的函数。这种滑移线场式(12-19)，我们称之为中心扇形滑移线场。

第三节　边界条件

建立某一问题的滑移场，需要利用边界上的受力条件。边界上一般是给出法向应力和剪应力，但滑移线场所牵涉到的是平均应力 σ_m 和角度 θ。所以需要将边界上的法向应力和剪应力转化成用平均应力 σ_m 和角度 θ 表示。

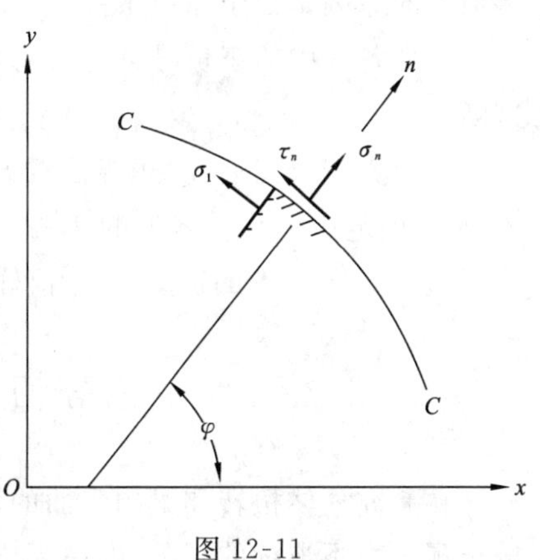

图 12-11

设在边界 C 上给定法向应力 σ_n 和剪应力 τ_n，见图 12-11，边界 C 的法线 n 和 x 轴之间的夹角用 φ 表示。对于平面问题，斜截面上的应力公式为

$$\left.\begin{aligned}\sigma_n &= \sigma_x\cos^2\varphi + \sigma_y\sin^2\varphi + \tau_{xy}\sin 2\varphi \\ \tau_n &= \frac{1}{2}(\sigma_y - \sigma_x)\sin 2\varphi + \tau_{xy}\cos 2\varphi\end{aligned}\right\} \tag{12-46}$$

由于物体处于塑性状态，故将式(12-10) 代入式(12-46)，得

$$\begin{aligned}\sigma_n &= (\sigma_m - k\sin 2\theta)\cos^2\varphi + (\sigma_m + k\sin 2\theta)\sin^2\varphi + k\cos 2\theta\sin 2\varphi \\ &= \sigma_m(\cos^2\varphi + \sin^2\varphi) - k\sin 2\theta(\cos^2\varphi - \sin^2\varphi) + k\cos 2\theta\sin 2\varphi\end{aligned} \tag{12-47}$$

$$\begin{aligned}\tau_n &= \frac{1}{2}[(\sigma_m + k\sin 2\theta) - (\sigma_m - k\sin 2\theta)]\sin 2\varphi + k\cos 2\theta\cos 2\varphi \\ &= k(\sin 2\theta\sin 2\varphi + \cos 2\theta\cos 2\varphi)\end{aligned} \tag{12-48}$$

再利用三角公式

$$\left.\begin{aligned}&\cos^2\varphi + \sin^2\varphi = 1 \\ &\cos^2\varphi - \sin^2\varphi = \cos 2\varphi \\ &\sin 2\theta\cos 2\varphi - \cos 2\theta\sin 2\varphi = \sin 2(\theta - \varphi) \\ &\sin 2\theta\sin 2\varphi + \cos 2\theta\sin 2\varphi = \cos 2(\theta - \varphi)\end{aligned}\right\} \tag{12-49}$$

可将 σ_n，τ_n 的表达式写成

$$\sigma_n = \sigma_m - k\sin 2(\theta - \varphi),\quad \tau_n = k\cos 2(\theta - \varphi) \tag{12-50}$$

从式(12-50) 可以看到，如果在边界 C 上各处的 σ_n 和 τ_n 已给出，那么边界 C 上各处的平均应力 σ_m 和角度 θ 便可以求得。平均应力 σ_m 还可写成 $\sigma_m = (\sigma_n + \sigma_t)/2$，$\sigma_t$ 是垂直于法线方向的正应力(图 12-11)，因而

$$\sigma_t = 2\sigma_m - \sigma_n \tag{12-51}$$

我们从式(12-50) 可以解出

$$\theta = \varphi \pm \frac{1}{2}\cos^{-1}\frac{\tau_n}{k}, \quad \sigma_m = \sigma_n + k\sin 2(\theta - \varphi) \tag{12-52}$$

当边界 C 上仅存在法向应力 σ_n 而不存在剪应力($\tau_n = 0$) 时，由式(12-52) 可得

$$\theta = \varphi \pm \frac{\pi}{4}, \quad \sigma_m = \sigma_n \pm k \tag{12-53}$$

再由式(12-51) 得

$$\sigma_t = \sigma_n \pm 2k \tag{12-54}$$

式(12-52) 的第一式以及式(12-53) 和式(12-54) 取正号或负号皆可满足屈服条件。这里出现多值解的原因是由于屈服条件式(12-7) 具有二次方的性质。

上列各式中的正负号可通过 σ_t 的符号来确定，而 σ_t 符号可以根据整个物体的受力情况来判断。

当边界 C 给出后，φ(边界法线方向与 x 轴的夹角) 便属已知，再根据边界上已给出的 σ_n 和 τ_n，便可决定边界 C 上各处的 θ，σ_m 和 σ_t。

边界 C 上各点的 θ 值和 σ_m 值确定以后，便可作出边界附近区域的滑移线场。

第四节　应力不连续线

在研究柱体扭转和梁的弯曲的极限状态时，曾出现应力不连续的现象，如在受扭杆件的破坏线上和在梁的中性层上。现在所研究的平面应变问题中，不连续线也是存在的。不连续实际上是一个薄层过渡区，在这薄层过渡区内，应力发生急剧的变化。

设 $l—l$ 是不连续线，沿该线取一元素，见图 12-12。φ 为元素法线 n 与 x 轴所夹的角。不连续线两边的区域以 ① 和 ② 表示，所对应的应力用标号(1)、(2) 加以区分。

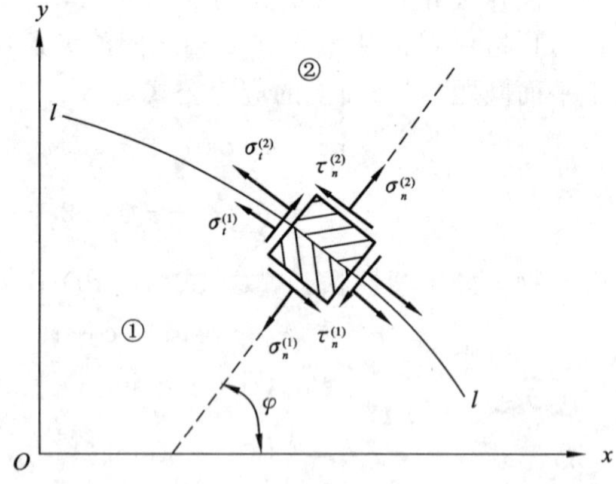

图 12-12

显然，从平衡条件的要求，必定是

$$\sigma_n^{(1)} = \sigma_n^{(2)} = \sigma_n, \quad \tau_n^{(1)} = \tau_n^{(2)} = \tau_n \tag{12-55}$$

因此只有切向的正应力 σ_t 才有可能出现间断。在 $l—l$ 两边的塑性条件为

$$\frac{1}{4}(\sigma_n - \sigma_t)^2 + \tau_n^2 = k^2 \tag{12-56}$$

可写成

$$\sigma_t = \sigma_n \pm 2\sqrt{k^2 - \tau_n^2} \tag{12-57}$$

按照前面的假设，$l—l$ 线是不连续线，所以 $l—l$ 线两边的 σ_t 应在式(12-57) 中一边取“+”号，另一边取“−”号，比如

$$\sigma_t^{(1)} = \sigma_n - 2\sqrt{k^2 - \tau_n^2}, \quad \sigma_t^{(2)} = \sigma_n + 2\sqrt{k^2 - \tau_n^2} \tag{12-58}$$

$l—l$ 线两边 σ_t 的跳跃值为 $4\sqrt{k^2 - \tau_n^2}$。由此，平均应力的跳跃值为 $2\sqrt{k^2 - \tau_n^2}$。由于应力分量 $\sigma_n^{(1)} = \sigma_n^{(2)}$，$\tau_n^{(1)} = \tau_n^{(2)}$，根据式(12-50)，可知

$$\left.\begin{aligned}\sigma_m^{(1)} - k\sin 2(\theta^{(1)} - \varphi) = \sigma_m^{(2)} - k\sin 2(\theta^{(2)} - \varphi) \\ k\cos 2(\theta^{(1)} - \varphi) = k\cos 2(\theta^{(2)} - \varphi)\end{aligned}\right\} \tag{12-59}$$

由此可以得到

$$\theta^{(1)} = -\theta^{(2)} + 2\varphi + m\pi, \qquad \sigma_m^{(1)} = \sigma_m^{(2)} - 2k\sin 2(\theta^{(2)} - \varphi) \tag{12-60}$$

式中 m 为正整数。从式(12-60)第一式可以证明不连续线 $l—l$ 是由同一族滑移线所组成的角的平分线。如令 $m = 0$,则式(12-60)第一式为

$$\theta^{(1)} = -\theta^{(2)} + 2\varphi \tag{12-61}$$

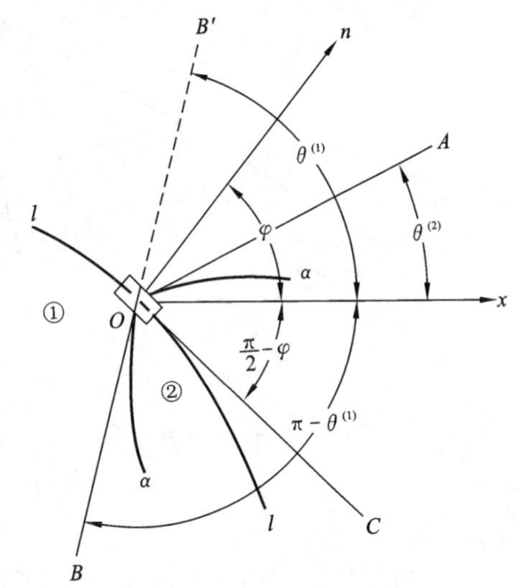

图 12-13

设②区的 α 滑移线的切线为 OA,与 x 轴的夹角为 $\theta^{(2)}$(图 12-13);①区的 α 滑移线的切线为 OB',与 x 轴的夹角为 $\theta^{(1)}$;不连续线 $l—l$ 的法线 n 与 x 轴的夹角为 φ,那么其切线 OC 与 x 轴的夹角为 $\pi/2-\varphi$。

要证明 OC 线是 $\angle AOB$ 的平分线,可以先假定 OC 线是 $\angle AOB$ 的平分线,然后证明必须满足 $\theta^{(1)} = -\theta^{(2)} + 2\varphi$ 是式(12-61)。若 l-l 是 $\angle AOB$ 的平分线,那么 $2\angle AOC = \angle AOB$,从图 12-13 可以看到

$$\left.\begin{aligned}\angle AOC = \angle AOx + \angle xOC = \theta^{(2)} + \frac{\pi}{2} - \varphi \\ \angle AOB = \angle AOx + \angle xOB = \theta^{(2)} + \pi - \theta^{(1)}\end{aligned}\right\} \tag{12-62}$$

故

$$2\left[\theta^{(2)} + \frac{\pi}{2} - \varphi\right] = \theta^{(2)} + \pi - \theta^{(1)}, \quad 即 \quad \theta^{(1)} = -\theta^{(2)} + 2\varphi \tag{12-63}$$

从上面的讨论可以知道,不连续线两边的 θ 和平均应力 σ_m 必须满足式(12-60),而且不连续线必是同一族滑移线所组成夹角的平分线。

第五节　单边受均布压力作用的楔

对于弹塑性物体来说,塑性变形是随着载荷的增大而逐渐扩展的,最初弹性区域抑制着物体的变形,随着弹性区域的减小,这个抑制的影响也逐渐减弱,而最后开始了自由塑性流动,这就是极限状态。这时塑性区域的变形比起弹性区域的变形大得多,因而后者可忽略不计,即把弹性区看成不变形的刚体。这便是我们引用刚塑性假设的根据。

现在我们来讨论单边受均匀压力 p 的楔(图 12-14),计算其极限载荷。

1. 钝角楔($2\gamma > \frac{\pi}{2}$)的情况

在 OD 边界上 $\sigma_n = -p$,$\tau_n = 0$。根据式(12-54),有

$$\sigma_t = \sigma_t \pm 2k = -p \pm 2k \tag{12-64}$$

式中正负号的选择,一般要考虑整体工作的情形。现在设楔由于单边载荷的作用而发生“弯曲”,这时可以预料到在 OD 边上的 σ_t 为拉应力,而在 OA 边上的 σ_t 则为压应力。根据这一情况,我们可以判定

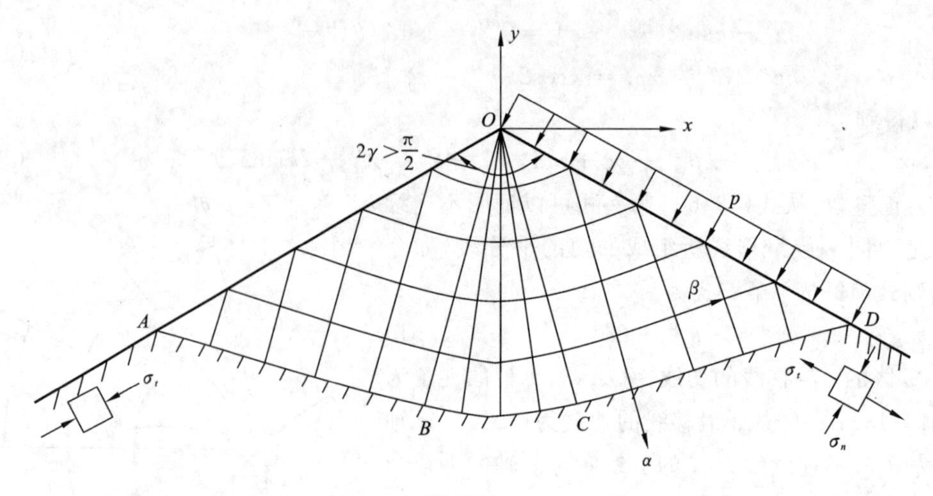

图 12-14

$$\left.\begin{aligned}\sigma_t &= -p + 2k \quad (\text{在 } OD \text{ 边界上}) \\ \sigma_t &= -2k \qquad\ \ (\text{在 } OA \text{ 边界上})\end{aligned}\right\} \tag{12-65}$$

此式第二式，由于 OA 边上没有外力作用，$\sigma_n = 0$，故不出现 p。

知道了边界上的受力情况，利用式(12-53)，便可以算出边界上的 θ 和平均应力 σ_m。在 OD 边界上，由于 k 前面的符号已取正号，那么利用式(12-53)时也应当取正号，得 $\theta = \varphi + \frac{\pi}{4}$，$\sigma_m = \sigma_n + k$。因 OD 是直线，所以 φ 为常数且等于 γ 值，OD 边界的法向应力 $\sigma_n = -p$，因而 OD 边界上，$\theta = \gamma + \frac{\pi}{4} =$ 常量，$\sigma_m = -p + k =$ 常量。由于 OD 直线边界上 σ_m 和 θ 皆为常量，根据滑移线场的作法，其附近区域的滑移线场由两族直滑移线组成，该区域中 σ_m 和 θ 均为常量。故在 ODC 区域，有

$$\theta = \gamma + \frac{\pi}{4}, \qquad \sigma_m = -p + k, \qquad \sigma_t = -p + 2k \tag{12-66}$$

在 OA 边界上，前面已经提到，$\sigma_t = -2k$，也就是在 k 前取负号，于是式(12-53)成为 $\theta = \varphi - \frac{\pi}{4}$，$\sigma_m = \sigma_n - k$。在 OA 边上，$\sigma_n = 0$，而且 $\varphi = \pi - \gamma$，于是有

$$\theta = \pi - \gamma - \frac{\pi}{4} = \frac{3\pi}{4} - \gamma, \qquad \sigma_m = -k, \qquad \sigma_t = 2k \tag{12-67}$$

OA 直线边界上的 θ 和 σ_m 知道以后，和 ODC 区域同样的道理，可作出两族直滑移线 OAB 区域。这样，滑移线 OB 和 OC 线上的 θ 和 σ_m 均可知道，再利用已经给定两条滑移线作滑移线场的方法，可以作出 OBC 区域的滑移线场，它是中心扇形场，见图 12-14。

各部分滑移线场的 θ 和 σ_m 确定以后，利用式(12-10)，可以求出各个区域的应力分量。在 ODC 区域，有

$$\left.\begin{aligned}\sigma_x &= \sigma_m - k\sin 2\theta = -p + k - k\sin 2\left(\gamma + \frac{\pi}{4}\right) = -p + k(1 - \cos 2\gamma) \\ \sigma_y &= \sigma_m + k\sin 2\theta = -p + k + k\sin 2\left(\gamma + \frac{\pi}{4}\right) = -p + k(1 + \cos 2\gamma) \\ \tau_{xy} &= k\cos 2\theta = k\cos 2\left(\gamma + \frac{\pi}{4}\right) = -k\sin 2\gamma\end{aligned}\right\} \tag{12-68}$$

在 OAB 区域，有

$$\left.\begin{aligned}\sigma_x &= -k - k\sin 2\left(\frac{3\pi}{4}-\gamma\right) = -k(1-\cos 2\gamma)\\ \sigma_y &= -k + k\sin 2\left(\frac{3\pi}{4}-\gamma\right) = -k(1+\cos 2\gamma)\\ \tau_{xy} &= k\cos 2\left(\frac{3\pi}{4}-\gamma\right) = -k\sin 2\gamma\end{aligned}\right\} \tag{12-69}$$

只有当压力 p 达到一定的数值时，才有可能使所讨论的区域处于塑性极限状态，这时的压力 p_T 称为**极限压力**。为了计算极限压力 p_T，可以利用滑移线的性质。如沿着 β 族滑移线 $\sigma_m + 2k\theta =$ 常量，从图 12-14 可以看到，$ABCD$ 是同一族 β 滑移线，即 AB 线上的 $(\sigma_m + 2k\theta)_{AB}$ 应等于 CD 线上的 $(\sigma_m + 2k\theta)_{CD}$。在 CD 线上，用式(12-66) 代入，得

$$(\sigma_m + 2k\theta)_{CD} = -p_T + k + 2k\left(\gamma + \frac{\pi}{4}\right) = -p_T + 2k\left(\frac{1}{2} + \gamma + \frac{\pi}{4}\right) \tag{12-70}$$

在 AB 线上，用式(12-67) 代入，得

$$(\sigma_m + 2k\theta)_{AB} = -k + 2k\left(\frac{3\pi}{4} - \gamma\right) = -2k\left(\frac{1}{2} + \gamma - \frac{3\pi}{4}\right) \tag{12-71}$$

因而

$$-p_T + 2k\left(\frac{1}{2} + \gamma + \frac{\pi}{4}\right) = -2k\left(\frac{1}{2} + \gamma - \frac{3\pi}{4}\right) \tag{12-72}$$

于是得极限压力

$$p_T = 2k\left(1 + 2\gamma - \frac{\pi}{2}\right) \tag{12-73}$$

2. 当 $2\gamma = \frac{\pi}{2}$（即直角楔）时

此时中心扇形场退化为直线，如图 12-15(a) 所示，且极限压力为

$$p_T = 2k \tag{12-74}$$

3. 当 $2\gamma < \frac{\pi}{2}$ 的情况下

这时三角形 OAB 和 OCD 互相重叠[图 12-15(b)]，因而导致应力状态的不连续。在不连续线两侧的 θ 和 σ_m 需满足关系式(12-60)。

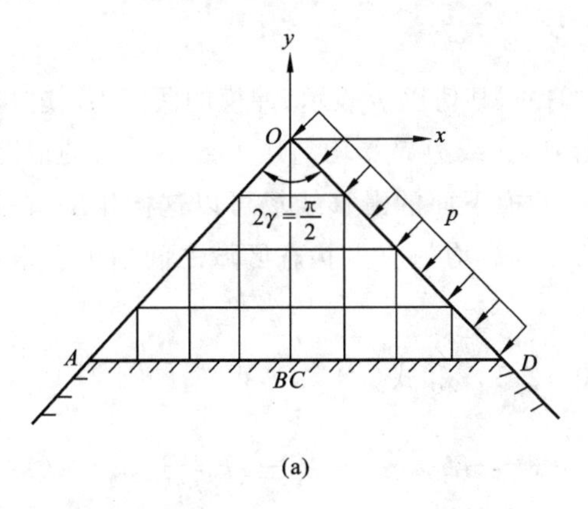

(a)

(b)

图 12-15

在我们所讨论的情形中，可以看出不连续线是 OO' 线，见图 12-15(b)，这时不连续线的法线与 x 轴的夹角 $\varphi=0$，于是式(12-60) 成为

$$\theta^{(1)}=-\theta^{(2)}+m\pi,\qquad \sigma_m^{(1)}=\sigma_m^{(2)}-2k\sin2\theta^{(2)} \tag{12-75}$$

把式(12-66) 的 $\theta^{(1)}=\gamma+\dfrac{\pi}{4}$ 和式(12-67) 的 $\theta^{(2)}=\dfrac{3\pi}{4}-\gamma$ 代入式(12-75) 的第一式，当 $m=1$ 时，便可得到满足。再利用式(12-75) 的第二式，即可求得极限载荷 p_T。由第二式 $\sigma_m^{(1)}=-p_T+k$ 和式(12-67) 的前两式得

$$\theta^{(2)}=\frac{3}{4}\pi-\gamma,\quad \sigma_m^{(2)}=-k \tag{12-76}$$

代入式(12-75) 的第二式，得

$$-p_T+k=-k-2k\sin2\left(\frac{3\pi}{4}-\gamma\right) \tag{12-77}$$

所以

$$p_T=2k(1-\cos2\gamma) \tag{12-78}$$

第六节　平头冲模压入

现在我们讨论关于平底刚性冲模压入时塑性流动的问题，见图 12-16。接触表面的摩擦略去不计。在极限状态下，冲模开始向下移动。

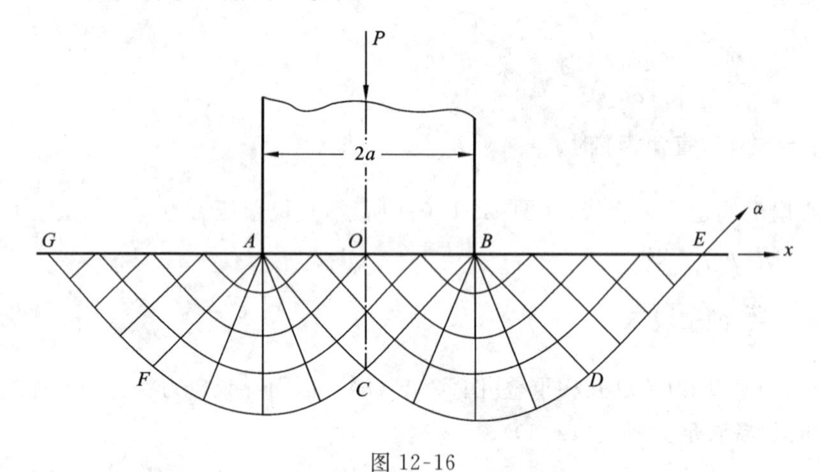

图 12-16

设在极限状态下，冲模下面的压力分布是均匀的。其值以 p 表示。冲模的两侧 BE 边和 AG 边不受力，见图 12-16。根据上一节的例子可以看到，直线边界受均匀压力或不受力的情况，它所形成的滑移线场与均匀应力状态相对应。因此，冲模下面的滑移线场可以这样作出：在冲模的下面和冲模的两旁是均匀的应力状态的三角形区域，均匀应力状态区域之间用中心扇形来连接。

在 BE 面上，$\sigma_n=0,\tau_n=0,\varphi=\dfrac{\pi}{2}$，代入式(12-53) 和式(12-54)，得

$$\theta=\varphi\pm\frac{\pi}{4}=\frac{\pi}{2}\pm\frac{\pi}{4},\quad \sigma_m=\sigma_n\pm k=\pm k,\quad \sigma_t=\sigma_n\pm2k=\pm2k \tag{12-79}$$

式中的正负号要据冲模受力状况来定。当冲模开始向下移动时，我们可以推测 σ_t 是受挤压的，因此 σ_t 取负值。上式中符号皆取负号，得

$$\theta = \frac{\pi}{2} - \frac{\pi}{4} = \frac{\pi}{4}, \qquad \sigma_m = -k, \qquad \sigma_t = -2k \tag{12-80}$$

BED 为均匀应力状态区域，该区域的 θ 和 σ_m 也是由式(12-80)来表达，而且还可以知道滑移线 *ED* 是属于 α 族滑移线。沿着 *ED* 滑移线的常量 c_1 为

$$c_1 = \sigma_m - 2k\theta = -k - \frac{\pi k}{2} \tag{12-81}$$

在 *AB* 面上，$\sigma_n = -p$，$\tau_n = 0$，$\theta = \pm \frac{\pi}{4}$。这时 θ 前面的正负号还不能判定，要看 *ACB* 区域的滑移线场中哪一组滑移线是属于 α 族的才能断定。我们知道，θ 是 α 族滑移线和 x 轴的夹角。为了决定 θ 的符号，我们看滑移线 *AC* 是属于哪一族的。从上面知道，*DE* 是 α 族滑移线，而 *ED*、*DC* 及 *CA* 是连在一起的同一族滑移线，也就是同为 α 族滑移线，由此可知，*AC* 是属于 α 族滑移线。从图 12-16 可知，滑移线 *AC* 与 x 轴的夹角为 $\theta = -\frac{\pi}{4}$，于是在 *ACB* 区域中，沿 α 族滑移线的常量 c_2 为

$$c_2 = (\sigma_m - 2k\theta)_{AC} = \sigma_m + 2k\,\frac{\pi}{4} = \sigma_m + \frac{\pi k}{2} \tag{12-82}$$

σ_m 为 *ACB* 区域的平均应力。由于 *ACDE* 是同一根 α 族滑移线，故 $c_1 = c_2$，即式(12-81)等于式(12-82)，得

$$-k - \frac{\pi k}{2} = \sigma_m + \frac{\pi k}{2} \tag{12-83}$$

于是：

$$\sigma_m = -k(1+\pi) \tag{12-84}$$

ACB 区域中的平均应力 σ_m 和角度 θ 确定以后，便可根据式(12-10)求出应力分量 σ_x 和 σ_y。

将 $\sigma_m = -k(1+\pi)$ 和 $\theta = -\frac{\pi}{4}$ 代入式(12-10)，得

$$\left.\begin{aligned} \sigma_x &= -k(1+\pi) - k\sin(-\pi/2) = -k\pi \\ \sigma_y &= -k(1+\pi) + k\sin(-\pi/2) = -k(2+\pi) \end{aligned}\right\} \tag{12-85}$$

AB 边界面上的 σ_y 即是冲模下面的压力 p_T，即

$$p_T = \sigma_y = -k(2+\pi) \tag{12-86}$$

如冲模的宽度 $AB = 2a$，则单位长度的极限载荷为

$$p_T = 2ak(2+\pi) \tag{12-87}$$

第七节　厚壁圆筒轴对称滑移线场

现在讨论内径为 a，外径为 b 的厚壁圆筒，其内侧承受均匀压力 p 作用。采用极坐标系 r、φ。根据轴对称条件，可以判定 $\tau_{r\varphi} = 0$。因而主应力方向为径向和圆周方向。这时滑移线将是曲线，而且这些曲线上任一点的切线与径向线所夹的角皆为 $\frac{\pi}{4}$。从数学上知道，这样的曲线(滑移线)就是对数螺旋线，其方程为

$$\varphi - \ln\frac{r}{a} = \alpha, \quad \varphi + \ln\frac{r}{a} = \beta \tag{12-88}$$

这是两组正交的滑移线，见图 12-7(a)。在厚壁筒的内缘取一点，标以“A”。在 α 线上任取另一点“B”。B 点到圆心的距离为 r。由于滑移线上某点的切线与通过该点的径向射线始终维持着 $\frac{\pi}{4}$ 的夹角，因而从图 12-17(b) 的 $\triangle ODB$ 中，可以看出 θ_B 为式(12-89) 第一式，同理对于 A 点，有 θ_A 为第二式，即

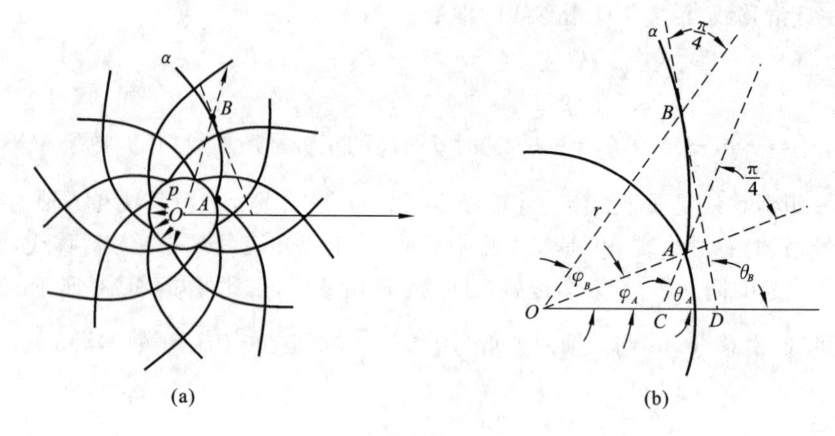

图 12-17

$$\theta_B = \varphi_B + \frac{\pi}{4}, \quad \theta_A = \varphi_A + \frac{\pi}{4} \tag{12-89}$$

θ_B 和 θ_A 分别是通过滑移线上 B 点和 A 点的切线与 x 轴的夹角。φ_B 和 φ_A 是 B 点和 A 点的极坐标幅角。观察 α 滑移线上的 A、B 两点，根据式(12-88) 第一式，可得

$$\left(\varphi - \ln\frac{r}{a}\right)_A = \left(\varphi - \ln\frac{r}{a}\right)_B \tag{12-90}$$

考虑到在 A 点，$r = a$，故上式化为

$$\varphi_A = \varphi_B - \ln\frac{r}{a}, \quad 即 \quad \varphi_B - \varphi_A = \ln\frac{r}{a} \tag{12-91}$$

将它代入式(12-89) 的第二式，得

$$\theta_B - \theta_A = \ln\frac{r}{a} \tag{12-92}$$

再利用 α 族滑移线上 $\sigma_m - 2k\theta =$ 常量的性质，得：$\sigma_A - 2k\theta_A = \sigma_B - 2k\theta_B$，即

$$\theta_B - \theta_A = \frac{1}{2k}(\sigma_B - \sigma_A) \tag{12-93}$$

此处 σ_B，σ_A 分别代表 B 点和 A 点的平均应力。由式(12-92) 和式(12-93) 可得

$$\sigma_B - \sigma_A = 2k\ln\frac{r}{a} \tag{12-94}$$

现在我们来观察 A 点的平均应力 σ_A。由式(12-53) 的第二式和式(12-54)，得

$$\sigma_m = \sigma_n \pm k, \quad \sigma_t = \sigma_n \pm 2k \tag{12-95}$$

式中的正负号要根据厚壁筒的受力状态来确定。当厚壁筒仅受内压时，可以判定其内侧的切向应力 σ_t 必是拉应力，所以应当取正号。此外，因厚壁筒的内压力为 p，即 A 点的 $\sigma_n = -p$，故

$$\sigma_A = -p + k \tag{12-96}$$

将式(12-96) 代入式(12-94) 得 B 点的平均应力为

$$\sigma_B = 2k\ln\frac{r}{a} - p + k \tag{12-97}$$

从 σ_B 还可以算出径向应力 σ_r 和切向应力 σ_t。我们知道 σ_r 和 σ_t 皆为主应力，由塑性状态的应力圆，可得

$$\sigma_t = \sigma_B + k = 2k\ln\frac{r}{a} - p + 2k,\quad \sigma_r = \sigma_B - k = 2k\ln\frac{r}{a} - p \tag{12-98}$$

当厚壁筒全部进入塑性时，利用厚壁筒外壁的边界条件：在 $r = b$ 处，$\sigma_r = 0$。将式(12-98)第二式代入 $\sigma_r = 0$，得

$$2k\ln\frac{b}{a} - p_T = 0,\quad 即\quad p_T = 2k\ln\frac{b}{a} \tag{12-99}$$

这与第六章关于厚壁筒问题的讨论所得到的结果是一致的。

第八节　双边切口和中心切口的拉伸试件

在断裂力学中，常采用图 12-18、图 12-19 所示的两种试件进行试验。我们现在讨论这两种试件的极限载荷。

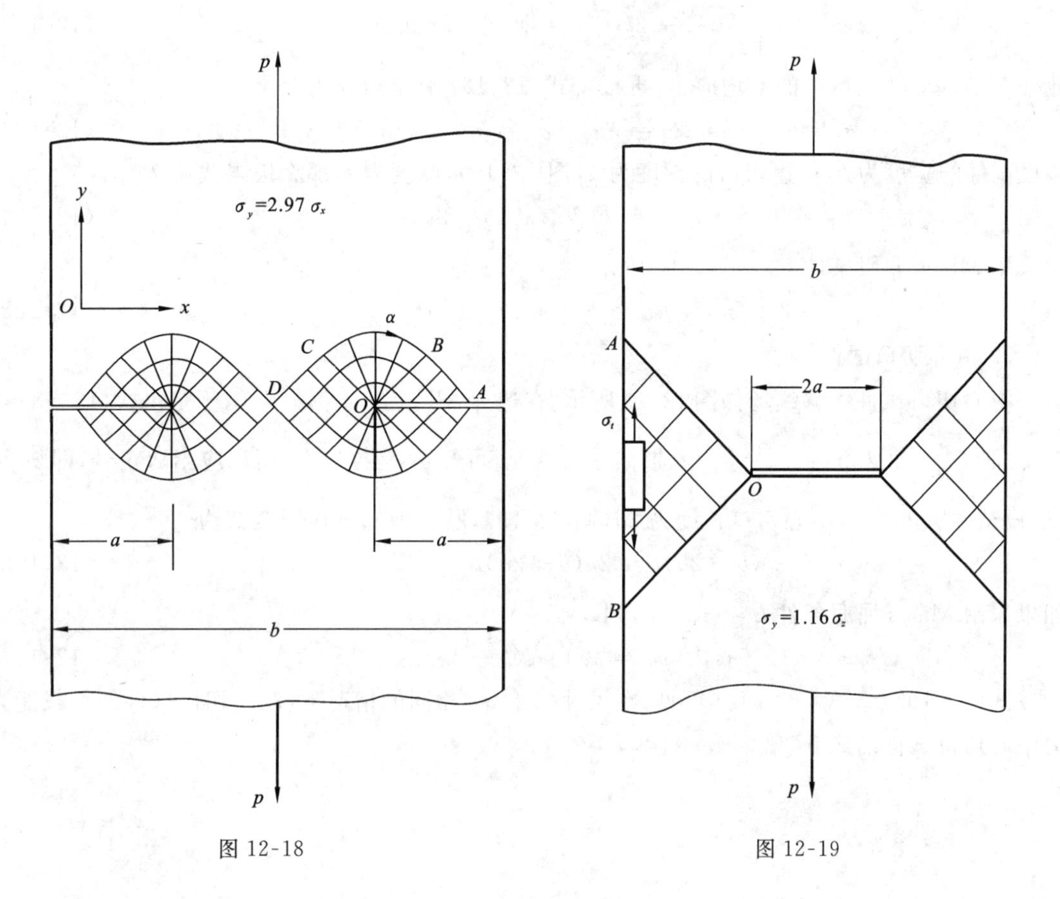

图 12-18　　　　图 12-19

1. 双边切口试件

假定试件具有理想切口（无限狭窄的切口），并且切口有一定深度。此外，试件具有足够的长度，以至试件两端的加载情况并不影响切口截面中的塑性流动。在极限状态的情况下，滑移

线场如图 12-18 所示。在切口的边界区域是两族直滑移线组成的均匀应力状态区域，中间部分亦是均匀应力状态区域。两个均匀应力状态区域之间以中心扇形滑移线场相连接。

在 $\triangle OAB$ 区域的边界 OA 上，$\varphi = -\frac{\pi}{2}$，$\sigma_n = 0$。代入式(12-53)，得 $\theta = -\frac{\pi}{2} \pm \frac{\pi}{4}$，$\sigma_m = \pm k$。根据受力情况，可以判定试件是承受拉应力，因而平均应力 σ_m 是正的，所以 k 前面的符号应取正号。于是得

$$\theta = -\frac{\pi}{2} + \frac{\pi}{4} = -\frac{\pi}{4}, \quad \sigma_m = k \tag{12-100}$$

根据 $\theta = -\frac{\pi}{4}$，从图 12-18 可以看到滑移线 AB 是属于 α 族滑移线。

现考虑 OCD 区域。由于 $ABCD$ 是同一条滑移线，而且是属于 α 族滑移线，可以看出滑移线 CD 与 x 轴的夹角为 $\theta = \frac{\pi}{4}$，但是 OCD 区域中的平均应力 σ_m 目前尚属未知。根据同一条 α 族滑移线上，有

$$(\sigma_m - 2k\theta)_{AB} = (\sigma_m - 2k\theta)_{CD} \tag{12-101}$$

由式(12-100)，得

$$k + 2k\frac{\pi}{4} = \sigma_m - 2k\frac{\pi}{4}, \quad 即 \quad \sigma_m = k(1+\pi) \tag{12-102}$$

此处 σ_m 为 OCD 区域中的平均应力。再根据式(12-10)可求得应力分量：

$$\sigma_x = \sigma_m - k\sin 2\theta = k\pi, \quad \sigma_y = \sigma_m + k\sin 2\theta = k(2+\pi) \tag{12-103}$$

假设试件的宽度为 b，每边切口的深度为 a(图 12-19)，厚度为 t，那么极限载荷 p_T 为

$$p_T = \sigma_y(b-2a)t = k(2+\pi)(b-2a)t \tag{12-104}$$

如采用 Mises 屈服条件 $k = \sigma_S/\sqrt{3}$，则

$$\sigma_y = 2.97\sigma_S, \quad p_T = 2.97\sigma_S(b-2a)t \tag{12-105}$$

2. 中心切口试件

中心切口试件滑移线场如图 12-19 所示。在边界 AB 上，$\varphi = 0$，$\sigma_n = 0$，于是由式(12-53)得 $\theta = \pm\frac{\pi}{4}$，$\sigma_m = \pm k$，$\sigma_t = \sigma_y = \pm 2k$。根据受力情况，可知 σ_y 是拉应力，所以应当取正号，即 $\sigma_y = 2k$。设试件宽度为 b，中心切口长度为 $2a$(图 12-19)，厚度为 t，则极限载荷为

$$p_T = \sigma_y(b-2a)t = 2k(b-2a)t \tag{12-106}$$

如果采用 Mises 屈服条件 $k = \sigma_S/\sqrt{3}$，则

$$\sigma_y = 1.16\sigma_S, \quad p_T = 1.16\sigma_S(b-2a)t \tag{12-107}$$

比较式(12-105)和式(12-107)可见，在尺寸(b 和 a)相同的情况下，双边切口试件的承载能力为中心切口试件的 2.57 倍。

习　题

12-1　设有均匀受拉应力状态的自由边界，如题 12-1 图所示，试画出其滑移线场的形式。

12-2　试求图示直角边坡的滑移线场及极限荷载 q_0。

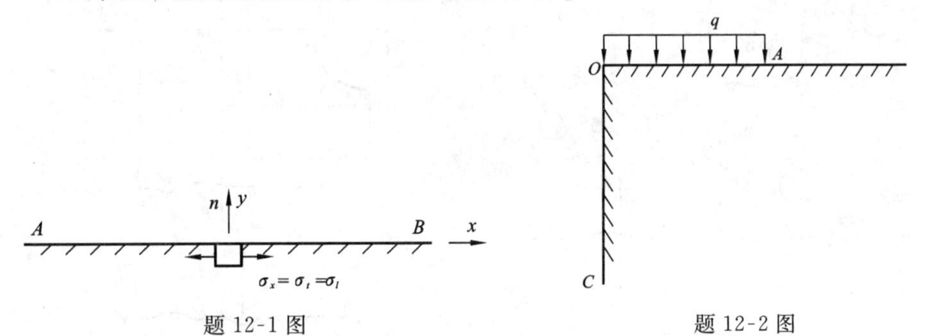

题 12-1 图　　　　　　　　　　　　　　题 12-2 图

12-3　如题 12-3 图所示滑移线，试证明在 O 点的曲率半径 R_α 为常数。

12-4　试求题 12-4 图示斜坡的滑移线场和极限荷载 q_0。

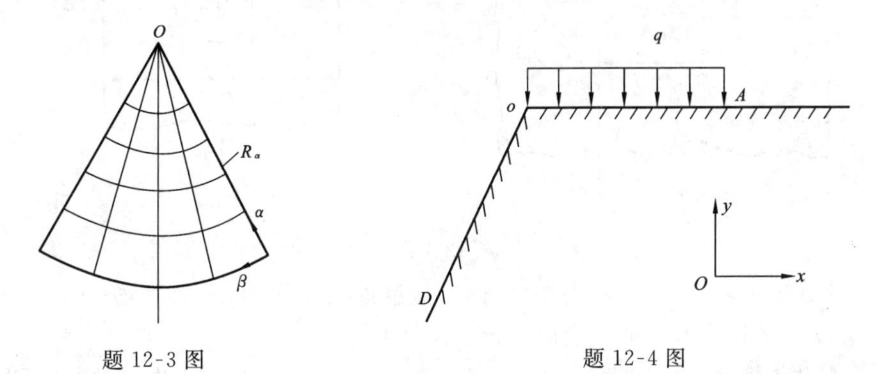

题 12-3 图　　　　　　　　　　　　　　题 12-4 图

12-5　求题 12-5 图中有无限窄切口的长条板的极限荷载 P_0（滑移线场如题 12-5 图所示）。

12-6　通过一方形硬模进行无摩擦挤出工艺过程，截面尺寸收缩率 50%，中心扇形区由直的径向射线 β 和圆周线 α 组成，如题 12-6 图所示。用进入的速度 v 及极坐标 r,θ 来表达沿这两族滑移线的速度分量。

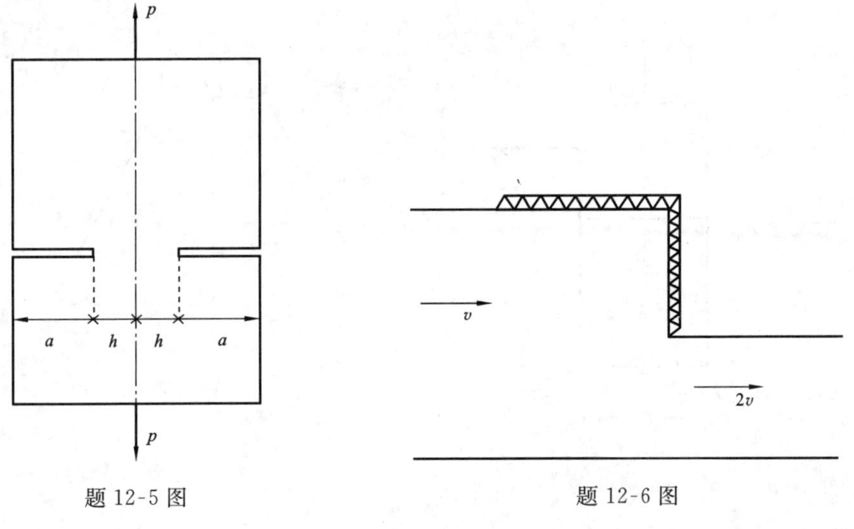

题 12-5 图　　　　　　　　　　　　　　题 12-6 图

12-7　绘出下列题 12-7 图中所示圆弧形边界附近的滑移场。

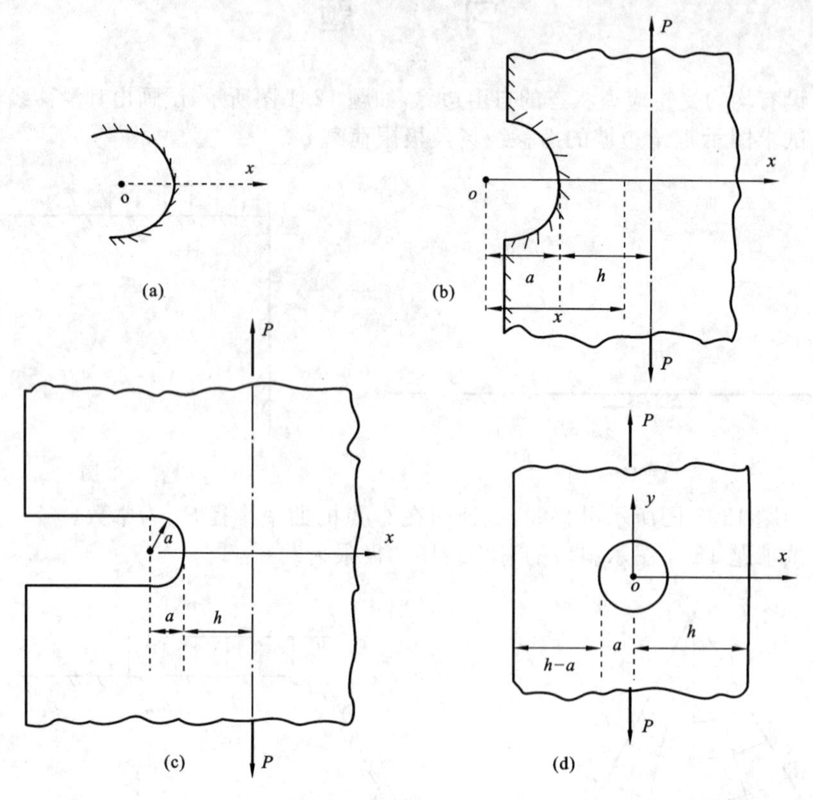

题 12-7 图

12-8　有平头冲模，压入空腔内挤出材料，接触面为光滑面，求滑移场、极限荷载及速度场。已知冲头以 P 的压力及 v 的速度向下运动。

12-9　有截锥楔体，顶面宽度为 $2a$，顶角为 2γ，受均匀分布压力 q 作用，接触面为光滑面。求：① 滑移场，标出 α、β 线及中心角度数；② 求极限荷载 q_0；③ 作速度图，设 AB 面以 v 的速度向下运动。

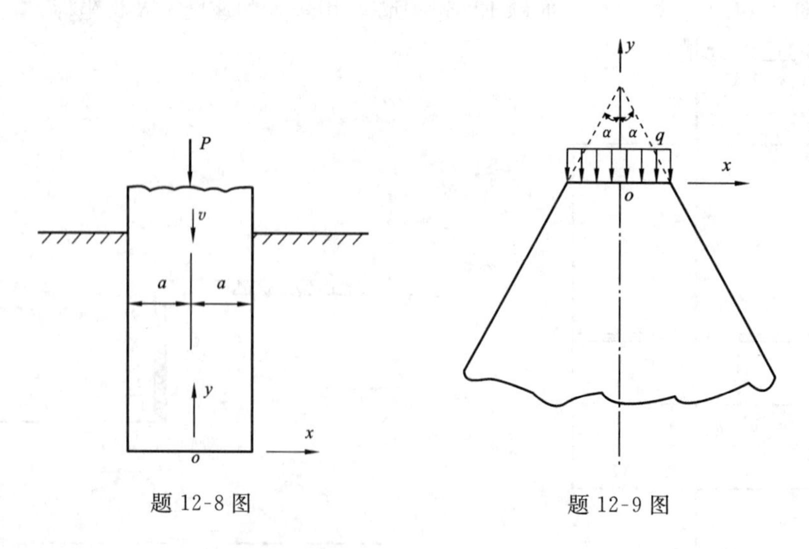

题 12-8 图　　　　题 12-9 图

附录Ⅰ　张量概念及其基本运算·下标记号法·求和约定

一、张量的概念

张量分析是研究固体力学、流体力学及连续介质力学的重要数学工具，并在力学中得到广泛应用。张量分析具有高度概括、形式简洁的特点。通常张量分析是作为高年级学生或研究生的选修课和常规课在一些院校中开设。下面仅就本教程所涉及的一些张量基本概念及表示方法做一简单介绍。

任一物理现象都是按照一定的客观规律进行的，它们是不以人们的意志为转移的。但是在研究、分析这一物理现象时，人们采用的方法和工具则是由人们的意志所决定的。无数事实证明，研究方法和工具的选用与人们当时对客观事物的认识水平有关，而研究方法和工具的好坏则直接关系到求解问题的繁简程度。

在力学研究中，人们总希望以某种方式来表示物理量，并希望在以这种方式表示物理量时，与坐标系的选取无关(所谓与坐标系选取无关就是指与坐标变换无关。坐标变换包括三种变换，即坐标平移变换、旋转变换和反射变换)。我们定义：**所有与坐标系选取无关的量，统称为物理恒量**。例如我们所熟知的物理量：温度、质量、力所做的功、力、位移、速度和加速度以及应力、应变等都是物理恒量。

在一定单位制下，只需指明其大小即足以被说明的物理量，统称为标量。显然，物体的温度、质量、力所做的功等物理量都是标量。并且它们都与坐标变换无关，亦称为**绝对标量**。**在一定单位制下，除指明其大小还应指出其方向的物理量，称为矢量**。显然，物体的速度、加速度等都是矢量。并且它们都与坐标变换无关，亦称为**绝对矢量**。无疑，绝对标量只需 1 个量就可确定，而绝对矢量则需 3 个分量来确定。

在讨论力学问题时，仅引进标量和矢量的概念是不够的，有许多物理量已超出标量和矢量的范围，如应力状态、应变状态、惯性矩、弹性模量等物理量。例如应力状态，关于一点的应力状态我们是通过过该点微截面上的应力分量来具体描述的。而过一点某微截面上的应力分量的值，既与该截面的外法线方位有关，同时也与该应力分量的指向有关，因此，应力状态是一个具二重取向特性的物理量。由一点应力状态理论(解析理论或几何作图理论)的研究知，在三维空间，这种具二重取向特性的物理量，需用 9 个分量才能确定和描述，并且不会因坐标系的交换而改变其客观性。

若我们以 r 表示维度，以 n 表示幂次，则关于三维空间，描述一切物理恒量的分量数目可统一地表示成

$$M = r^n \tag{Ⅰ-1}$$

显然有

关于标量只有 1 个分量，对应于 $n = 0$，则 $M = r^n = 3^0 = 1$；

关于矢量有 3 个分量，对应于 $n = 1$，则 $M = r^n = 3^1 = 3$；

关于应力状态有 9 个分量，对应于 $n = 2$，则 $M = r^n = 3^2 = 9$；

关于应力梯度有 27 个分量，对应于 $n = 3$，则 $M = r^n = 3^3 = 27$；

……

为了便于讨论，现令 n 为这些物理量的阶次，并统一称这些物理量为**张量**。于是，标量可称为**零阶张量**，矢量可称为**一阶张量**，应力、应变和惯性矩等可称为**二阶张量**(二阶张量也常简称为张量)，应力梯度则可称为**三阶张量**。需要指出的是，二阶以上的张量已不可能在三维空间有明显直观的几何意义，但它作为物理恒量，其分量间可由变换关系式来解决定义。

下面介绍与张量分析有关的下标记号法与求和约定。讨论仅限于笛卡尔直角坐标系，且一般指三维空间。

二、下标记号法

本教材中采用下标记号法。

关于一阶以上的张量，都需用一组分量(标量) 才能描述，而这些分量都与坐标系相关。为了书写上的方便，在张量的讨论中，都采用下标字母符号，来表示和区别该张量的所有分量。这种表示张量的方法，就称为**下标记号法**。例如，(仅限三维空间讨论) 一点的坐标为 x,y,z，可写成 x_1,x_2,x_3，并用 $x_i(i=1,2,3)$ 表示；又如一点的应力状态为 $\sigma_{xx},\sigma_{xy},\sigma_{xz},\sigma_{yx},\sigma_{yy},\sigma_{yz},\sigma_{zx},\sigma_{zy},\sigma_{zz}$，若按应力分量的习惯表示符号和剪应力互等定理，则可写成 $\sigma_x,\sigma_y,\sigma_z,\tau_{xy}=\tau_{yx},\tau_{yz}=\tau_{zy},\tau_{zx}=\tau_{xz}$，并用 $\sigma_{ij}(i,j=x,y,z)$ 来表示，再如 ……

若按下标记号法的规则来表示一个张量时，在一个给定项内，一个下标符号可以出现一次或两次。一般情况下，重复的下标符号不能多于两次。不重复出现的下标符号称为**自由标号**，自由标号应理解为在其变程 N(关于三维空间 $N=3$) 内分别取数 $1,2,3,\cdots,N$，表示可罗列出 N 个分量；而重复出现的下标符号称为**哑标号或假标号**，哑标号应理解为取其变程 N 内所有数值，然后再求和，也即先罗列所有各分量，然后再求和。我们根据给定项内的下标符号中的自由标号的数量来确定该张量的阶数。例如(取 $N=3$)：①A,λ,b 均为零阶张量；②$a_i,a_{ij}b_j,F_{ikk}$，$\varepsilon_{ijk}u_jv_k$ 均为一阶张量；③$D_{ij},a_{ijip},\delta_{ij}u_kv_k$ 均为二阶张量；④ 而 C_{ijk} 则为三阶张量；⑤C_{ijkl} 则为四阶张量。

三、求和约定

1. 求和约定

当一个下标符号在一项中出现两次时，这个下标符号应理解为取其变程 N 中所有的值，然后求和，这就叫做**求和约定**。例如：

$$a_ib_i=\sum_{i=1}^{3}a_ib_i=a_1b_1+a_2b_2+a_3b_3 \tag{Ⅰ-2}$$

$$a_{ii}=\sum_{i=1}^{3}a_{ii}=a_{11}+a_{22}+a_{33} \tag{Ⅰ-3}$$

$$a_{ij}b_j=\sum_{j=1}^{3}a_{i1}b_j=a_{i1}b_1+a_{i2}b_2+a_{i3}b_3 \tag{Ⅰ-4}$$

$$\begin{aligned}a_{ij}b_ic_j=\sum_{i=1}^{3}\sum_{j=1}^{3}a_{ij}b_ic_j&=a_{11}b_1c_1+a_{12}b_1c_2+a_{13}b_1c_3+a_{21}b_2c_1\\&\quad+a_{22}b_2c_2+a_{33}b_2c_3+a_{31}b_3c_1+a_{32}b_3c_2+a_{33}b_3c_3\end{aligned} \tag{Ⅰ-5}$$

$$a_{ii}^2=\sum_{i=1}^{3}a_{ii}^2=a_{11}^2+a_{22}^2+a_{33}^2 \tag{Ⅰ-6}$$

$$(\sigma_{ii})^2=\left(\sum_{i=1}^{3}\sigma_{ii}\right)^2=(\sigma_{11}+\sigma_{22}+\sigma_{33})^2 \tag{Ⅰ-7}$$

$$\sigma_{ij}\varepsilon_{ij}=\sum_{i=1}^{3}\sum_{j=1}^{3}\sigma_{ij}\varepsilon_{ij}=\sigma_{11}\varepsilon_{11}+\sigma_{12}\varepsilon_{12}+\sigma_{13}\varepsilon_{13}+\sigma_{21}\varepsilon_{21}+\sigma_{22}\varepsilon_{22}+\sigma_{23}\varepsilon_{23}+\sigma_{31}\varepsilon_{31}+\sigma_{32}\varepsilon_{32}+\sigma_{33}\varepsilon_{33} \tag{Ⅰ-8}$$

由于 σ_{ij} 和ε_{ij} 均为二阶对称张量，则有$\sigma_{12}=\sigma_{21}$，$\sigma_{23}=\sigma_{32}$，$\sigma_{31}=\sigma_{13}$，$\varepsilon_{12}=\varepsilon_{21}$，$\varepsilon_{23}=\varepsilon_{32}$，$\varepsilon_{31}=\varepsilon_{13}$。若引入剪应力符号$\tau$和剪应变符号$\gamma$，且令下标不同的应力分量和应变分量分别用$\tau$和$\gamma$表示，则式(Ⅰ-8)又可表示为

$$\begin{aligned}\sigma_{ij}\varepsilon_{ij}&=\sigma_{11}\varepsilon_{11}+\sigma_{22}\varepsilon_{22}+\sigma_{33}\varepsilon_{33}+2(\sigma_{12}\varepsilon_{12}+\sigma_{23}\varepsilon_{23}+\sigma_{31}\varepsilon_{31})\\&=\sigma_{1}\varepsilon_{1}+\sigma_{2}\varepsilon_{2}+\sigma_{3}\varepsilon_{3}+\tau_{12}\gamma_{12}+\tau_{23}\gamma_{23}+\tau_{31}\gamma_{31}\end{aligned} \tag{Ⅰ-9}$$

关于求和标号的应用要注意下列几点：

(1) 求和标号可任意变换字母，如

$$a_ib_i=a_kb_k,\quad a_{ij}b_j=a_{im}b_m \tag{Ⅰ-10}$$

这是因为，求和标号已不是用来区分该符号所代表的个别分量，而是一种约定的求和标志，所以选用任何字母，不会改变其含义。

(2) 求和约定只适用于字母标号，不适用于数字标号，如

$$\sigma_{ii}=\sigma_x+\sigma_y+\sigma_z \tag{Ⅰ-11}$$

(3) 在运算中，括号内的求和标号应在进行其他运算前优先求和，如

$$a_{ii}^2=a_{11}^2+a_{22}^2+a_{33}^2 \tag{Ⅰ-12}$$

$$(a_{ii})^2=(a_{11}+a_{22}+a_{33})^2 \tag{Ⅰ-13}$$

两者显然不等，$a_{ii}^2\neq(a_{ii})^2$。

(4) 有些公式中出现下标，但不是求和标号或出现重复标号，并不求和，这时应附加说明。

2. 自由标号

在上述讨论中，已给出了自由标号的定义。关于自由标号我们把握的基本原则就是在其变程范围内只罗列，但并不求和。下面对其我们再做进一步讨论。

对于同一方程式中，各项的自由标号应相同，并表示(约定)该方程式对所有自由标号的值都成立。如 $a_i=b_{ij}c_j$ 表示下列三式都成立

$$\left.\begin{aligned}a_1&=b_{11}c_1+b_{12}c_2+b_{13}c_3\\a_2&=b_{21}c_1+b_{22}c_2+b_{23}c_3\\a_3&=b_{31}c_1+b_{32}c_2+b_{33}c_3\end{aligned}\right\} \tag{Ⅰ-14}$$

又如：$y_i=c_{ij}x_j$ 可表示一组三个线性方程都成立(x_j，y_j 指未知函数)。

由上述讨论可见，在一个方程中等号两边的自由标号必须相同。并且根据自由标号的定义，显然在同一方程中，不能任意改变其中一项或部分项的自由标号的字母，否则将使方程式失去原意，例如：

$$a_{ij}x_j+b_{ik}y_k=c_i \tag{Ⅰ-15}$$

不能将 $a_{ij}x_j$ 项单独改成$a_{nj}x_j$，或式(Ⅰ-15)左端改成 $a_{nj}x_j+b_{nj}y_k$。但可将式(Ⅰ-15)所有各项的自由标号同时改变，例如将上式中的自由标号 i 同时改成 n，则为

$$a_{nj}x_j+b_{nk}y_k=c_n \tag{Ⅰ-16}$$

3. Kronecker delta 符号(δ_{ij})

δ_{ij} 是张量分析中的一个基本符号，称为**柯氏符号(或柯罗尼克尔符号)**，亦称**单位张量**。其定义为

$$\delta_{ij} = \begin{cases} 1 & (当\ i = j\ 时) \\ 0 & (当\ i \neq j\ 时) \end{cases} \quad 或 \quad \delta_{ij} = \begin{bmatrix} 1 & 0 & 0 \\ 0 & 1 & 0 \\ 0 & 0 & 1 \end{bmatrix} \tag{Ⅰ-17}$$

它表示了9个分量,但只有3个分量不等于零。利用这种性质对一些计算式的有关表达式进行缩写是方便的,如$\sigma_x = \sigma, \sigma_y = \sigma, \sigma_z = \sigma$,其余分量为零,其中$\sigma$为常数,则张量缩写式可表示为:$\sigma_{ij} = \sigma\delta_{ij}$。关于柯氏符号$\delta_{ij}$的作用与运算示例如下:

$$\left.\begin{aligned}
&(1)\delta_{ii} = \delta_{11} + \delta_{22} + \delta_{33} = 3 \\
&(2)\delta_{ij}\delta_{ij} = (\delta_{11})^2 + (\delta_{22})^2 + (\delta_{33})^2 = 3 \\
&(3)\delta_{ij}\delta_{jk} = \delta_{i1}\delta_{1k} + \delta_{i2}\delta_{2k} + \delta_{i3}\delta_{3k} = \delta_{ik} \\
&(4)a_{ij}\delta_{ij} = a_{11}\delta_{11} + a_{22}\delta_{22} + a_{33}\delta_{33} = a_{ii} \\
&(5)a_i\delta_{ij} = a_1\delta_{1j} + a_2\delta_{2j} + a_3\delta_{3j} = a_j(即\ a_1,或\ a_2,或\ a_3) \\
&(6)\sigma_{ij}l_j - \lambda l_i = \sigma_{ij}l_j - \lambda\delta_{ij}l_j = (\sigma_{ij} - \lambda\delta_{ij})l_j
\end{aligned}\right\} \tag{Ⅰ-18}$$

四、张量的基本运算与分解

1. 张量的加减

如同矢量可以表示为列阵一样,张量也可以用矩阵表示,称为**张量矩阵**,如:

$$a_{ij} = \begin{bmatrix} a_{11} & a_{12} & a_{13} \\ a_{21} & a_{22} & a_{23} \\ a_{31} & a_{32} & a_{33} \end{bmatrix} \tag{Ⅰ-19}$$

凡是同阶的两个或几个张量可以相加(或相减),并得到同阶的张量,它的分量等于原来张量中标号相同的诸分量之代数和。对于两个或若干个二阶张量相加或相减,只能得到一个新的二阶张量。如采用矩阵排列,则张量的加减法和矩阵的加减法相同。

$$[a_{ij}] \pm [b_{ij}] = [c_{ij}] \tag{Ⅰ-20}$$

其中各分量(元素)$a_{ij} \pm b_{ij} = c_{ij}$。

2. 张量的乘法

对于任何阶的诸张量都可施行乘法运算。只要将两张量的分量相乘,便得到它们的乘积。两个任意阶张量的乘法定义为:第一个张量的每一个分量乘以第二个张量中的每一个分量,它们所组成的集合仍然是一个张量,称为第一个张量乘以第二个张量的乘积,即**积张量**。积张量的阶数等于因子张量阶数之和。例如:

$$a_ib_{jk} = c_{ijk} \tag{Ⅰ-21}$$

式中:a_i 有3个分量,b_{jk} 有9个分量,因而 c_{ijk} 有27个分量。类似地可以定义多个张量的乘法。

须指出,张量乘法不服从交换律。如$c_{ijk} = a_ib_{jk}$,$c_{jki} = b_{jk}a_i$,一般说来$c_{ijk} \neq c_{jki}$,因为二者次序不同。但张量乘法服从分配律和结合律。例如:

$$(a_{ij} + b_{ij})c_k = a_{ij}c_k + b_{ij}c_k \quad 或 \quad (a_{ij}b_k)c_m = a_{ij}(b_kc_m) \tag{Ⅰ-22}$$

3. 张量函数的求导

在力学中,广泛应用标量场和矢量场的概念。**所谓标量场,就是标量的空间分布,而矢量场则是矢量的空间分布。**一般情况下,标量和矢量都是空间点位置矢量和时间t的函数。

一个张量是坐标函数,则该张量的每个分量都是坐标参数x_i的函数。张量导数就是把张量的每个分量都对坐标参数求导数。

在笛卡尔直角坐标系中，一个张量的导数，其结果仍然是一个张量。如果在微商中下标符号 i 是一个自由下标，则算子 ∂_i 作用的结果，将产生一个升高一阶的新张量；如果在微商中，下标符号是哑标号，则作用的结果将产生一个降低一阶的新张量。求张量分量的导数与普通微分的求导方法相同。这里我们对张量的坐标参数求导数时，采用在张量下标符号前下方加“′”的方式来表示。例如，$x_{i'j}$ 就表示对一阶张量 x_i 求导，由于 j 为自由下标，故结果为一个新的二阶张量。余类推。关于张量函数的求导，举例如下：

$$\varphi_i = \frac{\partial \varphi}{\partial x_i} = \frac{\partial \varphi}{\partial x_1}, \quad \frac{\partial \varphi}{\partial x_2}, \quad \frac{\partial \varphi}{\partial x_3} \tag{Ⅰ-23}$$

$$u_{i'i} = \frac{\partial u_i}{\partial x_i} = \frac{\partial u_1}{\partial x_1} + \frac{\partial u_2}{\partial x_2} + \frac{\partial u_3}{\partial x_3} \tag{Ⅰ-24}$$

$$u_{i'jk} = \frac{\partial^2 u_i}{\partial x_i \partial x_k} = \frac{\partial^2 u_x}{\partial x_j \partial x_k}, \quad \frac{\partial^2 u_y}{\partial x_j \partial x_k}, \quad \frac{\partial^2 u_z}{\partial x_j \partial x_k} \tag{Ⅰ-25}$$

当上述最后一式中的 $j = x, y, z$ 和 $k = x, y, z$ 时，就可罗列出 27 项分量来，也就是说 $u_{i'jk}$ 的结果是一个三阶张量，不再是一个一阶张量了。又如：

$$x_{i'j} = \frac{\partial x_i}{\partial x_j} = \frac{\partial x_1}{\partial x_j}, \quad \frac{\partial x_2}{\partial x_j}; \quad \frac{\sigma x_3}{\sigma x_j} = \frac{\partial x_1}{\partial x_1}, \quad \frac{\partial x_1}{\partial x_2}, \quad \cdots, \quad \frac{\partial x_2}{\partial x_3}, \quad \frac{\partial x_3}{\partial x_3} = \delta_{ij} \tag{Ⅰ-26}$$

4. 张量的分解

张量一般是非对称的。若张量$[a_{ij}]$的分量满足

$$a_{ij} = a_{ji} \tag{Ⅰ-27}$$

则$[a_{ij}]$称为**对称张量**。如果$[a_{ij}]$的分量满足

$$a_{ij} = -a_{ji} \tag{Ⅰ-28}$$

则称为**反对称张量**。显然反对称张量中标号重复的分量(即主对角元素)为零，即：$a_{11} = a_{22} = a_{33} = 0$。

现证明任意一个非对称张量可以分解为一个对称张量与一个反对称张量。

证　设有张量 a_{ij}，使

$$a_{ij} = \frac{1}{2}(a_{ij} + a_{ji}) + \frac{1}{2}(a_{ij} - a_{ji}) = \frac{1}{2}c_{ij} + \frac{1}{2}c'_{ij} = \frac{1}{2}(c_{ij} + c'_{ij}) \tag{Ⅰ-29}$$

式中 $c_{ij} = a_{ij} + a_{ji}$，而 $c_{ji} = a_{ji} + a_{ij}$，由于 $c_{ij} = c_{ji}$，故 c_{ij} 为对称张量。$c'_{ij} = a_{ij} - a_{ji}$，而 $c'_{ji} = a_{ji} - a_{ij}$，由于 $c'_{ji} = -c'_{ij}$，故 c'_{ij} 为反对称张量。于是证明了任意一个非对称张量 a_{ij}，分解为一个对称张量$\frac{1}{2}(a_{ij} + a_{ji})$与一个反对张量$\frac{1}{2}(a_{ij} - a_{ji})$，证毕。

任意一个张量还可以分解为偏张量与球张量，详见本书第二章第五节和第十四节。

最后再说明一下，上述讨论的均为三维空间问题，如在二维平面问题中，可一律改用希腊字母 $\alpha, \beta, \cdots = 1, 2, \cdots$ 这一规定适用于哑标、自由指标及克氏符号 $\delta_{\alpha\beta}$，一切上述三维结论均作相应改变。

大家在学习弹塑性力学过程中，一定会逐步了解与熟悉张量符号的应用与其初步运算，并将体会到它不仅是使用起来简捷有效的数学工具，而且是符合逻辑推理的有效方法。

习　题

附 Ⅰ-1　由张量求和约定展开下列各式：

(1) $\sigma_{ij}\sigma_{ij}$　(2) σ_{ij}^2　(3) $a_{ij}b_i c_i$　(4) $\sigma_{ij}\varepsilon_{ij}$

(5) $\varphi_{i'i}$　(6) φ'_i　(7) $\sigma_{ij'j}$　(8) φ'_{ij}

附 Ⅰ-2　证明下式成立：

(1) $\delta_{ij}\delta_{jk}\delta_{km} = \delta_{im}$　(2) $a_{ij}\delta_{jk} = a_{ik}$

(3) $\delta_{ij}\delta_{mk}\sigma_{ij'm} = \sigma_{ij',k}$　(4) $\dfrac{\partial\sigma_{ij}^2}{\partial\sigma_{mm}} = 2\sigma_{ii}$

附 Ⅰ-3*　试展开方向余弦关系式，并说明其几何意义：

(1) $n_j n_j = 1$　(2) $l_{ik}l_{jk} = \delta_{ij}$

附录 Ⅱ　变分法简介

一、变分问题的提出

变分法是为解决一个力学问题——最速落径——而发展起来的，根据变分计算，这个问题的解是圆滚线（摆线）。以下我们结合力学问题求解方法来列举变分法两个简单的典型问题：

最短线问题：求平面中连接两定点具有最小长度曲线，这是一个已知边界条件的变分问题。

等周问题：在定长度的曲线中，求出所围成最大面积的曲线，这是一个有附加条件的变分问题。

二、关于变分中几个基本概念

1. 泛函

如给定 xOy 平面上的两定点 $P_1(x_1,y_1)$ 和 $P_2(x_2,y_2)$，求满足边界条件的连接这两点的任意曲线 $y=y(x)$ 中的最短线，见图 Ⅱ-1。显然对于 P_1 和 P_2 两点之间的不同曲线其弧长是不同的。弧长的计算公式为

$$s=\int_{x_1}^{x_2}\sqrt{1+[y'(x)]^2}\mathrm{d}x \tag{Ⅱ-1}$$

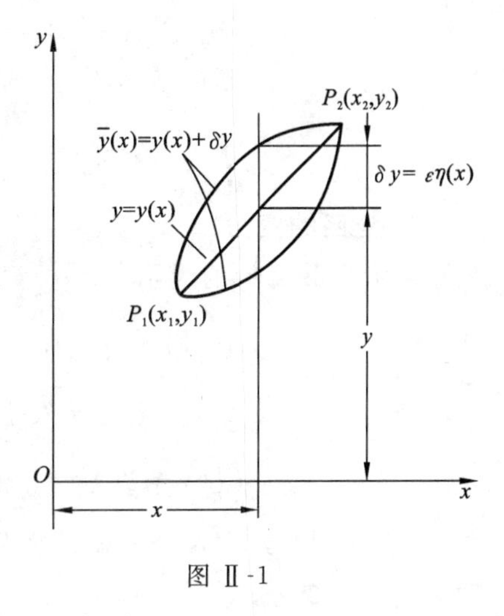

图 Ⅱ-1

由此可知，弧长 s 的值是随着表示曲线的函数 $y(x)$ 的改变而改变的。我们知道，函数值 $y=y(x)$ 是随着自变量 x 的改变而改变的，而自变量 x 是各种不同的数值，但现在的自变量却是各种不同的函数。因此泛函是表示一个量，它的值依赖于一个或几个函数而变化的。简言之就是"函数的函数"称为**泛函数**。记为 $J=J[y(x)]$，上述弧长 s 的表达式就是一个泛函。

定义：泛函是以函数集为定义域的实值函数。泛函的一般积分形式可以表示为

$$\boldsymbol{J[y(x)]=\int_{x_1}^{x_2}F(x,y,y')\mathrm{d}x} \tag{Ⅱ-2}$$

此处 $\boldsymbol{y(x_1)=y_1,y(x_2)=y_2}$。

例如，力学中的能量函数就是一个泛函，因为它可表达为应力或应变分量的函数，而应力或应变分量又是坐标 x,y,z 的函数。

2. 函数的变分

凡满足边界条件[如图 Ⅱ-1 中的 $P_1(x_1,y_1)$ 和 $P_2(x_2,y_2)$ 两点]及连续性要求的函数称为**容许函数**。而变分法就是要在这些容许函数中，寻求使给定泛函为极值的特定函数（如上述问题的最短曲线函数）。

定义：函数 $\boldsymbol{y(x)}$ 与另一容许函数 $\boldsymbol{y(x)}$ 之差 $\boldsymbol{\delta y=\bar{y}(x)-y(x)}$，叫做函数 $\boldsymbol{y(x)}$ 的变分，定义中的 x 泛指单元变量或多元变量，见图 Ⅱ-1。它类似于微分学中的微分，但要注意它们的差别：微分 $\mathrm{d}y$ 反映的是同一函数，在函数 $y=y(x)$ 不变的情况下，由于自变量 x 的微小变化 $\mathrm{d}x$

所引起的函数 $y(x)$ 的微小变化，也即因 x 取不同值而产生的差异。在微分关系中，$\mathrm{d}y$ 和 $\mathrm{d}x$ 总是一同出现的。变分 δy 反映的则是不同函数，在某一个自变量 x 不变的情况下，由于整个函数的微小变化 δy 所引起的函数 $y(x)$ 的微小变化。δy 与 x 无关，具有独立性与任意性。在变分关系中 δy 和 x 不相联系。函数变分 δy 有下述重要性质与运算规律：

(1) 如果 $y(x)$ 和 $\delta y = \overline{y}(x) - y(x)$ 都连续可导，则

$$(\delta y)' = [\overline{y}(x) - y(x)]' = \overline{y}'(x) - y'(x) = \delta(y') \tag{Ⅱ-3}$$

这就是说，函数变分的导数等于函数导数的变分。换言之，函数求导与求变分这两种运算的顺序可以交换(如果 x 指多元变量，则式中的求导应改为求偏导)。

(2) 同理，
$$\int_{x_1}^{x_2} \delta F(x)\mathrm{d}x = \delta \int_{x_1}^{x_2} F(x)\mathrm{d}x \tag{Ⅱ-4}$$

即函数变分的积分等于函数积分的变分。

(3) 类似于微分运算法则，也可以证明变分有

$$\text{i)}\quad \delta(A+B) = \delta A + \delta B \tag{Ⅱ-5}$$

$$\text{ii)}\quad \delta(AB) = A\delta B + B\delta A \tag{Ⅱ-6}$$

$$\text{iii)}\quad \delta\left(\frac{A}{B}\right) = \frac{B\delta A - A\delta B}{B^2} \tag{Ⅱ-7}$$

3. 泛函的变分

现考虑最简单的泛函：

$$J(y) = \int_{x_1}^{x_2} F(x,y,y')\mathrm{d}x \tag{Ⅱ-8}$$

给函数 $y(x)$ 以变分 δy，看泛函发生什么变化。将

$$J(y+\delta y) = \int_{x_1}^{x_2} F(x, y+\delta y, y'+\delta y')\mathrm{d}x \tag{Ⅱ-9}$$

与式(Ⅱ-8)相减，得相应于函数变分 δy 的泛函增量，于是定义：**泛函与另一容许函数泛函的差称为泛函的变分**，即

$$\Delta J = J(y+\delta y) - J(y) = \int_{x_1}^{x_2} [F(x,y+\delta y,y'+\delta y') - F(x,y,y')]\mathrm{d}x \tag{Ⅱ-10}$$

假设 $F(x,y,y')$ 充分光滑连续可导，根据泰勒级数展开，则式(Ⅱ-9)有

$$\begin{aligned}\int_{x_1}^{x_2} F(x,y+\delta y,y'+\delta y')\mathrm{d}x &= \int_{x_1}^{x_2} F(x,y,y')\mathrm{d}x \\ &+ \int_{x_1}^{x_2} \left\{[F_y\delta y + F_{y'}\delta y'] + \frac{1}{2}[F_{yy}(\delta y)^2 + 2F_{yy'}\delta y\delta y' + F_{y'y'}(\delta y')^2 + \cdots]\right\}\mathrm{d}x\end{aligned} \tag{Ⅱ-11}$$

于是得

$$\Delta J = \delta J + \frac{1}{2!}\delta^2 J + \frac{1}{3!}\delta^3 J + \cdots \tag{Ⅱ-12}$$

式中

$$\delta J = \int_{x_1}^{x_2} [F_y\delta_y + F_{y'}\delta y']\mathrm{d}x \tag{Ⅱ-13}$$

$$\delta^2 J = \int_{x_1}^{x_2} [F_{yy}(\delta y)^2 + 2F_{yy'}\delta y\delta y' + F_{y'y'}(\delta y')^2]\mathrm{d}x \tag{Ⅱ-14}$$

分别是函数变分 δy 及其导数 $\delta y'$ 的一次齐次式、二次齐次式 …… 的积分，称为泛函 $J(y)$ 的一次变分、二次变分 …… 如果不致引起混淆，有时把泛函的一次变分 δJ 简称为泛函 J 的变分。

三、变分法

在数学分析中，曾经讨论过函数的极值问题，变分法是这类问题的推广，也即泛函求极值的问题。如一个连续函数 $f = f(x)$，$x_1 \leqslant x \leqslant x_2$，若函数 $f(x)$ 在点 $x = x_0$ 处取极值，$f(x)$ 的导数在该点等于零。表达式为

$$df = \left(\frac{df(x_0)}{dx}\right)dx = 0 \tag{Ⅱ-15}$$

由函数 $f(x)$ 的二阶导数可知：

(1) 当 $d^2 f(x_0)/dx^2 > 0$ 时，函数 $f(x)$ 在 x_0 处取极小值。

(2) 当 $d^2 f(x_0)/dx^2 < 0$ 时，函数 $f(x)$ 在 x_0 处取极大值。

由此可见，对于函数 $f(x)$ 在一点处取极小值（或取极大值）来说，式（Ⅱ-15）是必要条件，而上述(1) 和(2) 便是充分条件。

现在将上述求函数极值的方法推广到泛函中来，以下仍以最短线为例研究泛函的极值问题。

设 $y(x)$ 为使泛函取极值的容许函数，函数 $\overline{y}(x)$ 可为 $y(x)$ 邻近的任意容许函数（图Ⅱ-1），即

$$\overline{y}(x) = y(x) + \delta y \tag{Ⅱ-16}$$

式中：δy 就是变量函数 $y(x)$ 的变分，并使

$$\delta y = \varepsilon\eta(x) \tag{Ⅱ-17}$$

式中：ε 为小值的实参数；$\eta(x)$ 为满足 $\eta(x_1) = 0$，$\eta(x_2) = 0$ 的任意函数。

下面导出泛函 J 取极值的必要条件。为此，选择 $\eta(x)$，使其积分区间的两端等于零，且在新函数 $y(x) + \varepsilon\eta(x)$ 中，ε 为小参数。对于充分接近于零的一切 ε 值，函数 $y(x) + \varepsilon\eta(x)$ 与曲线 $y(x)$ 有 ε 接近度。因而沿 $\overline{y}(x)$ 积分式（Ⅱ-13）可视为 ε 的函数，即

$$J(\varepsilon) = \int_{x_1}^{x_2} F[x, y(x) + \varepsilon\eta(x), y'(x) + \varepsilon\eta'(x)]dx \tag{Ⅱ-18}$$

因为 $J(\varepsilon)$ 是 $J(0)$ 相邻近的容许函数，具有任意小的接近度，故有：$\Delta J = J(\varepsilon) - J(0) \geqslant 0$。因为 ε 可正可负，故为了满足此式必须有：$\Delta J = J(\varepsilon) - J(0) = 0$。又由于 ε 为无穷小，故可在 $\varepsilon = 0$ 处将 $J(\varepsilon)$ 展开，于是得

$$J(\varepsilon) = J(0) + \left.\frac{dJ}{d\varepsilon}\right|_{\varepsilon=0}\varepsilon + 0(\varepsilon^2) \tag{Ⅱ-19}$$

将式 $\Delta J = J(\varepsilon) - J(0) = 0$ 代入式（Ⅱ-17），则得

$$\Delta J = \delta J = \left.\frac{dJ}{d\varepsilon}\right|_{\varepsilon=0} = J'(0) = 0 \tag{Ⅱ-20}$$

这就证明了 $J(y)$ 取极值时要求式（Ⅱ-20）成立，即 J 的一次变分等于零。再根据式（Ⅱ-13）有

$$\delta J = \int_{x_1}^{x_2}[F_y\delta y + F_{y'}\delta y']dx = 0 \tag{Ⅱ-21}$$

或

$$\delta J = \int_{x_1}^{x_2}\left(\frac{\partial F}{\partial y}\varepsilon\eta + \frac{\partial F}{\partial y'}\varepsilon\eta'\right)dx = 0 \tag{Ⅱ-22}$$

将式（Ⅱ-22）第二项分部积分，则得

$$\delta J = \int_{x_1}^{x_2}\frac{\partial F}{\partial y}\varepsilon\eta dx + \left.\frac{\partial F}{\partial y'}\varepsilon\eta\right|_{x_1}^{x_2} - \int_{x_1}^{x_2}\frac{d}{dx}\left(\frac{\partial F}{\partial y'}\right)\varepsilon\eta dx = 0 \tag{Ⅱ-23}$$

或

$$\delta J = \frac{\partial F}{\partial y'}\varepsilon\eta\Big|_{x_1}^{x_2} + \int_{x_1}^{x_2}\left[\frac{\partial F}{\partial y} - \frac{\mathrm{d}}{\mathrm{d}x}\left(\frac{\partial F}{\partial y'}\right)\right]\varepsilon\eta\mathrm{d}x = 0 \tag{Ⅱ-24}$$

考虑到边界条件 $\eta(x_1)=0, \eta(x_2)=0$，故$\frac{\partial F}{\partial y'}\varepsilon\eta\Big|_{x_1}^{x_2}=0$。于是

$$\delta J = \int_{x_1}^{x_2}\left[\frac{\partial F}{\partial y} - \frac{\mathrm{d}}{\mathrm{d}x}\left(\frac{\partial F}{\partial y'}\right)\right]\varepsilon\eta\mathrm{d}x = 0 \tag{Ⅱ-25}$$

由于 $\delta y = \varepsilon\eta$ 的任意性，在定积分的条件下，要求 $\delta J = 0$ 的必要条件为

$$\frac{\partial F}{\partial y} - \frac{\mathrm{d}}{\mathrm{d}x}\left(\frac{\partial F}{\partial y'}\right) = 0 \tag{Ⅱ-26}$$

式(Ⅱ-26) 称为**欧拉方程**。

由以上讨论可知，求泛函 $J(y)$ 的极值问题可归结为解欧拉方程(Ⅱ-26)，且满足边界条件 $y(x_1)=y_1, y(x_2)=y_2$。

如需判断所得的解 $y(x)$，使泛函 $J(y)$ 取极大还是极小，则需考虑 $\delta^2 J$ 的正负号，如 $\delta^2 J > 0$，则解 $y(x)$ 使 J 为极小。这是因为，由式(Ⅱ-12)，且当 $\delta J = 0$ 时，有

$$\Delta J = \frac{1}{2!}\delta^2 J + \cdots \tag{Ⅱ-27}$$

如 $\delta^2 J > 0$，即 $\Delta J > 0$，这说明其他容许函数 $\bar{y}(x)$ 在 x 取一定值时都比所设函数 $y(x)$ 大，这说明泛函 J 的极值为最小。同理可说明：如 $\delta^2 J < 0$，泛函 J 的极值为极大。

以上欧拉公式的表达式只是二维问题，类似地可推导三维问题。此处要说明的是：实际上，在力学的近似解法中，一般并不直接应用欧拉方程，而是直接由能量泛函求极值。因为用欧拉方程，就回到了微分方程的积分问题，并不有利于解决问题。

例 Ⅱ-1 求平面上过点 $P_1(x_1, y_1)$ 和 $P_2(x_2, y_2)$ 的最短曲线 —— 最短线问题。

解法一 直接解题。

设曲线方程 $y = y(x)$，这时 P_1 和 P_2 两点间的弧长泛函为

$$s(y) = \int_{x_1}^{x_2}\sqrt{1+y'^2}\mathrm{d}x \tag{1}$$

为求泛函极值，将式(1) 变分并使 $\delta s = 0$，则得

$$\delta s = \int_{x_1}^{x_2}\delta\sqrt{1+y'^2}\mathrm{d}x = \int_{x_1}^{x_2}\frac{y'}{\sqrt{1+y'^2}}\delta y'\mathrm{d}x = 0 \tag{2}$$

用分部积分法得

$$\frac{y'}{\sqrt{1+y'^2}}\delta y\Big|_{x_1}^{x_2} - \int_{x_1}^{x_2}\frac{\mathrm{d}}{\mathrm{d}x}\left[\frac{y'}{\sqrt{1+y'^2}}\right]\delta y\,\mathrm{d}x = 0 \tag{3}$$

由边界条件：(x_1, y_1)，(x_2, y_2) 为一定点，有 $\delta y = 0$，故第一项为零，对第二项，注意到 δy 在积分区间的任意性，故有

$$\int_{x_1}^{x_2}\frac{\mathrm{d}}{\mathrm{d}x}\left[\frac{y'}{\sqrt{1+y'^2}}\right]\mathrm{d}x = 0 \tag{4}$$

即

$$\frac{\mathrm{d}}{\mathrm{d}x}\left[\frac{y'}{\sqrt{1+y'^2}}\right] = 0 \tag{5}$$

积分后得 $y' = C_1$，再积分得 $y = C_1 x + C_2$，以边界条件代入，得过 P_1，P_2 两点的直线方程。于是两点间以直线为最短得到证明。

解法二 使用欧拉方程式(Ⅱ-26)。

根据弧长公式(1) 直接写出欧拉方程式(5)，计算中注意到 $\frac{\partial F}{\partial y} = 0$，即得解。实际上，解法一就是欧拉方程的推导过程，为了说明问题和力学中的直接解题，此处做了必要的重复。

四、变边界问题·自然边界条件

在以上所讨论的泛函极值问题中，边界上的值是固定不变的。在这样的条件下，导出了欧拉方程。现在考虑边界值变动时，即在积分限变动条件下泛函取极值的条件。

当边界和变量函数在边界上的值容许改变时，欧拉方程仍然成立。这在理论上很容易说明：因为端点可变的曲线必然包括端点不变的一类曲线，已证明欧拉方程是端点不变(定点边界条件) 泛函求极值的必要条件，那么欧拉方程也是变边界问题泛函求极值的必要条件。现在从数学分析上来证明。例如，在泛函

$$J(y) = \int_{x_1}^{x_2} F(x, y, y') \mathrm{d}x \tag{Ⅱ-28}$$

式中 $y(x_1) = y_1$，$y(x_2) = y_2$ 之值都是可变的，即曲线 $y = y(x)$ 的端点位置可变。若式(Ⅱ-24) 使 $\varepsilon\eta = \delta y$，得

$$\delta J = \frac{\partial F}{\partial y'}\delta y \Big|_{x_1}^{x_2} + \int_{x_1}^{x_2} \left[\frac{\partial F}{\partial y} - \frac{\mathrm{d}}{\mathrm{d}x}\left(\frac{\partial F}{\partial y'}\right)\right]\delta y \mathrm{d}y = 0 \tag{Ⅱ-29}$$

并改变边界条件，使 $y(x_1) \neq 0$，$y(x_2) \neq 0$。因为 δy 在$[x_1, x_2]$区间上是任意的，故欧拉方程仍满足。此外要求在 $x = x_1$，$x = x_2$ 处[对式(Ⅱ-29) 第一项]有：$\delta y = 0$ 或 $\frac{\partial F}{\partial y'} = 0$。如事先并未规定它在边界上的值(此时 δy 将不等于零)，则泛函 J 取极值的必要条件除欧拉方程外还要求

$$\frac{\partial F}{\partial y'}\Big|_{\substack{x=x_1 \\ x=x_2}} = 0 \tag{Ⅱ-30}$$

式(Ⅱ-30) 是 $y(x)$ 在端点 $x = x_1$，$x = x_2$ 所应满足的条件，称为**自然边界条件**。

例 Ⅱ-2 设曲线两端在 $x = x_1$ 和 $x = x_2$ 直线上，求 x_1，x_2 间最短线的必要条件。

解 应用例 Ⅱ-1 所得结果：曲线 $y = y(x)$ 的方程为 $y = C_1 x + C_2$，此式尚应满足自然边界条件式(Ⅱ-30)：

$$\frac{\partial F}{\partial y'} = \frac{y'}{\sqrt{1 + y'^2}} = 0 \quad (\text{在 } x_1, x_2 \text{ 处})$$

即 $y' = 0$(在 x_1，x_2 处)。将 $y = C_1 x + C_2$ 代入上式，得 $C_1 = 0$，所以 $y = C_2$。它是平行于 x 轴的在 $x = x_1$ 和 $x = x_2$ 间的直线段。

五、有附加条件的变分问题

有许多变分法问题除边界条件外，还有附加条件，如求泛函

$$J[y] = \int_{x_1}^{x_2} F(x, y, y') \mathrm{d}x \tag{Ⅱ-31}$$

边界条件为

$$y(x_1) = y_1, \quad y(x_2) = y_2 \tag{Ⅱ-32}$$

以及附加条件

$$\int_{x_1}^{x_2} G(x,y,y')\mathrm{d}x = L \tag{Ⅱ-33}$$

下的极值问题。L为一常数。这类问题称为有附加条件的变分问题。典型的简单例子就是等周问题。有条件的变分问题，可以引用拉格朗日乘子法化为无条件的变分问题求解。现将上述问题转变为求下列泛函：

$$H(y) = \int_{x_1}^{x_2} F(x,y,y')\mathrm{d}x + \lambda\left[\int_{x_1}^{x_2} G(x,y,y')\mathrm{d}x - L\right] \tag{Ⅱ-34}$$

在边界条件(Ⅱ-32)下的极值的解。在式(Ⅱ-34)中参与变分的独立变量为y和λ，λ即为拉格朗日乘子。在各种具体问题中，λ通常都具有确定的物理意义。为求泛函H的极值，取$\delta H = 0$，则

$$\begin{aligned}\delta H &= \int_{x_1}^{x_2} \delta F \mathrm{d}x + \lambda\int_{x_1}^{x_2} \delta G \mathrm{d}x + \delta\lambda\left(\int_{x_1}^{x_2} G\mathrm{d}x - L\right) \\ &= \int_{x_1}^{x_2} (\delta F + \lambda\delta G)\mathrm{d}x + \delta\lambda\left(\int_{x_1}^{x_2} G\mathrm{d}x - L\right)\end{aligned} \tag{Ⅱ-35}$$

令$F^* = F + \lambda G$，得

$$\delta H = \frac{\partial F^*}{\partial y'}\delta y\Big|_{x_1}^{x_2} + \int_{x_1}^{x_2}\left[\frac{\partial F^*}{\partial y} - \frac{\mathrm{d}}{\mathrm{d}x}\left(\frac{\partial F^*}{\partial y'}\right)\right]\delta y\,\mathrm{d}x + \delta\lambda\left(\int_{x_1}^{x_2} G\mathrm{d}x - L\right) \tag{Ⅱ-36}$$

由$\delta H = 0$，得

$$\frac{\partial F^*}{\partial y} - \frac{\mathrm{d}}{\mathrm{d}x}\left(\frac{\partial F^*}{\partial y'}\right) = 0 \quad 及 \quad \int_{x_1}^{x_2} G\mathrm{d}x - L = 0 \tag{Ⅱ-37}$$

由此可见，有附加条件的变分问题，归结为在边界条件(Ⅱ-32)和附加条件(Ⅱ-33)下，求解方程(Ⅱ-37)。

例Ⅱ-3 在具有给定长度l的曲线中求出使所围的面积最大的一条曲线C——等周问题。

解 由数学分析知，曲线C所围的面积为

$$A = \frac{1}{2}\oint_C (x\mathrm{d}y - y\mathrm{d}x) = \frac{1}{2}\oint_C (xy' - y)\mathrm{d}x \tag{1}$$

弧长

$$s = \int_C \sqrt{1 + y'^2}\mathrm{d}x = l \tag{2}$$

用拉格朗日乘子法，设

$$H = \int_C\left[\frac{1}{2}(xy' - y)\right]\mathrm{d}x + \lambda\left[\int_C \sqrt{1 + y'^2}\mathrm{d}x - l\right] \tag{3}$$

令

$$F^* = \frac{1}{2}(xy' - y) + \lambda\sqrt{1 + y'^2} \tag{4}$$

由$\delta H = 0$，得

$$\frac{\partial F^*}{\partial y} - \frac{\mathrm{d}}{\mathrm{d}\lambda}\left(\frac{\partial F^*}{\partial y'}\right) = 0 \tag{5}$$

及

$$\int_C \sqrt{1+y'^2}\,\mathrm{d}x - l = 0 \tag{6}$$

式(6) 第二式即为附加条件，得到满足。现计算式(6) 第一式，有

$$-\frac{1}{2}-\frac{\mathrm{d}}{\mathrm{d}x}\left(\frac{1}{2}x+\frac{\lambda y'}{\sqrt{1+y'^2}}\right)=0 \tag{7}$$

或

$$\frac{\mathrm{d}}{\mathrm{d}x}\left(\frac{\lambda y'}{\sqrt{1+y'^2}}\right)=-1 \tag{8}$$

积分式(7) 解出 y'，得

$$y'=\frac{\mathrm{d}y}{\mathrm{d}x}=\pm\frac{x-C_1}{\sqrt{\lambda^2-(x-C_1)^2}} \tag{9}$$

再积分得

$$y-C_2=\mp\sqrt{\lambda^2-(x-C_1)^2} \tag{10}$$

即

$$(x-C_1)^2+(y-C_2)^2=\lambda^2 \tag{11}$$

此为等周问题的解答，说明定长曲线围成圆时的面积最大。解答式(11) 中边界条件即为圆心 (C_1,C_2)，半径 λ 说明了拉格朗日乘子将弧长转化为面积的物理意义。

综上所述，各种求泛函 $J(y)$ 的极值问题可归结为在给定边界条件下求解欧拉方程的问题。或者说，求解泛函的极值问题 $\delta J=0$ 与求解欧拉方程等价。

附录 Ⅲ　习题参考答案及提示

第二章　应力理论·应变理论

2-1　$\sigma = 127\text{MPa}, P_\alpha = 110\text{MPa}, \sigma_\alpha = 95.3\text{MPa}, \tau_\alpha = 55.1\text{MPa}$(弹塑性力学中该剪应力为负值)

2-2　$\sigma_1 = 72.4\text{MPa}, \sigma_2 = 27.6\text{MPa}$，$\sigma_1$ 与 σ_x 的交角 $\alpha_0 = 58.3°$。弹性力学与材料力学主方向计算的结果一致。

2-3　$\sigma_\alpha = -6.8\text{MPa}, \tau_\alpha = -3.6\text{MPa}$(弹塑性力学中该剪应力为正值)

2-4*　(a)、(b)、(c)　$\tau_{\max} = 30\text{MPa}$。

2-5*　$x_B = \dfrac{Pa^3}{3EJ}, \theta_B = -\dfrac{Pa^2}{2EJ}, x_c = \dfrac{Pa^3}{3EJ}, y_c = -\dfrac{Pa^2 b}{2EJ}, \theta_c = -\dfrac{Pa^2}{2EJ}$。

2-6　$\varepsilon_z = \dfrac{\gamma(l-z)}{E}, \Delta l = \dfrac{Wl}{2EA}, (W = \gamma A l)$。

2-7*　参见一般材料力学教材。

2-8　满足 $\sum x = 0$，不满足 $\sum y = 0$ 的平衡微分布方程。

2-9　$\sigma_\alpha = 26, \tau_\alpha = 108.7, P_\alpha = 111.8$　(应力单位:MPa)。

2-10　$P_\alpha = \sigma_\alpha = \tau_\alpha = 0$。

2-12　(a) $\tau_{xy} = T\cos\alpha, \sigma_y = T\sin\alpha$

(b) $\sigma_x \sin\beta + \tau_{xy}\cos\beta = T\cos\alpha, \tau_{xy}\sin\beta + \sigma_y\cos\beta = T\sin\alpha$

(c) $\sigma_x = \tau_{xy}\cot\theta, \sigma_y = \tau_{xy}\tan\theta$

(d) $\sigma_x = \tau_{xy}\cot\theta - (h-y)\gamma, \sigma_y = \tau_{yz}\tan\theta - (h-y)\gamma$

(e) $\sigma_x = -\gamma(h-y), \tau_{xy} = 0$

(f) $y = 0$ 边界;$\sigma_y = \dfrac{q_0}{l}x - q_0, \tau_{xy} = 0$;$x = z, y = (l-x)\tan\alpha$ 边界:$\sigma_x = \tau_{yx}\cot\alpha, \sigma_y = \tau_{xy}\tan\alpha$。

2-13　提示:分别列出尖角两侧 AC 与 BC 自由面的应力边界条件。

2-14*　$\tau_{zx} = -\sigma_z\tan\alpha, \sigma_x = \sigma_z\tan^2\alpha$。

2-15　$a = 0, b = -\gamma_1, c = \gamma\cot\beta - 2\gamma_1\cot^3\beta, d = \gamma_1\cot^2\beta$。

2-16*　当上、下表面 $\tau_{xy}\big|_{y=\pm\frac{h}{2}} = 0$ 时，可求得 $\tau_{xy} = \dfrac{3Q}{2bh^3}(h^2 - 4y^2)$，式中 $Q = \dfrac{\mathrm{d}M}{\mathrm{d}x}$。

2-17　$\sigma_1 = 17.08\text{MPa}$，$\sigma_1$ 与 x 轴间的夹角 $\alpha_0 = 40.27°$，或 $-139.63°$，$\sigma_2 = 4.92\text{MPa}$。

2-18*　$\sigma_1 = \sqrt{\tau_{yz}^2 + \tau_{zx}^2}, \sigma_2 = 0, \sigma_3 = -\sigma_1$。

2-19　$\sigma_1 = \sqrt{a^2+b^2}, \sigma_2 = 0, \sigma_3 = -\sqrt{a^2+b^2}$;

σ_2 的主方向 $\left(\mp\dfrac{a}{\sqrt{a^2+b^2}}, \pm\dfrac{b}{\sqrt{a^2+b^2}}, 0\right)$。

2-22*　(b) 提示:应用 $\sigma_{i'j'} = \sigma_{ij} l_{i'i} l_{j'j}$ 及 $l_{ik} l_{jk} = \delta_{ij}$ 来计算 $\sigma_{ii} = \sigma_{ii}$。

2-23　$\sigma_8 = 5.333\text{MPa}, \tau_8 = 8.654\text{MPa}$。

2-24*　$P_8 = 59.5a, \sigma_8 = 25.0a, \tau_8 = 54.1a$。

2-25 τ_1 : $\dfrac{\sigma_2+\sigma_3}{2}$；$\tau_2$: $\dfrac{\sigma_3+\sigma_1}{2}$；$\tau_3$: $\dfrac{\sigma_1+\sigma_2}{2}$。

2-26* (a) $\sigma_1=74$, $\sigma_2=-34$, $\tau_{\max}=54(\text{MPa})$；

(b) $\sigma_1=70$, $\sigma_2=60$, $\sigma_3=-60(\text{MPa})$；

(b) 图有 τ' 时,不能用平面应力圆计算。

2-27* (a) 按定义不为八面体面;(b) τ_8 指向不一定垂直棱边,其方向由主应力的大小来决定。

2-29 (1) $\varepsilon_{ij}=\begin{bmatrix}0&4&0\\4&0&0\\0&0&0\end{bmatrix}\times10^{-2}$； (2) $\varepsilon_{ij}=\begin{bmatrix}12&0&-3\\0&32&11\\-3&11&24\end{bmatrix}\times10^{-2}$。

2-31 (1) $I'_1=-0.01$, $I'_2=-2\times10^{-5}$, $I'_3=0$；

(2) $\varepsilon_2=-2.764\times10^{-3}$, $\varepsilon_3=-7.236\times10^{-3}$；

(3) $\varepsilon_1(0,0,\pm1)$,$\varepsilon_2(\pm0.53,\mp0.86,0)$,$\varepsilon_3(\pm0.86,\pm0.53,0)$；

(4) $\gamma_8=5.96\times10^{-3}$。

2-32 (1) 为可能应变状态;(2)、(3) 为不可能应变状态。

2-34 $\varepsilon_1=6.00\times10^{-4}$, $\varepsilon_2=3.00\times10^{-4}$,$\varepsilon_3=-2.00\times10^{-4}$。

2-35* $\varepsilon_1=12.2\times10^{-4}$, $\varepsilon_2=4.95\times10^{-4}$,$\varepsilon_3=-3.17\times10^{-4}$,$\varepsilon_1$ 的方向余弦(0.862,0.503,0.058)。

2-36* ε_y 是主应变。

2-37 $c_1=a$, $a_1+b_1-2c_2=0$

2-38* 提示:如求 u,要根据几何方程对 $\mathrm{d}u$ 积分,因为 $u=u(x,y,z)$,所以要先计算 u 的偏导数:$\dfrac{\partial u}{\partial x}$,$\dfrac{\partial u}{\partial y}$,$\dfrac{\partial u}{\partial z}$。即 $u=\int\mathrm{d}u=\int\left(\dfrac{\partial u}{\partial x}\mathrm{d}x+\dfrac{\partial u}{\partial y}\mathrm{d}y+\dfrac{\partial u}{\partial z}\mathrm{d}z\right)$,其中如计算$\dfrac{\partial u}{\partial x}$ 又要先求它的偏导数$\dfrac{\partial}{\partial x}\left(\dfrac{\partial u}{\partial x}\right)$,$\dfrac{\partial}{\partial y}\left(\dfrac{\partial u}{\partial x}\right)$,$\dfrac{\partial}{\partial z}\left(\dfrac{\partial u}{\partial x}\right)$,即$\dfrac{\partial u}{\partial x}=\int\left[\dfrac{\partial}{\partial x}\left(\dfrac{\partial u}{\partial x}\right)\mathrm{d}x+\dfrac{\partial}{\partial y}\left(\dfrac{\partial u}{\partial x}\right)\mathrm{d}y+\dfrac{\partial}{\partial z}\left(\dfrac{\partial u}{\partial x}\right)\mathrm{d}z\right]$,依次进行才可得 u。同样方法再求 v,w。答案为:

$$\left.\begin{aligned}u&=u_0+\omega_y z-\omega_z y\\v&=v_0+\omega_z x-\omega_x z\\w&=w_0+\omega_x y-\omega_y x\end{aligned}\right\}$$

式中 u_0,v_0,w_0 为物体沿 x,y,z 轴方向的刚性平称,$\omega_x,\omega_y,\omega_z$ 为物体绕 x,y,z 轴的刚性转动。它们都是积分常数,由位移约束条件来确定。

2-39* 两组位移之间仅相差一个刚性位移。

2-40* $I'_1=\varepsilon_x+\varepsilon_y$, $I'_2=\varepsilon_x\varepsilon_y-\dfrac{1}{2}\gamma_{xy}^2$, $I'_3=0$。

$$\begin{matrix}\varepsilon_1\\\varepsilon_3\end{matrix}=\frac{\varepsilon_x+\varepsilon_y}{2}\pm\frac{1}{2}\sqrt{(\varepsilon_x-\varepsilon_y)^2+\gamma_{xy}^2};\varepsilon_2=0。\left(设\frac{1}{2}\sqrt{(\varepsilon_x-\varepsilon_y)^2+\gamma_{xy}^2}>\frac{\varepsilon_x+\varepsilon_y}{2}\right)$$

2-41* 提示:由几何方程积分

$$\left.\begin{aligned}\varepsilon_x&=\frac{\partial w}{\partial z}=\frac{\gamma z}{E}\quad 得\ w=\frac{\gamma z^2}{2E}+c_1(x,y)\\\varepsilon_y&=\frac{\partial v}{\partial y}=-\frac{v\gamma z}{E}\quad 得\ v=-\frac{v\gamma yz}{E}+c_2(x,z)\\\varepsilon_z&=\frac{\partial u}{\partial x}=-\frac{v\gamma z}{E}\quad 得\ u=-\frac{v\gamma xz}{E}+c_3(y,z)\end{aligned}\right\}\tag{a}$$

引用式(a)，由 $\gamma_{xy}=\dfrac{\partial u}{\partial y}+\dfrac{\partial u}{\partial x}=0$，得 $\dfrac{\partial c_3(y,z)}{\partial y}+\dfrac{\partial c_2(x,z)}{\partial x}=0$ (b)

式(b)表明 c_2,c_3 与 z 无关(由于对 z 轴的对称性，u,v 与 z 关系相同，如有 z 项，上式不为零)且仅是 c_2 为 x，c_3 为 y 的一次函数。故 $c_2=a_1x+b_1, c_3=-a_1y+b_2$，又

$$\left.\begin{aligned}\gamma_{yz}=\frac{\partial w}{\partial y}+\frac{\partial v}{\partial z}=0 \quad 得 \quad -\frac{v\gamma y}{E}+\frac{\partial c_1(x,y)}{\partial y}=1\\ \gamma_{zx}=\frac{\partial w}{\partial x}+\frac{\partial u}{\partial z}=0 \quad 得 \quad -\frac{v\gamma x}{E}+\frac{\partial c_1(x,y)}{\partial x}=0\end{aligned}\right\} \tag{c}$$

由(c) $\mathrm{d}c_1=\dfrac{v\gamma}{2E}\mathrm{d}(x^2+y^2)$ 得：$c_1=\dfrac{v\gamma}{2E}(x^2+y^2)+a_3x+b_3y+d_1$，于是得位移表达式为：

$$\left.\begin{aligned}u&=-\frac{v\gamma}{E}zx-a_1y+b_2\\ v&=-\frac{v\gamma}{E}zy+a_1x+b_1\\ w&=\frac{\gamma}{2E}z^2+\frac{v\gamma}{2E}(x^2+y^2)+a_3x+b_3y+d_1\end{aligned}\right\} \tag{d}$$

式(d)线性部分为刚性位移。设上端位移边界条件 $x=y=0, z=l$ 处，① $u=v=w=0$；② 微线段 $\mathrm{d}x$ 不发生绕 z 轴的转动：$\dfrac{\partial v}{\partial x}=0$；③ 微线段 $\mathrm{d}z$ 不发生绕 y 和 x 轴转动：$\dfrac{\partial u}{\partial z}=0$ 和 $\dfrac{\partial v}{\partial z}=0$，于是有 $a_1=b_1=b_2=a_2=b_3=0, d_1=-\dfrac{\gamma l^2}{2E}$ 代入式(d)可得位移：

$$u=-\frac{v\gamma}{E}xz, v=-\frac{v\gamma}{E}yz, w=\frac{\gamma}{2E}[z^2+v(x^2+y^2)-l^2]。$$

2-42* $u=-\theta yz, v=\theta zx, w=0$。

第三章　弹性变形·塑性变形·本构方程

3-4* $\tau_s=0.577\sigma_s$。

3-7 $\dfrac{K_1}{K_2}=6.3\times10^3$，钢的体积弹性模量数值大。

3-8 $\varepsilon_3=-0.9\times10^{-4}$。

3-9* $\sigma_1=0, \sigma_2=-19.8\text{MPa}, \sigma_3=-60\text{MPa}, \varepsilon_1=3.76\times10^{-4}, \varepsilon_2=0, \varepsilon_3=-7.64\times10^{-4}$

3-10* 提示：先利用钢套与铝柱侧向应变相等计算出相互侧向压力：$q=2.8\text{MPa}$，再由薄壁筒公式求出钢套周向应力：$\sigma_\theta=28\text{MPa}$。

3-11 $\sigma_1=\sigma_2=-q, \sigma_3=-P, q=\dfrac{\nu}{1-\nu}P, e=-\dfrac{P}{E}\cdot\dfrac{(1+\nu)(1-2\nu)}{1-\nu}, \tau_{\max}=\dfrac{P(1-2\nu)}{2(1-\nu)}$，换成刚体时 $E\to\infty, e=0$。换成不可压缩体时 $\nu=\dfrac{1}{2}, e=0$。

3-13* $U=\dfrac{\sigma_x^2}{2E}V, U_v=\dfrac{1-2v}{6E}\sigma_x^2V, U_d=\dfrac{1+v}{3E}\sigma_x^2V; K_v=\dfrac{1}{3}(1-2v); K_d=\dfrac{2}{3}(1+v)$。

3-15* 提示：注意本题应力状态为单向应力状态，而由于横向变形的产生，所对应的应变状态为三向应变状态，可用应力与应变圆对应关系计算。所求截面与横坐标轴 ε_x 方向余弦为：$\cos2\alpha_0=-\dfrac{1-v}{1+v}$。

3-16 $\varepsilon_p=(\varepsilon-\varepsilon_s)\left(1-\dfrac{E'}{E}\right)$。

3-17 (a) 1 : 0 : −1;(b) 1 : 0 : −1。

3-18 $d\varepsilon_\theta : d\varepsilon_r : d\varepsilon_z = 1 : -1 : 0$。

3-19 $\tau_{z\theta} = \dfrac{\sigma_s}{2}$; $d\varepsilon_r^P : d\varepsilon_\theta^P : d\varepsilon_z^P : d\gamma_{z\theta}^P = -1 : -1 : 2 : 6$。

3-20 提示:对于(2) 情形,两端固定,因径向内压力会促使薄壁圆筒涨开并缩短,故轴向为拉应力。

答案:Mises:(1) $p = \dfrac{\sigma_s t}{r}$; (2) 和(3) 均为 $p = \dfrac{2}{\sqrt{3}} \cdot \dfrac{\sigma_s t}{r}$

Tresca:(1)、(2) 和(3) 均为 $p = \dfrac{\sigma_s t}{r}$。

3-21* Mises(1) $p = \dfrac{\sqrt{3}t\tau_s}{r}$;Mises(2)(3) 与 Tresca(1)(2)(3) 均为 $p = \dfrac{2t\tau_s}{r}$。

3-22 (1) Tresca、Mises: $\dfrac{qr}{2t} = \tau_s$;

(2) Tresca、Mises: $\pm\dfrac{p}{bh} + \dfrac{6M}{bh^2} = \sigma_s\left(\text{设}\dfrac{6M}{bh^2} < \dfrac{p}{bh}\right)$。

3-23 增量: $\varepsilon_1 = \varepsilon_s + \varepsilon^p$, $\varepsilon_2 = \varepsilon_3 = -\dfrac{1}{2}(\varepsilon_s + \varepsilon^p)$; $d\varepsilon_1^p : d\varepsilon_2^p : d\varepsilon_3^p = 1 : -\dfrac{1}{2} : -\dfrac{1}{2}$;

全量: $\varepsilon_1 = \varepsilon$, $\varepsilon_2 = \varepsilon_3 = -\dfrac{1}{2}\varepsilon$; $\varepsilon_1 : \varepsilon_2 : \varepsilon_3 = 1 : -\dfrac{1}{2} : -\dfrac{1}{2}$;

式中 ε 为单拉时的总应变, $\varepsilon_s = \dfrac{\sigma_s}{E}$。

3-24 $\sigma = 0.707\sigma_s$, $\tau = 0.408\sigma_s$。

3-25 提示:根据纯剪计算$\bar{\sigma}$, $\bar{\varepsilon}$,代换 $\tau = f(\gamma)$ 的函数形式。答案: $\bar{\sigma} = \sqrt{3}f(\sqrt{3}\,\bar{\varepsilon})$。

3-26* $\sigma_z = \dfrac{\sigma_s}{\mathrm{ch}l}$, $\tau_{\theta z} = \dfrac{\sigma_s}{\sqrt{3}}\mathrm{th}l$。

第四章　弹塑性力学基础理论的建立及基本解法

4-1 $w(z) = Cz + D$(无刚性平移时 $D = C$)

4-4 (a) $p = \dfrac{2EF}{l}\delta\cos^2\alpha$; (b) $p = \dfrac{2AF}{ln}\delta^m\cos^{n+1}\alpha$。

4-5 $p_e = p_s = \sqrt{2}\sigma_s F$

第五章　平面问题的直角坐标解答

5-1 提示:本题为平面应力问题,因为 $\varepsilon_z \neq 0$,不能由三维 Lame 公式解,可由平面应力问题广义 Hooke 定律,计算应力分量再求解。

答案: $F_x = -\dfrac{Ey}{1-\nu^2}[A + (1-\nu)C]$;　　$F_y = -\dfrac{E}{1-\nu^2}(\nu Ax + 3By^2)$

5-2 ①φ 满足 $\nabla^4\varphi = 0$,能作为应力函数;② 应力分量为 $\sigma_x = 0$, $\sigma_y = 0$, $\tau_{xy} = -a$。

5-3* 为偏心距 $e = \dfrac{a_1 h^2}{l2a^2}$ 的拉伸解。

5-4 悬壁梁在自由端爱拉力 $2cq$ 及集中力 F 弯曲的解。

5-5* $x = l$, $\int_{-c}^{c}\tau_{xy}\,dy = 0$。

5-6 $a=0, b=-\gamma_1, c=\gamma\cot\beta-2\gamma_1\cot^3\beta, d=\gamma_1\cot^2\beta-\gamma$。

5-7* 提示：取应力函数：$\varphi=ay^2, \sigma_z=-p, \sigma_y=\tau_{xy}=0, u=-\dfrac{1-v^2}{E}px, v=\dfrac{(1+v)v}{E}py$

5-8 $\sigma_x=\dfrac{12}{h^2}\left(\dfrac{\gamma l^2}{8}-\dfrac{\gamma}{2}x^2\right)y+\gamma\left(\dfrac{4y^2}{h^2}-\dfrac{3}{5}\right)y$；

$\sigma_y=\dfrac{\gamma}{2}\left(1-\dfrac{4y^2}{h^2}\right)y$； $\tau_{xy}=-\dfrac{3\gamma}{2}\left(1-\dfrac{4y^2}{h^2}\right)x$。

5-9* $F_x=F_y=0, F_z=\rho g$，为上端悬挂，下端受拉力 p 的解。

5-10 $\sigma_x=px\cot a-2py\cot^2 a$，$\sigma_y=-py, \tau_{xy}=-py\cot a$。

5-11* 提示：假设纵向纤维互不挤压，由 $\sigma_x=0$ 代入$\nabla^4\varphi=0$ 选取应力函数

$\varphi=(Ax^3+Bx^2+Cx+D)y+Ex+F$；

$\sigma_x=0$； $\sigma_y=\dfrac{2py}{h}\left(1-\dfrac{3x}{h}\right)$； $\tau_{xy}=\tau_{yx}=p\dfrac{x}{h}\left(3\dfrac{x}{h}-2\right)$。

5-12* 提示：计算应力分量后检验边界条件，要求 $\alpha=45°$。弹性力学解：$\sigma_x^{\max}=366\text{kN/m}^2, \sigma_y^{\max}=-100\text{kN/m}^2, \tau_{xy}^{\max}=-233\text{kN/m}^2$，材料力学解：$\sigma_x^{\max}=300\text{kN/m}^2$，$\tau_{xy}^{\max}\approx150\text{kN/m}^2$。

5-13* 提示：将 φ 代入$\nabla^4\varphi=0$，得 $a^4f(y)-2a^2f''(y)+f^{(4)}(y)=0, f(y)=A\text{ch}ay+B\text{sh}ay+Cy\text{ch}ay+Cy\text{sh}ay$

5-14*

$$\sigma_x=q_0\frac{(ac\,\text{ch}ac-\text{sh}ac)\text{ch}ay-ay\,\text{sh}ay\,\text{sh}ac}{\text{sh}2ac+2ac}\sin ax$$

$$-q_0\frac{(ac\,\text{sh}ac-\text{sh}ac)\text{sh}ay-ay\,\text{ch}ay\,\text{ch}ac}{\text{sh}2ac+2ac}\sin ax$$

$$\sigma_y=-q_0\frac{(ac\,\text{ch}ac+\text{sh}ac)\text{ch}ay-ay\,\text{sh}ay\,\text{sh}ac}{\text{sh}2ac+2ac}\sin ax$$

$$+q_0\frac{(ac\,\text{sh}ac+\text{ch}ac)\text{sh}ay-ay\,\text{ch}ay\,\text{ch}ac}{\text{sh}2ac-2ac}\sin ax$$

$$\sigma_{xy}=-q_0\frac{ac\,\text{ch}ac\,\text{sh}ay-ay\,\text{ch}ay\,\text{sh}ac}{\text{sh}2ac-2ac}\cos ax$$

$$+q_0\frac{ac\,\text{sh}ac\,\text{ch}ay-ay\,\text{sh}ay\,\text{ch}ac}{\text{sh}2ac-2ac}\cos ax$$

5-15* $k=\left(\dfrac{M_e}{M_s}-1\right)\times100\%$； ①$k=\dfrac{1}{2}=50\%$；

② $k=\dfrac{16}{3\pi}-1=69.8\%$； ③$k=\dfrac{16}{3\pi}\cdot\dfrac{1-\lambda^3}{1-\lambda^4}-1=27.2\%\sim69.8\%$；

④ $k=1=100\%$； ⑤ $k=24\%$。

5-16 $q_s=\dfrac{8bh^2}{3l^2}\sigma_s$，$q_s=\dfrac{4bh^2}{l^2}\sigma_s$，弹塑性段交界线为一椭圆方程：

$\dfrac{q}{4\sigma_s b}\left(\dfrac{l-x}{h}\right)^2+\dfrac{1}{3}\left(\dfrac{\zeta}{h}\right)^2=1$，塑性段长度：$x=\left(1-\sqrt{\dfrac{2}{3}}\right)l=0.184l$。

第六章 平面问题的极坐标解答

6-1 (a) 平面应力轴对称问题；(b) 平面应变非轴对称问题；(c) 非平面非轴对称问题；(d)（拟）平面应变非轴对称问题。

6-2[*] (1) φ 满足$\nabla^4\varphi=0$能作为应力函数;(2) 应力分量为:$\sigma_r=\sigma_\theta=0,\tau_{r\theta}=\dfrac{c}{r^2}$;

(3) 边界面力变:$(\tau_{\theta r})_{r=a}=\dfrac{c}{a^2}$,$(\tau_{\theta r})_{r=b}=\dfrac{c}{b^2}$。

6-3 (1) φ 满足$\nabla^4\varphi=0$,可以作为应力函数;

(2) 应力分量为:$\sigma_r=\dfrac{A}{r^2}+2C,\sigma_\theta=-\dfrac{A}{r^2}+2c,\tau_{r\theta}=0$;

(3) 边界面力为:$(\sigma_r)_{r=a}=\dfrac{A}{a^2}+2c$,$(\sigma_r)_{r=b}=\dfrac{A}{b^2}+2c$。

所给函数实际上是厚壁筒在内、外压作用下的解。

6-4 答案:$\sigma_r=\dfrac{p}{N}\left(r+\dfrac{a^2b^2}{r^3}-\dfrac{a^2+b^2}{r}\right)\sin\theta$; $\sigma_r=\dfrac{p}{N}\left(3r+\dfrac{a^2b^2}{r^3}-\dfrac{a^2+b^2}{r}\right)\sin\theta$;

$\tau_{r\theta}=-\dfrac{p}{N}\left(r+\dfrac{a^2b^2}{r^3}-\dfrac{a^2+b^2}{r}\right)\cos\theta$; 式中 $N=a^2-b^2+(a^2+b^2)\ln\dfrac{b}{a}$。

6-5 提示:关于楔顶没有集中力与力偶的证明,可设其有集中力与力偶作用,再按截面法取楔顶半径为 r 的弧形段,建立该段的外力(矩)与内力(矩)的平衡方程,证明它们为零。答案:$c=\dfrac{S}{2\sin2\alpha}$

6-6 平面应力问题:$p_e=p_s=\sigma_s$,由于圆筒内外压力相等,各点为均匀受压状态,由弹性状态转变为塑性状态,不出现弹塑性状态。

平面应变问题:由于 $\sigma_3=-2vp=-p$,为三向等值挤压状态,不出现塑性极限状态。

6-7 提示:注意厚壁圆筒受外压作用时,在内孔壁 $r=a$ 处,材料首先发生屈服。

答案:$\sigma_r=\sigma_s\ln\dfrac{a}{r}$; $\sigma_\theta=\sigma_s\left(\ln\dfrac{a}{r}-1\right)$; $\tau_{r\theta}=0$

6-8 提示:注意问题的对称性。答案:$\sigma_r=-q\left(\dfrac{\cos2\theta}{\sin\alpha}+\cot\alpha\right)$;$\sigma_\theta=q\left(\dfrac{\cos2\alpha}{\sin\alpha}-\cot\alpha\right)$;

$\tau_{r\theta}=\tau_{\theta r}=\dfrac{q\sin2\theta}{\sin\alpha}$。

6-10[*]

$$\sigma_x=-\frac{p}{\pi}\left[\arctan\frac{y+a}{x}-\arctan\frac{y-a}{x}+\frac{x(y+a)}{x^2+(y-a)^2}-\frac{x(y-a)}{x^2+(y-a)^2}\right]$$

$$\sigma_y=-\frac{p}{\pi}\left[\arctan\frac{y+a}{x}-\arctan\frac{y-a}{x}+\frac{x(y+a)}{x^2+(y-a)^2}-\frac{x(y-a)}{x^2+(y-a)^2}\right]$$

$$\tau_{xy}=-\frac{p}{2\pi}\left[\frac{x^2-(y-a)^2}{x^2+(y-a)^2}-\frac{x^2-(y+a)^2}{x^2+(y+a)^2}\right]$$

第七章 柱体的扭转

7-1[*] 提示:参考材料力学的解答,设柱体的轴线为 z 轴,则假定 $\sigma_x=\sigma_y=\sigma_z=\tau_{xy}=0$,位移分量:$u=-\theta yz,v=\theta xz,w=0$。

7-2 提示:可以利用柱体侧面的自由边界条件进行。

7-5[*] 提示:截面的边界方程为:$x=-\dfrac{a}{3},y=\mp\dfrac{x}{\sqrt{3}}\pm\dfrac{2}{3}\cdot\dfrac{a}{\sqrt{3}}$;当 $m=-\dfrac{15\sqrt{3}M_T}{2a^4}$ 时,φ 可作为扭转应力函数。

应力分量为：$\tau_{zx} = -\frac{15\sqrt{3}M_T}{a^4}\left(y+\frac{3xy}{a}\right)$；$\tau_{zy} = \frac{15\sqrt{3}M_T}{a^4}\left[x-\frac{3}{2a}(x^2-y^2)\right]$。

7-6 $\frac{\tau_{1\max}}{\tau_{2\max}} = 1.356, \frac{K_{T_1}}{K_{T_2}} = 0.886$。

7-7 (a) $K_T = \frac{G}{3}(b_1 t_1^2 + b_2 t_2^3 + b_3 t_3^2)$； (b) $K_T = 4.704\text{G}a^4$。

7-8* $\frac{\tau_{a\max}}{\tau_{b\max}} = \frac{\delta}{3R}, \frac{K_a}{K_b} = \frac{3R^2}{\delta^2}$。

7-9* $\frac{\tau_{b\max}}{\tau_{a\max}} = \frac{\delta}{R}, \frac{K_{T_b}}{K_{T_b}} = \frac{3}{4}\cdot\frac{a^2}{\delta_2}$。

7-10 $M_s = \frac{2}{3}kc^3$。

7-11* 提示：若柱体截面有对称形的孔，沙堆比拟法可推广使用。根据复连通域截面要求，外边界 φ 取为零，内边界 φ 取为一个不为零的常数，故此题可考虑与沙堆相应的按圆台（截头圆锥）进行计算。$M_s = \frac{2}{3}\pi k(b^3 - a^3)$。

7-12 $M_e = \frac{\pi k b^3}{2}(1-\lambda^4), M_s = \frac{2\pi k b^3}{3}(1-\lambda^3)$，塑性极限扭矩比弹性极限扭矩提高比值为 k。当 $\lambda = 0$ 时，$k = \frac{1}{3} = 33.3\%$，当 $\lambda = \frac{1}{2}$ 时，$k = \frac{11}{45} = 24.4\%$。

第八章　弹性力学问题一般解·空间轴对称问题

8-1 提示：将 Lame 方程式第一、二式分别对 x, y 求异并相加，且由 $3Ke = \sigma, v = \frac{\lambda}{2(\lambda+\mu)}$，$K = \frac{3\lambda+2\mu}{3}$ 即可得证。

8-3* 应力分量满足平衡方程，但不满足协调方程，因而所给应力状态是不可能的。

8-4 由题意 $u = u(x), v = w = 0$，可由 Lame 方程计算，且边界条件有 $(u)_{x=0} = 0$，$(\sigma_x)_x = 0$；$\sigma_x = -pgx, \sigma_y = -\frac{v}{1-v}pgx\,(F_x = pg)$。

8-5 $a + f + F_x = 0, e + d + F_y = 0, F_x = 0$；式中：$F_x, F_y, F_z$ 为体力分量。

8-6 提示：按 $\frac{\tau_{yz}}{\sigma_z} = \frac{r}{z} = \tan\theta$ 可知总应力 p 指向坐标原点 O。总应力 p 的大小可由水平面的正应力 σ_x 与剪应力 τ_{xr} 合成计算得到。

8-7* $q_0 = 1010\text{N/mm}^2$，$\sigma = 9.5\times10^{-4}\text{mm}$，$a = 0.069\text{mm}$。

8-8* $a = 0.093\text{mm}$，$\delta = -0.7\times10^{-2}\text{mm}$，$q_0 = 548\text{N/mm}^2$，

$\sigma_{\max} = 0.133$，$q_0 = 72.9\text{N/mm}^2$；$\tau_{\max} = 0.31$；$q_0 = 169.9\text{N/mm}^2$。

8-9 $u = \frac{(1+v)P}{2\pi E}\left[\frac{rz}{R^3} - (1-2\gamma)\frac{r}{R(R+z)}\right]$；　$w = \frac{(1+v)P}{2\pi E}\left[\frac{2(1-v)}{R} + \frac{z^2}{R^3}\right]$；

$\sigma_r = \frac{P}{2\pi}\left[\frac{1-2v}{R(R+z)} - \frac{3zr^2}{R^5}\right]$；　$\sigma_\theta = \frac{P}{2\pi}(1-2v)\left[\frac{z}{R^3} - \frac{1}{R(R+z)}\right]$；

$\sigma_z = -\frac{P}{2\pi}\frac{3z^3}{R^5}$；　$\tau_{rz} = -\frac{P}{2\pi}\frac{3rz^2}{R^5}$。

第九章　加载曲面·材料稳定性假设·塑性势能理论

9-2* 提示：利用《弹塑性力学》书例 9-1 的结果。

9-3* 提示：由式 $\mu_\sigma = \frac{2S_2 - S_1 - S_3}{S_1 - S_2}$，并引用 $S_{ii} = S_1 + S_2 + S_3 = 0$。

9-4 单向压缩、双向等拉。

9-5* Tresca 与 Mises 分别为 $\sigma^2+4\tau^2=\sigma_s^2$ 与 $\sigma^2+3\tau^2=\sigma_s^2$ 的椭圆曲线。

9-6* 提示：注意下列关系式

$$J_2=\frac{1}{6}[(S_1-S_2)^2+(S_2-S_3)^2+(S_3-S_1)^2]=\frac{1}{2}(S_1^2+S_2^2+S_3^2)=-(S_1S_2+S_2S_3+S_3S_1)$$

$$J_2^2=S_1^2S_2^2+S_2^2S_3^2+S_3^2S_1^2;\qquad J_3=\frac{1}{3}(S_1^3+S_2^3+S_3^3);$$

$$S_1^3S_2^3+S_2^3S_3^3+S_3^3S_1^3=3J_3^2-J_2^2。$$

9-7* (1) $I_1^2+3I_2=\sigma_s^2$； (2) $\frac{3}{2}(S_1^2+S_2^2+S_3^2)=\sigma_s^2$。

9-8 按 Tresca 屈服条件，该点处于塑性状态。按 Mises 屈服条件，该点处于弹性状态（该点的应力状态处于主应力空间中 Tresca 正六方柱面之外，Mises 圆柱面之内）。若改变所有应力分量的符号，将不改变对该点所处弹性或塑性状态的判断。

9-9 $\mathrm{d}\varepsilon_1^p:\mathrm{d}\varepsilon_2^p:\mathrm{d}\varepsilon_3^p=-1:(1-v):v$。

9-10 (1)、(2) 情况下 Tresca 与 Mises 条件均为 $\sigma_1-\sigma_3=\sigma_s$。

第十章 弹性力学变分法及近似解法

10-2 $U_0(\varepsilon_{ij})=\frac{E}{2(1-v^2)}\left(\varepsilon_r^2+\varepsilon_\theta^2+2v\varepsilon_r\varepsilon_\theta+\frac{1-v}{2}\gamma_{r\theta}^2\right)$

10-3 提示：已知位移函数，可用最小势能原理解。$a=\frac{Pl}{2EJ}$，$b=-\frac{P}{6EJ}$。

10-4 $U_c=\frac{l}{2EA}\left(N_1N_2+\frac{q^2l^2}{3}\right)$，式中 $N_1=N_2+ql$。

10-5 $V=\frac{2Pl^3}{\pi^4EJ}\sin\frac{\pi x}{l}$，$V_{\max}=\frac{2Pl^3}{\pi^4EJ}$。（比材料力学解答 $\frac{Pl^2}{48EJ}$ 偏小 1.45%）

10-6 $\Delta=\frac{pl}{EA}\left(\frac{1}{1+2\cos^3\alpha}\right)$。

10-7* 提示：此题为杆受纵横弯曲的解，可参照一般材料力学书籍。

$$w=\frac{2Ql^3}{\pi^4EJ}\left(\frac{1}{1-\frac{pl^2}{\pi^2EJ}}\right)\sin\frac{\pi x}{l}$$

10-8* $a_1=\frac{4ql^4}{\pi^5EJ}$，$a_3=\frac{4ql^4}{234\pi^5EJ}$，$w_{\max}=\frac{968ql^4}{234\pi^5EJ}$。

10-9* $w_{\max}=\delta\frac{Pl^3}{2\pi^4EJ}$。

10-10 提示：(1) 选根据位移边界条件，可得 $v=\frac{a}{2l^3}(3lx^2-x^3)$；(2) 杆弯曲后长度不变，而长度 $\mathrm{d}s$ 与其水平投影 $\mathrm{d}x$ 之差为（题 10-10 图）：

$$\mathrm{d}s-\mathrm{d}x=\sqrt{\mathrm{d}x^2+\mathrm{d}v^2}-\mathrm{d}x=\mathrm{d}x\left[\sqrt{1+\left(\frac{\mathrm{d}v}{\mathrm{d}x}\right)^2}-1\right];$$

$\left(\frac{\mathrm{d}v}{\mathrm{d}x}\right)^2\ll1$，故由二项式定理可得：$\sqrt{1+\left(\frac{\mathrm{d}v}{\mathrm{d}x}\right)^2}\approx1+\frac{1}{2}\left(\frac{\mathrm{d}v}{\mathrm{d}x}\right)^2$。于是梁的原长 OA 与挠曲线弦长 OA' 之差 $AA''=\lambda$，其值为：$\lambda=\frac{1}{2}\int_0^l\left(\frac{\mathrm{d}v}{\mathrm{d}x}\right)^2\mathrm{d}x$。

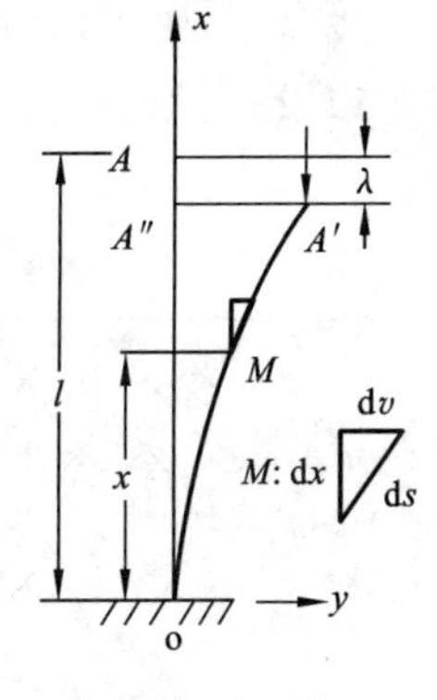

题 10-10 图

答案：$v=\frac{a}{2l^3}(3lx^2-x^3)$，$p_{cr}=\frac{5EJ}{2l^2}$。

10-11* $P_{cr}=\frac{\pi^2 EJ}{4l^3}$（此解为精确解）。

10-12* 提示：λ的计算见10-10题提示。如用$U=\frac{1}{2}\int_0^1 EJ\left(\frac{d^2w}{dx^2}\right)^2dx$，$q_{cr}=\frac{8.28EJ}{l^3}$；如用$U=\int_0^1\frac{M^2dx}{2EJ}$，$q_{cr}=\frac{7.89EJ}{l^3}$；（此题精确为$q_{cr}=\frac{7.83EJ}{l^3}$）。

10-13 $R_A=R_B=\frac{5}{16}P$，$R_c=\frac{11}{8}P$。

10-14* $M_c=-\frac{ql^2}{32}$。

10-15 $\delta_H=\frac{P^2 l}{A^2K^2}$；$\delta_v=\frac{5P^2 l}{A^2K^2}$。

10-16* 提示：当体力为零；$\nu=0$；$U=-\frac{1}{2E}\iint(\sigma_x^2+\sigma_y^2+2\tau_{xy}^2)dxdy$

$$A_1=\frac{60}{36+160\frac{a^2}{b^2}+21\frac{a^4}{b^4}},\ A_2=-\frac{1}{6}A_1$$

$$\sigma_x=\frac{qx^2}{b^2}A_1+\frac{3qa^2y}{b^3}A_2;\ \sigma_y=-q+\frac{qy^2}{b^2}A_1;\ \tau_{xy}=-\frac{2qxy}{b^2}A_1。$$

第十一章　塑性力学极限分析定理及塑性分析

11-1 完全解，　$q_s=\frac{16M_s}{l^2}$。

11-2 完全解，　$p_s=\frac{(4l-l_1)M_5}{(2l-l_1)l_1}$。

11-3* 完全解，　$q_s=19.2\frac{M_s}{l^2}$。

11-4* 提示：(1) 连续梁中任一跨度内形成塑性机构时，全梁到达极限状态。因此，要对跨度逐段加以讨论；(2)BC跨度的约束和一端固定另一端自由的梁完全相同。此题BC跨度的左端可看作弹性约束端，但在采用刚性理想塑性模型时，在截面屈服之前是刚性固定的。答案：$p_s=\frac{6M}{l}$。

第十二章　平面应变问题的滑移线场理论解

12-1 均匀受拉应力状态的自由边界AB上的滑移线场形式如题12-1图所示。

12-2 此问题的滑移线场如题12-2图所示，其极限载荷q_0为：$q_0=2k$。

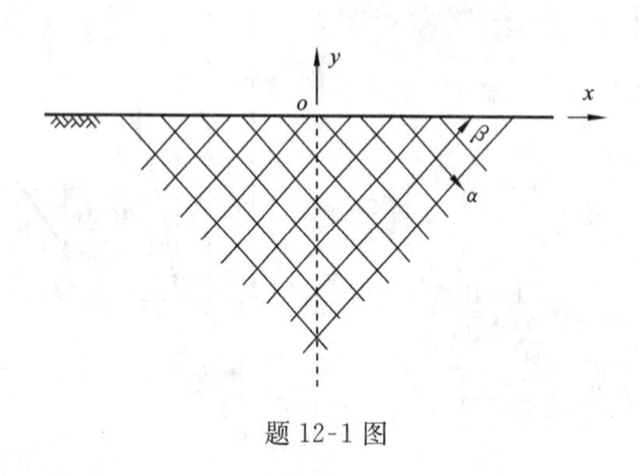

题12-1图

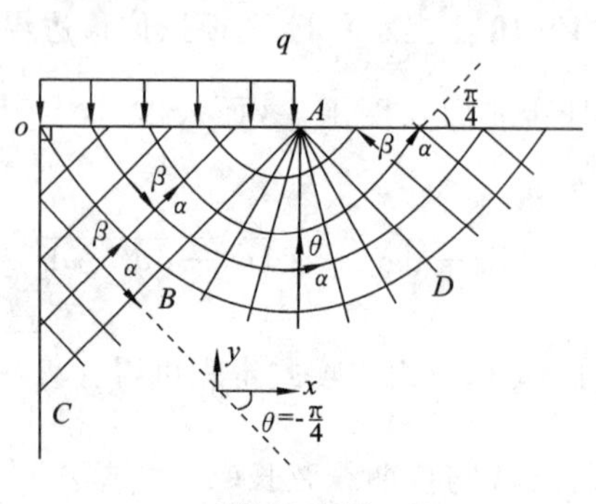

题12-2图

12-4　斜坡的滑移线场如题 12-4 图所示，其极限载荷为：$q_0 = k\left(2+\dfrac{\pi}{3}\right)$。

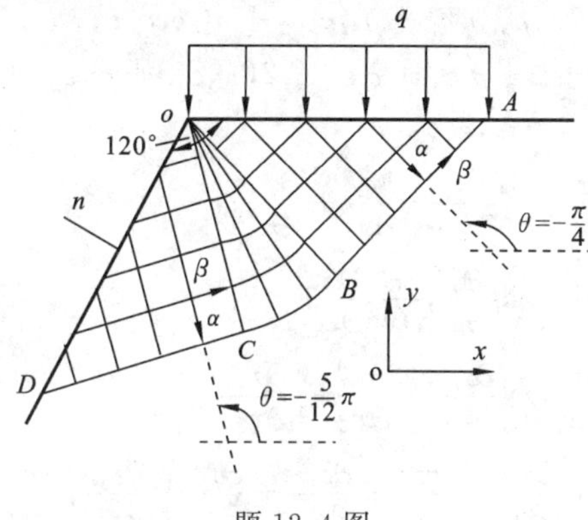

题 12-4 图

12-5　极限载荷 $P_0 = 2h\sigma_y = 2kh(2+\pi)$；若采用 Tresca 条件：$P_0 = 5.1415h\sigma_s$；若采用 Mises 条件：$P_0 = 5.9384h\sigma_s$。

12-6　沿 α、β 两族滑移线的速度分量分别为：$\dot{u}_\alpha = v\left(\sin\theta + \dfrac{\sqrt{2}}{2}\right)$；$\dot{u}_\beta = v\cos\theta$。

12-8　滑移线场如题 12-8 图所示，其极限载荷 p_0 为：$p_0 = 2a\sigma_n = -4ak(1+\pi)$。其速度场为：1) 在 $AA'B$ 区：$\dot{u}_\alpha = \dfrac{V}{\sqrt{2}}$；$\dot{u}_\beta = -\dfrac{V}{\sqrt{2}}$。2) 在 ABC 区：$\dot{u}_\alpha const$；$\dot{u}_\beta = 0$。3) 在 ACD 区：$\dot{u}_\alpha = \dfrac{V}{\sqrt{2}}$；$\dot{u}_\beta = 0$。

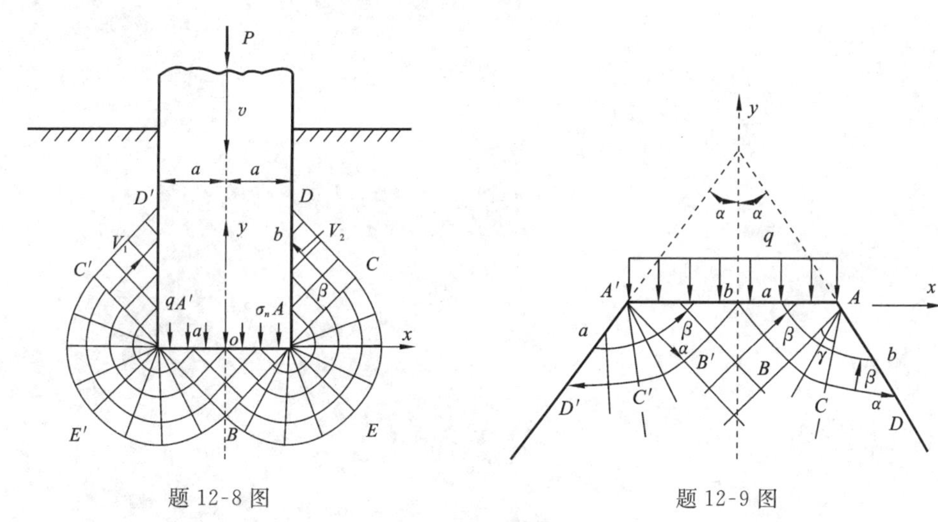

题 12-8 图　　　　　　　　　　　　题 12-9 图

12-9　2) 极限载荷：$p_0 = 2a\sigma_n = -4ak(1+\gamma)$。

3) 速度场可分为三个区：① $\triangle OBA$ 区：$\dot{u}_\alpha = \sqrt{2}V$，$\dot{u}_\beta = 0$；② 扇形 ABC 区：$\dot{u}_\alpha = \sqrt{2}V$，$\dot{u}_\beta = 0$；③ $\triangle ACD$ 区：$\dot{u}_\alpha = \sqrt{2}V$，$\dot{u}_\beta = 0$。

附录一　张量概念及其基本运算·下标记号法·求和约定

附Ⅰ-1　(1) $\sigma_{ij}\sigma_{ij} = \sigma_x^2 + \sigma_y^2 + \sigma_z^2 + 2(\tau_{xy}^2 + \tau_{yz}^2 + \tau_{zx}^2)$（注意 $\sigma_{ij} = \sigma_{ji}$）；

(2) $\sigma_{ij}^2 = \sigma_x^2, \tau_{xy}^2, \tau_{xz}^2, \tau_{yx}^2, \sigma_y^2, \tau_{yz}^2, \tau_{zx}^2, \tau_{zy}^2, \sigma_z^2$；

(3) $a_{ij}b_jc_j = a_{11}b_1c_1 + a_{12}b_1c_2 + a_{13}b_1c_3$
$+ a_{21}b_2c_1 + a_{22}b_2c_2 + a_{23}b_2c_3$
$+ a_{31}b_3c_1 + a_{32}b_3c_2 + a_{33}b_3c_3$;

(4) $\sigma_{ij}\varepsilon_{ij} = \sigma_x\varepsilon_x + \sigma_y\varepsilon_y + \sigma_z\varepsilon_z + 2(\tau_{xy}\varepsilon_{xy} + \tau_{yz}\varepsilon_{yz} + \tau_{zx}\varepsilon_{zx})$

(注意 $\sigma_{ij} = \sigma_{ji}, \varepsilon_{ij} = \varepsilon_{ji}$);

(5) $\varphi_{i'i} = \dfrac{\partial\varphi_i}{\partial x_i} = \dfrac{\partial\varphi_1}{\partial x} + \dfrac{\partial\varphi_2}{\partial y} + \dfrac{\partial\varphi_3}{\partial z}$;

(6) $\varphi_{'i} = \dfrac{\partial\varphi}{\partial x_i}$　即$\dfrac{\partial\varphi}{\partial x}, \dfrac{\partial\varphi}{\partial y}, \dfrac{\partial\varphi}{\partial z}$;

(7) $\sigma_{ij'j} = \dfrac{\partial\sigma_{ij}}{\partial x_j} = \dfrac{\partial\sigma_{i1}}{\partial x_1} + \dfrac{\partial\sigma_{i2}}{\partial x_2} + \dfrac{\partial\sigma_{i3}}{\partial x_3}$

即：$\dfrac{\partial\sigma_x}{\partial x} + \dfrac{\partial\tau_{xy}}{\partial y} + \dfrac{\partial\tau_{yz}}{\partial z}$; $\dfrac{\partial\tau_{yx}}{\partial x} + \dfrac{\partial\sigma_y}{\partial y} + \dfrac{\partial\tau_{yz}}{\partial z}$; $\dfrac{\partial\tau_{zx}}{\partial x} + \dfrac{\partial\tau_{zy}}{\partial y} + \dfrac{\partial\sigma_z}{\partial z}$;

(8) $\varphi'_{ij} = \dfrac{\partial^2\varphi}{\partial x_i\partial x_j}$ 即：$\dfrac{\partial^2\varphi}{\partial x^2}, \dfrac{\partial^2\varphi}{\partial x\partial y}, \dfrac{\partial^2\varphi}{\partial x\partial z}, \dfrac{\partial^2\varphi}{\partial y\partial x}, \dfrac{\partial^2\varphi}{\partial y^2}, \dfrac{\partial^2\varphi}{\partial y\partial z}, \dfrac{\partial^2\varphi}{\partial z\partial x}, \dfrac{\partial^2\varphi}{\partial z\partial y}, \dfrac{\partial^2\varphi}{\partial z^2}$。

附 Ⅰ-3*　(1) $n_x^2 + n_y^2 + n_z^2 = 1$ 为空间一直线与 x, y, z 轴的方向余弦关系式；

(2) $l_{ik}l_{jk} = \delta_{ij}$（注意 $l_{ik} \neq l_{ki}, l_{jk} \neq l_{kj}$）

(i) 当 $i = j, \delta_{ij} = 1$; $l_{1k}l_{1k} = 1, l_{2k}l_{2k} = 1, l_{3k}l_{3k} = 1$，即：$l_{11}^2 + l_{12}^2 + l_{13}^2 = 1$，$l_{21}^2 + l_{22}^2 + l_{23}^2 = 1$，$l_{31}^2 + l_{32}^2 + l_{33}^2 = 1$ 为空间三直线与 x, y, z 轴的方向余弦关系式。

(ii) 当 $i \neq j, \delta_{ij} = 0$; $l_{i1}l_{j1} + l_{i2}l_{j2} + l_{i3}l_{j3} = 0$，即：$l_{11}l_{21} + l_{12}l_{22} + l_{13}l_{23} = 0$，$l_{21}l_{31} + l_{22}l_{32} + l_{23}l_{33} = 0$，$l_{31}l_{11} + l_{32}l_{12} + l_{33}l_{13} = 0$ 为空间三直线相互垂直对 x, y, z 轴的方向余弦关系式。

附录Ⅳ　英汉名称对照表

Z

附录 V　主要符号表

符号	含义	符号	含义
σ	正应力	G	剪切弹性模量
τ	剪应力	ν	泊松比
p	全应力	σ_p	比例极限
$\sigma_x, \sigma_y, \sigma_z$	直角坐标系中的正应力	σ_e	弹性极限
$\tau_{xy}, \tau_{yz}, \tau_{zx}$	直角坐标系中的剪应力	σ_s	屈服极限
p_x, p_y, p_z	全应力分量	σ_b	强度极限
l_1, l_2, l_3	方向余弦	σ_{bt}	抗拉强度极限
δ_{ij}	克罗尼克尔符号	σ_{bc}	抗压强度极限
I_1, I_2, I_3	应力张量不变量	U	应变能
$\sigma_1, \sigma_2, \sigma_3$	主应力	U_o	应变能密度(应变比能)
$\tau_{12}, \tau_{23}, \tau_{31}$	主剪应力	δU_o	单位体积应变能增量
σ_m	平均应力	λ	拉梅常数
σ_{ij}	应力张量	e	体积应变
S_{ij}	偏斜应力张量	K	体积弹性模量
S_1, S_2, S_3	偏斜应力张量的主偏应力	$U_{\sigma v}$	体变比能(体变能密度)
J_1, J_2, J_3	应力偏张量不变量	$U_{\sigma d}$	畸变比能(畸变能密度)
σ_8, τ_8	八面体正应力和剪应力	μ_σ	Lode 应力参数
$\bar{\sigma}$	等效应力	θ_σ	应力状态特征角
ρ	物质密度	∇^2	拉普拉斯算子
F_i	体力分量	$\varphi(x, y)$	艾瑞(Airy)应力函数
$\overline{F}_i$	面力分量	K_T	扭转刚度
u, v, w	位移分量	J_T	极惯性矩
u'_{ij}	相对位移变化率张量	W_T	抗扭截面系数
ε_{ij}	应变张量	U	应变能
ε	线应变(正应变)	W_e	外力功
γ	角应变(剪应变)	W_i	内力功
ω_{ij}	转动张量	Π_P	总势能
$\varepsilon_1, \varepsilon_2, \varepsilon_3$	主应变	δW	外力总虚功
I'_1, I'_2, I'_3	应变张量不变量	δU	总虚应变能
$\gamma_{12}, \gamma_{23}, \gamma_{31}$	一点应变状态的主剪应变	δW_c	外力总余虚功
ε_m	平均应变	δU_c	总余虚应变能
e_{ij}	偏斜应变张量	Π_c	总余能
e_1, e_2, e_3	偏斜主应变	Π_H 或 Π_R	泛函
J'_1, J'_2, J'_3	应变偏张量不变量	f	安全系数
ε_8, γ_8	八面体正应变和剪应变	f^0	静力许可因子
$\bar{\varepsilon}$	等效应变	f^*	机动许可因子
E	弹性不动模量		

参考文献

黄炎.工程弹性力学[M].北京:清华大学出版社,1982.
胡海昌.弹性力学的变分原理及其应用[M].北京:科学出版社,1981.
蒋咏秋,李建勋,张治强.弹性力学基础[M].西安:陕西科学出版社,1984.
蒋咏秋,穆霞英.塑性力学基础[M].北京:机械工业出版社,1981.
过镇海.多轴应力下混凝土的强度和破坏准则研究[J].土木工程学报,1991,24(3).
刘北辰,陆鸿森.弹性力学[M].北京:冶金工业出版社,1979.
李同林.煤岩层水力压裂造缝机理分析[J].天然气工业,1997,17(4).
李同林,殷绥域.水压致裂煤层裂缝发育特点的研究[J].地球科学——中国地质大学学报,1994,19(4).
钱伟长,叶开源.弹性力学[M].北京:科学出版社,1956.
王光远.应用分析动力学[M].北京:高等教育出版社,1987.
王龙甫.弹性理论(第二版)[M].北京:科学出版社,1984.
王仁,丁中一,殷有泉.固体力学基础[M].北京:地质出版社,1979.
王仁,黄克智,朱兆祥.塑性力学进展[M].北京:中国铁道出版社,1988.
王仁,黄文彬,黄筑平.塑性力学引论(修订版)[M].北京:北京大学出版社,1992.
王自强,徐秉业,黄筑平.塑性力学和细观力学文集[M].北京:北京大学出版社,1993.
王鸿勋.水力压裂原理[M].北京:石油工业出版社,1987.
吴家龙.弹性力学[M].上海:同济大学出版社,1987.
奚绍中,郑世瀛.应用弹性力学[M].北京:中国铁道工业出版社,1981.
熊祝华,洪善桃.塑性力学[M].上海:上海科学技术出版社出版,1984.
徐秉业,陈森灿.塑性理论简明教程[M].北京:清华大学出版社,1981.
徐秉业,黄炎,刘信声,等.弹性力学与塑性力学解题指导及习题集[M].北京:高等教育出版社,1985.
徐秉业,刘信声.应用弹塑性力学[M].北京:清华大学出版社,1995.
徐秉业.塑性力学教学研究和学习指导[M].北京,清华大学出版社,1993.
徐芝纶.弹性力学(第二版)[M].北京:人民教育出版社,1982.
俞茂鋐.双剪应力强度理论研究[M].西安:西安交通大学出版社,1988.
严宗达.塑性力学[M].天津:天津大学出版社,1988.
杨桂通.弹塑性力学[M].北京:人民教育出版社,1982.
庄懋年,马晓士,蒋潞.工程塑性力学[M].北京:高等教育出版社,1983.
卡恰诺夫 Л М.塑性理论基础(周承倜译)[M].北京:高等教育出版社,1982.
(苏)列宾逊 Л C.弹性力学问题的变分方法(叶开源,卢文达译)[M].北京:科学出版社,1965.
Timoshenko S,Goodier J N.弹性理论(周承倜译)[M].北京:人民教育出版社,1964.
Chen W F. Phasticity in reinforced concrete[M]. New York:Me Graw-Hill Book Conpany,1982.